学习资源展示

课堂案例・课堂练习・综合案例实战

综合案例实战：水果绿洲
所在页码：282页

综合案例实战：双重曝光合成图像
所在页码：282页

课堂练习：校正图像镜头
所在页码：246页

课堂练习：制作高速运动特效
所在页码：255页

课堂练习：为背景填充颜色和图案
所在页码：059页

课堂练习：制作互联网图标
所在页码：096页

课堂练习：制作促销广告文字
所在页码：227页

课堂练习：制作VIP卡
所在页码：145页

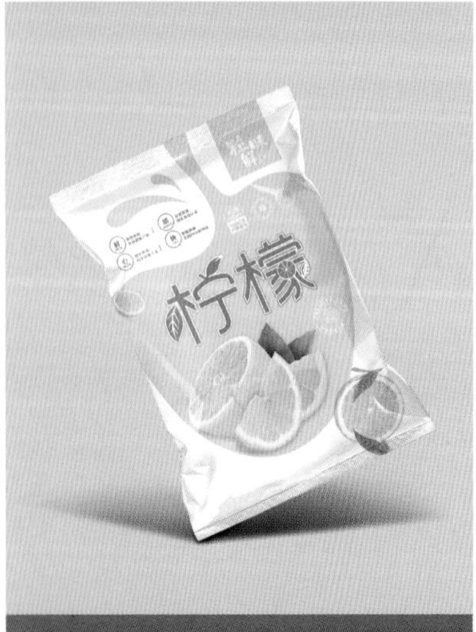

综合案例实战：食品包装设计
所在页码：283页

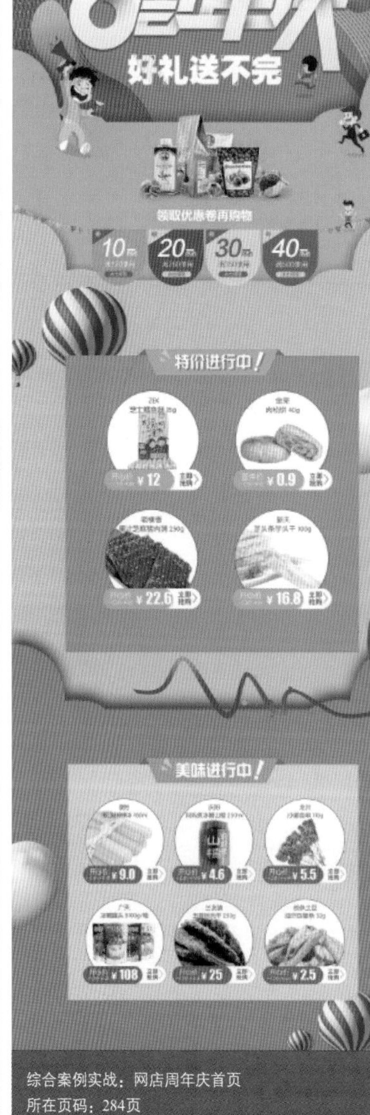

综合案例实战：网店周年庆首页
所在页码：284页

综合案例实战：珠宝店铺首页
所在页码：284页

综合案例实战：海中城市
所在页码：282页

综合案例实战：女王节DM单
所在页码：283页

课堂练习：用“操控变形”命令修改姿态
所在页码：037页

课堂案例：秋季的牧场
所在页码：085页

课堂案例：促销标签
所在页码：044页

课堂练习：制作女包海报广告
所在页码：200页

课堂练习：为平板电脑更换屏幕图像
所在页码：033页

课堂练习：制作色彩斑斓的世界
所在页码：070页

课堂练习：制作新年祝福背景
所在页码：100页

课堂练习：制作艺术纹理壁画图像
所在页码：136页

课堂练习：制作电商促销标签
所在页码：147页

课堂练习：使用“图案图章工具”制作彩霞
所在页码：170页

课堂练习：快速消除不需要的图像
所在页码：171页

综合案例实战：时尚邀请函
所在页码：283页

课堂案例：音乐会海报
所在页码：220页

综合案例实战：公益活动海报
所在页码：283页

课堂练习：制作枫叶背景
所在页码：133页

课堂练习：制作校园文化墙
所在页码：154页

课堂练习：排版段落文字
所在页码：234页

课堂案例：健身广告
所在页码：110页

课堂案例：精灵世界插图
所在页码：175页

课堂练习：制作时尚简约店标
所在页码：150页

课堂案例：云层上的草坪
所在页码：195页

课堂练习：字母标志设计
所在页码：236页

课堂练习：制作放射状背景特效
所在页码：257页

课堂练习：制作卡通海豚
所在页码：142页

课堂练习：使用“海绵工具”进行局部去色
所在页码：165页

课堂练习：消除人物面部雀斑
所在页码：172页

课堂练习：用快速蒙版快速抠图
所在页码：181页

课堂练习：制作可爱文字效果
所在页码：231页

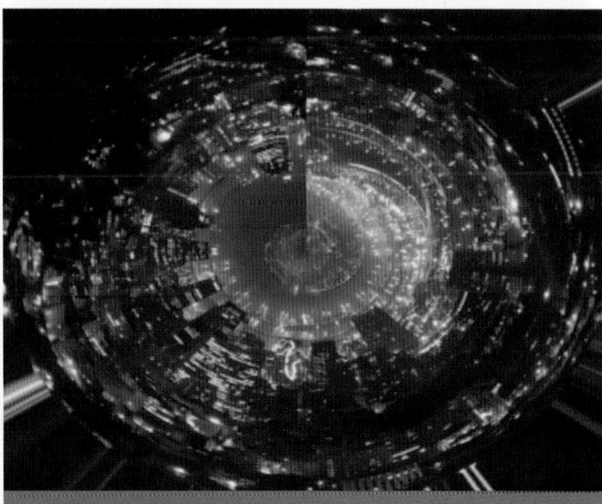

课堂练习：制作奇妙圆球效果
所在页码：262页

课堂练习：利用“磁性套索工具”抠图
所在页码：051页

课堂案例：制作彩色律动图
所在页码：062页

课堂练习：制作书中的蝴蝶
所在页码：073页

课堂练习：制作炫光人像
所在页码：118页

课堂练习：制作绚丽光斑
所在页码：127页

课堂案例：春季促销海报
所在页码：136页

课堂练习：制作高端请柬
所在页码：157页

课堂练习：使用图层蒙版合成灯中人物
所在页码：184页

课堂练习：抠取酒杯图像
所在页码：194页

Photoshop CC 2018
实用教程

邱雅莉　编著

人 民 邮 电 出 版 社
北　京

图书在版编目（CIP）数据

Photoshop CC 2018实用教程 / 邱雅莉编著. -- 北京 : 人民邮电出版社，2021.4
ISBN 978-7-115-55591-5

Ⅰ. ①P… Ⅱ. ①邱… Ⅲ. ①图像处理软件—教材
Ⅳ. ①TP391.413

中国版本图书馆CIP数据核字(2020)第257832号

内容提要

本书系统讲解了Photoshop软件应用的方法和技巧，主要讲述了Photoshop入门必备知识，包括图像的基本编辑、选区的应用、颜色的调整、图像的绘制和修饰、蒙版与通道的应用、图层和文字的应用，以及滤镜的应用等。除此之外，还介绍了使用Photoshop做平面设计、创意图像设计和电商设计等必备的技术知识。

随书附带学习资源，内容包括书中所有练习和案例的素材文件、实例文件，以及课堂练习、课堂案例和综合案例实战的在线教学视频，还提供了适合院校和培训机构使用的PPT教学课件。

本书适合Photoshop初中级用户学习使用，也适合作为院校和培训机构艺术专业课程的教材。

◆ 编　著　邱雅莉
责任编辑　杨　璐
责任印制　马振武
◆ 人民邮电出版社出版发行　　北京市丰台区成寿寺路11号
邮编　100164　　电子邮件　315@ptpress.com.cn
网址　https://www.ptpress.com.cn
三河市君旺印务有限公司印刷
◆ 开本：787×1092　1/16　　彩插：4
印张：17.75　　2021年4月第1版
字数：558千字　　2024年8月河北第4次印刷

定价：59.90元

读者服务热线：(010)81055410　印装质量热线：(010)81055316
反盗版热线：(010)81055315
广告经营许可证：京东市监广登字20170147号

Photoshop 是 Adobe 公司研发的知名图像处理软件，其使用人群和应用范围都非常广泛，每次更新版本都会引起极大的关注。2013 年，Photoshop 8 版本改名为 Photoshop CS（Creative Suite，创意性套件），此后几年里版本不断更新，本书采用的是 Photoshop CC 2018。

Photoshop 在设计领域的应用非常广泛，其范围覆盖平面设计、电商美工、创意图像设计、网页设计、UI 设计、手绘插画、服装设计、室内设计、建筑设计及园林景观设计等，已成为各类设计人员的必备软件。

全书分为 4 个部分，分别介绍如下。

第 1 部分（第 01~03 章），主要介绍 Photoshop 入门和基本操作，以及选区的运用。

第 2 部分（第 04~08 章），主要介绍图像的调整，包括图像颜色的调整、图像的绘制、图像的修饰及矢量图绘制等。

第 3 部分（第 09~13 章），主要介绍蒙版与通道、图层、文字、滤镜的应用，以及动作与批处理图像的操作。

第 4 部分即第 14 章，主要为综合案例实战，包括创意图像设计、平面设计和电商设计。

本书以初学者为主要读者对象，对 Photoshop 的基础知识进行了细致入微的介绍，并辅以对比图示，同时结合实例，对常用工具、命令、参数等做了详细的介绍，确保读者零起点、轻松快速入门。

本书采用“知识点 + 动手学 + 举一反三 + 课堂练习 + 疑难解答 + 课堂案例 + 综合案例实战”的形式编写，其中，“动手学”便于读者动手操作，在模仿中学习；“举一反三”可以巩固知识，在练习某个功能时触类旁通；“课堂练习”通过小型实例来加深印象，复习所学知识点；“疑难解答”针对在软件操作中常遇到的问题做解答；“课堂案例”综合章节所学，带领大家熟悉实战流程；“综合案例实战”则是为将来的设计工作奠定基础。

本书配备了大量的同步教学视频，几乎涵盖书中所有实例，“综合案例实战”中的案例实现步骤更是全部以视频讲解的形式提供，手把手教您学习，让学习更轻松、更高效！另外，本书案例效果精美，不仅教授软件知识，更重要的是能够对读者进行美感的熏陶和培养，从而提升读者的审美水平和品位。为了方便教师教学，本书还配备了 PPT 教学课件，任课老师可直接使用。

编者

2020 年 10 月

本书由“数艺设”出品，“数艺设”社区平台（www.shuyishe.com）为您提供后续服务。

配套资源

实例效果源文件：动手学、举一反三、课堂练习、课堂案例和综合案例实战的素材文件、实例文件。

视频教程：在线教学视频。

PPT 教学课件：教师可直接使用的配套 PPT 课件。

资源获取请扫码

“数艺设”社区平台，为艺术设计从业者提供专业的教育产品。

与我们联系

我们的联系邮箱是 szys@ptpress.com.cn。如果您对本书有任何疑问或建议，请您发邮件给我们，并请在邮件标题中注明本书书名及 ISBN，以便我们更高效地做出反馈。

如果您有兴趣出版图书、录制教学课程，或者参与技术审校等工作，可以发邮件给我们；有意出版图书的作者也可以到“数艺设”社区平台在线投稿（直接访问 www.shuyishe.com 即可）。如果学校、培训机构或企业想批量购买本书或“数艺设”出版的其他图书，也可以发邮件联系我们。

如果您在网上发现针对“数艺设”出品图书的各种形式的盗版行为，包括对图书全部或部分内容的非授权传播，请您将怀疑有侵权行为的链接通过邮件发给我们。您的这一举动是对作者权益的保护，也是我们持续为您提供有价值的内容的动力之源。

关于“数艺设”

人民邮电出版社有限公司旗下品牌“数艺设”，专注于专业艺术设计类图书出版，为艺术设计从业者提供专业的图书、U 书、课程等教育产品。出版领域涉及平面、三维、影视、摄影与后期等数字艺术门类，字体设计、品牌设计、色彩设计等设计理论与应用门类，UI 设计、电商设计、新媒体设计、游戏设计、交互设计、原型设计等互联网设计门类，环艺设计手绘、插画设计手绘、工业设计手绘等设计手绘门类。更多服务请访问“数艺设”社区平台 www.shuyishe.com。我们将提供及时、准确、专业的学习服务。

目录

CONTENTS

第04章 图像调色技法 /065

第05章 颜色的填充与高级调整 /087

第 06 章 图像的绘制 /113

第 07 章 矢量图绘制 /139

第 08 章 图像的修饰 /161

第 09 章 蒙版与通道的应用 /179

第10章 图层的高级应用 /197

第11章 文字的应用 /225

第 12 章 滤镜的应用 /243

Photoshop 基础入门

◆本章内容简介

在学习与运用Photoshop之前，首先要了解Photoshop在设计中的作用和应用领域，认识Photoshop工作界面，掌握图像文件的基本操作、一些图像编辑辅助工具的使用方法，以及Photoshop的优化设置等。掌握这些基础知识，将有利于我们对软件的了解和学习。本章将详细介绍Photoshop的基础知识，并对工作界面和图像编辑的辅助工具进行详细讲解。

◆本章学习要点

1. Photoshop工作界面
2. 图像文件的基本操作
3. 缩放与查看图像
4. Photoshop CC 2018辅助设置

1.1 进入Photoshop的世界

Photoshop作为Adobe公司旗下一款著名的图像处理软件，是当今世界上用户较多的平面设计软件，其功能十分强大。

1.1.1 认识Photoshop

Photoshop是目前应用广泛的图像处理软件，它功能完善、性能稳定、使用方便，常用于广告设计、艺术设计、平面设计等创作。Photoshop具有图像处理和绘图两大功能。

1. 图像处理功能

Photoshop的图像处理功能是指使用计算机对图像进行分析及操作，以达到所需结果的技术，包括图片处理、照片处理、图像后期处理、特效制作等。

2. 绘图功能

Photoshop的绘图功能是指绘制全新的图像，这不仅要求用户熟练掌握Photoshop的操作方法，还需要具备一定的美术和绘画基础。

1.1.2 Photoshop 应用领域

Photoshop是一款强大的图像处理软件，也是一款优秀的平面图形图像处理软件，深受用户的好评。Photoshop在如下领域中得到了广泛的应用。

1. 平面设计

平面设计是Photoshop应用非常广泛的一个领域，无论是图书封面，还是在大街上看到的招贴、海报等，这些具有丰富图像元素的平面印刷品，基本上都需要使用Photoshop进行处理，如图1-1所示。

图1-1

2. 照片处理

Photoshop作为照片处理的专业软件，具有相当强大的图像修饰功能。利用这些功能，可以快速去除数码照片上的瑕疵，同时还可以调整照片的色调或为照片添加装饰元素等，如图1-2所示。

图1-2

3. 网页设计

随着互联网的普及，人们对网页的审美要求也不断提升，Photoshop就显得尤为重要，使用它可以美化网页元素，如图1-3所示。

图1-3

4. 界面设计

界面设计是一块新兴的领域，已经受到越来越多的软件企业及开发者的重视，并且有很大一部分设计师使用的是Photoshop，如图1-4所示。

图1-4

5. 文字设计

千万不要忽视Photoshop在文字设计方面的应用，利用它可以制作出各种有质感的特效文字，如图1-5所示。

图1-5

6. 插画创作

Photoshop具有一套优秀的绘画工具，我们可以使用Photoshop来绘制出各种各样的精美插画，如图1-6所示。

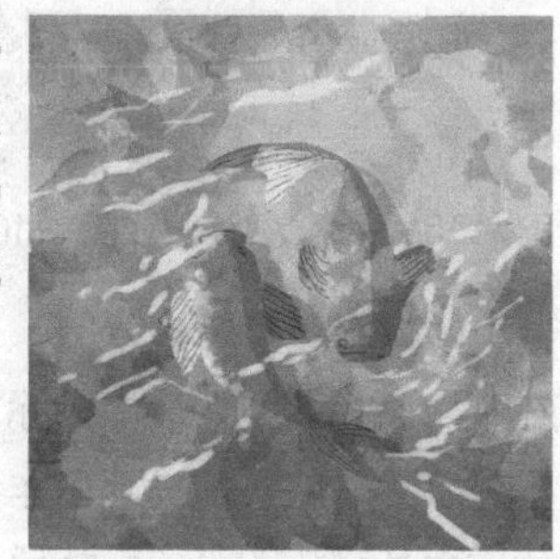

图1-6

7. 视觉创意

视觉创意与设计是设计艺术的一个分支，此类设计通常没有非常明显的商业目的，但由于它为广大设计爱好者提供了无限的设计空间，因此越来越多的设计爱好者开始注重视觉创意，并逐渐形成属于自己的一套创作风格，如图1-7所示。

图1-7

8. 三维设计

Photoshop在三维设计中主要有两方面的应用：一是对效果图进行后期修饰，包括配景的搭配及色调的调整等，如图1-8所示；二是绘制精美的贴图，因为即使再好的三维模型，如果没有逼真的贴图附在模型上，也得不到好的渲染效果，如图1-9所示。

图1-8

图1-9

1.2 开启你的 Photoshop CC 2018 之旅

在学习Photoshop CC 2018软件之前，我们首先要认识Photoshop CC 2018的工作界面。

重点 1.2.1 Photoshop 工作界面

启动Photoshop CC 2018后，便可进入其工作界面。Photoshop的工作界面由菜单栏、工具箱、工具属性栏、面板和图像窗口组成，如图1-10所示。

图1-10

1.2.2 菜单栏

菜单栏包含了Photoshop CC 2018中的所有命令，由文件、编辑、图像、图层、文字、选择、滤镜、3D、视图、窗口和帮助菜单项组成，每个菜单项下内置了多个菜单命令，通过这些命令可以对图像进行各种编辑处理。有的菜单命令右侧标有▸符号，表示该菜单命令下还有子菜单，如图1-11所示。

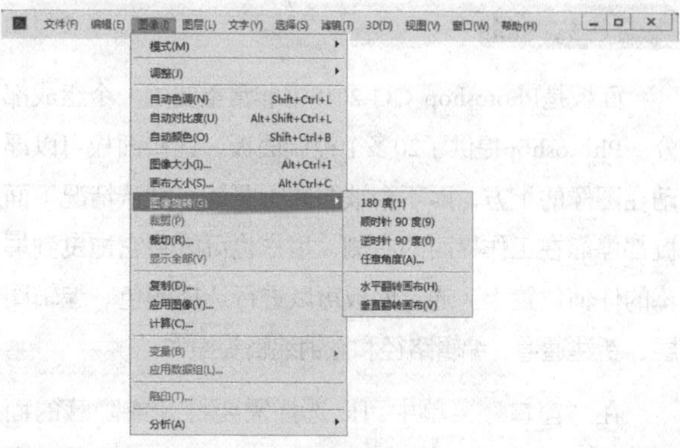

图1-11

1.2.3 工具箱

默认状态下，Photoshop CC 2018中的工具箱位于工作界面左侧，它是工作界面的重要组成部分。用户可以将鼠标指针移动到工具箱顶部，按住鼠标左键不放，将其拖曳到工作界面的任意位置。

工具箱中部分工具按钮右下角带有黑色小三角形标记，表示这是一个工具组，其中隐藏了多个子工具，如图1-12所示。将鼠标指针指向工具箱中的工具按钮，将会出现该工具名称的注释，注释括号中的字母对应的是此工具的快捷键，如图1-13所示。

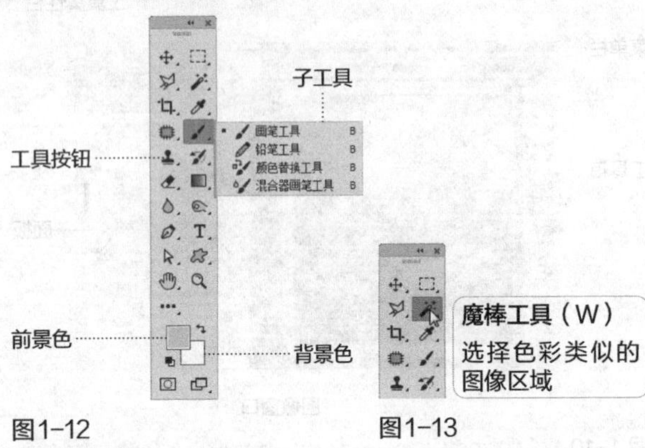

图1-12　图1-13

1.2.4 工具属性栏

工具属性栏位于菜单栏的下方，当用户选中工具箱中的某个工具时，属性栏中就会显示相应工具的属性设置。在属性栏中，用户可以方便地设置对应工具的各种属性。图1-14所示为“画笔工具”的属性栏。

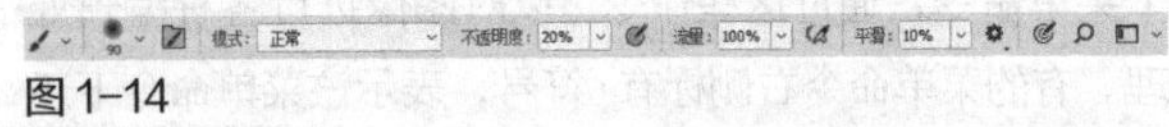
图1-14

1.2.5 面板

面板是Photoshop CC 2018中非常重要的一个组成部分。Photoshop提供了20多个控制面板，这些面板可以浮动在图像的上方，而不会被图像所覆盖。默认情况下面板都停靠在工作界面的右侧，用户也可以将它拖曳到屏幕的任何位置上。通过面板可以进行选择颜色、编辑图层、新建通道、编辑路径和撤销编辑等操作。

在“窗口”菜单中可以选择需要打开或隐藏的面板。执行“窗口>工作区>基本功能（默认）”菜单命令，将得到如图1-15所示的面板组合。单击面板右上方的双三角形按钮，可以将面板缩小为图标，如图1-16所示；要使用缩小为图标的面板时，只需单击所需面板图标，即可展开对应的面板，如图1-17所示。

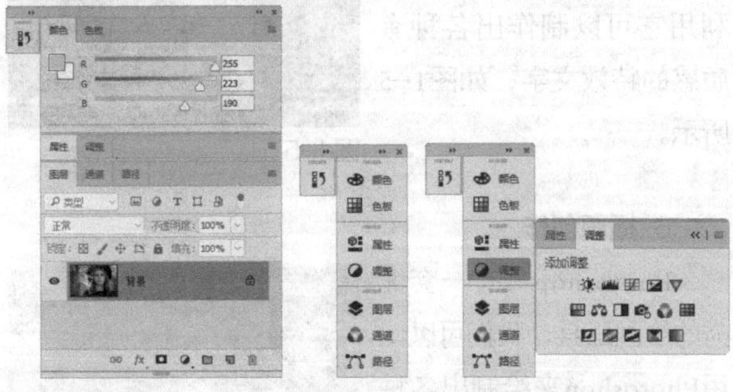
图1-15　图1-16　图1-17

面板组是可以拆分的，只需在某一面板名称处按住鼠标左键不放，然后将其拖曳至工作界面的空白处释放即可。拆分后，图1-18所示为“图层”面板，图1-19所示为“通道”面板，图1-20所示为“路径”面板。

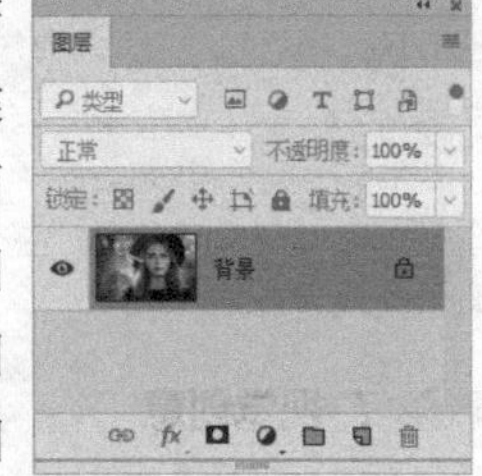
图1-18

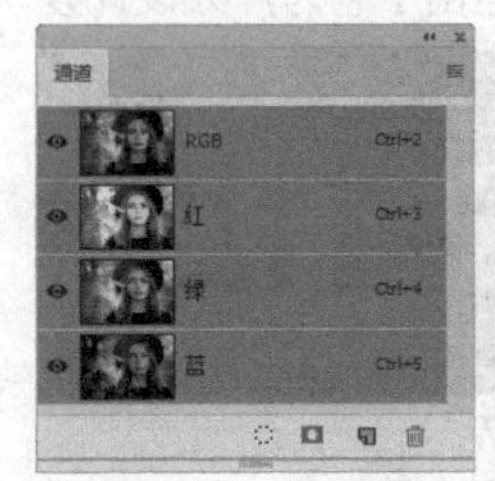
图1-19　图1-20

技巧与提示

面板组拆分后可以再组合，并且在组合过程中可以将面板按任意次序放置，也可将不同面板组中的面板进行组合，以生成新的面板组。

1.2.6 图像窗口

图像窗口是显示打开图像的地方，也是对图像进行浏览和编辑操作的主要场所，具有显示图像文件、编辑或处理图像的功能。图像窗口的顶端是标题栏，其中可以显示当前文件的名称、格式、显示比例、色彩模式、所属通道和图层状态，如图1-21所示。如果该文件未存储过，则标题栏以“未命名”加上连续的数字作为文件的名称。

图1-21

图像窗口底部的状态栏会显示图像相关信息。状态栏左端的百分数表示当前图像窗口的显示比例，在其中输入数值后按Enter键可以改变图像的显示比例；中间默认显示的是当前图像文件的大小，如图1-22所示。也可以单击右侧的三角形按钮，在弹出的菜单中选择要在这里显示的信息。

66.67%　文档:2.62M/2.62M

图1-22

1.3 图像文件的基本操作

图像文件是图像在计算机中的存储形式，目前绝大部分的数据资源在计算机中都是以文件的形式存储、管理和利用的。在学习图像处理前应先掌握图像文件的基础操作。

重点 1.3.1 新建图像文件

打开Photoshop CC 2018应用程序，执行“文件>新建”菜单命令或按Ctrl+N组合键，打开“新建文档”对话框，如图1-23所示。在对话框右侧“预设详细信息”栏下方可以输入文件的名称，然后设置文件的“宽度”“高度”“分辨率”等信息，如图1-24所示。设置好信息后，单击“创建”按钮即可新建一个图像文件。

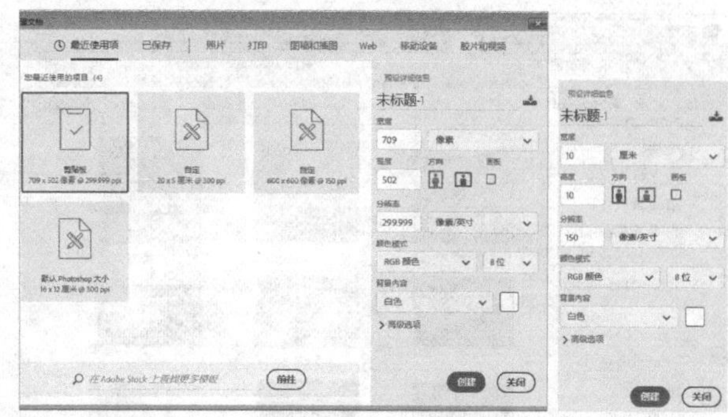

图1-23　图1-24

“新建文档”对话框中各选项的作用如下。

▶ ：在该按钮左侧的文本框中单击，可输入文字为新建图像文件命名，默认为“未标题-X”。单击该按钮，可以保存设置好尺寸和分辨率等参数的预设信息。

▶ **宽度和高度**：用于设置新建文件的宽度和高度，用户可以输入1~300000之间的任意一个数值。

▶ **分辨率**：用于设置图像的分辨率，其单位有“像素/英寸”和“像素/厘米”。

▶ **颜色模式**：用于设置新建图像的颜色模式，其中有“位图”“灰度”“RGB颜色”“CMYK颜色”“Lab颜色”5种模式可供选择。

▶ **背景内容**：用于设置新建图像的背景颜色，系统默认为白色，也可设置为背景色或透明。

▶ **高级选项**：在“高级选项”区域中，可以对“颜色配置文件”和“像素长宽比”两个选项进行更专业的设置。

1.3.2 动手学：打开图像文件

如果需要对已有的图像文件进行编辑，那么就需要在Photoshop中将其打开才能进行操作。

01 执行“文件>打开”菜单命令或按Ctrl+O组合键，即可打开“打开”对话框，如图1-25所示。

02 在查找范围下拉列表框中找到要打开文件所在的位置，然后选择要打开的图像文件。

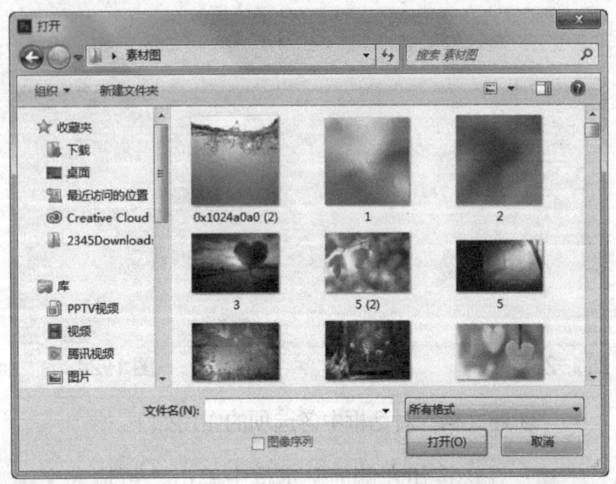

图1-25

03 单击“打开”按钮即可打开选择的文件，如图1-26所示。

图1-26

技巧与提示

执行“文件＞打开为”菜单命令，可以指定的格式打开选择的文件；执行“文件＞最近打开文件”菜单命令，可以打开最近编辑过的图像文件。

1.3.3 打开最近使用过的文件

执行“文件>最近打开文件”菜单命令，在其子菜单中可以选择最近使用过的10个文件，单击文件名即可将其打开，如图1-27所示。另外，选择底部的“清除最近的文件列表”命令可以删除历史打开记录。

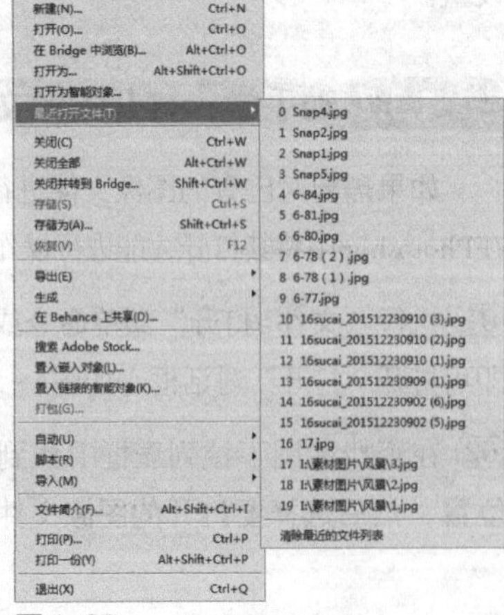

图1-27

[重点] 1.3.4 保存图像文件

对图像进行编辑以后，需要对文件进行保存。当Photoshop出现程序错误、计算机停止响应或发生断电等情况时，所有的操作都将丢失，因此经常保存文件非常重要。这一操作很简单，但是很容易被忽略，因此一定要养成经常保存文件的良好习惯。

当对一张图像进行编辑以后，可以执行“文件>存储”菜单命令或按Ctrl+S组合键，将文件保存起来。存储时将保留所做的更改，并且会替换掉上一次保存的文件，同时会按照当前格式进行保存。

如果需要将文件保存到另一个位置或使用另一文件名进行保存，就可以执行“文件>存储为”菜单命令或按Shift+Ctrl+S组合键，打开“另存为”对话框，如图1-28所示。设置好保存路径或名称后单击“保存”按钮，即可对文件进行保存。

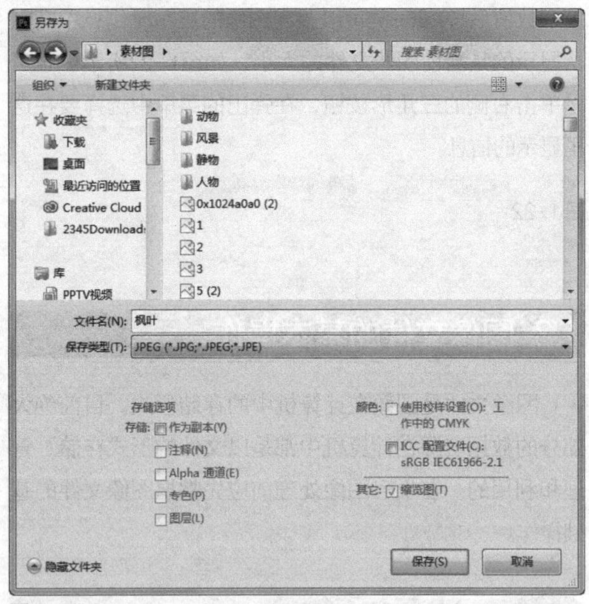

图1-28

1.3.5 关闭图像文件

图像处理完成后，应即时将其关闭，以防止其占用内存资源。关闭图像文件的方法有如下几种。

- 单击图像窗口标题栏中右端的“关闭”按钮☒。
- 执行“文件>关闭”菜单命令。
- 按Ctrl+W组合键。
- 按Ctrl+F4组合键。

1.3.6 导入图像

Photoshop可以编辑“变量数据组”“视频帧到图层”“注释”“WIA支持”等内容，当新建或打开图像文件以后，可以通过执行“文件>导入”子菜单中的命令，将这些内容导入Photoshop进行编辑，如图1-29所示。

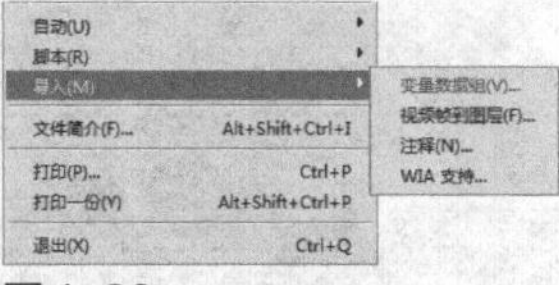

图1-29

将数码相机与计算机连接后，在Photoshop中执行“文件>导入>WIA支持”菜单命令，可以将照片导入Photoshop。如果计算机配备了扫描仪并安装了相关的软件，则可以在“导入”子菜单中选择扫描仪的名称，使用扫描仪制造商提供的软件扫描图像，并将其存储为TIFF、PICT、BMP等格式，就可以在Photoshop中打开这些图像了。

1.3.7 导出图像

在Photoshop中创建和编辑好图像以后，可以将其导出到Illustrator或视频设备中。执行“文件>导出”菜单命令，可以在其子菜单中选择一些导出类型，如图1-30所示。

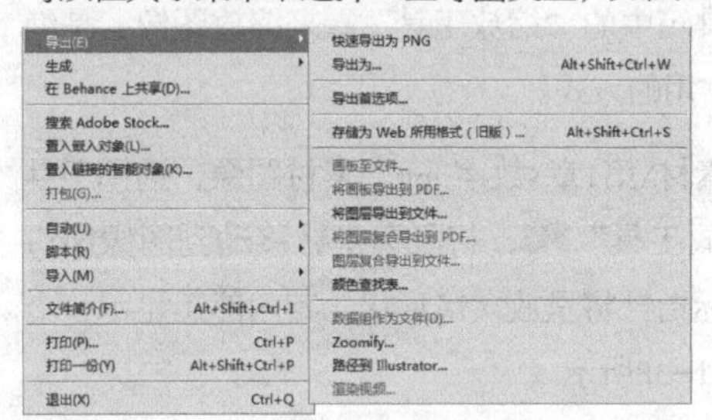

图1-30

下面介绍几种常用的导出文件类型。

▶ **快速导出为PNG**：默认情况下，使用该命令会将当前图像快速导出为透明的PNG文件，并且每次都会提醒用户选择导出位置。

▶ **导出为**：使用该命令将打开“导出为”对话框，如图1-31所示。在该对话框中可以重新设置导出图像的文件格式、品质大小、图像大小及画布大小等。

▶ **存储为Web所用格式**：该功能用途广泛，在对话框中通过参数设置可导出网站所需的图片文件，优化高分辨率照片，还可以创建动画效果。

▶ **将图层导出到文件**：对于有普通图层的文件，可以通过该命令将每一个图层导出为单个的图像文件，并且可以设置文件类型。

▶ **Zoomify**：可以将高分辨率的图像发布到Web上，利用Viewpoint Media Player，用户可以平移或缩放图像以查看它的不同部分。在导出时，Photoshop会创建JPG和HTML文件，用户可以将这些文件上传到Web服务器。

▶ **路径到Illustrator**：将路径导出为AI格式，在Illustrator中可以继续对路径进行编辑。

图1-31

1.3.8 置入图像

置入文件是将照片、图片或任何Photoshop支持的文件作为智能对象添加到当前操作的文档中。

新建或打开一个文档以后，执行“文件>置入嵌入对象”菜单命令，打开“置入嵌入的对象”对话框，选择需要置入的文件即可将其置入Photoshop文件中，如图1-32所示。置入的文件将自动放置在画布的中间，同时文件会保持其原始长宽比。但是如果置入的文件比当前编辑的图像大，那么该文件将被调整到与画布相同大小。置入的文件将作为智能对象，可进行缩放、定位、斜切、旋转或变形操作，并且不会降低图像的质量。

图1-32

▶ 课堂练习：在背景中置入图像

素材路径	素材\第1章\蓝色背景.jpg、星球.psd
实例路径	实例\第1章\在背景中置入图像.psd

练习效果

本练习将复习“置入”命令的使用方法。通过该命令置入一张素材图像，并调整置入图像的大小。本练习的最终效果如图1-33所示。

图1-33

操作步骤

01 执行“文件>打开”菜单命令，打开“素材\第1章\蓝色背景.jpg” 素材图像，如图1-34所示。

图1-34

02 执行“文件>置入嵌入对象”菜单命令，在打开的对话框中选择“素材\第1章\星球.psd”文件，然后单击“置入”按钮 置入(P) ，如图1-35所示。

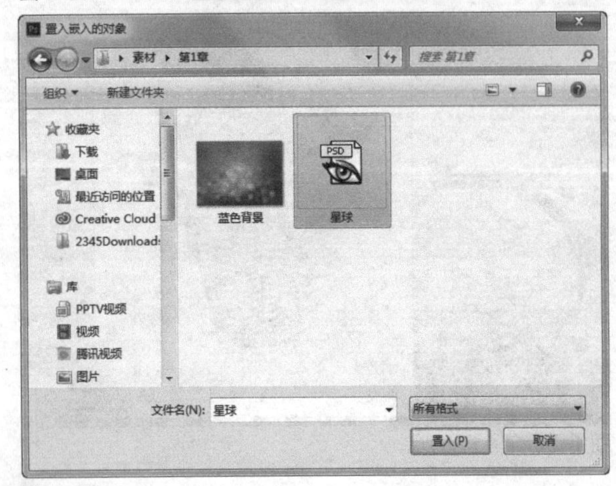

图1-35

03 置入的文件将自动放置在画布的中间位置，如图1-36所示。适当调整图像大小和位置，然后按Enter键确认操作，最终效果如图1-37所示。

图1-36 图1-37

1.4 缩放与查看图像

在Photoshop中，选择合理的方式查看图像，可以更好地对图像进行编辑。查看图像的方式包括缩放图像、排列图像、以多种屏幕模式显示图像、使用导航器查看图像、使用“抓手工具” 查看图像等。

重点 1.4.1 动手学：使用“缩放工具”

通过工具箱中的“缩放工具” 来缩放图像，是绝大部分用户常用的方式。

01 打开“素材\第1章\数字.jpg”素材图像，选择工具箱中的“缩放工具” ，将鼠标指针移动到图像窗口中，此时鼠标指针将呈放大镜形状，其内部还显示一个“+”，如图1-38所示。

02 单击可放大图像，如图1-39所示。如果图像当前显示比例为100%，则每单击一次放大一倍，单击处的图像会显示在图像窗口的中心。

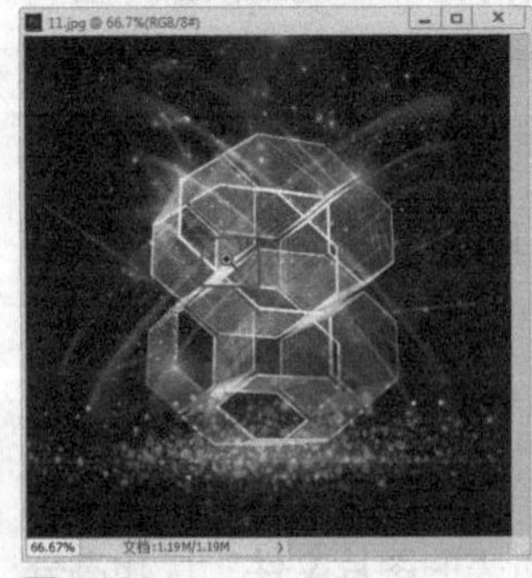

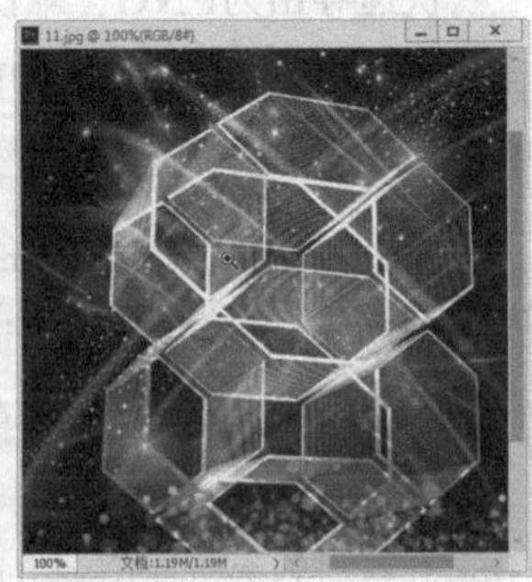

图1-38 图1-39

03 在图像窗口中按住鼠标左键拖曳绘制出一个矩形区域，如图1-40所示。释放鼠标左键后可将区域内的图像放大显示，效果如图1-41所示。

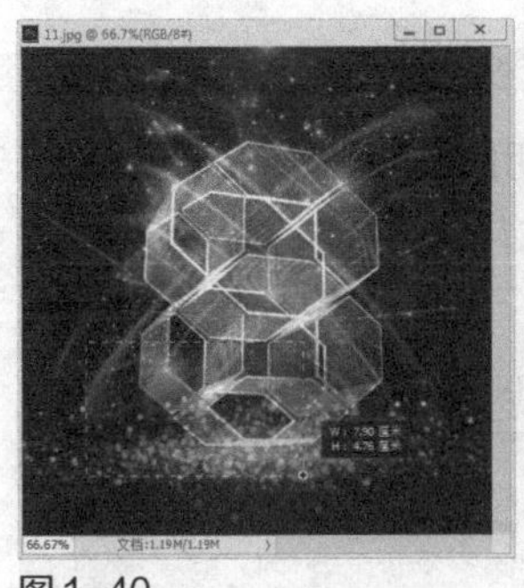

图1-40

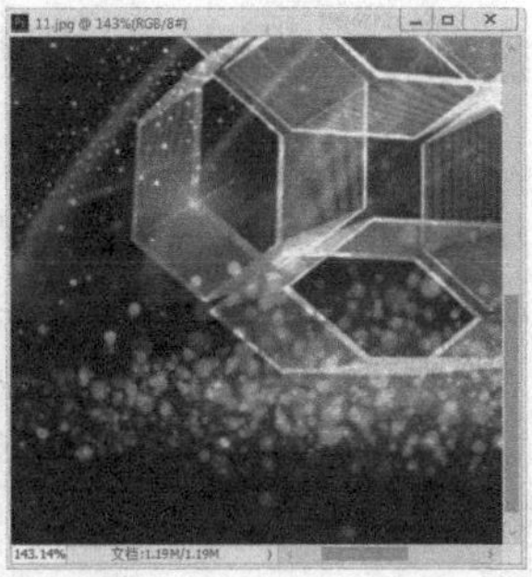

图1-41

(04) 按住Alt键或单击属性栏左侧的“缩小”按钮，此时鼠标指针呈放大镜形状，且内部会出现一个“-”，如图1-42所示。单击将缩小显示图像，效果如图1-43所示。

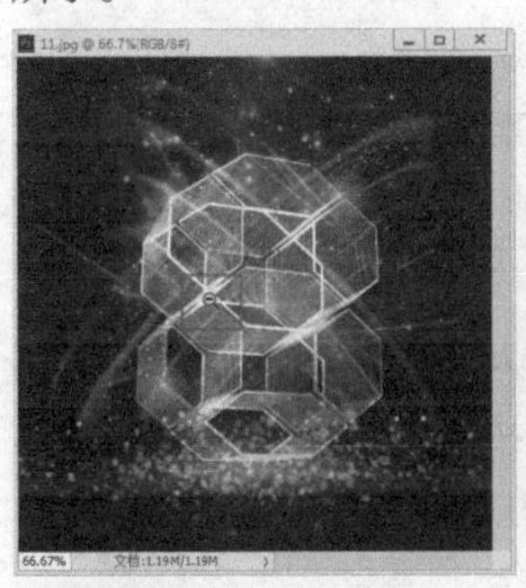

图1-42

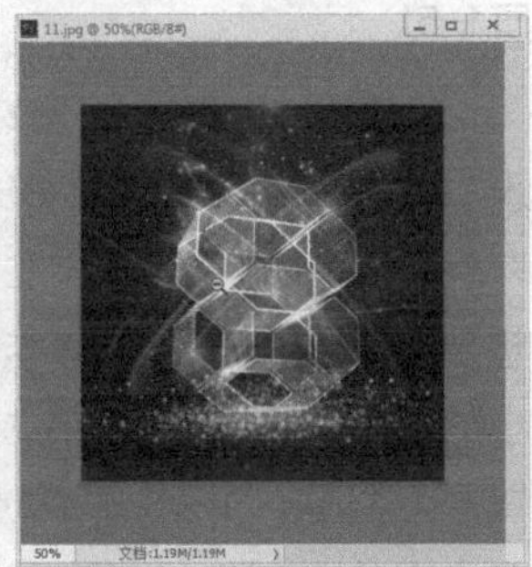

图1-43

[重点] 1.4.2 使用“抓手工具”平移画面

使用“抓手工具”可以在文档窗口中以移动的方式查看图像。在工具箱中单击“抓手工具”按钮，其属性栏如图1-44所示。

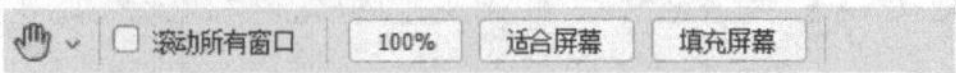

滚动所有窗口 100% 适合屏幕 填充屏幕

图1-44

“抓手工具”属性栏中常用选项的作用如下。

- **滚动所有窗口**：勾选该选项时，将滚动查看所有窗口。
- **100%**：单击该按钮，图像将以100%比例显示。
- **适合屏幕**：单击该按钮，可以在窗口中最大化显示完整的图像。
- **填充屏幕**：单击该按钮，可以在整个屏幕范围内最大化显示完整的图像。

[重点] 1.4.3 使用导航器查看画面

新建或打开一个图像文件时，工作界面右上角的“导航器”面板便会显示当前图像的预览效果，如图1-45所示。左右拖曳“导航器”面板底部的滑块，即可实现图像的缩小与放大显示，如图1-46所示。

图1-45

图1-46

1.4.4 使用不同的屏幕模式

在工具箱中单击“更改屏幕模式”按钮，在弹出的菜单中可以选择屏幕模式，其中包括“标准屏幕模式”“带有菜单栏的全屏模式”“全屏模式”三种，如图1-47所示。

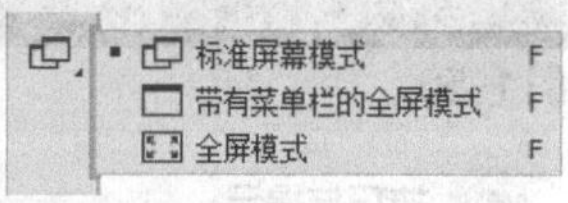

标准屏幕模式 F
带有菜单栏的全屏模式 F
全屏模式 F

图1-47

1. 标准屏幕模式

标准屏幕模式可以显示菜单栏、标题栏、滚动条和其他屏幕元素，如图1-48所示。

2. 带有菜单栏的全屏模式

带有菜单栏的全屏模式可以显示带菜单栏、50%的灰色背景、无标题栏和滚动条的全屏窗口，如图1-49所示。

图 1-48

图 1-49

》3. 全屏模式

全屏模式只显示黑色背景和图像窗口，如图1-50所示。

图 1-50

技巧与提示

如果要退出全屏模式，可以按 Esc 键；如果要在各种屏幕模式之间进行切换，可以按 F 键。

1.5 Photoshop CC 2018 辅助设置

Photoshop的辅助工具包括标尺、参考线、网格和“注释工具”等，借助这些辅助工具可以进行对齐、定位等操作，这样有助于处理图像。

1.5.1 设置标尺

标尺在实际工作中经常用来定位图像或元素位置，从而更精确地处理图像。执行“编辑>首选项>单位与标尺”菜单命令，可以打开“首选项”对话框，并进入“单位与标尺”选项面板，如图1-51所示。

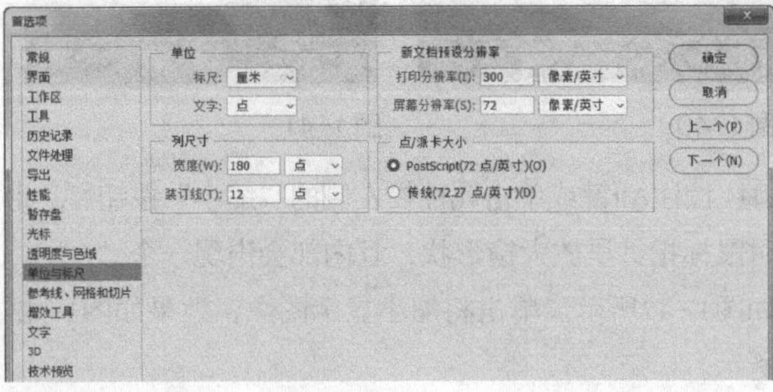

图 1-51

标尺的度量单位有“像素”“英寸”“厘米”“毫米”“点”“派卡”“百分比”7种。按Ctrl+R组合键可控制标尺的显示和隐藏。在“列尺寸”选项区域中可调整标尺的列尺寸。“点/派卡大小”选项区域中有两个单选按钮，通常选取“PostScript(72点/英寸)”单选按钮。为了切换方便，可直接在“信息”面板左侧单击“+”按钮，在弹出的菜单中切换标尺单位，如图1-52所示。

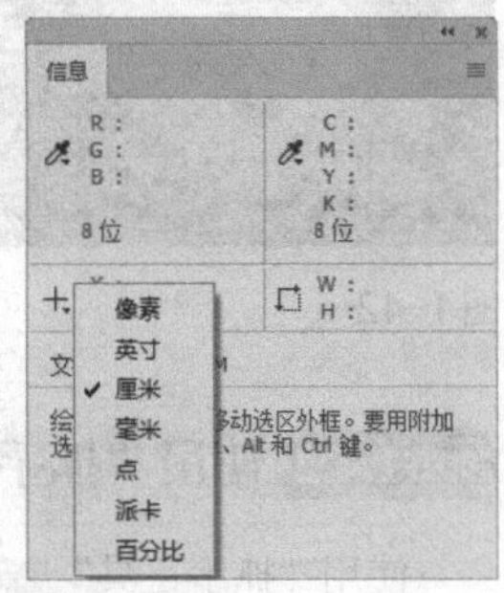

图 1-52

1.5.2 设置参考线

参考线可以帮助用户精确地定位图像或元素，如图1-53所示。参考线以浮动的状态显示在图像上方，并且在输出和打印图像的时候不会显示出来，用户可以移动、移除和锁定参考线。

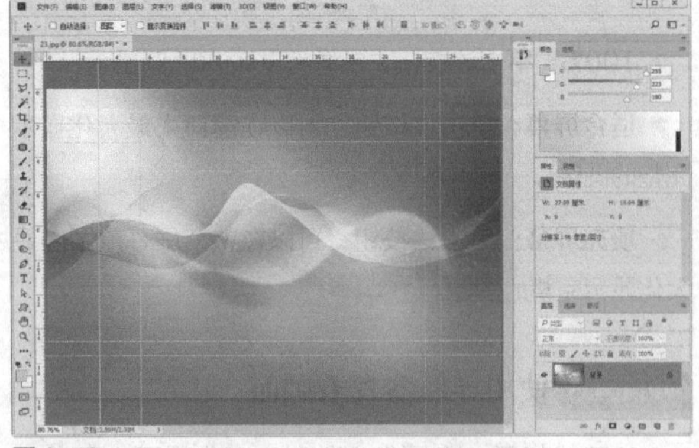

图 1-53

执行“编辑>首选项>参考线、网格和切片”菜单命令，打开“首选项”对话框，并进入“参考线、网格和切片”选项面板，如图1-54所示。对话框右侧的色块显示了参考线、智能参考线及网格的颜色，单击色块，可以修改其颜色。“参考线”选项区域用于设置参考线的颜色和样式。

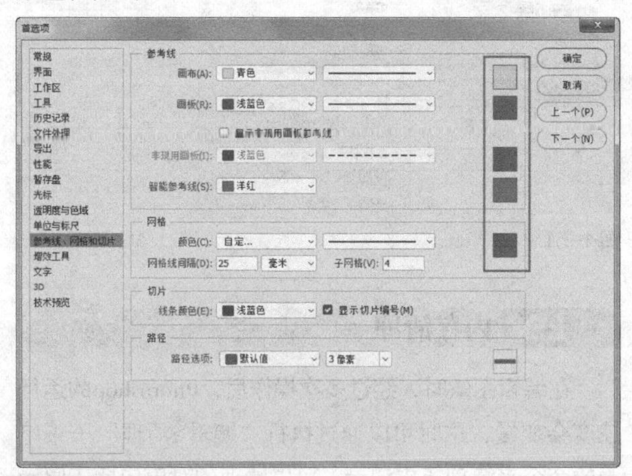

图1-54

1.5.3 界面设置

执行“编辑>首选项>界面”菜单命令，可以打开“首选项”对话框并进入“界面”选项面板，如图1-55所示。在其中可设置屏幕的颜色和边界的样式，还可设置各种面板和菜单的颜色等属性。

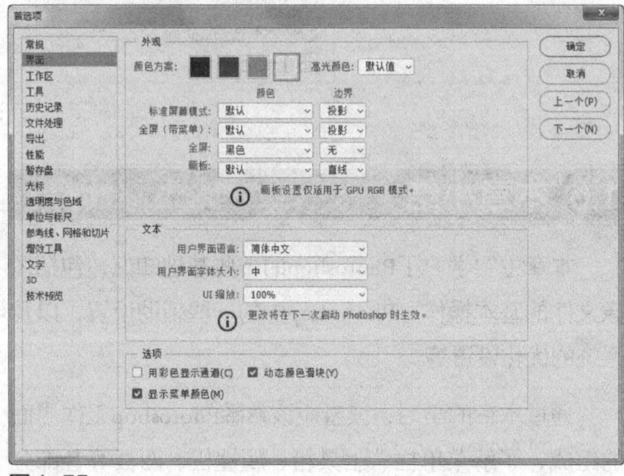

图1-55

在“外观”和“选项”选项区域中，可以对Photoshop的界面、面板等外观显示进行设置。

▶ **颜色方案：**其中包含4种界面色调，用户可以根据需要选择所需的界面颜色。

▶ **标准屏幕模式/全屏（带菜单）/全屏/画板：**可设置在这几种屏幕模式下，屏幕的颜色和边界效果。

▶ **用彩色显示通道：**默认情况下，各种图像模式的各个通道都以灰度显示，如图1-56所示。选择该选项，可以用相应的颜色显示颜色通道，如图1-57所示。

▶ **显示菜单颜色：**选择该选项，可以让菜单中的某些命令显示为彩色。

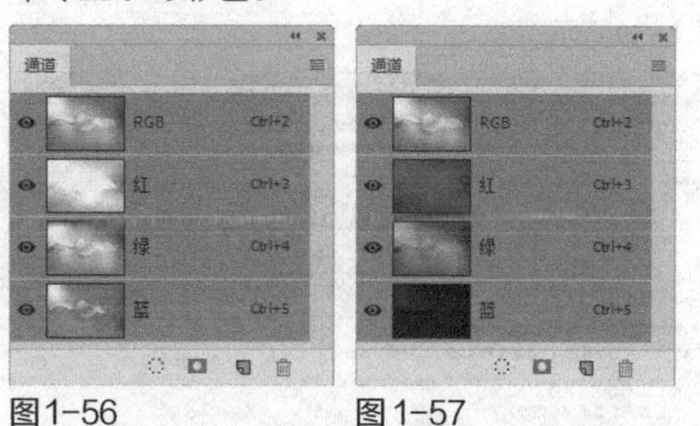

图1-56　图1-57

1.5.4 设置暂存盘

在“首选项”对话框中选择“暂存盘”选项，可以看到系统中分区的磁盘，Photoshop中默认选择C:\作为暂存盘，如图1-58所示。

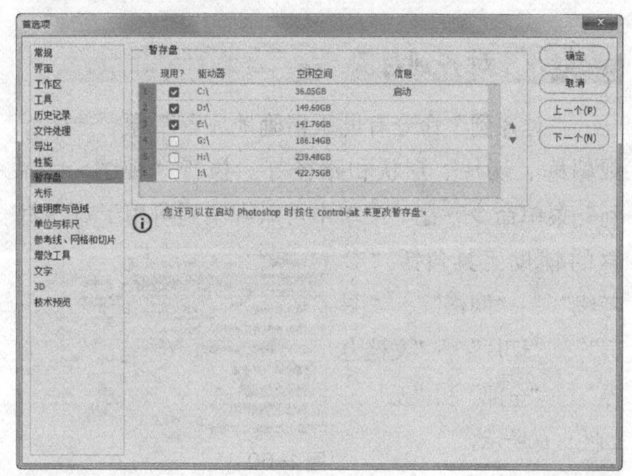

图1-58

当用户的系统没有足够的内存来执行某个操作时，Photoshop将使用一种专有的虚拟内存技术来扩大内存，也就是暂存盘。暂存盘可以是任何具有空闲存储空间的驱动器或驱动器分区。默认情况下，Photoshop将安装了操作系统的磁盘分区用作主暂存盘。还可以将暂存盘修改到其他驱动器上。另外，包含暂存盘的驱动器应定期进行碎片整理。

1.5.5 设置自动保存

在使用Photoshop绘图的过程中，如果出现一些意外情况，导致图像文件损坏、丢失，会让用户的心血都白费。为了避免这种情况，Photoshop提供了“自动保存”功能，能起到很好的保护作用。执行“编辑>首选项>文件处理”菜单命令，打开“首选项”对话框，默认情况下，“自动存储恢复信息的间隔”为10分钟，如果制作的文件非常重要，也可以将时间缩短，使自动保存频率更高，如图1-59所示。

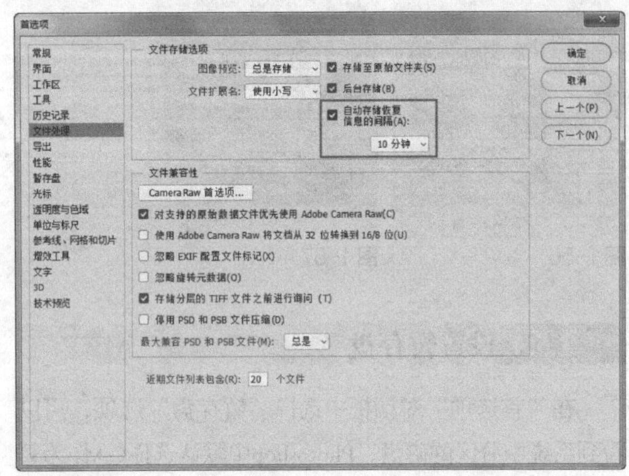

图1-59

1.5.6 对齐到对象

“对齐到”命令有助于精确地放置图像、选区、裁剪框、切片、形状和路径等。执行“视图>对齐到”菜单命令，在子菜单中可以观察到可用于对齐对象的辅助工具包括“参考线”、“网格”、“图层”、“切片”、“文档边界”、“全部”和“无”，如图1-60所示。

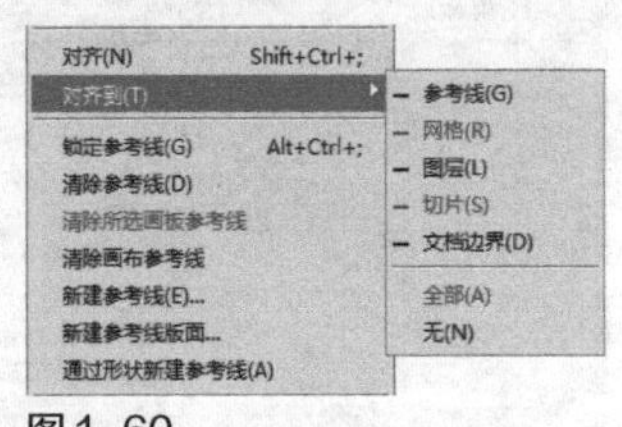

图1-60

> **技巧与提示**
>
> 如果要启用对齐功能，首先需要执行“视图 > 对齐”菜单命令，使“对齐”命令处于勾选状态，否则“对齐到”子菜单中的命令没有任何作用。

1.5.7 显示 / 隐藏额外内容

执行“视图>显示额外内容”菜单命令（使该命令处于勾选状态），然后执行“视图>显示”子菜单中的命令，可以在画布中显示出图层边缘、选区边缘、目标路径、网格、参考线、智能参考线、切片等额外内容，如图1-61所示。

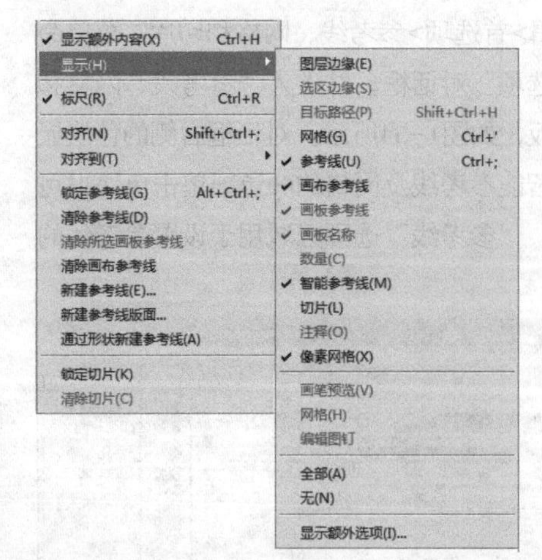

图1-61

[重点] 1.5.8 内存清理

在编辑图像时，经过多次操作后，Photoshop的运行速度会变慢，这时可以通过执行“编辑>清理”子菜单中的命令来清理历史记录，可以清理的对象包括还原操作、剪贴板、历史记录、全部内存及视频高速缓存，如图1-62所示。清理内存以后，Photoshop运行起来就会更加顺畅。当然，除了清理内存来提高运行速度以外，最重要的还是提高计算机的配置，因为随着Photoshop的不断升级，它对计算机配置的要求也越来越高。

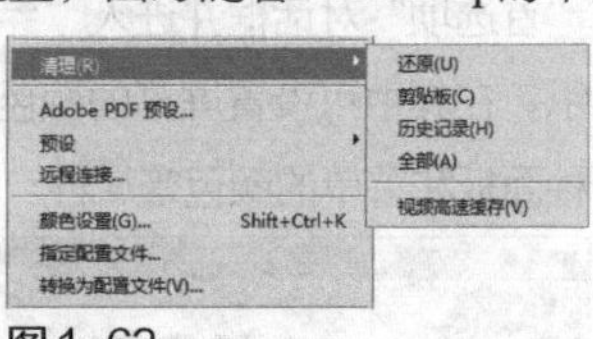

图1-62

1.6 本章小结

本章主要学习了Photoshop的一些基础知识，包括图像文件的基本操作、Photoshop中的一些辅助设置，以及系统的优化设置等。

通过本章的学习，读者应该熟悉Photoshop工作界面的组成，了解菜单栏、工具箱、属性栏、面板等各部分的基本功能；掌握Photoshop图像文件的基本操作，其中包括新建图像、打开图像、保存和关闭图像等基本操作，以及在Photoshop中应用辅助设置来更好地操作图像。

图像的基本编辑

◆ 本章内容简介

本章将学习图像编辑方面的基础知识。通过本章的学习，用户可以掌握图像和画布的大小设置、图像的裁剪、图像的剪切与拷贝、图像的变换与变形操作，以及图层的基本操作等。

◆ 本章学习要点

1. 设置图像和画布大小　　2. 图像文件的基本操作

3. 撤销与重做操作　　4. 剪切/拷贝与粘贴图像

5. 图像的变换与变形操作　　6. 图层的基本操作

2.1 设置图像和画布大小

在Photoshop中绘制图像应该了解一些图像的基本调整方法，其中包括图像和画布大小的调整。下面将分别进行讲解。

重点 2.1.1 查看和设置图像大小

用户对图像文件进行编辑时，常会遇到图像大小不合适的情况，这时可以通过改变图像的高度、宽度和分辨率来调整图像的大小。执行“图像>图像大小”菜单命令或按Ctrl+Alt+I组合键，即可打开“图像大小”对话框，在该对话框中可以查看“图像大小”“尺寸”“分辨率”等参数，如图2-1所示。

图 2-1

“图像大小”对话框中各选项含义如下。

▶ **图像大小**：显示当前图像的大小。

▶ **尺寸**：显示当前图像的长、宽值，单击下拉按钮，可以设置图像长宽的单位。

▶ **调整为**：该下拉列表中有系统自带尺寸选项，可以直接选择所需图像大小。

▶ **宽度/高度**：设置图像的宽度和高度，可以改变图像的实际打印尺寸。

▶ **分辨率**：在其中输入数值，可以调整图像分辨率大小，分辨率越大，图像文件就越大。

▶ **限制长宽比**：默认情况下，图像是按比例进行缩放的，单击该按钮，将取消对长宽比的限制，从而可以自由调整宽度和高度的数值，图像可以不再按比例进行缩放。

▶ **重新采样**：设置在调节图像大小时定义新像素的方式，一般保持默认设置。

疑难解答：调整像素大小是否影响画质

在“图像大小”对话框中，改变的是图像的像素大小和分辨率等，因此图像的大小和质量都有可能发生改变。图2-2所示图像的“图像大小”为1.09MB，“尺寸”为709像素×536像素。将“尺寸”改为500像素×378像素后，“图像大小”就变成了553.7KB，并且在画布中可以明显看到图像变小了，且显示比例仍为100%，如图2-3所示。这就说明，改变像素大小会改变文件的实际大小，影响画质。

图 2-2

图 2-3

▶ 课堂练习：制作合适尺寸的图片

素材路径	素材\第2章\卡通画.jpg
实例路径	实例\第2章\制作合适尺寸的图片.jpg

练习效果

本练习将打开一幅图像，然后使用“图像大小”命令调整图像的大小。本练习最终效果如图2-4所示。

图 2-4

操作步骤

01 执行“文件>打开”菜单命令，打开“素材\第2章\卡通画.jpg”素材图像，将鼠标指针移动到当前图像窗口底端的文档状态栏中，按住鼠标左键不放，可以显示出当前图像文件的“宽度”“高度”“分辨率”等信息，如图2-5所示。

图 2-5

02 执行“图像>图像大小”菜单命令或按Ctrl+Alt+I组合键，打开“图像大小”对话框，在此可以重新设置图像的大小，如图2-6所示。

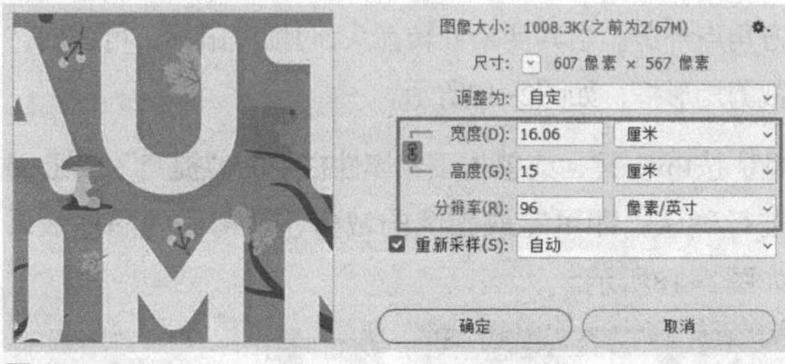

图 2-6

03 完成图像大小的设置后，单击“确定”按钮，即可调整图像的大小，在文档状态栏中可以查看调整后的信息，效果如图2-7所示。

图 2-7

2.1.2 动手学：设置画布大小

图像画布大小是指当前图像周围工作空间的大小。使用“画布大小”命令可以精确地设置图像画布的尺寸。

01 打开“素材\第2章\热气球.jpg”素材图像，执行“图像>画布大小”菜单命令，或右击图像窗口顶部的标题栏，在弹出的快捷菜单中选择“画布大小”命令，如图2-8所示。

图 2-8

02 这时将打开“画布大小”对话框，在其中可以查看和设置当前画布的大小。单击“定位”栏中的箭头指示按钮，可以确定画布扩展方向，然后在“新建大小”栏中输入新的宽度和高度，如图2-9所示。

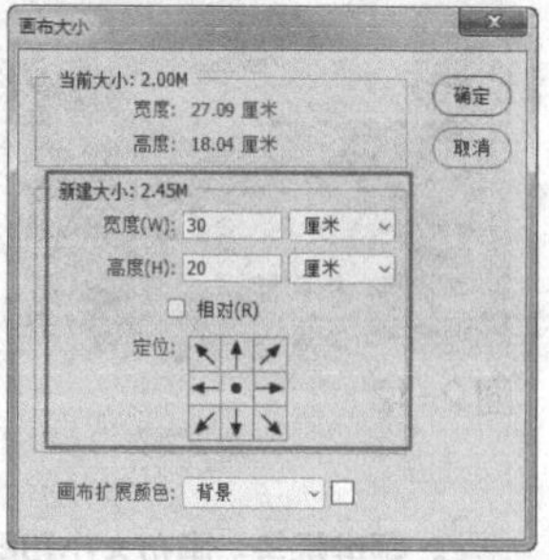

图 2-9

03 在“画布扩展颜色”下拉列表中可以选择画布的扩展颜色，或者单击右方的颜色按钮，打开“拾色器（画布扩展颜色）”对话框，在该对话框中可以设置画布的扩展颜色，如图2-10所示。

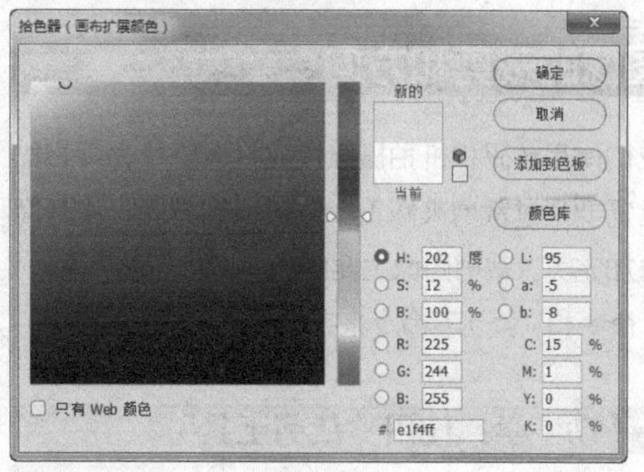

图 2-10

04 设置好画布大小和扩展颜色后，效果如图2-11所示。

图 2-11

举一反三：修改画布区域外的颜色

画布区域以外是指画布外面的灰色区域，这个区域的颜色是可以改变的。在该区域上单击鼠标右键，在弹出的菜单中可以选择想要的颜色，如图 2-12 所示。当然，我们也可以自定义一个颜色，图 2-13 所示是将该区域设置为蓝色时的效果。

图 2-12

图 2-13

疑难解答：画布大小和图像大小的区别

画布大小和图像大小之间有着本质的区别。画布大小是指工作区域的大小，它包含图像和空白区域；而图像大小则是指图像的“像素大小”。

2.2 图像的裁剪和方向

当我们使用数码相机拍摄照片或将老照片进行扫描时，经常需要通过裁剪来修正图像大小或方向，使画面的构图更加完美。裁剪图像主要使用“裁剪工具”、“裁剪”命令和“裁切”命令来完成。

【重点】2.2.1 动手学：使用“裁剪工具”

使用“裁剪工具” 可以将多余部分的图像裁剪掉，从而得到需要的图像。选择“裁剪工具”，在图像中拖曳鼠标，将绘制出一个矩形区域，矩形区域内部代表裁剪后图像保留部分，矩形区域外的部分将被删除。“裁剪工具”属性栏如图2-14所示。

图 2-14

“裁剪工具”属性栏中常用选项含义如下。

- **比例**：在后面的数值框中可以设置裁剪图像时的比例，在裁剪图像时将按照该数值等比例放大或缩小裁剪框。
- **清除**：单击该按钮可以清除设置的“比例”“高度”“宽度”“分辨率”等数值。
- **按钮**：单击该按钮可以取消当前裁剪操作。
- **按钮**：单击该按钮或按Enter键，可以确认操作。

01 打开“素材\第2章\草地.jpg”素材图像，选择工具箱中的“裁剪工具”，在图像中按住鼠标左键拖曳，即可绘制出一个裁剪矩形框，如图2-15所示。

02 将鼠标指针移动到裁剪矩形框的右方中点上，当其变为双向箭头时拖曳鼠标，可以调整裁剪矩形框的大小，如图2-16所示。

图 2-15

图 2-16

03 将鼠标指针移动到裁剪矩形框的四个角外（如右下方角点外），当其变为旋转箭头时拖曳鼠标，可以旋转裁剪矩形框，如图2-17所示。

04 按Enter键，或单击工具属性栏中的“提交”按钮进行确认，即可完成图像的裁剪，裁剪后的图片效果如图2-18所示。

图 2-17

图 2-18

2.2.2 使用“透视裁剪工具”

使用“透视裁剪工具” 可以在需要裁剪的图像上制

作出带有透视感的裁剪框。选择“透视裁剪工具”，其工具属性栏如图2-19所示。该工具的最大优点在于可以通过绘制出正确的透视形状告诉Photoshop哪里是要被校正的图像区域。

图2-19

“透视裁剪工具”属性栏中常用选项的作用如下。

- **W/H/分辨率**：通过输入裁剪图像的“W（宽度）”、“H（高度）”和“分辨率”的数值，来确定裁剪后图像的尺寸。
- **高度和宽度互换**：单击该按钮可以互换“高度”和“宽度”值。
- **设置裁剪图像的分辨率**：该下拉列表主要用来设置分辨率的单位。
- **前面的图像**：单击该按钮，可以在“宽度”“高度”“分辨率”输入框中显示当前图像的尺寸和分辨率。如果打开了两个文件，会显示另外一个图像的尺寸和分辨率。
- **清除**：单击该按钮，可以清除设置的“宽度”“高度”“分辨率”数值。
- **显示网格**：勾选该选项后，可以在图像中显示裁剪区域的网格。

2.2.3 动手学：使用“裁剪”和“裁切”命令

“裁剪”与“裁切”命令虽然都能对图像大小起到调整的作用，但两者之间存在明显的不同。“裁剪”命令只有当图像中存在选区时才可用，而“裁切”命令可以根据像素颜色的差别来裁剪画布。下面就来学习如何使用该命令。

01 按Ctrl+O组合键打开“素材\第2章\岸边.jpg”素材图像，如图2-20所示。

02 在工具箱中选择“矩形选框工具”，然后在图像中绘制一个矩形选区，将要保留的内容确定下来，如图2-21所示。

图2-20

图2-21

03 执行“图像>裁剪”菜单命令，裁剪以后，就只保留选区内的图像，但是此时选区仍然存在，如图2-22所示。

04 按Ctrl+D组合键即可取消选区，最终效果如图2-23所示。

图2-22

图2-23

2.2.4 旋转画布

执行“图像>图像旋转”菜单命令，其子菜单中提供了一些旋转画布的命令，包含“180度”“顺时针90度”“逆时针90度”“任意角度”“水平翻转画布”“垂直翻转画布”，如图2-24所示。在使用这些命令时，可以旋转或翻转整个图像。图2-25所示为原图，图2-26和图2-27所示是执行“顺时针90度”命令和“水平翻转画布”命令后的图像效果。

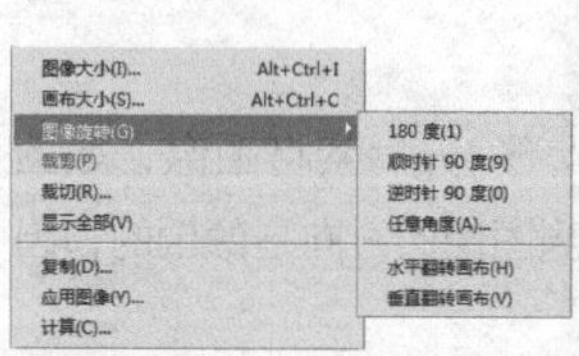

图2-24

图2-25

图2-26

图2-27

技巧与提示

“图像＞图像旋转”子菜单中提供了一个特殊的“任意角度”命令，该命令主要用来以任意角度旋转画布。执行“任意角度”命令，会弹出“旋转画布”对话框，在该对话框中可以设置旋转的角度和旋转的方向（顺时针和逆时针），如图2-28所示。

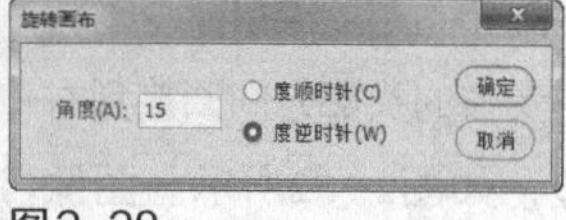

图2-28

▶ 课堂练习：改变图像方向

素材路径	素材\第2章\小女孩.jpg
实例路径	实例\第2章\改变图像方向.jpg

练习效果

一张漂亮的照片可以通过合成得到，但如果方向不对，就需要对图像进行旋转。改变图像的方向对于Photoshop来说很容易，只需进行旋转或翻转图像操作即可实现。本练习改变图像方向的效果如图2-29所示。

图2-29

操作步骤

(01) 打开“素材\第2章\小女孩.jpg”素材图像，如图2-30所示。从图中可以观察到图像的方向是颠倒的，因此需要将其矫正过来。

(02) 执行“图像>图像旋转>垂直翻转画布”菜单命令，此时图像的方向将被矫正过来，效果如图2-31所示。

图2-30

图2-31

(03) 如果觉得图像中人物向左看不是很合适，还可以执行“图像>图像旋转>水平翻转画布”菜单命令，将小女孩的头部方向调整到右边，如图2-32所示。图像方向的调整完成。

图2-32

技巧与提示

“图像旋转”命令只适合旋转或翻转画布中的所有图像，不适合单个图层或图层的一部分、路径及选区边界。如果要旋转选区或图层，就需要使用到“变换”或“自由变换”功能。

2.3 撤销与重做操作

在Photoshop中对图像应用各种操作时，由于步骤较多，难免有操作失误的时候，这个时候就需要对图像进行撤销或者重做等操作。

[重点] 2.3.1 还原与重做

“还原”和“重做”两个命令是相互关联在一起的。执行“编辑>还原”菜单命令或按Ctrl+Z组合键，可以撤销最近的一次操作，将其还原到上一步操作状态中；如果想要取消还原操作，可以执行“编辑>重做”菜单命令或按Alt+Shift+Z组合键。

2.3.2 后退一步与前进一步

“还原”命令一次只可以还原一步操作，如果要连续还原多步操作，就需要连续执行“编辑>后退一步”菜单命令，或连续按Ctrl+Z组合键来逐步撤销操作；如果要取消还原的操作，可以连续执行“编辑>前进一步”菜单命令，或连续按Shift+Ctrl+Z组合键来逐步恢复被撤销的操作。

[重点] 2.3.3 通过“历史记录”面板操作

在编辑图像时，每进行一次操作，Photoshop都会将其记录到“历史记录”面板中。也就是说，在“历史记录”面板中可以将操作恢复到某一步的状态，同时也可以再次返回到当前的操作状态。

执行“窗口>历史记录”菜单命令，即可打开“历史记录”面板，如图2-33所示。

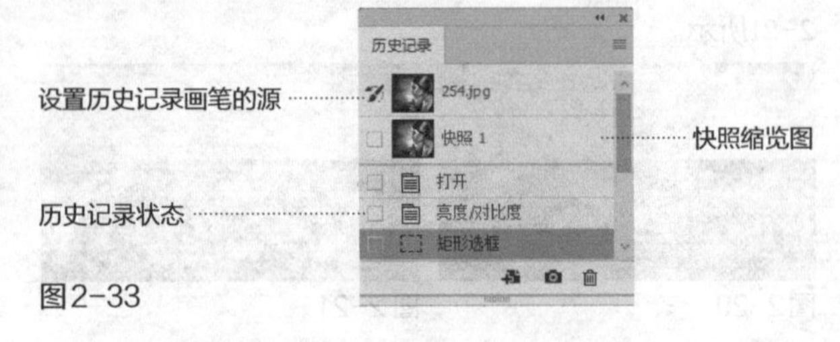

图2-33

"历史记录"面板中各选项的作用如下。

▷ **设置历史记录画笔的源**：使用历史记录画笔时，这个图标所在的位置代表历史记录画笔的源图像。

▷ **快照缩览图**：显示被记录为快照的图像状态。

▷ **历史记录状态**：在Photoshop中记录每一步操作的状态。

▷ **从当前状态创建新文档**：以当前操作步骤中图像的状态创建一个新文档。

▷ **创建新快照**：以当前图像的状态创建一个新的快照。

▷ **删除当前状态**：选择一个历史记录后，单击该按钮可以将该记录以及后面的记录删除掉。

举一反三：恢复文件到初始状态

使用还原操作需要一步一步地还原图像，但对于步骤较多的图像来说，就较为麻烦。用户还可以通过"恢复"命令将图像文件快速恢复到初始状态。

01 打开"素材\第 2 章\优雅女士.jpg"素材图像，如图 2-34 所示。

图2-34

02 执行"图像＞调整＞色相/饱和度"菜单命令，打开"色相/饱和度"对话框，在其中设置"色相"为11、"饱和度"为10、"明度"为-5，如图 2-35 所示，效果如图 2-36 所示。

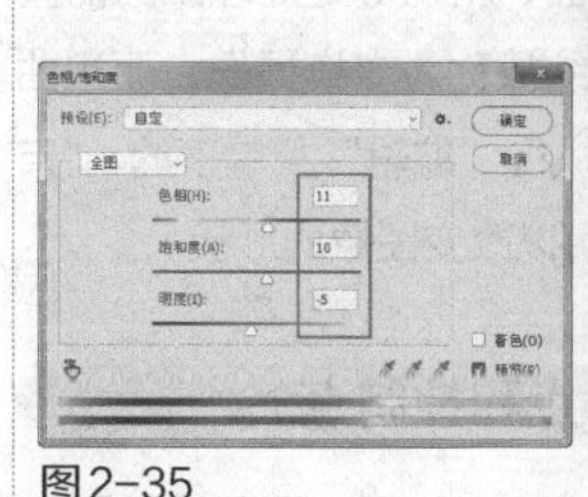

图2-35

图2-36

03 执行"滤镜＞风格化＞拼贴"菜单命令，在弹出的"拼贴"对话框中直接单击"确定"按钮，如图 2-37 所示，效果如图 2-38 所示。

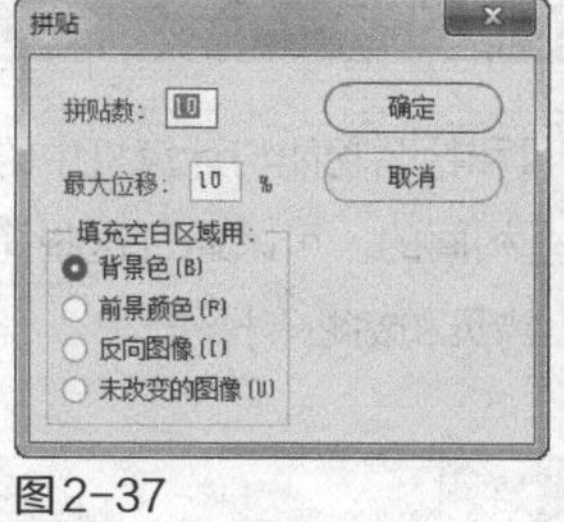

图2-37

图2-38

04 执行"文件＞恢复"菜单命令或按 F12 键，此时可以发现图像恢复到了打开时的状态，如图 2-39 所示。

图2-39

疑难解答：还原步数不够怎么办

"历史记录"面板只能记录 20 步操作，但是如果使用画笔、涂抹等绘画工具编辑图像时，每单击一次，Photoshop 就会自动记录为一个操作步骤，这样势必会出现历史记录不够用的情况。比如，在图 2-40 所示的"历史记录"面板中，"画笔工具"的操作步骤较多，无法分辨哪个步骤是自己需要的状态，这就让"历史记录"面板的还原能力大打折扣。

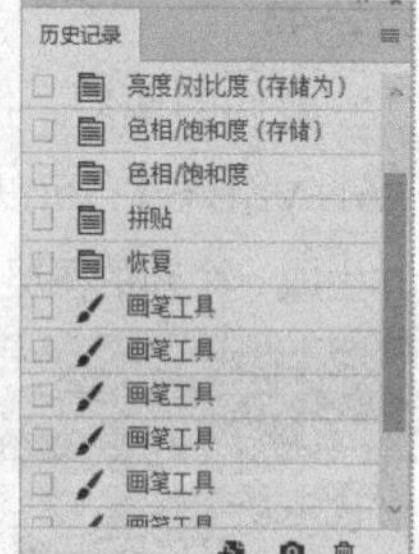

图2-40

解决以上问题的方法主要有以下两种。

第 1 种：执行"编辑＞首选项＞性能"菜单命令，在弹出的"首选项"对话框中增大"历史记录状态"数值，如图 2-41 所示。但是如果将"历史记录状态"数值设置得过大，会占用很多的系统内存。

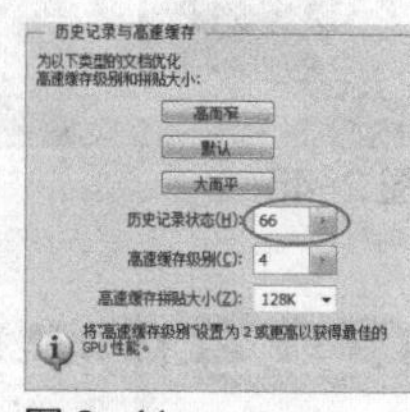

图2-41

第 2 种：绘制完一个比较重要的效果时，就在"历史记录"面板中单击"创建新快照"按钮，将当前画面保存为一个快照，如图 2-42 所示。这样无论以后绘制了多少步，都可以通过单击这个快照将图像恢复到快照记录效果。

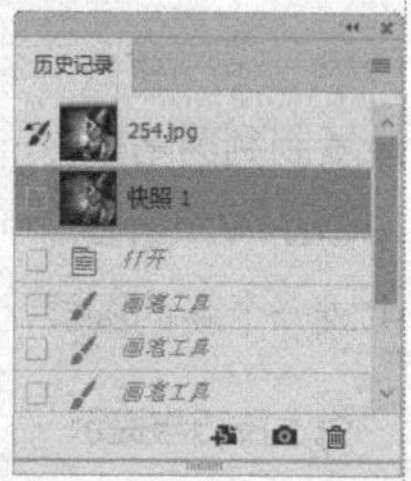

图2-42

2.4 剪切/拷贝与粘贴图像

Photoshop中的剪切、拷贝和粘贴功能与计算机中的剪切、拷贝和粘贴功能是完全相同的。可以通过这些简单的命令，对图像进行剪切、拷贝和粘贴等操作。

重点 2.4.1 剪切与粘贴

使用任意选框工具在图像中建立选区，如创建一个矩形选区，如图2-43所示。执行“编辑>剪切”菜单命令或按Ctrl+X组合键，可以将选区中的内容剪切到剪贴板上，如图2-44所示。

图2-43

图2-44

剪切图像后，执行“编辑>粘贴”菜单命令或按Ctrl+V组合键，可以将剪切的图像粘贴到其他画布中，并生成一个新的图层，如图2-45所示。

图2-45

2.4.2 合并拷贝

在图像上创建选区，如图2-46所示。执行“编辑>拷贝”菜单命令或按Ctrl+C组合键，可以将选区中的图像复制到剪贴板中，然后执行“编辑>粘贴”菜单命令或按Ctrl+V组合键，可以将复制的图像粘贴到画布中，并生成一个新的图层，如图2-47所示。

技巧与提示

当文档中包含很多图层时，按Ctrl+A组合键全选图像，然后执行“编辑>合并拷贝”菜单命令或按Ctrl+Shift+C组合键，可以将所有可见图层拷贝并合并到剪贴板中，接着按Ctrl+V组合键可以将合并拷贝的图像粘贴到当前文档或其他文档中。

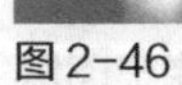

图2-46

图2-47

2.4.3 清除图像

在图像中创建一个选区，如图2-48所示。执行“编辑>清除”菜单命令，可以清除选区中的图像。如果清除的是“背景”图层上的图像，被清除的区域将填充背景色，如图2-49所示；如果清除的是非“背景”图层上的图像，则会删除选区中的图像，如图2-50所示。

图2-48

图2-49

图2-50

2.5 图像的变换与变形操作

移动、旋转、缩放、扭曲、斜切等是处理图像的基本方法。其中移动、旋转和缩放称为变换操作，而扭曲和斜切称为变形操作。通过执行“编辑”菜单下的“自由变换”和“变换”命令，可以改变图像的形状。

重点 2.5.1 定界框、中心点和控制点

在执行“编辑>变换”子菜单下的命令和执行“编辑>自由变换”菜单命令时，当前对象的周围会出现一个用于变换的定界框，定界框的中间有一个中心点，四周还有控制点，如图2-51所示。在默认情况下，中心点位于变换对象的中心，用于定义对象的变换中心，拖曳中心点可以移动它的位置；控制点主要用来变换图像，图

2-52所示为等比例缩小球体时的变换效果。

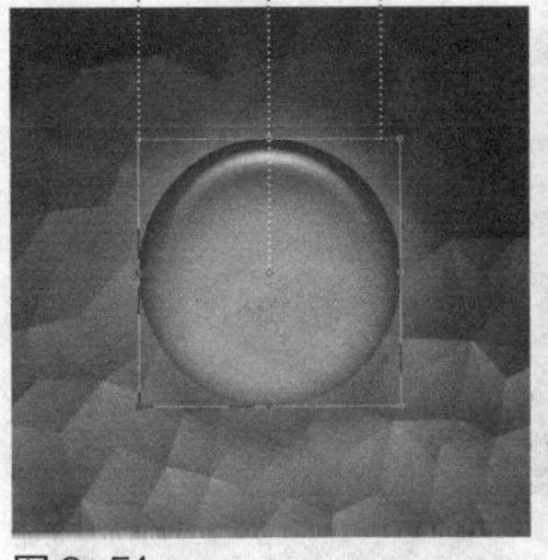

图2-51

图2-52

2.5.2 动手学：移动并复制图像

“移动工具” 是十分常用且重要的工具，无论是在文档中移动图层、选区中的图像，还是将其他文档中的图像拖曳到当前文档，都需要用到“移动工具” 。

(01) 打开“素材\第2章\纸盒.jpg”素材图像，如图2-53所示。选择工具箱中的“魔棒工具” ，在工具属性栏中设置“容差”为50，并勾选“连续”复选框，单击灰色背景。

(02) 按Ctrl+Shift+I组合键反选选区，得到纸盒图像的选择区域，如图2-54所示。

图2-53

图2-54

(03) 打开“素材\第2章\蓝色背景.jpg”素材图像，选择工具箱中的“移动工具” ，在纸盒图像窗口中按住鼠标左键拖曳选区内的图像，将其拖曳到蓝色背景图像中，这样就在移动图像的过程中复制了图像，如图2-55所示。此时“图层”面板中也将自动新增一个图层，如图2-56所示。

图2-55

图2-56

(04) 按住Alt键移动“图层1”中的纸盒图像，即可在原图像中移动复制一个相同大小的纸盒图像，如图2-57所示。

(05) 为了更有立体感，执行“图层>图层样式>投影”菜单命令，为每个纸盒图像都添加“投影”图层样式，得到的效果如图2-58所示。

图2-57

图2-58

重点 2.5.3 变换图像

执行“编辑>变换”菜单命令，打开的子菜单中提供了各种变换命令，如图2-59所示。使用这些命令可以对图层、路径、矢量图形以及选区中的图像进行变换操作。另外，还可对“矢量蒙版”和“Alpha通道”应用变换。

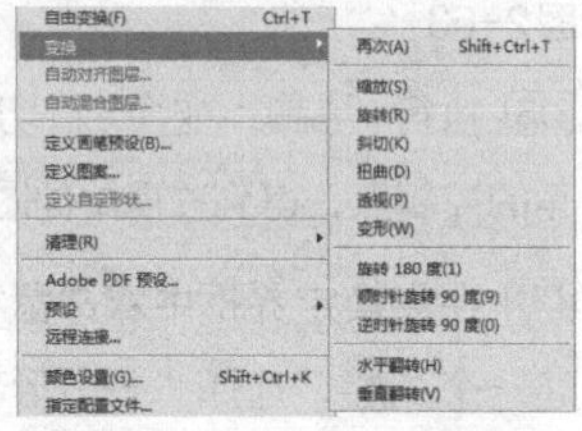

图2-59

▶ 课堂练习：为平板电脑更换屏幕图像

素材路径	素材\第2章\平板电脑.jpg、霓虹灯雪糕.jpg
实例路径	实例\第2章\为平板电脑更换屏幕图像.psd

练习效果

本练习将替换平板电脑的屏幕图像，在替换图像的过程中，可以执行“编辑>变换>缩小”菜单命令调整备用图像的大小；执行“编辑>变换>旋转”菜单命令旋转备用图像；再执行“编辑>变换>斜切”菜单命令调整备用图像的四个控制点，从而使用备用图像完美替换原图像。图2-60所示是本练习的最终效果。

图2-60

操作步骤

(01) 打开“素材\第2章\平板电脑.jpg”素材图像，如图2-61所示。下面将替换平板电脑的屏幕图像。

(02) 打开“素材\第2章\霓虹灯雪糕.jpg”素材图像，使用“移动工具” 将素材图像直接拖曳到平板电脑图像中，如图2-62所示。

图2-61

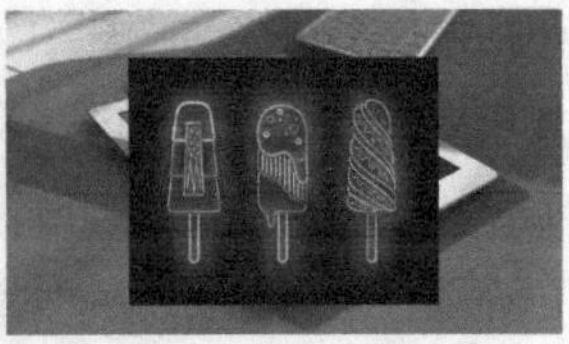

图2-62

(03) 执行“编辑>变换>缩放”菜单命令，按住Shift键向内拖曳左下角的控制点，等比例缩小图像，如图2-63所示。

(04) 执行“编辑>变换>旋转”菜单命令，将鼠标指针置于任意一个控制点外侧并按住鼠标左键拖曳，即可旋转图像，如图2-64所示。

图2-63

图2-64

(05) 执行“编辑>变换>斜切”菜单命令，分别调整四个角的控制点，得到透视拉伸图像效果，如图2-65所示。

(06) 在变换定界框中双击鼠标左键，确认变换。然后新建一个图层，选择“多边形套索工具”，在图像中绘制一个多边形选区，如图2-66所示。

图2-65

图2-66

(07) 选择“渐变工具”，在属性栏中设置渐变颜色为从白色到透明，然后对选区应用“线性渐变”填充，如图2-67所示。

图2-67

(08) 适当降低该图层的不透明度，得到屏幕上的光照效果，如图2-68所示。

图2-68

(09) 选择“橡皮擦工具”，对超出平板电脑区域的白色图像进行擦除，得到如图2-69所示的效果。

图2-69

2.5.4 自由变换图像

“自由变换”命令其实是“变换”命令的加强版，它可以在一个连续的操作中应用旋转、缩放、斜切、扭曲、透视和变形（如果是变换路径，“自由变换”命令将自动切换为“自由变换路径”命令；如果是变换路径上的锚点，“自由变换”命令将自动切换为“自由变换点”命令），并且可以不必选取其他变换命令，图2-70~图2-72所示分别是缩放变形、旋转变形以及移动图像效果。

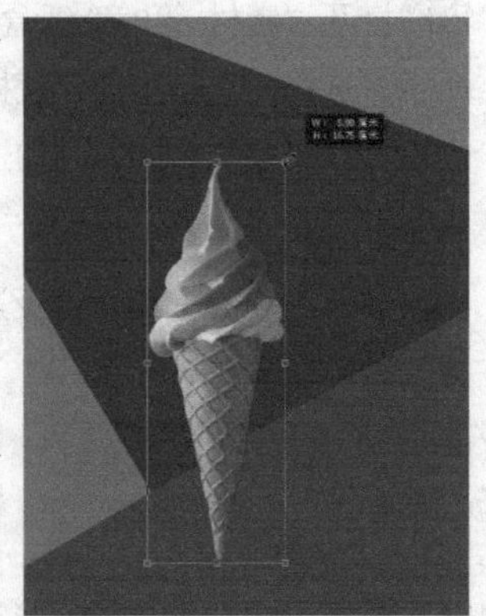

图2-70

图2-71

图2-72

2.5.5 内容识别缩放

“内容识别缩放”是Photoshop中一个非常实用的缩放功能，它可以在不更改重要可视内容（如人物、建筑、动物等）的情况下缩放图像大小。常规缩放在调整图像大小时会同时影响所有像素，而“内容识别缩放”命令主要影响没有重要可视内容区域中的像素，图2–73所示为原图，图2–74和图2–75所示分别是常规缩放和内容识别缩放的效果。

图2–73

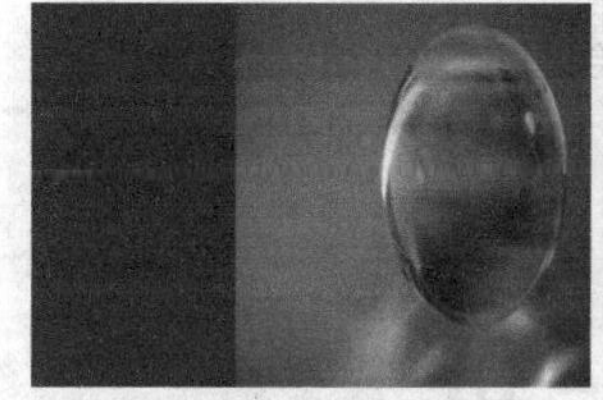
图2–74

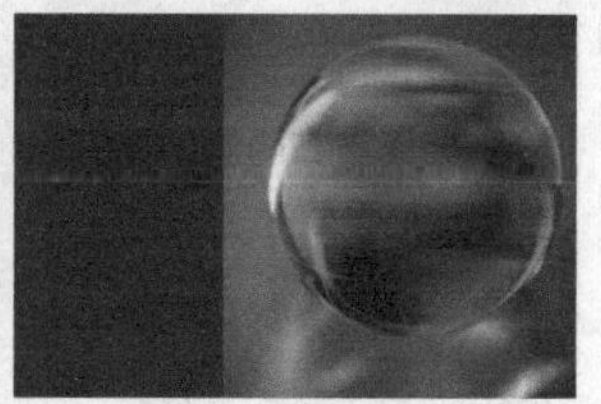
图2–75

选择“内容识别缩放”命令，即可出现该命令的属性栏，如图2–76所示。

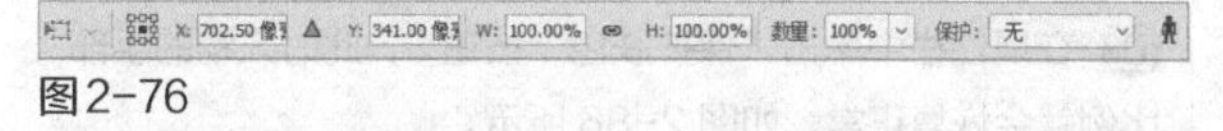

图2–76

“内容识别缩放”命令属性栏中常用选项含义如下。

▶ **参考点位置**：单击其他的白色方块，可以指定缩放图像时要围绕的固定点。在默认情况下，参考点位于图像的中心。

▶ **使用参考点相关定位**：单击该按钮，可以指定相对于当前参考点位置的新参考点位置。

▶ X/Y：设置参考点的水平和垂直位置。

▶ W/H：设置图像按原始大小的缩放百分比。

▶ **数量**：设置内容识别缩放与常规缩放的比例。在一般情况下，都应该将该值设置为100%。

▶ **保护**：选择要保护的区域的Alpha通道。

▶ **保护肤色**：激活该按钮后，在缩放图像时，可以保护人物的肤色区域。

课堂练习：用“内容识别缩放”命令调整图像

素材路径	素材\第2章\背景.jpg
实例路径	实例\第2章\用内容识别缩放调整图像.psd

练习效果

使用“内容识别缩放”命令可以很好地保护图像中的重要内容。本练习就来学习如何使用该功能在缩放图像的同时保护人像形态，最终效果如图2–77所示。

图2–77

操作步骤

01 打开“素材\第2章\背景.jpg”素材图像，在“图层”面板中可以看到仅有一个“背景”图层，如图2–78所示。

图2–78

02 按住Alt键双击“背景”图层的缩览图，将其转换为普通图层，如图2–79所示。

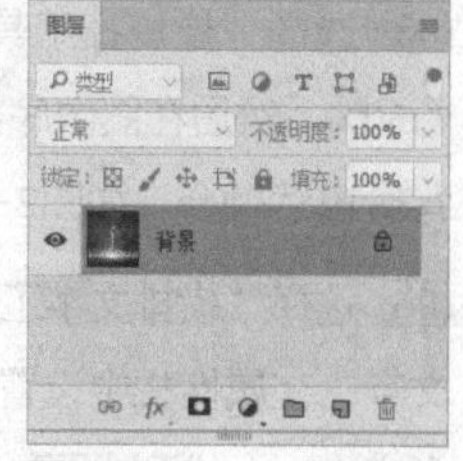

图2–79

技巧与提示

由于“背景”图层在默认情况下处于锁定状态，不能对其进行移动、变换等操作，因此必须将其转换为可编辑图层后才能进行下一步的操作。

03 执行“编辑>内容识别缩放”菜单命令或按Alt+Shift+Ctrl+C组合键，进入内容识别缩放状态，然后选择最底端的控制点，向上拖曳（在缩放过程中可以观察到人物几乎没有发生变形），如图2-80所示。缩放完成后按Enter键完成操作。

图2-80

技巧与提示

如果采用常规缩放方法来缩放这张图像，人物将发生严重的变形。

(04) 新建一个图层，并将其放置到最底层，填充为深红色（R:60，G:12，B:23），如图2-81所示。

图2-81

(05) 选择“橡皮擦工具”，在属性栏中设置不透明度为50%，然后在图像底部进行适当的擦除，使人物图像与背景自然融合，如图2-82所示。

(06) 选择“横排文字工具”，在画面底部输入几行英文文字，在属性栏中设置字体为Times New Roman，适当调整文字大小，排列成图2-83所示的样式，完成本实例制作。

图2-82

图2-83

举一反三：使用“保护肤色”功能缩放人像

使用“内容识别缩放”的“保护肤色”功能可以保护人物的皮肤图像区域不会变形，下面就来学习如何使用该功能在缩放图像的同时保护人像肤色。

(01) 打开“素材\第2章\阳光下.jpg”素材图像，如图2-84所示。按住Alt键双击“背景”图层的缩览图，将其转换为普通图层。

(02) 按Alt+Shift+Ctrl+C组合键进入内容识别缩放状态，分别拖曳左右两侧的控制点，此时可以发现人物的手部发生了变形，如图2-85所示。

图2-84

图2-85

(03) 在属性栏中单击“保护肤色”按钮，此时人物的手部比例就会恢复正常，如图2-86所示。

(04) 在工具箱中选择“裁剪工具”，然后将透明区域裁剪掉，最终效果如图2-87所示。

图2-86

图2-87

举一反三：使用Alpha通道保护图像

使用“内容识别缩放”的“通道保护”功能可以保护通道中的图像不发生变形，下面就来学习该功能的使用方法。

(01) 打开“素材\第2章\彩色苹果.jpg”素材图像，使用“磁性套索工具”沿着彩色苹果的边缘绘制选区，如图2-88所示。

图2-88

02 打开“通道”面板，单击“创建新通道”按钮，新建一个Alpha 1通道，如图2-89所示。

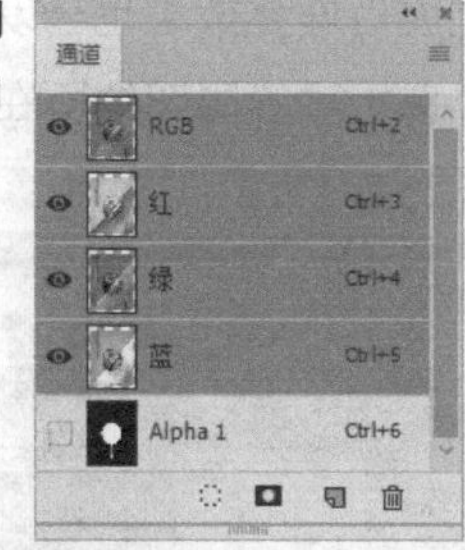

图2-89

03 执行“编辑>内容识别缩放”菜单命令，在属性栏中设置“保护”为Alpha 1通道，接着拖曳定界框中的控制点，此时会发现无论怎样缩放图像，中间苹果的形态始终都保持不变，效果如图2-90所示。

图2-90

2.5.6 操控变形

操控变形是非常灵活的变形工具，它是一种可视网格。借助该网格，可以随意地扭曲特定图像区域，并保持其他区域不变。“操控变形”通常用来修改人物的动作、发型等。

打开一张素材图像，如图2-91所示。其中的人物为单独的一个图层，执行“编辑>操控变形”菜单命令，图像上将会布满网格，如图2-92所示。通过在图像中的关键点上添加“图钉”，可以修改人物的一些动作，图2-93所示为修改手部和腿部动作后的效果。

图2-91

图2-92

图2-93

技巧与提示

除了图像图层、形状图层和文字图层之外，还可以对图层蒙版和矢量蒙版应用操控变形。如果要以非破坏性的方式变形图像，需要将图像转换为智能对象。

课堂练习：用“操控变形”命令修改姿态

素材路径	素材\第2章\长颈鹿.psd、悬崖边.jpg
实例路径	实例\第2章\用操控变形修改姿态.psd

练习效果

在制作一张图像时，若图像中的人物或者动物的姿态不符合设计的主题，我们就可以用“操控变形”命令修改其姿态。图2-94所示是本练习的最终效果。

图2-94

操作步骤

01 打开“素材\第2章\悬崖边.jpg、长颈鹿.psd”素材图像，如图2-95和图2-96所示。

图2-95

图2-96

02 使用“移动工具”，将长颈鹿图像直接拖曳到悬崖边图像中，适当调整长颈鹿图像大小，如图2-97所示。

03 执行“编辑>操控变形”菜单命令，在长颈鹿的头部和脖子等重要部位添加一些图钉，如图2-98所示。

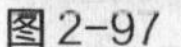
图2-97

图2-98

(04) 将鼠标指针放置在图钉上，然后按住鼠标左键仔细调节图钉的位置，此时长颈鹿的头部和脖子也会随之发生变形，如图2-99所示。

(05) 按Enter键退出“操控变形”命令，得到的变形效果如图2-100所示。

图 2-99

图 2-100

(06) 设置长颈鹿图像所在图层的混合模式为“正片叠底”，效果如图2-101所示。再按Ctrl+J组合键复制一次图层，改变图层混合模式为“正常”、“不透明度”为70%，如图2-102所示。

图 2-101

图 2-102

(07) 选择“橡皮擦工具”，在属性栏中设置“不透明度”为50%，对长颈鹿的头部、颈部和身体进行适当的擦除，如图2-103所示。

图 2-103

2.6 图层的基本操作

在Photoshop中图层的应用是非常重要的一个知识点，本节将详细介绍图层的基本操作，包括图层的作用、“图层”面板的简介，以及图层的创建、复制、删除、选择、对齐、分布、链接和合并等基本操作。

【重点】2.6.1 图层的作用

图层就如同堆叠在一起的透明胶片，在不同图层上进行绘画就像是将图像中的不同元素分别绘制在不同的透明胶片上，然后按照一定的顺序进行叠放后形成完整的图像。对某一图层进行操作就相当于调整某些胶片的上下顺序或移动其中一张胶片的位置，调整完成后堆叠效果也会发生变化。因此，图层的操作就类似于对不同图像所在的胶片进行的调整或修改，如图2-104所示。

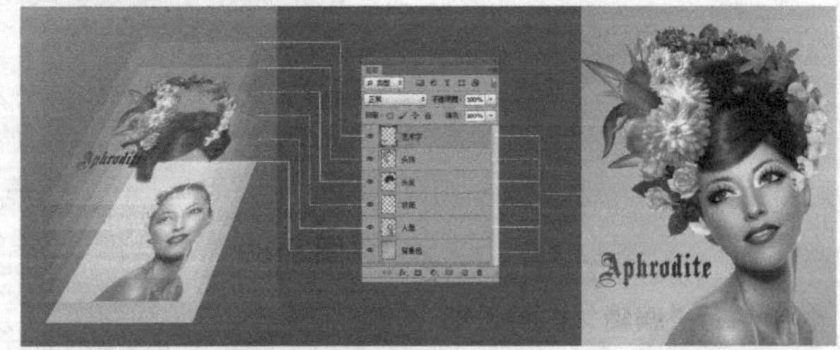

类似于透明胶片的图层　“图层”面板中的图层　最终得到的图像效果

图 2-104

图层的优势在于每一个图层中的对象都可以单独进行处理，既可以移动图层，也可以调整图层堆叠的顺序，而不会影响其他图层中的内容，如图2-105和图2-106所示。

图 2-105

图 2-106

技巧与提示

在编辑图层之前，首先需要在“图层”面板中单击该图层，将其选中，所选图层将成为当前图层。绘画及色调调整只能在一个图层中进行，而移动、对齐、变换或应用“样式”面板中的样式等可以一次性处理所选的多个图层。

重点 2.6.2 认识“图层”面板

“图层”面板是Photoshop中最重要、最常用的面板，主要用于创建、编辑和管理图层，以及为图层添加样式，如图2-107所示。在“图层”面板中，图层名称的左侧是图层的缩览图，它显示了图层中包含的图像内容，右侧是图层的名称，而缩览图中的棋盘格则代表图像的透明区域。

图2-107

“图层”面板中主要选项的作用如下。

▶ **锁定**：这一排按钮用于锁定当前图层的某种属性，使其不可编辑。其中有“锁定透明像素”按钮、“锁定图像像素”按钮、“锁定位置”按钮、“防止在画板内外自动嵌套”按钮和“锁定全部”按钮。

▶ **不透明度**：用来设置当前图层的总体不透明度。

▶ **填充**：用于设置图层填充状态的透明度。

▶ **链接图层**：选择两个或两个以上的图层，再单击该按钮，可以链接图层，链接的图层可同时进行各种变换操作。

▶ **图层缩览图**：显示图层中所包含的图像内容。其中棋盘格区域表示图像的透明区域，非棋盘格区域表示像素区域（即具有图像的区域）。

▶ **当前选择的图层**：当前处于选择或编辑状态的图层。处于这种状态的图层在“图层”面板中显示为深灰色的底色。

▶ **创建新组**：单击该按钮，可以创建新的图层组。可以将多个图层放置在一起，方便用户进行查找和编辑操作。

▶ **创建新图层**：单击该按钮可以创建一个新的空白图层。

▶ **删除图层**：单击该按钮可以删除当前选中的图层。

2.6.3 选择图层

在Photoshop中，只有正确地选择了图层，才能有针对性地对图像进行编辑及修饰，用户选择图层时有如下三种情况。

1. 选择单个图层

如果要选择某个图层，只需在“图层”面板中单击要选择的图层即可。在默认状态下，被选择的图层背景呈蓝色显示，图2-108所示是选择文字图层的效果。

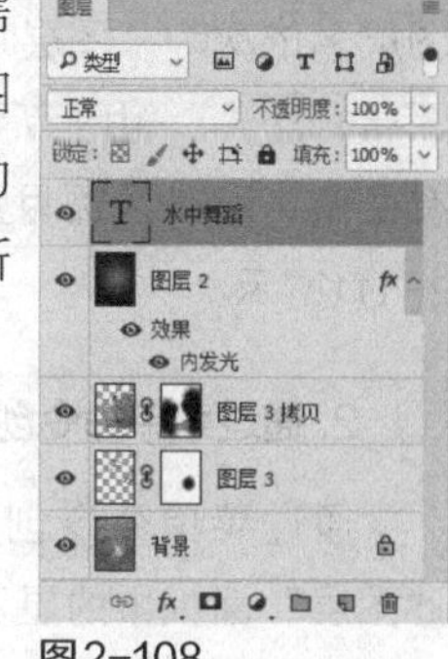

图2-108

2. 选择多个连续图层

选择第一个图层后，在按住Shift键的同时单击另一个图层，可以选择两个图层之间的所有图层（包含这两个图层）。例如，在“图层”面板中单击文字图层将其选中，然后在按住Shift键的同时单击“图层3”，即可同时选择文字图层和“图层3”，以及它们之间的所有图层，如图2-109所示。

图2-109

3. 选择多个不连续图层

如果要选择不连续的多个图层，可以在选择第一个图层后，按住Ctrl键单击其他需要选择的图层。例如，在“图层”面板中单击“背景”图层将其选中，然后在按住Ctrl键的同时单击“图层3”和文字图层，即可选择“背景”“图层3”和文字图层这三个图层，如图2-110所示。

图2-110

重点 2.6.4 动手学：新建图层

新建图层是指在“图层”面板中创建一个新的空白图层，并且新建的图层位于所选择图层的上方。创建图层之前，首先要新建或打开一个图像文档，之后便可以通过“图层”面板快速创建新图层，也可以通过菜单命令来创建新图层。

1. 通过“图层”面板创建图层

单击“图层”面板底部的“创建新图层”按钮，可以快速创建具有默认名称的新图层，图层名依次为“图层1、图层2、图层3……”，由于新建的图层没有像素，所以呈透明显示，如图2-111所示。

图 2-111

2. 通过菜单命令创建图层

通过菜单命令创建图层，不但可以定义图层在“图层”面板中的显示颜色，还可以定义图层的“名称”“混合模式”“不透明度”。

01 新建一个图像文件，执行“图层>新建>图层”菜单命令，或者按下Ctrl+Shift+N组合键，将打开“新建图层”对话框，如图2-112所示。

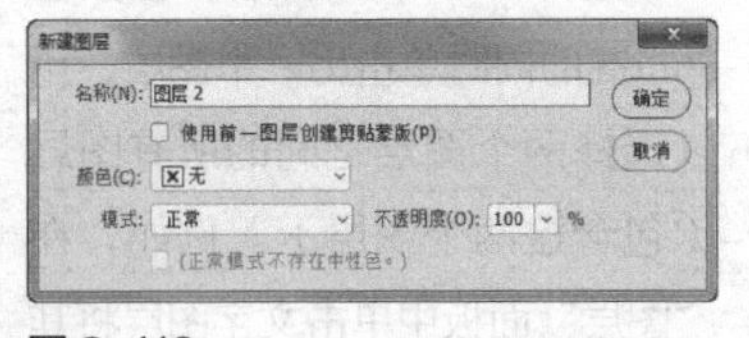

图 2-112

“新建图层”对话框中各选项的含义如下。

- **名称**：用于设置新建图层的名称，以方便用户查找图层。
- **使用前一图层创建剪贴蒙版**：勾选该选项，可以将新建的图层与前一图层进行编组，形成剪贴蒙版。
- **颜色**：用于设置“图层”面板中的显示颜色。
- **模式**：在其下拉列表中可选择新建图层的混合模式。
- **不透明度**：用于设置新建图层的透明程度，可以在数值框中直接输入数值。

02 在“新建图层”对话框中设置图层名称和其他选项，如图2-113所示。然后单击“确定”按钮，即可创建一个指定的新图层，如图2-114所示。

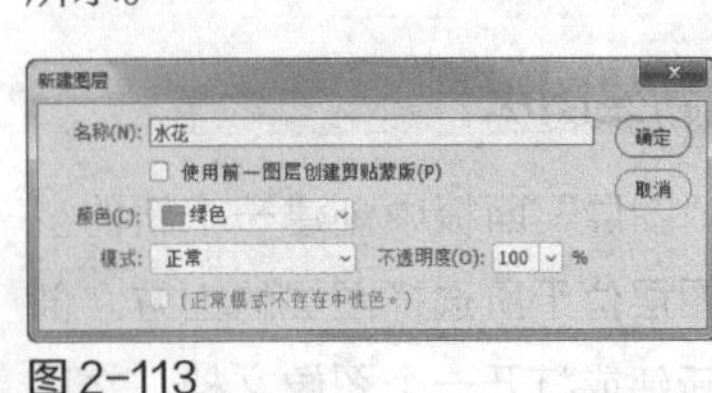

图 2-113

图 2-114

技巧与提示

在Photoshop中还可以通过其他方法创建图层。例如，在图像中先创建一个选区，然后执行“图层>新建>通过拷贝的图层”菜单命令或执行“图层>新建>通过剪切的图层”菜单命令（也可以按下Shift+Ctrl+J组合键），即可创建一个图层。

2.6.5 复制图层

复制图层有多种办法，可以通过命令复制图层，也可以使用快捷键进行复制。

第1种方法，选择一个图层，执行“图层>复制图层”菜单命令，打开“复制图层”对话框，如图2-115所示。然后单击“确定”按钮即可完成图层的复制，如图2-116所示。

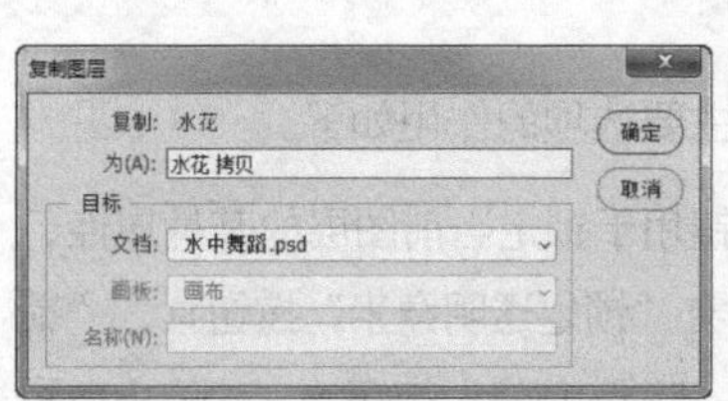

图 2-115

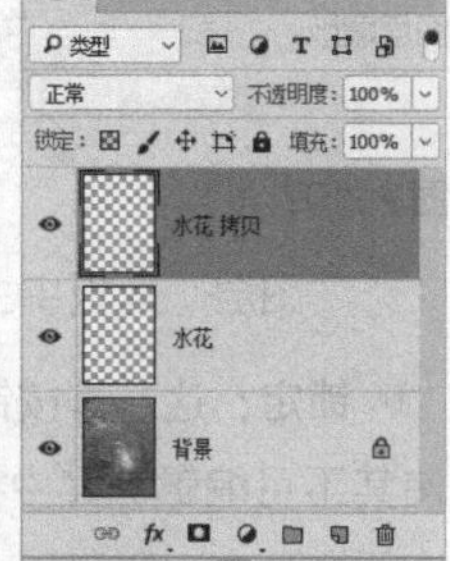

图 2-116

第2种方法，选择要复制的图层，在其名称上单击鼠标右键，接着在弹出的快捷菜单中选择“复制图层”命令，如图2-117所示。最后在弹出的“复制图层”对话框中单击“确定”按钮。

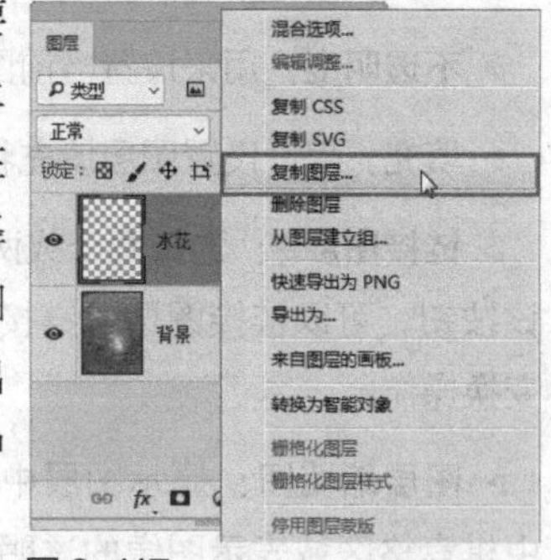

图 2-117

第3种方法，直接将图层拖曳到“创建新图层”按钮上，即可复制出该图层的副本，如图2-118所示。

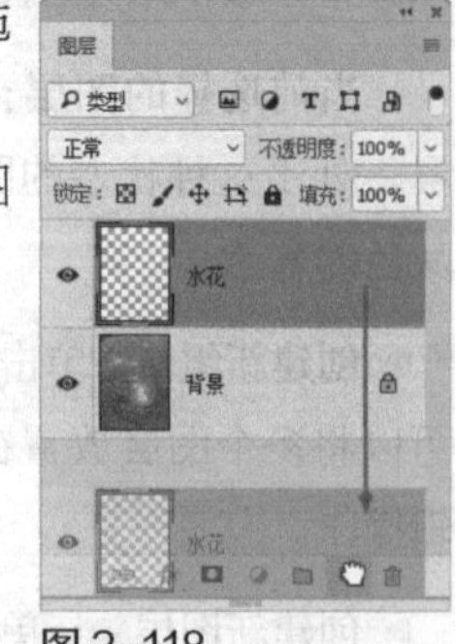

图 2-118

第4种方法，选择需要进行复制的图层，然后直接按Ctrl+J组合键。

2.6.6 隐藏与显示图层

图层缩览图左侧的眼睛图标用来控制图层的可见性。有该图标的图层为可见图层，如图2-119所示；没有该图标的图层为隐藏图层，如图2-120所示。单击眼睛图标可以在图层的显示与隐藏状态之间进行切换。

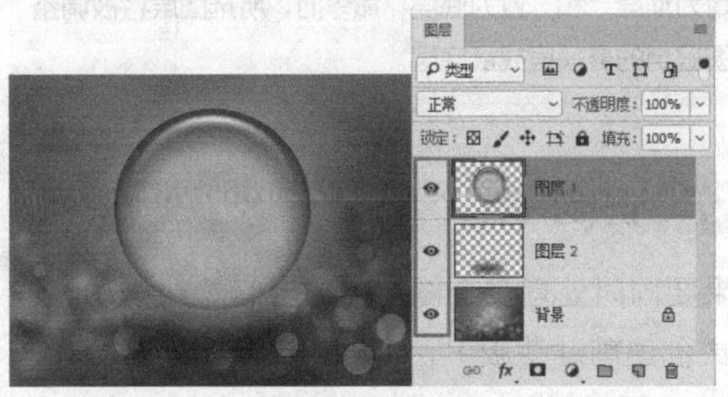

图 2-119

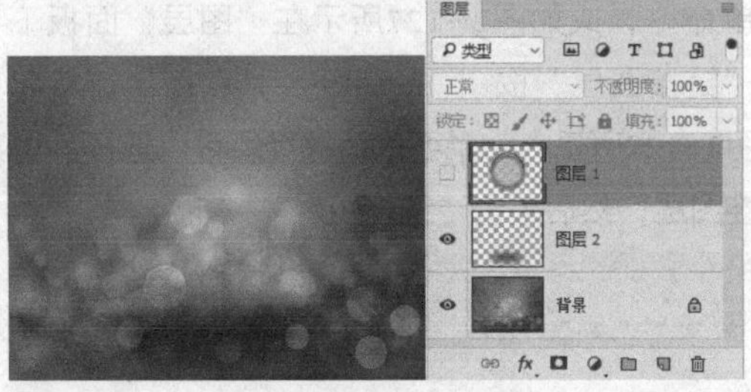

图 2-120

疑难解答：如何快速隐藏/显示多个图层

如果同时选择了多个图层，可以执行“图层 > 隐藏图层”菜单命令，将这些选中的图层隐藏起来。将鼠标指针放置在一个图层的眼睛图标上，然后按住鼠标左键垂直向上或垂直向下拖曳，可以快速隐藏多个相邻的图层，这种方法也可以快速显示隐藏的图层；如果文档中存在两个或两个以上的图层，按住 Alt 键单击眼睛图标，可以快速隐藏该图层以外的所有图层，按住 Alt 键再次单击眼睛图标，可以显示被隐藏的图层。

[重点] 2.6.7 删除图层

对于不需要的图层，用户可以使用菜单命令将其删除，也可通过“图层”面板删除图层，删除图层后该图层中的图像也将被删除。

删除图层主要有以下几种方法。

第1种方法，在“图层”面板中选择要删除的图层，然后执行“图层>删除>图层”菜单命令。

第2种方法，在“图层”面板中选择要删除的图层，然后单击“图层”面板底部的“删除图层”按钮。

第3种方法，在“图层”面板中选择要删除的图层，然后按Delete键。

[重点] 2.6.8 对齐与分布图层

创建图层以后，可以将图层进行对齐，也可以按照一定的间距对图层进行分布。

1. 对齐图层

如果需要将多个图层进行对齐，可以在“图层”面板中选择这些图层，然后执行“图层>对齐”子菜单下的命令，如图2-121所示。另外，如果需要将个图层进行拼合对齐，可以在“移动工具”的属性栏中单击“自动对齐图层”按钮，打开“自动对齐图层”对话框，然后选择相应的投影方法即可，如图2-122所示。

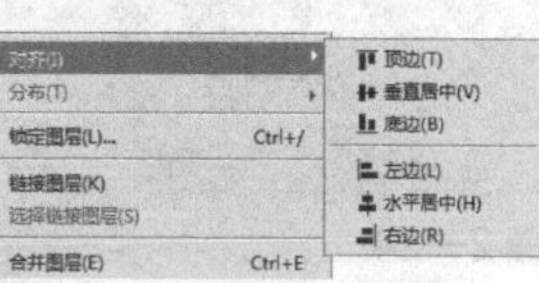

图 2-121

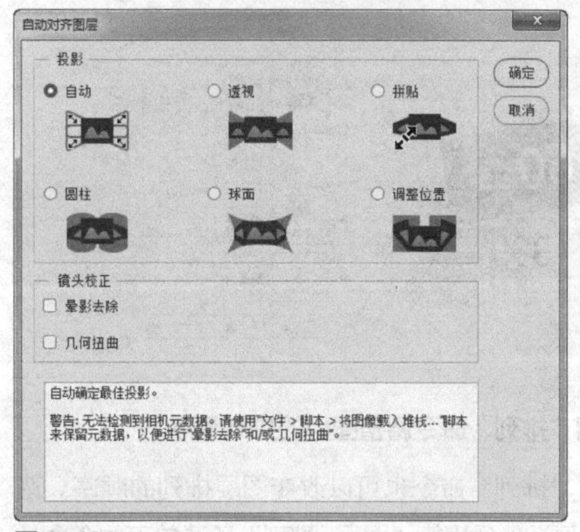

图 2-122

2. 分布图层

当一个文档中包含多个图层（至少为三个图层，且“背景”图层除外）时，可以执行“图层>分布”子菜单下的命令将这些图层按照一定的规律均匀分布，如图2-123所示。

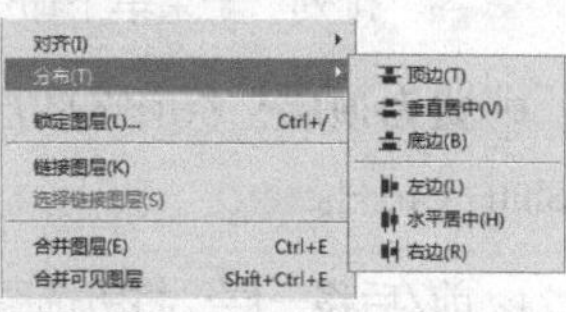

图 2-123

[重点] 2.6.9 调整图层排列顺序

在创建图层时，“图层”面板将按照创建的先后顺序来排列图层。创建图层以后，可以重新调整其排列顺序。

1. 在“图层”面板中调整图层的排列顺序

在一个包含多个图层的文档中，可以通过改变图层在堆栈中所处的位置来改变图像的显示状况。如果要改变图层的排列顺序，可以将该图层拖曳到另外一个图层的上面或下面，从而完成图层排列顺序的调整，如图2-124和图2-125所示。

图 2-124

图 2-125

2. 用“排列”命令调整图层的排列顺序

通过“排列”命令也可以改变图层排列的顺序。选择一个图层，然后执行“图层>排列”子菜单下的命令，即可调整图层的排列顺序，如图2-126所示。

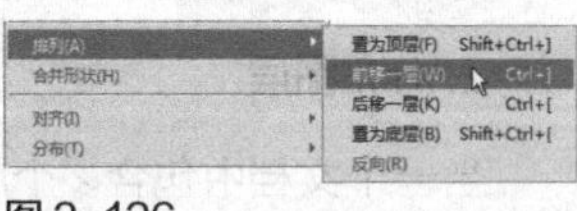

图 2-126

各“排列”子菜单下命令的作用介绍如下。

▶ **置为顶层**：将所选图层调整到最顶层，快捷键为Shift+Ctrl+]。

▶ **前/后移一层**：将所选图层向上或向下移动一个堆叠顺序，快捷键分别为Ctrl+]和Ctrl+[。

▶ **置为底层**：将所选图层调整到最底层，快捷键为Shift+Ctrl+[。

▶ **反向**：在“图层”面板中选择多个图层，执行该命令可以反转所选图层的排列顺序。

> **技巧与提示**
>
> 如果所选图层位于图层组中，执行“前移一层”“后移一层”“反向”命令时，与图层不在图层组中没有区别；但是选择“置为顶层”和“置为底层”命令时，所选图层将被调整到当前图层组的最顶层或最底层。

2.6.10 链接图层

如果要同时处理多个图层中的内容（如移动、应用变换或创建剪贴蒙版），可以将这些图层链接在一起。选择两个或多个图层，然后执行“图层>链接图层”菜单命令，或如图2-127所示在“图层”面板下方单击“链接图层”按钮，即可将这些图层链接起来，如图2-128所示。如果要取消链接，可以选择其中一个链接图层，然后单击“链接图层”按钮。

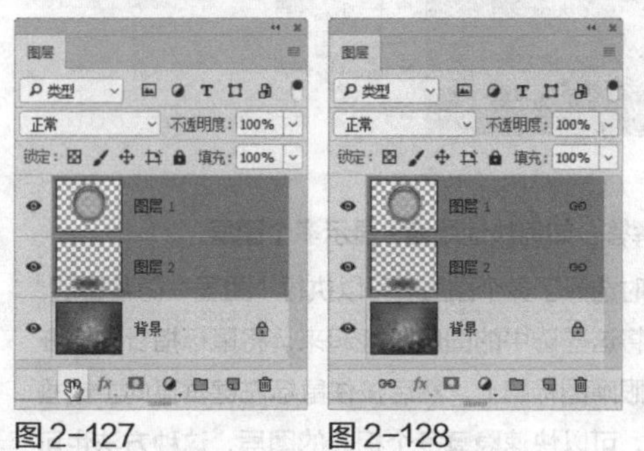

图 2-127　图 2-128

> **技巧与提示**
>
> 将图层链接在一起后，当移动其中一个图层或对其进行变换的时候，与其链接的图层也会产生相同的变化。

2.6.11 合并图层

合并图层是指将几个图层合并成一个图层，这样做不仅可以减小文件大小，还可以方便用户对合并后的图层进行编辑。

1. 合并多个图层

如果要合并两个或多个图层，可以在“图层”面板中选择要合并的图层，如图2-129所示；然后执行“图层>合并图层”菜单命令或按Ctrl+E组合键。合并以后的图层使用最上面图层的名称，如图2-130所示。

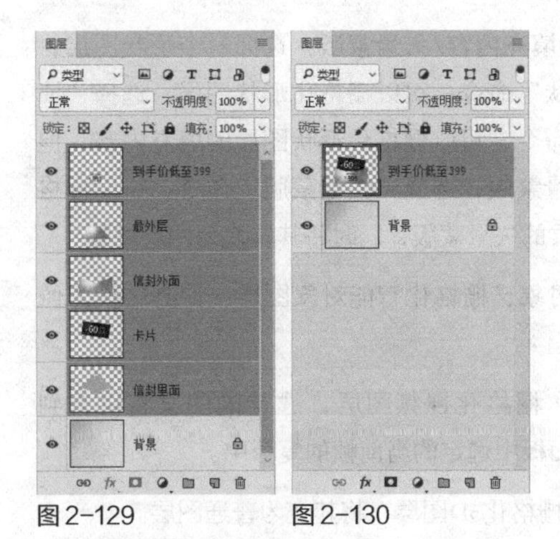

图2-129 图2-130

2. 向下合并图层

如果想要将一个图层与它下面的图层合并，可以选择该图层，如图2-131所示；然后执行“图层>向下合并”菜单命令或按Ctrl+E组合键。合并以后的图层使用下面图层的名称，如图2-132所示。

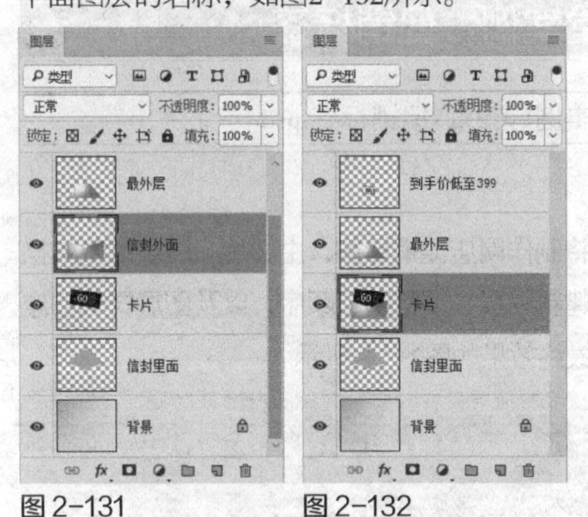

图2-131 图2-132

3. 合并可见图层

如果要合并“图层”面板中的所有可见图层，可以执行“图层>合并可见图层”菜单命令或按Ctrl+Shift+E组合键，如图2-133和图2-134所示。

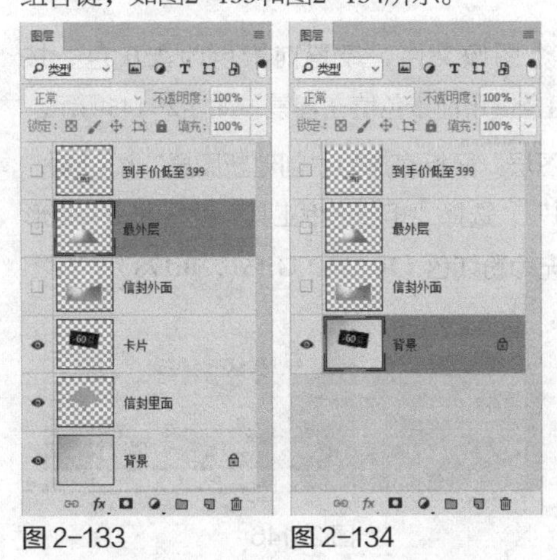

图2-133 图2-134

4. 拼合图像

如果要将所有图层都拼合到“背景”图层中，可以执行“图层>拼合图像”菜单命令。注意，如果有隐藏的图层，则会弹出一个提示对话框，提醒用户是否要扔掉隐藏的图层，如图2-135所示。

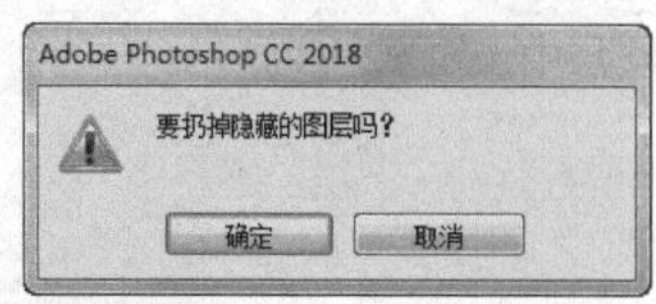

图2-135

2.6.12 盖印图层

“盖印”是一种合并图层的特殊方法，它可以将多个图层的内容合并到一个新的图层中，同时保持其他图层不变。盖印图层在实际工作中经常用到，是一种很实用的图层合并方法。

1. 向下盖印图层

选择一个图层，如图2-136所示，然后按Ctrl+Alt+E组合键，可以将该图层中的图像盖印到下面的图层中，原始图层的内容保持不变，如图2-137所示。

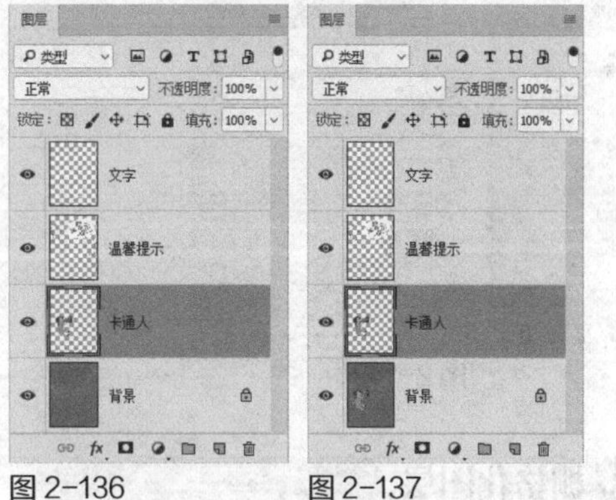

图2-136 图2-137

2. 盖印多个图层

如果选择了多个图层，如图2-138所示，按Ctrl+Alt+E组合键，可以将这些图层中的图像盖印到一个新的图层中，原始图层的内容保持不变，如图2-139所示。

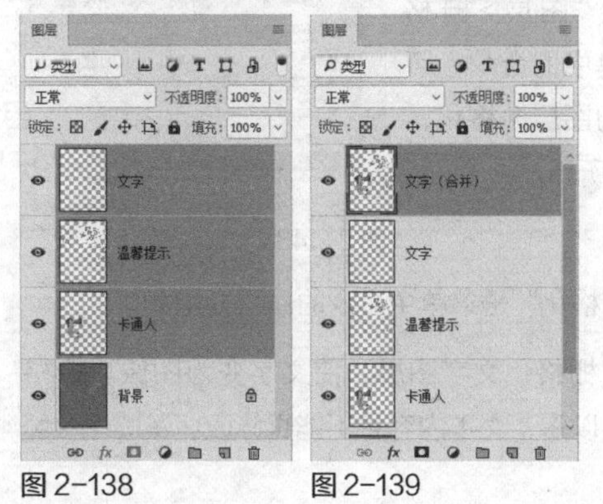

图2-138 图2-139

3. 盖印可见图层

按Ctrl+Shift+Alt+E组合键，可以将所有可见图层盖印到一个新的图层中，如图2-140所示。

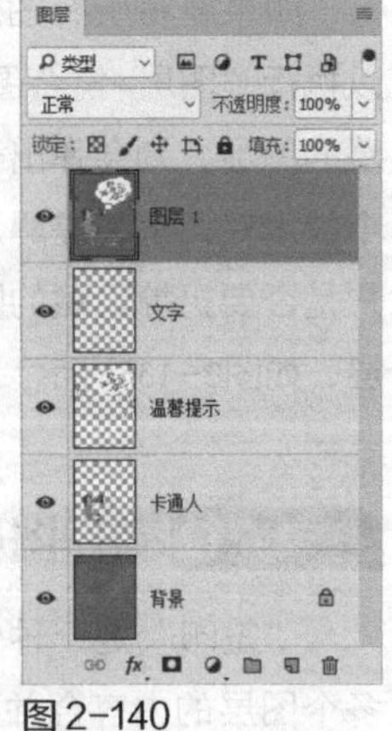

图2-140

4. 盖印图层组

如图2-141所示选择图层组，然后按Ctrl+Alt+E组合键，可以将组中所有图层内容盖印到一个新的图层中，原始图层组中的内容保持不变，如图2-142所示。

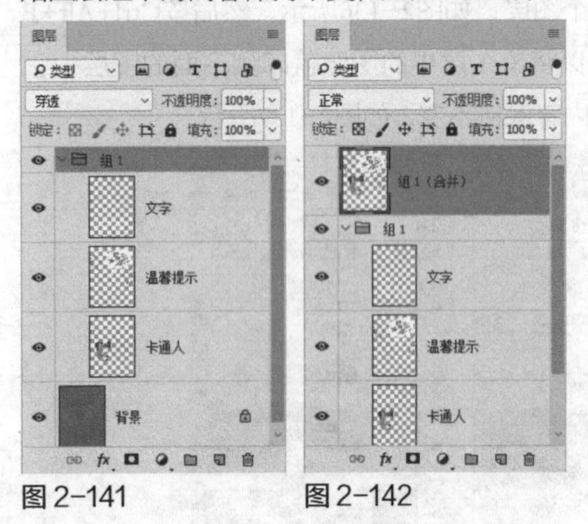

图2-141　　图2-142

2.6.13 栅格化图层

对于文字图层、形状图层、矢量蒙版图层或智能对象等包含矢量数据的图层，不能直接在上面进行编辑，需要先将其栅格化，然后才能进行相应的操作。选择需要栅格化的图层，然后执行"图层 > 栅格化"子菜单中的命令，可以将相应的图层栅格化，如图2-143所示。

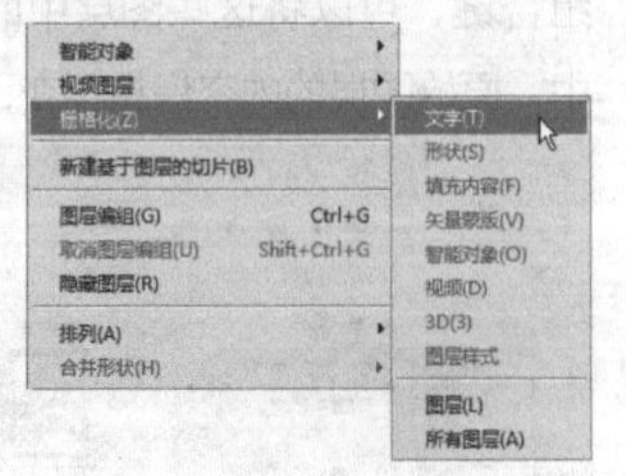

图2-143

各"栅格化"子菜单中命令的作用介绍如下。

▶ **文字**：栅格化文字图层，使文字变为图像。栅格化文字图层以后，文本内容将不能再修改。

▶ **形状/填充内容/矢量蒙版**：选择一个形状图层，选择"形状"命令，可以栅格化形状图层；选择"填充内容"命令，可以栅格化形状图层的填充内容，但会保留矢量蒙版；选择"矢量蒙版"命令，可以栅格化形状图层的矢量蒙版，同时将其转换为图层蒙版。

▶ **智能对象**：栅格化智能对象图层，使其转换为像素图像。

▶ **视频**：栅格化视频图层，选定的图层将拼合到"动画"面板中选定的当前帧的复合中。

▶ **3D**：栅格化3D图层，将其变为普通图层。

▶ **图层/所有图层**：选择"图层"命令，可以栅格化当前选定的图层；选择"所有图层"命令，可以栅格化包含矢量数据、智能对象和生成的数据的所有图层。

2.7 课堂案例：促销标签

实例路径	实例\第2章\促销标签.psd

案例效果

本案例将制作网店促销标签，主要练习图层的基本操作，包括创建新图层、调整图层顺序，以及图层样式的应用等。案例最终效果如图2-144所示。

图2-144

操作步骤

01 新建一个图像文件，设置前景色为浅灰色，按Alt+Delete组合键用前景色填充背景，如图2-145所示。

02 单击"图层"面板底部的"创建新图层"按钮，新建"图层1"，选择"矩形选框工具"绘制一个矩形选区，并填充为粉红色（R:238，G:151，B:178），如图2-146所示。

图2-145　　图2-146

03 选择“圆角矩形工具”，在属性栏中设置工具模式为“形状”、颜色为桃红色（R:214，G:81，B:113）、“半径”为30像素，在图像中绘制一个圆角矩形，如图2-147所示。这时将得到一个形状图层，如图2-148所示。

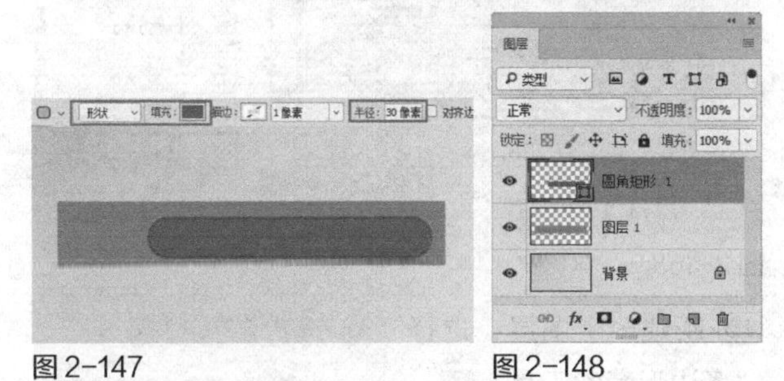

图 2-147　　图 2-148

04 执行“图层>图层样式>内阴影”菜单命令，打开“图层样式”对话框，设置“内阴影”颜色为深红色（R:180，G:68，B:94），其他参数设置如图2-149所示。单击“确定”按钮，即可得到内阴影效果，如图2-150所示。

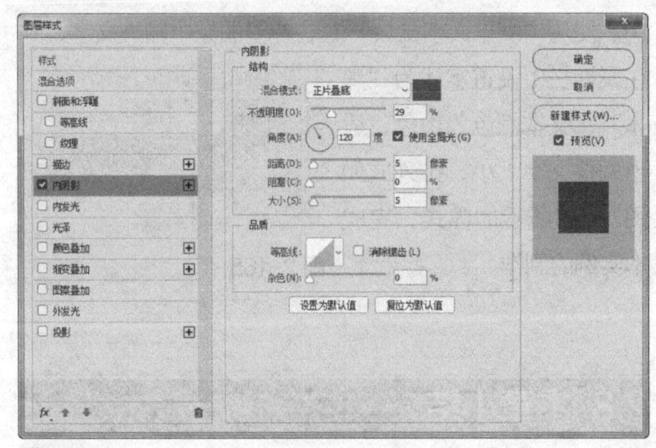

图 2-149

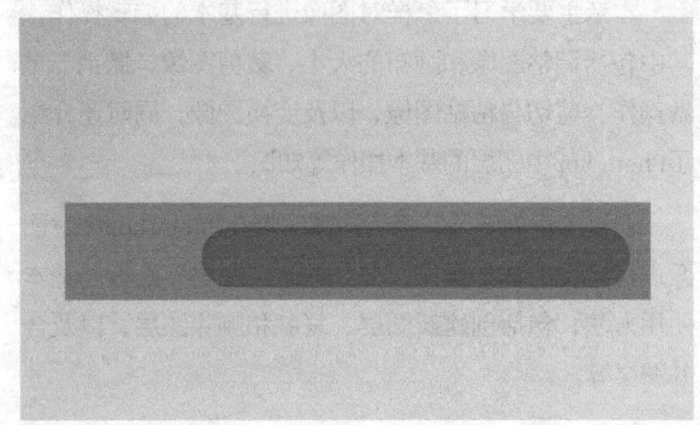

图 2-150

05 按Ctrl+J组合键复制一次圆角矩形，然后使用“移动工具”将其移动到上方，如图2-151所示。

06 按Ctrl+T组合键对图像进行自由变换，适当调整复制图像的大小，如图2-152所示。

图 2-151

图 2-152

07 打开“图层样式”对话框，在其中取消勾选“内阴影”选项，勾选“渐变叠加”选项，然后设置渐变颜色为不同深浅的桃红色，如图2-153所示。单击“确定”按钮得到图像效果，如图2-154所示。

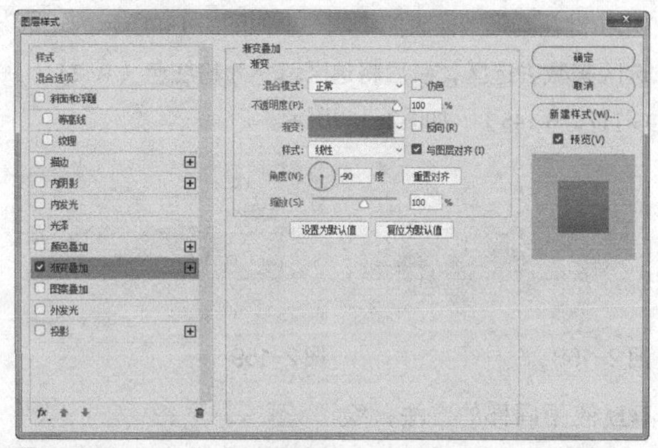

图 2-153

图 2-154

08 新建一个图层，将其命名为“线条”，如图2-155所示。选择“矩形选框工具”，在两个圆角矩形之间绘制一个细长的选区，并填充为白色，如图2-156所示。

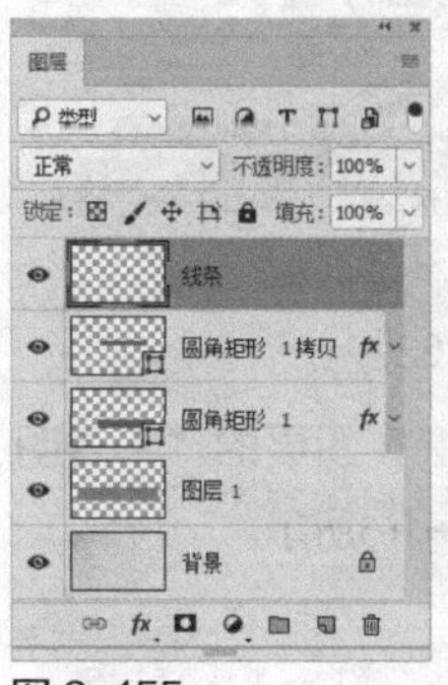

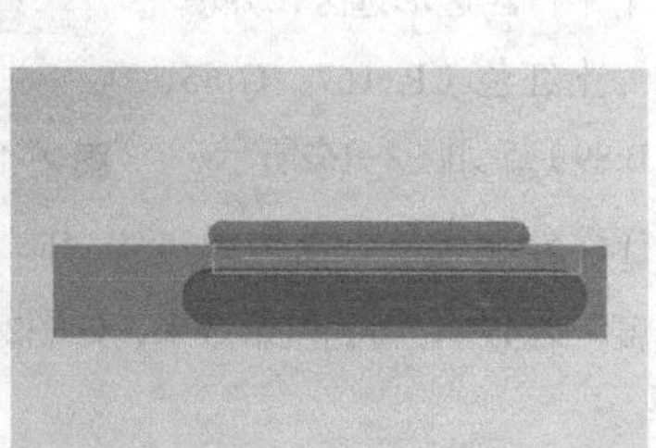

图 2-155　　图 2-156

(09) 新建一个图层，选择“多边形套索工具”，绘制一个多边形选区，使用“渐变工具”对其应用线性渐变填充，设置颜色为从粉红色（R:238，G:150，B:177）到桃红色（R:212，G:92，B:121），如图2-157所示。

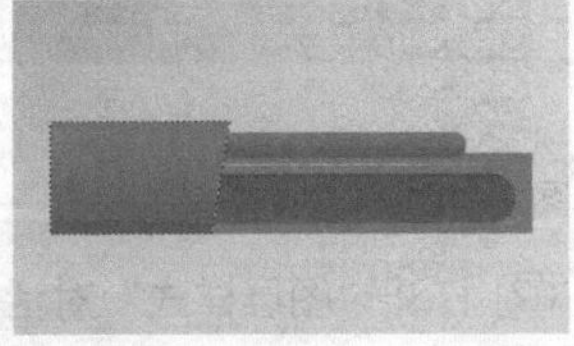
图 2-157

(10) 选择“椭圆选框工具”，按住Shift键在标签左侧绘制一个正圆形选区，再选择“矩形选框工具”，按住Alt键在圆形图像底部绘制一个如图2-158所示的矩形选区来减去选区，最后将选区填充为粉红色（R:241，G:117，B:145），如图2-159所示。

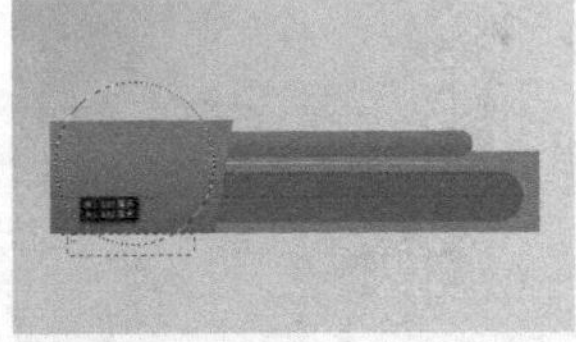
图 2-158

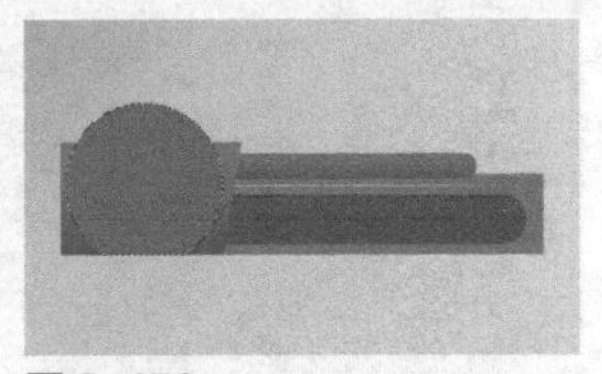
图 2-159

(11) 使用同样的方法，绘制一个较小的圆形，并为其进行白色描边，如图2-160所示。

图 2-160

(12) 新建一个图层，并将其命名为“阴影”，在“图层”面板中将其放置到梯形图像的下方，也就是“线条”图层的上方，如图2-161所示。

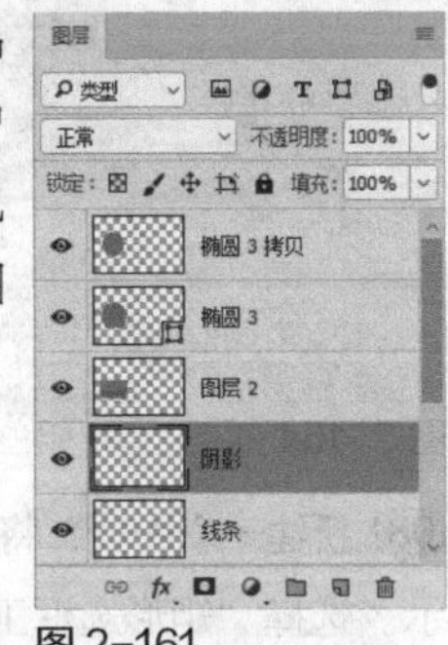

图 2-161

(13) 选择“多边形套索工具”，在圆形右侧绘制一个平行四边形选区，并填充为土红色（R:167，G:65，B:89），如图2-162所示。

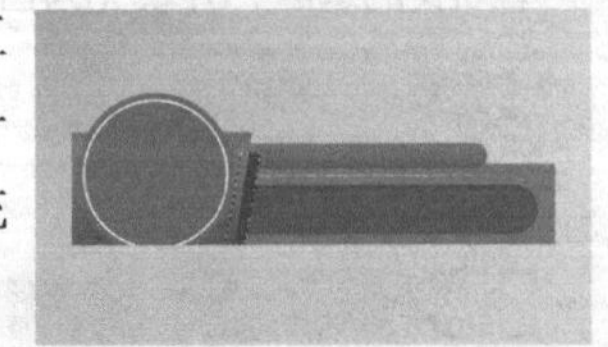
图 2-162

(14) 在“图层”面板中设置“阴影”图层的“不透明度”为49%，得到投影效果，如图2-163所示。

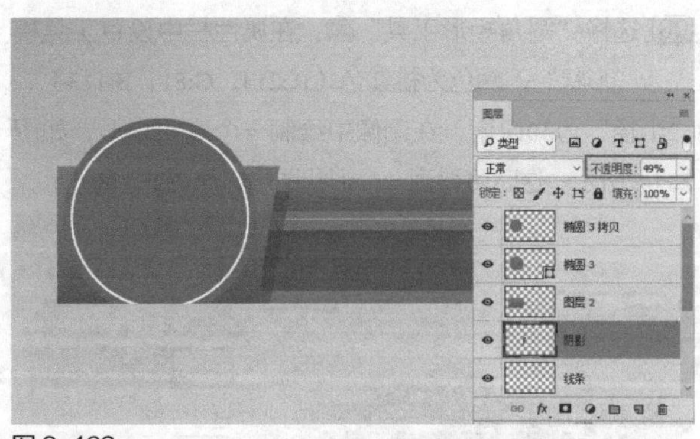

图 2-163

(15) 新建一个图层，选择“多边形套索工具”，在梯形图像右上方绘制一个三角形，使其与底层的圆角矩形产生衔接效果，如图2-164所示。

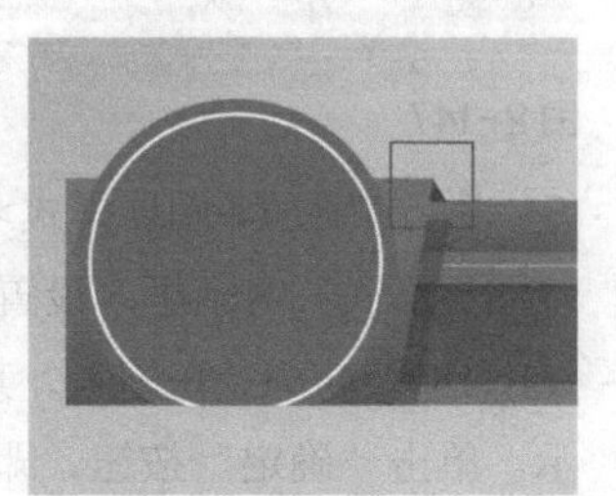
图 2-164

(16) 使用“横排文字工具”在标签图像中输入文字，并在属性栏中设置字体为“黑体”、文本颜色为白色，适当调整文字大小，排列成如图2-165所示的样式，完成本实例的制作。

图 2-165

2.8 本章小结

本章主要学习了怎样对图像进行基本的编辑操作，其中包括调整图像和画布的大小、裁剪图像、撤销与重做操作、剪切与粘贴图像，以及变换图像，同时还介绍了Photoshop中图层的基本操作等知识。

通过本章的学习，读者应该掌握在Photoshop中对图像进行编辑的基本操作，并且熟悉“图层”面板的基本使用方法，包括创建新图层、复制和删除图层，以及合并图层等。

选区的运用

• 本章内容简介

如果要在Photoshop中处理图像的局部效果，就需要为图像指定一个有效的编辑区域，在Photoshop中这个区域就称作选区。通过创建选区，就可以实现只对图像选定区域进行编辑而保持未选定区域不被改动的效果。在Photoshop中创建选区的方法很多，可以通过规则选框工具、套索工具、魔棒工具、快速选择工具等创建选区，也可以通过“色彩范围”等命令创建选区，本章将详细介绍选区的创建和运用方法。

• 本章学习要点

1. 创建规则形状选区
2. 创建不规则形状选区
3. 编辑选区
4. 描边与填充选区

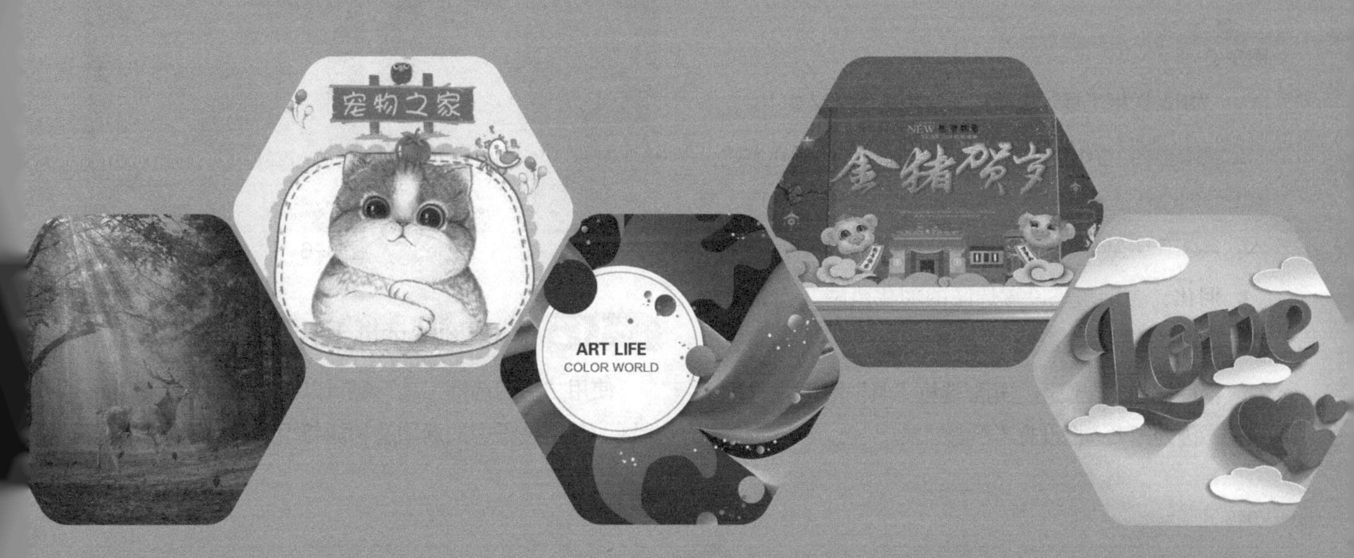

3.1 创建规则形状选区

利用选框工具绘制选区是图像处理过程中常用的方法，通过它们可绘制出规则的矩形或圆形选区。选框工具都位于工具箱中，包括“矩形选框工具”、“椭圆选框工具”、“单行选框工具”和“单列选框工具”。

[重点] 3.1.1 动手学：使用“矩形选框工具”

“矩形选框工具”主要用来制作矩形选区和正方形选区，按住鼠标左键拖曳，可以绘制任意大小的选区，在“新选区”方式下，且当前图像中没有选区时，按住Shift键拖曳鼠标可以创建正方形选区。

(01) 打开“素材\第3章\彩色底纹.jpg”素材图像，如图3-1所示。选择“矩形选框工具”，其工具属性栏如图3-2所示。

图3-1

图3-2

“矩形选框工具”属性栏中常用选项含义如下。

▶ ：该组按钮主要用于控制选区的创建方式，表示创建新选区，表示添加到选区，表示从选区减去，表示与选区交叉。

▶ **羽化**：主要用来设置选区的羽化范围，羽化值越大，则选区的边缘越柔和。

▶ **消除锯齿**：在使用“矩形选框工具”时该选项不可用，因为矩形选框没有不平滑效果。

▶ **样式**：用来设置矩形选区的创建方法。选择“正常”选项时，可以创建任意大小的矩形选区；选择“固定比例”所创建的选区长宽比与设置保持一致；“固定大小”选项用于锁定选区大小。单击“高度和宽度互换”按钮可以切换“宽度”和“高度”的数值。

▶ **选择并遮住**：单击该按钮，将进入相应的界面中，在左侧工具箱中使用选框工具进行修改，在右侧的“属性”面板中可以定义边缘的半径、对比度和羽化程度等，并对选区进行收缩和扩充，以及选择多种显示模式。

(02) 将鼠标指针移至图像窗口中，按住鼠标左键进行拖曳，即可创建出一个矩形选区，如图3-3所示。按Ctrl+D组合键取消选区。

(03) 按住Shift键在图像中拖曳鼠标，可以绘制出一个正方形选区，如图3-4所示。

图3-3

图3-4

(04) 绘制选区后，在工具属性栏中可以对选区进行添加选区、减少选区和交叉选区等各项操作。例如单击“从选区减去”按钮，在选区中间再绘制一个如图3-5所示的选区，将减去选区中间部分。

(05) 设置前景色为白色，按Alt+Delete组合键可以填充选区中的图像，得到一个边框图像效果，如图3-6所示。

图3-5

图3-6

3.1.2 使用“椭圆选框工具”

使用“椭圆选框工具”可以绘制椭圆形及正圆形选区，其属性栏中的选项及功能与矩形选框工具基本相同。在工具箱中选择“椭圆选框工具”，然后在图像窗口中按住鼠标左键拖曳，即可创建椭圆形选区，如图3-7所示。如果按住Shift键在画面中拖曳鼠标，则可以创建正圆形选区，如图3-8所示。

图3-7

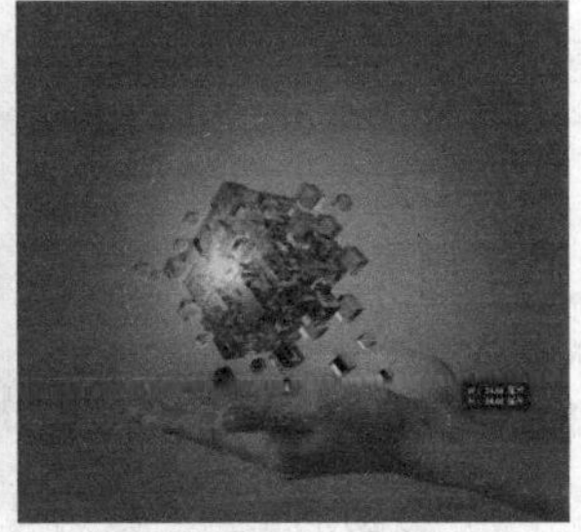

图3-8

▶ 课堂练习：制作养生公益广告

素材路径	素材\第3章\养生背景.jpg、养生素材.psd、盘子.jpg
实例路径	实例\第3章\养生公益广告.psd

练习效果

本练习将使用选区功能复制选定的图像，并通过羽化和填充选区操作，制作养生公益广告。本练习的最终效果如图3-9所示。

图3-9

操作步骤

(01) 打开“素材\第3章\盘子.jpg”素材图像，选择“椭圆选框工具”，按住Shift键绘制一个正圆形选区，将盘子图像框选起来，如图3-10所示。

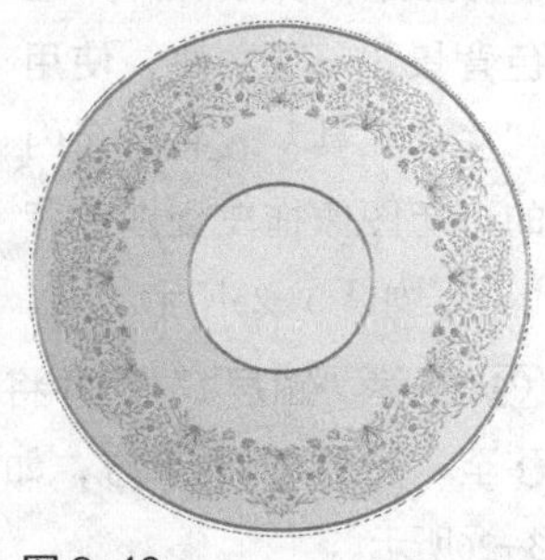

图3-10

技巧与提示

绘制好正圆形选区后，如果选区大小与圆盘图像不符，可以执行“选择 > 变换选区”菜单命令，按住 Shift 键等比例调整选区大小。

(02) 按Ctrl+C组合键复制选区中的图像，然后打开“素材\第3章\养生背景.jpg”素材图像，按Ctrl+V组合键粘贴图像，如图3-11所示。

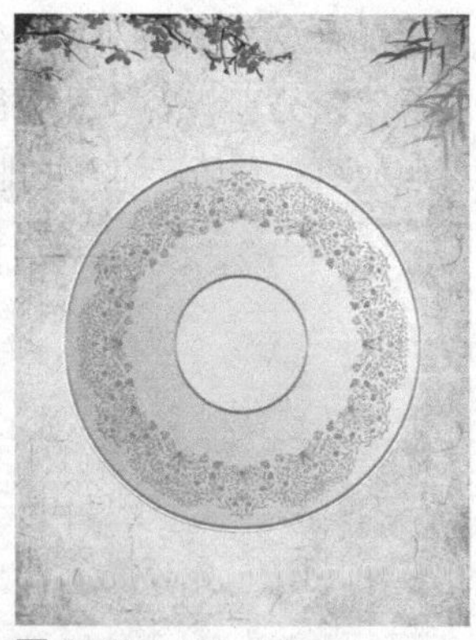

图3-11

(03) 粘贴圆盘图像后，“图层”面板中将得到“图层1”，接着新建一个图层，将“图层1”移至“图层2”的上方，如图3-12所示。

图3-12

(04) 选择“椭圆选框工具”，在属性栏中设置“羽化”为50像素，如图3-13所示。按住Shift键绘制一个较大的正圆形选区，并将其与圆盘图像对齐，如图3-14所示。

(05) 设置前景色为灰色（R:138，G:138，B:138），按Alt+Delete组合键填充选区，得到投影效果，如图3-15所示。

图3-13

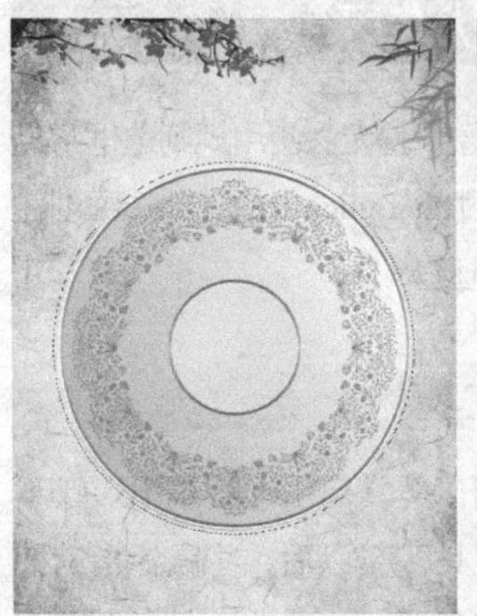

图3-14

图3-15

(06) 在“图层”面板中选择“图层1”和“图层2”，使用“移动工具”将其移动到画面右侧，如图3-16所示。

07 打开“素材\第3章\养生素材.psd”，使用“移动工具”分别将素材图像拖曳到当前编辑的图像中，参照如图3-17所示的方式排列。

图3-16

图3-17

3.1.3 使用单行/单列选框工具

“单行选框工具”和“单列选框工具”主要用来创建高度或宽度为1像素的选区，常用来制作网格效果。选择工具箱中的单行或单列选框工具，在图像窗口中单击即可创建单行或单列选区。图3-18和图3-19所示为创建后的单行和单列选区效果。

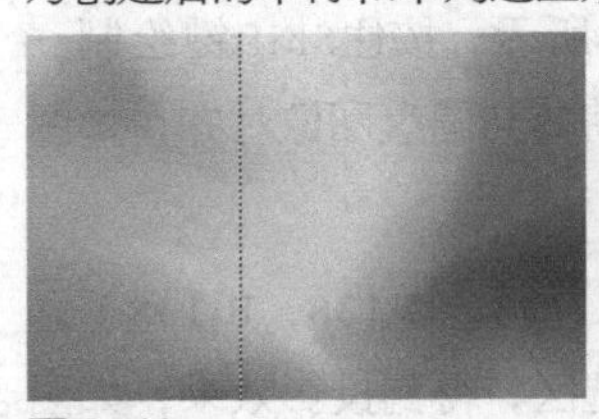

图3-18

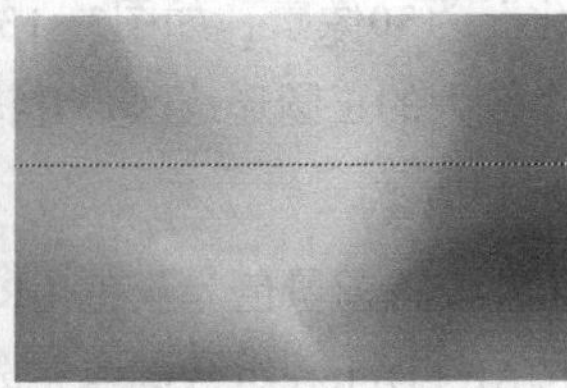

图3-19

3.2 创建不规则形状选区

对于一些不太规则的图像，就无法使用规则选框工具来创建选区了，用户可以通过Photoshop中的其他选区创建工具来创建各种复杂形状的选区。

重点 3.2.1 使用“套索工具”

使用“套索工具”可以非常自由地绘制出形状不规则的选区。选择“套索工具”以后，将鼠标指针移至图像上要创建选区的起点位置，接着按住鼠标左键拖曳绘制如图3-20所示的选区，当要结束绘制时松开鼠标左键，选区会自动闭合，效果如图3-21所示。

图3-20

图3-21

3.2.2 动手学：使用“多边形套索工具”

“多边形套索工具”与“套索工具”的使用方法类似。“多边形套索工具”适用于创建一些转角比较尖锐的选区。

01 打开“素材\第3章\台历.jpg”文件，选择“多边形套索工具”，将鼠标指针移至图像窗口中间，在台历边缘左上角处单击，确定选区起点，如图3-22所示。

图3-22

02 沿着台历边缘向右侧移动鼠标指针，到折角处时单击，得到折点，如图3-23所示。继续移动鼠标指针，分别到台历的其他折角处单击，最后返回起点处，得到一个多边形选区，如图3-24所示。

图3-23

图3-24

03 打开“素材\第3章\红色背景.jpg”文件，使用“移动工具”将选区内的台历图像拖曳到红色背景中，如图3-25所示。

图3-25

04 新建“图层2”，并将其移至“图层1”的下方，如图3-26所示。

图3-26

05 选择“多边形套索工具”，在属性栏中设置羽化值为5像素，在台历底部绘制一个多边形选区，如图3-27所示。

图 3-27

06 选择“渐变工具”，在属性栏中设置渐变颜色为从黑色到透明，然后在选区中从左到右应用“线性渐变”填充，如图3-28所示。按Ctrl+D组合键取消选区，得到台历的投影，如图3-29所示。

图 3-28

图 3-29

举一反三：更换手机屏幕

“多边形套索工具”只能绘制直线型选区，可以有多种应用，如快速更换手机屏幕。

01 打开“素材\第 3 章\手机 .jpg”文件，选择“多边形套索工具”，沿着手机屏幕边界绘制一个多边形选区，如图 3-30 所示。

02 按 Ctrl+J 组合键复制一次图层，然后打开“素材\第 3 章\屏保 .jpg”文件，使用“移动工具”将其移动到手机图像中，并调整到手机屏幕图像中间，如图 3-31 所示。

图 3-30

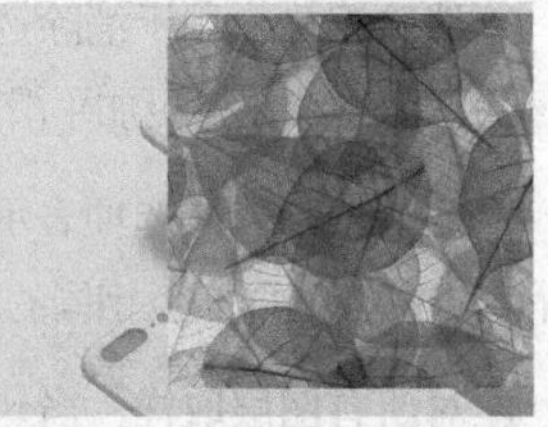
图 3-31

03 按 Alt+Ctrl+G 组合键创建图层剪贴蒙版，此时的“图层”面板效果如图 3-32 所示。这样即可将素材图像限定在手机屏幕范围内，从而完成手机屏幕的更换，效果如图 3-33 所示。

图 3-32

图 3-33

重点 3.2.3 使用“磁性套索工具”

“磁性套索工具”能够自动识别图像中颜色的差异，从而轻松绘制出外边框较为复杂的图像选区。该工具常用于快速选择与背景对比强烈并且边缘复杂的对象。选择“磁性套索工具”，在图像中单击确定起点，如图3-34所示。接着沿着图像边缘移动鼠标指针，此时会自动生成很多锚点，如图3-35所示。当回到起点处时按Enter键，即可得到闭合的选区，如图3-36所示。

图 3-34

图 3-35

图 3-36

课堂练习：利用“磁性套索工具”抠图

素材路径	素材\第3章\猫咪.jpg、卡通边框.jpg
实例路径	实例\第3章\宠物之家.psd

练习效果

本练习将利用“磁性套索工具”进行抠图，然后将抠出的猫咪图像放置到卡通边框图像中，制作出如图3-37所示的效果。

图 3-37

操作步骤

01 打开“素材\第3章\猫咪.jpg”素材图像，选择“磁性套索工具”，在猫咪图像耳朵处单击确定起点，如图3-38所示。

02 沿着猫咪图像外轮廓移动鼠标指针，移动的过程中可以单击增加锚点，以确保图像外轮廓的准确性，如图3-39所示。

图 3-38

图 3-39

(03) 继续沿着猫咪图像外轮廓移动鼠标指针，回到如图3-40所示的起点处时单击鼠标左键，即可得到闭合的选区，如图3-41所示。

图 3-40

图 3-41

技巧与提示

使用“磁性套索工具”绘制好选区后，如果有部分图像没有被选择，可以使用“套索工具”，按住 Shift 键通过加选的方式选择遗漏的图像部分。

(04) 打开“素材\第3章\卡通边框.jpg”素材图像，如图3-42所示。选择“移动工具”将选区内的图像拖曳到卡通边框图像中，并使用“橡皮擦工具”对猫咪图像下方多余的图像进行适当的擦除，如图3-43所示。

图 3-42

图 3-43

(05) 在工具箱中选择“横排文字工具”，在图像上方输入文字“宠物之家”，并在属性栏中设置字体为“华康少女文字”、文本颜色为黄色（R:255，G:241，B:0），如图3-44所示。

图 3-44

【重点】3.2.4 动手学：使用“魔棒工具”

“魔棒工具”可以在图像中获取与取样处颜色相似的区域。使用“魔棒工具”在图像所需的位置单击即可确定取样点，颜色相似区域范围则由属性栏中的“容差”值来控制。

(01) 打开“素材\第3章\蜗牛.jpg”素材图像，选择工具箱中的“魔棒工具”，其工具属性栏如图3-45所示。

图 3-45

“魔棒工具”属性栏中常用选项含义如下。

▷ **容差**：用于设置选取的色彩范围值，单位为像素，取值范围为0~255。输入的数值越大，选取的颜色范围也越大；数值越小，选择的颜色值就越接近，得到的选区范围就越小。

▷ **消除锯齿**：用于消除选区中的锯齿边缘，当填充选区后图像边缘显得更加平滑。

▷ **连续**：勾选该选项表示只选择颜色相邻的区域，取消勾选时会选取颜色相同的所有区域。

▷ **对所有图层取样**：当勾选该选项后可以在所有可见图层上选取相近的颜色区域。

(02) 在属性栏中设置“容差”值为25，勾选“连续”复选框，在图像中单击背景区域，即可获取白色背景图像选区，如图3-46所示。

(03) 改变属性栏中的“容差”值为50，按住Shift键在画面下方的投影图像中单击，增加图像选区，将得到如图3-47所示的图像选区。

(04) 按Ctrl+J组合键将选区中的图像复制到新的图层中，然后将蜗牛图像拖曳到其他素材图像中，可以得到不同的背景效果，如图3-48所示。

图 3-46

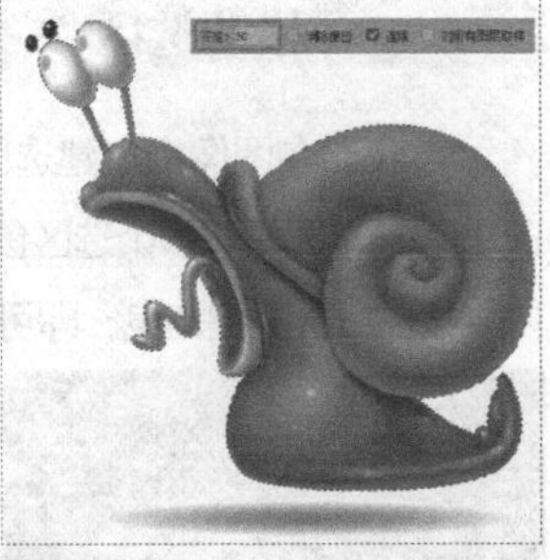

图 3-47

图 3-48

3.2.5 动手学：使用“快速选择工具”

使用“快速选择工具”能够利用可调整的圆形画笔笔尖快速“绘制”选区，在拖曳鼠标时，选区还会向外扩展并自动查找和跟随图像中定义的边缘。

(01) 打开“素材\第3章\灯台.jpg”素材图像，如图3-49所示。选择工具箱中的“快速选择工具”，单击属性栏中“画笔选项”右侧的按钮，在打开的面板中可以设置画笔“大小”“硬度”“间距”等参数，如图3-50所示。

图 3-49

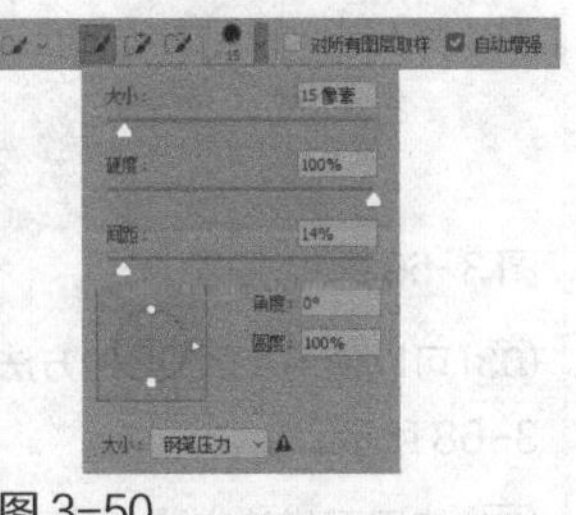

图 3-50

(02) 在图像中需要选择的区域拖曳鼠标，鼠标指针经过的区域将被选择，如图3-51所示。在不释放鼠标左键的情况下继续沿着需要的区域拖曳鼠标，直至得到需要的选区，然后释放鼠标左键即可，如图3-52所示。

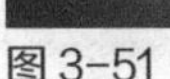

图 3-51

图 3-52

3.3 编辑选区

在图像中创建好选区后，用户还可以根据需要对选区进行编辑，其中包括选区的全选与反选、取消选择、移动和羽化选区、存储与载入选区等。

重点 3.3.1 选区的运算

通常情况下，在Photoshop中创建一次选区很难获得所需的准确图像选区，这就需要使用到选区运算功能。选区运算是指如果当前图像中包含有选区，在使用任何选框工具、套索工具等选区创建工具创建选区时，新建选区会自动与现有选区进行运算。选框工具属性栏中的运算相关工具如图3-53所示。

图 3-53

- **新选区**：激活该按钮以后，在图像中可以创建一个新选区，如图3-54所示。如果已经存在选区，那么新创建的选区将替代原来的选区。
- **添加到选区**：激活该按钮以后，可以将当前创建的选区添加到原来的选区中（按住Shift键也可以实现相同的操作），如图3-55所示。

图 3-54

图 3-55

- **从选区减去**：激活该按钮以后，可以将当前创建的选区从原来的选区中减去（按住Alt键也可以实现相同的操作），如图3-56所示。
- **与选区交叉**：激活该按钮以后，新建选区时只保留原有选区与新创建选区相交的部分（按住Alt+Shift组合键也可以实现相同的操作），如图3-57所示。

图 3-56

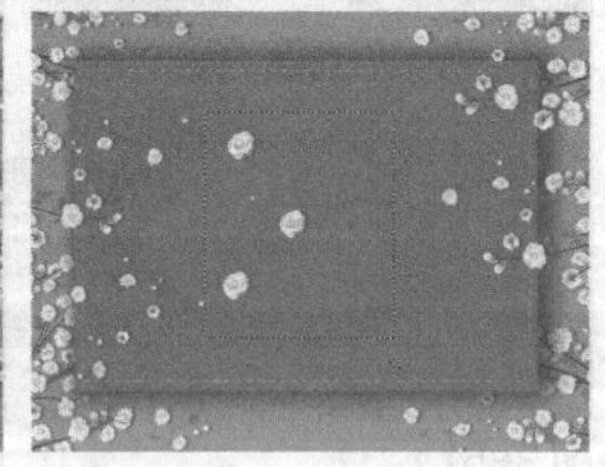
图 3-57

举一反三：使用选区运算添加白云图像

选区运算功能应用非常广泛，下面就通过选区运算功能来绘制白云图像效果，以进一步了解该功能的运用。

(01) 新建一个图像，新建“图层 1”，选择“椭圆选框工具” 在图像中绘制一个圆形选区，如图 3-58 所示。

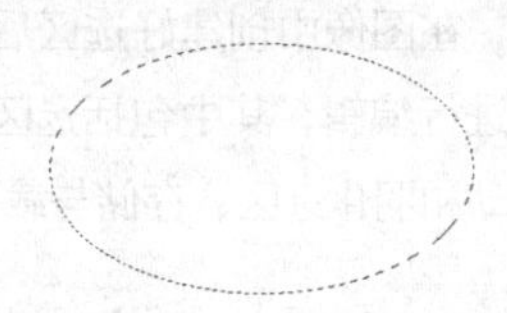
图 3-58

(02) 单击属性栏中的“添加到选区”按钮，此时十字形鼠标指针的右下角将出现一个“+”，在选区中按住鼠标左键拖曳，如图 3-59 所示，即可增加绘制的选区，如图 3-60 所示。

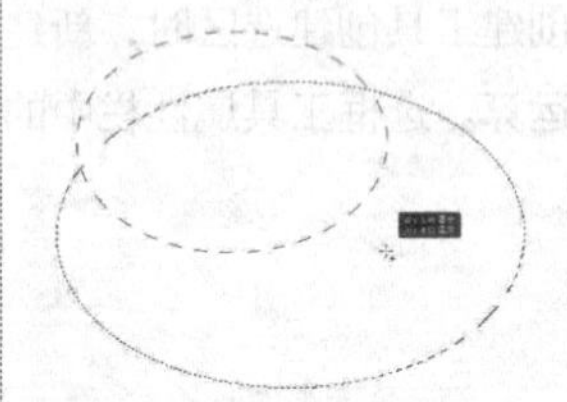
图 3-59

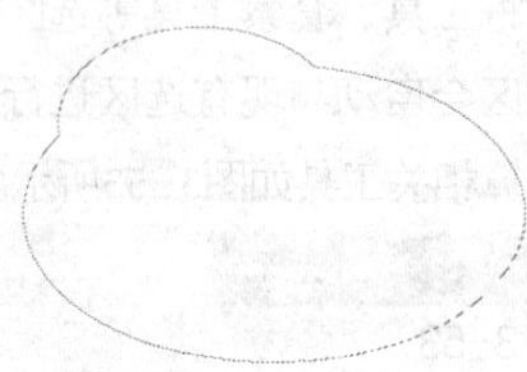
图 3-60

(03) 使用相同的方法，加选绘制多个圆形选区，并将选区填充为白色，如图 3-61 所示。

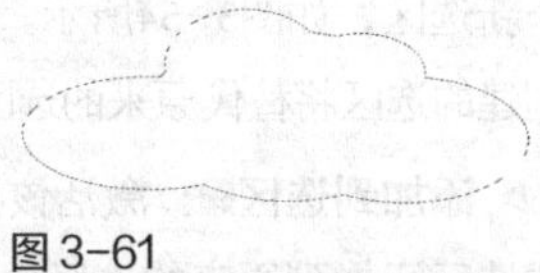
图 3-61

(04) 打开“素材\第 3 章\立体字 .jpg”素材图像，将绘制的白云图像拖曳到立体字中，可以为云朵添加一些细节图像，并通过图层样式中的“投影”命令为白云图像添加一些投影效果，多次复制图像，调整复制图像的位置和大小，效果如图 3-62 所示。

图 3-62

3.3.2 移动选区

当我们在图像中创建选区（例如图3-63所示的矩形选区）后，选择任意一个选区创建工具，将鼠标指针置于选区内，按住鼠标左键拖曳，即可移动选区，如图3-64所示。

图 3-63

图 3-64

举一反三：通过移动选区复制多个图像

在 Photoshop 中创建选区后，除了移动选区外，还可以移动选区中的图像，可以将选区内的图像随意移动到新的位置。

(01) 打开“素材\第 3 章\糖果.jpg”素材图像，如图 3-65 所示。可以看到，图像中背景装饰物不多，略显单调。

图 3-65

(02) 选择“椭圆选框工具”，首先框选图像左上方的蓝色糖果图像，如图 3-66 所示；然后选择“移动工具”，将鼠标指针置于选区中，按住 Alt 键复制移动选区内的图像，如图 3-67 所示。

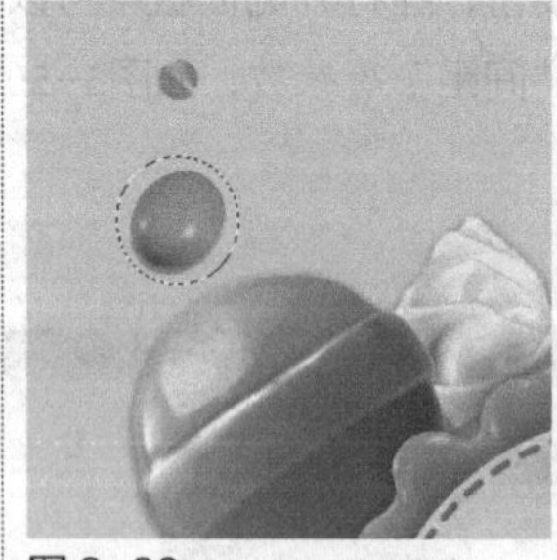
图 3-66

图 3-67

(03) 可以使用步骤 02 的方法连续复制选区中的图像，如图 3-68 所示。

(04) 使用同样的方法，分别使用“套索工具”和“椭圆选框工具”为图像左下角的糖果图像和小圆点图像绘制外轮廓选区，并使用“移动工具”移动复制的图像到其他位置，如图 3-69 所示。

图 3-68

图 3-69

3.3.3 全部选择与取消选区

执行“选择>全部”菜单命令或按Ctrl+A组合键，可以选择当前图像边界内的所有图像，如图3-70所示。全选图像对复制整个文档中的图像非常有用。创建选区以后，执行“选择>取消选择”菜单命令或按Ctrl+D组合键，可以取消选区。如果要恢复被取消的选区，可以执行“选择>重新选择”菜单命令。

图 3-70

3.3.4 反选选区

创建选区以后，如图3-71所示，执行“选择>反向”菜单命令或按Shift+Ctrl+I组合键，可以反选选区，也就是选择图像中没有被选择的部分，如图3-72所示。

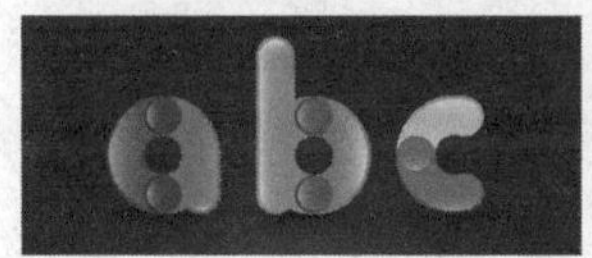
图 3-71

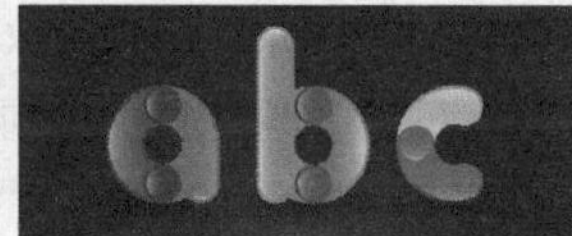
图 3-72

[重点] 3.3.5 扩展和收缩选区

在图像中创建选区，如图3-73所示，执行“选择>修改>扩展”菜单命令，打开“扩展选区”对话框，设置“扩展量”参数可以控制选区扩展范围，如图3-74所示。得到的扩展选区效果如图3-75所示。

图 3-73

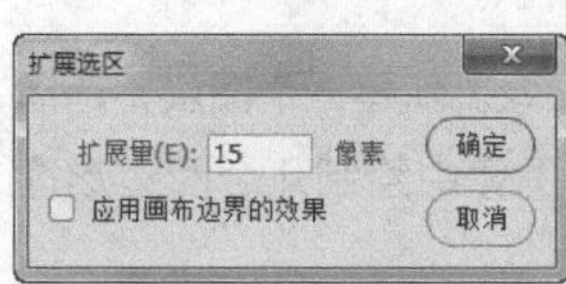

图 3-74

图 3-75

如果要向内收缩选区，可以执行“选择>修改>收缩”菜单命令，然后在弹出的“收缩选区”对话框中设置相应的“收缩量”数值即可，如图3-76所示。收缩选区效果如图3-77所示。

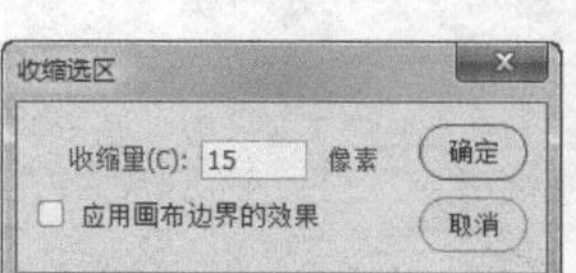

图 3-76

图 3-77

[重点] 3.3.6 平滑选区和沿选区边界创建选区

对于选区的操作，除了扩展和收缩外，还包括平滑选区和沿选区边界创建选区。下面就来介绍这两种操作的具体使用方法。

1. 平滑选区

“平滑选区”操作用于消除选区边缘的锯齿，使选区边界变得平滑。在图像中绘制如图3-78所示的选区，执行“选择>修改>平滑”菜单命令，在打开的“平滑选区”对话框的“取样半径”数值框中输入如图3-79所示的平滑值，然后单击“确定”按钮，即可将选区进行平滑，如图3-80所示。

图 3-78

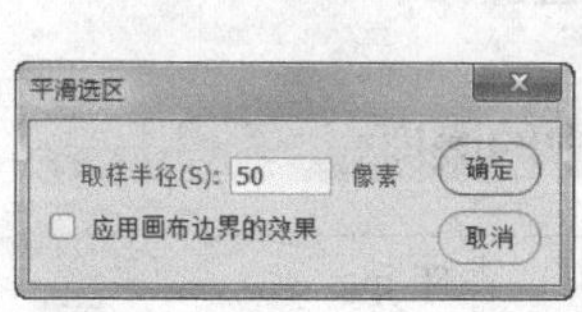

图 3-79

图 3-80

技巧与提示

通过对选区的平滑操作，可以减少选区边缘的锯齿而使其变得平滑，但这与选区的羽化不同，羽化后的选区不但边缘变得平滑，而且会使填充选区后的内容出现模糊效果。

2. 沿选区边界创建选区

“边界”命令用于在当前选区边界周围创建一个选区。执行“选择>修改>边界”菜单命令，在打开的“边界选区”对话框的“宽度”数值框中输入相应的数值，如图3-81所示。单击“确定”按钮，即可在原选区边界的内外分别扩展10像素的选区，如图3-82所示。

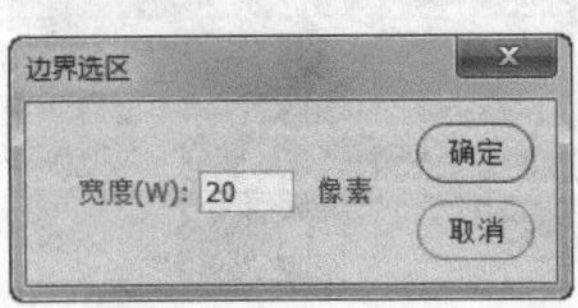

图3-81

图3-82

重点 3.3.7 羽化选区

羽化选区是通过建立选区和选区周围像素之间的转换边界来模糊边缘，这种模糊方式将丢失选区边缘的一些细节。

首先使用选框工具、套索工具等选区创建工具在图像中创建选区，如图3-83所示；然后执行“选择>修改>羽化”菜单命令或按Shift+F6组合键，在弹出的“羽化选区”对话框中定义选区的“羽化半径”，该数值越大，图像边缘模糊范围越大，如图3-84所示。图3-85所示是设置“羽化半径”为50像素后填充选区的效果。

图3-83

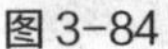
图3-84

图3-85

▶ 课堂练习：制作森林中的麋鹿

素材路径	素材\第3章\鹿.jpg、森林.jpg
实例路径	实例\第3章\森林中的麋鹿.psd

练习效果

本练习将使用“磁性套索工具”对小鹿图像进行抠图，并使用“多边形套索工具”在图像中创建光线效果。本练习最终效果如图3-86所示。

图3-86

操作步骤

01 打开“素材\第3章\鹿.jpg”素材图像，选择“磁性套索工具”，沿着小鹿图像边缘绘制选区，如图3-87所示。

图3-87

02 执行“选择>修改>羽化”菜单命令，打开“羽化选区”对话框，设置“羽化半径”为3像素，如图3-88所示。单击“确定”按钮，可以看到羽化后的选区边缘变得比较柔和。

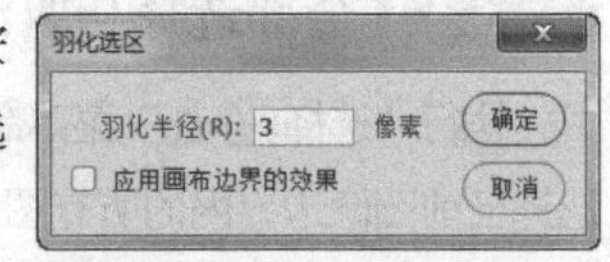

图3-88

03 打开“素材\第3章\森林.jpg”素材图像，使用“移动工具”将选区中的小鹿图像拖曳到森林图像中，按Ctrl+T组合键适当调整小鹿图像的大小，置于画面中间，如图3-89所示。

图3-89

04 在“图层”面板中选择“背景”图层，如图3-90所示。执行“滤镜>渲染>光照效果”菜单命令，在“属性”面板中选择灯光方式为“聚光灯”，再如图3-91所示设置参数，然后在画面中调整光照的方向和范围，效果如图3-92所示。

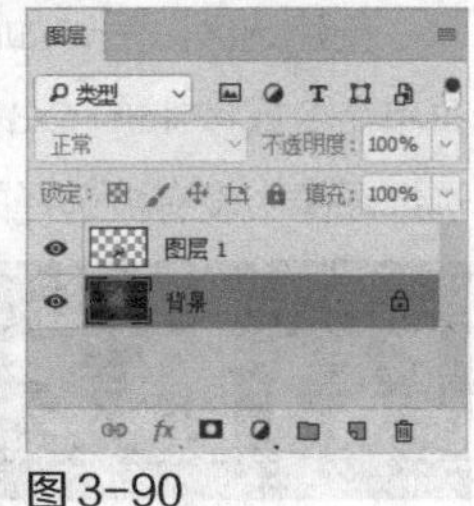
图3-90

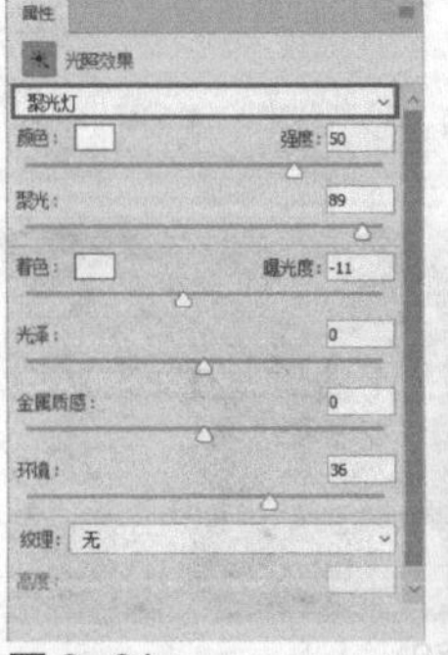
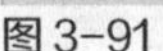
图3-91

图3-92

05 单击属性栏中的“确定”按钮，即可完成操作，得到的光照图像效果如图3-93所示。

06 下面来绘制作为光束的图像。新建一个图层，选择“多边形套索工具”，在图像中绘制几个四边形选区，如图3-94所示。

图 3-93

图 3-94

07 将鼠标指针置于选区中，单击鼠标右键，在弹出的快捷菜单中选择如图3-95所示的“羽化”命令，弹出“羽化选区”对话框后，设置“羽化半径”为10像素，如图3-96所示。

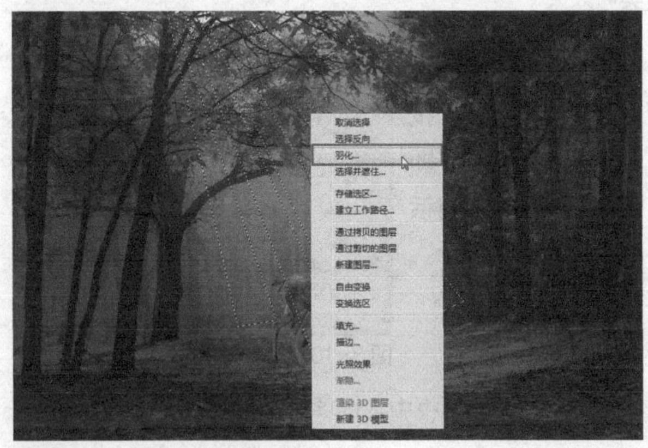

图 3-95

图 3-96

技巧与提示

如果所设置的“羽化半径”值过大，以至于任何像素都不大于 50% 选择，Photoshop 会弹出一个警告对话框，提醒用户羽化后的选区将不可见，但选区仍然存在。

08 单击“确定”按钮，选择“渐变工具”，在属性栏中选择“线性渐变”方式，并单击属性栏左端的渐变条，打开“渐变编辑器”对话框，设置渐变颜色为从白色到透明，如图3-97所示。

图 3-97

09 单击“确定”按钮，按照选区绘制的方向拖曳鼠标，进行渐变填充，渐变填充效果如图3-98所示。

10 选择“橡皮擦工具”，对白色光束图像进行适当的擦除，使其更加自然，如图3-99所示。

图 3-98

图 3-99

11 使用同样的方法，通过“多边形套索工具”绘制多个较细长的四边形，填充为白色，再使用“橡皮擦工具”适当擦除图像，得到细长的光束图像，如图3-100所示。

图 3-100

疑难解答：什么时候设置羽化值最好

选择任意一个选区创建工具，都可以在属性栏中看到“羽化”数值框，如图 3-101 所示；而在“选择”菜单里面也有一个“羽化”命令，如图 3-102 所示。其实这两者的作用都是相同的，它们之间的区别在于，前者是在绘制选区之前设置参数，而后者是在绘制选区之后再设置参数。

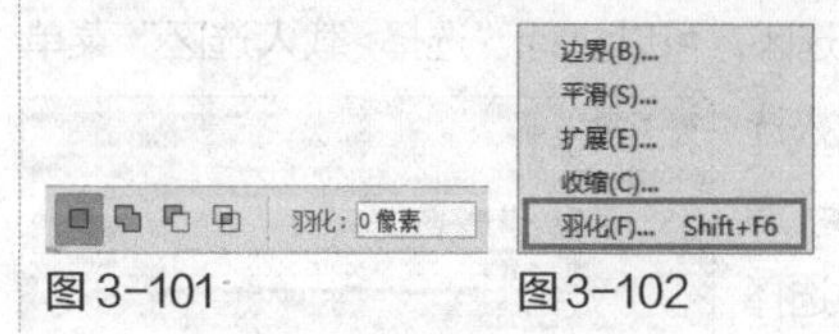

图 3-101　图 3-102

一般来说，我们并不建议从属性栏设置羽化值，因为在绘制选区之前就设置好羽化参数的话，当对羽化效果不满意时，只能重新创建选区，非常不方便。而在绘制好选区后再羽化选区，如果对羽化效果不满意，可以按 Ctrl+Z 组合键撤销一步操作，这时选区依然存在，并且可以对选区进行其他编辑操作，最后再羽化，得到满意的效果。

3.3.8 动手学：存储与载入选区

对于一些边缘较复杂的图像选区，可以将其保存起来，以便在今后需要时，可以将保存的选区直接载入使用，这样能够有效地提高工作效率。

01 打开“素材\第3章\卡通文字.psd”文件，选择“磁性套索工具”，沿着粉红色文字边缘绘制选区，如图3-103所示。

图 3-103

02 执行“选择>存储选区”菜单命令，打开“存储选区”对话框，在“名称”文本框中输入选区名称为“卡通字”，如图3-104所示。单击“确定”按钮，选区将被保存在“通道”面板中，如图3-105所示。

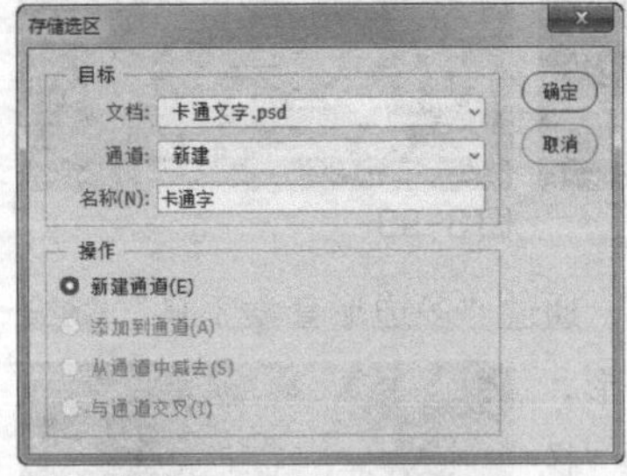

图 3-104

图 3-105

“存储选区”对话框中各选项含义如下。

▶ **文档**：选择保存选区的目标文件。默认情况下将选区保存在当前文档中，也可将其保存在一个新建的文档中。

▶ **通道**：选择将选区保存到一个新建的通道中，或保存到其他Alpha通道中。

▶ **操作**：用于选择通道的处理方式，包括“新建通道”“添加到通道”“从通道中减去”“与通道交叉”4个选项。

03 如果要载入选区，可以执行“选择>载入选区”菜单命令，打开“载入选区”对话框，在“通道”下拉列表中选择存储的选区，单击“确定”按钮，即可载入图像选区，如图3-106所示。

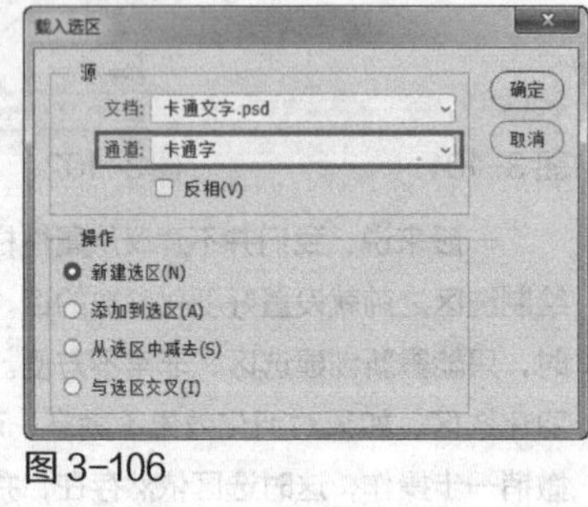

图 3-106

“载入选区”对话框中各选项含义如下。

▶ **文档**：在下拉列表中可以选择包含选区的目标文件。

▶ **通道**：在下拉列表中可以选择包含选区的通道内容。

▶ **反相**：勾选该选项以后，可以反转选区，相当于载入选区后执行“选择>反向”菜单命令。

▶ **操作**：选择选区运算的操作方式，与选框工具属性栏中的几种运算方式是同一个道理。

3.4 描边与填充选区

在处理图像时，经常会遇到需要将选区内的图像改变成其他颜色、图案等情况，这时就需要使用到“填充”命令；如果需要对选区描绘可见的边缘，就需要使用到“描边”命令。“填充”命令和“描边”命令在选区操作中应用得非常广泛。

重点 3.4.1 填充选区

使用“填充”命令可以在当前图层或选区内填充颜色或图案，同时也可以设置填充时的“不透明度”和“混合模式”。但是，文字图层和被隐藏的图层不能使用“填充”命令。

执行“编辑>填充”菜单命令或按Shift+F5组合键，即可打开“填充”对话框，如图3-107所示。

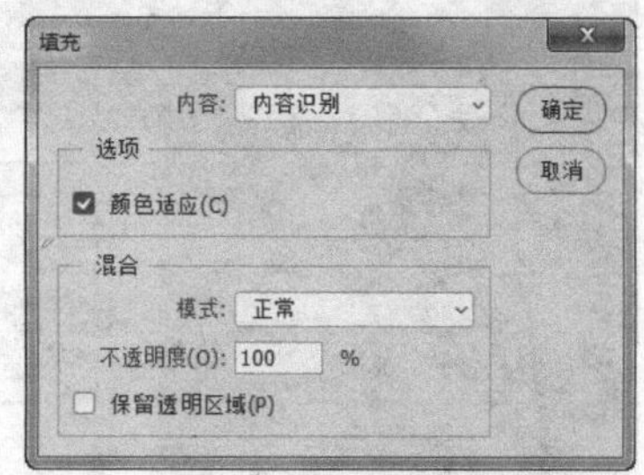

图 3-107

“填充”对话框中各选项含义如下。

▶ **内容**：在其下拉列表中可以选择填充的内容，包括“前景色”“背景色”“颜色”“内容识别”“图案”“历史记录”“黑色”“50%灰色”“白色”，如图3-108所示。图3-109所示是为选区填充图案后的效果。

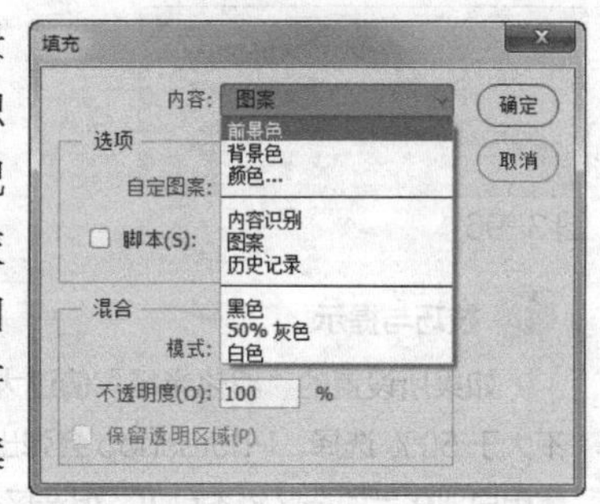

图 3-108

图 3-109

▶ **模式**：用来设置填充内容显示的混合模式。

▶ **不透明度**：在后面的数值框中输入数值，可以用来设置填充内容的不透明程度。

▶ **保留透明区域**：勾选该选项后，只填充图层中包含像素的区域，而透明区域不会被填充。

课堂练习：为背景填充颜色和图案

素材路径	素材\第3章\猪年.jpg
实例路径	实例\第3章\为背景填充颜色和图案.psd

练习效果

本练习将使用“魔棒工具”选取相同颜色的区域，再使用“填充”命令对选区进行填充。本练习最终效果如图3-110所示。

图3-110

操作步骤

01 打开“素材\第3章\猪年.jpg”素材图像，选择“魔棒工具”，在属性栏中设置“容差”为15，并勾选“连续”复选框，如图3-111所示。在红色框外的白色背景中单击，得到背景图像选区，如图3-112所示。

图3-111

图3-112

02 执行“编辑>填充”菜单命令，打开“填充”对话框，在“内容”下拉列表中选择“图案”选项，然后单击“自定图案”右侧的按钮，在弹出的面板中单击按钮，选择“彩色纸”样式，如图3-113所示。

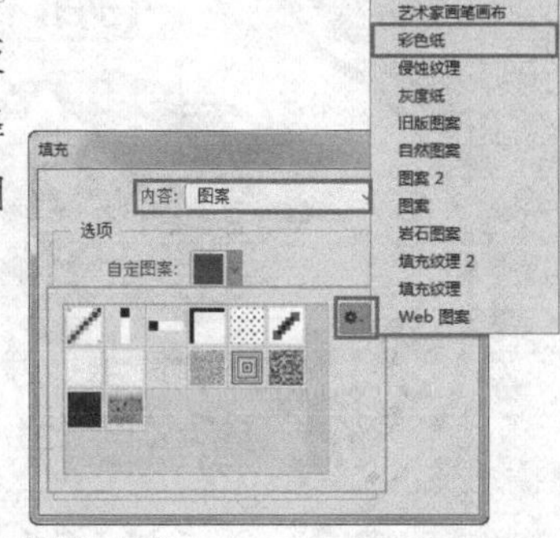

图3-113

03 这时将弹出一个提示对话框，单击“确定”按钮，回到面板中，选择一种图案样式，单击“确定”按钮即可得到图案填充效果，如图3-114所示。

04 继续使用“魔棒工具”，在属性栏中取消勾选“连续”复选框，在图像白色区域单击获取选区，如图3-115所示。

图3-114

图3-115

05 执行“编辑>填充”菜单命令，打开“填充”对话框，在“内容”下拉列表中选择“颜色”选项，将自动弹出“拾色器（填充颜色）”对话框，设置颜色为淡黄色（R:255，G:250，B:204），如图3-116所示。

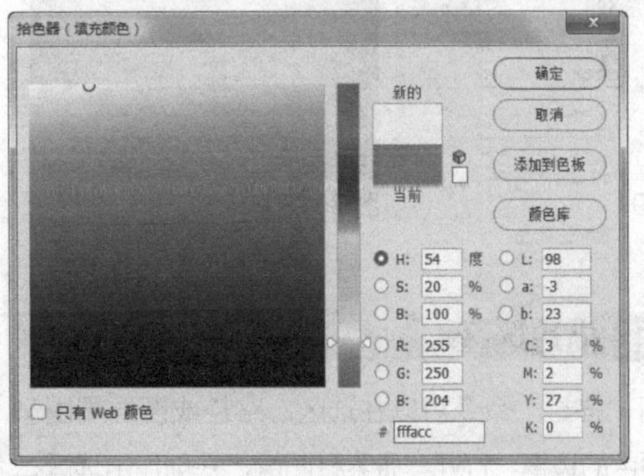

图3-116

06 依次单击“确定”按钮，即可得到颜色填充效果，如图3-117所示。

图 3-117

举一反三：使用“内容识别”快速修图

“填充”对话框中的“内容识别”是一种非常智能的填充方式，它能够通过感知选区周围的图像进行填充，并且填充图像与周围图像融合得非常自然。这是一种运用非常广泛的去图片瑕疵的功能。

打开“素材\第 3 章\植物 .jpg”素材图像，使用“套索工具”沿画面左侧植物边缘绘制选区，如图 3-118 所示。执行“编辑 > 填充”菜单命令，打开“填充”对话框，在“内容”下拉列表中选择“内容识别”选项，如图 3-119 所示。单击“确定”按钮，此时选区中的图像被自动去除，并填充为与周围图像相似的内容，如图 3-120 所示。

图 3-118

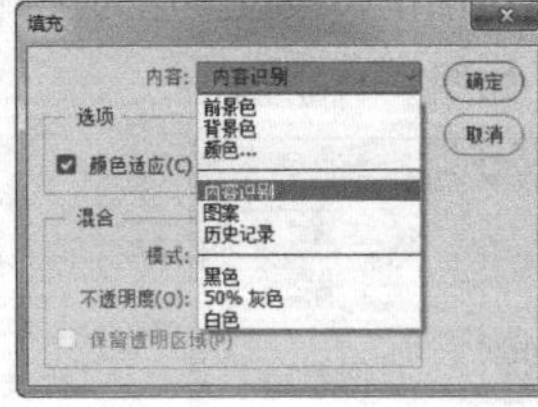

图 3-119

图 3-120

【重点】3.4.2 描边选区

使用“描边”命令可以在选区、路径或图层周围创建任何颜色的边框。打开一张素材图像，并创建出选区，如图3-121所示；然后执行“编辑>描边”菜单命令或按Alt+E+S组合键，打开“描边”对话框，如图3-122所示。在对话框中可以设置描边的“宽度”“位置”“颜色”等，单击“确定”按钮，即可得到选区描边效果，如图3-123所示。

图 3-121

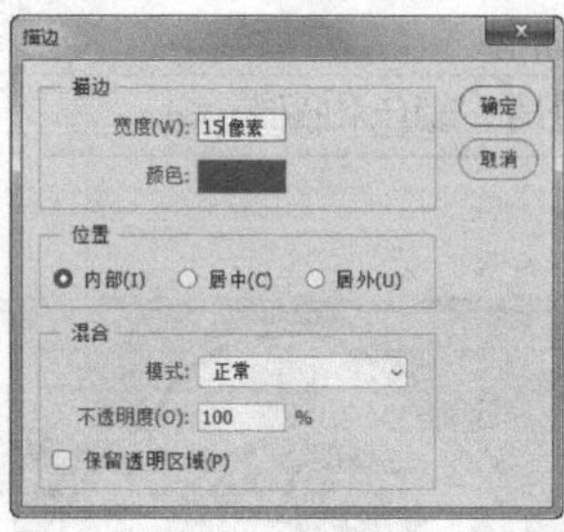

图 3-122

图 3-123

“描边”对话框中主要选项的作用如下。

- **宽度**：用于设置描边后生成填充线条的宽度。
- **颜色**：单击选项右侧的色块，将打开“拾色器（描边颜色）”对话框，可以设置描边区域的颜色。
- **位置**：用于设置描边的位置，包括“内部”“居中”“居外”三个单选按钮。
- **混合**：设置描边后颜色的不透明度和着色模式，其中着色模式与图层混合模式相同。
- **保留透明区域**：勾选该复选框后进行描边时将不影响原图层中的透明区域。

课堂练习：制作化妆品直通车广告

素材路径	素材\第3章\蓝色背景.jpg、化妆品.psd
实例路径	实例\第3章\化妆品直通车广告.psd

练习效果

本练习将使用“矩形选框工具”绘制矩形选区，然后使用“描边”命令对选区进行描边，再使用“横排文字工具”输入文字。本练习最终效果如图3-124所示。

图 3-124

操作步骤

01 打开“素材\第3章\蓝色背景.jpg”素材图像，选择“矩形选框工具”，按住Shift键绘制一个正方形选区，如图3-125所示。

02 新建一个图层，执行“编辑>描边”命令，打开“描边”对话框，设置“宽度”为10像素、“颜色”为白色，再选择“位置”为“内部”，如图3-126所示。

图 3-125

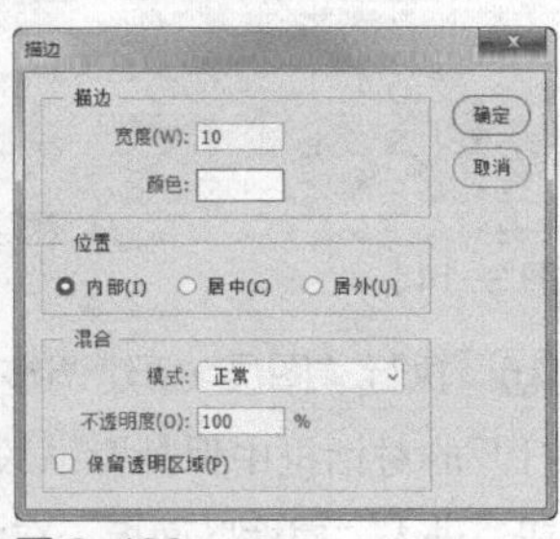

图 3-126

03 单击“确定”按钮，得到描边效果，如图3-127所示。

04 选择“矩形选框工具”，在白色描边图像上方偏左位置绘制一个矩形选区，框选住底层的树叶图像，按Delete键删除选区中的图像，如图3-128所示。

图 3-127

图 3-128

05 使用“矩形选框工具”继续在白色边框右侧和下方绘制两个矩形选区，并按Delete键删除选区中的图像，如图3-129所示。

06 打开“素材\第3章\化妆品.psd”素材图像，使用“移动工具”将其拖曳到当前编辑的图像中，适当调整图像大小，如图3-130所示。

图 3-129

图 3-130

07 新建一个图层，选择“圆角矩形工具”，在属性栏中设置“半径”为10像素，在画面左侧绘制一个圆角矩形，如图3-131所示。

图 3-131

08 按Ctrl+Enter组合键将其转换为选区，填充为白色，如图3-132所示。在“图层”面板中设置该图层的“填充”为30%，如图3-133所示。得到的透明图像效果如图3-134所示。

图 3-132

图 3-133

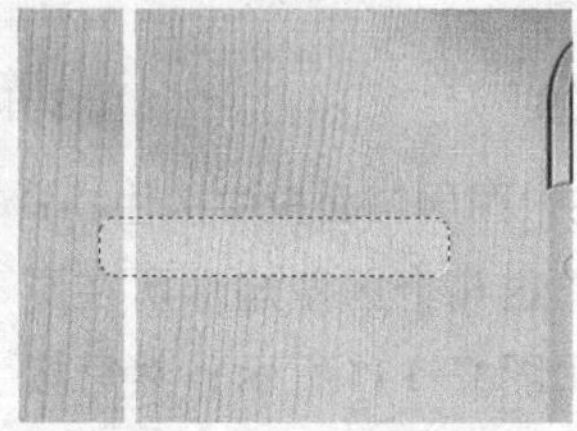
图 3-134

09 保持选区状态，新建一个图层，执行“编辑>描边”菜单命令，打开“描边”对话框，设置“宽度”为3像素、“颜色”为白色，再选择“位置”为“内部”，如图3-135所示。

图 3-135

10 单击“确定”按钮，得到描边选区效果，如图3-136所示。

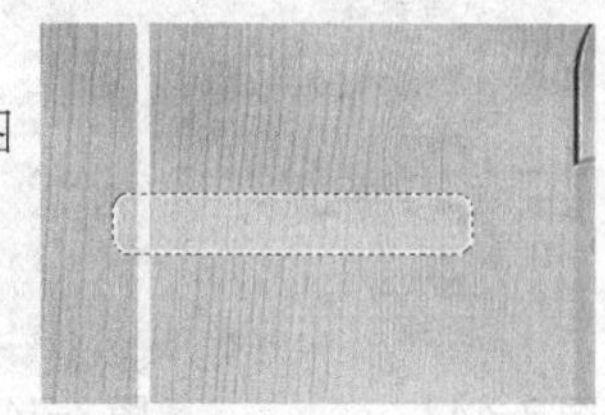
图 3-136

11 保持选区状态，执行“选择>修改>扩展”菜单命令，打开“扩展选区”对话框，设置“扩展量”为8像素，如图3-137所示。单击“确定”按钮，即可得到扩展选区效果，如图3-138所示。

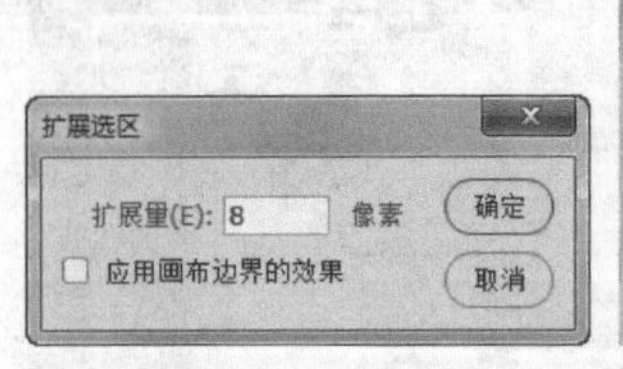

图3-137

图3-138

⑫ 执行“编辑>描边”菜单命令，打开“描边”对话框，设置“宽度”为4像素、“颜色”为绿色（R:173，G:217，B:58），再选择“位置”为“居外”，如图3-139所示。单击“确定”按钮，即可得到描边效果，按Ctrl+D组合键取消选区，如图3-140所示。

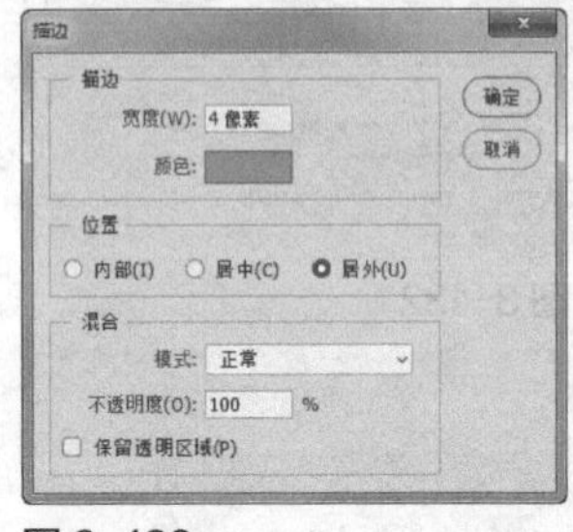

图3-139

图3-140

⑬ 在“图层”面板中按住Ctrl键选择这几个圆角矩形所在图层，如图3-141所示；然后按Ctrl+E组合键合并图层，再按两次Ctrl+J组合键复制图层，效果如图3-142所示。分别选择复制的图层，将对应的图像放置到如图3-143所示的位置。

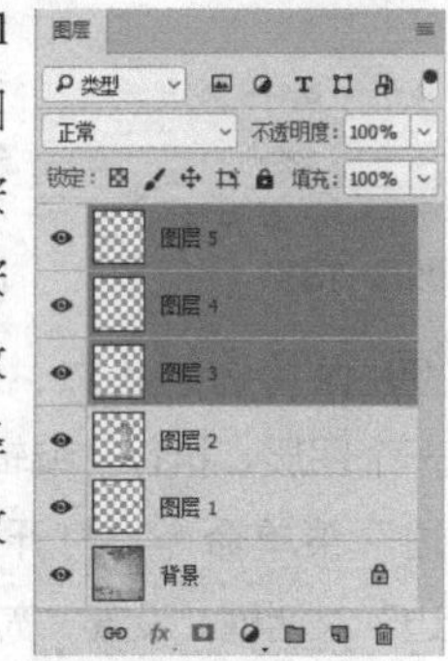

图3-141

图3-142

图3-143

⑭ 选择“横排文字工具”，在圆角矩形中分别输入文字，并在属性栏中设置字体为“汉仪细圆简”、文本颜色为深蓝色（R:43，G:114，B:142），适当调整文字大小，效果如图3-144所示。

⑮ 选择“横排文字工具”，继续在画面左上方输入中英文广告文字，在属性栏中设置中文字体为“汉仪中圆简”、英文字体为Edwardian Script ITC，然后分别设置文本颜色为灰色、深蓝色（R:43，G:114，B:142）和黑色，如图3-145所示。

图3-144

图3-145

⑯ 执行“图层>新建调整图层>曲线”菜单命令，在打开的对话框中保持默认设置，直接单击“确定”按钮，进入“属性”面板，在曲线中间添加一个控制点并将其向上拖曳，如图3-146所示，提升画面整体亮度，效果如图3-147所示。

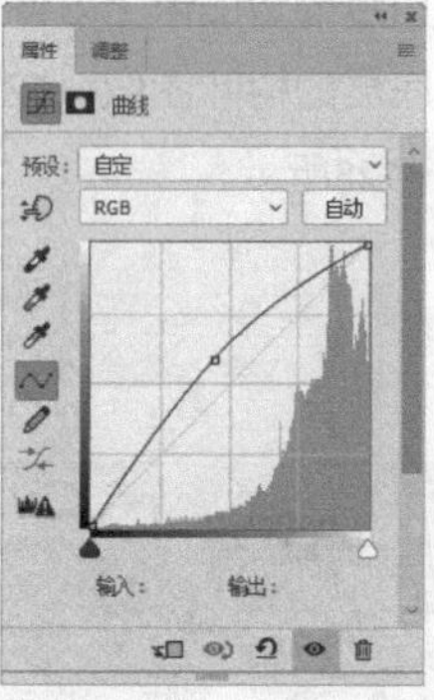

图3-146

图3-147

3.5 课堂案例：制作彩色律动图

素材路径	素材\第3章\彩色图.jpg
实例路径	实例\第3章\制作彩色律动图.psd

案例效果

本案例要制作一个彩色律动图，主要练习使用“套索工具”“椭圆选框工具”等工具来绘制选区；使用“平滑”“收缩”等命令编辑选区，然后对选区进行填充和描边操作。本案例最终效果如图3-148所示。

图3-148

操作步骤

01 打开“素材\第3章\彩色图.jpg”文件，如图3-149所示。下面将在该图像中绘制多个彩色图像增添图像律动感。

02 选择“套索工具”，在图像中手动绘制一个不规则选区，如图3-150所示。

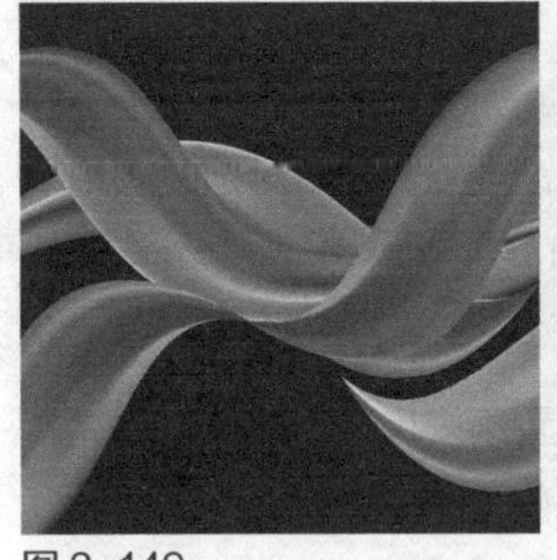
图 3-149

图 3-150

03 执行“选择>修改>平滑”菜单命令，打开“平滑选区”对话框，设置“取样半径”为25像素，如图3-151所示。

图 3-151

04 单击“确定”按钮，得到边缘更加圆滑的选区效果。选择“渐变工具”，单击属性栏左端的渐变条，打开“渐变编辑器”对话框，设置渐变颜色为从紫蓝色（R:66，G:28，B:176）到紫红色（R:230，G:47，B:111），如图3-152所示。

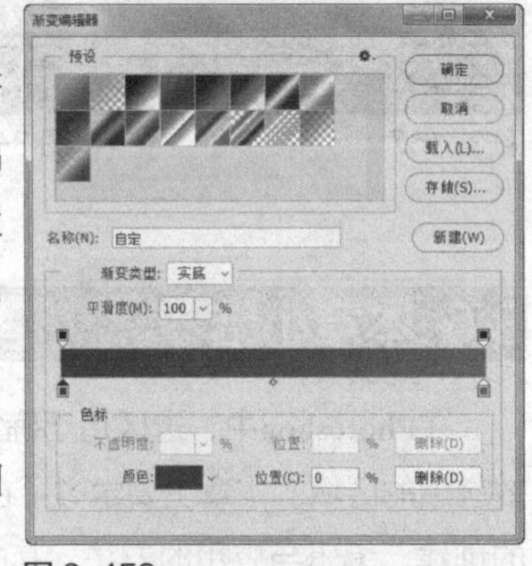

图 3-152

05 单击“确定”按钮，回到图像中，在属性栏中设置渐变类型为“线性渐变”，接着在选区中拖曳鼠标，应用渐变填充，如图3-153所示。

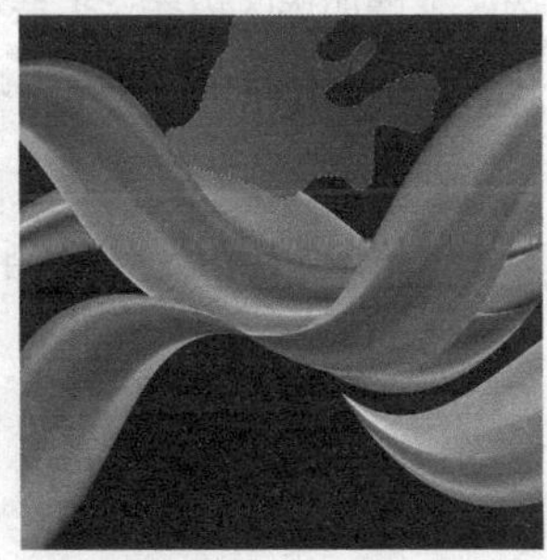
图 3-153

06 选择“套索工具”，在图像下方再绘制一个不规则选区，如图3-154所示。再次打开“平滑选区”对话框，设置“取样半径”为15像素，如图3-155所示。单击“确定”按钮回到图像中，即可得到平滑选区效果。

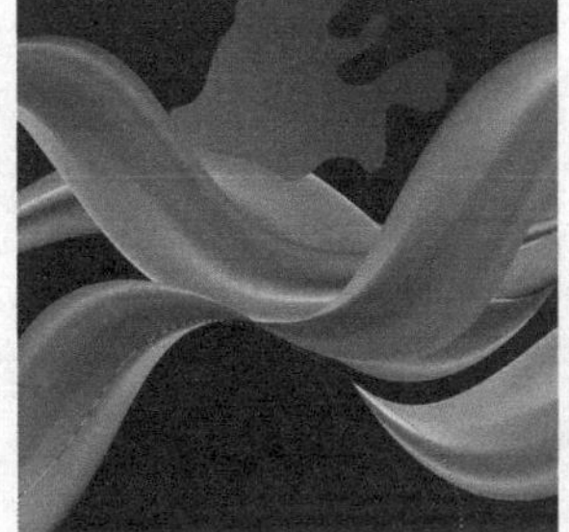
图 3-154

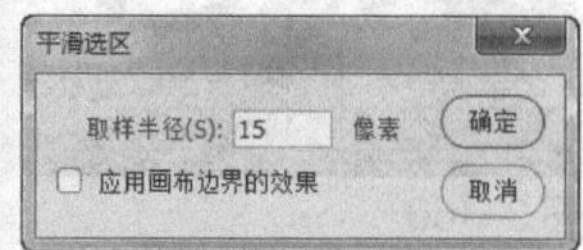

图 3-155

07 使用“渐变工具”为上一步中的选区应用线性渐变填充，设置颜色为从紫色（R:107，G:0，B:116）到深紫色（R:59，G:0，B:66），如图3-156所示。

08 继续使用“套索工具”在图像下方绘制一个不规则选区，平滑选区后，为其进行渐变填充，设置颜色为从橘红色（R:233，G:100，B:93）到紫色（R:186，G:18，B:137），如图3-157所示。

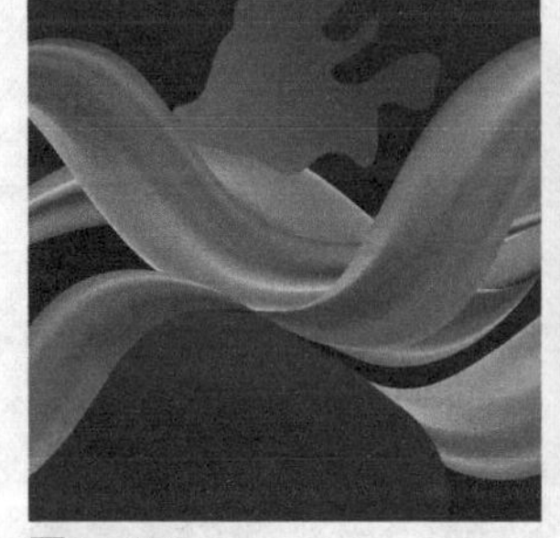
图 3-156

图 3-157

09 新建一个图层，选择“椭圆选框工具”，按住Shift键在图像中绘制一个正圆形选区，如图3-158所示。

10 执行“编辑>填充”菜单命令，打开“填充”对话框，在“内容”下拉列表中选择“白色”选项，如图3-159所示。

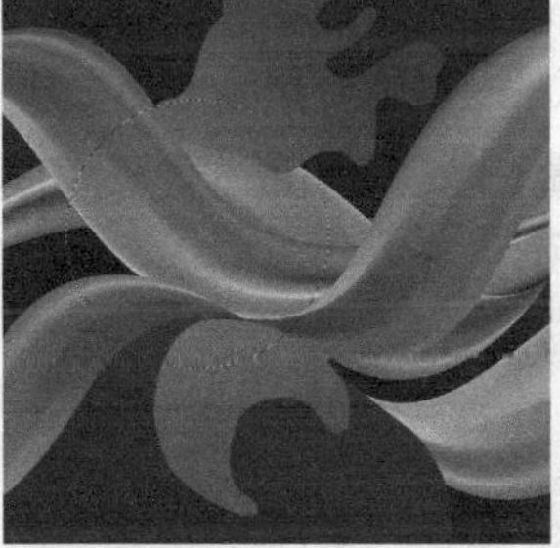
图 3-158

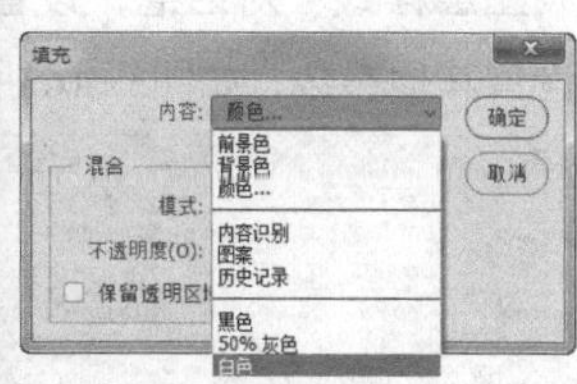

图 3-159

11 单击“确定”按钮填充选区，得到白色圆形，如图3-160所示。

12 保持选区状态，执行“选择>修改>收缩”菜单命令，打开“收缩选区”对话框，设置“收缩量”为15像素，如图3-161所示。

图3-160

图3-161

⑬ 单击“确定”按钮，得到收缩选区后的效果，如图3-162所示。

⑭ 执行“编辑>描边”菜单命令，打开“描边”对话框，设置“宽度”为3像素、“颜色”为橘黄色（R:255，G:195，B:66），再选择“位置”为“居中”，如图3-163所示。

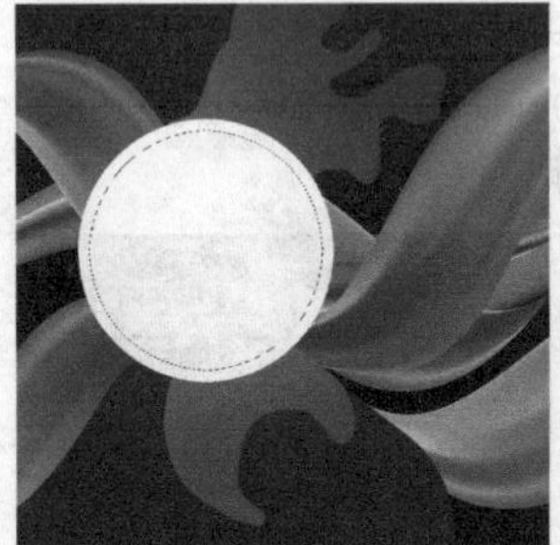

图3-162

图3-163

⑮ 单击“确定”按钮，得到描边效果，按Ctrl+D组合键取消选区，如图3-164所示。

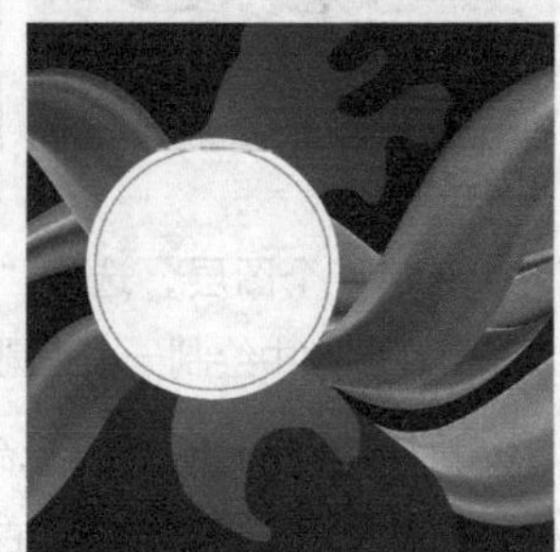

图3-164

⑯ 执行“图层>图层样式>投影”菜单命令，打开“图层样式”对话框，设置“投影”颜色为黑色，再设置其他参数，如图3-165所示。

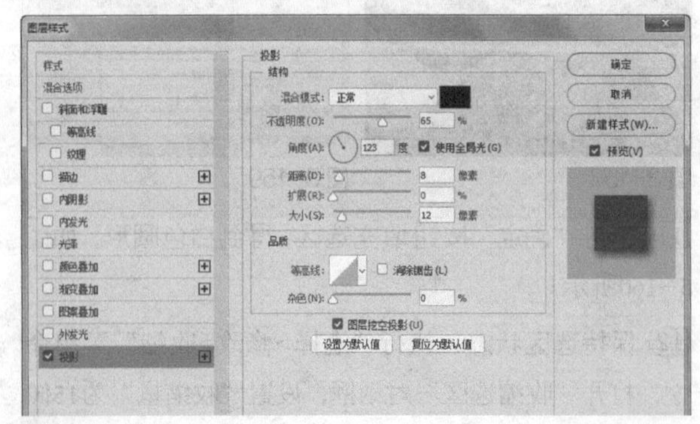

图3-165

⑰ 单击“确定”按钮，得到投影效果，如图3-166所示。

图3-166

⑱ 选择“椭圆选框工具”，在图像中绘制多个不同大小的正圆形选区，使用“渐变工具”对选区应用不同颜色的渐变填充，如图3-167所示。

⑲ 选择“横排文字工具”，在白色圆形中输入两行英文文字。在属性栏中设置第一行文字的字体为“方正大黑简体”、颜色为深紫色（R:23，G:23，B:87），第二行文字的字体为“方正兰亭黑”、颜色为紫色（R:149，G:54，B:180），如图3-168所示。

图3-167

图3-168

3.6 本章小结

在Photoshop中，选区用于确定当前某种功能或者特效应用的区域。本章主要学习了在Photoshop中进行选区的创建、编辑与应用的方法，其中包括创建选区、移动选区、增加选区边界、扩展和收缩选区，以及选区的羽化、删除、存储和载入等。

学习完本章后，读者应该熟练掌握选区创建工具的功能与使用方法，以及选区的创建、编辑与应用。

图像调色技法

• 本章内容简介

Photoshop具有强大的图像颜色调整命令，本章将学习图像中颜色的调整，包括图像的明暗度调整和图像的色彩与色调的细节调整。除此之外，使用Photoshop还可以调整曝光不足的照片、偏色的图像，以及制作一些特殊图像色彩等。

• 本章学习要点

1. 图像的颜色模式
2. 自动调色命令
3. 调整图像的明暗度
4. 调整图像的色彩

4.1 图像的颜色模式

图像的颜色模式是指将某种颜色表现为数字形式的模型，或者说是一种记录图像颜色的方式。在Photoshop中，颜色模式分为“位图模式”“灰度模式”“双色调模式”“索引颜色模式”“RGB颜色模式”“CMYK颜色模式”“Lab颜色模式”“多通道模式”8种，如图4-1所示。

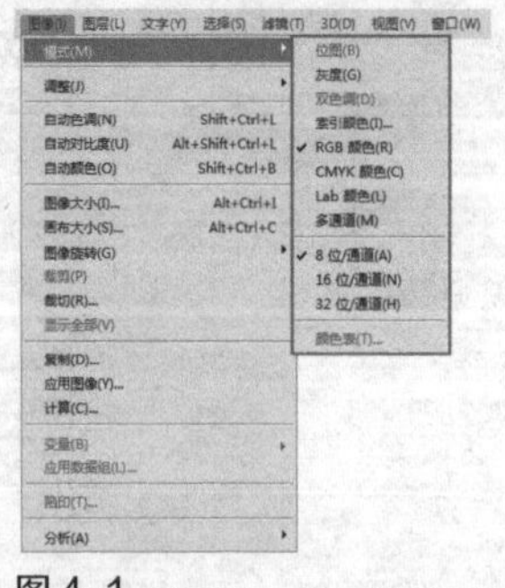
图4-1

▶ **位图模式：**位图模式是指使用两种颜色值（黑色或白色）中的一种来表示图像中的像素。将图像转换为位图模式会使图像颜色减少到两种，从而大大简化了图像中的颜色信息，同时也减小了文件的大小。

▶ **灰度模式：**灰度模式是用单一色调来表现图像，在图像中可以使用不同的灰度级。

▶ **双色调模式：**在Photoshop中，双色调模式并不是指由两种颜色构成图像的颜色模式，而是通过1~4种自定油墨创建的单色调、双色调、三色调和四色调的灰度图像。

▶ **索引颜色模式：**索引颜色是位图图像的一种编码方法，需要基于RGB、CMYK等更基础的颜色编码方法。可以通过限制图像中的颜色总数来实现有损压缩。如果要将图像转换为索引颜色模式，必须是8位/通道、灰度或是RGB颜色模式的图像。

▶ **RGB颜色模式：**RGB颜色模式是一种发光模式，在“通道”面板中可以看到三种颜色通道的状态信息，如图4-2所示。RGB颜色模式下的图像只有在发光体上才能显示出来，例如显示器、电视机等。

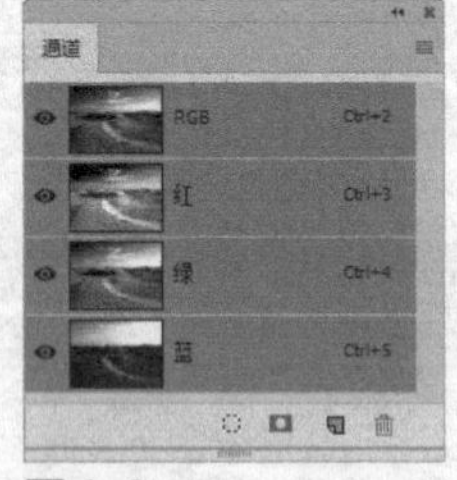

图4-2

▶ **CMYK颜色模式：**CMYK颜色模式是一种印刷模式，该模式下的图像只有在印刷体上才可以观察到，例如纸张。CMYK颜色模式包含的颜色总数比RGB颜色模式少很多，所以在显示器上观看到的图像（RGB颜色模式）要比印刷出来的图像亮丽一些。该模式在“通道”面板中的显示状态如图4-3所示。

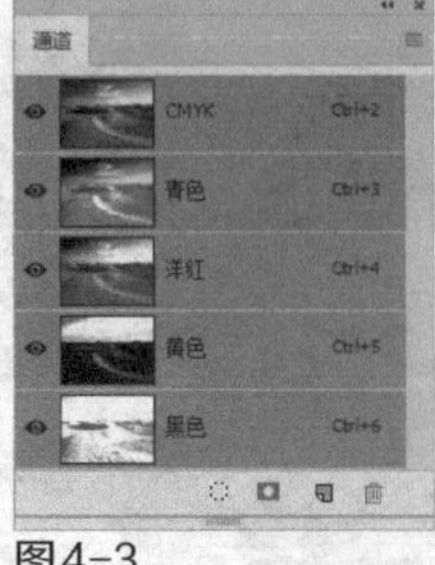

图4-3

▶ **Lab模式：**Lab颜色模式包含照度（L）和有关色彩的a、b三个要素。L表示“明度”，a表示从红色到绿色的范围，b表示从黄色到蓝色的范围。该模式在“通道”面板中的显示状态如图4-4所示。

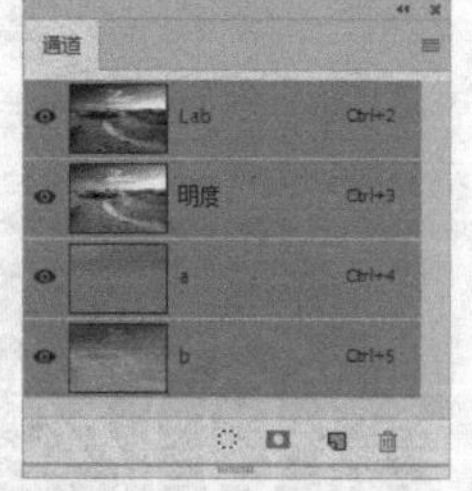

图4-4

4.2 自动调色命令

“图像”菜单中有三个自动调整图像颜色的命令，分别是“自动色调”“自动对比度”“自动颜色”，这三个命令都没有参数设置对话框，使用命令后系统将自动处理图像中的对比度、偏色等问题。

4.2.1 自动对比度

“自动对比度”命令不仅能自动调整图像色彩的对比度，还能调整图像的明暗度。该命令能让图像中的高光看上去更亮，阴影看上去更暗。打开一张对比度较低的照片（如图4-5所示），使用“自动对比度”命令，即可得到如图4-6所示的效果。可以看到，图像的对比度得到了明显改善，画面显得更加透亮。

图4-5

图4-6

4.2.2 自动色调

当图像整体出现偏色时，可以使用“自动色调”命令自动调整图像中的高光和暗调，使图像具有较好的层次效果。打开一张有些偏色的照片，如图4-7所示。执行“图像>自动色调”菜单命令，系统将自动调整图像的明暗度，去除图像中不正常的高亮区和暗黑区，如图4-8所示。

图4-7

图4-8

4.2.3 自动颜色

“自动颜色”命令是通过搜索图像来调整图像的对比度和颜色的。与“自动色调”和“自动对比度”命令相同，使用“自动颜色”命令后，系统会自动调整图像颜色。对图4-9所示的图片使用“自动颜色”命令，即可得到如图4-10所示的效果。

图 4-9

图 4-10

4.3 调整图像的明暗度

在Photoshop中，有一部分命令专门用于调整图像的明暗度，选择命令后，只需通过对话框中参数的设置，就可以快速改变图像效果。

重点 4.3.1 动手学：亮度 / 对比度

使用“亮度/对比度”命令能调整整体图像的亮度和对比度，从而实现对图像色调的调整。

(01) 打开一张图像，如图4-11所示。执行“图像>调整>亮度/对比度”菜单命令，打开“亮度/对比度”对话框，如图4-12所示。在对话框中调整参数可以得到不同明暗对比度的图像效果，勾选“预览”选项后，调整参数时可以在图像窗口中实时预览到图像的效果变化。

图 4-11

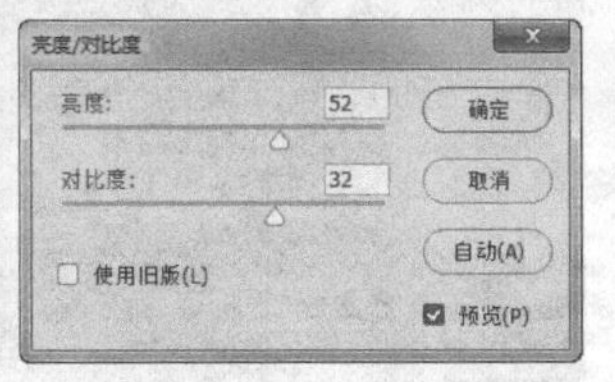

图 4-12

(02) 在“亮度”数值框中输入参数值可以调整图像的整体亮度。当数值为负值时，表示降低图像的亮度，如图4-13所示；当数值为正值时，表示提高图像的亮度，如图4-14所示。

图 4-13

图 4-14

技巧与提示

执行“图层 > 新建调整图层 > 亮度 / 对比度”菜单命令，可以创建一个“亮度 / 对比度”调整图层，参数设置与此处相同，使用调整图层更便于今后对图像的修改。

(03) 在“对比度”数值框中可以设置图像亮度对比的强烈程度。数值越低，对比度越低，如图4-15所示；数值越高，对比度越高，如图4-16所示。

图 4-15

图 4-16

4.3.2 曝光度

“曝光度”命令主要用于调整图像的曝光度，可以使图像中的高光和暗部区域得到平衡，从而还原画面中的光影明暗度。打开一张图像，如图4-17所示。执行“图像>调整>曝光度”菜单命令，打开“曝光度”对话框，如图4-18所示。执行“图层>新建调整图层>曝光度”菜单命令，即可创建一个调整图层。

图4-17

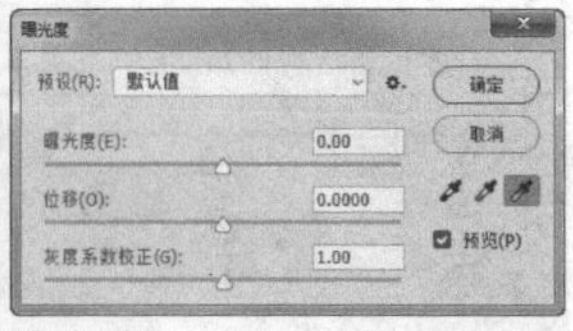

图4-18

“曝光度”对话框中主要选项的作用如下。

▶ **预设**：该下拉列表中有Photoshop默认的几种设置，可以快速对图像进行调整。

▶ **曝光度**：用于调整色调范围的高光端。向左拖曳滑块，可以降低曝光效果，如图4-19所示；向右拖曳滑块，可以增加曝光效果，如图4-20所示。

图4-19

图4-20

▶ **位移**：用于调整图像中阴影和中间调，对高光的影响很轻微。减小数值可以使阴影和中间调区域变暗，如图4-21所示；增加数值可以使阴影和中间调区域变亮，同时图像会显得较灰，如图4-22所示。

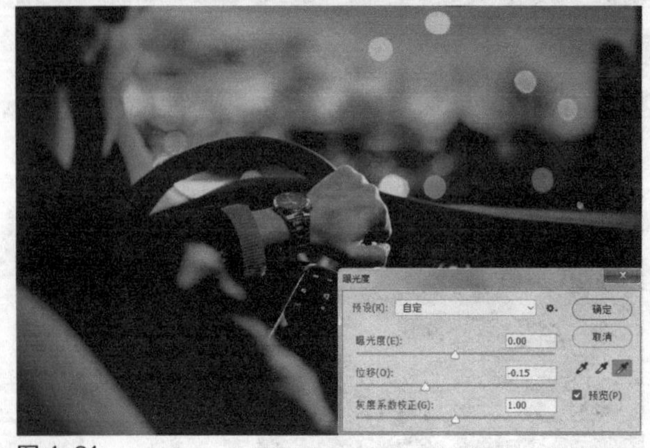

图4-21

图4-22

▶ **灰度系数校正**：主要用于调整图像中的中间色调，对高光图像区域的影响较小。向左拖曳滑块时，中间色调图像将整体变亮；向右拖曳滑块时，中间色调图像将整体变暗。

4.3.3 动手学：阴影/高光

“阴影/高光”命令可以基于阴影/高光中的局部相邻像素来校正每个像素，在调整阴影区域时，对高光区域的影响很小，而调整高光区域时对阴影区域的影响很小。该命令对于校正逆光拍摄的照片非常实用，也可以校正由于太接近相机闪光灯而有些发白的焦点。

(01) 按Ctrl+O组合键，打开“素材\第4章\工具.jpg”素材图像，如图4-23所示。

图4-23

(02) 执行“图像>调整>阴影/高光”菜单命令，打开“阴影/高光”对话框，在其中调整图像的“阴影”“高光”等参数，如图4-24所示。

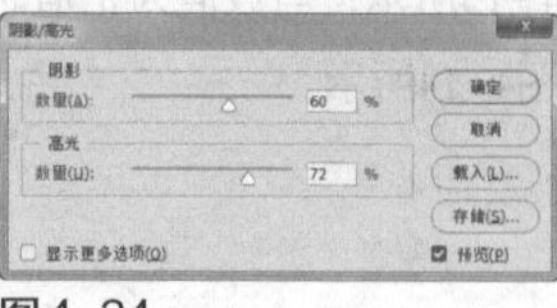

图4-24

(03) 勾选对话框下方的“显示更多选项”复选框，可以展开对话框的“调整”选项区域，在其中可以进行更加精细的参数设置，如图4-25所示。

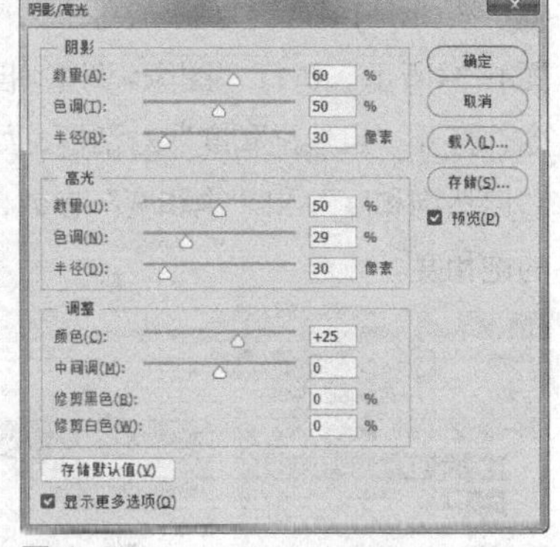

图 4-25

“阴影/高光”对话框中各选项的含义如下。

- **阴影**：“数量”选项用来控制阴影区域的亮度，值越大，阴影区域就越亮；“色调”选项用来控制色调的修改范围，值越小，修改的范围就越针对较暗的区域；“半径”选项用来控制像素是在阴影中还是在高光中。
- **高光**：“数量”选项用来控制高光区域的黑暗程度，值越大，高光区域越暗；“色调”选项用来控制色调的修改范围，值越小，修改的范围就越针对较亮的区域；“半径”选项用来控制像素是在阴影中还是在高光中。
- **调整**：“颜色”选项用来调整已修改区域的颜色；“中间调”选项用来调整中间调的对比度；“修剪黑色”和“修剪白色”选项决定了在图像中会将多少阴影和高光剪切到新的极端阴影和高光颜色中。
- **“存储默认值”按钮**：单击该按钮可以将对话框中的参数设置存储为默认值，存储后再次打开“阴影/高光”对话框时，就会显示存储时的参数设置。

(04) 设置完成后，单击“确定”按钮，得到调整后的图像效果，如图4-26所示。可以看到阴影图像中的部分细节得到了还原。

图4-26

疑难解答：“调整图层”有什么作用

在 Photoshop 中，调整图像色彩有两种方式，一种是使用“图像 > 调整”子菜单中的命令，另一种是使用调整图层。使用调整图层将自动在“图层”面板中新建一个图层，对颜色和色调的调整储存在调整图层中，以便随时修改参数；而“调整”子菜单中的命令一旦应用且关闭图像后，将不能恢复。

创建调整图层有以下两种方法。

第 1 种：执行“图层 > 新建调整图层”菜单命令，在其子菜单中选择调整命令，如图 4-27 所示。

第 2 种：单击“图层”面板底部的“创建新的填充或调整图层”按钮，在弹出的菜单中可以选择调整命令，如图 4-28 所示。

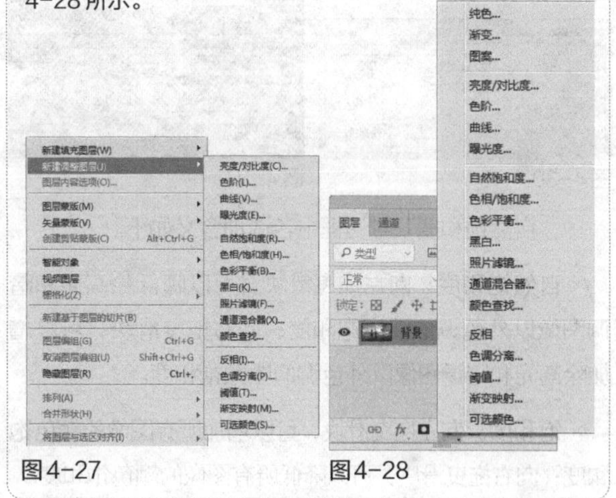

图4-27　图4-28

4.4 调整图像的色彩

图像的色彩调整包含了“明暗度”、“饱和度”及“色相”的调整。Photoshop中的色彩调整功能非常强大，运用好色彩调整命令可以制作出各种风格的图像效果。

4.4.1 自然饱和度

“自然饱和度”命令可以快速调整图像的饱和度，且调整效果非常自然，非常适用于数码照片后期调色处理。打开一张图像，如图4-29所示。执行“图像>调整>自然饱和度”菜单命令，打开“自然饱和度”对话框，适当降低“饱和度”和“自然饱和度”参数，如图4-30所示。单击“确定”按钮，即可得到具有复古效果的低饱和度图像效果，如图4-31所示。

图4-29

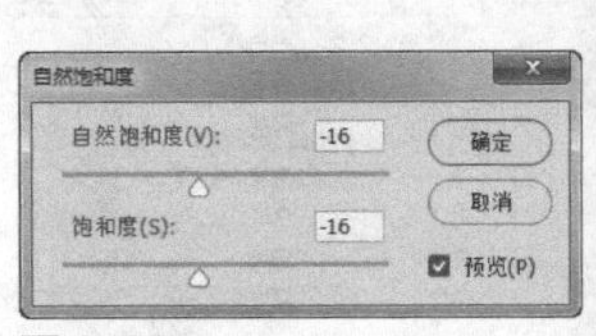

图4-30

图4-31

“自然饱和度”对话框中各选项含义如下。

▶ **自然饱和度**：向左拖曳滑块，可以降低除高光和暗调图像以外色调的图像饱和度；向右拖曳滑块，可以增加除高光和暗调图像以外色调的图像饱和度。

▶ **饱和度**：向左拖曳滑块，可以增加所有图像的颜色饱和度；向右拖曳滑块，可以降低所有图像的颜色饱和度。

课堂练习：制作色彩斑斓的世界

素材路径	素材\第4章\岸边.jpg
实例路径	实例\第4章\制作色彩斑斓的世界.psd

练习效果

本练习将使用“自然饱和度”命令增加图像的饱和度，让图像中的色调更加丰富。本练习最终效果如图4-32所示。

图4-32

操作步骤

01 打开“素材\第4章\岸边.jpg”图像，如图4-33所示。下面将使用“自然饱和度”命令增加图像的饱和度。

图4-33

02 按Ctrl+J组合键复制一次图层，得到“图层1”，如图4-34所示。执行“图像>调整>自然饱和度”菜单命令，打开“自然饱和度”对话框，如图4-35所示。调整“自然饱和度”和“饱和度”参数，增加画面整体颜色的饱和度。

图4-34

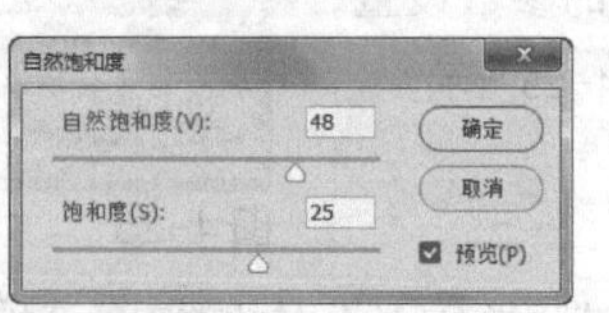

图4-35

03 单击“确定”按钮，得到提升图像饱和度的效果，如图4-36所示。

04 选择“套索工具”，在属性栏中设置羽化值为30像素，然后按住Shift键选择天空中的黄色部分和玻璃瓶，如图4-37所示。

图4-36

图4-37

05 执行“图像>调整>自然饱和度”菜单命令，在弹出对话框中适当增加“自然饱和度”和“饱和度”参数，得到局部图像调整效果，如图4-38所示。

06 保持选区，选择“套索工具”，按住Alt键减选部分选区，只保留天空中的太阳和瓶身图像，如图4-39所示。

图4-38

图4-39

07 执行“图像>调整>亮度/对比度”菜单命令，打开“亮度/对比度”对话框，增加图像亮度，如图4-40所示。

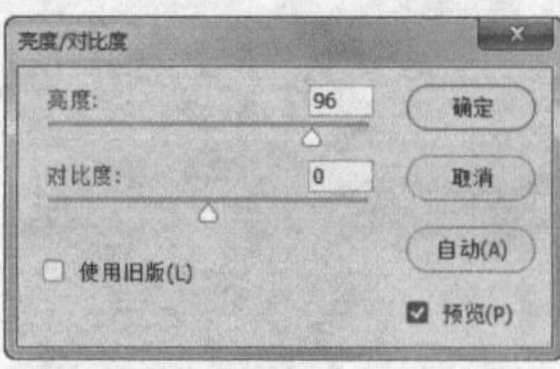

图4-40

08 单击“确定”按钮回到画面中，按Ctrl+D组合键取消选区，图像效果如图4-41所示。

图 4-41

【重点】4.4.2 色相/饱和度

“色相/饱和度”命令是实际工作中使用频率较高的调整命令，该命令可以调整整个图像或选区内图像的色相、饱和度和明度，也可以对单个通道进行调整。打开一张图像，如图4-42所示。执行“图像>调整>色相/饱和度”菜单命令，打开“色相/饱和度”对话框，如图4-43所示。在对话框中调整参数，即可改变图像的色相和饱和度。执行“图层>新建调整图层>色相/饱和度”菜单命令，即可创建一个调整图层。

图4-42

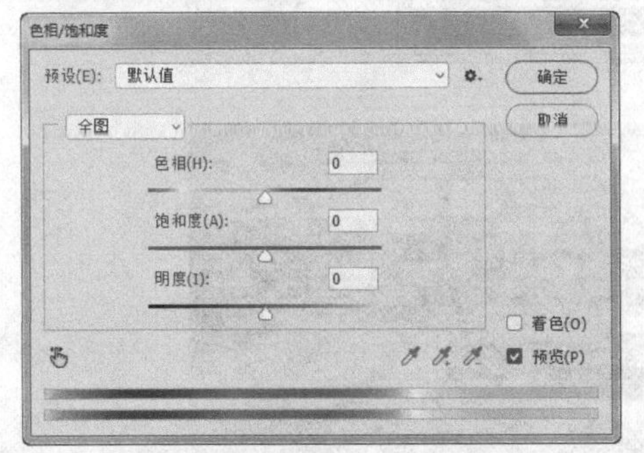

图 4-43

“色相/饱和度”对话框中各选项含义如下。

▷ **预设：**“预设”下拉列表中提供了如图4-44所示的色相/饱和度预设选项，使用部分预设选项可以得到特殊的颜色效果，如选择“氰版照相”预设选项，即可得到单色图像效果，如图4-45所示。

图 4-44

图 4-45

▷ **预设选项：**单击该按钮，在弹出的菜单中可以选择保存当前设置的参数，也可以载入一个新的预设调整文件。

▷ **通道下拉列表：**在通道下拉列表中可以选择“全图”“红色”“黄色”“绿色”“青色”“蓝色”“洋红”通道进行调整。选择好通道后，可以通过拖曳下方的各选项滑块，对该通道的色相、饱和度和明度进行调整，如选择“红色”通道，调整其色相等参数，如图4-46所示。改变后的图像效果如图4-47所示。

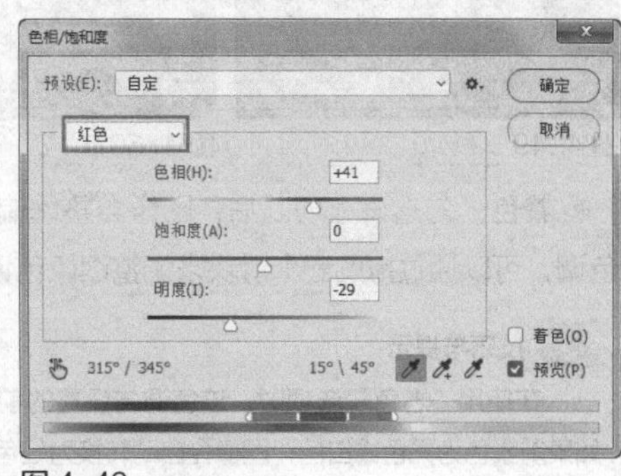

图 4-46

图 4-47

▶ **在图像上单击并拖动可修改饱和度**：单击该按钮，将鼠标指针置于需要调整的图像颜色上，如图4-48所示。单击并拖曳鼠标即可修改单击点处颜色的饱和度：向右拖曳鼠标可以增加图像的饱和度，如图4-49所示；向左拖曳鼠标可以降低图像的饱和度，如图4-50所示。

图 4-48

图 4-49　图 4-50

▶ **着色**：勾选该选项以后，图像会整体偏向于单一的色调，可以通过拖曳三个滑块来调整图像色调。

技巧与提示

在使用"着色"选项时，该色调与设置的前景色有关。如果前景色为黑色或白色，图像会自动转换为红色色相；如果前景色为其他颜色，则会转换为当前前景色的色相。

疑难解答："色相/饱和度"对话框下方颜色条的作用

打开一张风景图像，如图4-51所示。打开"色相/饱和度"对话框后，可以看到底部有两个颜色条，上面的颜色条代表调整前的颜色，而下面的颜色条则代表调整后的颜色。当用户选择一种通道颜色后，色条之间将出现 4 个较小的白色滑块，如图4-52所示。中间两个滑块可以定义颜色修改的范围，调整所影响的区域会逐渐向两个外部滑块处衰减，而这 4 个滑块以外的图像颜色不会受到任何影响，如图 4-53 所示。调整后的图像效果如图 4-54 所示。

图 4-51

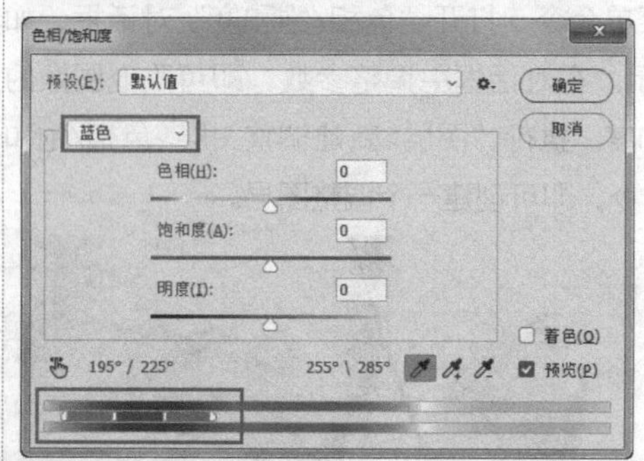

图 4-52

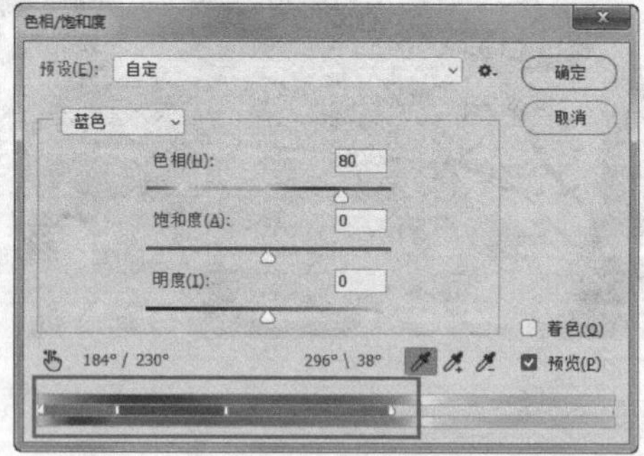

图 4-53

图 4-54

课堂练习：制作书中的蝴蝶

素材路径	素材\第4章\书.jpg、蝴蝶.psd
实例路径	实例\第4章\书中的蝴蝶.psd

练习效果

本练习将使用“色相/饱和度”命令调整图像的色调和饱和度效果，主要练习通过各颜色通道调整图像明度、饱和度和色相的方法。本练习的最终效果如图4-55所示。

图4-55

操作步骤

(01) 打开“素材\第4章\书.jpg”图像，如图4-56所示。下面将改变图像中的蓝色背景，将背景与书的颜色统一。

图4-56

(02) 执行“图层>新建调整图层>色相/饱和度”菜单命令，在打开的对话框中保持默认设置，如图4-57所示。单击“确定”按钮，即可在“图层”面板中得到一个调整图层，如图4-58所示。

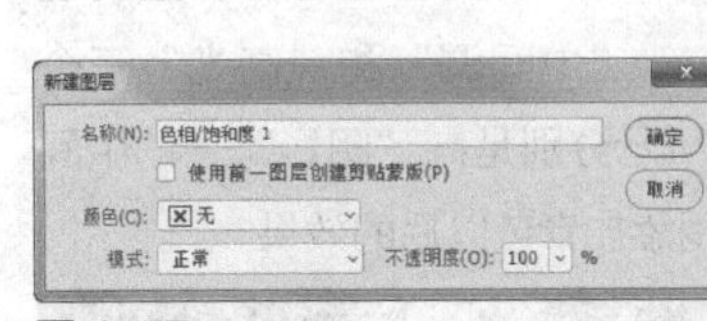

图4-57

图4-58

(03) 在“属性”面板中选择“红色”通道，调整图书的颜色，如图4-59所示。再选择“黄色”通道，适当改变黄色色调，如图4-60所示。

图4-59

图4-60

(04) 在“属性”面板中选择“青色”通道，设置参数，如图4-61所示。得到的图像调整效果如图4-62所示。

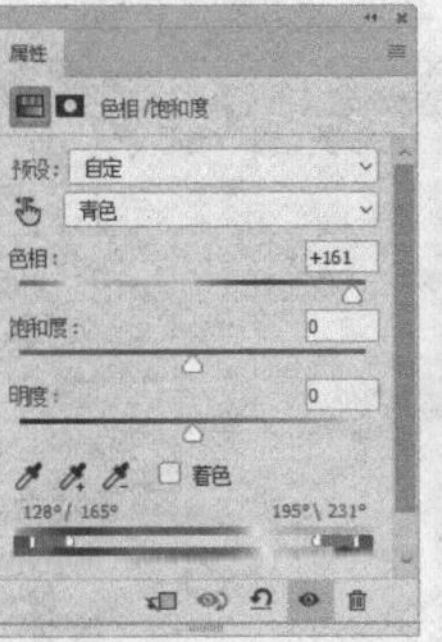

图4-61

图4-62

(05) 执行“图层>新建调整图层>色相/饱和度”菜单命令，再创建一个调整图层，勾选“着色”复选框，并调整色相参数，如图4-63所示。得到的图像效果如图4-64所示。

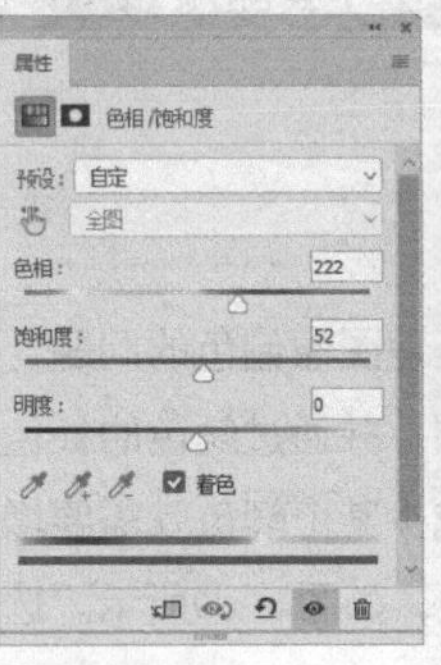

图4-63

图4-64

(06) 在“图层”面板中设置图层混合模式为“柔光”，如图4-65所示。得到与下一层图像混合的图像效果，如图4-66所示。

图4-65

图4-66

(07) 打开“素材\第4章\蝴蝶.psd”图像，使用“移动工具”将其拖曳到当前编辑画面中，并置于画面上方，再将该图像所在图层的混合模式设置为“滤色”，如图4-67所示。得到的图像效果如图4-68所示。

图4-67

图 4-68

【重点】4.4.3 色彩平衡

“色彩平衡”命令通常用于处理图像偏色的问题，它将色彩分为红、绿、蓝三种色调，并通过颜色的补色原理，控制图像颜色的分布，要减少某个颜色就需要增加这种颜色的补色。打开一张图像，如图4-69所示。选择“图像>调整>色彩平衡”命令或按Ctrl+B组合键，打开“色彩平衡”对话框，如图4-70所示。执行“图层>新建调整图层>色彩平衡”菜单命令，可以创建一个“色彩平衡”调整图层。

图 4-69

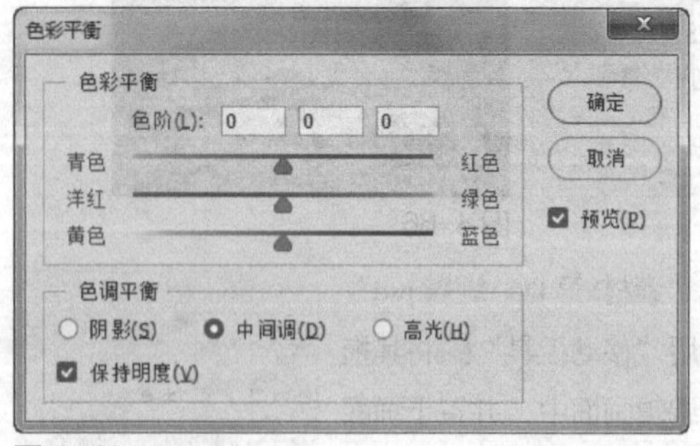

图 4-70

“色彩平衡”对话框中各选项含义如下。

▶ **色彩平衡**：主要调整各颜色在图像中所占的比例，可以直接输入参数值，也可以拖曳滑块来进行调整。例如增加“洋红色”，自然会同时减少图像中的“绿色”，如图4-71所示；或者增加“红色”和“黄色”，将自动减少图像中的“青色”和“蓝色”，如图4-72所示。

图 4-71

图 4-72

▶ **色调平衡**：用于选择用户需要着重进行调整的色彩范围，包含“阴影”、“中间调”和“高光”三个选项。图4-73~图4-75所示分别是向“阴影”、“中间调”和“高光”色彩范围添加青色以后的效果。

图 4-73

图 4-74

图 4-75

▷ **保持明度：**勾选该选项，在调整图像色彩时可以保持图像亮度不变。

▶ 课堂练习：调整海滩色调

素材路径	素材\第4章\海滩.jpg、文字.psd
实例路径	实例\第4章\调整海滩色调.psd

练习效果

本练习将使用“色彩平衡”命令校正偏色的图像，还原图像色彩，并将图像中的光影和色调调整得更加高级。本练习的最终效果如图4-76所示。

图 4-76

操作步骤

(01) 打开“素材\第4章\海滩.jpg”图像，如图4-77所示，可以看到该图像存在明显的偏色情况，整体色调偏绿。

图 4-77

(02) 执行“图层>新建调整图层>亮度/对比度”菜单命令，创建一个调整图层，在“属性”面板中增加亮度参数值，如图4-78所示。得到的图像效果如图4-79所示。

图 4-78 图 4-79

(03) 选择“图层>新建调整图层>色彩平衡”命令，再次创建一个调整图层，分别选择“阴影”、“中间调”和“高光”色调，调整各颜色参数，如图4-80~图4-82所示。

图 4-80

图 4-81

图 4-82

(04) 调整后的图像色调效果如图4-83所示。此时图像中的蓝色得到了很好的还原，但色调显得有些不真实。

图 4-83

(05) 新建一个图层，将其填充为橘黄色（R:240，G:146，B:26），并设置图层混合模式为“色相”，再降低图层的不透明度为30%，如图4-84所示。得到的图像效果如图4-85所示。

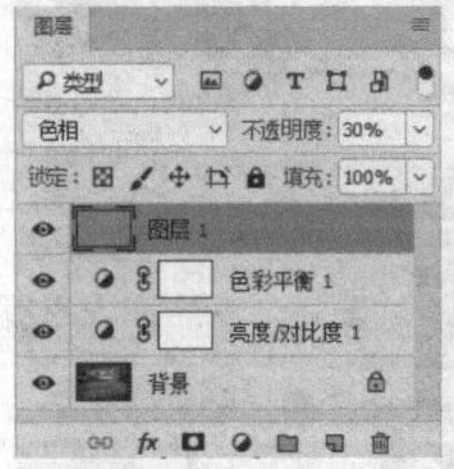

图4-84

图4-85

06 打开“素材\第4章\文字.psd”图像，使用“移动工具”将文字拖曳到当前编辑画面中，放置到画面右下方，并适当旋转文字，如图4-86所示。

图4-86

4.4.4 动手学：黑白

使用“黑白”命令可以轻松地将彩色图像转换为细节丰富的黑白图像，并可以精细地调整图像整体色调值和浓淡，或者为图像添加单一色调效果。

01 按Ctrl+O组合键，打开“素材\第4章\母子.jpg”素材图像，下面将该图像转换为黑白效果，如图4-87所示。

图4-87

02 执行“图像>调整>黑白”菜单命令，打开“黑白”对话框，由于这个图像中的黄色和红色较多，所以主要调整这两种颜色，分别选择“红色”“黄色”下面的三角形滑块进行拖曳，如图4-88所示。

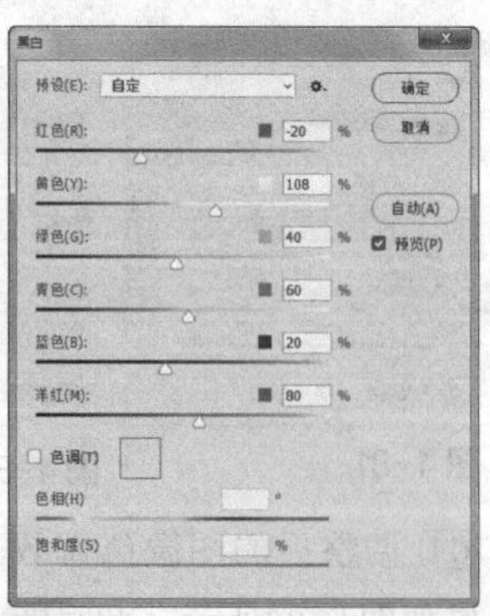

图4-88

03 设置好参数后单击“确定”按钮，即可得到黑白图像效果，如图4-89所示。

图4-89

04 如果勾选对话框中的“色调”选项，可以为图像添加单一色调。勾选该选项，设置“色相”和“饱和度”参数分别为35°、40%，如图4-90所示。得到的单色图效果如图4-91所示。

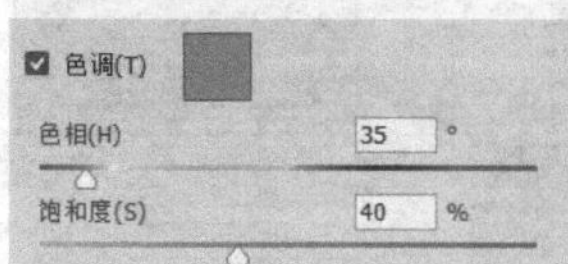

图4-90

图4-91

4.4.5 动手学：照片滤镜

使用“照片滤镜”命令可以模仿在相机镜头前面添加彩色滤镜的效果，还可通过选择色彩预置来调整图像的色相。执行“图层>新建调整图层>照片滤镜”菜单命令，可以创建一个“照片滤镜”调整图层。

01 按Ctrl+O组合键，打开“素材\第4章\女人.jpg”素材图像，如图4-92所示。

图4-92

02 执行“图像>调整>照片滤镜”菜单命令，打开“照片滤镜”对话框，单击“滤镜”右侧的三角形按钮，在下拉列表中选择一种预设滤镜，如“冷却滤镜（80）”，再如图4-93所示调整“浓度”参数，即可为整个画面蒙上一层蓝色调，如图4-94所示。

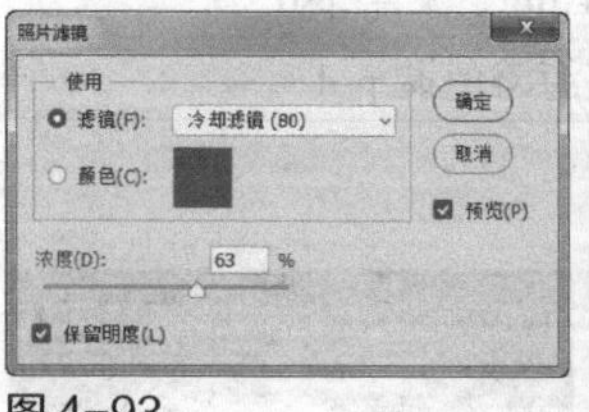

图4-93

图4-94

“照片滤镜”对话框中各选项含义如下。

▶ **滤镜**：该下拉列表中有系统自带的多种滤镜，包括暖色调和冷色调滤镜等，用户可以选择其中一种滤镜，然后通过浓度参数来调整添加的滤镜饱和度。

▶ **颜色**：选中该单选按钮并单击右侧的色块，可以打开“拾色器”对话框自定义滤镜颜色。

▶ **浓度**：拖曳滑块可以控制着色的强度，数值越大，滤镜效果越明显。

▷ **保留明度**：勾选该选项可以让高光图像与滤镜颜色过渡得更加自然。

03 单击“颜色”右侧的色块，在弹出的对话框中可以设置滤镜颜色，这里设置为土黄色（R:207，G:122，B:2），如图4-95所示。

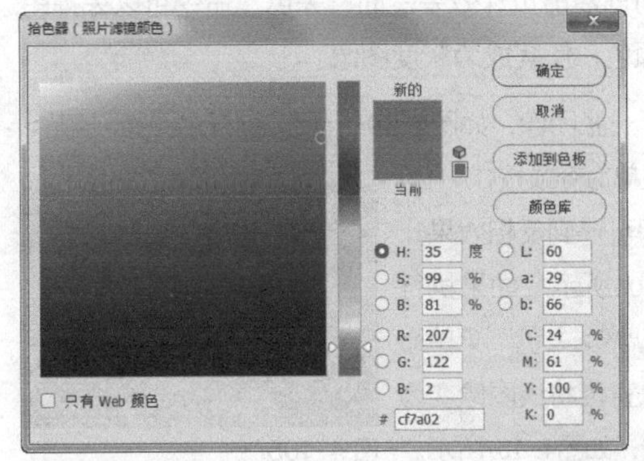

图 4-95

04 单击“确定”按钮，回到“照片滤镜”对话框，适当增加“浓度”参数值，即可得到暖色调图像效果，如图4-96所示。

图 4-96

【重点】4.4.6 通道混合器

使用“通道混合器”命令可以对图像的某一个通道的颜色进行调整，以创建出各种不同色调的图像，同时也可以用来创建高品质的灰度图像。打开一张图像，如图4-97所示。执行“图像>调整>通道混合器”菜单命令，打开“通道混合器”对话框，如图4-98所示。执行“图层>新建调整图层>通道混合器”菜单命令，可以创建一个“通道混合器”调整图层。

图 4-97

图 4-98

“通道混合器”对话框中各选项含义如下。

▷ **预设**：Photoshop提供了6种制作黑白图像的预设效果，如图4-99所示。选择其中的预设可以快速得到图像特殊颜色。

图 4-99

▷ **预设选项**：单击该按钮，可以对当前设置的参数进行保存，或载入一个外部的预设调整文件。

▷ **输出通道**：在该下拉列表中可以选择通道进行调整。

▷ **源通道**：通过拖曳滑块或输入数值来调整源通道在输出通道中所占的百分比。将一个源通道的滑块向左拖曳，可以减小该通道在输出通道中所占的百分比，如图4-100所示；向右拖曳，则可以增加百分比，如图4-101所示。

图 4-100

图 4-101

▷ **常数**：通过拖曳滑块或输入数值来调整通道的不透明度。

▷ **单色**：勾选该复选框，图像将转变成只含灰度值的灰度图像。

4.4.7 颜色查找

不同数字图像设备在输入和输出时都有不同的色彩空间，这些设备之间在传递图像颜色时会有差异。而“颜色查找”命令就可以让颜色在不同设备之间精确地传递和再现，准确来说它是一款校准颜色的命令。

选择一张图像，如图4-102所示。执行“图像>调整>颜色查找”菜单命令，打开“颜色查找”对话框，在“3DLUT文件”下拉列表中可以选择合适的方式，如选择如图4-103所示的2Strip.look选项，即可得到该类型的色彩效果，如图4-104所示。

图 4-102

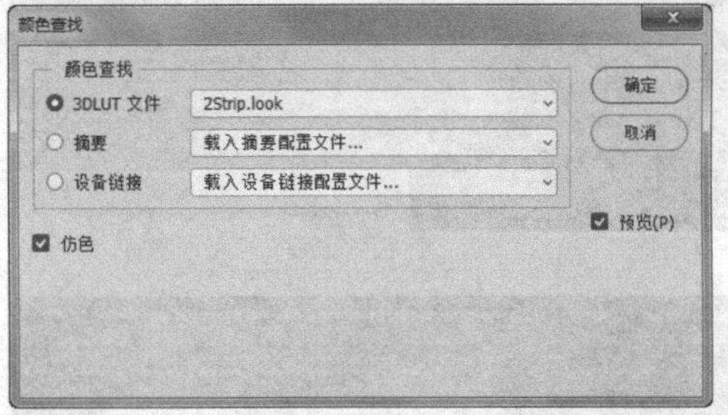

图 4-103

图 4-104

4.4.8 反相和去色

“反相”和“去色”命令都没有参数设置对话框。使用“反相”命令可以将图像中的某种颜色转换为它的补色，即将原来的黑色变成白色，将原来的白色变成黑色，从而创建出负片效果。而“去色”命令可以去掉图像中的颜色，使其成为灰度图像。

打开一张图像，如图4-105所示。执行“图像>调整>反相”菜单命令或按Ctrl+I组合键，即可得到反相效果，如图4-106所示。如果执行“图像>调整>去色”菜单命令，可以直接将该图像变为灰度图像，如图4-107所示。

图 4-105

图 4-106

图 4-107

举一反三：“反相”命令与图层蒙版的结合使用

在图层蒙版中，隐藏图像的部分以黑色显示，而显示的图像以白色显示，如图 4-108 所示。选择图层蒙版，执行“图像 > 调整 > 反相”菜单命令，即可快速反转图像，显示出原本被隐藏的图像，如图 4-109 所示。

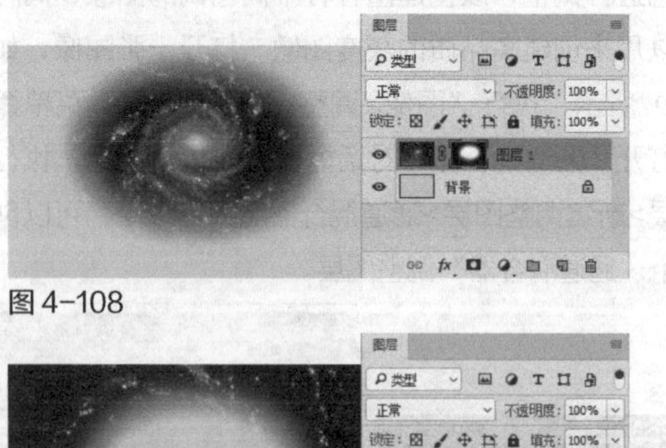

图 4-108

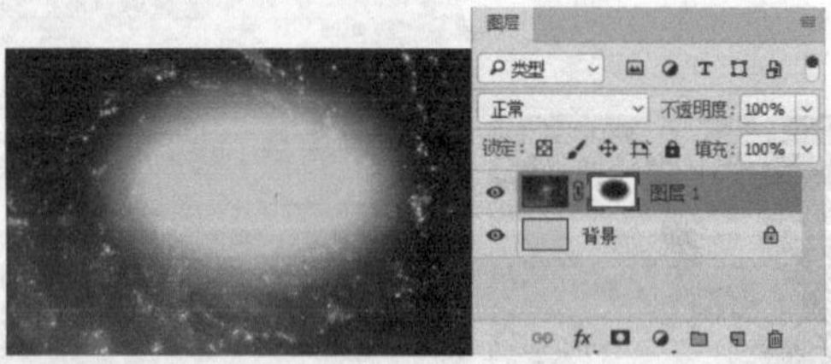

图 4-109

4.4.9 色调分离

使用“色调分离”命令可以指定图像中每个通道

的色调级数或亮度值，并将像素映射到最接近的匹配级别。打开一张图像，如图4-110所示。执行“图像>调整>色调分离”菜单命令，打开“色调分离”对话框，如图4-111所示。设置的“色阶”值越小，分离的色调越多，如将“色阶”值设为3，图像效果如图4-112所示；值越大，保留的图像细节就越多，如将“色阶”值设为8，图像效果如图4-113所示。执行“图层>新建调整图层>色调分离”菜单命令，可以创建一个“色调分离”调整图层。

图 4-110

图 4-111

图 4-112

图 4-113

4.4.10 阈值

使用“阈值”命令可以将彩色图像转换为高对比度的黑白图像，适合用来模拟手绘效果的线稿或是版画效果。打开一张图像，如图4-114所示。执行“图像>调整>阈值”菜单命令，打开“阈值”对话框，如图4-115所示。拖曳对话框下方的滑块，或者在“阈值色阶”数值框中输入数值，比阈值亮的像素将转换为白色，比阈值暗的像素将转换为黑色，如图4-116所示。执行“图层>新建调整图层>阈值”菜单命令，可以创建一个“阈值”调整图层。

图 4-114

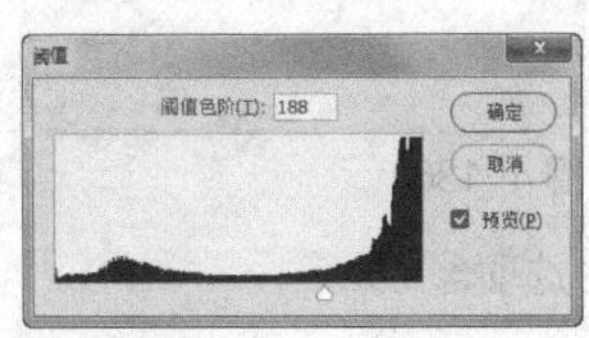

图 4-115

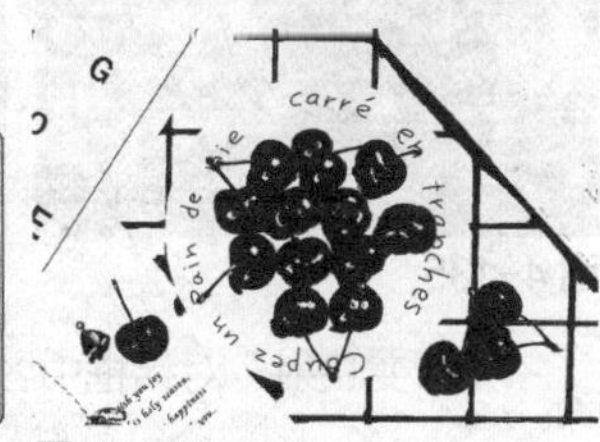

图 4-116

课堂练习：制作毕业纪念海报

素材路径	素材\第4章\彩色背景.jpg、人物.jpg、毕业素材.psd
实例路径	实例\第4章\毕业纪念海报.psd

练习效果

本练习将使用“阈值”命令制作黑白色调的特殊图像效果，并通过素材图像的合成，得到毕业纪念海报。本练习的最终效果如图4-117所示。

图 4-117

操作步骤

(01) 打开“素材\第4章\人物.jpg”图像，如图4-118所示，选择“图层>新建调整图层>阈值”命令，创建一个调整图层，在“属性”面板中向左拖曳滑块，如图4-119所示。得到的黑白对比效果如图4-120所示。

图 4-118

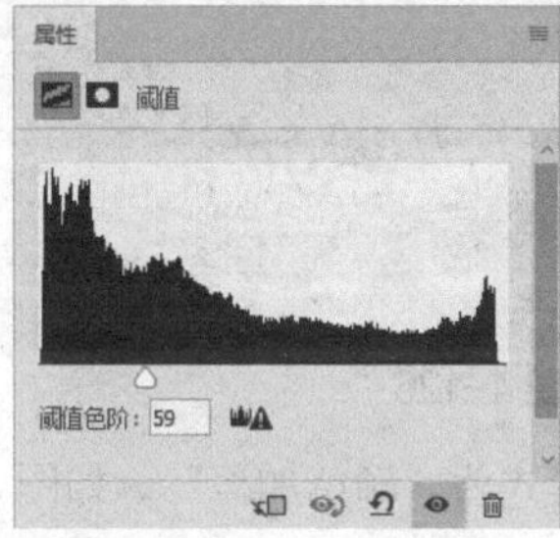

图 4-119

图 4-120

(02) 在“图层”面板中选择“背景”图层，按Ctrl+J组合键复制一次图层，选择“滤镜>风格化>查找边缘”命令，得到查找边缘图像效果，再选择“图像>调整>去色”命令，得到黑白图像效果，如图4-121所示。

图 4-121

(03) 将“背景 拷贝”图层置于面板最上方，设置该图层的混合模式为“正片叠底”，如图4-122所示。得到的图像效果如图4-123所示。

图4-122

图 4-123

(04) 选择“套索工具”，在属性栏中设置羽化值为25像素，在图像中沿着人物和周围部分图像绘制选区，如图4-124所示。按Ctrl+C组合键复制选区内的图像。

图 4-124

(05) 打开“素材\第4章\彩色背景.jpg”图像，如图4-125所示。按Ctrl+V组合键粘贴上一步复制的图像，并适当调整图像大小，放置到画面中间，如图4-126所示。

图 4-125

图 4-126

(06) 设置“图层1”的混合模式为“颜色加深”，如图4-127所示。得到的图像效果如图4-128所示。

图 4-127

图 4-128

(07) 打开“素材\第4章\毕业素材.psd”图像，使用“移动工具”将其拖曳到彩色背景图像中，置于人物图像上下两处，效果如图4-129所示。

图 4-129

疑难解答：“阈值”与“黑白”命令的结合使用

“阈值”命令和“黑白”命令都能将图像转换为黑白色调。打开一幅图像，如图 4-130 所示。先对其应用“黑白”命令，调整图像中的黑白灰色调，如果调整后的图像整体较灰（如图 4-131 所示），可以应用“阈值”命令得到更多的图像细节，如图 4-132 所示。

图 4-130

图 4-131

图 4-132

如果在使用“黑白”命令后，图像的黑白对比度较高（如图 4-133 所示），可应用“阈值”命令，使背景变干净，图像细节变少，只保留颜色最深的图像部分，如图 4-134 所示。

图 4-133

图 4-134

4.4.11 动手学：渐变映射

“渐变映射”就是将渐变色映射到图像上，在映射过程中，先将图像转换为灰度色调，再将相等的图像灰度范围映射到指定的渐变填充色。

(01) 打开一幅素材图像，如图4-135所示。执行“图像>调整>渐变映射”菜单命令，打开“渐变映射”对话框，如图4-136所示。

图 4-135

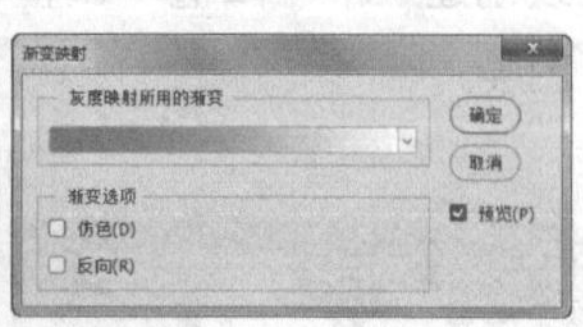

图 4-136

“渐变映射”对话框中各选项含义如下。

▷ **灰度映射所用的渐变**：单击下面的渐变条，将打开“渐变编辑器”对话框，在该对话框中可以选择或重新编辑一种渐变色应用到图像上，如图4-137所示。

▶ **仿色**：勾选该选项以后，Photoshop会添加一些随机的杂色来平滑渐变效果。

▶ **反向**：勾选该选项以后，可以反转渐变的填充方向。

02 单击“灰度映射所用的渐变”下方的渐变条，打开“渐变编辑器”对话框，在其中设置渐变颜色为从深紫色（R:98，G:3，B:88）到淡蓝色（R:165，G:243，B:255），如图4-137所示。

图4-137

03 单击“确定”按钮返回“渐变映射”对话框，再次单击“确定”按钮得到如图4-138所示的效果。

图4-138

重点 4.4.12 可选颜色

“可选颜色”命令是一个很重要的调色命令，它可以在图像中的每个主要原色成分中更改印刷色的数量，也可以有选择地修改任何主要颜色中的印刷色数量，并且不会影响其他主要颜色。执行“图像>调整>可选颜色”菜单命令，打开“可选颜色”对话框，如图4-139所示。执行“图层>新建调整图层>可选颜色”菜单命令，可以创建一个“选取颜色”调整图层。

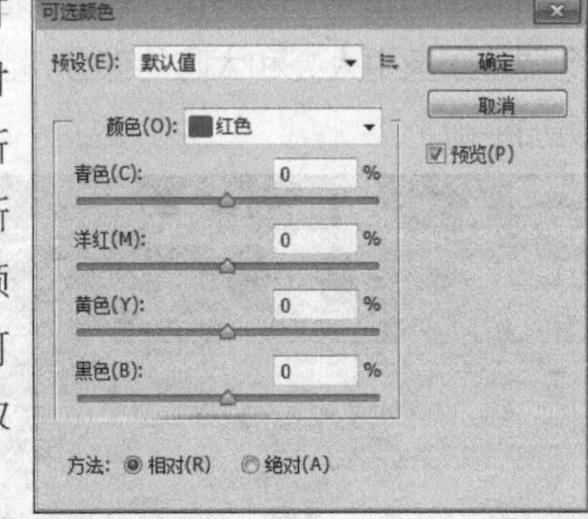

图4-139

“可选颜色”对话框中各选项含义如下。

▶ **颜色**：在下拉列表中选择要修改的颜色，如图4-140所示，然后再针对选择的颜色进行调整，可以调整该颜色中青色、洋红、黄色和黑色所占的百分比。

图4-140

▶ **方法**：选择“相对”方式，可以根据颜色总量的百分比来修改青色、洋红、黄色和黑色的数量；选择“绝对”方式，可以采用绝对值来调整颜色。

▶ 课堂练习：制作温暖阳光效果

素材路径	素材\第4章\听歌的女孩.jpg
实例路径	实例\第4章\暖暖的阳光.psd

练习效果

本练习将使用“可选颜色”命令制作出图像中温暖的阳光效果，主要练习在“可选颜色”对话框中各种颜色的设置方法。本练习的最终效果如图4-141所示。

图4-141

操作步骤

01 打开“素材\第4章\听歌的女孩.jpg”图像，如图4-142所示。通过观察可以发现，图像整体色调偏绿，并且较暗。

图4-142

02 首先来解决图像偏暗的问题。执行“图层>新建调整图层>曲线”菜单命令，创建“曲线”调整图层，在“属性”面板中为曲线添加两个控制点，并适当向上拖曳，增加图像暗部和高光部分的亮度，如图4-143所示。调整后的图像效果如图4-144所示。

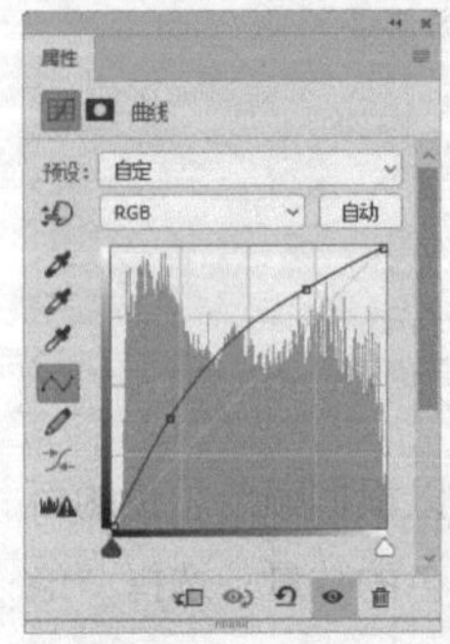

图 4-143　图 4-144

03 下面来调整图像的色调。选择“图层>新建调整图层>可选颜色”命令，新建一个调整图层。先来调整人物肌肤色调，在“属性”面板中选择“颜色”为“红色”，因为要体现阳光照射的感觉，所以适当降低“青色”，增加“洋红”和“黄色”，再降低“黑色”来提亮肌肤，如图4-145所示。得到的图像效果如图4-146所示。

图 4-145　图 4-146

04 再选择“颜色”为“黄色”，适当增加“洋红”和“黄色”，再降低一些“黑色”，如图4-147所示。

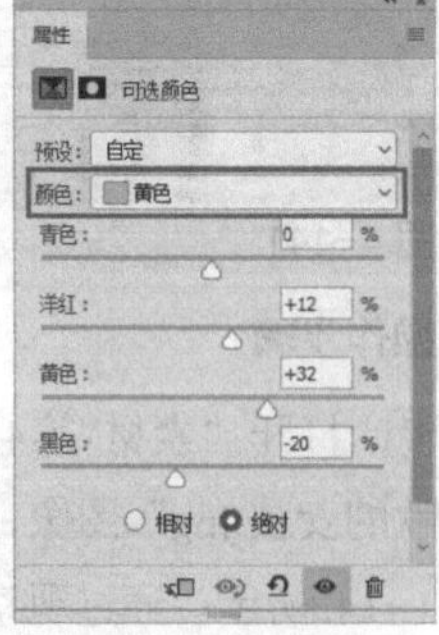

图 4-147

05 在“属性”面板中选择“颜色”为“绿色”，为草地和树叶增添一些暖色调，如图4-148所示。接着选择“蓝色”，如图4-149所示设置参数。

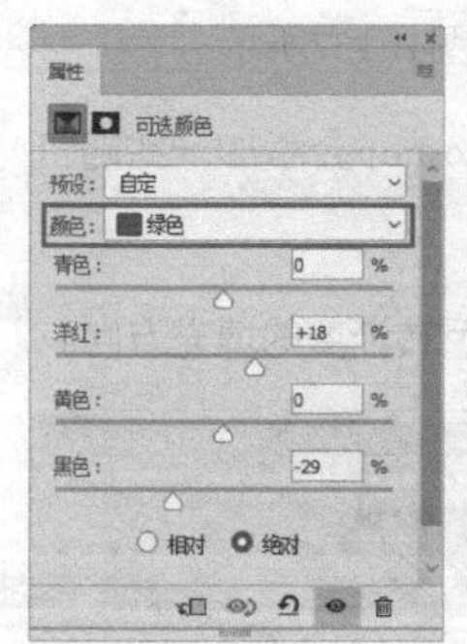

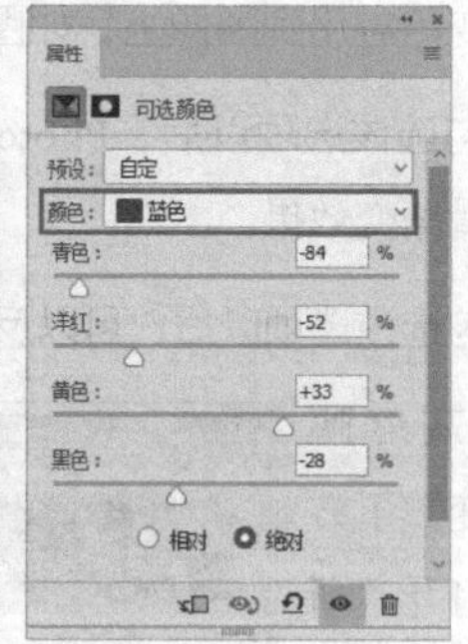

图 4-148　图 4-149

06 选择“颜色”为“中性色”，增加其中的“洋红”和“黄色”，参数调整如图4-150所示。得到的图像效果如图4-151所示。

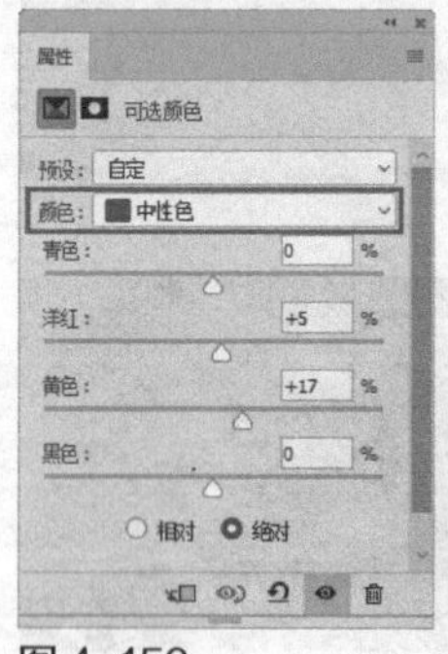

图 4-150　图 4-151

4.4.13 动手学：HDR 色调

“HDR色调”命令可以用来修复太亮或太暗的图像，制作出高动态范围的图像效果，对于处理风景图像非常有用。

01 按Ctrl+O组合键，打开“素材\第4章\船只.jpg”素材图像，如图4-152所示。下面将通过“HDR色调”命令调整图像中太亮和太暗的部分，使整个画面明暗关系更加平衡。

图 4-152

02 执行“图像>调整>HDR色调”菜单命令，打开“HDR色调”对话框，调整“色调和细节”“高级”选项组中的各项参数，如图4-153所示。调整后的图像效果如图4-154所示。

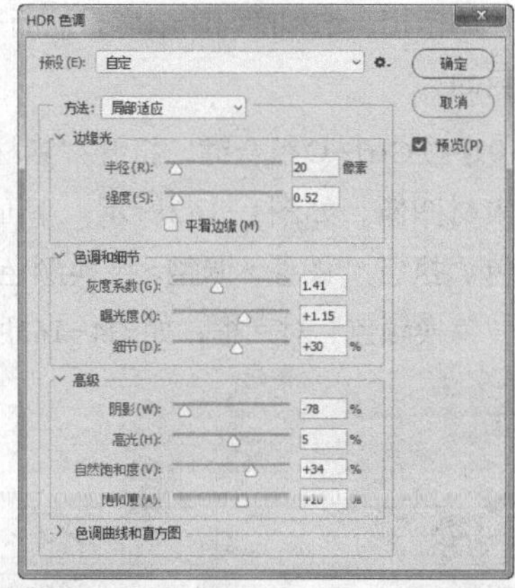

图4-153

图4-154

“HDR色调”对话框中各选项含义如下。

▶ **预设**：在下拉列表中可以选择预设的HDR效果，既有黑白效果，也有彩色效果。

▶ **方法**：其下拉列表中有多种HDR方法，用户可以先选择所需的方法，然后再调整其他参数。

▶ **边缘光**：该选项组用于调整图像边缘光的强度。

▶ **色调和细节**：调节该选项组中的选项，可以使图像的色调和细节更加丰富细腻。

▶ **高级**：该选项组可以用来调整图像的整体色彩。

▶ **色调曲线和直方图**：该选项组的使用方法与“曲线”命令的使用方法相同。

03 单击“色调曲线和直方图”选项左侧的›按钮，展开该选项组，调整曲线增加图像整体亮度，如图4-155所示。

04 单击“确定”按钮，得到调整后的图像效果，如图4-156所示。

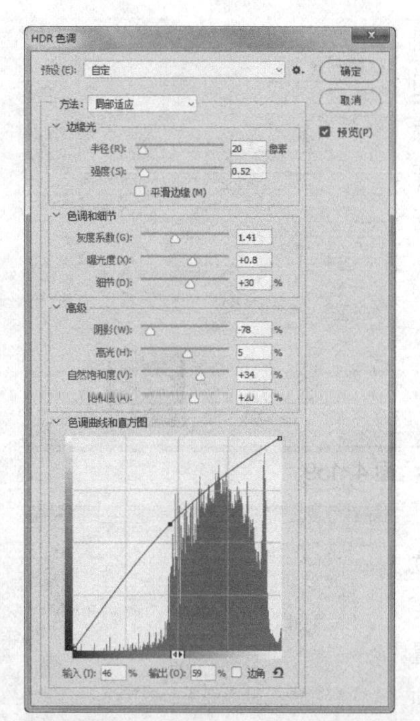

图4-155

图4-156

4.4.14 动手学：匹配颜色

使用“匹配颜色”命令可以将源图像中的颜色与目标图像中的颜色进行匹配，也可以匹配同一个图像中不同图层之间的颜色。

01 按Ctrl+O组合键，打开“素材\第4章\橘色.jpg、绿色.jpg”素材图像。图4-157所示为橘黄色调，下面将它与图4-158所示的绿色调图像进行匹配。

图4-157

图4-158

02 选择橘黄色图像文件，执行“图像>调整>匹配颜色”菜单命令，打开“匹配颜色”对话框，如图4-159所示。

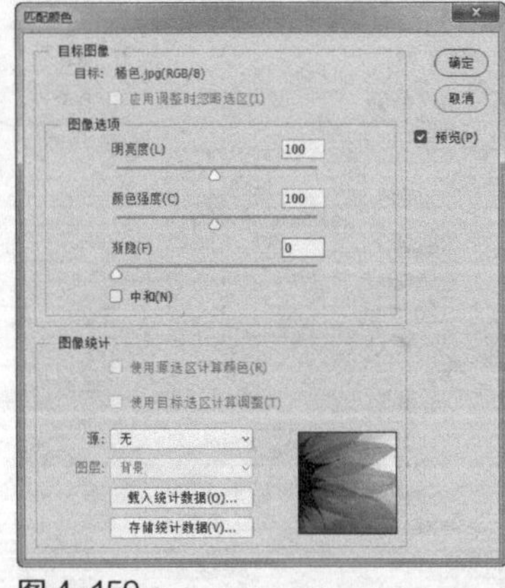

图 4-159

03 在“图像统计”选项组的“源”下拉列表中，选择需要匹配的文件，再设置“图像选项”选项组中的参数，如图4-160所示。

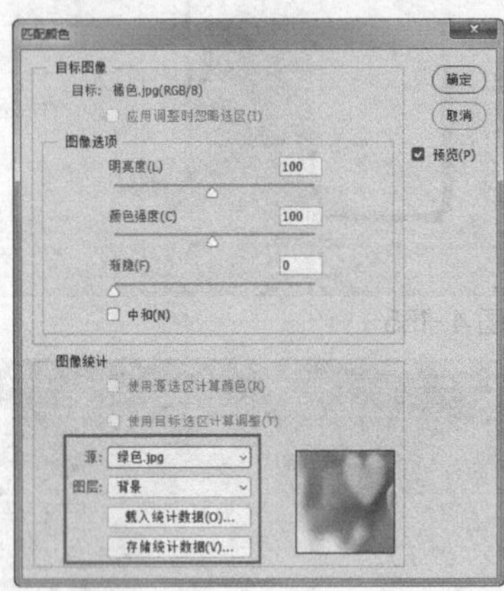

图 4-160

“匹配颜色”对话框中主要选项的作用如下。

▶ **目标图像**：用来显示当前选择的图像文件名称。

▶ **图像选项**：用于调整匹配颜色时的亮度、颜色强度和渐隐效果。

▶ **图像统计**：用于选择匹配颜色时图像的来源或所在的图层。

04 单击“确定”按钮，橘黄色图像将得到匹配颜色的效果，如图4-161所示。

图 4-161

技巧与提示

在使用“匹配颜色”命令时，图像文件的色彩模式必须是RGB颜色模式，否则该命令将不能使用。

4.4.15 动手学：替换颜色

使用“替换颜色”命令可以改变图像某些区域中颜色的色相、饱和度、明暗度，从而达到改变图像色彩的目的。

01 按Ctrl+O组合键，打开“素材\第4章\食物.jpg”素材图像，如图4-162所示。下面将替换图像中的绿色。执行“图像>调整>替换颜色”菜单命令，打开“替换颜色”对话框，如图4-163所示。

图 4-162

图 4-163

02 在绿色树叶中任意地方单击，如图4-164所示。此时“替换颜色”对话框中可以预览所选择的区域，以黑白图像显示，如图4-165所示。

图 4-164

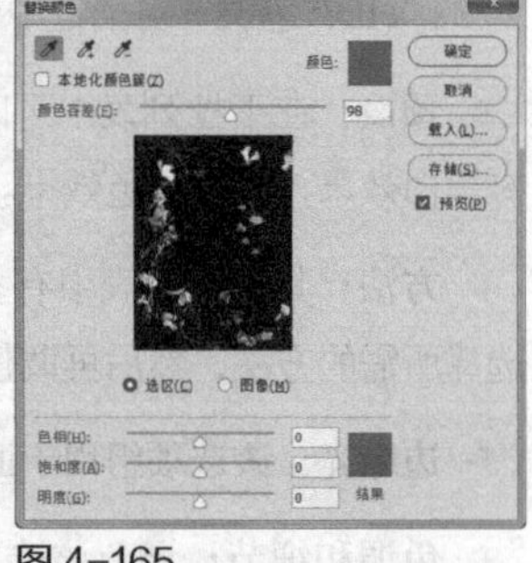

图 4-165

03 单击激活“添加到取样”按钮，然后在绿色图像中颜色较浅的位置单击增加颜色取样，如图4-166所示。

图 4-166

04 在“替换颜色”对话框中适当增加“颜色容差”参数值，向左拖曳“色相”滑块，直到对话框右下侧“结果”颜色块变成红色为止，再适当增加“明度”参数，如图4-167所示。

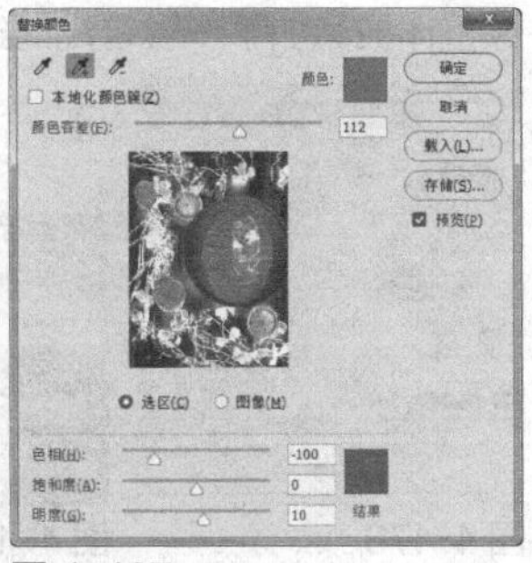

图 4-167

“替换颜色”对话框中各选项含义如下。

▷ **吸管按钮：** 激活“吸管工具”按钮后在图像上单击，可以选中单击点处的颜色，同时在“选区”缩略图中也会显示选中的颜色区域（白色代表选中的颜色，黑色代表未选中的颜色）；激活“添加到取样”按钮后在图像上单击，可以将单击点处的颜色添加到选中的颜色中；激活“从取样中减去”按钮后在图像上单击，可以将单击点处的颜色从选定的颜色中减去。

▷ **本地化颜色簇/颜色：** 该选项主要用来在图像上选择多种颜色。

▷ **颜色容差：** 该选项用来控制选中颜色的范围。数值越大，选中的颜色范围越广。

▷ **选区/图像：** 选择“选区”方式，可以以蒙版方式进行显示，其中白色表示选中的颜色，黑色表示未选中的颜色，灰色表示只选中了部分颜色；选择“图像”方式，则只显示图像。

▷ **结果：** 该选项用于显示结果颜色，同时也可以用来选择替换的结果颜色。

▷ **色相/饱和度/明度：** 这三个选项与“色相/饱和度”命令的三个选项功能相同，可以调整选中颜色的色相、饱和度和明度。

05 单击“确定”按钮，得到替换颜色后的图像效果，如图4 168所示。

图 4-168

4.4.16 色调均化

使用“色调均化”命令能重新分布图像中各像素的亮度值，以便更均匀地呈现所有范围的亮度级。选择“色调均化”命令后，图像中最亮的地方呈现为白色，最暗的地方呈现为黑色，中间值则均匀地分布在整个图像灰度色调中。 例如，打开一张素材图像，如图4-169所示，执行“图像>调整>色调均化”菜单命令，即可将素材图像转换成如图4-170所示的效果。

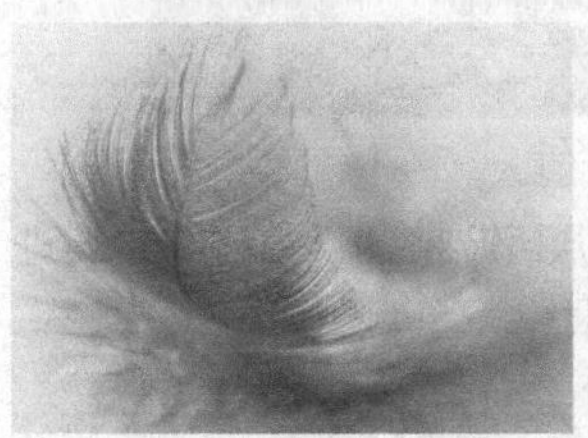
图 4-169

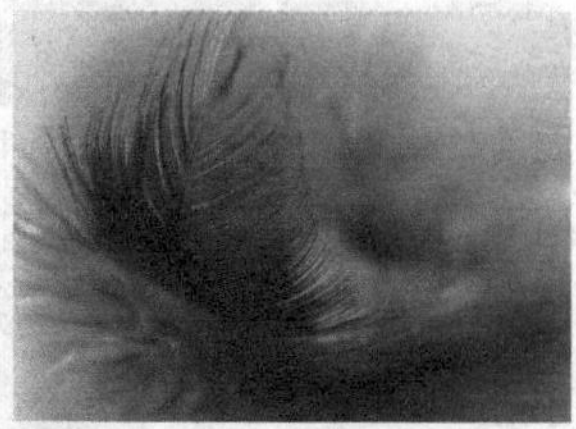
图 4-170

技巧与提示

使用“色调均化”命令产生的效果与使用“自动色调”命令类似，所以用户在调整图像颜色时，可以灵活使用该功能。

4.5 课堂案例：秋季的牧场

素材路径	素材\第4章\牧场.jpg、光晕.jpg
实例路径	实例\第4章\秋季的牧场.psd

案例效果

本案例将改变图像中的季节，将春季风景改变为秋季风景，主要练习“渐变映射”和“色相/饱和度”命令对图像色调的调整运用。本案例最终效果如图4-171所示。

图 4-171

操作步骤

01 打开“素材\第4章\牧场.jpg”文件，这是一张春天的图像，到处都是绿油油的草地和树林，如图4-172所示。

图 4-172

02 执行“图层>新建调整图层>色相/饱和度”菜单命令，进入“属性”面板，为全图调整色调，设置色相为-34，使整个图像色调偏红，如图4-173所示。得到的图像效果如图4-174所示。

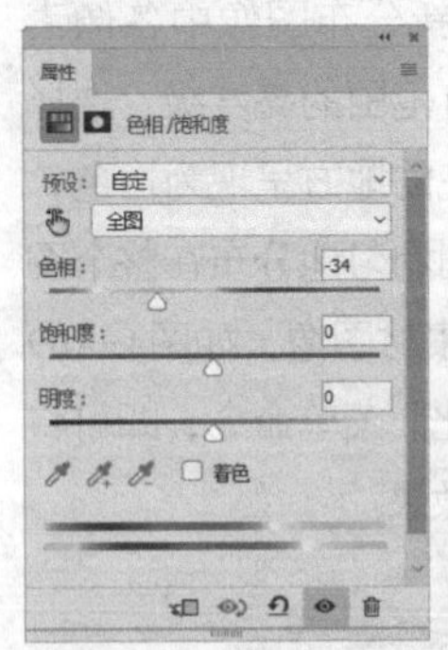

图 4-173

图 4-174

03 执行“图层>新建调整图层>渐变映射”菜单命令，进入“属性”面板，单击渐变条，打开“渐变编辑器”对话框，设置渐变颜色为从橘黄色（R:205，G:141，B:4）到淡黄色（R:255，G:226，B:137），如图4-175所示。

图 4-175

04 单击“确定”按钮，在“图层”面板中设置图层混合模式为“柔光”，整个画面被添加了黄色调，草地和大树都变成了枯黄的颜色，如图4-176所示。

图 4-176

05 执行“图层>新建调整图层>自然饱和度”菜单命令，进入“属性”面板，如图4-177所示增加饱和度参数值，使图像色调更加浓郁，如图4-178所示。

图 4-177

图 4-178

06 执行“图层>新建调整图层>照片滤镜”菜单命令，进入“属性”面板，在“滤镜”下拉列表中选择“红”选项，并设置“浓度”为47%，如图4-179所示。这时图像整体被添加了一层较浅的红色调，如图4-180所示。

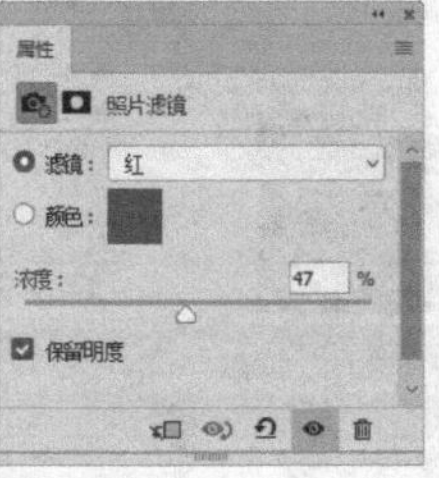

图 4-179

图 4-180

07 打开“素材\第4章\光晕.jpg”文件，使用移动工具将其拖曳到当前编辑的图像中，并调整成与图像相同的大小，然后在“图层”面板中设置图层混合模式为“滤色”，如图4-181所示。最终得到的图像效果如图4-182所示。

图 4-181

图 4-182

4.6 本章小结

本章主要介绍的是图像的调色技法及各种颜色调整命令的具体使用方法，并通过具体的操作和实例让读者能够轻松理解和掌握。通过本章的学习，用户应该掌握通过调整图像的明暗度还原图像细节，使图像光影更加自然的方法，以及如何通过色调的调整校正偏色的图像、制作特殊图像色调等。

颜色的填充与高级调整

• 本章内容简介

调整图像颜色与色调能够使画面效果更丰富。要在Photoshop中进行颜色与色调的调整，需要先了解图像信息、色域和溢色、直方图等内容，然后掌握图像的各种填充方式，以及色阶和曲线等调整方法。本章将详细介绍颜色与色调的高级调整方法与相关知识。

• 本章学习要点

1. “信息”面板　　2. 色域和溢色
3. 直方图　　4. 填充颜色
5. 色阶　　6. 曲线

5.1 “信息”面板

在“信息”面板中可以了解到鼠标指针所在位置的文档状态、颜色信息，以及当前工具的使用提示等信息，当用户在图像中进行了某项操作后，面板中还将显示与当前操作相关的各种信息。

5.1.1 了解“信息”面板

执行“窗口>信息”菜单命令，打开“信息”面板，在默认情况下，面板中将显示以下信息。

1. 显示颜色信息

将鼠标指针置于图像中，“信息”面板中将会显示鼠标指针所在位置的精确坐标和颜色值，如图5-1所示。如果颜色超出CMYK的印刷色域，则会在CMYK值旁边显示一个惊叹号。

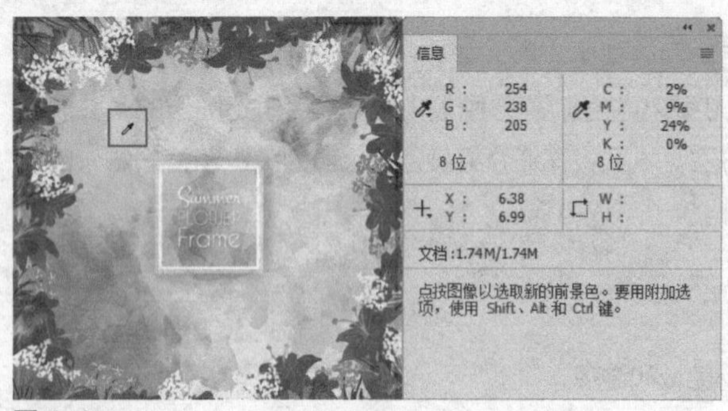

图5-1

2. 显示选区大小

当用户在图像中创建选区时，面板中会随着鼠标的拖曳显示当前选区的宽度（W）和高度（H），如图5-2所示。

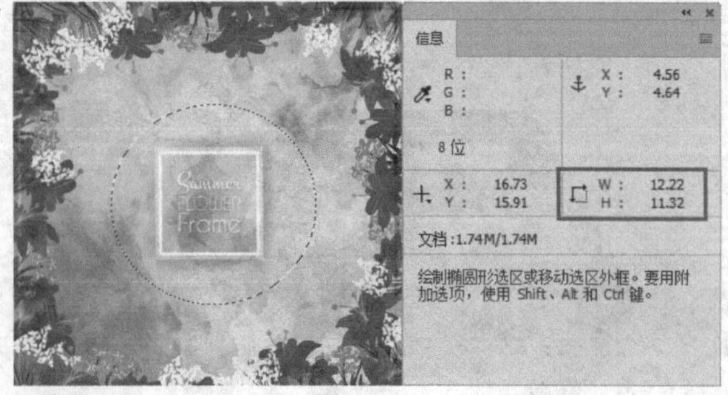

图5-2

3. 显示定界框大小

当用户在图像中使用“裁剪工具”和“缩放工具”时，“信息”面板中会显示定界框的宽度（W）和高度（H），如果旋转裁剪框，面板中还会显示旋转角度值（A），如图5-3所示。

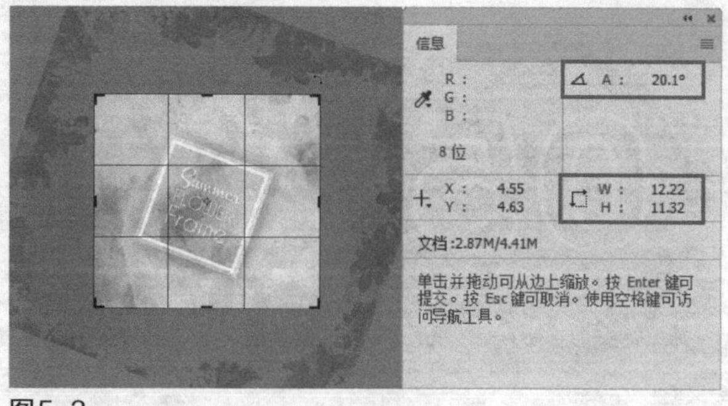

图5-3

4. 显示变换参数

当用户在图像中的部分区域进行旋转或缩放时，“信息”面板中还会显示宽度（W）和高度（H）的百分比变化、旋转角度（A）以及水平切线（H）或垂直切线的角度（V），图5-4所示为缩小选区内图像时显示的相应信息。

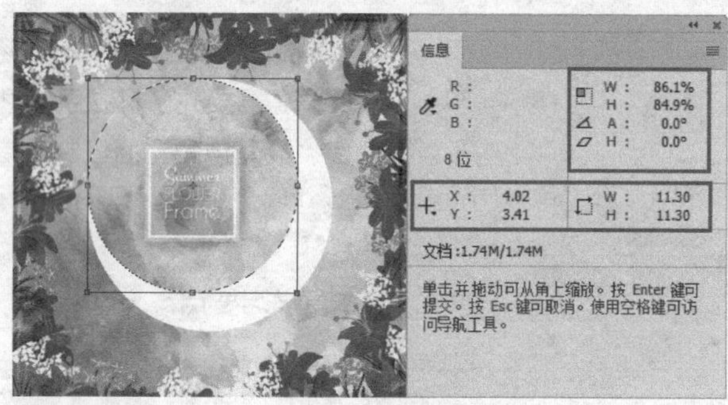

图5-4

5.1.2 设置“信息”面板选项

单击“信息”面板右上方的按钮，在弹出的菜单中选择“面板选项”命令，可以打开“信息面板选项”对话框，如图5-5所示。在该对话框中可以设置更多的颜色信息和状态信息。

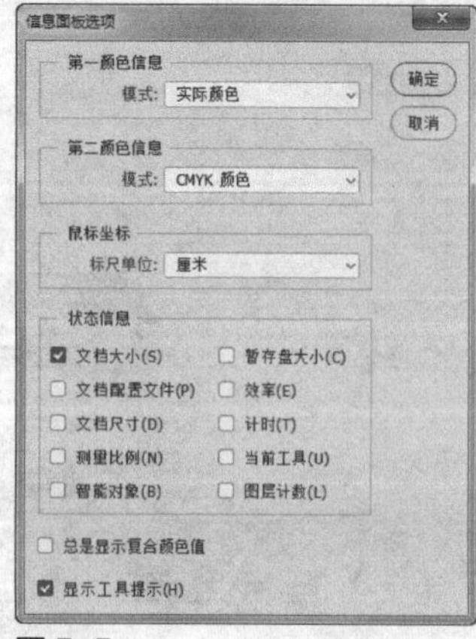

图5-5

“信息面板选项”对话框中各选项介绍如下。

- **第一颜色信息：**设置第1个吸管显示的颜色信息。

选择“实际颜色”选项，将显示图像当前颜色模式下的颜色值；选择“校样颜色”选项，将显示图像的输出颜色空间的颜色值；选择“灰度”“RGB颜色”“Web颜色”“HSB颜色”“CMYK颜色”“Lab颜色”选项，可以显示与之对应的颜色值；选择“油墨总量”选项，可以显示当前颜色所有CMYK油墨的总百分比；选择“不透明度”选项，可以显示当前图层的不透明度。

▶ **第二颜色信息**：与“第一颜色信息”相同，只不过是设置第2个吸管显示的颜色信息。

▶ **鼠标坐标**：设置当前鼠标指针所处位置的度量单位。

▶ **状态信息**：勾选相应的选项，可以在“信息”面板中显示出相应的状态信息。

▶ **显示工具提示**：勾选该选项以后，可以显示出当前工具的相关使用方法。

5.2 直方图

“直方图”是一种统计形状，它的形状表示了图像中每个亮度级别的像素数量，并展示像素在图像中的分布情况。其中，低色调图像的细节集中在阴影处，高色调图像的细节集中在高光处，而平均色调图像的细节集中在中间调处，全色调范围的图像在所有区域中都有大量的像素。

【重点】5.2.1 “直方图”面板

在Photoshop中，通过观察直方图可以判断出图像中的阴影、中间调和高光中包含的细节，从而对图像作出正确的调整。打开一张图像，如图5-6所示。执行“窗口>直方图”菜单命令，打开“直方图”面板，如图5-7所示。

图5-6

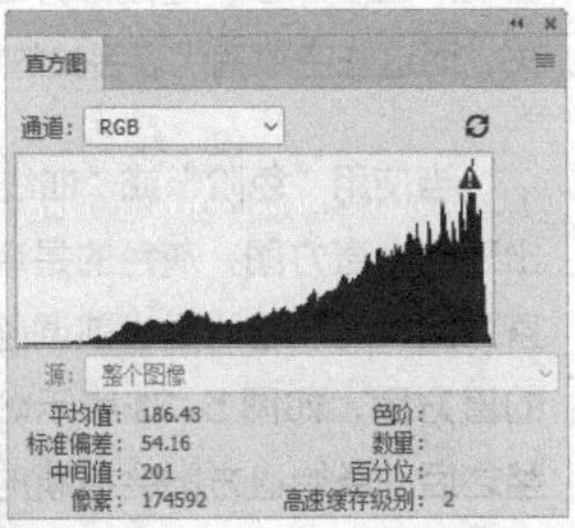

图5-7

1. “通道”下拉列表

在“通道”下拉列表中可以选择各种颜色通道，选择其中一种通道后，面板中会显示所选通道的直方图。例如选择“红”通道，则只显示红色通道直方图，如图5-8所示。若选择“明度”通道，则可以显示复合通道的亮度或强度值，如图5-9所示。若选择“颜色”通道，可以显示该模式下每一种颜色的复合直方图，如图5-10所示。系统默认选择“RGB”通道。

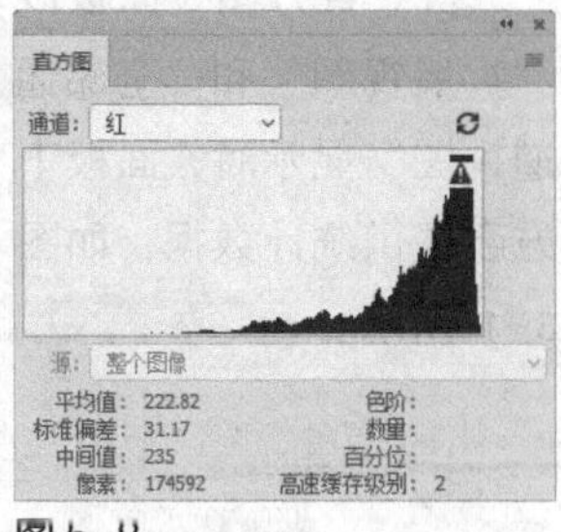

图5-8

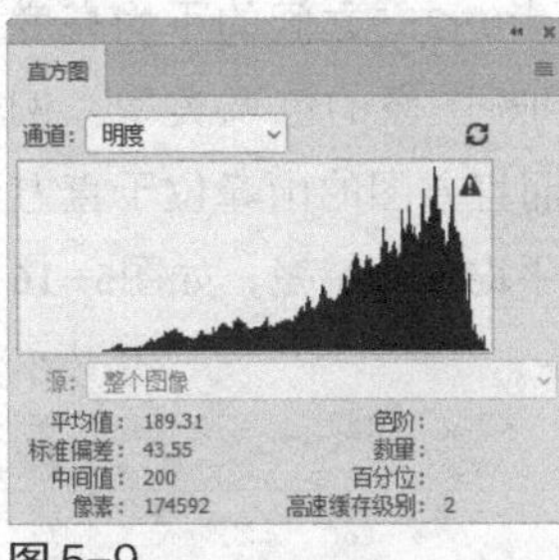

图5-9

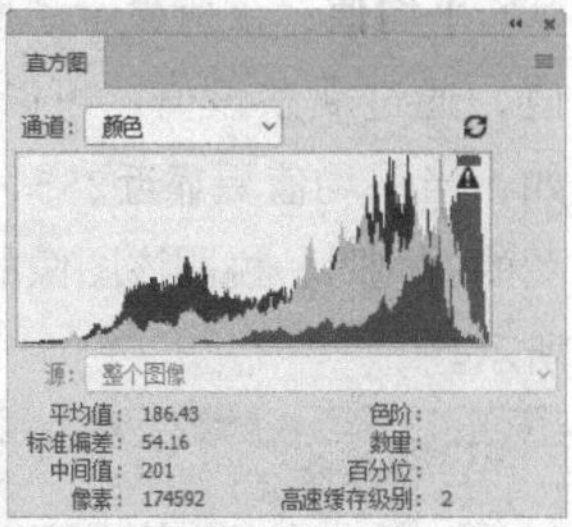

图5-10

2. 面板显示方式

单击“直方图”面板右上方的▤按钮，会弹出面板菜单，在其中可以选择切换直方图显示方式的命令，如图5-11所示。

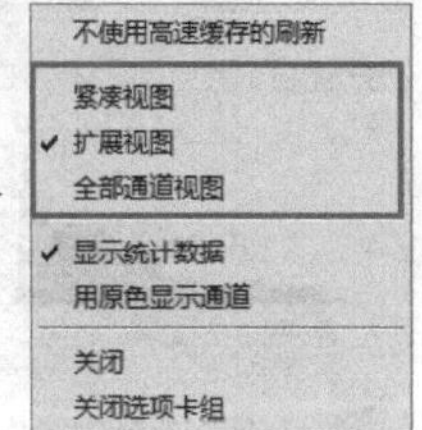

图5-11

▶ **紧凑视图**：这是默认的显示模式，显示的直方图不带控件或统计数据。该直方图反映的是整个图像，如图5-12所示。

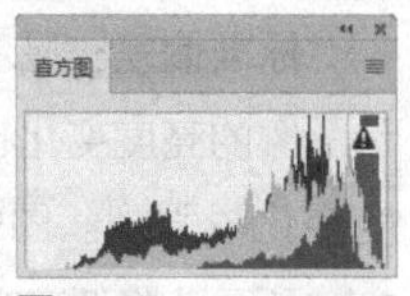

图5-12

▶ **扩展视图**：显示有统计数据的直方图，如图5-13所示。

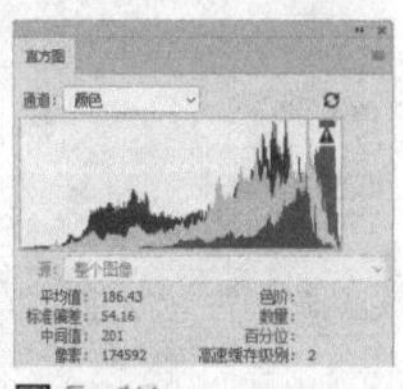

图5-13

▶ **全部通道视图**：除了显示“扩展视图”的所有选项外，还显示各个通道的单个直方图，如图5-14所示。

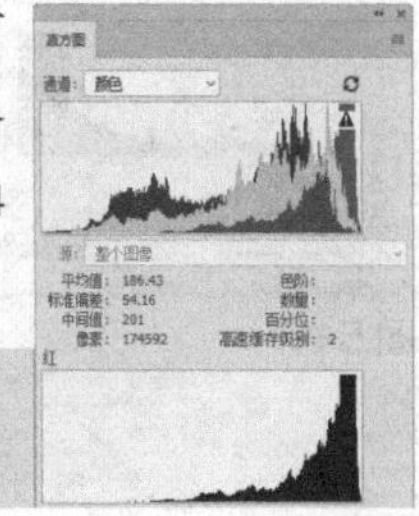

图5-14

5.2.2 直方图中的统计数据

当“直方图”面板以“扩展视图”和“全部通道视图”显示时，面板下方会提供统计数据，如图5-15所示。

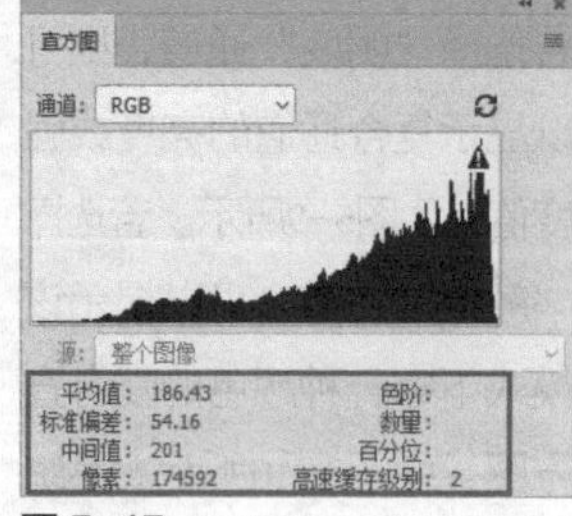

图 5-15

▶ **平均值**：该值显示了像素0~255之间的平均亮度值，通过观察该值，可以判断图像的色调类型。例如，当平均值更靠近255，而直方图的山峰位于直方图的右侧时，说明该图像的平均色调偏亮，如图5-16所示。

图 5-16

▶ **标准偏差**：显示亮度值的变化范围。数值越低，表示图像的亮度变化越不明显；数值越高，表示图像的亮度变化越强烈。图5-17所示为调亮图像后的状态，图5-18所示为降低亮度后的状态。

图 5-17

图 5-18

▶ **中间值**：显示图像亮度值范围以内的中间值，图像的色调越亮，其中间值就越高。

▶ **像素**：显示用于计算直方图的像素总量。

▶ **色阶**：显示当前鼠标指针处的波峰区域的亮度级别，如图5-19所示。

▶ **数量**：显示当前鼠标指针处的亮度级别的像素总数。

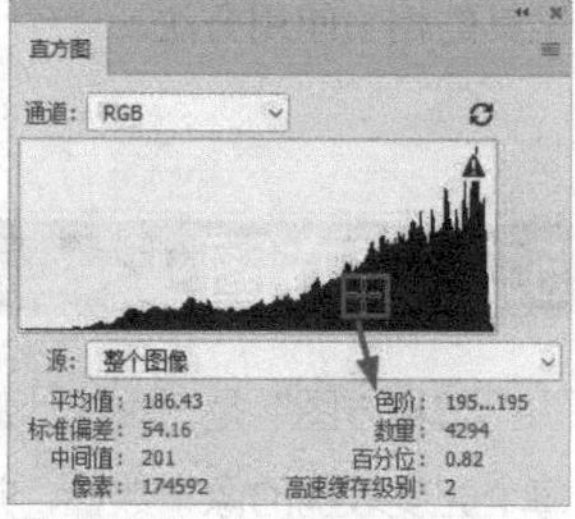

图 5-19

▶ **百分比**：显示当前鼠标指针所指的级别或该级别以下的像素累计数。

▶ **高速缓存级别**：显示当前用于创建直方图的图像高速缓存的级别。

疑难解答：为什么直方图中会出现空隙和两个直方图

在调整图像后，有时直方图中会出现有空隙的梳齿状图形，如图 5-20 所示。这种情况表示图像中出现了色调分离。由于我们在调整图像的过程中，原图像中的平滑色调产生了断裂，造成部分细节的丢失，而这些空隙就代表丢失的色彩。

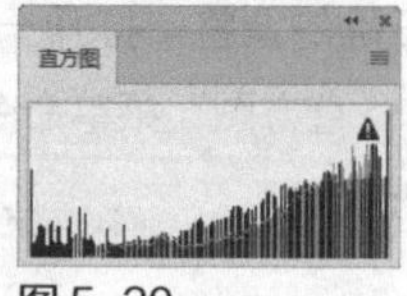

图 5-20

当使用“色阶”或“曲线”命令调整图像后，面板中会出现两个直方图，灰色的是调整前的直方图，而黑色的是当前调整状态下的直方图，如图 5-21 所示。应用调整之后，原始直方图会被新的直方图取代。

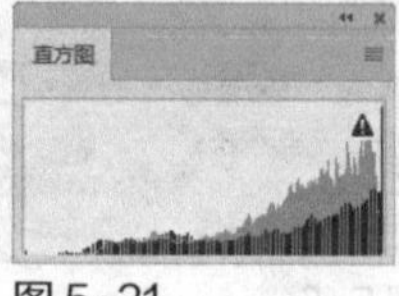

图 5-21

技巧与提示

在调整图像过程中，当“直方图”面板右上方出现一个▲符号即“高速缓存数据警告”时，表示当前直方图是Photoshop通过对图像中的像素进行典型性取样而生成的，此时直方图显示速度较快，但并不是最准确的统计结果。单击该符号，可以刷新直方图，显示当前状态下的最新统计结果。

课堂练习：调整曝光过度的照片

素材路径	素材\第5章\夜景.jpg
实例路径	实例\第5章\调整曝光过度的照片.psd

练习效果

本练习将使用直方图查看照片的曝光情况，然后使用“亮度/对比度”“曲线”“自然饱和度”命令调整曝光过度的照片，让图像的色调更加丰富。本练习的最终效果如图5-22所示。

图 5-22

操作步骤

01 打开“素材\第5章\夜景.jpg”素材图像，如图5-23所示。执行“窗口>直方图”菜单命令，打开“直方图”面板，可以观察到直方图中山峰的位置主要靠右侧显示，并且亮度值太高，如图5-24所示。这对于夜景图来说，属于过曝的情况。

图 5-23

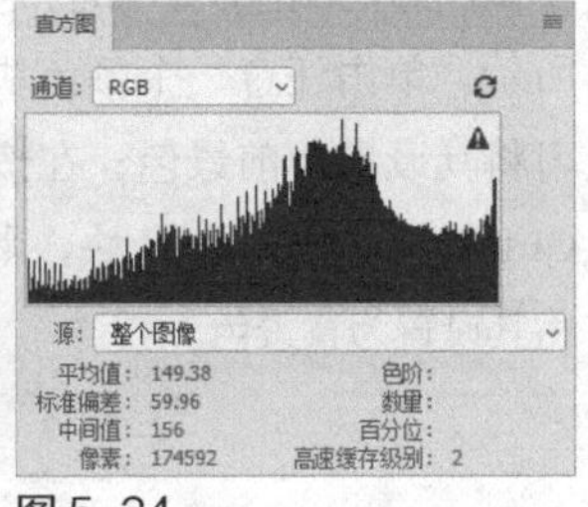

图 5-24

02 执行“图像>调整>亮度/对比度”菜单命令，打开“亮度/对比度”对话框，降低图像整体亮度，并增加对比度，如图5-25所示。得到的图像效果如图5-26所示。

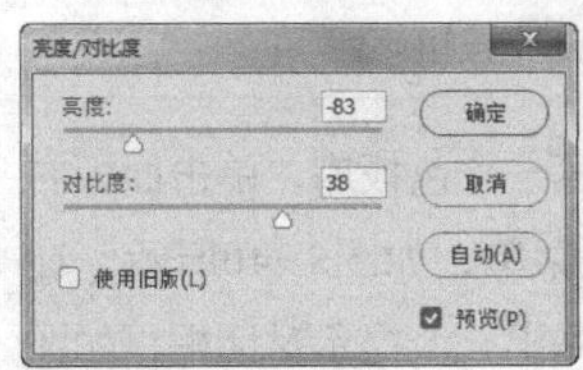

图 5-25

图 5-26

03 再次观察“直方图”面板，可以看到山峰已经向左侧靠近，如图5-27所示。这就说明图像整体较暗，“平均值”数值也降低了，图像整体亮度还不够平衡。

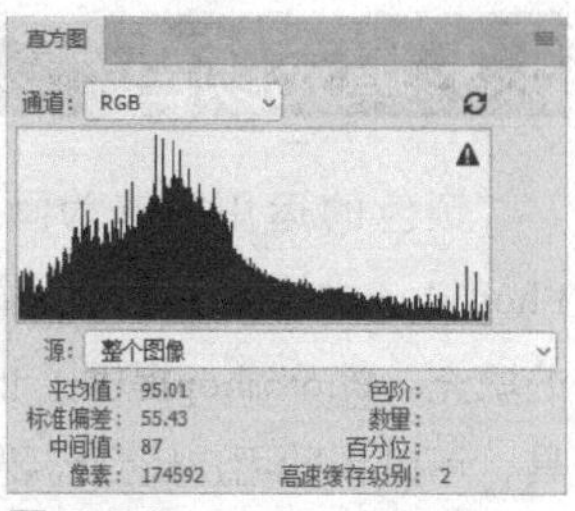

图 5-27

04 执行“图像>调整>曲线”菜单命令，打开“曲线”对话框，如图5-28所示在曲线中添加两个控制点，分别调整亮部和暗部的图像，让图像中的亮度对比更加明显，画面显得更加通透，效果如图5-29所示。

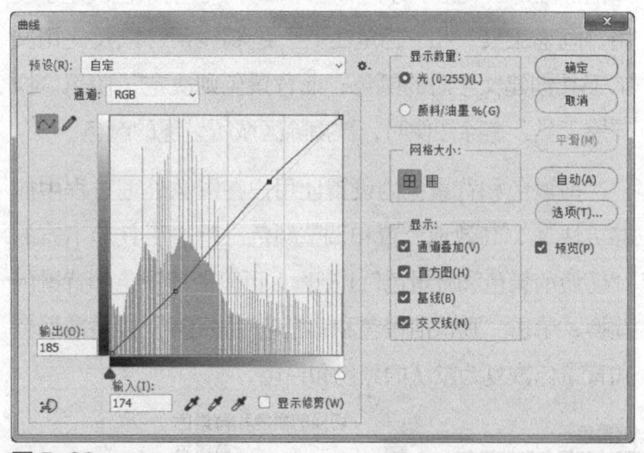

图 5-28

图 5-29

05 执行“图像>调整>自然饱和度”菜单命令，打开“自然饱和度”对话框，增加两个饱和度参数值，如图5-30所示。得到的图像效果如图5-31所示。

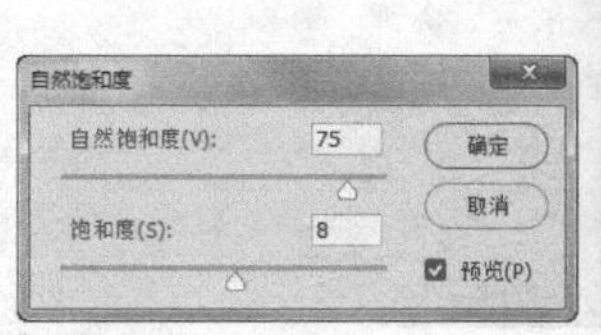

图 5-30

图 5-31

5.3 填充颜色

颜色的运用能够为画面增添许多效果。用户在Photoshop中绘制的选区、输入的文字，都需要进行颜色的填充。Photoshop提供了非常出色的颜色选择与填充工具，可以帮助用户找到需要的任何色彩，下面将分别进行介绍。

重点 5.3.1 快速填充前景色与背景色

在Photoshop中，“前景色”和“背景色”的颜色选择框都位于工具箱下方，如图5-32所示。前景色决定了使用“画笔工具”和“铅笔工具”绘制线条，以及使用文字工具创建文字时的颜色；而背景色则决定了使用“橡皮擦工具”擦除图像时，被擦除区域所呈现的颜色。

前景色和背景色的设置让用户在图像处理过程中能够更快速、高效地设置和调整颜色。单击工具箱下方的“切换前景色和背景色”按钮，可以使前景色和背景色互换；单击“默认前景色和背景色”按钮，能将前景色和背景色恢复为默认的黑色和白色。

前景色
默认前景色和背景色
切换前景色和背景色
背景色

图5-32

技巧与提示

通常情况下，都会使用前景色为图像进行填充，如使用“画笔工具”绘制、填充选区或描边等，其快捷键为Alt+Delete；背景色通常用于执行命令时自动生成的渐变填充，或在删除图像时作为底色显示。

5.3.2 动手学：用“颜色”面板设置颜色

“颜色”面板是采用类似美术调色的方式来混合颜色，在其中可以通过单击颜色条选择大概的颜色，也可以通过参数值设置精确的颜色。

(01) 执行“窗口>颜色”菜单命令或按F6键，即可打开“颜色”面板。如果要编辑前景色，可以单击前景色色块，如图5-33所示；如果要编辑背景色，可以单击背景色色块，如图5-34所示。

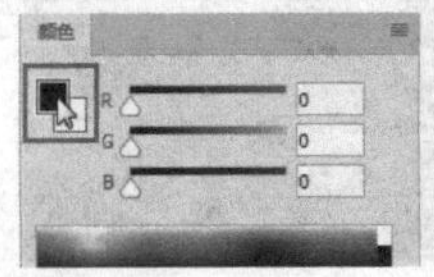

图5-33

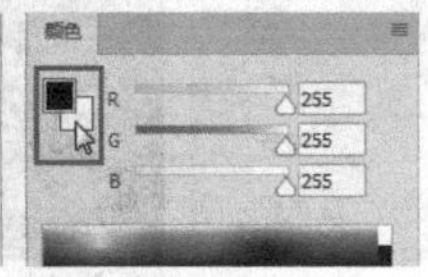

图5-34

(02) 将鼠标指针置于“颜色”面板下方的颜色条上，此时鼠标指针会变为吸管状，单击即可采集色样，如图5-35所示。

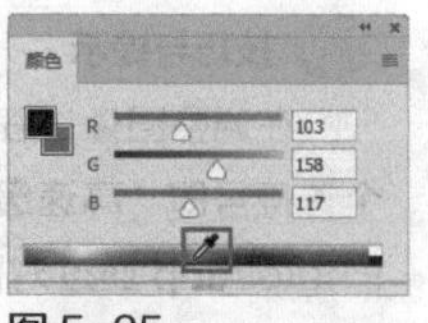

图5-35

(03) 在R、G、B数值框中输入具体数值，或者拖曳其下方的滑块，都可以设置颜色，如图5-36所示。

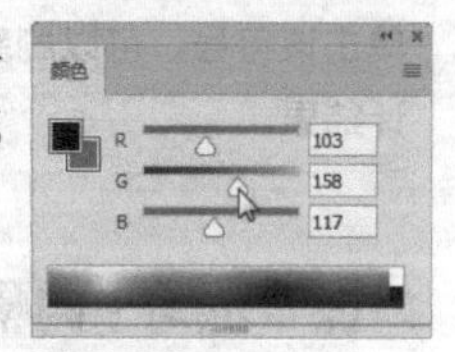

图5-36

(04) 单击面板右上方的按钮，打开面板菜单，在其中可以选择不同的色谱，如图5-37所示。选择不同的色谱后，面板下方显示的色谱颜色条也不同，如图5-38所示。

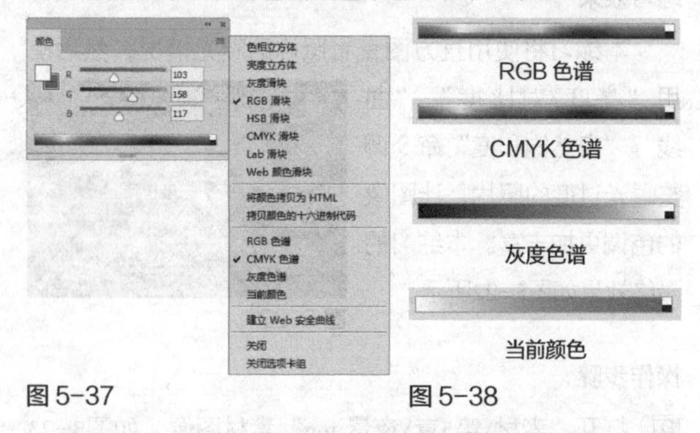

图5-37

RGB 色谱

CMYK 色谱

灰度色谱

当前颜色

图5-38

5.3.3 用“色板”面板设置颜色

“色板”面板中包含了众多调制好的颜色块，如图5-39所示。单击任意一个颜色块即可将其设置为前景色；在按住Ctrl键的同时单击颜色块，则可将其设置为背景色。

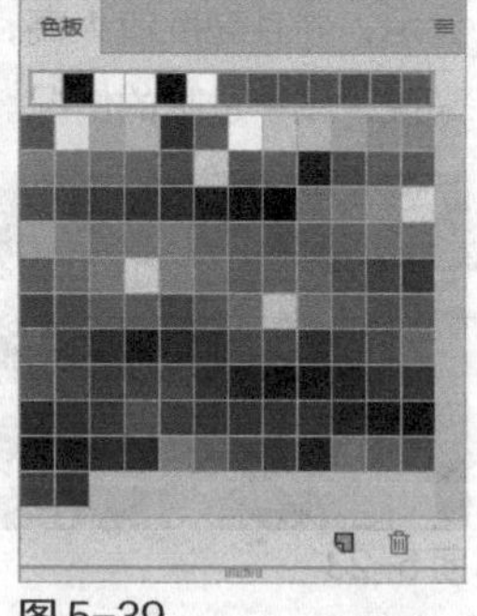

图5-39

技巧与提示

单击“色板”面板下方的“创建前景色的新色板”按钮，可以将当前设置的前景色保存在面板中。如果要删除颜色，可直接将颜色块拖曳到“删除色板”按钮上。

“色板”面板中还提供了一个色板库，单击面板右上方的按钮即可弹出面板菜单，如图5-40所示。在其中选择一个色板库，将会弹出一个提示对话框，如图

5-41所示。单击“确定”按钮，即可用选择的色板库替换面板中原有的颜色；单击“追加”按钮，即可在原有颜色后面添加新选择的颜色。

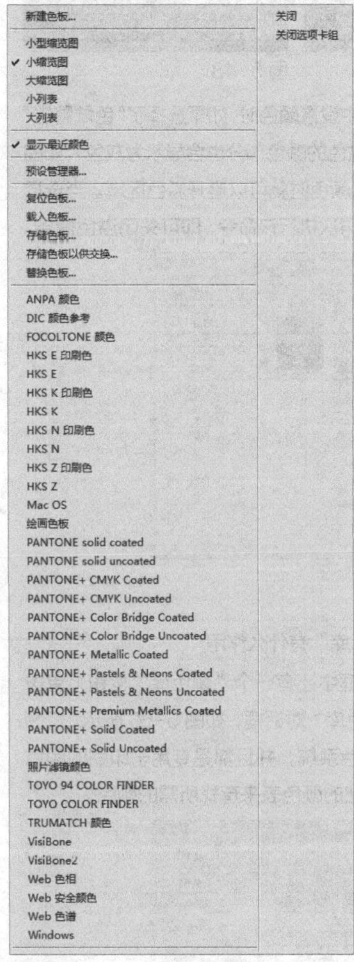

图 5-40

图 5-41

技巧与提示

如果要恢复面板中的默认颜色，可以在“色板”面板的面板菜单中选择“复位色板”命令。

重点 5.3.4 动手学：在“拾色器”对话框中设置颜色

在Photoshop中经常会使用“拾色器”对话框来设置颜色，通过该对话框可以设置前景色和背景色，并且可以选择使用HSB、RGB、Lab和CMYK四种颜色模式来设置出自己所需的任意颜色。

01 单击工具箱下方的前景色或背景色图标，即可打开相应的“拾色器”对话框，在竖直的渐变条上单击或拖曳渐变色条两旁的三角滑块，可以改变左侧主颜色框中的颜色范围，如图5-42所示。

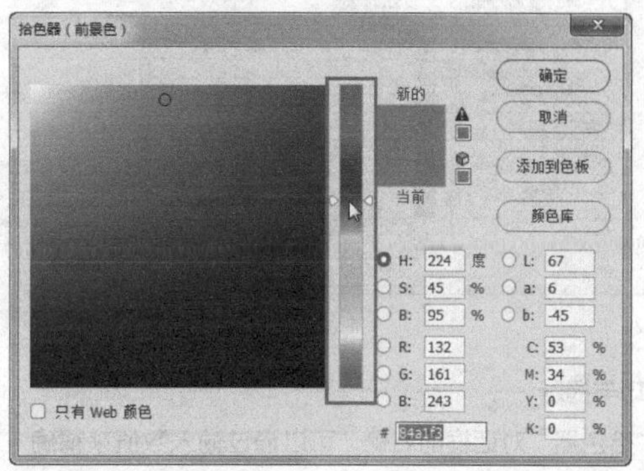

图 5-42

02 用鼠标单击左侧主颜色框，即可吸取需要的颜色，吸取后的颜色值将显示在右侧对应的选项中，如图5-43所示。

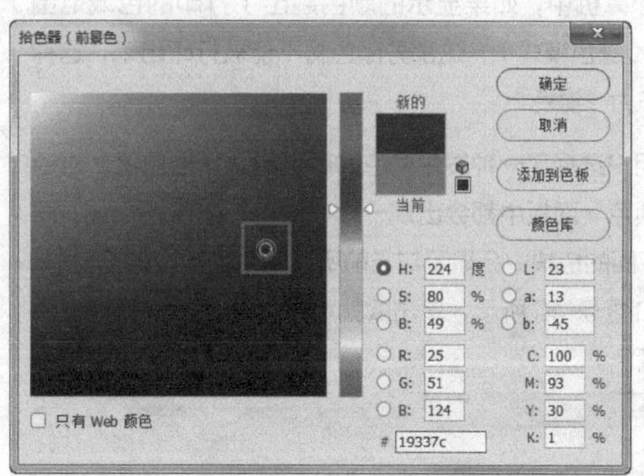

图 5-43

03 使用“拾色器”对话框还可以设置颜色饱和度。选中S单选按钮，拖曳竖直渐变条两旁的三角滑块，即可调整饱和度，如图5-44所示。

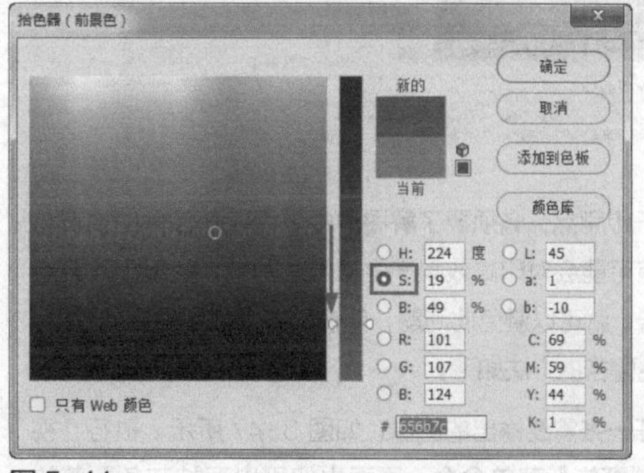

图 5-44

04 除了颜色饱和度，还可以调整颜色的亮度。选中B单选按钮，再拖曳竖直渐变条两旁的三角滑块，如图

5-45所示。单击“确定”按钮后，即可完成颜色的设置。

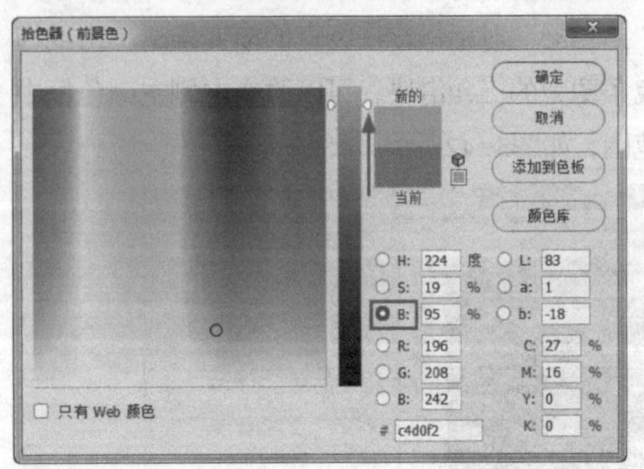

图 5-45

技巧与提示

在“拾色器”对话框的右侧，可以通过输入数值来精确定义颜色，如果是需要印刷输出的图像，则需要设置 CMYK 数值，该数值为印刷专用参数值。

疑难解答：什么是溢色警告

在计算机中，如果显示的颜色超出了打印的色域范围（CMYK 颜色模式），这部分颜色将不能被打印出来，这种情况就称为“溢色”。

当用户选择了一种发生溢色的颜色时，“拾色器”对话框和“颜色”面板中都会出现一个“溢色”警告图标▲，同时在▲下面的色块中会显示与当前所选颜色最接近的 CMYK 颜色，如图 5-46 所示，单击▲就可以用该颜色来替换发生溢色的颜色。

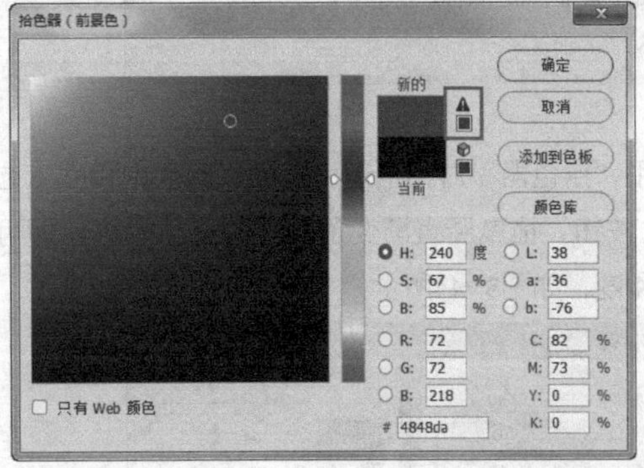

图 5-46

对于印刷品，必须要了解图像中是否存在溢色的情况，否则就有可能会对印刷效果产生直接的影响。如果事先开启溢色警告，就可以避免此问题，使输出图像达到最好的效果。开启溢色警告的方法如下。

01 打开一张需要输出的图像，如图 5-47 所示。执行“视图 > 色域警告”菜单命令，画面中如果出现被灰色覆盖的区域就是溢色警告，如图 5-48 所示。

图 5-47

图 5-48

02 在“拾色器”对话框中设置颜色时，如果选择了“色域警告”命令，则对话框中发生溢色的颜色部分也会显示为灰色，如图 5-49 所示。这样在设置颜色时就可以避开溢色区域。当选择了“色域警告”命令后，再次执行该命令，即可关闭溢色警告。

图 5-49

疑难解答：“颜色库”有什么作用

在“拾色器”对话框中还有一个“颜色库”按钮，单击该按钮可以切换到“颜色库”对话框，如图 5-50 所示。“颜色库”中包含了多个颜色系统，并且都是专用于印刷的颜色系统，用户可以根据专业的颜色表来查找所需的颜色。

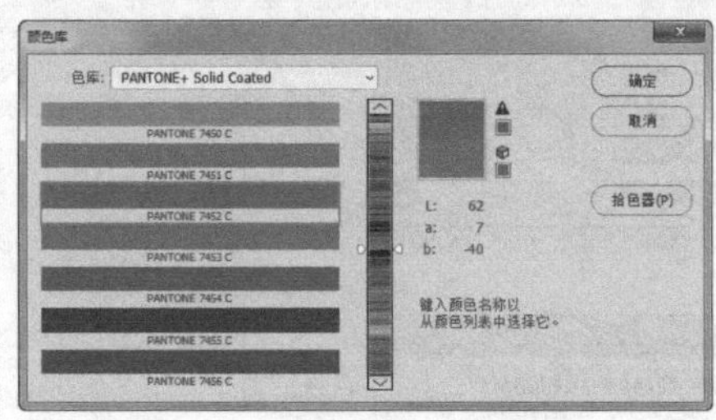

图 5-50

在“色库”下拉列表中可以选择所需的颜色系统，如图 5-51 所示；通过竖直颜色条可以选择颜色范围，如图 5-52 所示；在颜色列表中单击需要的颜色，即可将其设置为当前颜色，如图 5-53 所示。

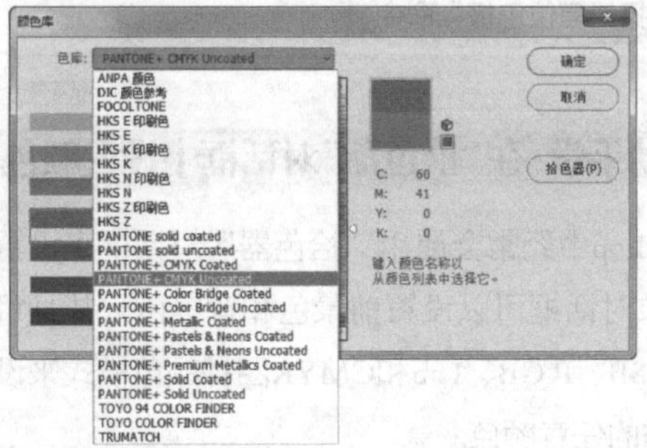

图 5-51

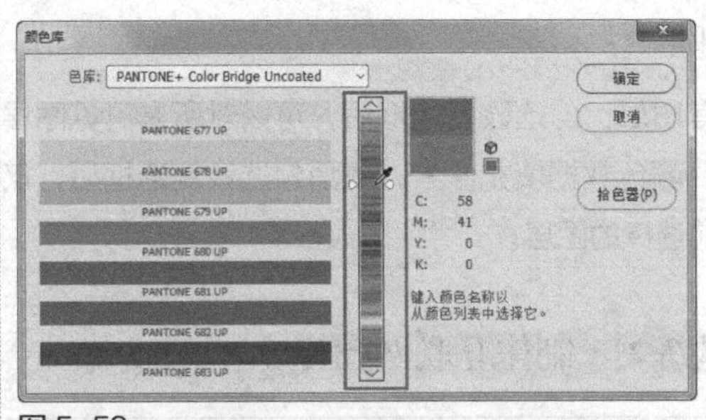

图 5-52

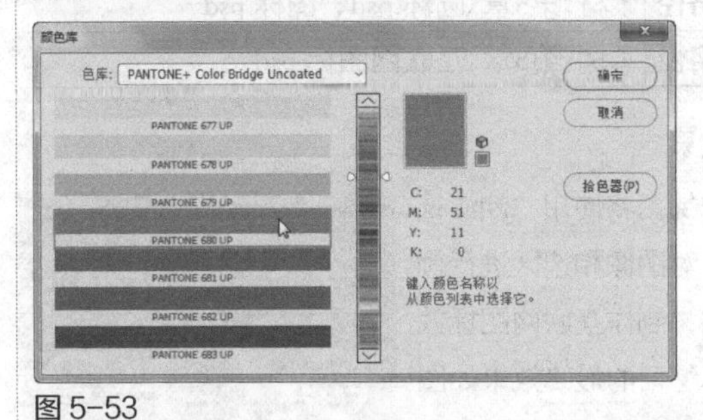

图 5-53

5.3.5 动手学：使用“吸管工具”吸取颜色

“吸管工具” 位于工具箱中，它可以吸取图像中的颜色并将其作为前景色或背景色，在使用该工具前应保证操作界面中有图像文件被打开或被创建。选择工具箱中的“吸管工具”，其工具属性栏如图5-54所示。

图 5-54

“吸管工具”属性栏中常用选项含义如下。

▶ **取样大小**：设置吸管取样范围的大小。选择“取样点”选项时，可以吸取像素的精确颜色；选择“3×3 平均”选项时，可以吸取鼠标指针所在位置3个像素区域以内的平均颜色；选择“5×5平均”选项时，可以吸取鼠标指针所在位置5个像素区域以内的平均颜色。其他选项以此类推。

▶ **样本**：可以从“当前图层”“当前和下方图层”“所有图层”“所有无调整图层”“当前和下一个无调整图层”中采集颜色。

▶ **显示取样环**：勾选该选项以后，可以在拾取颜色时显示取样环。

01 移动鼠标指针到图像中需要的颜色上单击，将吸取颜色作为前景色，这时在图像中将出现一个取样环，按住鼠标左键移动，色环上方出现的是当前拾取颜色，下方为前一次拾取的颜色，如图5-55所示。

图 5-55

02 如果在按住Alt键的同时单击，则可将单击处的颜色作为背景色，如图5-56所示。在图像中移动鼠标指针的同时，“信息”面板中将显示出鼠标指针所在处像素点的色彩信息。

图 5-56

03 吸取颜色后，如果需要保存该颜色，可以打开“色板”面板，在空白处单击，此时会弹出如图5-57所示的“色板名称”对话框，设置好颜色名称后，单击“确定”按钮，即可将该颜色保存到色板中，如图5-58所示。

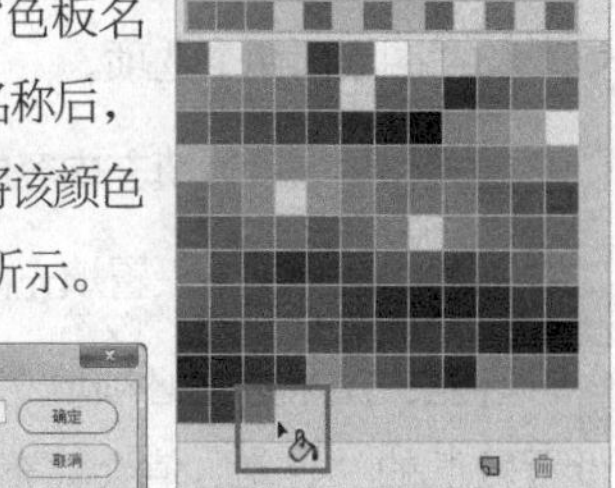

图 5-57　图 5-58

举一反三：使用“吸管工具”搭配图像颜色

如何搭配颜色，让图像的色调给人一种舒服、和谐的感觉，这些都需要设计师在作图之前就构思好。现在有一些非常好的配色表提供给设计师参考，这样在设计时就可以运用“吸管工具”吸取其中的颜色，来对图像颜色进行搭配，得到理想的图像效果。

比如我们想做一个周年庆的广告，首先需要设定画面整体色调为暖色调，然后再参考暖色调的配色表，使用“吸管工具”将合适的颜色吸取到色板中，如图 5-59 所示。在制作广告时，可以吸取色板中的颜色来填充颜色，并对颜色做一些饱和度和明暗度的调整，让色调统一在一个色系里，如图 5-60 所示。

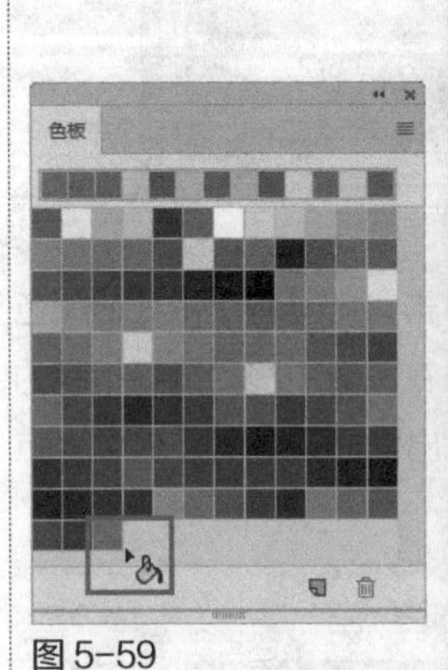

图 5-59

图 5-60

5.3.6 油漆桶工具

使用“油漆桶工具” 可以为图像快速填充颜色和图案。选择工具箱中的“油漆桶工具” ，其属性栏如图5-61所示。设置好前景色后，单击图像或选区即可填充颜色。

图 5-61

“油漆桶工具”属性栏中常用选项含义如下。

▶ **填充区域的源**：用来设置填充区域的源，包括“前景”和“图案”两个选项。

▶ **模式**：用来设置填充内容的混合模式。

▶ **不透明度**：用来设置填充内容的不透明程度。

▶ **容差**：用来定义必须填充像素的颜色的相似程度。设置较低的“容差”值会填充颜色范围内与鼠标单击处像素非常相似的像素；设置较高的“容差”值会填充更大范围的像素。

▶ **消除锯齿**：勾选该复选框后，可以平滑填充选区的边缘。

▶ **连续的**：勾选该复选框后，只填充图像中处于连续范围内的区域；取消勾选该复选框后，可以填充图像中的所有相似像素。

▶ **所有图层**：勾选该复选框后，可以对所有可见图层中的合并颜色数据填充像素；取消勾选该复选框后，仅填充当前选择的图层。

▶ 课堂练习：制作互联网图标

素材路径	素材\第5章\圆环.psd、图标.psd
实例路径	实例\第5章\互联网图标.psd

练习效果

本练习将使用“油漆桶工具”对图像和选区进行颜色填充，制作互联网图标效果。本练习的最终效果如图5-62所示。

图 5-62

操作步骤

01 新建一个图像文件，设置文件名称为“互联网图标”、“宽度”和“高度”均为10厘米、“分辨率”为300像素/英寸，如图5-63所示。

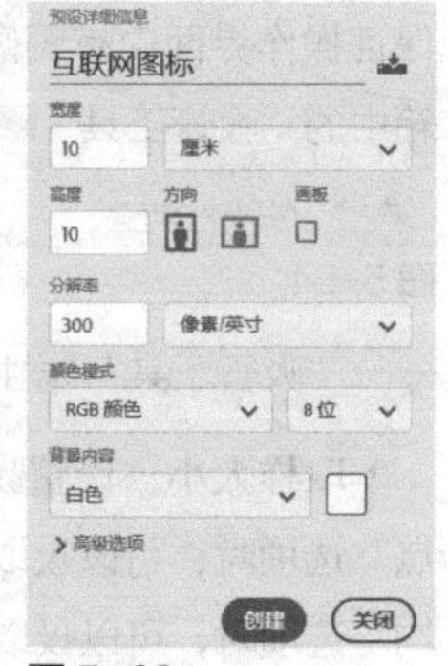

图 5-63

02 单击工具箱底部的“设置前景色”按钮，在打开的“拾色器（前景色）”对话框中设置颜色为淡蓝色（R:103，G:205，B:217），如图5-64所示。

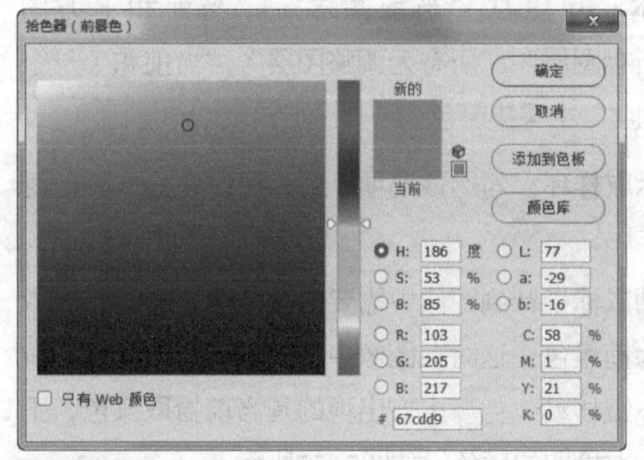

图 5-64

03 单击“确定”按钮，选择工具箱中的“油漆桶工具”，如图5-65所示。在新建的图像中单击，即可用前景色填充背景，如图5-66所示。

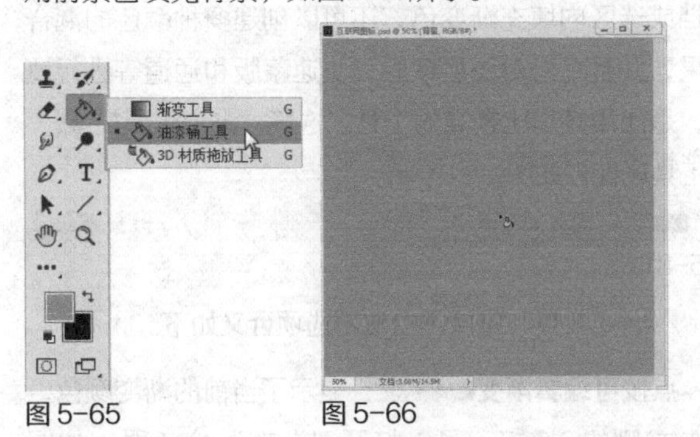

图 5-65　　图 5-66

04 打开“素材\第5章\圆环.psd”素材图像，使用“移动工具”将其拖曳到蓝色背景图像中，并放置到画面中间，然后在“图层”面板中降低图层不透明度为30%，如图5-67所示。

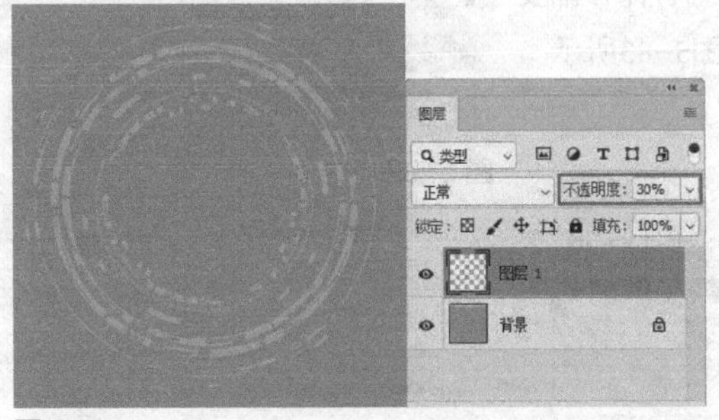

图 5-67

05 新建一个图层，得到“图层2”，选择“椭圆选框工具”，按住Shift键绘制一个圆形选区，如图5-68所示。

06 设置前景色为白色，选择“油漆桶工具”在选区中单击，填充颜色，如图5-69所示。

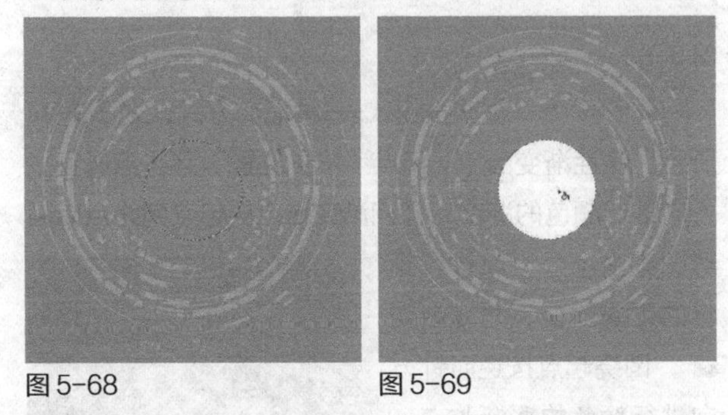

图 5-68　　图 5-69

07 按Ctrl+D组合键取消选区。执行“图层>图层样式>投影”菜单命令，打开“图层样式”对话框，设置投影颜色为黑色，其他参数设置如图5-70所示。

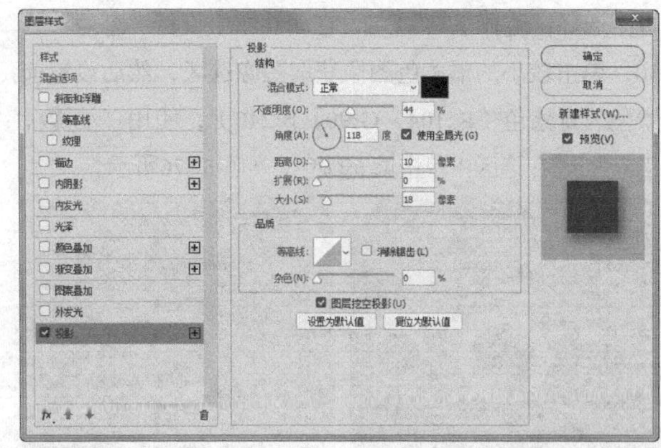

图 5-70

08 单击“确定”按钮，得到图像投影效果，如图5-71所示。

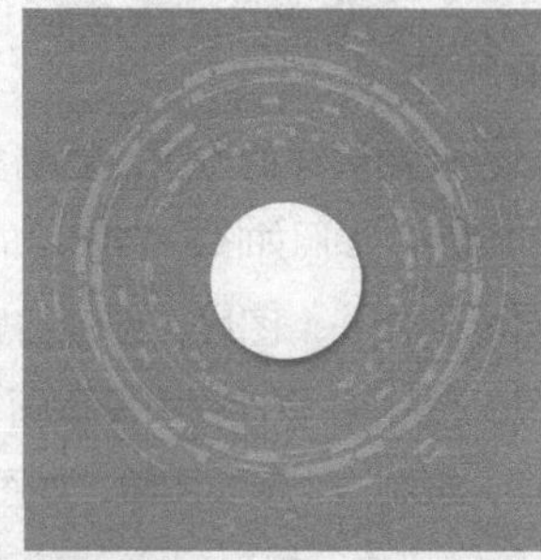

图 5-71

09 按Ctrl+J组合键复制一次图层，得到“图层2拷贝”，如图5-72所示。按Ctrl+T组合键，通过自由变换控制框适当缩小图像，如图5-73所示。

图 5-72　　图 5-73

10 按住Ctrl键单击复制的图层，载入图像选区，设置前景色为橘黄色（R:242，G:110，B:36），使用“油漆桶工具” 在选区中单击填充颜色，如图5-74所示。

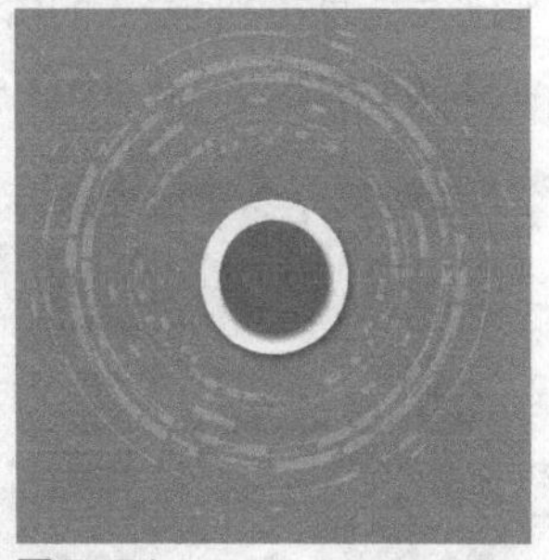

图 5-74

11 按住Ctrl键选择“图层2”和“图层2拷贝”，然后按Ctrl+E组合键合并图层，再按Ctrl+J组合键复制图层，将复制得到的图像适当缩小，置于如图5-75所示的位置。

(12) 选择“魔棒工具”，在属性栏中设置“容差”为50，单击较小的橘黄色图像获取图像选区，然后设置前景色为青紫色（R:104，G:90，B:240），使用“油漆桶工具”在选区中单击填充颜色，如图5-76所示。

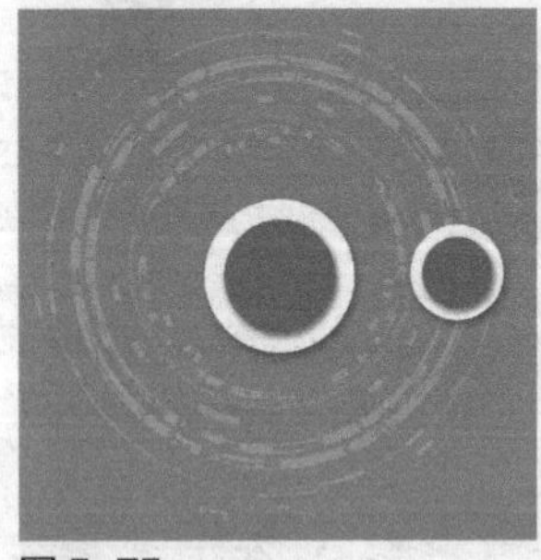

图 5-75

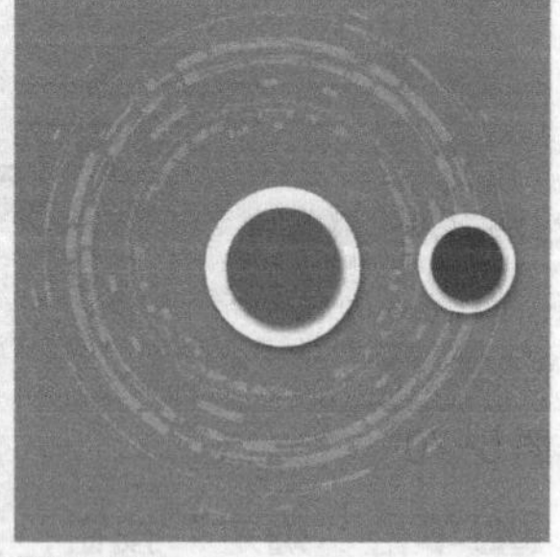

图 5-76

(13) 使用同样的方法，复制多个重叠圆形，并填充不同的颜色，参照如图5-77所示的方式排列。

(14) 新建一个图层，设置前景色为白色，选择“画笔工具”，在属性栏中设置画笔样式为柔角、大小为30像素，绘制一个箭头图像，如图5-78所示。

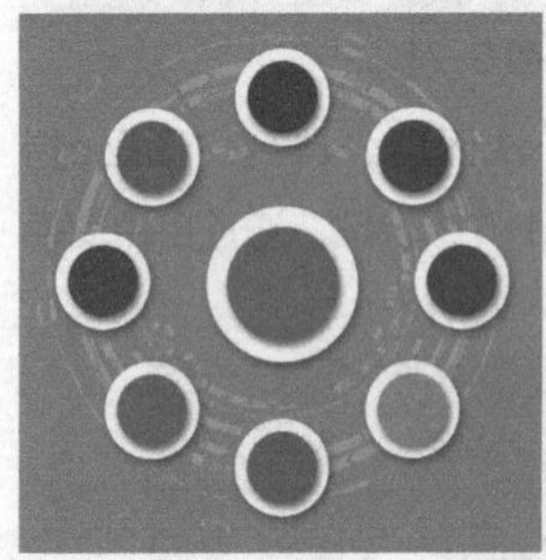

图 5-77

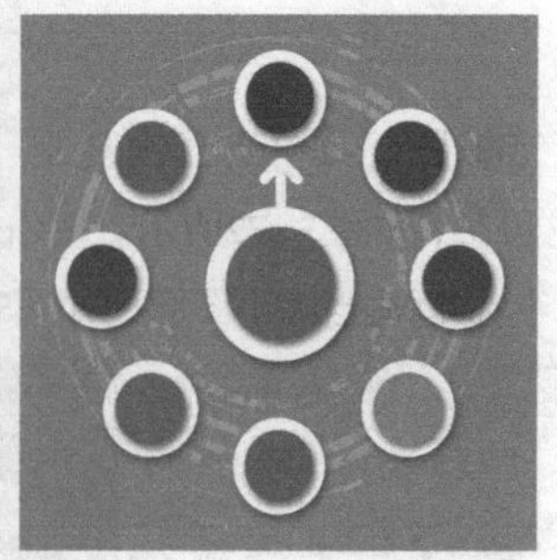

图 5-78

(15) 复制多个箭头图像，分别旋转不同的角度，参照如图5-79所示的样式排列。

(16) 打开“素材\第5章\图标.psd”素材图像，选择“移动工具”分别将图标移动到当前编辑图像的每一个小圆形中，再在中间最大的橘色圆形中输入英文字母，完成本实例的制作，效果如图5-80所示。

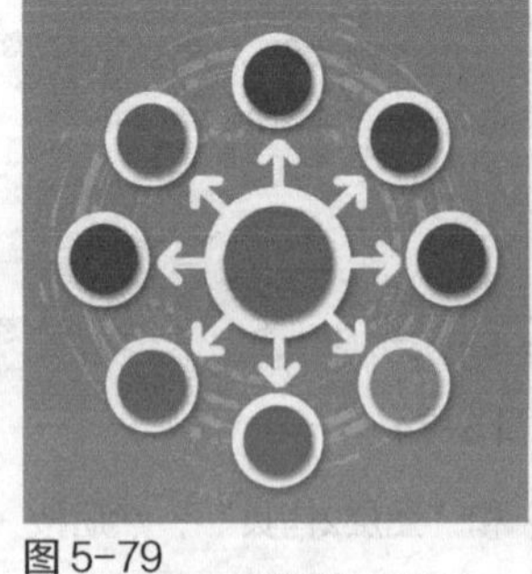

图 5-79

图 5-80

5.3.7 渐变工具

“渐变工具”的应用非常广泛，它可以在整个文档或选区内填充渐变色，还可以创建多种颜色的混合效果，并且可以对图层蒙版、快速蒙版和通道等进行填充，是使用频率比较高的工具。选择“渐变工具”，其工具属性栏如图5-81所示。

图 5-81

“渐变工具”属性栏中常用选项含义如下。

▷ **点按可编辑渐变**：显示了当前的渐变颜色，单击右侧的按钮，可以打开“渐变”拾色器，如图5-82所示。如果直接单击渐变条，则会弹出“渐变编辑器”对话框，在该对话框中可以编辑渐变颜色，或者保存渐变等，如图5-83所示。

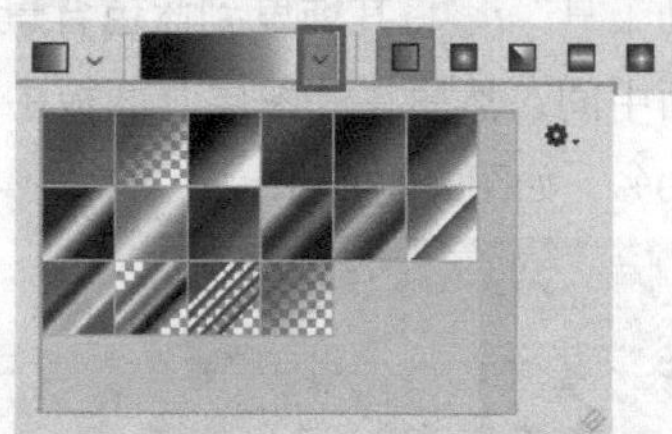

图 5-82

图 5-83

▷ ：这些按钮代表5种渐变方式，如图5-84所示。线性渐变，从起点（单击位置）到终点以直线方向进行颜色的渐变；径向渐变，从起点到终点以圆形图案沿半径方向进行颜色的逐渐改变；角度渐变，围绕起点按逆时针方向进行颜色的逐渐改变；对称渐变，在起点两侧对称地进行颜色的逐渐改变；菱形渐变，从起点向外侧以菱形方式进行颜色的逐渐改变。

线性渐变填充

图 5-84

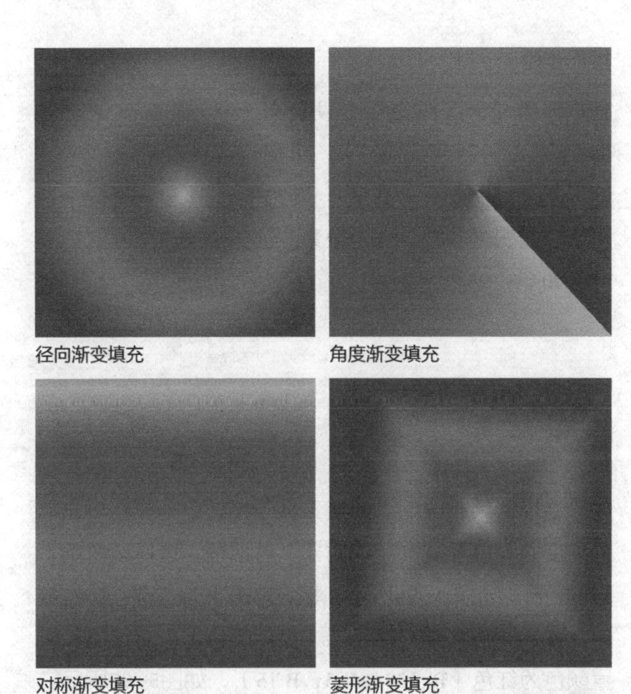
径向渐变填充　角度渐变填充

对称渐变填充　菱形渐变填充

图 5-84（续）

▶ **模式：**该下拉列表中的选项用于设置填充的渐变颜色与它下面的图像如何进行混合，各选项与图层的混合模式作用相同。

▶ **不透明度：**用于设置填充渐变颜色的透明程度。

▶ **反向：**勾选该复选框后产生的渐变颜色将与设置的渐变顺序相反。

▶ **仿色：**勾选该复选框可使用递色法来表现中间色调，使渐变更加平滑。

▶ **透明区域：**勾选该复选框可对渐变填充使用透明蒙版。

> **技巧与提示**
>
> 需要特别注意的是，"渐变工具"■不能用于位图或索引颜色模式的图像。当需要为这两种颜色模式的图像应用渐变效果时，就必须先将图像切换为可用的颜色模式。

【重点】5.3.8 编辑渐变样本

在Photoshop中要编辑样本只能在渐变编辑器中进行，单击"渐变工具"■属性栏左端的渐变条▬，即可打开"渐变编辑器"对话框，如图5-85所示。在该对话框中，系统预设了一部分渐变样本，但无法满足所有的绘图需要，这时用户可以自定义需要的渐变样本。

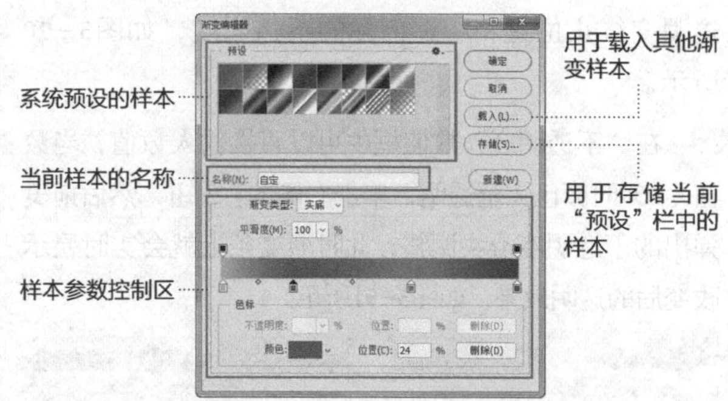

图 5-85

单击选中渐变条下方的色标，此时"色标"栏中部分参数将启用，在其中可以更改"颜色"和"位置"参数，如图5-86所示。

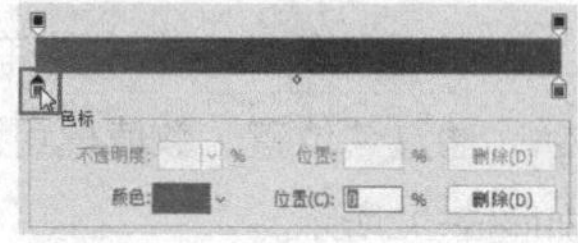

图 5-86

单击"色标"栏中的颜色块，将打开"拾色器（色标颜色）"对话框，在其中设置一种颜色后，当前选中色标处的颜色就会发生相应的变化，如图5-87所示。

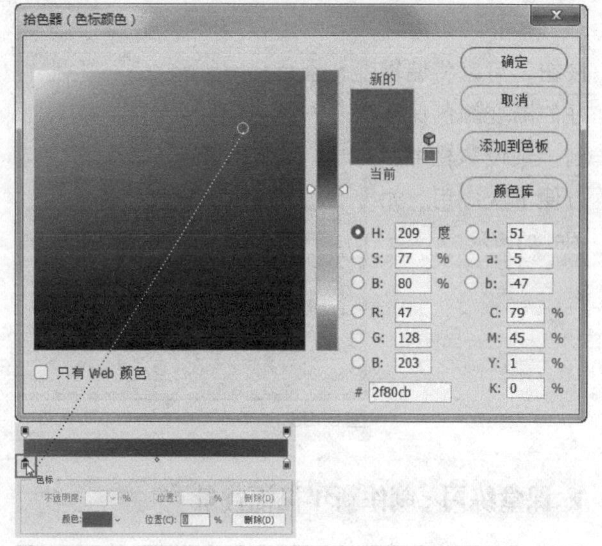

图 5-87

在渐变条下方单击可以增加色标，如图5-88所示。接着为该色标设置一种颜色，通过这种方式就可以增加更多的颜色过渡，如图5-89所示。

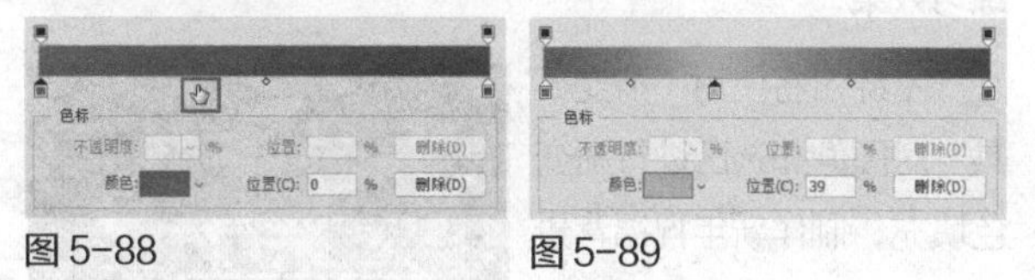

图 5-88　图 5-89

单击选中渐变条上方的不透明度色标，此时"色标"栏中部分参数设置变为可用，在其中可以改变不透明度终止位置和所选色标的不透明度，如图5-90所示。

在“不透明度”数值框中可以直接输入数值，当数值为0%时颜色完全透明，单击右侧的☐按钮，然后拖曳弹出的不透明度滑块调整，此时渐变条上就会实时显示改变后的透明效果，如图5-91所示。

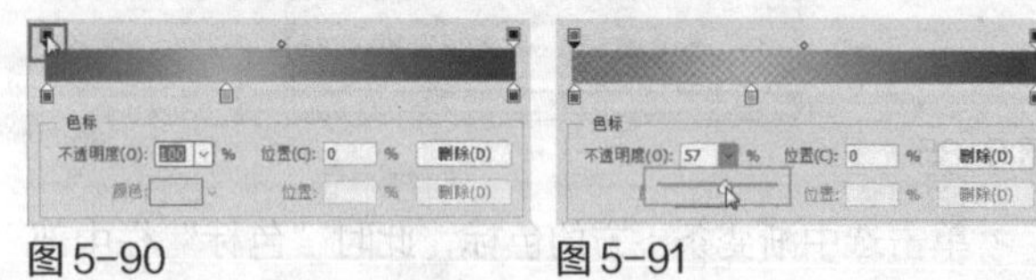
图5-90　　图5-91

在渐变条上方空白处单击可添加一个不透明度色标，通过“位置”数值框可设置其在渐变条上的位置，如图5-92所示。

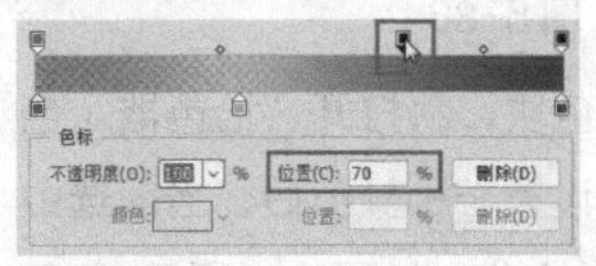
图5-92

单击“新建”按钮，可以将编辑好的渐变颜色保存到“预设”栏中，方便下次应用，如图5-93所示。

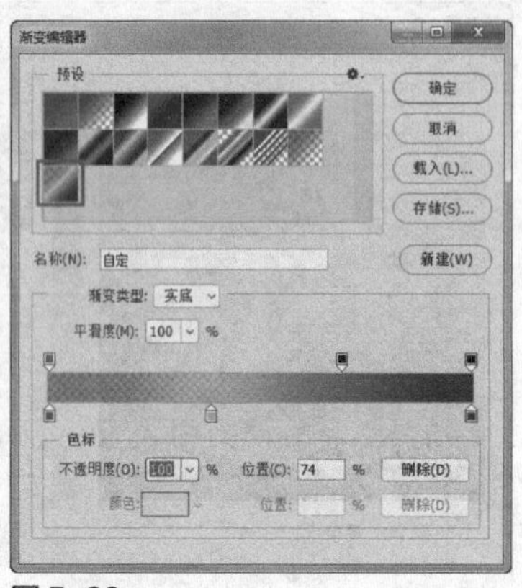
图5-93

▶ 课堂练习：制作新年祝福背景

素材路径	素材\第5章\黄色背景.jpg、边框.psd 、光芒.psd、圆点.psd、文字.psd
实例路径	实例\第5章\新年背景.psd

练习效果

本练习将使用“渐变工具”对图像和选区进行渐变色填充，制作新年祝福背景效果。本练习的最终效果如图5-94所示。

图5-94

操作步骤

01 新建一个图像文件，设置文件名称为“新年背景”、“宽度”为42厘米、“高度”为25厘米、“分辨率”为150像素/英寸，如图5-95所示。

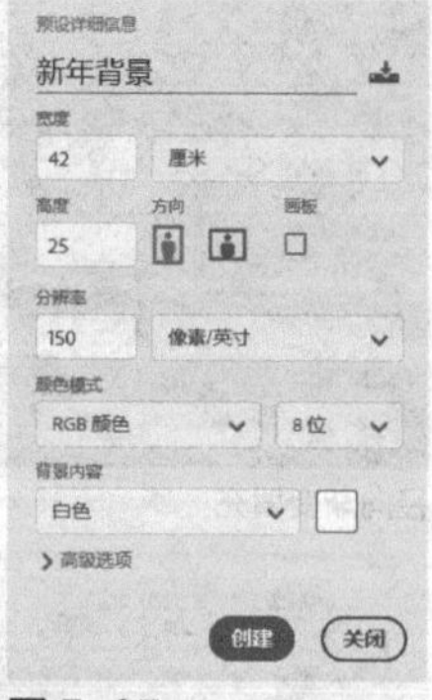

图5-95

02 选择工具箱中的“渐变工具”，单击属性栏左端的渐变条，打开“渐变编辑器”对话框，选择渐变条下方的色标，如图5-96所示。接着单击下方“颜色”右侧的色块，即可打开“拾色器（色标颜色）”对话框，设置颜色为红色（R:229，G:3，B:15），如图5-97所示。单击“确定”按钮即可返回“渐变编辑器”对话框。

图5-96

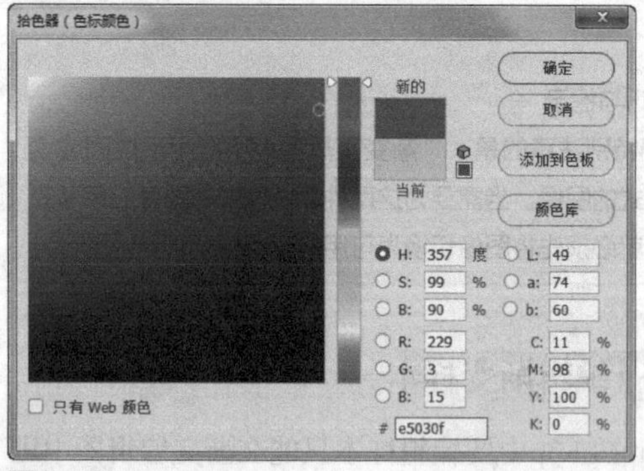
图5-97

03 使用同样的方法选择右侧的色标，双击该色标也可以打开“拾色器（色标颜色）”对话框，设置颜色为暗红色（R:81，G:3，B:3），单击“确定”按钮回到“渐变编辑器”对话框中，得到设置好的颜色效果，如图5-98所示。

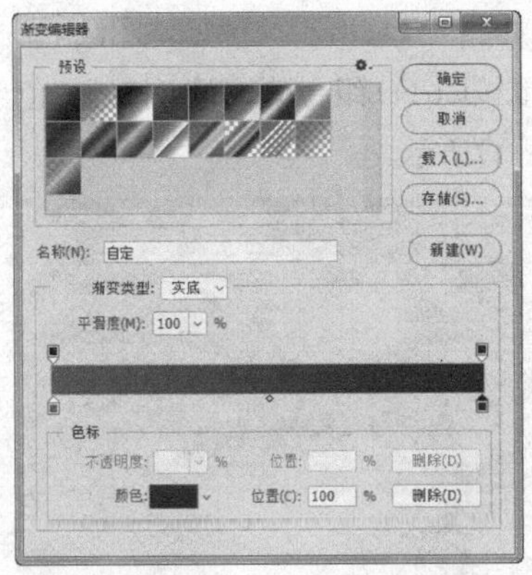

图 5-98

(04) 在“渐变编辑器”对话框中单击“确定”按钮，然后在属性栏中选择渐变样式为“径向渐变”，如图5-99所示。在图像中间按住鼠标左键向外拖曳，即可得到渐变填充效果，如图5-100所示。

图 5-100

图 5-99

(05) 打开“素材\第5章\黄色背景.jpg”素材图像，使用“移动工具”将其拖曳到当前编辑的图像中，并调整其大小为画布大小，如图5-101所示。

图 5-101

(06) 在“图层”面板中设置“图层1”的混合模式为“正片叠底”、“不透明度”为80%，如图5-102所示。得到的图像效果如图5-103所示。

图 5-102

图5-103

(07) 打开“素材\第5章\边框.psd”素材图像，使用“移动工具”将其拖曳到当前编辑的图像中，适当调整边框图像大小，如图5-104所示。

图 5-104

(08) 打开“素材\第5章\光芒.psd”素材图像，使用“移动工具”将其拖曳到当前编辑的图像中，置于画面下方，并在“图层”面板中设置图层混合模式为“滤色”，如图5-105所示。得到的图像效果如图5-106所示。

图 5-105

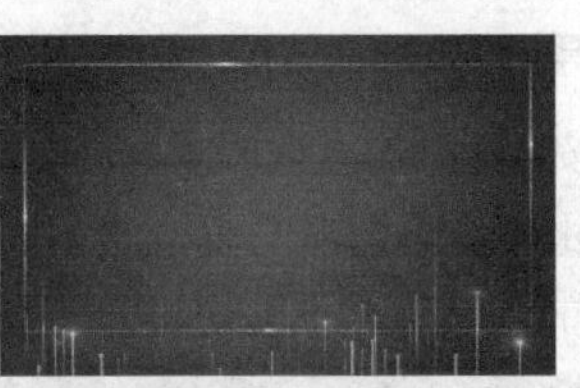

图5-106

(09) 打开“素材\第5章\圆点.psd”素材图像，使用“移动工具”将其拖曳到当前编辑的图像中，置于画面上方，并在“图层”面板中设置图层混合模式为“颜色减淡”，如图5-107所示。得到的图像效果如图5-108所示。

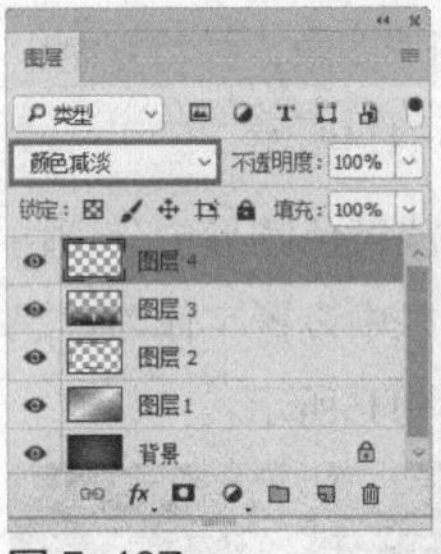

图 5-107

图 5-108

(10) 打开“素材\第5章\文字.psd”素材图像，使用“移动工具”将其拖曳到当前编辑的图像中，置于画面中间，适当调整文字大小，效果如图5-109所示。

(11) 新建一个图层，选择“椭圆选框工具”，按住Shift键在图像中绘制一个圆形选区，如图5-110所示。

图 5-109

图 5-110

(12) 选择“渐变工具”，单击属性栏左端的渐变条，打开“渐变编辑器”对话框，设置渐变颜色为从白色到鹅黄色（R:255，G:226，B:104），如图5-111所示。

图 5-111

(13) 单击“确定”按钮，在属性栏中选择渐变样式为“径向渐变”，然后在选区中间按住鼠标左键向外拖曳，得到渐变填充效果，如图5-112所示。

(14) 按Ctrl+T组合键调出自由变换控制框，再按住Shift键等比例缩小圆形图像，然后放置到文字上方，如图5-113所示。

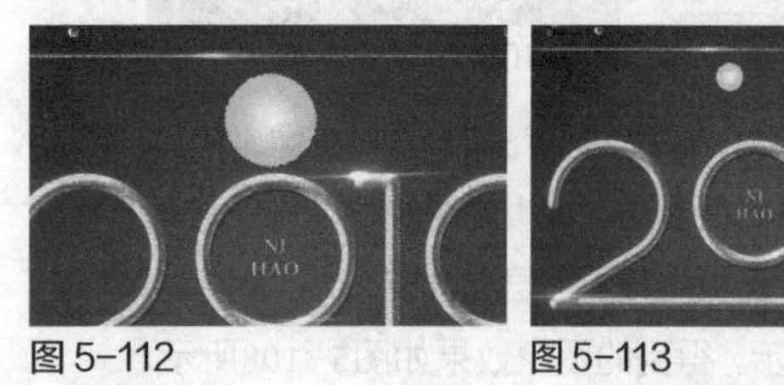

图 5-112　图 5-113

(15) 连续按三次Ctrl+J组合键复制圆形图像，并将复制出的图像做横向排列，排列方式如图5-114所示。

(16) 选择“横排文字工具”，在淡黄色圆形中分别输入文字“新年”“快乐”，在属性栏中设置字体为“黑体”、文本颜色为白色，效果如图5-115所示。

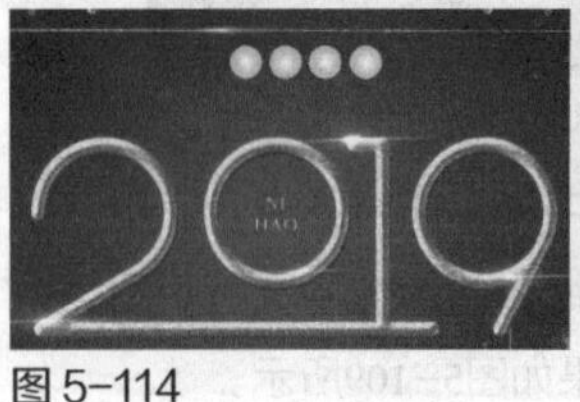

图 5-114　图 5-115

5.4 色阶

“色阶”命令是一个非常强大的颜色与色调调整工具，它可以对图像的阴影、中间调和高光强度级别进行调整，从而校正图像的色调范围和色彩平衡。另外，“色阶”命令还可以分别对各个通道进行调整，以校正图像的色彩。

打开一张图像，如图5-116所示。执行“图像>调整>色阶”菜单命令或按Ctrl+L组合键，即可打开“色阶”对话框，如图5-117所示。

图 5-116

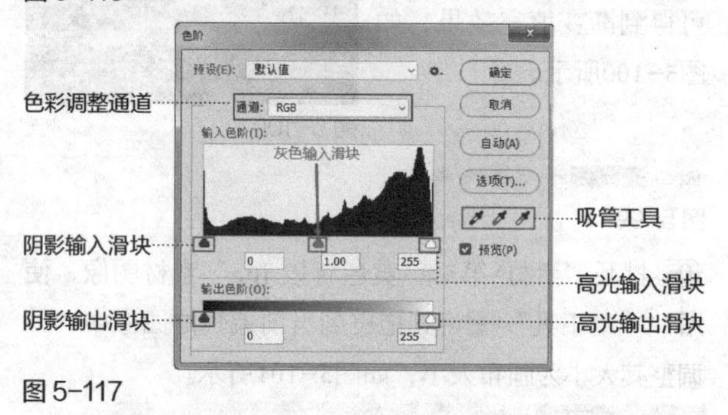

图 5-117

“色阶”对话框中各选项含义如下。

▶ **预设**：在“预设”下拉列表中可以选择一种预设的色阶调整选项来对图像进行调整。

▶ **预设选项**：单击该按钮，在弹出的菜单中可以选择“存储预设”命令对当前设置的参数进行保存，还可以载入一个外部的预设调整文件。

▶ **通道**：在“通道”下拉列表中可以选择一个通道来对图像进行调整，以校正图像的颜色。图5-118所示为选择红色通道进行调整。

图 5-118

▶ **输入色阶**：在此处可以通过拖曳滑块来调整图像的

阴影、中间调和高光，同时也可以直接在对应的输入框中输入数值。将滑块向左拖曳，可以使图像变亮，如图5-119所示；将滑块向右拖曳，可以使图像变暗，如图5-120所示。

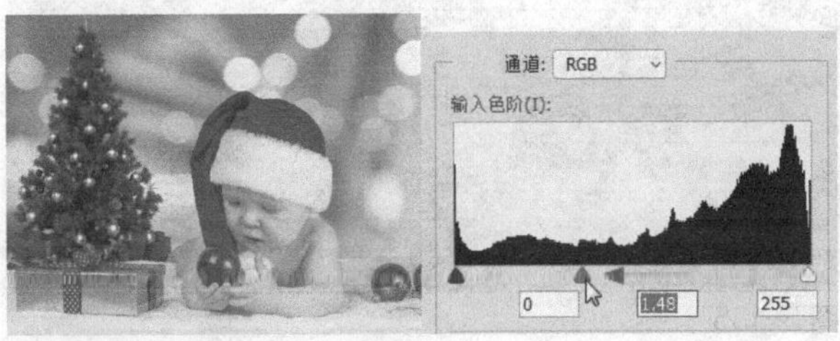

图5-119

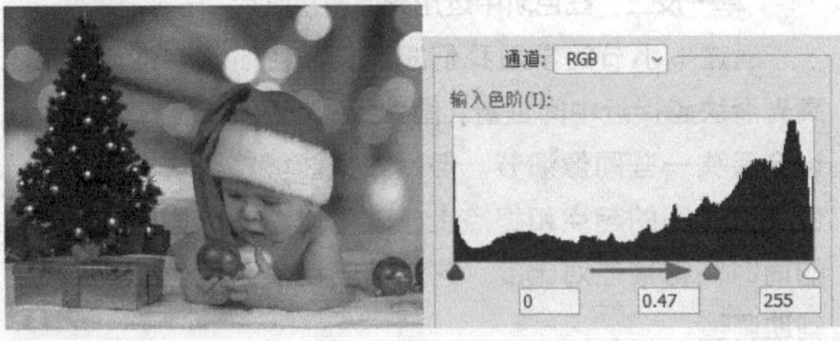

图5-120

▶ **输出色阶**：在此处可以设置图像的亮度范围，从而降低图像对比度，如图5-121所示。

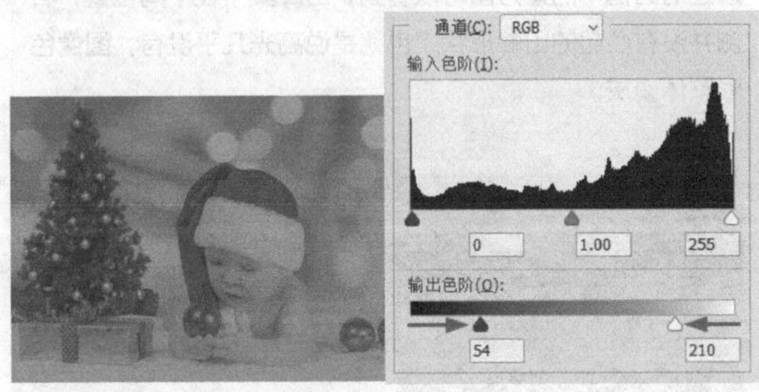

图5-121

▶ **自动**：单击“自动”按钮，Photoshop会自动调整图像的色阶，使图像的亮度分布更加均匀，从而达到校正图像颜色的目的。

▶ **选项**：单击“选项”按钮，可以打开“自动颜色校正选项”对话框，如图5-122所示。在该对话框中可以设置增强单色、每通道的对比度，以及查找深色与浅色等算法。

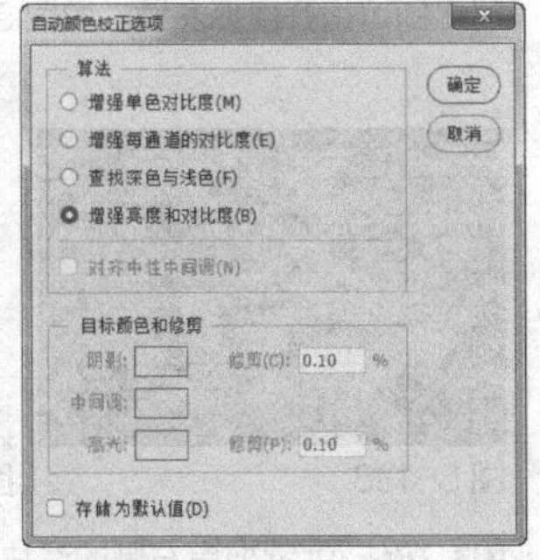

图5-122

▶ **在图像中取样以设置黑场**：使用该吸管在图像中单击取样，可以将单击点处的像素调整为黑色，同时图像中比该单击点暗的像素也会变成黑色，如图5-123所示。

▶ **在图像中取样以设置灰场**：使用该吸管在图像中单击取样，可以根据单击点像素的亮度来调整其他中间调的平均亮度，如图5-124所示。

图5-123

图5-124

▶ **在图像中取样以设置白场**：使用该吸管在图像中单击取样，可以将单击点处的像素调整为白色，同时图像中比该单击点亮的像素也会变成白色，如图5-125所示。

图5-125

▶ 课堂练习：让照片的色调清新明快

素材路径	素材\第5章\彩蛋.jpg
实例路径	实例\第5章\让照片的色调清新明快.psd

练习效果

本练习将使用“色阶”命令调整图像的亮度和对比度，并使用“自然饱和度”命令调整图像的饱和度，从而使照片的色调变得清新明快。本练习的最终效果如图5-126所示。

图5-126

操作步骤

01 打开“素材\第5章\彩蛋.jpg”素材图像，通过观察可以发现该图像整体画面偏暗，对比度较低，如图5-127所示。

图5-127

02 执行“图像>调整>色阶”菜单命令，打开“色阶”对话框，拖曳“输入色阶”右侧的滑块，如图5-128所示，增加图像高光区域中的亮度和对比度，如

图5-129所示。

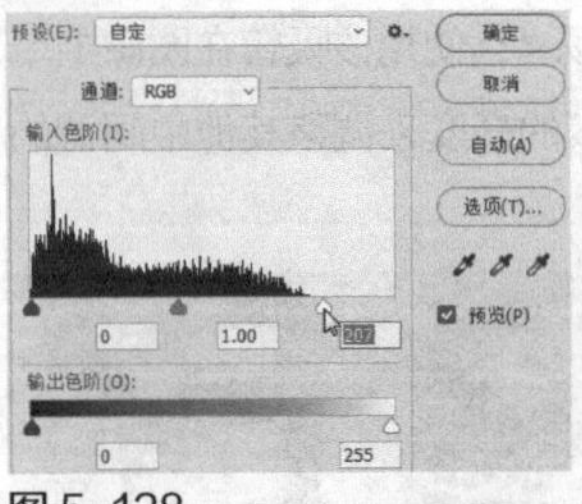

图 5-128　　图 5-129

(03) 拖曳“输入色阶”中间的滑块，增加图像中间调的亮度，如图5-130所示。单击“确定”按钮后，得到的图像效果如图5-131所示。

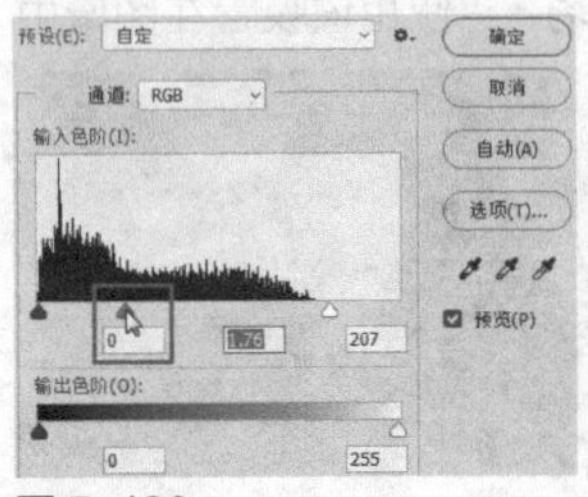

图 5-130　　图 5-131

(04) 执行“图像>调整>自然饱和度”菜单命令，打开“自然饱和度”对话框，适当增加图像饱和度参数值，如图5-132所示。得到的图像效果如图5-133所示。

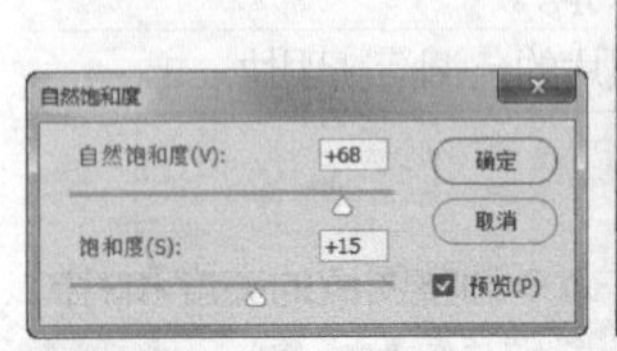

图 5-132　　图 5-133

(05) 执行“滤镜>渲染>镜头光晕”菜单命令，打开“镜头光晕”对话框，选择镜头类型为“50-300毫米变焦”，在预览框中将十字标记拖曳到右上方，再设置“亮度”为157%，如图5-134所示。得到的图像效果如图5-135所示。

图 5-134

图 5-135

举一反三：在色阶中运用阈值调整照片

通过本小节的学习我们知道，“色阶”中的阴影和高光滑块越接近中间位置，图像的对比度会越强，同时，也会丢失一些图像细节。但是如果能够将滑块精确地定位在直方图的起点和终点上，就可以在不丢失图像细节的同时获得最佳对比度。这就需要切换到阈值模式来做辅助调整。

(01) 打开“素材\第5章\麦穗.jpg”，如图5-136所示。按Ctrl+L组合键打开“色阶”对话框，如图5-137所示。通过对话框中的直方图可以看到，山峰集中在中间位置，右侧并没有凸起的山峰形状，也就是说高光几乎没有，图像色彩整体偏灰。

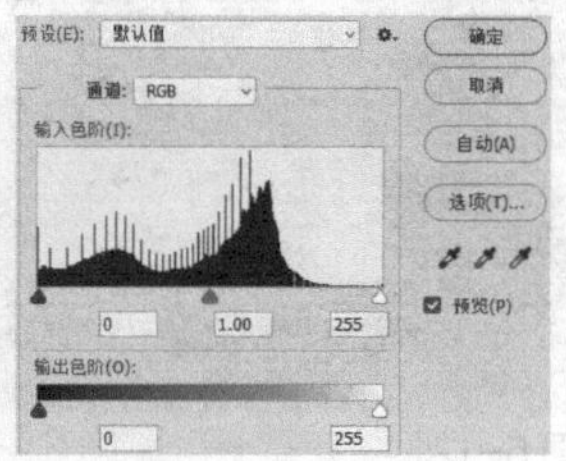

图 5-136　　图 5-137

(02) 按住Alt键拖曳右侧的滑块，增加图像中的高光色调，这时将切换到阈值模式，图像呈现黑色高对比度预览效果，如图5-138所示。将滑块定位在出现少量高对比度图像处时，即可松开鼠标左键，如图5-139所示。

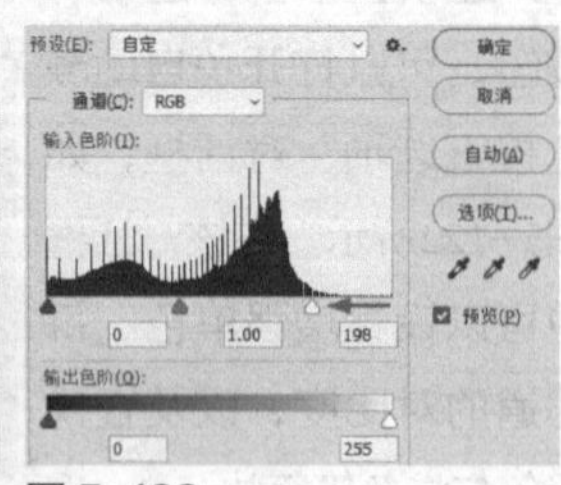

图 5-138　　图 5-139

(03) 按住Alt键拖曳左侧的滑块，在阈值模式下调整图像的阴影部分，如图5-140所示。这时图像呈现白色高对比度预览效果，如图5-141所示。

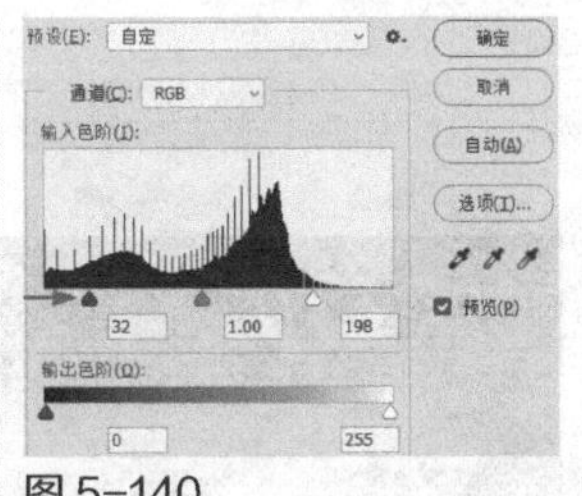

图 5-140　图 5-141

(04) 选择"输入色阶"中间的滑块，将其向左适当移动，调整中间调的亮度，平衡画面，如图 5-142 所示。得到的图像效果如图 5-143 所示。

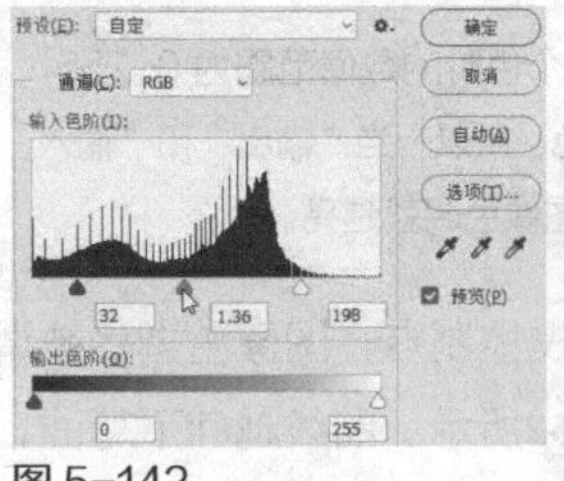

图 5-142

图 5-143

技巧与提示

在"色阶"对话框中临时切换到阈值模式，可以更好地观察并调整图像色阶，但是这种方法在图像颜色模式为"CMYK 颜色"时不能使用。

5.5 曲线

Photoshop中的"曲线"命令拥有强大的图像色调调整功能，也是运用得非常广泛的一个调整命令。它具备了"亮度/对比度""阈值""色阶"等命令的功能，通过调整曲线的形状，可以对图像的色调进行非常精确的调整。

[重点] 5.5.1 "曲线"对话框

打开一张素材图像，如图5-144所示。执行"图像>调整>曲线"菜单命令，打开"曲线"对话框，如图5-145所示。该对话框中包含了一个色调曲线图，曲线调整前默认显示为一条斜直线。调整曲线上方可以改变高光色调，调整曲线中间部分可以改变中间调，调整曲线下方可以改变图像暗部色调。

图 5-144

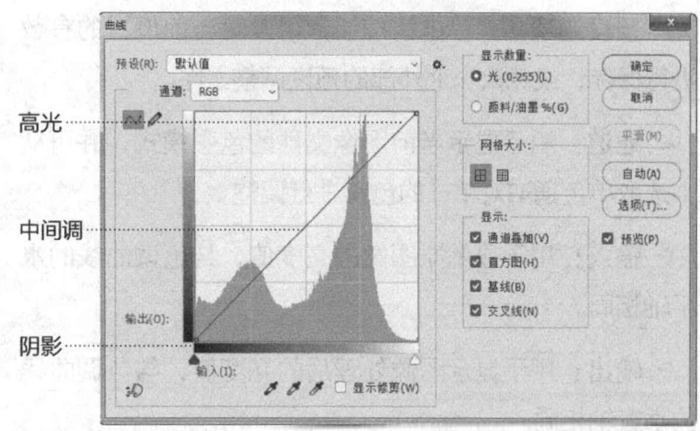

图 5-145

"曲线"对话框中主要选项的作用如下。

▷ **预设**："预设"下拉列表中共有9种曲线预设效果，如图5-146所示。

彩色负片

反冲

较暗

增加对比度

较亮

线性对比度

中对比度

负片

强对比度

图 5-146

▶ **预设选项**：单击该按钮，可以对当前设置的参数进行保存，或载入一个外部的预设调整文件。

▶ **通道**：用于显示当前图像文件的色彩模式，并可从中选取单色通道对单一的色彩进行调整。

▶ **输入**：用于显示原图像的亮度值，与色调曲线的水平轴相同。

▶ **输出**：用于显示图像处理后的亮度值，与色调曲线的垂直轴相同。

▶ **编辑点以修改曲线**：是系统默认的曲线工具，通过在图表中各处添加控制点来得到色调曲线。

▶ **通过绘制来修改曲线**：用于在图表上画出需要的色调曲线。激活该按钮后，鼠标指针变成铅笔状，此时即可徒手绘制色调曲线。

5.5.2 曲线的调整原理

了解了“曲线”对话框中各选项的含义后，就可以通过其中的曲线和各种选项设置，对图像进行细致的调整。下面将通过不同的曲线调整方式，来深入理解曲线调整对图像色调的影响。

这里使用“素材\第5章\音符.jpg”素材图像来进行讲解，如图5-147所示。按Ctrl+M组合键，打开“曲线”对话框，如图5-148所示。该对话框中包含了一个色调曲线图，其中曲线的水平轴代表图像原来的亮度值，即输入值；垂直轴代表调整后的亮度值，即输出值。

图 5-147

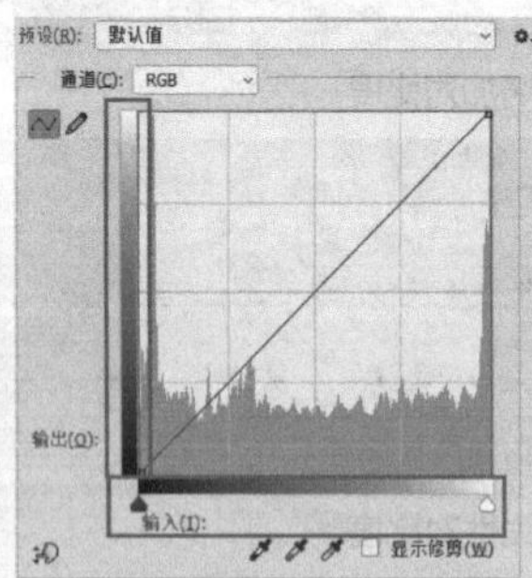

图 5-148

在曲线上单击即可添加一个控制点，按住鼠标左键即可拖曳控制点，如图5-149所示。向上拖曳控制点，调整“输出”和“输入”数值框中的数值，可以看到图像被调整为更浅的色调，如图5-150所示。

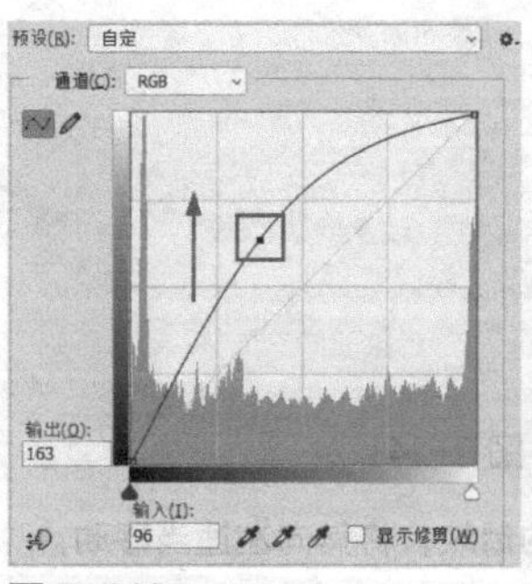

图 5-149

图 5-150

技巧与提示

在调整曲线时，要知道整个色阶的数值范围为0~255，0表示纯黑色，255表示纯白色，所以，当“输出”和“输入”数值框中的色阶数值越高时，图像色调就越亮。

如图5-151所示向下拖曳控制点，图像色调将被调整为较深的色调，如图5-152所示。曲线越向下弯曲，图像就越暗。

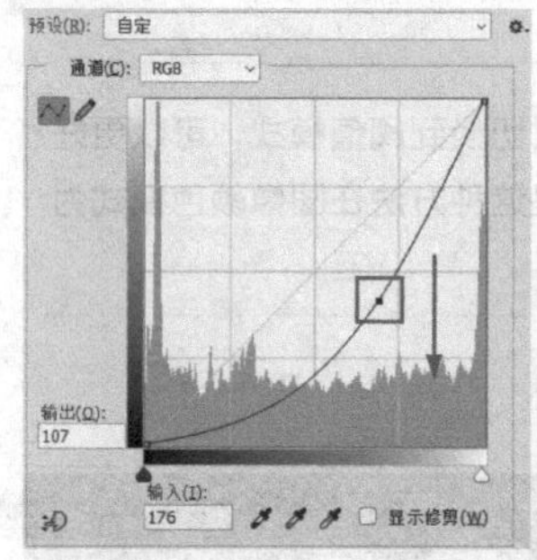

图 5-151

图 5-152

如果既要将图像的高光区域调亮，又要将阴影区域变暗，可以将曲线调整为如图5-153所示的S形，这样能够增加图像色调的对比度，如图5-154所示。若将曲线调整成反S形，则会降低对比度，如图5-155和图5-156所示。

选择曲线左下方底部的控制点向上拖曳（如图5-157所示），可以将图像中的阴影区域变亮，效果如图5-158所示。

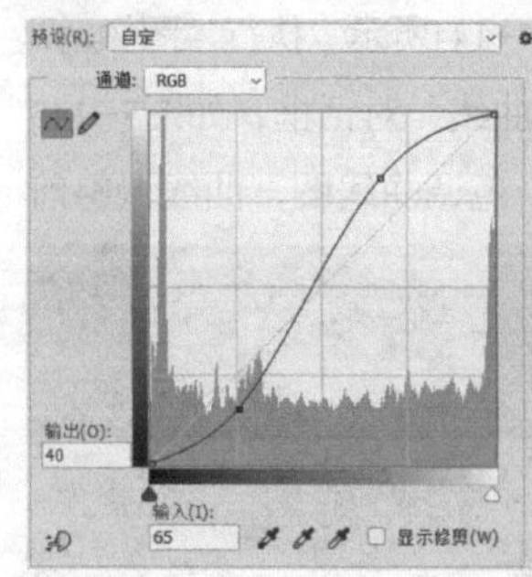

图 5-153

图 5-154

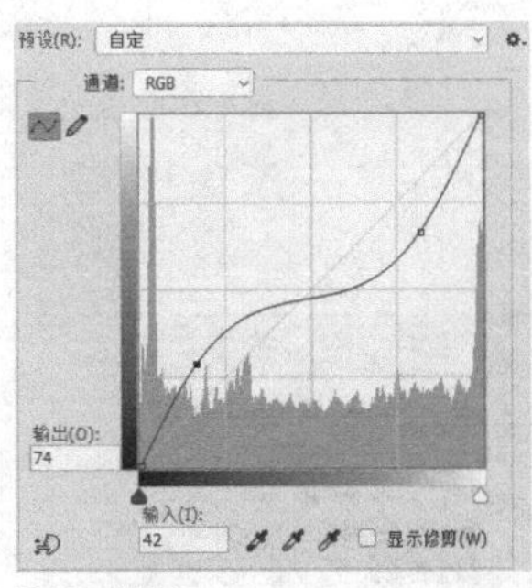

图 5-155　图 5-156

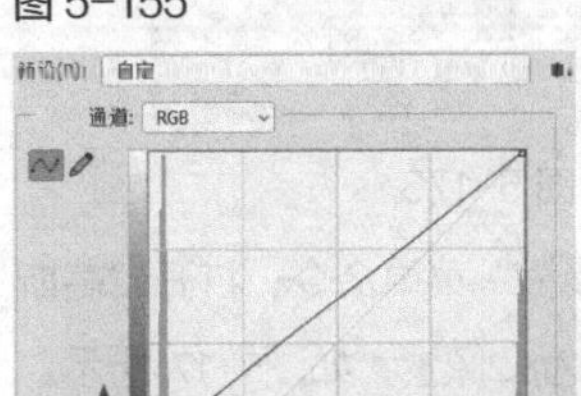
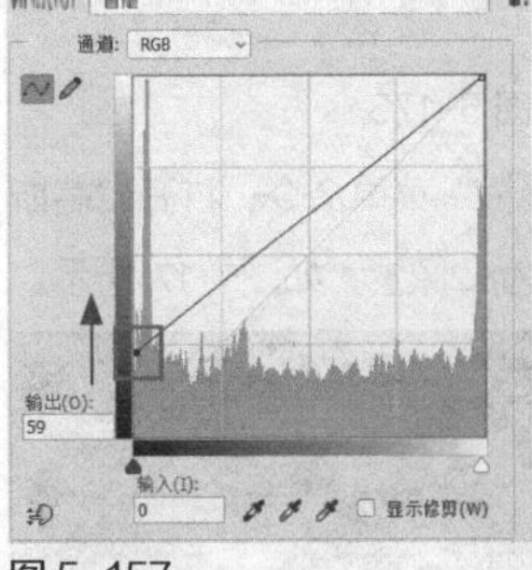

图 5-157　图 5-158

选择曲线右上方顶部的控制点向下拖动（如图5-159所示），可以将图像中的高光区域变暗，效果如图5-160所示。

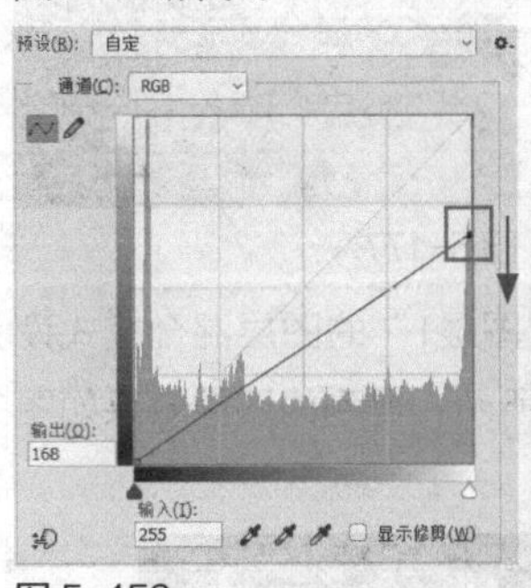

图 5-159　图 5-160

将曲线右上方顶部的控制点向左拖动（如图5-161所示），可以将图像中的高光区域变为白色，但同时高光区域的图像也会丢失一些细节，效果如图5-162所示。

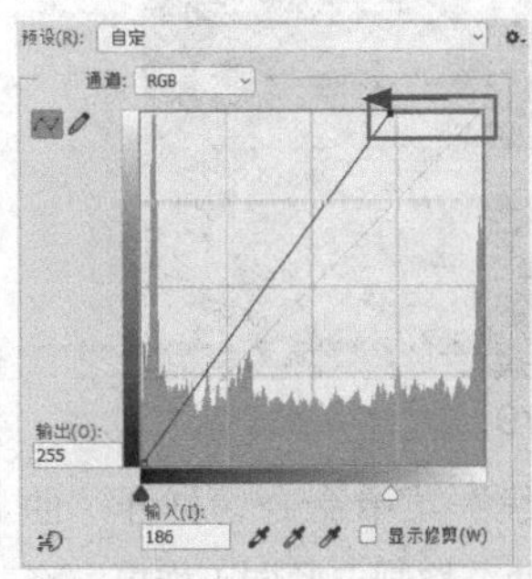

图 5-161　图 5-162

将曲线左下方底部的控制点向右拖动，如图5-163所示，可以将图像中的阴影区域变为黑色，效果如图5-164所示。

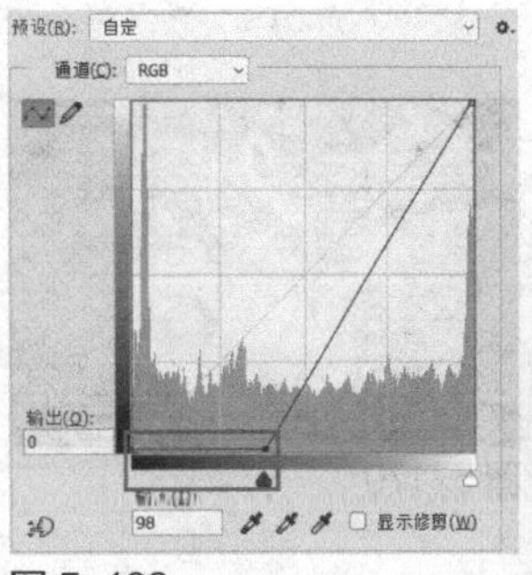

图 5-163　图 5-164

将曲线两个端点处的控制点向垂直方向移动，可以调整图像色调对比度。将曲线上方端点处的控制点沿垂直方向向下拖动（如图5-165所示），图像会变得较为灰暗，如图5-166所示。

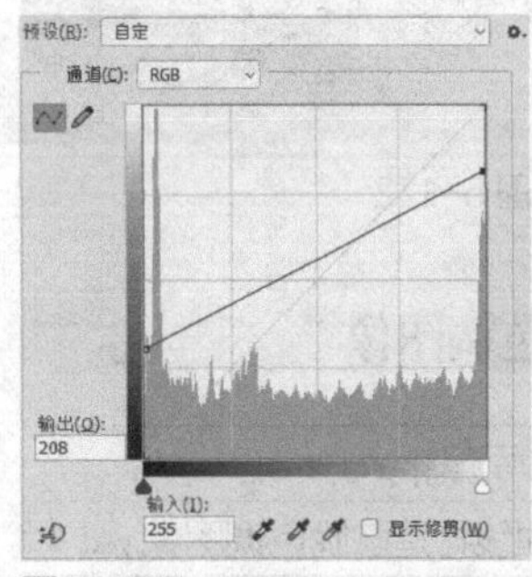

图 5-165　图 5-166

当曲线为如图5-167所示的水平直线时，画面将呈现一片灰色，如图5-168所示。水平直线在垂直方向上的位置越高，灰色调越亮。

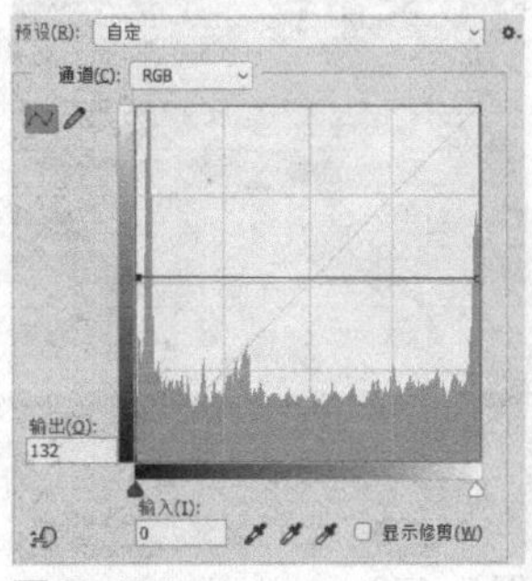

图 5-167　图 5-168

将曲线顶部和底部的控制点沿水平方向向内拖曳时（如图5-169所示），图像色调对比度将得到加强，如图5-170所示。两个控制点在水平方向上靠得越近，对比度越强，但由于压缩了中间色调，同样也会损失画面细节。

将曲线两个端点处的控制点的位置进行互换（如图5-171所示），可以得到反相图像效果，如图5-172所示。

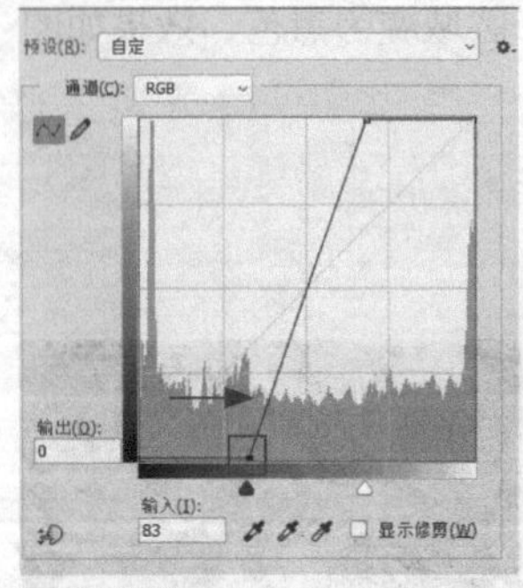

图 5-169

图 5-170

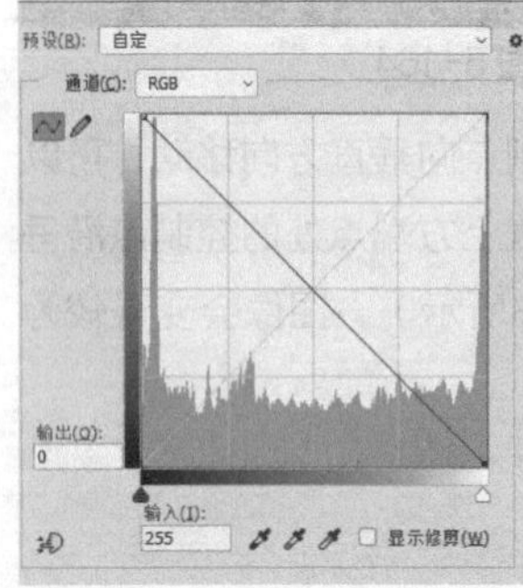

图 5-171

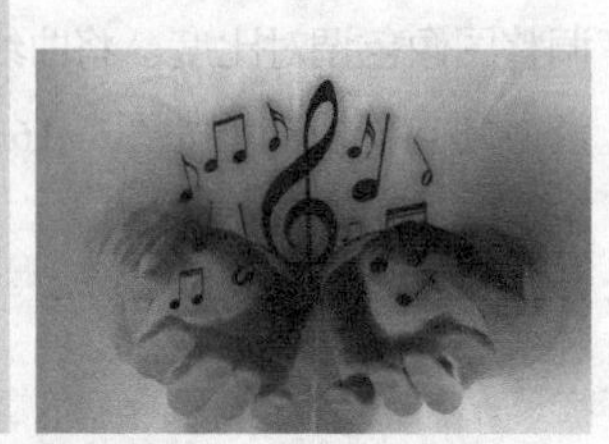

图 5-172

▶ 课堂练习：打造朦胧色调图像

素材路径	素材\第5章\美女写真.jpg
实例路径	实例\第5章\使用曲线打造朦胧色调图像.psd

练习效果

本练习将使用“曲线”命令调整图像亮部和暗部的色调，从而打造朦胧色调图像。本练习的最终效果如图5-173所示。

图 5-173

操作步骤

01 打开“素材\第5章\美女写真.jpg”素材图像，如图5-174所示。按Ctrl+J组合键复制一次“背景”图层，得到“图层1”，如图5-175所示。

图 5-174

图 5-175

02 执行“滤镜>模糊>高斯模糊”菜单命令，打开“高斯模糊”对话框，设置“半径”为8.2像素，如图5-176所示。单击“确定”按钮，得到模糊图像效果，如图5-177所示。

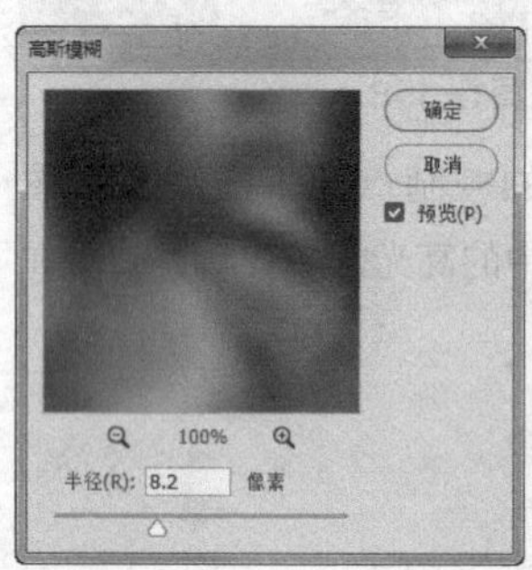

图 5-176

图 5-177

03 在“图层”面板中将“图层1”的图层混合模式设置为“滤色”，如图5-178所示，得到的图像效果如图5-179所示。

图 5-178

图 5-179

04 执行“图像>调整>曲线”菜单命令，打开“曲线”对话框，在曲线中添加两个控制点并向下拖曳，降低图像亮部和暗部色调，如图5-180所示。

05 单击“确定”按钮，得到具有朦胧层次感的图像效果，此时的画面可以将观者的视线集中在人物面部和身体部分，如图5-181所示。

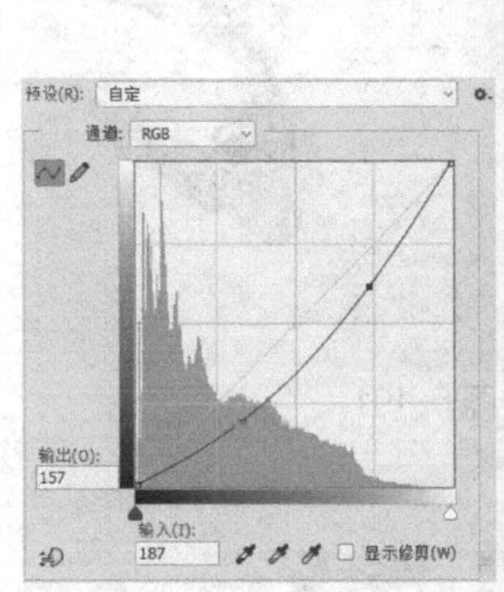

图 5-180

图 5-181

06 再次执行“图像>调整>曲线”菜单命令，打开“曲线”对话框，在“通道”下拉列表中选择“蓝”通道，将右上角的曲线控制点向下拖曳，减淡蓝色，再在曲线中添加一个控制点，适当向上拖曳，增加中间调的亮度，如图5-182所示。

07 将“通道”设置为“RGB”颜色，在曲线中添加两个控制点并向上拖曳，增加图像整体亮度，如图5-183所示。

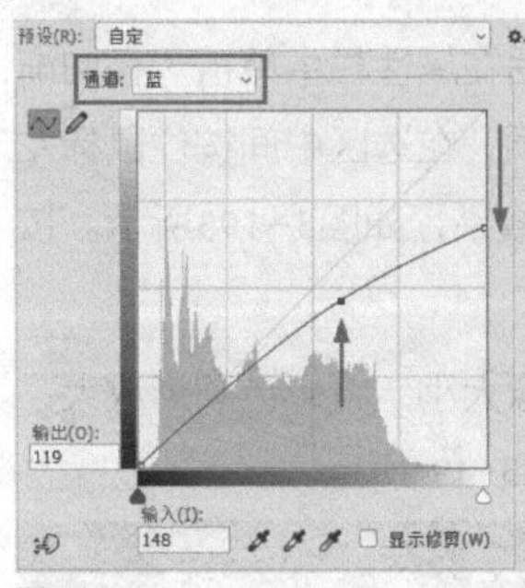

图 5-182

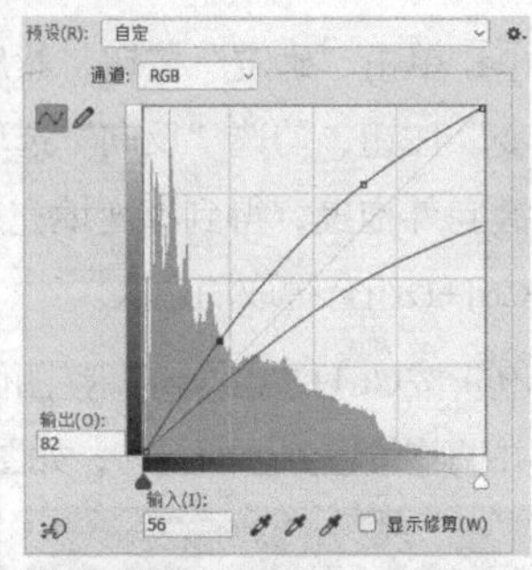

图 5-183

08 单击“确定”按钮，图像效果如图5-184所示。可以看到，调整后的图像色调更加和谐。

图 5-184

09 执行“图像>调整>亮度/对比度”菜单命令，打开“亮度/对比度”对话框，增加图像的亮度，再降低图像对比度，如图5-185所示。单击“确定”按钮，得到的效果如图5-186所示。

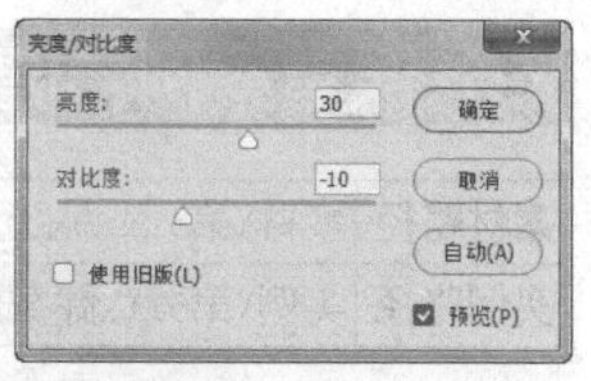

图 5-185

图 5-186

疑难解答：曲线与色阶有什么关系

在“曲线”和“色阶”对话框中都有直方图，并且都可以通过输入色阶和输出色阶来调整图像的色调。曲线中有两个预设控制点，其中左下角的阴影控制点用于调整图像中的阴影区域，这和“色阶”中的阴影滑块作用类似；右上角的高光控制点用于调整图像的高光区域，这和“色阶”中的高光滑块作用类似。如果在曲线的中间添加一个控制点，则可以通过该控制点调整图像的中间色调，这和“色阶”中的中间调滑块作用类似，如图 5-187 所示。

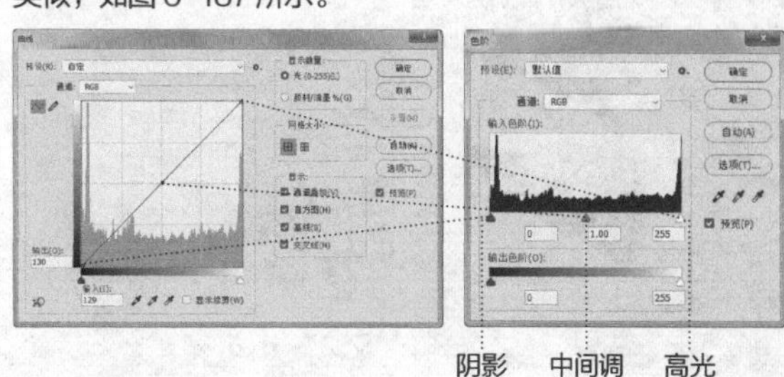

图 5-187

5.6 课堂案例：健身广告

素材路径	素材\第5章\跳跃.jpg、底纹.psd
实例路径	实例\第5章\健身广告.psd

案例效果

本案例要制作的是一个健身广告图，主要使用“渐变工具”进行渐变色填充，从而使画面颜色更丰富，画面效果更炫。本案例的最终效果如图5-188所示。

图5-188

操作步骤

(01) 打开“素材\第5章\跳跃.jpg”文件，如图5-189所示。单击“图层”面板底部的“创建新图层”按钮，新建“图层1”，如图5-190所示。

图5-189

图5-190

(02) 在工具箱中选择“椭圆选框工具”，按住Shift键绘制一个圆形选区，如图5-191所示。

图5-191

(03) 在工具箱中选择“渐变工具”，单击属性栏左端的渐变条，打开“渐变编辑器”对话框，在渐变预设中选择“色谱”样式，如图5-192所示。

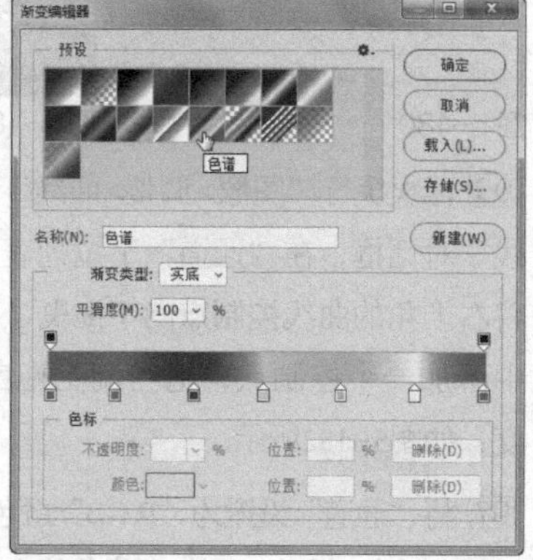

图5-192

(04) 单击“确定”按钮，然后在属性栏中单击“径向渐变”按钮，勾选“反向”选项，在选区中间按住鼠标左键向外拖曳，得到渐变填充效果，如图5-193所示。按Ctrl+D组合键取消选区。

(05) 按Ctrl+T组合键调整图像大小，将彩色圆形放大，并调整位置到画面上方，如图5-194所示。

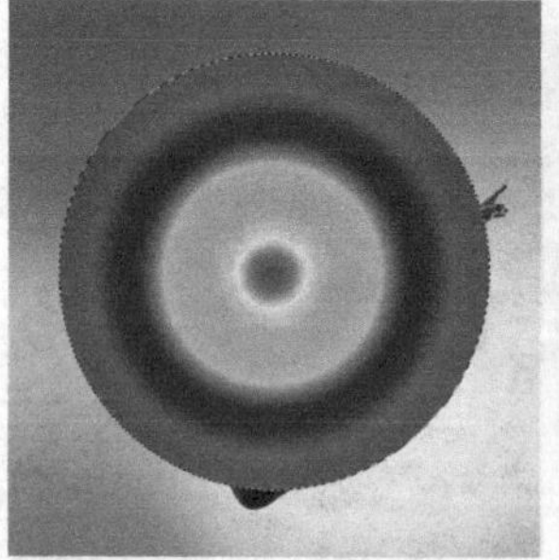

图5-193

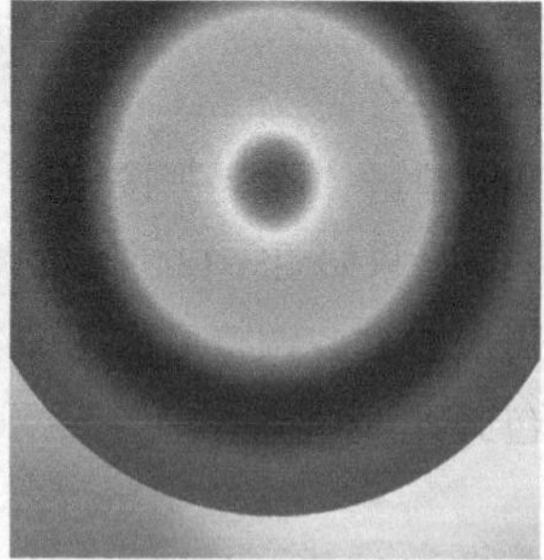

图5-194

(06) 在“图层”面板中设置“图层1”的混合模式为“柔光”，如图5-195所示。得到的图像效果如图5-196所示。接着按Ctrl+J组合键复制图层，得到“图层1拷贝”，改变图层的不透明度为36%，如图5-197所示。使用“移动工具”将复制的圆形放置到画面下方，如图5-198所示。

图 5-195

图 5-196

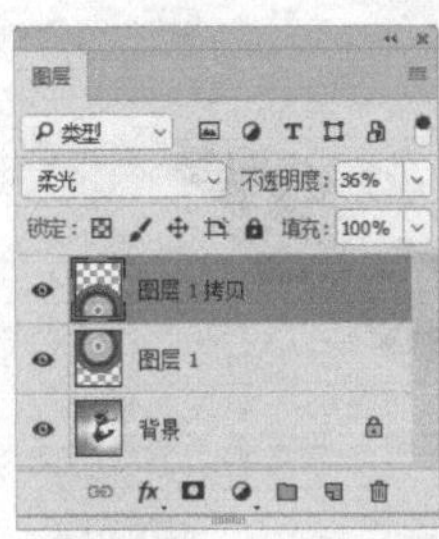

图 5-197

图 5-198

(07) 选择工具箱中的“自定形状工具”，在属性栏左侧选择“路径”选项，单击“形状”右侧的按钮，在自定形状拾色器中选择“窄边圆形边框”，如图5-199所示。

图 5-199

(08) 新建一个图层，按住Shift键绘制一个圆环路径，如图5-200所示。

(09) 按Ctrl+Enter组合键将路径转换为选区，选择“渐变工具”，打开“渐变编辑器”对话框，选择“色谱”样式，对选区进行径向渐变填充，如图5-201所示。

图5-200

图 5-201

(10) 在“图层”面板中将彩色圆环所在图层的混合模式设置为“柔光”，如图5-202所示。得到的图像效果如图5-203所示。

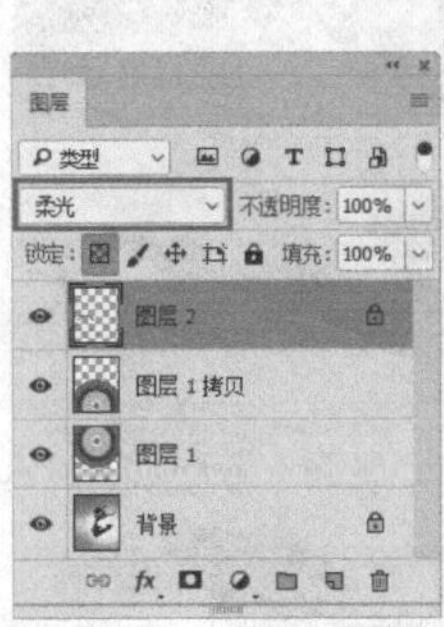

图5-202

图5-203

(11) 按Ctrl+J组合键复制一次圆环对象，将复制出的圆环置于画面右下方，图像效果如图5-204所示。

(12) 打开“素材\第5章\底纹.psd”素材图像，使用“移动工具”分别将两个底纹图像拖曳到当前编辑的图像中，并放置到如图5-205所示的位置。

图5-204

图5-205

(13) 在“图层”面板中设置“炫光”图层的混合模式为“滤色”、“黑色”图层的混合模式设置为“浅色”，如图5-206所示。得到的图像效果如图5-207所示。

图5-206

图5-207

(14) 选择“横排文字工具”，在图像中输入中英文文字，分别在属性栏中设置字体为“宋体”和“黑体”，再将文本颜色均设为白色，放置到如图5-208所示的位置。

图5-208

⑮ 执行“图层>图层样式>投影”菜单命令，打开“图层样式”对话框，设置投影为黑色，其他参数设置如图5-209所示。

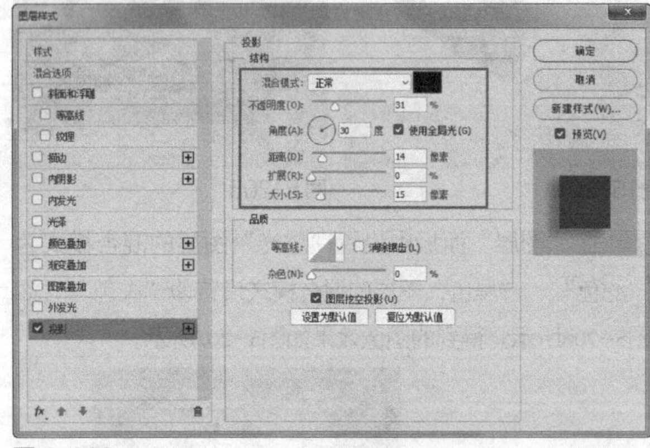

图5-209

⑯ 单击“确定”按钮，得到文字投影效果，如图5-210所示。

图5-210

⑰ 继续在图像上方和下方输入其他文字，设置上方文字的颜色为白色、字体为“宋体”；设置下方文字的颜色为深紫色（R:70，G:12，B:83）、字体为“黑体”，最终效果如图5-211所示。

图5-211

5.7 本章小结

调色是Photoshop的核心技术之一，本章主要学习了在Photoshop中如何填充颜色，以及图像颜色的高级调整方法。

首先需要了解“信息”面板和“直方图”面板中的各种数据，学会如何观察图像中的色彩信息。然后才能通过本章中讲解的“色阶”命令和“曲线”命令，对图像颜色进行精细的调整。

图像的绘制

• 本章内容简介

绘制图像是Photoshop的一个重要功能，可以满足用户进行自由绘画的需要。使用Photoshop进行绘画的过程中，通常需要设置好“画笔工具”的属性，这样才能方便绘制出需要的图像效果。本章将详细介绍图像绘制的相关知识和操作，包括绘制图像、“画笔”面板的设置和历史记录画笔工具组的使用。

• 本章学习要点

1. 绘制图像　　2. “画笔”面板的设置

3. 历史记录画笔工具组

6.1 绘制图像

在Photoshop中绘制图像主要通过“画笔工具”来进行，用户可以使用工具箱中的“画笔工具”绘制边缘柔和的线条图像，也可以绘制具有特殊形状的线条图像。而“橡皮擦工具”除了擦除图像外，也可以起到绘制图像的作用。下面将详细介绍图像的绘制方法。

重点 6.1.1 画笔工具

“画笔工具”的绘制效果与毛笔比较相似，可以使用前景色绘制出各种线条，同时也可以利用它来修改通道和蒙版，是使用频率比较高的工具，其属性栏如图6-1所示。

图6-1

“画笔工具”属性栏中常用选项含义如下。

▶ **画笔预设选取器**：单击按钮，可以打开“画笔预设”选取器，在这里可以选择笔尖，设置画笔的“大小”和“硬度”等，如图6-2所示。

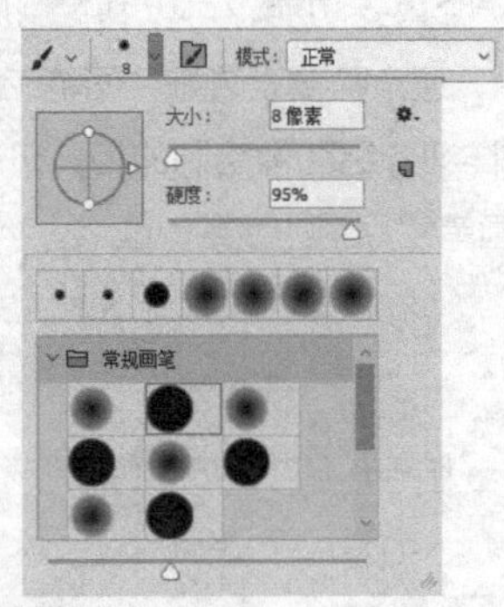

图6-2

▶ **切换画笔面板**：单击该按钮，可以直接打开“画笔”面板。

▶ **模式**：在该下拉列表中可以选择绘画颜色与下面现有像素的混合方法，如图6-3所示。图6-4和图6-5所示分别是使用“正常”模式和“溶解”模式绘制的笔迹效果。

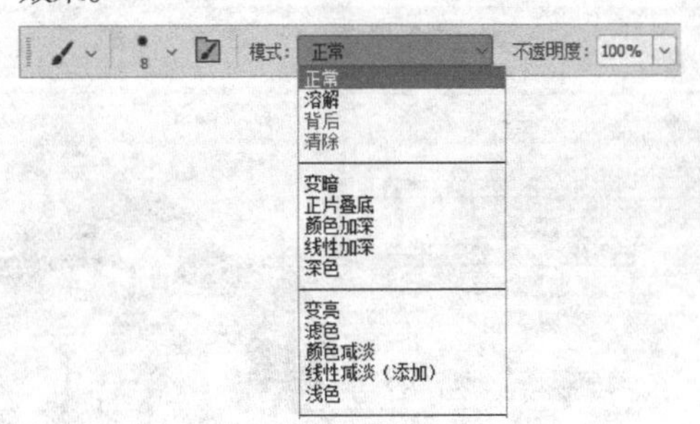

图6-3

图6-4　图6-5

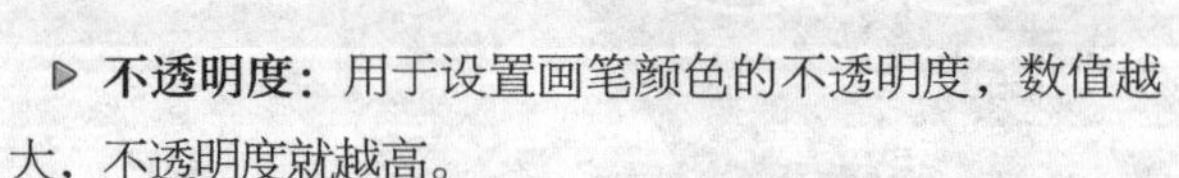

▶ **不透明度**：用于设置画笔颜色的不透明度，数值越大，不透明度就越高。

▶ **流量**：用于设置画笔工具的压力大小。在某个区域上方进行绘画时，如果一直按住鼠标左键，颜色量将根据流动速率增大，直至达到“不透明度”设置。

▶ **启用喷枪样式的建立效果**：激活该按钮以后，可以启用“喷枪”功能，“画笔工具”会以喷枪的效果进行绘图，按住鼠标左键不放，可以持续绘制笔迹，如图6-6所示。

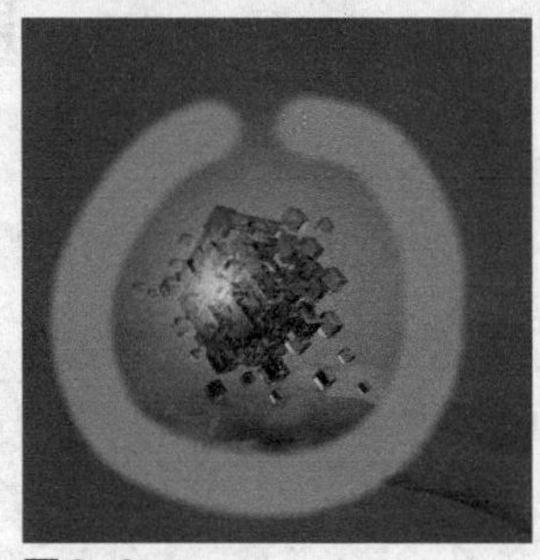

图6-6

举一反三：使用“画笔工具”为画面增添氛围感

“画笔工具”的使用方法并不难，配合属性栏和面板中的各项设置，可以灵活操作，绘制出许多意想不到的效果。

(01) 打开“素材\第6章\外景.jpg”素材图像，如图6-7所示。选择“画笔工具”，在属性栏中设置画笔“大小”为60像素、“硬度”为0%，再设置“模式”为“正常”、“不透明度”为80%，如图6-8所示。

图6-7

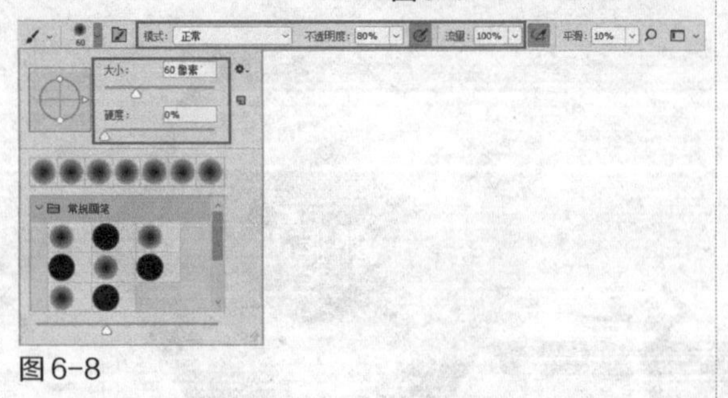

图6-8

(02) 新建一个图层，设置前景色为淡绿色（R:231，G:237，

B:103)，使用“画笔工具”在画面周围绘制图像，如图6-9所示。

图6-9

(03) 在“图层”面板中设置图层混合模式为“颜色加深”，如图6-10所示。得到的图像效果如图6-11所示。

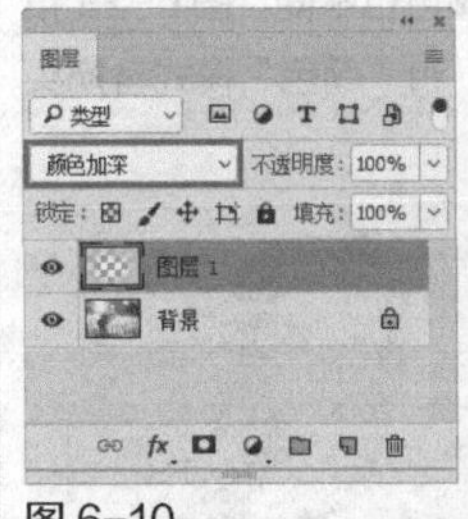

图6-10　图6-11

重点 6.1.2 铅笔工具

“铅笔工具”不同于“画笔工具”，它的使用与现实生活中用铅笔绘图一样，只能绘制出硬边线条，主要用于直线和曲线的绘制，其操作方式与“画笔工具”相同，“铅笔工具”属性栏如图6-12所示。

图6-12

使用“铅笔工具”在图像中绘制出的笔触都非常“硬”，如图6-13所示，适用于绘制像素画之类的图像。

图6-13

“铅笔工具”属性栏中有一个“自动抹除”复选框，这是该工具独有的选项。勾选该选项后，如果将鼠标指针的中心置于包含前景色的区域上进行拖曳，可以将该区域涂抹成背景色；如果将鼠标指针的中心置于不包含前景色的区域上进行拖曳，则可以将该区域涂抹成前景色。

技巧与提示

“自动抹除”选项只适用于原始图像，也就是只能在原始图像上才能绘制出设置的前景色和背景色。如果在新建的图层中进行涂抹，则“自动抹除”选项不起作用。

疑难解答：“铅笔工具”主要用于绘制哪类图像

学习了前一小节后，可以看出“铅笔工具”的使用方法很简单，绘制出来的都是硬边图像，但是放大线条边缘进行观察，就会发现线条边缘呈锯齿状，如图6-14所示。这种锯齿状的硬边线条能够很好地表现出艺术类图像的锯齿状边缘，因此，“铅笔工具”非常适合绘制艺术类的像素画，如图6-15所示。

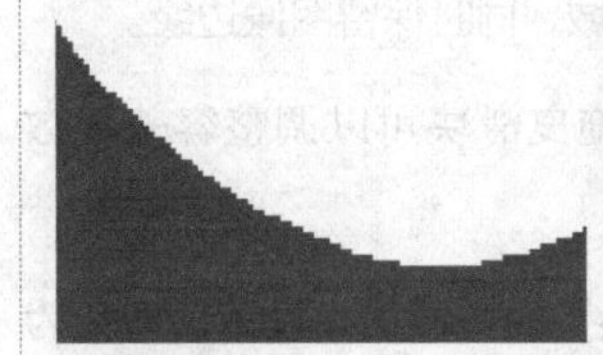

图6-14　图6-15

6.1.3 动手学：颜色替换工具

“颜色替换工具”位于画笔工具组中，在工具箱中按住“画笔工具”不放，即可在展开的工具列表中看到“颜色替换工具”。使用该工具能够校正目标颜色，并对图像中特定的颜色进行替换，但该工具不能应用于“位图”“索引颜色”“多通道”颜色模式的图像。

(01) 打开“素材\第6章\彩色背景.jpg”素材图像，如图6-16所示。在工具箱中按住“画笔工具”不放，在展开的工具列表中选择“颜色替换工具”，如图6-17所示。

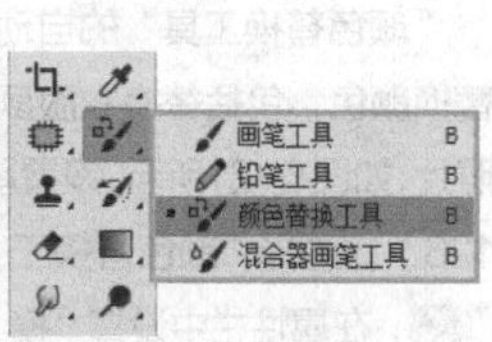

图6-16　图6-17

(02) 在“颜色替换工具”属性栏中设置画笔大小为100、“模式”为“颜色”、“容差”为100%，如图6-18所示。

图6-18

“颜色替换工具”属性栏中常用选项含义如下。

- **模式：**选择替换颜色的模式，包括“色相”“饱和度”“颜色”“明度”。当选择“颜色”模式时，可以同时替换色相、饱和度和明度。

▶ **取样方式**：“颜色替换工具”共提供了三种取样方式，依次是“连续”“一次”“背景色板”。“连续”表示拖曳时对图像连续取样；“一次”表示只替换第一次单击处的颜色所在区域的目标颜色；“背景色板”表示只涂抹包含背景色的区域。

▶ **限制**：该下拉列表中共有三种选项。“连续”是指可以替换鼠标指针周围临近的颜色；“不连续”是指可以替换鼠标指针所经过的任何颜色；“查找边缘”是指可以替换样本颜色周围的区域，同时保留图像边缘。

▶ **容差**：输入数值或者拖曳滑块可以调整容差的数值，增减颜色的范围。

(03) 设置好“颜色替换工具”的属性后，设置前景色为洋红色（R:228，G:86，B:172），在画面中的蓝色图像上按住鼠标左键拖曳，将其替换成洋红色，如图6–19所示。

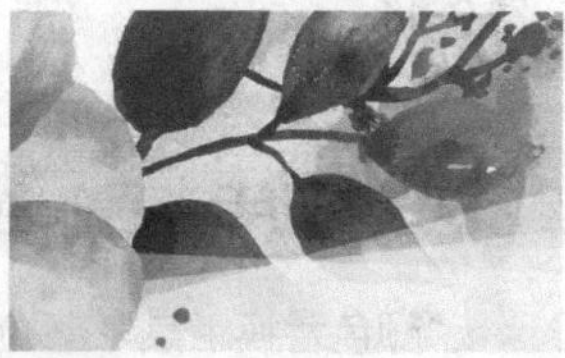

图6–19

(04) 继续对其他蓝色树叶图像进行涂抹，涂抹过程中可以适当调整画笔大小，更好地为蓝色图像的细节部分替换颜色，最终效果如图6–20所示。

图6–20

举一反三：使用“颜色替换工具”替换头发颜色

“颜色替换工具”的自动颜色识别功能可以帮助我们快速替换颜色，包括替换衣服颜色、头发颜色等。打开一张人像照片，如图6–21所示。设置前景色为粉红色（R:234，G:95，B:126），选择“颜色替换工具”，在属性栏中设置“模式”为“色相”、“容差”为30%，适当调整画笔大小，对人物的头发进行涂抹，即可完成头发颜色的替换，如图6–22所示。

图6–21

图6–22

设置的模式不同，得到的头发颜色也不同，图6–23和图6–24所示分别为使用“饱和度”和“颜色”模式替换头发颜色的效果。

图6–23

图6–24

6.1.4 混合器画笔工具

使用“混合器画笔工具”可以模拟真实的绘画效果，并且可以混合画布颜色，使用不同的绘画湿度。选择“混合器画笔工具”，其属性栏如图6–25所示。

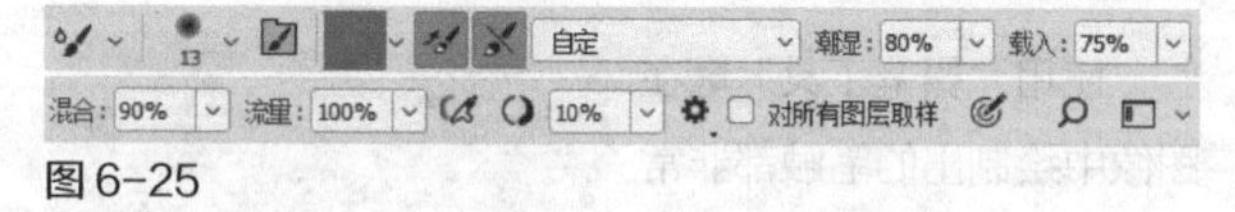

图6–25

“混合器画笔工具”属性栏中常用选项含义如下。

▶ **当前画笔载入**：单击按钮，会弹出一个下拉菜单，如图6–26所示。选择“载入画笔”选项，按住Alt键单击图像，可以将鼠标指针处的图像载入储槽中，如图6–27所示；选择“清理画笔”选项，可以清除储槽中的画笔；选择“只载入纯色”选项，按住Alt键单击图像，可以将鼠标指针处的颜色载入储槽中，如图6–28所示。

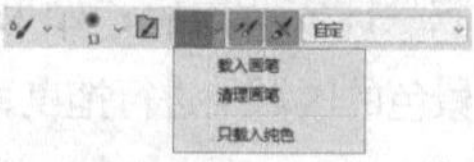

图6–26

图 6-27

图 6-28

▷ **每次描边后载入画笔**：激活按钮，可以让鼠标指针处的颜色与前景色相混合。

▷ **每次描边后清理画笔**：激活按钮，可以清除绘制的油彩痕迹。

▷ **预设**：该下拉列表中提供了干燥、潮湿的画笔组合，如图6-29所示。选择相应的画笔组合，即可在图像中绘制出不同的涂抹效果。图6-30和图6-31所示是分别用“干燥，深描”画笔组合与“非常潮湿，浅混合”画笔组合绘制的混合效果。

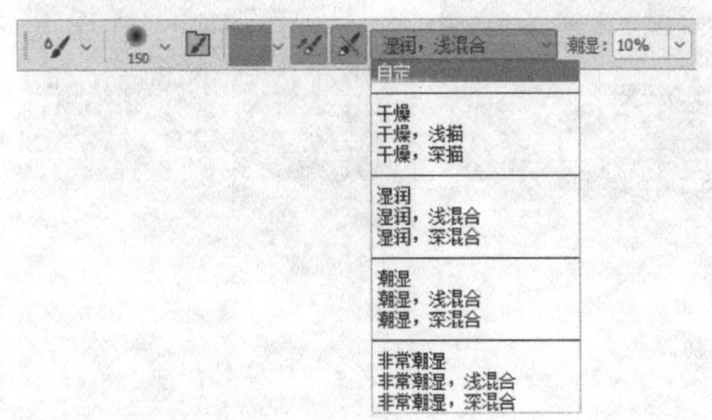

图 6-29

图 6-30

图 6-31

▷ **潮湿**：设置画笔从画布拾取的油彩量，数值越高，绘画条痕将越长。

▷ **载入**：设置画笔上的油彩量。当数值较低时，绘画描边干燥的速度会更快。

▷ **混合**：用于设置多种颜色的混合。当数值为0时，该选项不起作用。

▷ **流量**：控制混合画笔的流量大小。

▷ **对所有图层取样**：将所有图层作为一个单独的合并图层看待。

[重点] 6.1.5 橡皮擦工具

使用“橡皮擦工具”可以将像素更改为背景色或透明效果，其属性栏如图6-32所示。如果使用该工具在“背景”图层或锁定了透明像素的图层中进行擦除，则擦除的像素将变成背景色；如果在普通图层中进行擦除，则擦除的像素将变透明。

图 6-32

“橡皮擦工具”属性栏中常用选项含义如下。

▷ **模式**：选择橡皮檫的种类。选择“画笔”选项时，可以创建柔边（也可以创建硬边）擦除效果，如图6-33所示；选择“铅笔”选项时，可以创建硬边擦除效果，如图6-34所示；选择“块”选项时，擦除的效果为块状，如图6-35所示。

图 6-33

图 6-34

图 6-35

▶ **不透明度**：用来设置“橡皮擦工具”的擦除强度。设置为100%时，可以完全擦除像素。当设置“模式”为“块”时，该选项不可用。图6-36所示为设置不透明度为50%时的擦除效果。

图6-36

▶ **流量**：用来设置“橡皮擦工具”的擦除速度，与设置“不透明度”参数后擦除的效果相似。

▶ **抹到历史记录**：勾选该选项以后，“橡皮擦工具”的作用相当于“历史记录画笔工具”，“历史记录画笔工具”的使用方法将在6.3.1小节中详细介绍。

▶ 课堂练习：制作炫光人像

素材路径	素材\第6章\淡彩底纹.jpg、瑜伽.jpg、五彩缤纷.psd、桃花.psd、树叶.psd
实例路径	实例\第6章\瑜伽海报.psd

练习效果

本练习将使用“橡皮擦工具”擦除图像中多余部分的图像，从而制作出炫光人像效果，主要练习“橡皮擦工具”的画笔样式、大小、不透明度等属性的设置和应用。本练习的最终效果如图6-37所示。

图6-37

操作步骤

01 执行“文件>新建”菜单命令，打开“新建文档”对话框，设置文件名称为“瑜伽海报”、尺寸为35厘米×52厘米，其他设置如图6-38所示。

02 打开“素材\第6章\淡彩底纹.jpg”素材图像，使用“移动工具”将其拖曳到当前编辑的图像中，放置到画面下方，如图6-39所示。

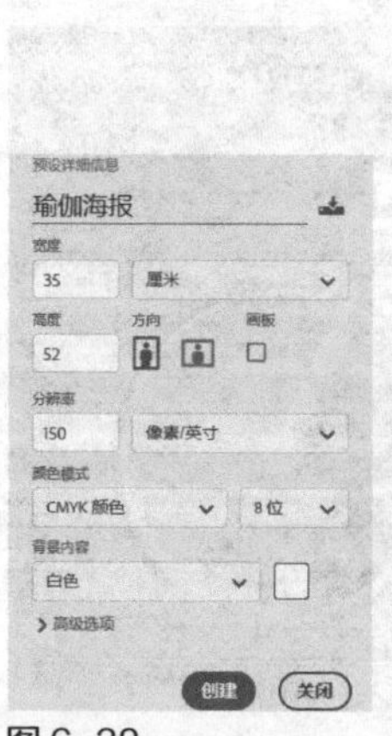

图6-38

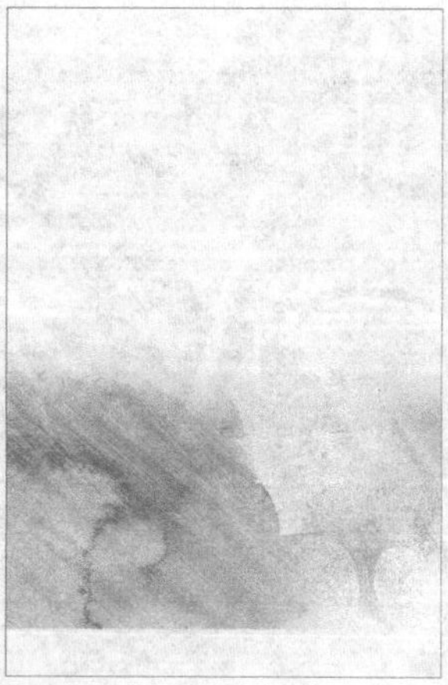

图6-39

03 选择“橡皮擦工具”，在属性栏中设置画笔样式为“柔角”、大小为300像素、“不透明度”为50%，如图6-40所示。对淡彩底纹图像作适当的擦除，得到半透明状态，如图6-41所示。

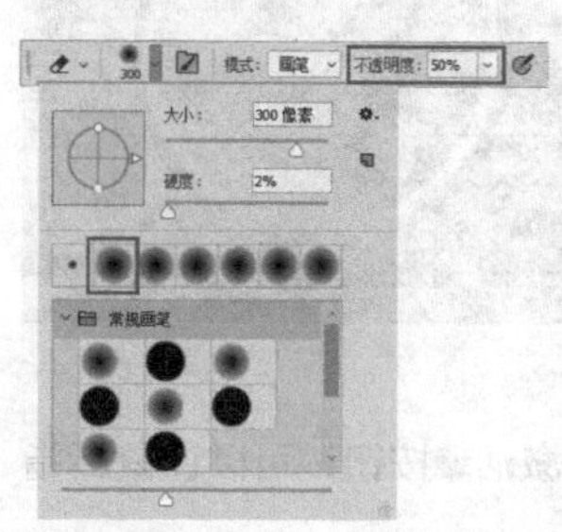

图6-40

图6-41

04 打开“素材\第6章\五彩缤纷.psd”素材图像，使用“移动工具”将其拖曳到当前编辑的图像中，分别放置到画面中的不同位置，如图6-42所示。

05 选择“橡皮擦工具”，在属性栏中设置“不透明度”为100%，对彩色图像周围进行擦除，效果如图6-43所示。

图6-42

图6-43

06 新建一个图层，选择“套索工具”，在图像上方绘制一个不规则选区，并填充为深红色（R:252，G:235，B:243），效果如图6-44所示。

07 选择“橡皮擦工具”，在红色图像周围进行擦除，使其边缘与彩色底纹自然融合，效果如图6-45所示。

图 6-44

图 6-45

08 打开“素材\第6章\瑜伽.jpg”素材图像，如图6-46所示。使用“移动工具”将其拖曳到当前编辑的图像中，为了方便操作，可以适当降低瑜伽图像的不透明度，效果如图6-47所示。

图 6-46

图 6-47

09 在工具箱中选择“橡皮擦工具”，对瑜伽图像上下两处进行擦除，并将该图像的不透明度恢复为100%，效果如图6-48所示。

图 6-48

10 打开“素材\第6章\桃花.psd”素材图像，使用“移动工具”将其拖曳到当前编辑的图像中，放置到画面左上方，如图6-49所示。

11 选择“横排文字工具”，在画面左上方输入中英文文字，并在属性栏中设置中文字体为“方正中倩简体”、英文字体为Classic、文字颜色为粉红色（R:205，G:24，B:40），如图6-50所示。

图 6-49

图 6-50

12 继续在画面下方输入文字，分别设置文字颜色为蓝色（R:11，G:98，B:170）、红色（R:225，G:45，B:66）和黑色，如图6-51所示。

图 6-51

13 打开“素材\第6章\树叶.psd”素材图像，使用“移动工具”将其拖曳到文字图像上，最终效果如图6-52所示。

图 6-52

举一反二：巧用“橡皮擦工具”制作合成图像

通过上一小节的案例就可以看出，“橡皮擦工具”除了可以擦除图像外，还可以使两幅图像自然融合，将其合成为一张图像。打开草地素材图像，如图 6-53 所示。再打开另一张蓝天白云的素材图像，使用“移动工具”将其拖曳到草地图像中，如图 6-54 所示。

图 6-53

图 6-54

使用“橡皮擦工具”对蓝天图像下方进行适当的擦除，使其与草地边缘图像自然过渡，如图 6-55 所示。再添加一些装饰性的素材图像，即可得到一幅漂亮的合成图，如图 6-56 所示。

图 6-55

图 6-56

疑难解答：绘图就是绘画吗

我们经常听到可以在 Photoshop 中绘画，在 CAD 等软件中绘图的说法。那么这两者是一回事吗？简单来说，在 Photoshop 中只能绘画，它绘制和编辑的是基于像素的位图，这类图像画面真实、色彩丰富，但受到像素的限制，放大之后会不清晰；而绘图则是使用矢量工具创建和编辑的矢量图形，放大和缩小图形都不会对画质有影响。

6.2 “画笔”面板的设置

在图像绘制过程中，“画笔”面板非常重要，通过它可以设置绘画工具及修饰工具的画笔样式、画笔大小和硬度等属性。

6.2.1 动手学：查看与选择画笔样式

Photoshop内置了多种画笔样式，通过“画笔”面板可以方便地查看并载入其他画笔样式。画笔预览列表框中列出了Photoshop默认的画笔样式，用户可以根据绘图需求设置符合自己所需的预览方式。

01 执行“窗口>画笔”菜单命令，打开“画笔”面板，如图6-57所示。“画笔”面板中的画笔样式自动划分成了多个画笔组，单击某一画笔组即可在展开的预览列表中查看和选择画笔样式，如图6-58所示。

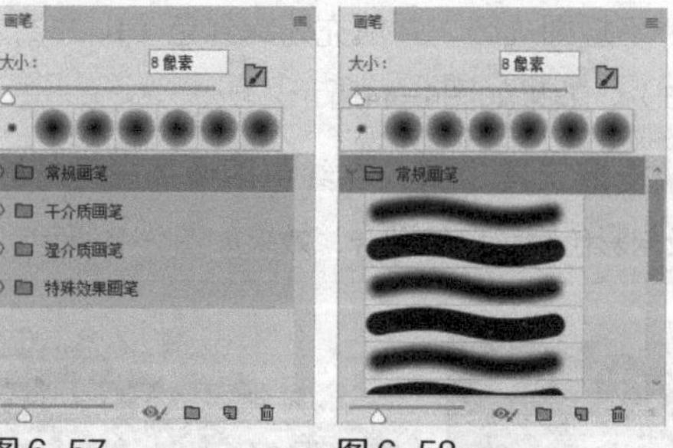

图 6-57　图 6-58

02 单击“画笔”面板右上角的按钮会弹出面板菜单，在其中可以选择“画笔名称”“画笔描边”“画笔笔尖”三种预览方式命令，如果三种命令都被选中，则预览效果如图6-59所示。

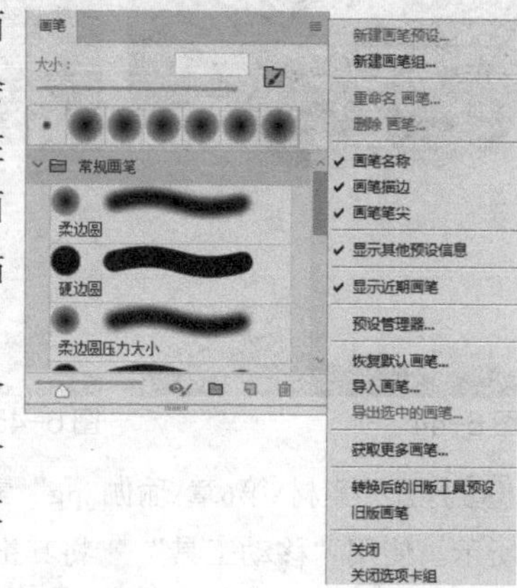

图 6-59

03 选择面板菜单中的“预设管理器”命令，打开“预设管理器”对话框，如图6-60所示。在对话框中单击“载入”按钮，可以在弹出的对话框中载入外部画笔样式，如图6-61所示。

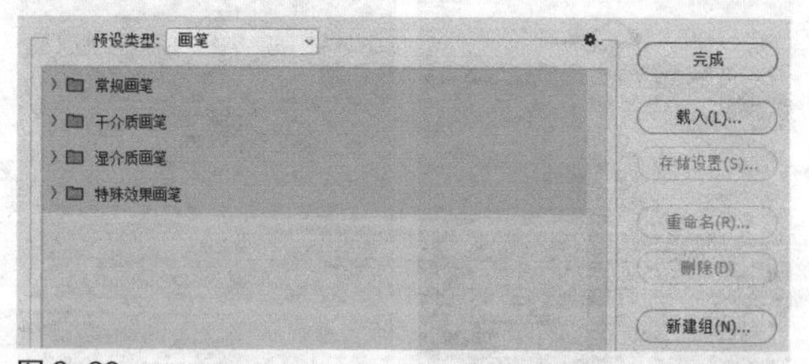

图 6-60

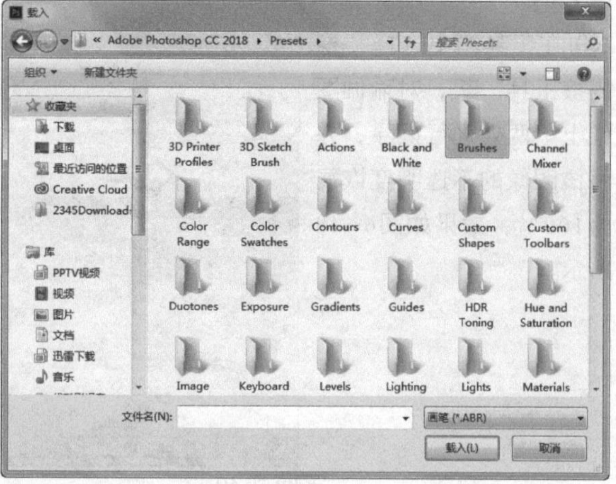

图 6-61

(04) 当选择了一种画笔样式后，还可以对画笔样式进行“重命名”和“删除”等操作，如图6-62所示。

图 6-62

[重点] 6.2.2 笔尖形状设置

在“画笔设置”面板中可以设置画笔的形状、大小、硬度和间距等属性。执行“窗口>画笔设置”菜单命令，或在选择“画笔工具”后，单击属性栏中的“切换画笔面板”按钮，即可打开“画笔设置”面板，如图6-63所示。

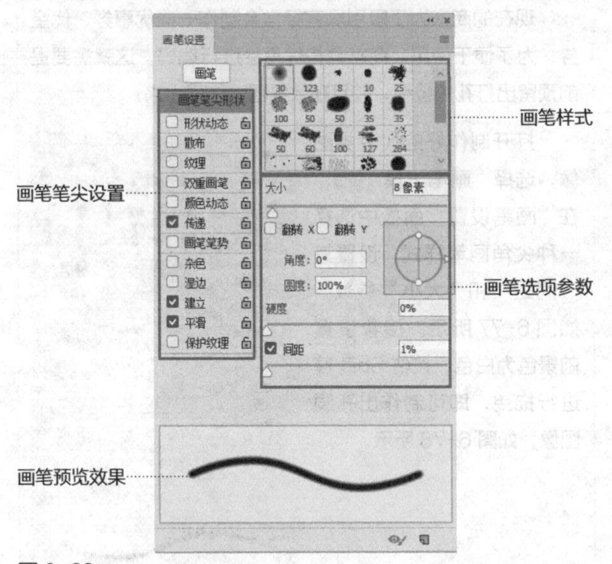

图 6-63

“画笔设置”面板中常用选项含义如下。

▷ **大小**：控制画笔的大小，可以直接在右侧数值框输入像素值，也可以通过拖曳滑块来调整画笔大小，在下方预览框中可以查看画笔大小的调整程度。图6-64所示是画笔大小分别为20像素和80像素的效果。

图 6-64

▷ **翻转**：画笔翻转可分为水平翻转和垂直翻转，分别对应“翻转X”和“翻转Y”复选框，例如对树叶状的画笔进行垂直翻转的前后对比效果如图6-65所示。

图 6-65

▷ **硬度**：用来设置画笔绘图时的边缘羽化程度，值越大，画笔边缘越清晰，值越小则边缘越柔和。图6-66所示是硬度分别为100%和20%时的画笔效果。

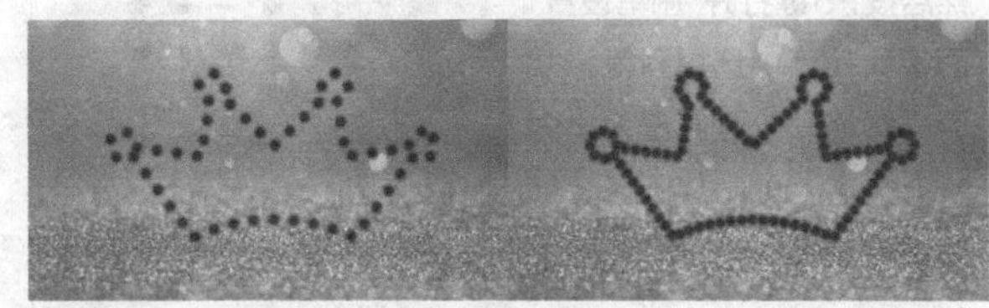

图 6-66

▷ **角度**：用来设置画笔旋转的角度，值越大，则旋转效果越明显。图6-67所示是角度分别为0° 和50° 时的画笔效果。

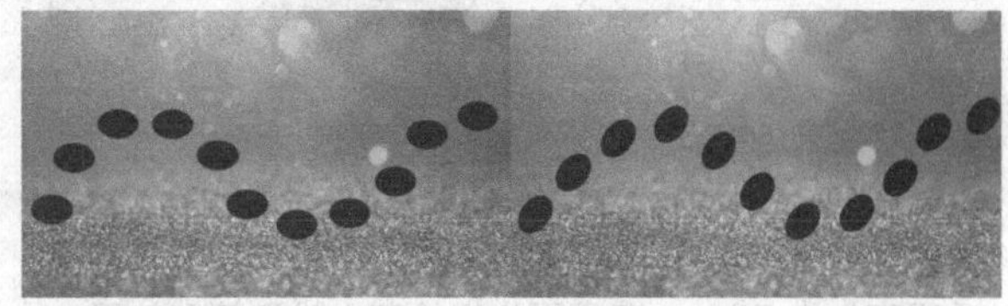

图 6-67

▷ **圆度**：用来设置画笔垂直方向和水平方向的比例关系，值越大，画笔效果越圆，减小该值则呈椭圆显示。图6-68所示是圆度分别为100%和20%时的画笔效果。

图 6-68

▷ **间距**：用来设置连续运用“画笔工具”绘制时，前一个产生的画笔和后一个产生的画笔之间的距离，数值越大，间距就越大。图6-69所示是间距分别为60%和160%的画笔效果。

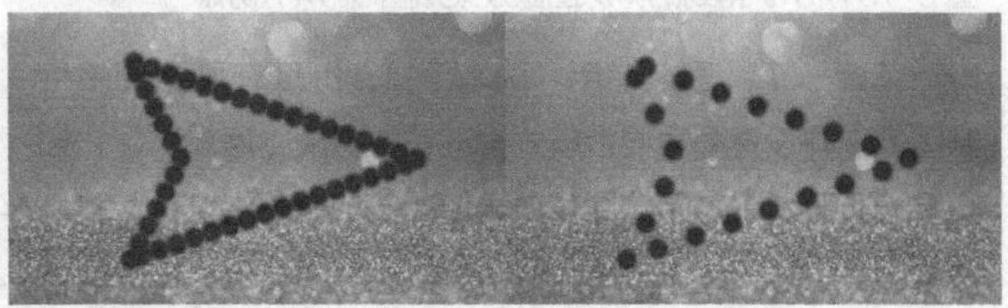

图 6-69

举一反三：调整笔尖形状制作斑驳边缘

"画笔设置"面板中有多种画笔样式，再通过对笔尖大小、硬度和间距的设置，可以增加画笔的形态变化，绘制出特殊画笔效果。

01 打开"素材\第6章\枫叶.jpg"素材图像，选择"吸管工具"，在画面背景中吸取黄色，作为绘制的主色调，如图6-70所示。

图6-70

02 选择"画笔工具"，然后按F5键打开"画笔设置"面板，在其中选择画笔样式为"粉笔"，再调整大小为137像素、间距为91%，如图6-71所示。

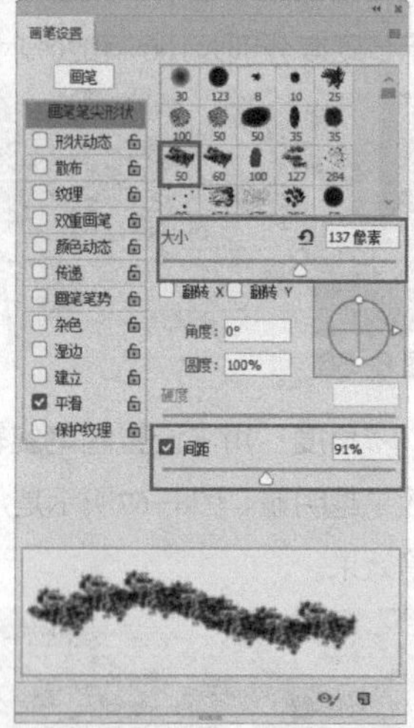
图6-71

03 新建一个图层，在"画笔工具"属性栏中设置"不透明度"为70%，在画面边缘绘制出粉笔笔触效果，如图6-72所示。

图6-72

04 在"图层"面板中设置该图层的混合模式为"亮光"，如图6-73所示。得到的特殊图像效果如图6-74所示。

05 新建一个图层，使用"画笔工具"继续在画面周围绘制图像，并设置图层混合模式为"线性减淡（添加）"，如图6-75所示。得到的图像效果如图6-76所示。

图6-73

图6-74

图6-75

图6-76

举一反三：调整画笔间距制作优惠券孔洞

现在的商家为了吸引顾客经常会制作一些优惠券、代金券，为了便于使用，商家会将优惠券进行编码，这就需要提前预留出打孔的位置，并且在效果图上体现出来。

打开制作好的代金券图像，选择"画笔工具"，在"画笔设置"面板中选择一种尖角画笔样式，设置其"间距"和"大小"参数，如图6-77所示。接着设置前景色为白色，按住Shift键进行拖曳，即可制作出孔洞图像，如图6-78所示。

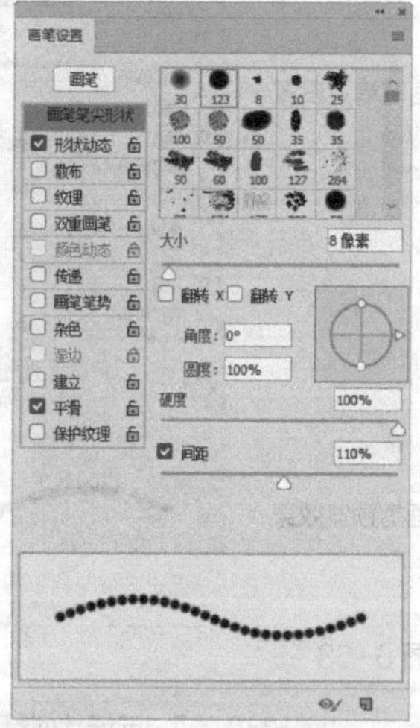
图6-77

图6-78

重点 6.2.3 形状动态

在“画笔设置”对话框中勾选并选中“形状动态”选项，即可将其变为启用状态，如图6-79所示。通过“形状动态”中的参数设置可以决定绘制过程中画笔笔迹的变化，它可以使画笔的大小、圆度等产生随机变化的效果。

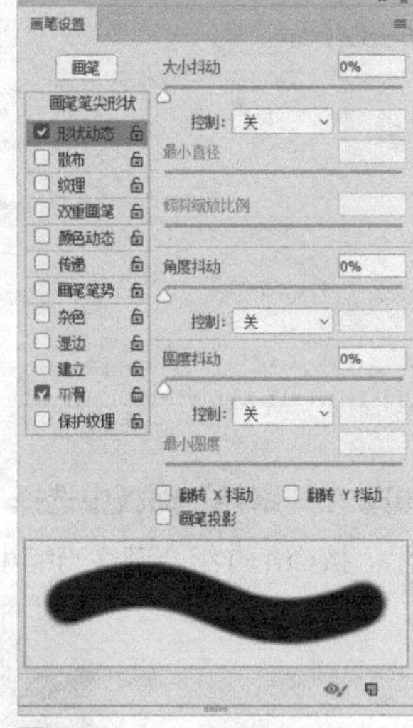

图 6-79

“形状动态”选项面板中常用参数含义如下。

▶ **大小抖动：** 用来指定描边中画笔笔迹大小的改变方式，数值越高，图像轮廓越不规则。图6-80所示是大小抖动分别为40%和100%时的画笔效果。

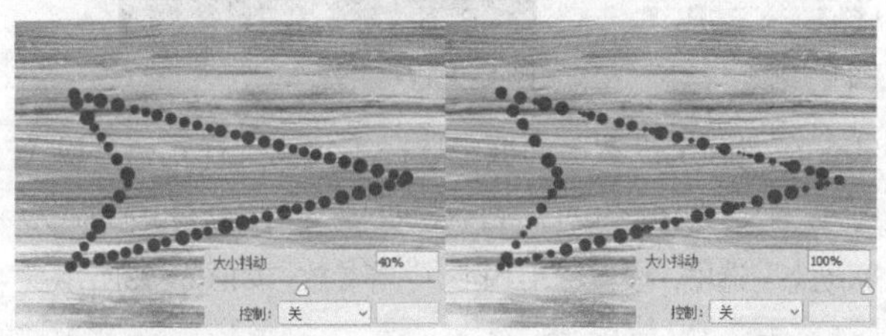

图 6-80

▶ **控制：** 在“控制”下拉列表中可以选择用来控制画笔抖动的方式，默认情况为“关”状态，只有在其下拉列表中选择一种抖动方式时才变为可用，如图6-81所示。当用户计算机中没有安装绘图板或光电笔等设备时，只有“渐隐”抖动方式可用。

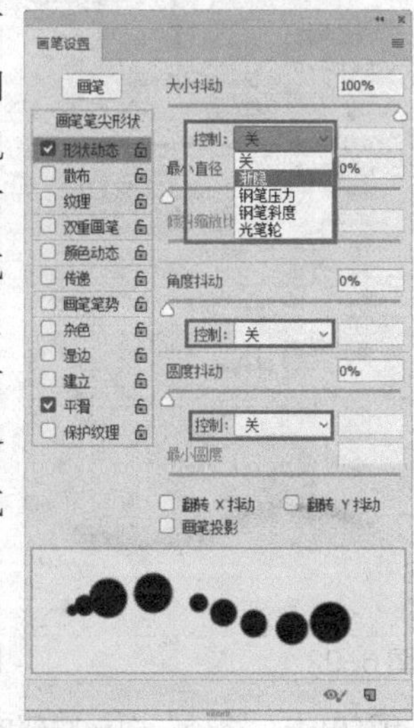

图 6-81

▶ **最小直径：** 当启用“大小抖动”选项后，可以通过该选项设置画笔笔迹缩放大小，数值越高，笔尖直径变化越小。图6-82所示是最小直径分别为20%和50%时的效果。

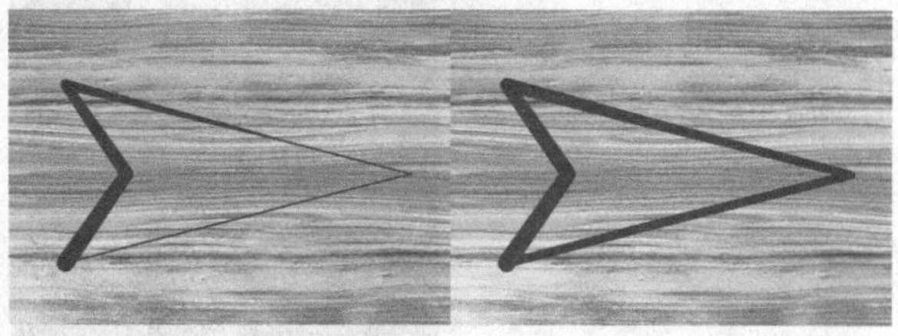

图 6-82

▶ **角度抖动：** 当设置角度抖动方式为渐隐时，其右侧的数值框用来设置画笔旋转的步数。图6-83所示是角度抖动分别为0%和50%时的效果。

图 6-83

▶ **圆度抖动/最小圆度：** 用来设置画笔笔触的圆角在绘制过程中的变化方式，在“最小圆度”选项中可以设置画笔笔触的最小圆度。图6-84所示是圆度抖动分别为40%和100%时的效果。

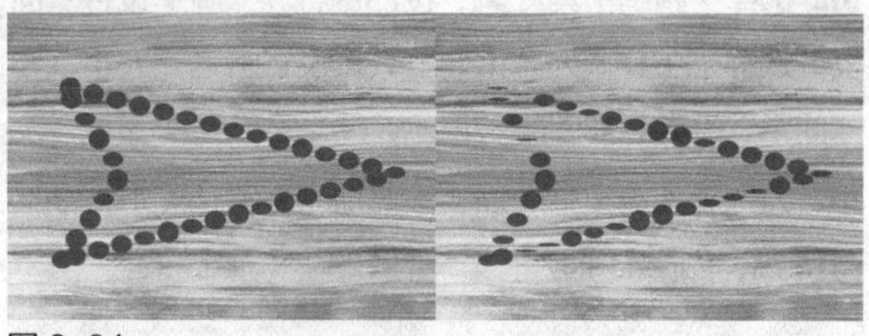

图 6-84

▶ **翻转X/Y抖动：** 将画笔笔尖在*X*轴和*Y*轴上进行翻转。

▶ **画笔投影：** 勾选该复选框，可以根据画笔的压力来改变笔触效果，该选项在使用绘图板绘图时才可用。

▶ 课堂练习：绘制闪烁光环

素材路径	素材\第6章\光圈.jpg、文字.psd
实例路径	实例\第6章\闪烁光环.psd

练习效果

本练习将使用“画笔工具”绘制闪烁光环效果，主要练习在“画笔设置”面板中设置“画笔工具”的笔尖样式、大小、间距和大小抖动等属性的方法以及绘画操作。本练习的最终效果如图6-85所示。

图6-85

操作步骤

(01) 打开“素材\第6章\光圈.jpg”图像，选择工具箱中的“椭圆工具”，按住Shift键绘制一个正圆形，如图6-86所示。

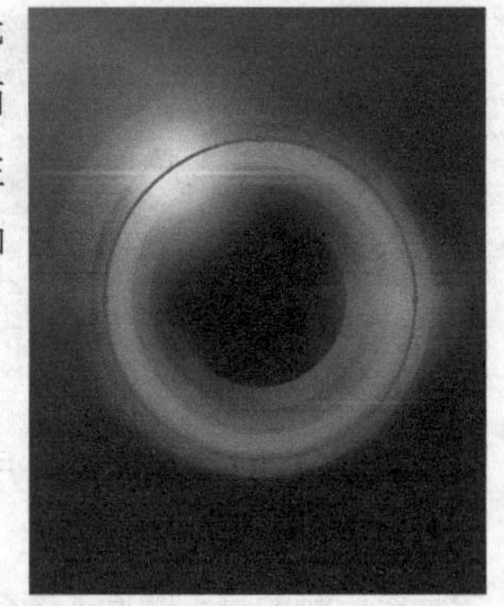

图6-86

(02) 选择“画笔工具”，按F5键打开“画笔设置”面板，选择笔尖样式为“柔角”，再设置画笔“大小”和“间距”参数，如图6-87所示。

(03) 勾选并选中“形状动态”选项，设置“大小抖动”为100%，如图6-88所示。

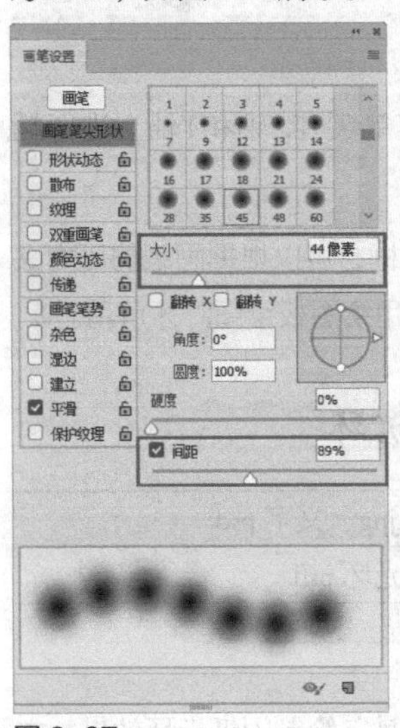

图6-87

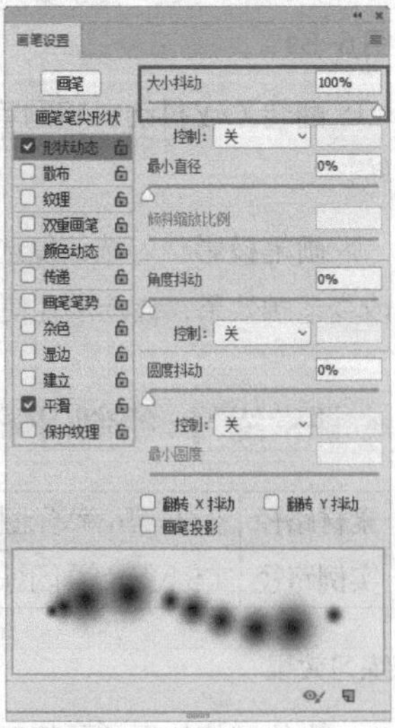

图6-88

(04) 新建一个图层，设置前景色为白色，执行“窗口>路径”菜单命令，打开“路径”面板，单击面板底部的“用画笔描边路径”按钮，得到光圈图像，如图6-89所示。

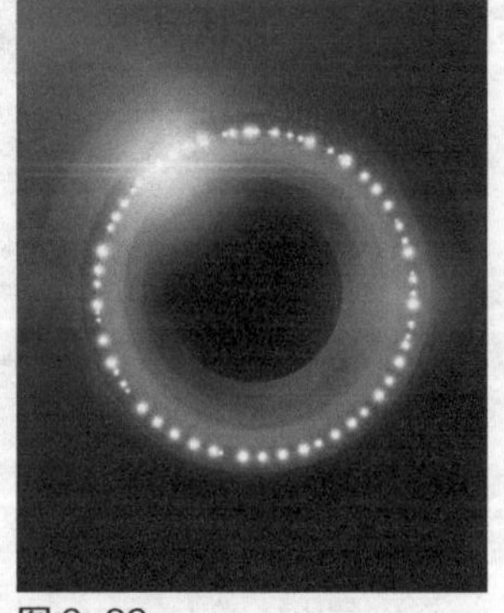

图6-89

(05) 在“路径”面板中选择“工作路径”，如图6-90所示。按Ctrl+T组合键适当缩小圆形，如图6-91所示。

图6-90

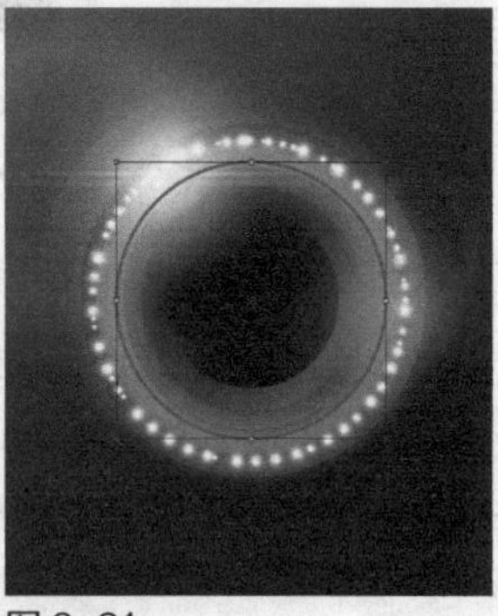

图6-91

(06) 在“画笔设置”面板中选择柔角笔尖样式，再设置画笔“大小”和“间距”参数，如图6-92所示。再选择“形状动态”选项，设置“大小抖动”等参数，如图6-93所示。

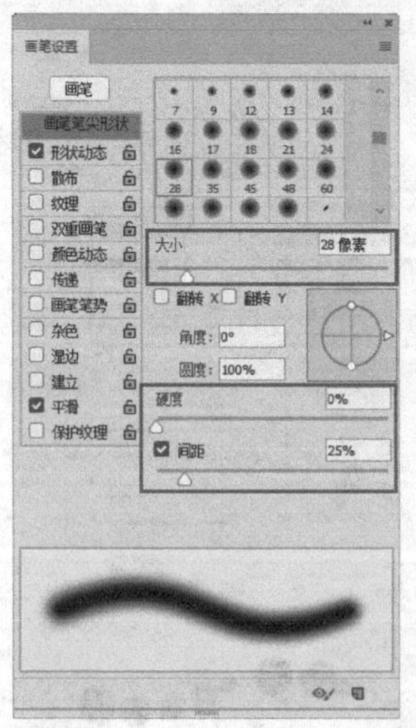

图6-92

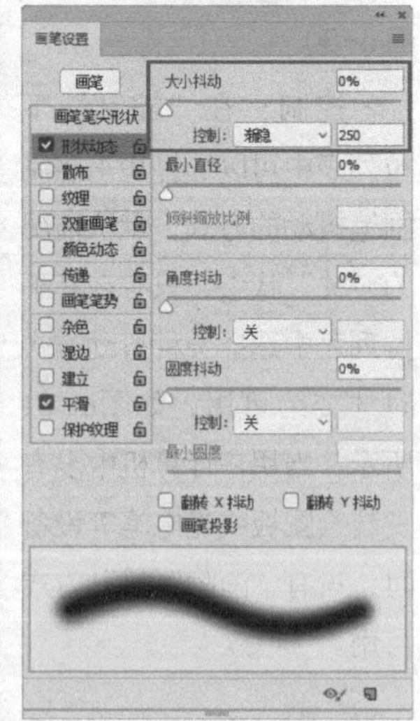

图6-93

(07) 单击“路径”面板底部的“用画笔描边路径”按钮，得到如图6-94所示的光圈效果。

(08) 新建一个图层，在“路径”面板中选择圆形工作路径并缩小，再使用较小的画笔，制作出一圈较细的圆点光圈图像，如图6-95所示。

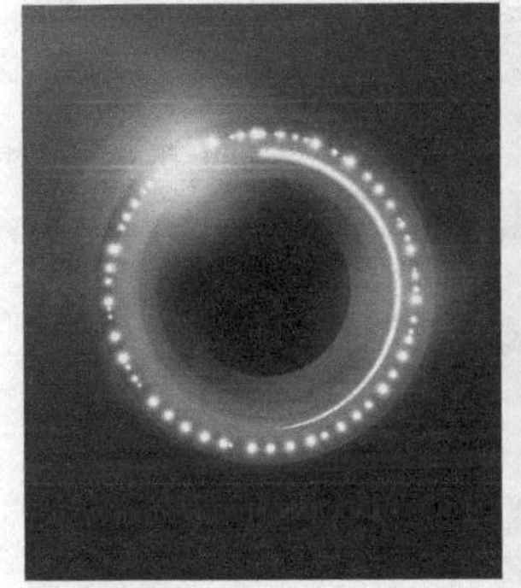

图6-94

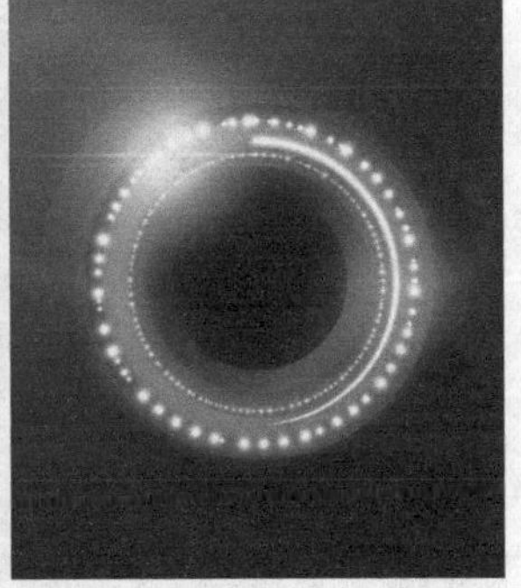

图6-95

09 在“图层”面板中分别选择“图层1”和“图层2”，设置图层混合模式为“叠加”，如图6-96所示。得到的叠加图像效果如图6-97所示。

图6-96

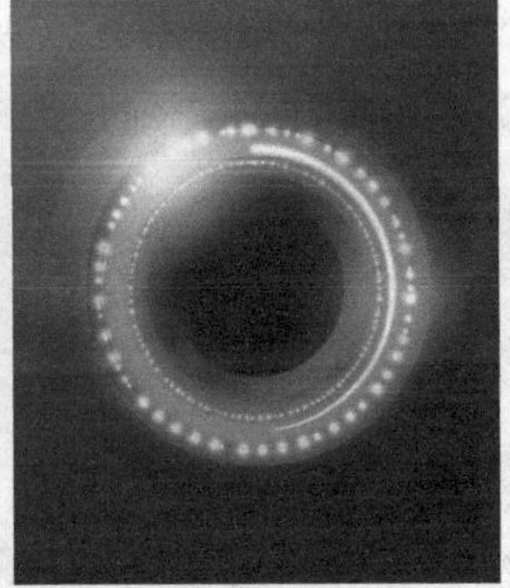

图6-97

10 选择“图层2”，通过按Ctrl+J组合键多次复制对象并适当缩小，放置到内圈，如图6-98所示。

11 选择“图层1”，按Ctrl+J组合键复制对象并适当放大，得到外圈图像，如图6-99所示。

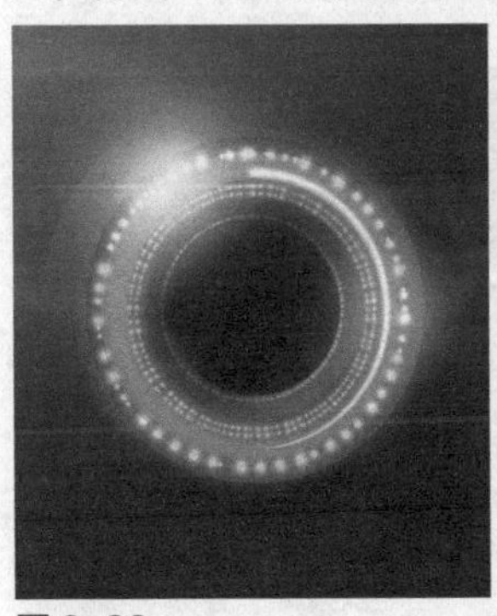

图6-98

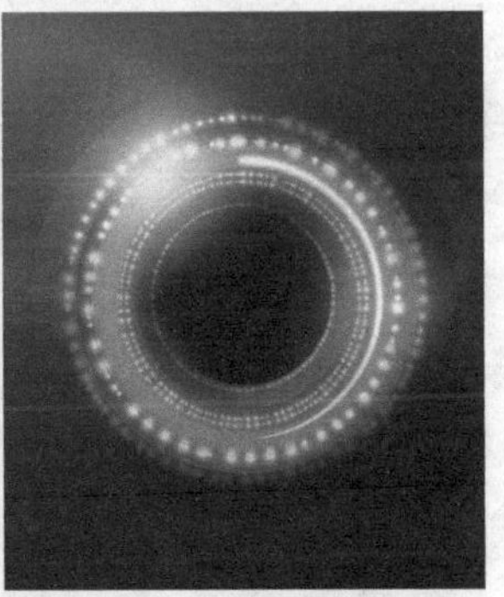

图6-99

12 打开“素材\第6章\文字.psd”图像，使用移动工具将其拖曳到当前编辑的图像中，置于光圈中间，最终效果如图6-100所示。

图6-100

重点 6.2.4 散布

“散布”可以确定描边中笔迹的数目和位置，使画笔笔迹沿着绘制的线条扩散。勾选并选中“散布”选项以后，会显示其相关参数，如图6-101所示。

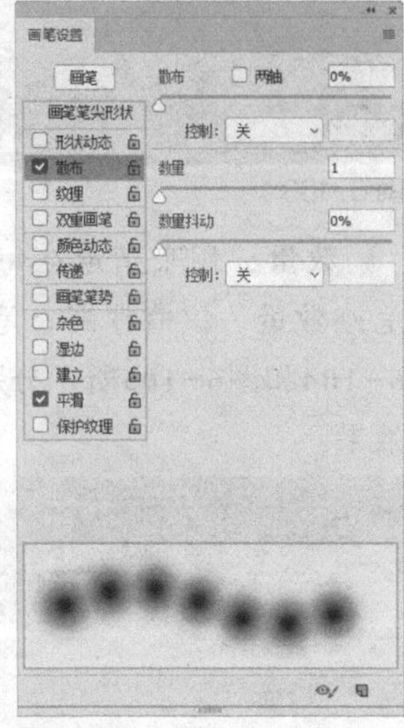

图6-101

“散布”选项面板中常用参数含义如下。

- **散布/两轴/控制：**“散布”选项用于指定画笔笔迹在描边中的分散程度，该值越高，分散的范围越广。当勾选“两轴”复选框时，画笔笔迹将以中心点为基准，向两侧分散，图6-102和图6-103所示分别为不同“散布”参数设置的效果。如果要设置画笔笔迹的分散方式，可以在下面的“控制”下拉列表中进行选择。

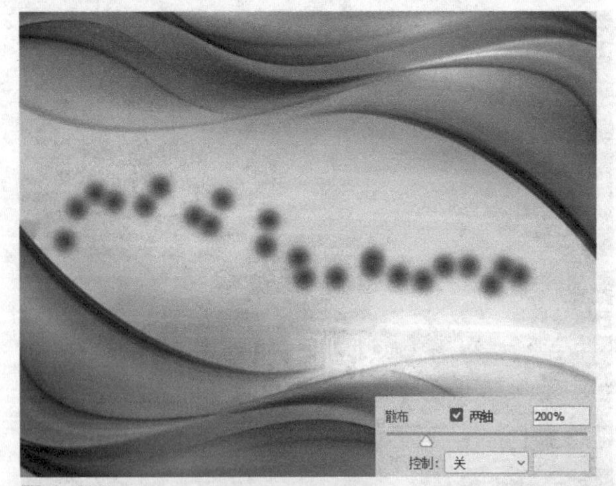

图6-102

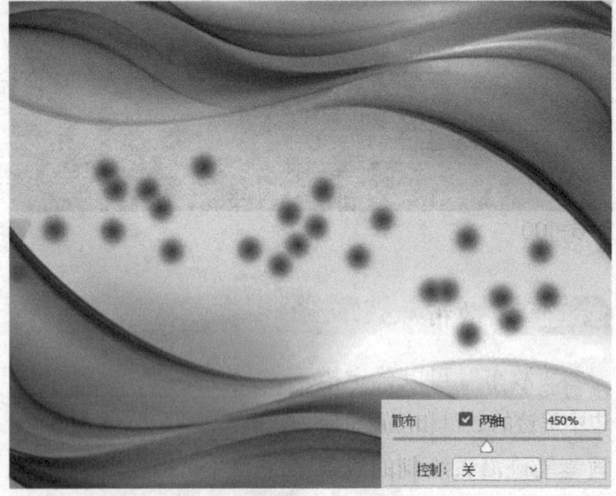

图6-103

▶ **数量**：用来指定在每个间距间隔应用的画笔笔迹数量。该值越高，笔迹的重复数量越大，图6-104和图6-105所示分别为不同“数量”参数的效果。

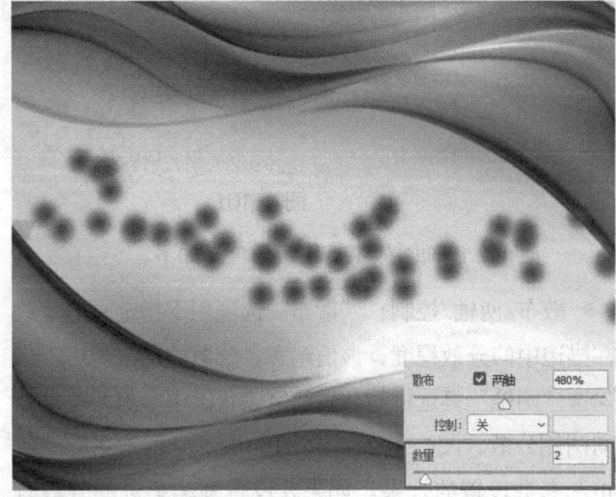

图6-104

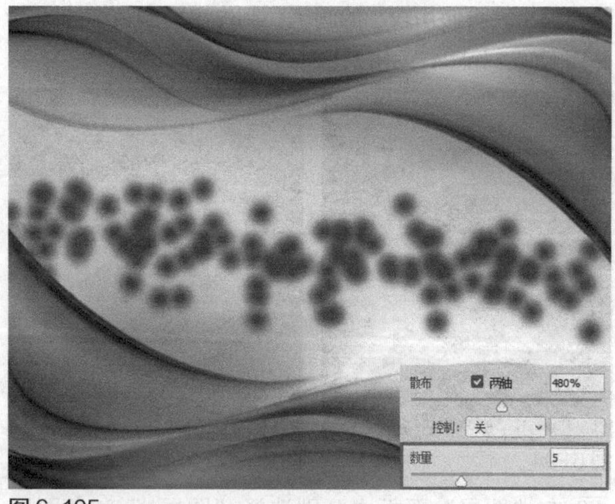

图6-105

▶ **数量抖动/控制**：用来指定画笔笔迹的数量如何针对各种间距间隔产生变化，图6-106和图6-107所示分别为不同“数量抖动”参数的效果。如果要设置“数量抖动”的方式，可以在下面的“控制”下拉列表中进行选择。

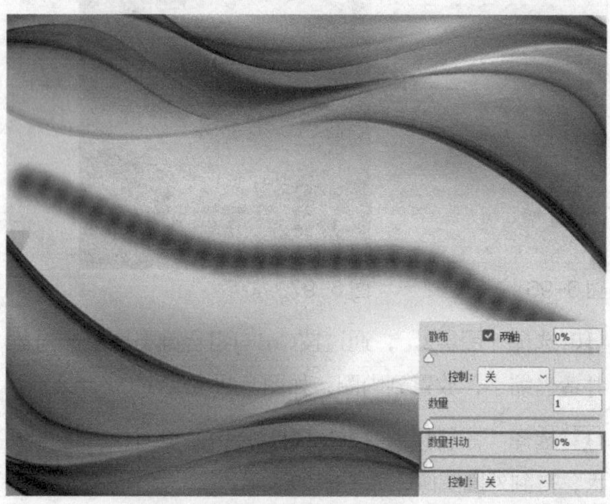

图6-106

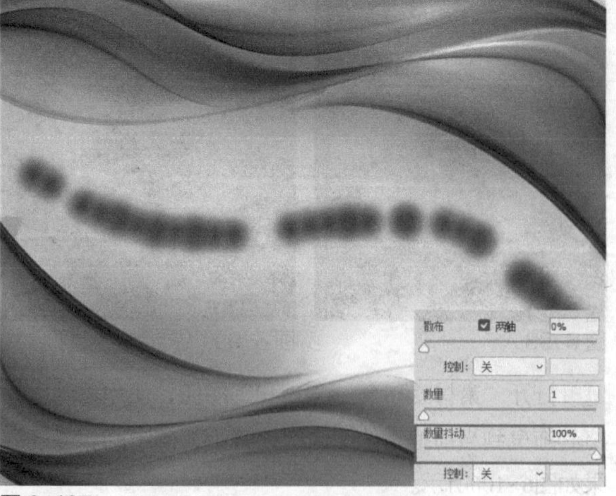

图6-107

▶ 课堂练习：制作绚丽光斑

素材路径	素材\第6章\萨克斯.jpg、音乐.psd
实例路径	实例\第6章\绚丽光斑.psd

练习效果

本练习将使用“画笔工具”绘制绚丽光斑效果，主要练习设置“画笔工具”的笔尖形状、散布、形状动态等属性的方法以及绘画操作。本练习的最终效果如图6-108所示。

图6-108

操作步骤

01 打开“素材\第6章\萨克斯.jpg”图像，如图6-109所示。下面将使用“画笔工具”在画面中添加绚丽光斑图像。

图6-109

02 选择“画笔工具”后，单击属性栏中的按钮，打开“画笔设置”面板，选择画笔样式为柔角，设置“大小”为15像素、“间距”为150%，如图6-110所示。

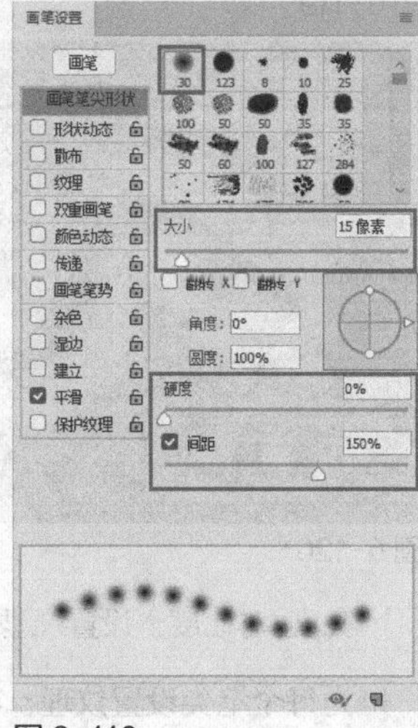

图6-110

03 勾选并选中“形状动态”选项，设置“大小抖动”为100%，再将“控制”设置为“渐隐、40”，如图6-111所示。

04 勾选并选中“散布”选项，勾选“两轴”复选框，设置“散布”参数为1000%，如图6-112所示。

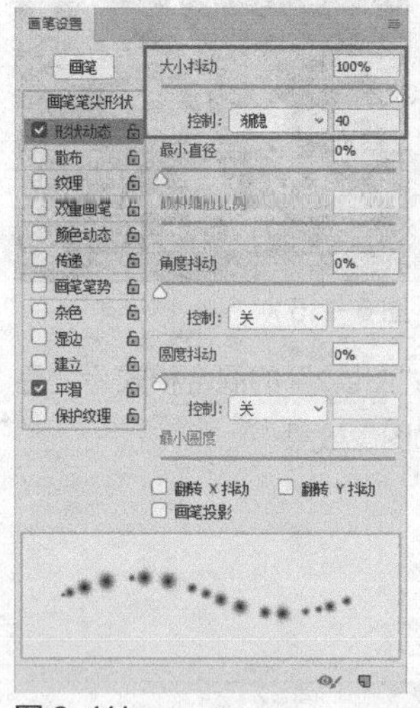

图6-111

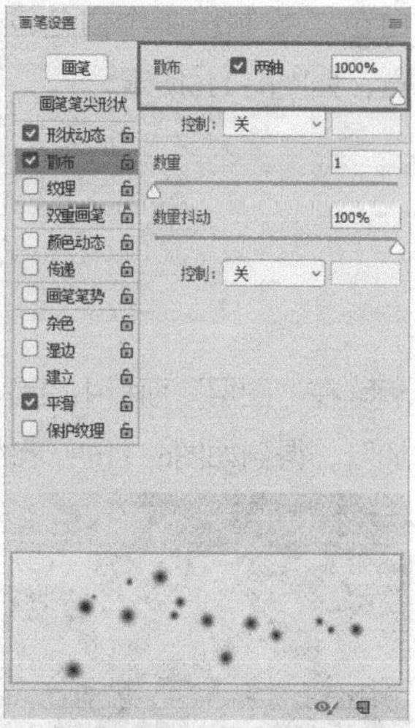

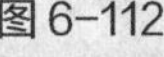

图6-112

05 新建“图层1”，设置前景色为白色，使用设置好的“画笔工具”在萨克斯周围绘制白色圆点图像，如图6-113所示。

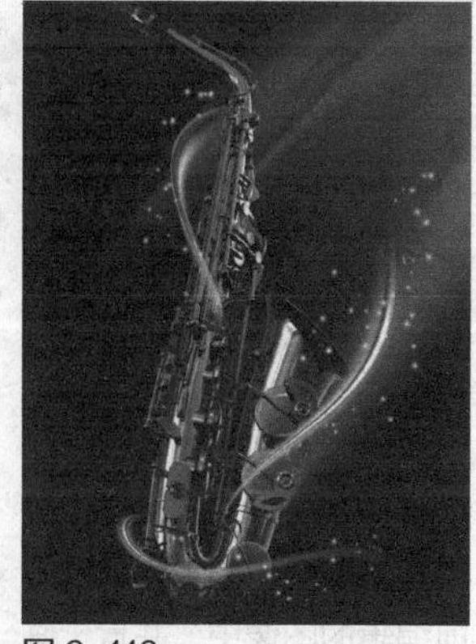

图6-113

06 在“图层”面板中设置“图层1”的不透明度为50%，得到较为透明的白色圆点效果，如图6-114所示。

图6-114

07 新建“图层2”，设置前景色为淡黄色（R:255，G:247，B:23），在图像中绘制出黄色圆点，然后再缩小画笔大小，将前景色改为白色，绘制出多个白色圆点，如图6-115所示。

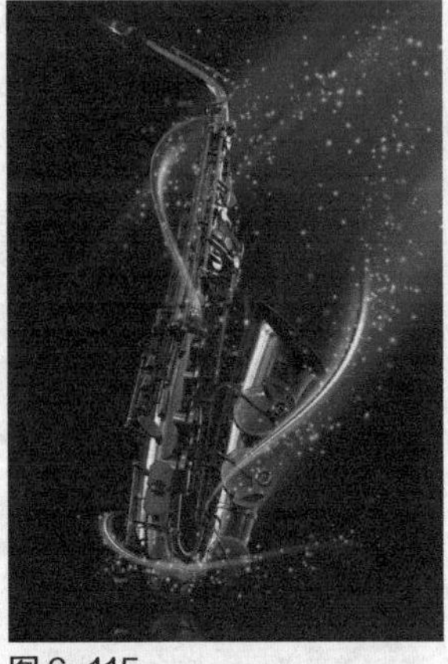

图6-115

08 在“图层”面板中设置“图层2”的混合模式为“叠加”，得到如图6-116所示的图像效果。

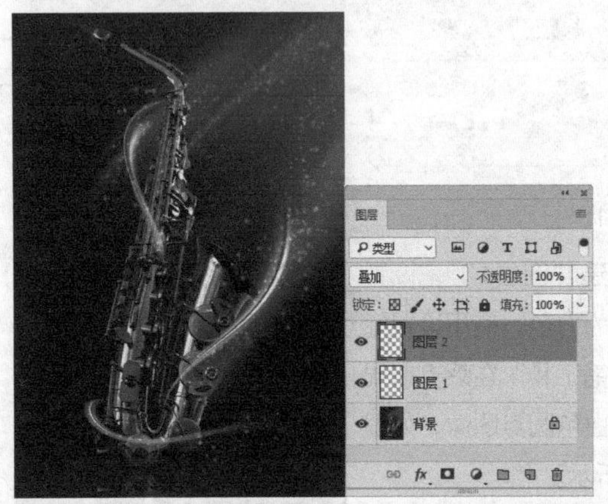

图6-116

09 打开“素材\第6章\音乐.psd”素材图像，使用“移动工具”将其拖曳到当前编辑的图像中，并置于画面右下方，完成本练习的制作，如图6-117所示。

图6-117

6.2.5 纹理

“纹理”画笔是利用图案使描边看起来像是在带纹理的画布上绘制出来的一样。勾选并选中“纹理”选项以后，会显示其相关参数，如图6-118所示。

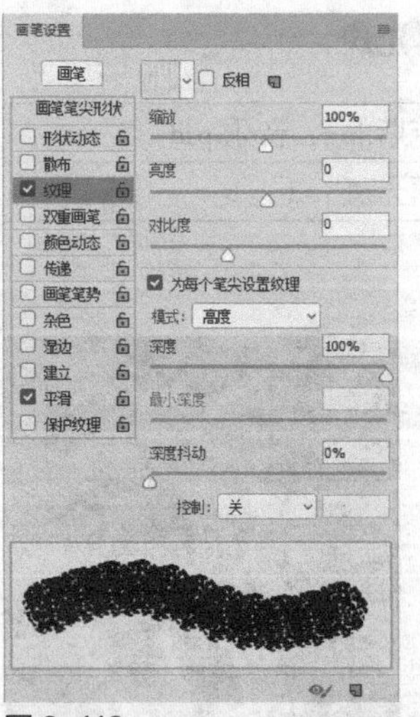

图6-118

“纹理”选项面板中常用参数含义如下。

▶ **选择纹理/反相**：单击图案缩览图右侧的按钮，可以在弹出的“图案”拾色器中选择一个图案，并将其设置为纹理。如果勾选“反相”复选框，可以基于图案中的色调来反转纹理中的亮点和暗点。

▶ **缩放**：设置图案的缩放比例。数值越小，纹理越多，如图6-119所示；反之则纹理越少，如图6-120所示。

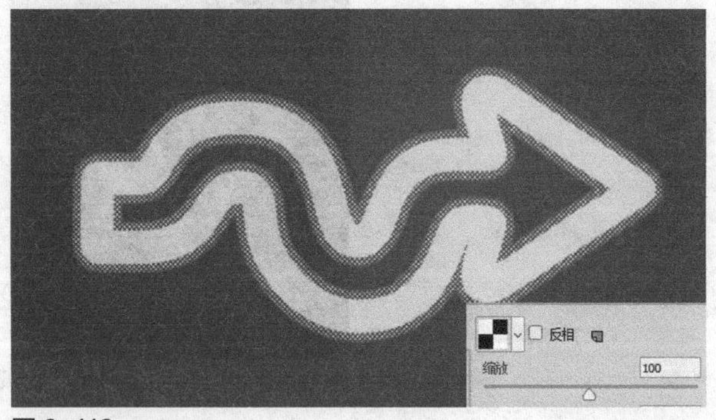

图6-119

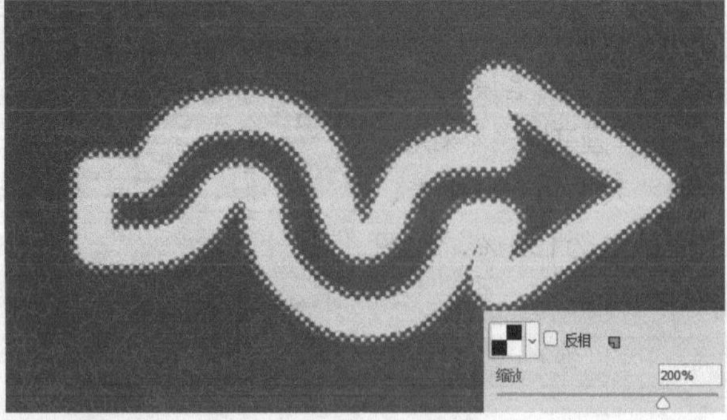

图6-120

▶ **亮度/对比度**：设置纹理相对于画笔的亮度和对比度。

▶ **为每个笔尖设置纹理**：将选定的纹理单独应用于画

笔描边中的每个画笔笔迹，而不是作为整体应用于画笔描边。如果取消勾选“为每个笔尖设置纹理”选项，下面的“深度抖动”选项将不可用。

▷ **模式：**设置用于组合画笔和图案的混合模式。“减去”模式效果如图6-121所示，“叠加”模式效果如图6-122所示。

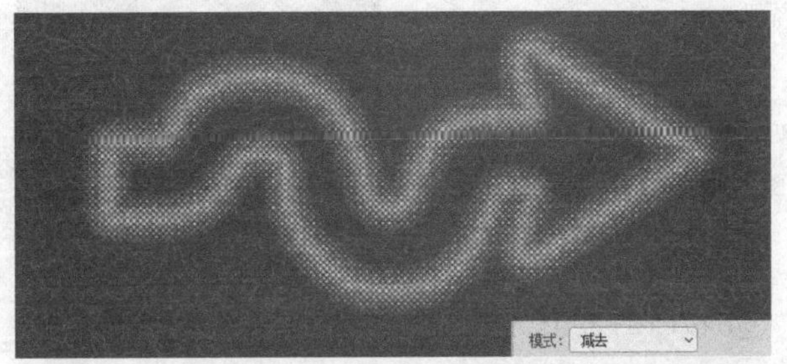

图 6-121

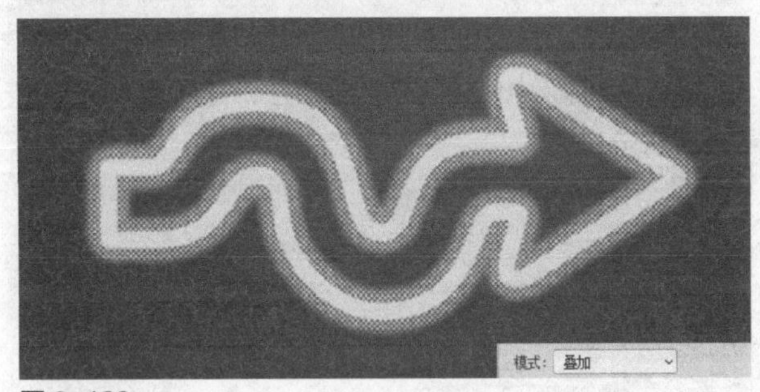

图 6-122

▷ **深度：**设置油彩渗入纹理的深度。数值越大，渗入的深度越大。

▷ **最小深度：**当“深度抖动”下面的“控制”选项设置为“渐隐”“钢笔压力”“钢笔斜度”“光笔轮”或“旋转”选项，并且勾选了“为每个笔尖设置纹理”选项时，“最小深度”选项用来设置油彩可渗入纹理的最小深度。

▷ **深度抖动/控制：**当勾选“为每个笔尖设置纹理”选项时，该选项才可用。该选项主要用来设置深度的改变方式。如果要指定如何控制画笔笔迹的深度变化，可以从下面的“控制”下拉列表中进行选择。

6.2.6 双重画笔

“双重画笔”是指在描绘线条的过程中会呈现两种画笔效果。要使用双重画笔，需要在“画笔笔尖形状”选项面板中设置一个主画笔，如图6-123所示；然后从“双重画笔”选项面板中选择另外一个画笔（即第二个画笔笔尖），如图6-124所示。

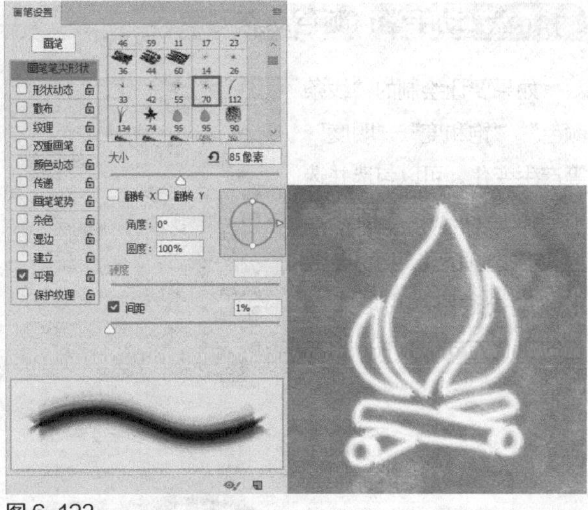

图 6-123

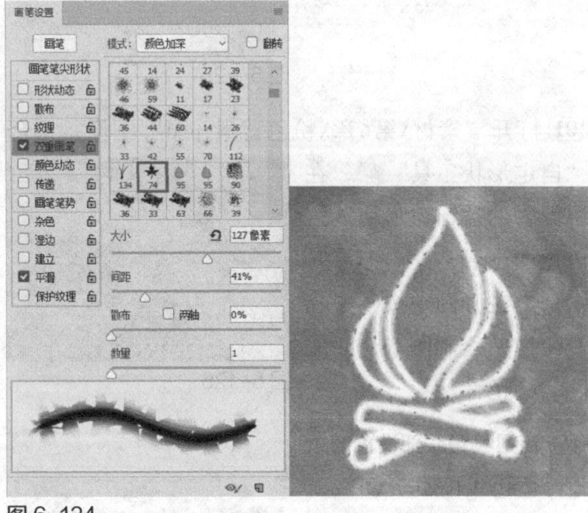

图 6-124

“双重画笔”选项面板中常用参数含义如下。

▷ **模式：**选择从主画笔和双重画笔组合画笔笔迹时要使用的混合模式。

▷ **翻转：**基于图案中的色调来反转纹理中的亮点和暗点。

▷ **大小：**控制双重画笔的笔触大小。

▷ **间距：**控制描边中双笔尖画笔笔迹之间的距离。数值越大，间距越大。

▷ **散布/两轴：**指定描边中双重画笔笔迹的分布方式。当勾选“两轴”选项时，双重画笔笔迹会按径向分布；当取消勾选“两轴”选项时，双重画笔笔迹将垂直于描边路径分布。

▷ **数量：**指定在每个间距间隔应用的双重画笔笔迹的数量。

6.2.7 动手学：颜色动态

如果要让绘制的“线条颜色”“饱和度”“明度”等产生变化，可以勾选并选中“颜色动态”选项，通过设置选项面板中的参数来改变描边路线中油彩颜色的变化方式，如图6-125所示。

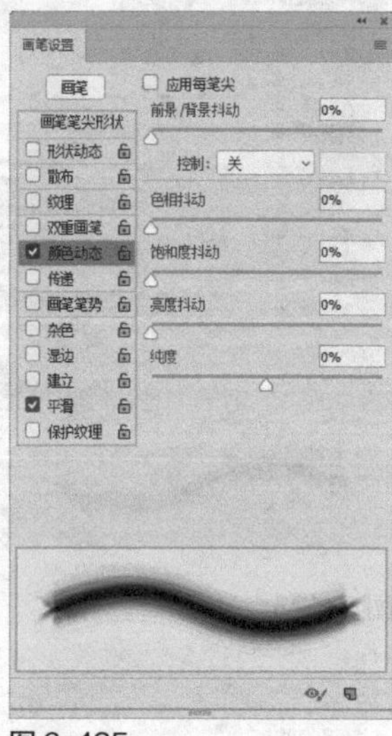

图6-125

(01) 打开“素材\第6章\粉色背景.psd”图像，选择“自定形状工具”，在属性栏的“自定形状”拾色器中选择“红心形卡”图形，在画面中按住鼠标左键拖曳绘制图形，如图6-126所示。

图6-126

(02) 在工具箱底部设置前景色为蓝色（R:40，G:72，B:179）、背景色为白色。选择“画笔工具”，打开“画笔设置”面板，选择如图6-127所示的画笔样式。

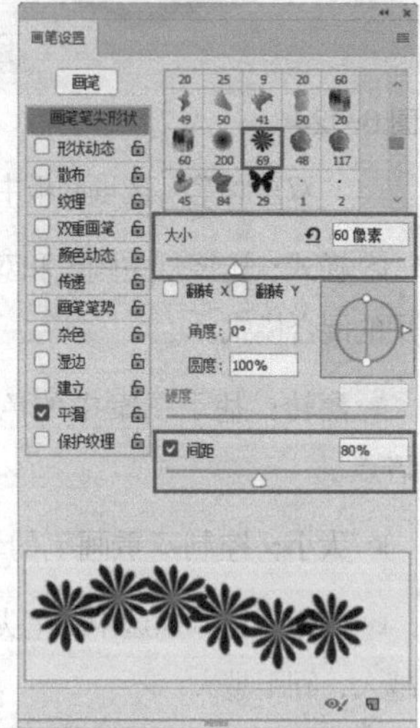

图6-127

(03) 勾选并选中“颜色动态”选项，并在右侧设置前景/背景抖动为80%，如图6-128所示。执行“窗口>路径”菜单命令，打开“路径”面板，单击面板底部的“用画笔描边路径”按钮，即可得到画笔填充效果，如图6-129所示。

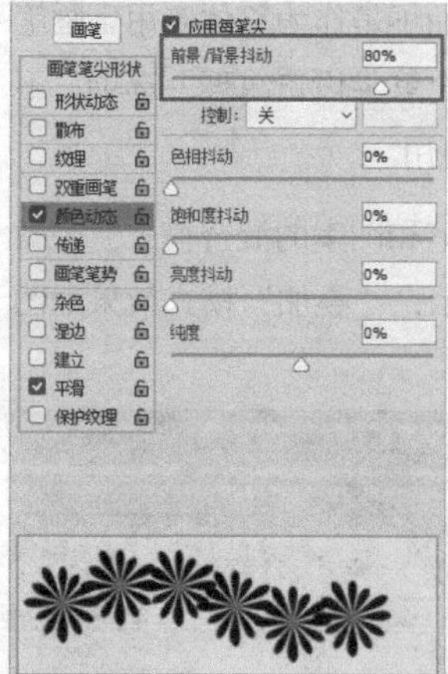

图6-128　图6-129

(04) 按Ctrl+Z组合键后退一步操作，在“颜色动态”选项面板中调整其他参数，增加“色相抖动”“饱和度抖动”“亮度抖动”等的参数值，如图6-130所示。然后在“路径”面板中使用画笔描边路径，得到的效果如图6-131所示。

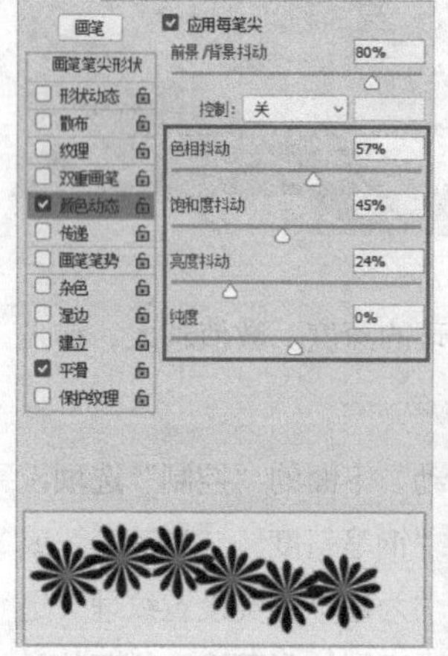

图6-130　图6-131

6.2.8 传递

“传递”选项用来确定油彩在描边路线中的改变方式，在“画笔设置”面板左侧勾选并选中“传递”选项，可以在右侧面板中进行相关参数设置，如图6-132所示。

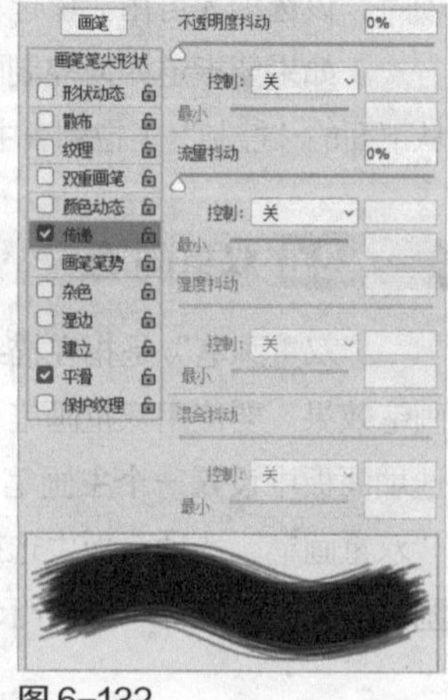

图6-132

“传递”选项面板中常用参数含义如下。

▶ **不透明度抖动/控制：** 指定画笔描边中油彩不透明度的变化方式，最高值是选项栏中指定的“不透明度”值。如果要指定如何控制画笔笔迹的不透明度变化，可以从下面的“控制”下拉列表中进行选择。

▶ **流量抖动/控制：** 用来设置画笔笔迹中油彩流量的变化程度。如果要指定如何控制画笔笔迹的流量变化，可以从下面的“控制”下拉列表中进行选择。

▶ **湿度抖动/控制：** 用来控制画笔笔迹中油彩湿度的变化程度。如果要指定如何控制画笔笔迹的湿度变化，可以从下面的“控制”下拉列表中进行选择。

▶ **混合抖动/控制：** 用来控制画笔笔迹中油彩混合的变化程度。如果要指定如何控制画笔笔迹的混合变化，可以从下面的“控制”下拉列表中进行选择。

6.2.9 画笔笔势

“画笔笔势”用于调整画笔笔刷和侵蚀笔刷的角度，在“画笔设置”面板左侧勾选并选中“画笔笔势”选项，可以在右侧面板中进行相关参数设置，如图6-133所示。

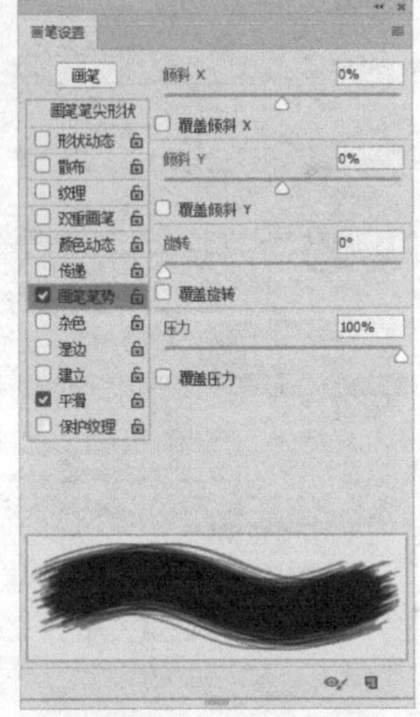

图6-133

“画笔笔势”选项面板中常用参数含义如下。

▶ **覆盖倾斜X/Y：** 将笔尖在*X*轴或*Y*轴上倾斜。

▶ **覆盖旋转：** 用于旋转笔尖。

▶ **覆盖压力：** 用于调整画笔的压力。值越高，绘画速度越快，但会产生比较粗糙的线条。

6.2.10 其他选项

其他画笔设置选项设置包括“杂色”“湿边”“建立”“平滑”“保护纹理”，如图6-134所示。使用这些选项时只需勾选对应的复选框即可，这些选项都没有具体的控制参数，勾选后即会在画笔笔尖中产生相应的效果。

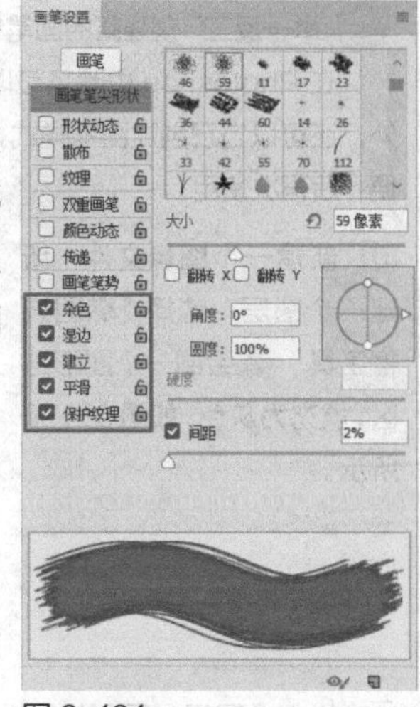

图6-134

其他画笔设置选项的含义介绍如下。

▶ **杂色：** 可以为部分画笔笔尖增加随机性。当选择柔角画笔样式时，该选项效果最突出。

▶ **湿边：** 可以沿画笔描边的边缘增加颜色流量，创建水彩效果。

▶ **建立：** 将模拟喷枪技术，将渐变色调应用于图像中。该选项与“画笔工具”属性栏中的喷枪选项相对应，勾选该选项或单击属性栏中的喷枪按钮，都可使用该功能。

▶ **平滑：** 在使用画笔绘制的过程中可以生成更平滑的边缘曲线，但使用该功能在渲染时较慢。

▶ **保护纹理：** 勾选该选项后，在使用多个纹理画笔样式绘画时，可以模拟出相同的画布纹理。

疑难解答：数位板的作用是什么

首先要清楚什么是数位板，数位板由一块画板和一支无线压感笔组成，就像画家在画板上使用画笔绘制图画一样。使用压感笔在数位板上作画时，可以根据着力的轻重控制笔尖的速度、角度等，这样绘制出的线条就会产生粗细和浓淡等变化，这与在纸上画画几乎没有区别，所以也常常称它为“手绘板”。

所以，使用鼠标在Photoshop中绘制图像时，并不能达到这种效果，此时就需要借助数位板来绘制出自然生动的图像效果。图6-135所示为一种常见的数位板，用户可以根据用途和个人经济状况选择不同功能和价位的数位板。

图6-135

举一反三：创建新的画笔样式并保存

在 Photoshop 中除了可以使用面板中自带的画笔样式外，还可以自己创建画笔样式，并且将其保存在面板中，以便今后再次使用。

01 新建一个图像文件，新建一个图层，选择“椭圆选框工具”绘制一个圆形选区，填充为灰色，如图 6-136 所示。

图 6-136

02 执行“图层 > 图层样式 > 描边”菜单命令，打开“图层样式”对话框，设置描边“大小”为 2 像素、颜色为黑色，其他参数设置如图 6-137 所示。

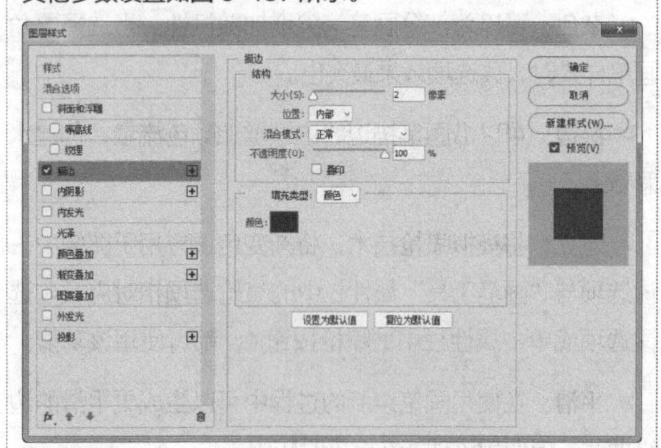

图 6-137

03 单击“确定”按钮，即可得到图像描边效果，如图 6-138 所示。

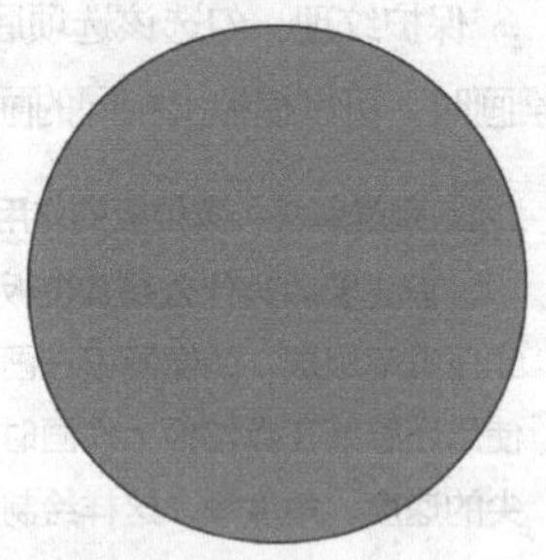

图 6-138

04 执行“编辑 > 定义画笔预设”菜单命令，打开“画笔名称”对话框，保持默认设置直接单击“确定”按钮，如图 6-139 所示，即可将自定义的画笔样式保存到“画笔设置”面板中。

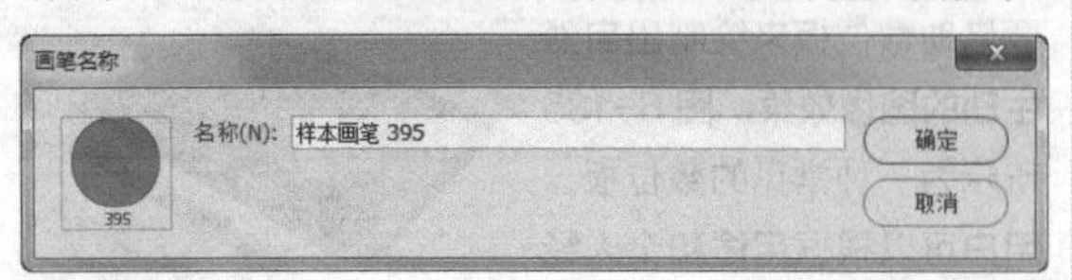

图 6-139

05 打开“素材 \ 第 6 章 \ 光束背景.jpg”素材图像，如图 6-140 所示。选择“画笔工具”，按 F5 键打开“画笔设置”面板，在“画笔笔尖形状”选项面板中查找之前保存到面板中的画笔样式，并设置“大小”为 60 像素、间距为 83%，如图 6-141 所示。

图 6-140

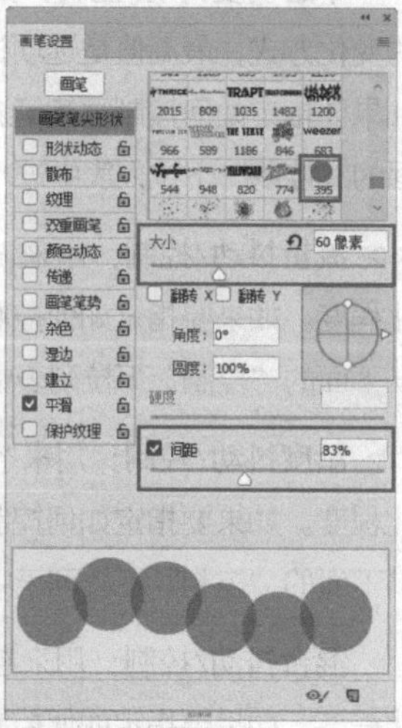

图 6-141

06 在面板中勾选并选中“形状动态”选项，设置“大小抖动”为 100%，如图 6-142 所示；再勾选并选中“散布”选项，勾选“两轴”复选框，设置散布值为 811%、“数量”为 1，如图 6-143 所示。

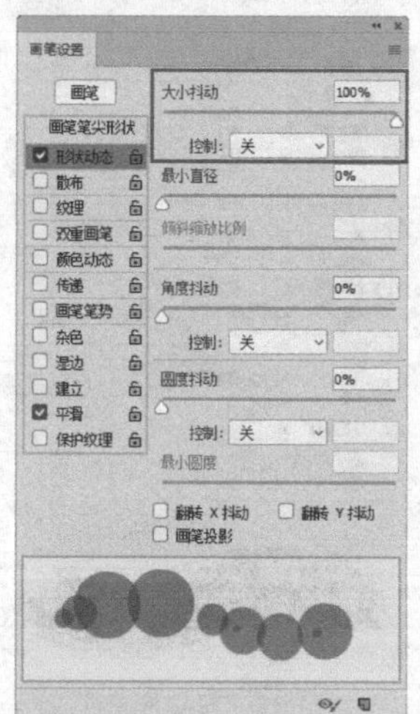

图 6-142

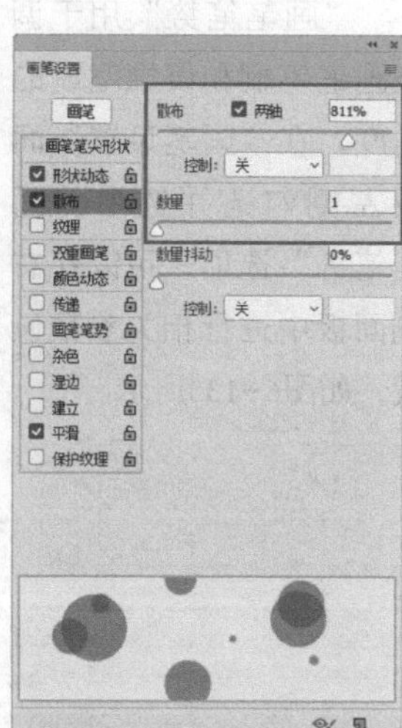

图 6-143

07 新建一个图层，设置前景色为白色，使用自定义的画笔在图像中绘制出多个白色圆形图像，如图 6-144 所示。

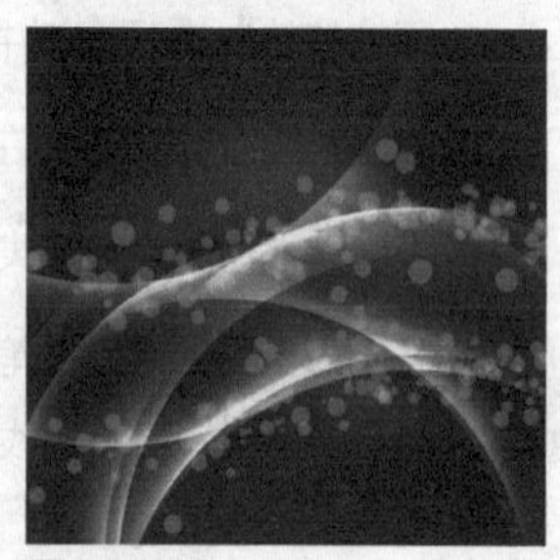

图 6-144

08 在“图层”面板中设置该图层的混合模式为“叠加”，得到与背景更加融合的圆形图像效果，如图 6-145 所示。

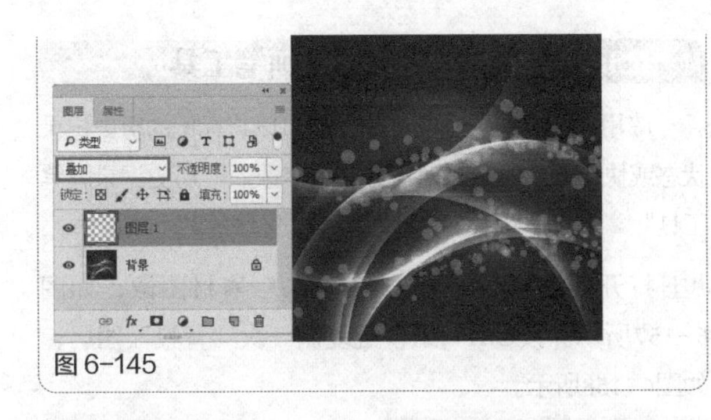

图6-145

课堂练习：制作枫叶背景

素材路径	素材\第6章\粉色背景.jpg、边框文字.psd
实例路径	实例\第6章\枫叶背景.psd

练习效果

本练习将使用“画笔工具”绘制枫叶背景效果，主要练习在“画笔设置”面板中设置画笔的笔尖样式、大小抖动、散布和颜色动态等属性的方法以及绘画操作。本练习的最终效果如图6-146所示。

图6-146

操作步骤

01 打开“素材\第6章\粉色背景.jpg”图像，如图6-147所示，在工具箱中设置前景色为粉红色、背景色为橘黄色。

02 选择工具箱中的“画笔工具”，按F5键打开“画笔设置”面板，选择笔尖样式为“散布枫叶”、“大小”为147像素、“间距”为100%，如图6-148所示。

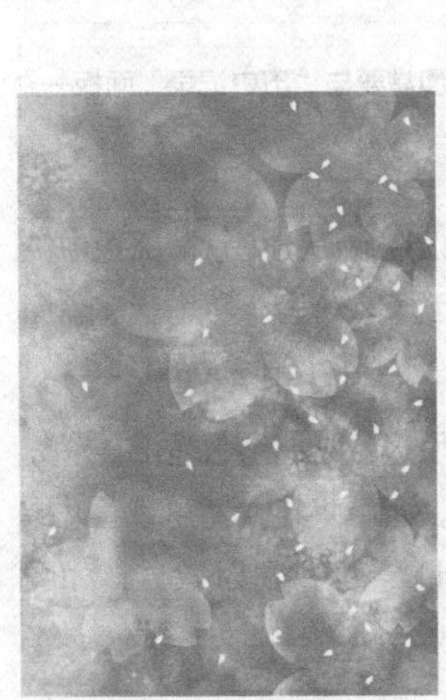

图6-147

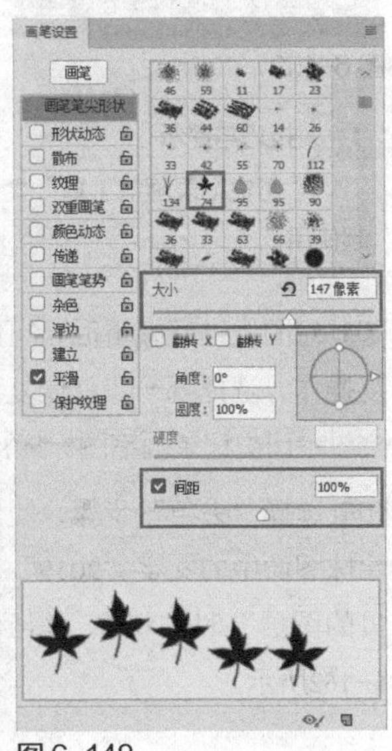

图6-148

03 在“画笔设置”面板中勾选并选中“形状动态”选项，设置“大小抖动”为55%，如图6-149所示。再勾选并选中“散布”选项，然后设置各项参数，如图6-150所示。

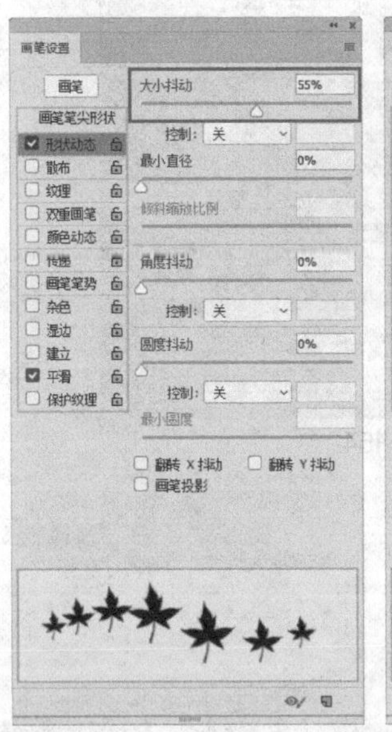

图6-149

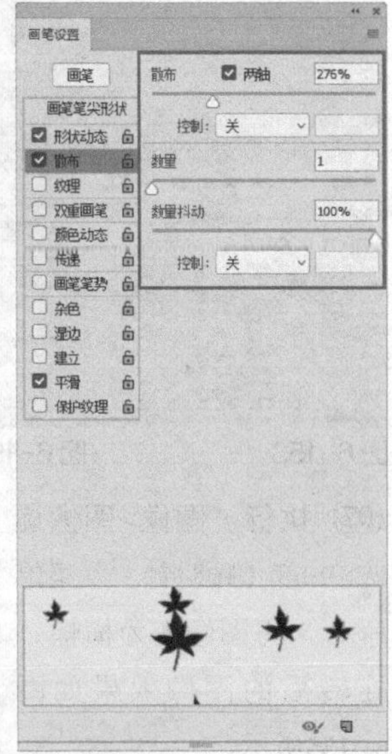

图6-150

04 在面板中勾选并选中“颜色动态”选项，勾选“应用每笔尖”复选框，然后设置“前景/背景抖动”为45%、“色相抖动”为27%、“饱和度抖动”为17%，如图6-151所示。

05 设置好画笔后，新建“图层1”，设置前景色为红色（R:255，G:21，B:9）、背景色为橘黄色（R:255，G:255，B:15），然后在图像中按住鼠标左键拖曳，绘制出彩色枫叶图像，如图6-152所示。

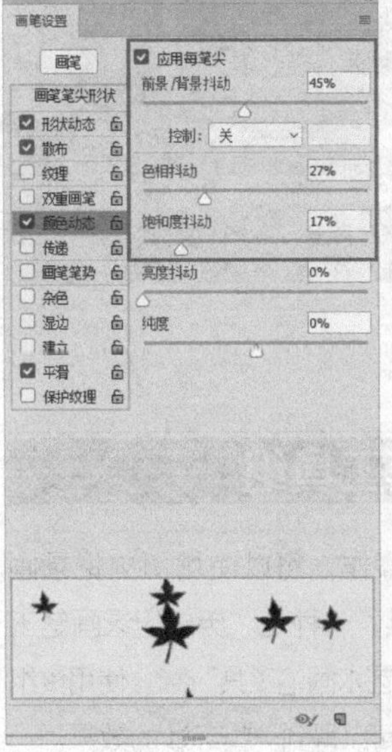

图6-151

图6-152

(06) 在“图层”面板中设置“图层1”的“不透明度”为45%，如图6-153所示。得到的图像效果如图6-154所示。

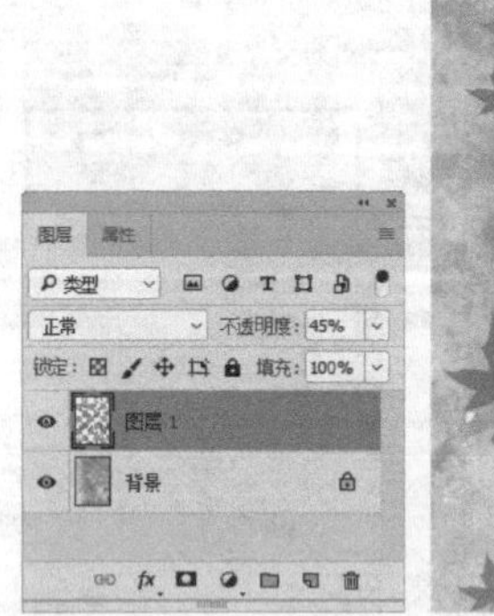

图 6-153

图 6-154

(07) 执行“图像>图像旋转>90度（顺时针）”菜单命令，将图像变为横幅，旋转后的图像效果如图6-155所示。

图 6-155

(08) 打开“素材\第6章\边框文字.psd”图像，使用“移动工具”将其拖曳到当前图像中，适当调整文字大小，置于画面中间，效果如图6-156所示。

图 6-156

6.3 历史记录画笔工具组

对于一些需要还原的操作，可以使用历史记录画笔工具组中的两种画笔工具，一种是“历史记录画笔工具”，另一种是“历史记录艺术画笔工具”。使用该组工具在对图像进行还原绘制后可以得到一些奇妙的效果。

[重点] 6.3.1 动手学：历史记录画笔工具

使用“历史记录画笔工具”可以将标记的历史记录状态或快照用作源数据对图像进行修改。“历史记录画笔工具”可以理性、真实地还原某一区域的某一步操作。

(01) 打开“素材\第6章\2019.jpg”素材图像，如图6-157所示。按Ctrl+J组合键复制一次“背景”图层，如图6-158所示。

图 6-157

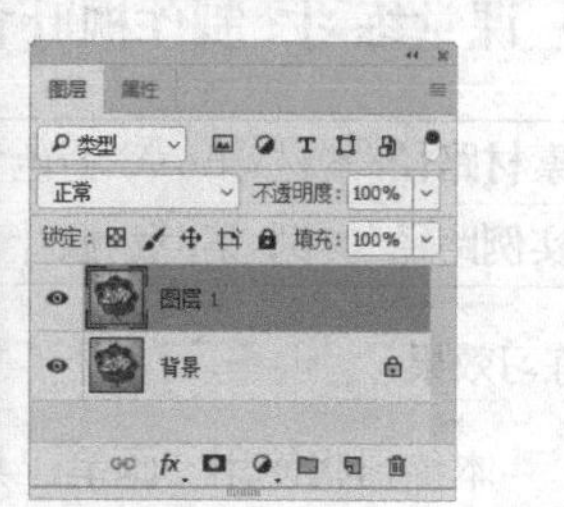

图 6-158

(02) 执行“图像>调整>去色”菜单命令，得到黑白图像效果，如图6-159所示。

(03) 执行“窗口>历史记录”菜单命令，打开“历史记录”面板，在面板中可以看到所有操作步骤，如图6-160所示。

图 6-159

图 6-160

技巧与提示

“历史记录画笔工具”通常要与“历史记录”面板一起使用。

(04) 对图像进行编辑后，可以在“历史记录”面板中恢复操作，选择哪一步就恢复到哪个阶段，所选步骤前面会显示历史记录画笔图标，如图6-161所示。

(05) 选择“去色”步骤，使用“历史记录画笔工具”涂抹图像中的文字“2019”，即可将其恢复到“通过拷贝的图层”时的状态，得到彩色文字显示效果，如图6-162所示。

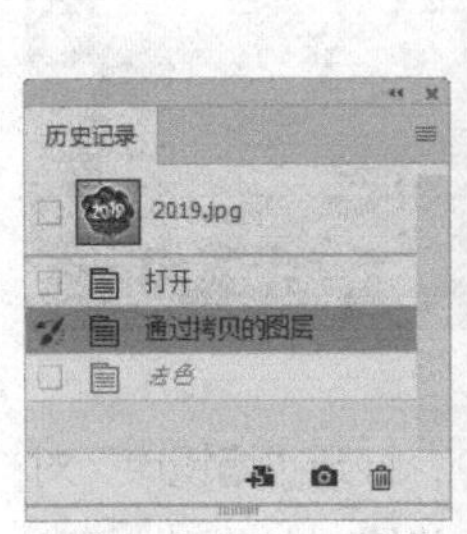

图 6-161

图 6-162

举一反三：还原图像视觉中心点

下面将对图像应用一些特效，然后使用“历史记录画笔工具”做适当的还原操作，得到具有视觉冲击力的图像效果。

01 打开“素材\第 6 章\海豚.jpg”素材图像，如图 6-163 所示。

图 6-163

02 执行“滤镜 > 模糊 > 径向模糊”菜单命令，打开“径向模糊”对话框，在“中心模糊”区域拖曳模糊中心点到正中间，再设置“数量”为100、“模糊方法”为“缩放”、“品质”为“好”，如图 6-164 所示。

图 6-164

03 单击“确定”按钮，得到图像径向模糊效果，如图 6-165 所示。

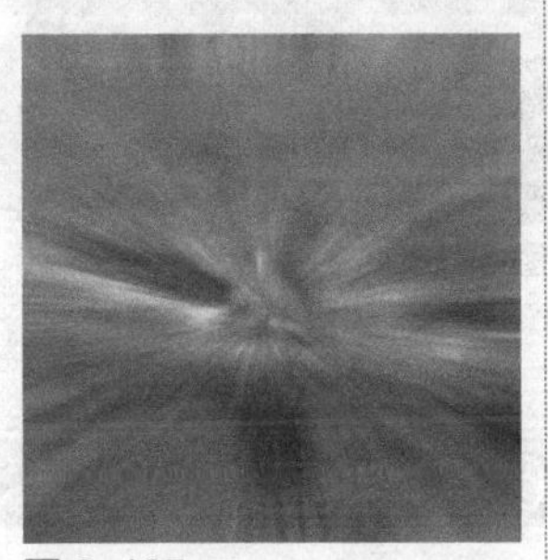
图 6-165

04 选择“历史记录画笔工具”，对海豚图像进行涂抹，还原海豚图像，如图 6-166 所示。

05 打开“素材\第 6 章\水花.psd”素材图像，使用“移动工具”将其拖曳过来，放置到海豚图像周围即可完成操作，如图 6-167 所示。

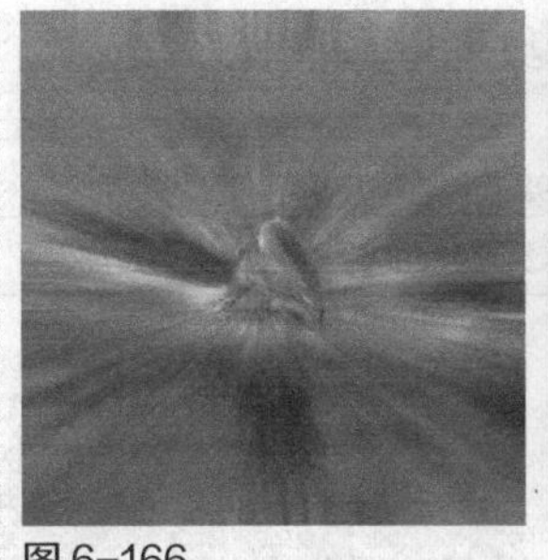
图 6-166

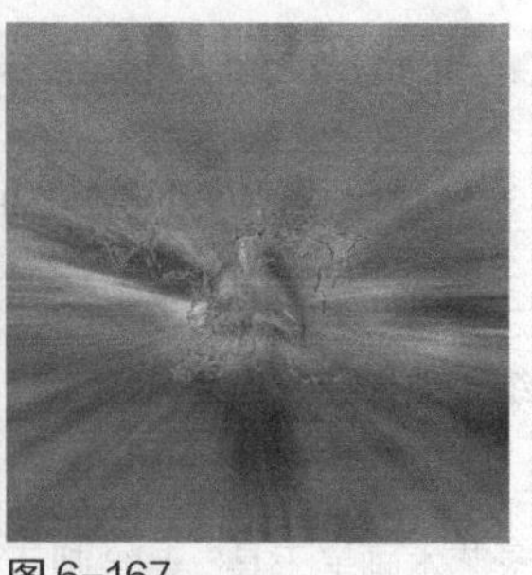
图 6-167

6.3.2 历史记录艺术画笔工具

与“历史记录画笔工具”一样，“历史记录艺术画笔工具”也可以将标记的历史记录状态或快照用作源数据对图像进行修改。但是，“历史记录画笔工具”只能通过重新创建指定的源数据来绘画，而“历史记录艺术画笔工具”在使用这些数据的同时，还可以为图像创建不同的颜色和艺术风格，其属性栏如图 6-168所示。

图 6-168

“历史记录艺术画笔工具”属性栏常用选项含义如下。

▷ **样式：**选择一个选项来控制绘画描边的形状，包括“绷紧短”“绷紧中”“绷紧长”等多个选项。图6-169是原图，图6-170和图6-171所示分别是选择“绷紧长”和“松散中等”的绘画效果。

图 6-169

图 6-170

图 6-171

▷ **区域：**用来设置绘画描边所覆盖的区域。数值越高，覆盖的区域越大，描边的数量也越多。

▷ **容差：**限定可应用绘画描边的区域。低容差可用于在图像中的任何地方绘制无数条描边；高容差会将绘画描边限定在与源状态或快照中的颜色明显不同的区域。

▶ 课堂练习：制作艺术纹理壁画图像

素材路径	素材\第6章\鹿.jpg、室内.jpg
实例路径	实例\第6章\艺术纹理壁画图像.psd

练习效果

本练习将使用“历史记录艺术画笔工具”绘制艺术纹理壁画图像效果，主要练习其设置和应用。本练习的最终效果如图6-172所示。

图6-172

操作步骤

01 打开“素材\第6章\鹿.jpg”图像，如图6-173所示。按Ctrl+J组合键复制一次图层，如图6-174所示。

图6-173

图6-174

02 选择“历史记录艺术画笔工具”，在属性栏中打开“画笔预设”选取器，在其中选择画笔样式为“柔边圆”，再设置样式为“绷紧中”，如图6-175所示。

图6-175

03 设置好画笔后，在图像中按住鼠标左键进行涂抹，得到的图像效果如图6-176所示。

04 适当缩小画笔大小，然后在属性栏中的“样式”下拉列表中选择“绷紧短”选项，对图像细节部分进行涂抹，如图6-177所示。

图6-176

图6-177

05 再适当缩小画笔大小，对动物的轮廓做细致的涂抹，使其更加明显，如图6-178所示。

图6-178

06 执行“滤镜>滤镜库”菜单命令，打开“滤镜库”对话框，在其中选择“纹理>纹理化”滤镜，在右侧选择纹理为“画布”，再设置其他参数，如图6-179所示。

图6-179

07 单击“确定”按钮，得到艺术纹理效果，如图6-180所示。

08 打开“素材\第6章\室内.jpg”图像，使用“移动工具”将制作好的纹理图像拖曳到室内图像中，按Ctrl+T组合键适当调整图像大小，将其置于墙上的画框中，如图6-181所示。

图6-180

图6-181

6.4 课堂案例：春季促销海报

素材路径	素材\第6章\艺术花.jpg、纹理.jpg、花卉和文字.psd
实例路径	实例\第6章\春季促销海报.psd

案例效果

本案例要制作的是春季促销海报效果，主要练习“画笔工具”和“铅笔工具”的画笔属性设置以及绘制图像的具体操作。本案例的最终效果如图6-182所示。

图6-182

操作步骤

01 打开“素材\第6章\纹理.jpg”文件，如图6-183所示。下面将在该图像中使用“画笔工具”绘制出其他纹理效果。

02 选择“画笔工具”，按F5键打开“画笔设置”面板，在“画笔笔尖形状”中选择笔尖样式为“粗边圆形硬毛刷”，然后设置大小为600像素，如图6-184所示。

图6-183

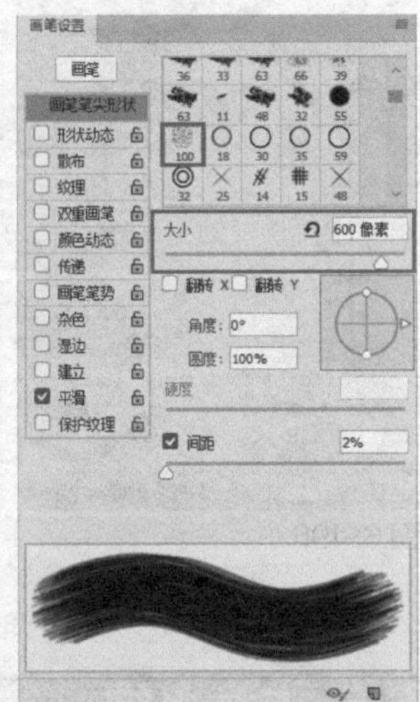
图6-184

03 新建一个图层，设置前景色为白色，在属性栏中设置“不透明度”为60%，使用设置好的画笔在图像中来回拖曳，绘制出不规则笔刷图像效果，如图6-185所示。

图6-185

04 单击属性栏左侧的按钮，在“画笔预设”选取器中选择笔尖样式为如图6-186所示的喷溅样式。

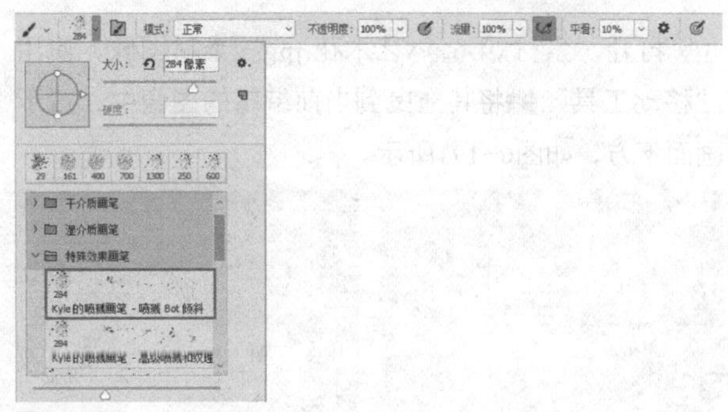
图6-186

05 按F5键打开“画笔设置”面板，设置画笔大小为282像素、“间距”为90%，如图6-187所示。

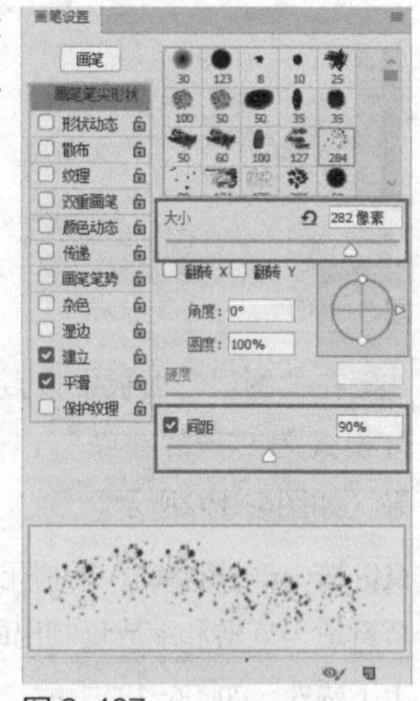
图6-187

06 在“画笔设置”面板中勾选并选中“形状动态”选项，设置“大小抖动”为100%，如图6-188所示。接着勾选并选中“散布”选项，参照图6-189所示设置各项参数。

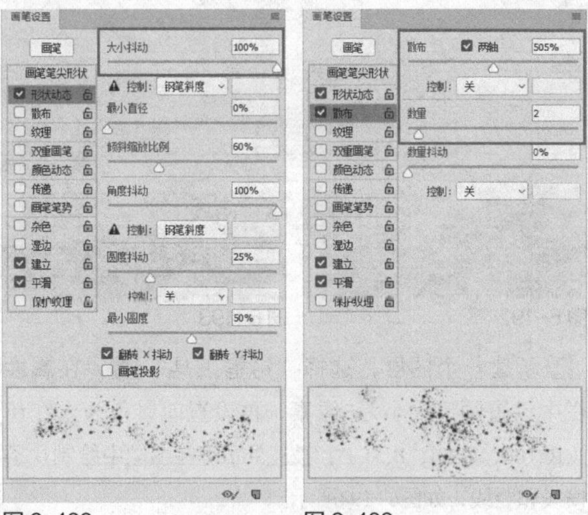
图6-188　图6-189

07 新建一个图层，分别设置前景色为黄色（R:241，G:203，B:110）和绿色（R:135，G:183，B:71），在图像中绘制出不规则的黄色和绿色圆点图像，如图6-190所示。

(08) 打开“素材\第6章\艺术花.jpg”素材图像，使用“移动工具”将其拖曳到当前编辑的图像中，置于画面下方，如图6-191所示。

图 6-190

图 6-191

(09) 在“图层”面板中设置艺术花图像所在图层的混合模式为“正片叠底”，得到与背景融合的图像效果，如图6-192所示。

(10) 按Ctrl+J组合键，复制花朵图像两次，并按Ctrl+T组合键适当旋转和缩放复制出的图像，再分别放置到画面上下两处，如图6-193所示。

图 6-192

图 6-193

(11) 新建一个图层，选择“铅笔工具”，在属性栏中设置画笔大小为5像素，再设置前景色为土红色（R:106，G:68，B:31），按住Shift键在图像中绘制几条横线和竖线，如图6-194所示。

(12) 继续使用“铅笔工具”，在属性栏中设置画笔大小为2像素，绘制出较细的线条，得到一个外框，如图6-195所示。

图 6-194

图 6-195

(13) 打开“素材\第6章\花卉和文字.psd”素材图像，使用“移动工具”首先将花卉图像拖曳到线条图像右上方，如图6-196所示。

(14) 再将文字拖曳到画面中间，参照图6-197所示的样式进行排列，完成本实例的制作。

图 6-196

图 6-197

6.5 本章小结

本章主要学习Photoshop中绘制图像的应用，详细介绍了各绘图工具的使用方法，除此之外，还介绍了历史记录画笔工具组中工具的应用。

在Photoshop中使用“画笔工具”绘制图像时，通常会通过“画笔设置”面板的强大功能来设置自己所需要的笔触效果，然后再通过一些修饰图像工具的配合使用，从而完成一幅画面的绘制。所以需要重点掌握“画笔工具”的应用，以及“画笔设置”面板的设置和应用。

矢量图绘制

• 本章内容简介

Photoshop不仅在位图图像处理上具有强大的功能，而且在矢量图形的处理上也毫不逊色，用户不仅可以使用“钢笔工具”和各种形状工具绘制矢量图形，还可以通过控制锚点来调整矢量图形的形状。本章将讲解在Photoshop中绘制与编辑矢量图的具体方法和操作。

• 本章学习要点

1. 了解绘图模式　　2. 使用形状工具组

3. 矢量对象的编辑操作

7.1 了解绘图模式

Photoshop中的矢量图绘图工具包括“钢笔工具”和各种形状工具，在使用这些工具前，首先要在工具属性栏中选择合适的绘图模式：在属性栏左端单击“选择工具模式”按钮，在弹出的菜单中可以看到有“形状”“路径”“像素”三种类型，如图7-1所示。不同的绘图模式需要设置的内容不同，绘制出的图形属性也不同，本节都将做详细的介绍。

图7-1

7.1.1 认识矢量图

矢量图也称为矢量形状或矢量对象，它与位图不同，矢量文件中的图形元素被称为对象，这些对象都是独立的，具有不同的颜色和形状等属性，可自由、无限制地重新组合。无论将矢量图放大到多少倍，图形都具有同样平滑的边缘和清晰的视觉效果，图7-2为矢量图100%时的显示效果，图7-3所示为局部放大300%后的效果。

图7-2

图7-3

[重点] 7.1.2 路径与锚点

1. 路径

路径是一种轮廓，它可以转换为选区或使用颜色填充和描边，由于路径的灵活多变和强大的图像处理功能，使其深受广告设计人员的喜爱。

使用“钢笔工具”和各种形状工具都可以绘制出路径，绘制的路径可以是有起点和终点的开放式路径，如图7-4所示；也可以是没有起点和终点的闭合式路径，如图7-5所示。此外，还有一种由多个互相独立的路径组合而成的路径，如图7-6所示。

图7-4

图7-5

图7-6

技巧与提示

因为路径是矢量对象，不包含像素，所以只有在路径中填充颜色后才能将其打印出来。

2. 锚点

当路径由多条直线段或曲线段组成时，锚点就是标记在路径段的端点。锚点分为平滑点和角点两种类型。由平滑点连接的路径段可以形成平滑的曲线，如图7-7所示；由角点连接起来的路径段可以形成直线或转折曲线，如图7-8所示。曲线路径上的锚点有方向线，方向线的端点为方向点，它们用于调整曲线的形状，如图7-9所示。

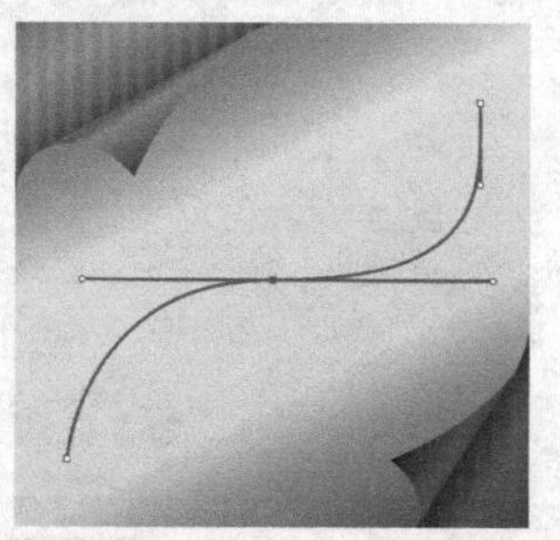
图7-7

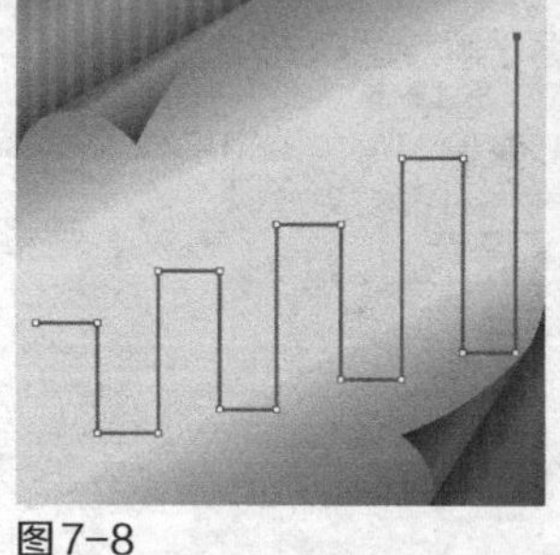
图7-8

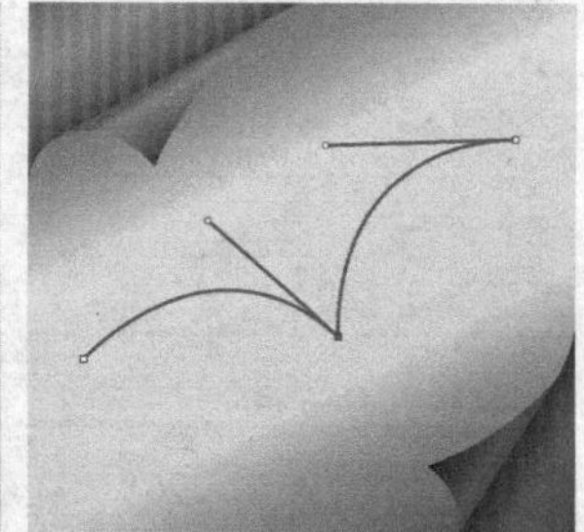
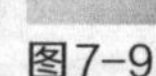
图7-9

7.1.3 使用“形状”模式绘图

选择需要绘制路径的工具，在属性栏中选择“形状”工具模式，然后即可在属性栏中选择形状的填充方式、描边属性等。

选择“形状”工具模式后，单击“填充”选项右侧的色块，即可选择使用“纯色”“渐变”“图案”对图形进行填充，如图7-10所示，单击按钮，可以打开“拾色器（填充颜色）”对话框调整颜色。

选择“纯色”，可以在面板中直接选择一种颜色进行填充，填充效果如图7-11所示。

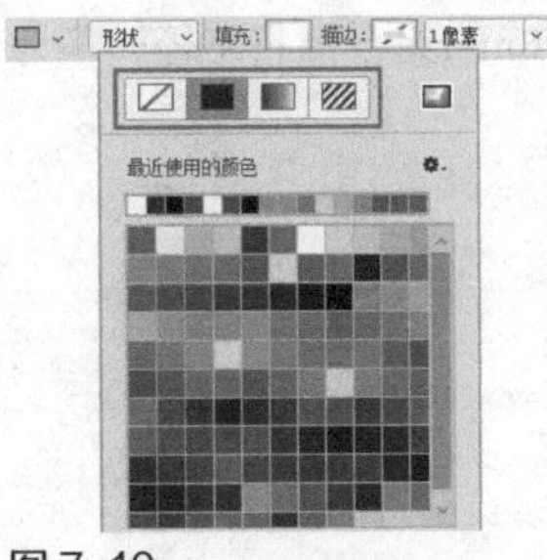

图7-10　　　　图7-11

选择“渐变”，可以在面板中选择软件自带的渐变颜色，或者自定义渐变色，如图7-12所示。得到的图形渐变填充效果如图7-13所示。

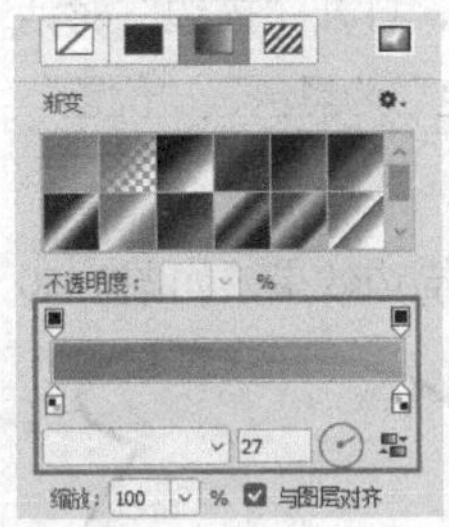

图7-12　　　　图7-13

选择“图案”，可以在面板中选择软件自带的多种图案，并设置图案的缩放大小，如图7-14所示。得到的图形填充效果如图7-15所示。

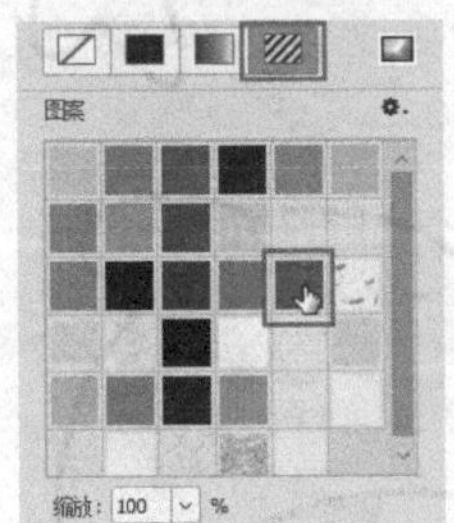

图7-14　　　　图7-15

单击“描边”选项右侧的色块，同样可使用“纯色”“渐变”“图案”对图形进行描边，面板参数设置也相同，图7-16到图7-18所示分别为“纯色”“渐变”“图案”的描边效果。

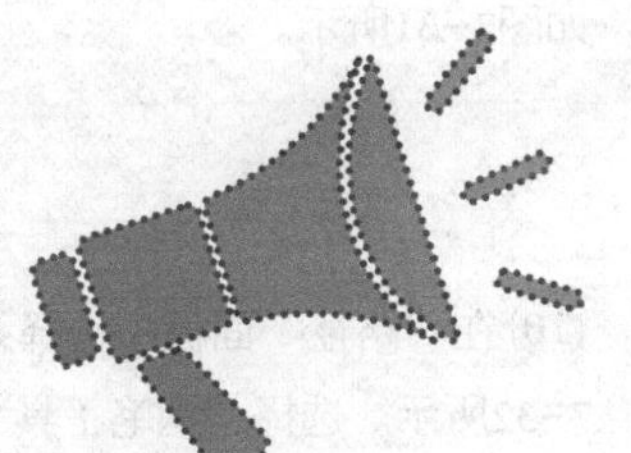

图7-16

图7-17　　　　图7-18

技巧与提示

绘制路径后，在“图层”面板会自动添加一个新的形状图层。形状图层就是带形状剪贴路径的填充图层，图层中间的填充色默认为前景色。单击缩略图可改变填充颜色。

在属性栏中还可以调整“描边”的“宽度”和“描边样式”。在“描边”右侧的数值框中可以直接输入参数设置“宽度”，也可以单击三角形按钮，直接拖曳滑块进行调整。图7-19所示的是宽度为10像素的效果，图7-20所示的是宽度为20像素的效果。

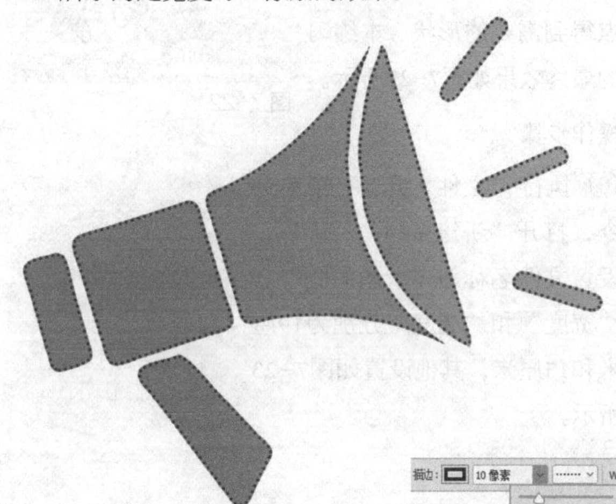

图7-19

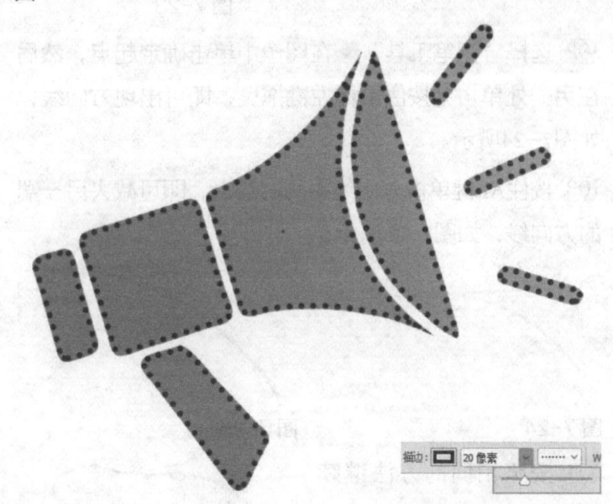

图7-20

单击按钮，会打开一个面板，在该面板中可以设置描边选项，包括线段样式和对齐方式，以及“端点”和“角点”的形状，如图7-21所示。

图7-21

▶ 课堂练习：制作卡通海豚

素材路径	素材\第7章\卡通文字.psd、卡通背景.jpg
实例路径	实例\第7章\卡通海豚.psd

练习效果

本练习将使用“钢笔工具” 绘制海豚基本外形，在绘制过程中需要注意锚点的添加和转换，通过编辑锚点得到需要的形状。本练习的最终效果如图7-22所示。

图 7-22

操作步骤

01 执行“文件>新建”菜单命令，打开“新建文档”对话框，设置文件名称为“卡通海豚”、“宽度”和“高度”分别为19厘米和15厘米，其他设置如图7-23所示。

图 7-23

02 选择“钢笔工具” 在图像中单击确定起点，然后在另一处单击并按住鼠标左键拖曳，即可出现方向线，如图7-24所示。

03 按住Alt键单击方向线中间的锚点，即可减去另一端的方向线，如图7-25所示。

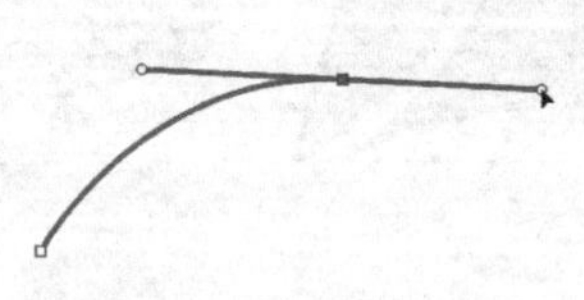
图 7-24

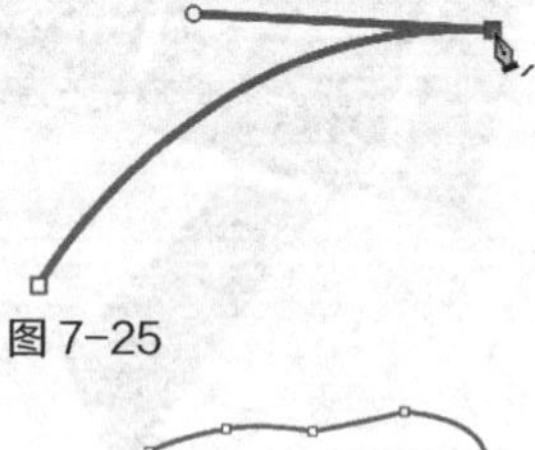
图 7-25

04 按照相同的方法继续绘制其他曲线，得到海豚图像的基本外形，如图7-26所示。

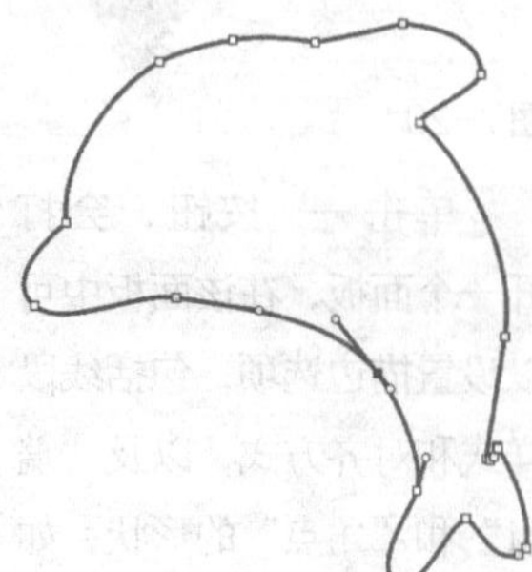
图 7-26

05 在海豚图像下方再绘制一个胸鳍图形，得到一个完整的海豚图形，如图7-27所示。

06 新建一个图层，按Ctrl+Enter组合键将路径转换为选区，如图7-28所示。

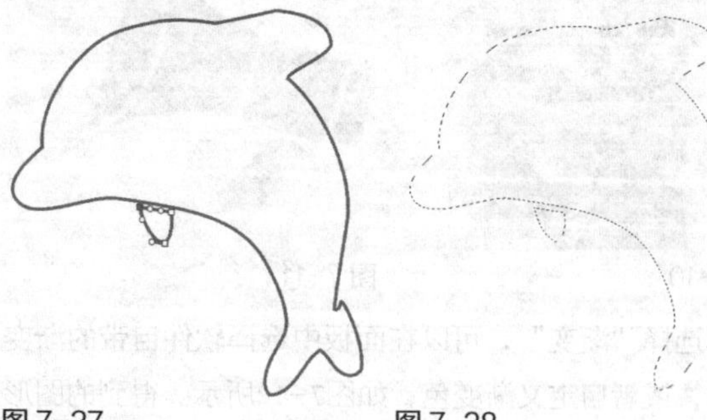
图 7-27　　图 7-28

07 执行“编辑>描边”菜单命令，打开“描边”对话框，设置“宽度”为12像素、“颜色”为黑色、“位置”为“居外”，如图7-29所示。

08 单击“确定”按钮，得到图像描边效果，如图7-30所示。

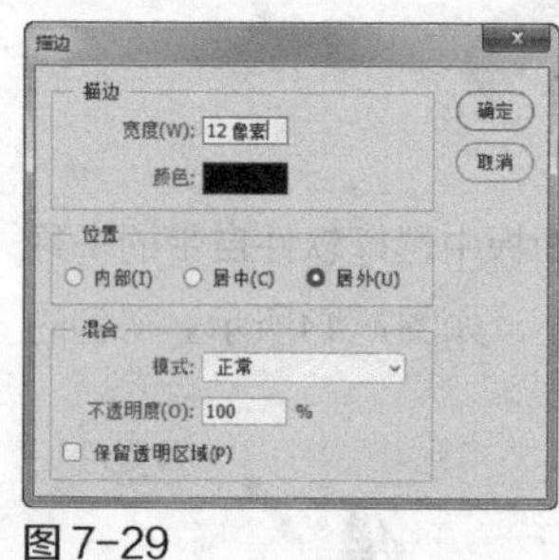

图 7-29

图 7-30

09 选择“魔棒工具” ，在步骤05中添加的胸鳍图形的白色区域单击，创建选区，然后将其填充为蓝色（R:96，G:173，B:226），如图7-31所示。

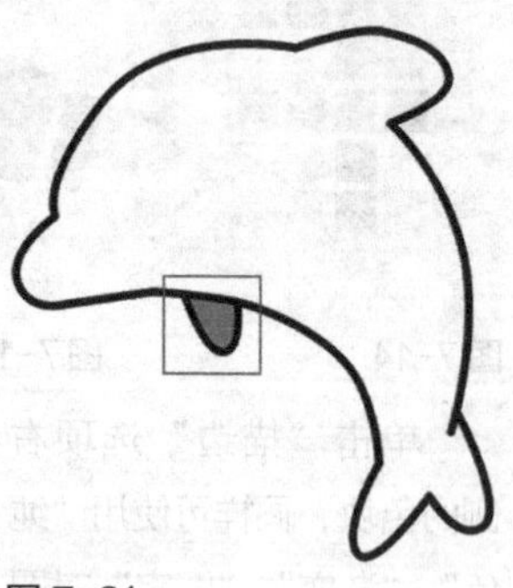
图 7-31

10 在“路径”面板中选择绘制的海豚图形路径，如图7-32所示。选择“钢笔工具” 对其进行编辑，适当删除一些锚点，如图7-33所示。

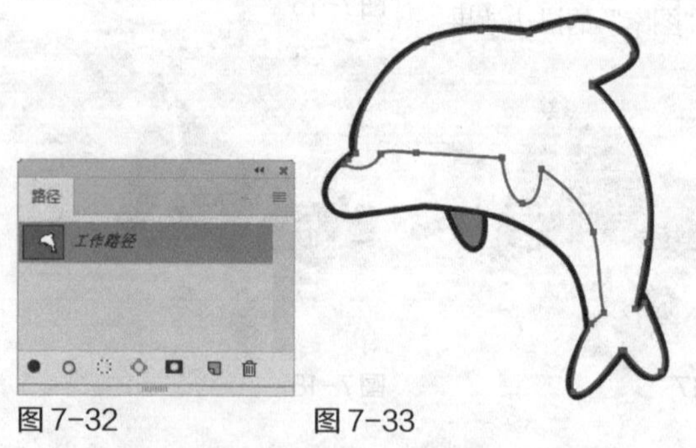

图 7-32　　图 7-33

(11) 单击“路径”面板中的“将路径作为选区载入”按钮，将路径转换为选区，为其填充淡蓝色（R:187，G:227，B:255），如图7-34所示。

(12) 继续选择工作路径改变路径形状，转换为选区后填充蓝色（R:96，G:173，B:226），并使用“画笔工具”在其中适当添加一些小圆点，如图7-35所示。

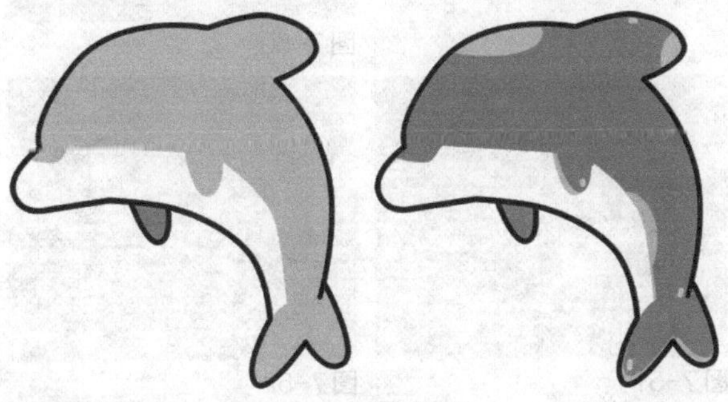

图 7-34　　图 7-35

(13) 设置前景色为黑色，选择“画笔工具”在海豚图像中绘制出嘴巴和胸鳍弧度，如图7-36所示。

(14) 选择“椭圆工具”，在属性栏中选择工具模式为“形状”，设置填充为纯色，绘制一个椭圆并填充为黑色，如图7-37所示。

图 7-36　　图 7-37

(15) 继续使用“椭圆工具”，在属性栏中设置填充颜色为白色，在海豚图像中绘制几个白色圆形，如图7-38所示。

(16) 下面将绘制水滴图形。选择“钢笔工具”，在海豚图像下方绘制一个不规则图形，如图7-39所示。

图 7-38　　图 7-39

(17) 按Ctrl+Enter组合键将路径转换为选区，为其填充淡蓝色（R:233，G:248，B:253），如图7-40所示。

(18) 选择“编辑>描边”命令，打开“描边”对话框，设置“宽度”为7像素、“颜色”为黑色，“位置”为“居中”，如图7-41所示。

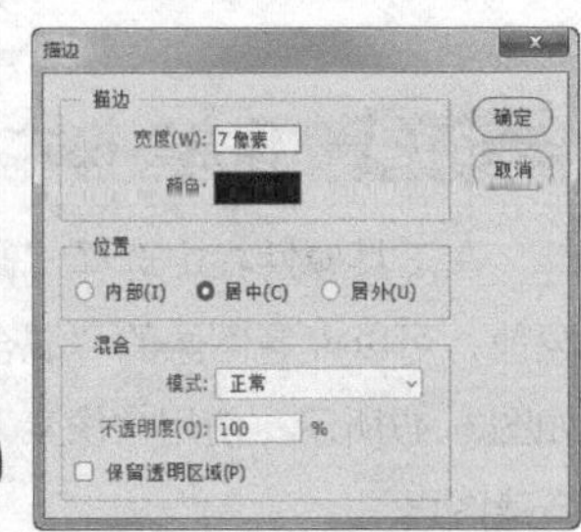

图 7-40　　图 7-41

(19) 单击“确定”按钮，得到描边图形效果，按Ctrl+D组合键取消选区，如图7-42所示。

(20) 在“路径”面板中选择“工作路径”，使用“钢笔工具”适当修改路径，将修改后的路径转换为选区，并为其填充天蓝色（R:174，G:213，B:250），如图7-43所示。

图 7-42　　图 7-43

(21) 使用同样的方法，绘制出另一个水滴图形，如图7-44所示。

(22) 打开“素材\第7章\卡通文字.psd”素材图像，使用“移动工具”将其拖曳到画面中，置于海豚图像左上方，如图7-45所示。

图 7-44　　图 7-45

㉓ 打开“素材\第7章\卡通背景.jpg”素材图像，将其拖曳到当前画面中，调整至背景图像大小，并在“图层”面板中将其置于最底层，效果如图7-46所示。

图 7-46

7.1.4 “像素”模式

在工具属性栏中选择“像素”工具模式后，绘制图像前，可以设置图像的“混合模式”和“不透明度”，如图7-47所示。使用“像素”模式绘制图像后不会自动新建图层。

像素 模式：正常 不透明度：100% 消除锯齿

图 7-47

首先在工具箱中设置一个合适的前景色，然后选择绘图工具，并在属性栏中选择工具模式为“像素”，按住鼠标左键在图像中拖曳进行绘制，如图7-48所示。绘制完成后将得到一个纯色的图形，该图形的绘制没有创建路径，也没有新建图层，如图7-49所示。

图 7-48

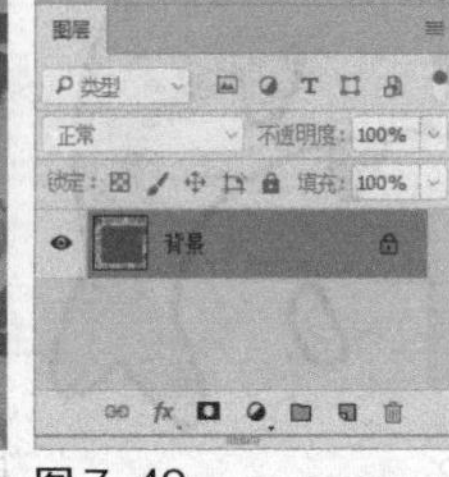

图 7-49

7.2 使用形状工具组

使用Photoshop中的形状工具可以创建出很多种矢量形状，这些工具包含“矩形工具”、“圆角矩形工具”、“椭圆工具”、“多边形工具”、“直线工具”和“自定形状工具”。

重点 7.2.1 矩形工具

使用“矩形工具”可以创建出正方形和矩形，其使用方法与“矩形选框工具”类似。在绘制时，按住鼠标左键拖曳，可以绘制出任意大小的矩形。拖曳时，按住Shift键可以绘制出正方形，如图7-50所示；按住Alt键能够以鼠标单击点为中心绘制矩形，如图7-51所示；按住Shift+Alt组合键可以以鼠标单击点为中心绘制正方形，如图7-52所示。

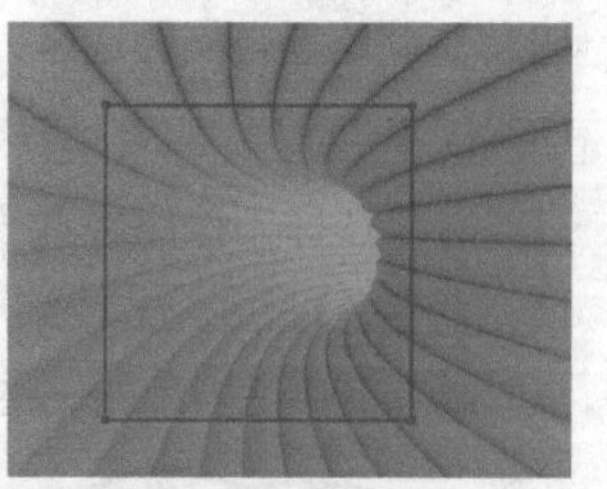

图 7-50

图 7-51

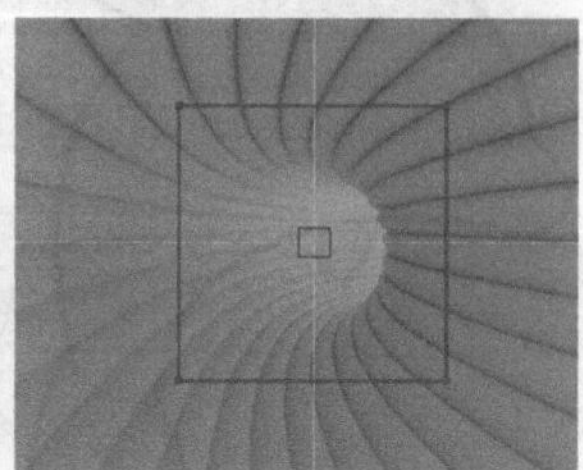

图 7-52

在工具箱中选择“矩形工具”后，其工具属性栏如图7-53所示。在其中单击“选区”按钮，可以将当前路径转换为选区；单击“蒙版”按钮，可以基于当前路径为当前图层创建矢量蒙版；单击“形状”按钮，可以将当前路径转换为形状。

路径 建立：选区... 蒙版 形状 对齐边缘

图 7-53

单击“设置其他形状和路径选项”按钮，可以在弹出的面板中设置矩形的创建方法，如图7-54所示。

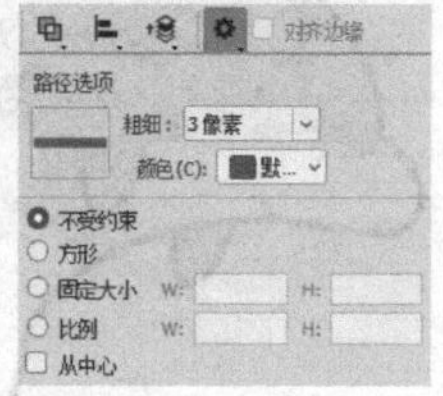

图 7-54

上述弹出面板中常用选项的含义介绍如下。

- **不受约束**：选中该选项，绘制的矩形长宽将不受限制，可以绘制出任意大小的矩形。
- **方形**：选中该选项，可以绘制出任意大小的正方形。
- **固定大小**：选中该选项后，可以在其后的数值框中输入宽度（W）和高度（H），然后在图像上单击即可创建出指定宽、高度的矩形。
- **比例**：选中该选项后，可以在其后的数值框中输入宽度（W）和高度（H）比例，此后创建的矩形将始终保持这个宽高比。
- **从中心**：以任何方式创建矩形时，选中该选项，鼠标单击点即为矩形的中心。

除了上面介绍的选项外，“矩形工具”属性栏中还有一个“对齐边缘”选项，勾选该选项后，可以使矩形的边缘与像素的边缘相重合，这样图形的边缘就不会出现锯齿，反之则会出现锯齿。

举一反三：绘制固定比例的矩形

使用“矩形工具”属性栏中的“比例”选项，能够创建出相同比例的矩形，这样就能够在图像中实现一些较为特殊的排列效果。在创建矩形之前，首先单击“设置其他形状和路径选项”按钮，在弹出面板中设置宽高比为1:10，如图7-55所示；然后在图像中绘制出多个相同比例的矩形，并填充为白色，同时降低其透明度，效果如图7-56所示。

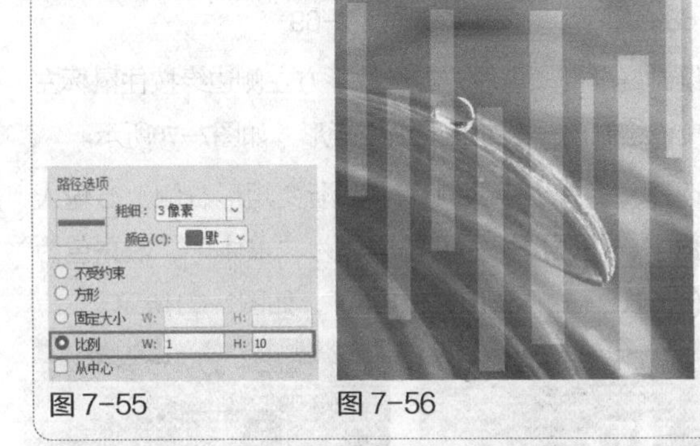

图7-55　图7-56

课堂练习：制作VIP卡

素材路径	素材\第7章\花朵.psd、金沙.psd、VIP.psd、底纹.psd
实例路径	实例\第7章\VIP卡.psd

练习效果

本练习将使用“矩形工具”绘制出VIP卡的外形，并在属性栏中设置矩形的颜色等属性，再添加素材图像和文字，完成VIP卡的制作。本练习的最终效果如图7-57所示。

图7-57

操作步骤

01 新建一个图像文件，设置前景色为淡黄色，按Alt+Delete组合键用前景色填充背景，然后选择“矩形工具”，在属性栏中选择工具模式为“形状”，设置“填充”为黑色纯色，在图像中绘制出一个矩形，作为卡片的底色，如图7-58所示。

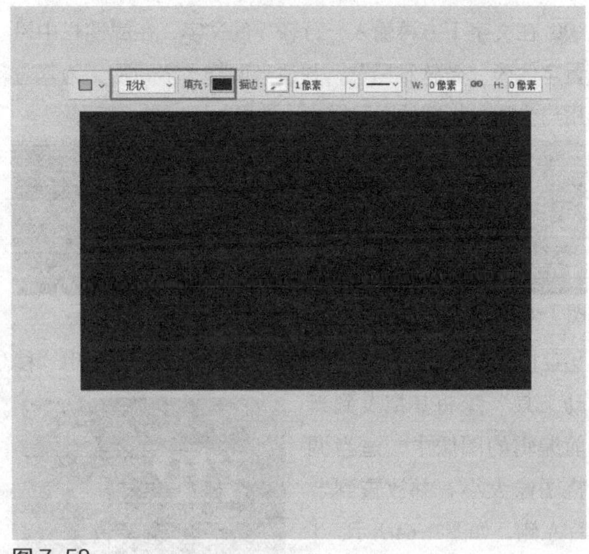

图7-58

02 打开“素材\第7章\花朵.psd、金沙.psd”素材图像，使用“移动工具”将其拖曳到当前编辑的图像中，并分别放置在卡片两侧，如图7-59所示。

03 选择“横排文字工具”，在卡片左上方输入文字“易创传媒”，在属性栏中设置字体为“方正大黑简体”，如图7-60所示。

图7-59　图7-60

04 执行“图层>图层样式>渐变叠加”菜单命令，打开“图层样式”对话框，设置渐变颜色为从浅黄色（R:251，G:247，B:197）到橘黄色（R:212，G:179，B:101）的“线性”渐变，其他选项设置如图7-61所示。

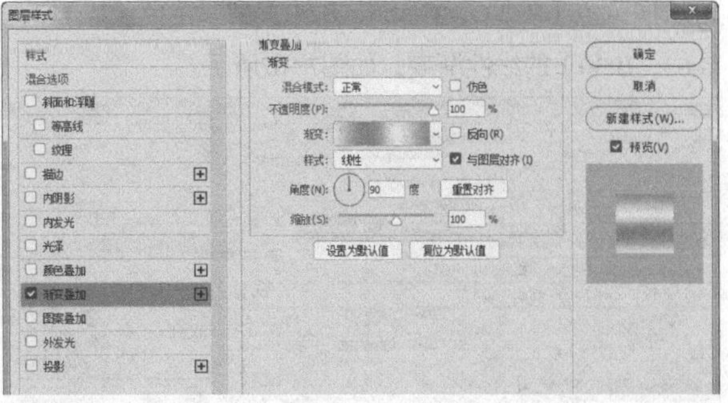

图7-61

05 单击“确定”按钮，得到文字的渐变叠加效果，如图7-62所示。

06 在文字下方再输入一行较小的文字，在属性栏中设置字体为“微软雅黑”，并适当调整文字间距，为其应用与步骤04相同的图层样式，效果如图7-63所示。

图7-62

易创传媒
给你创意和灵感
图7-63

07 打开“素材\第7章\VIP.psd”素材图像，使用“移动工具”将其拖曳到当前编辑的图像中，适当调整图像大小，并放置到卡片左侧，如图7-64所示。

图7-64

08 使用“横排文字工具”，在VIP图像下方分别输入中文和英文两行文字，执行“窗口>字符”菜单命令，打开“字符”面板，在其中设置中英文字体均为“微软雅黑”，再分别设置文字大小，接着选中两行文字，单击“仿斜体”按钮，如图7-65所示。最终得到的文字效果如图7-66所示。

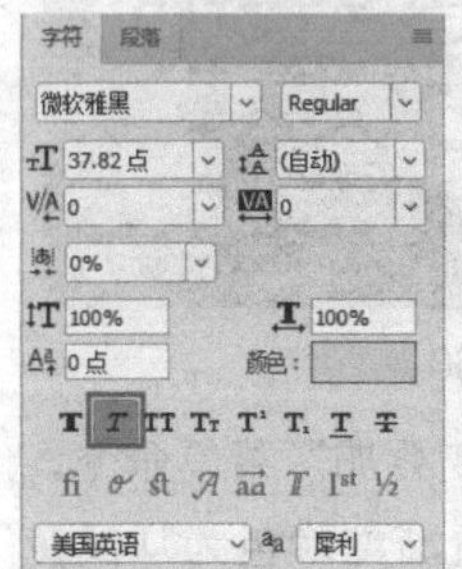

图7-65

图7-66

09 分别选择中英文文字图层并双击，在打开的“图层样式”对话框中选择“渐变叠加”样式，设置渐变颜色为从橘黄色（R:233，G:188，B:90）到深黄色（R:113，G:63，B:30）的线性渐变，如图7-67所示。

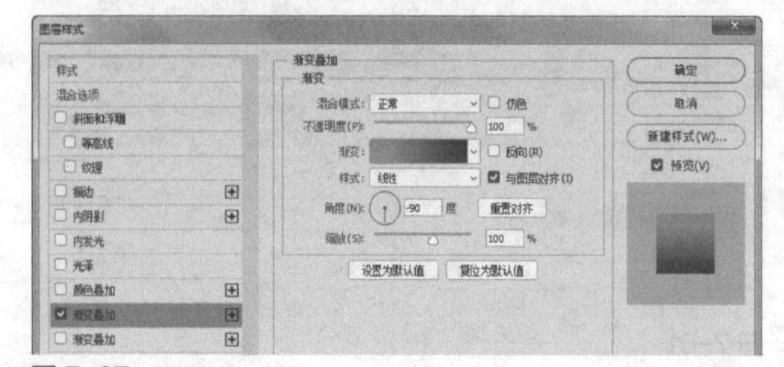

图7-67

10 单击“确定”按钮，得到文字渐变叠加效果，如图7-68所示。

11 选择“矩形工具”，在属性栏中选择工具模式为“形状”，再设置填充为渐变、渐变颜色为不同深浅的橘黄色和白色，如图7-69所示。

图7-68

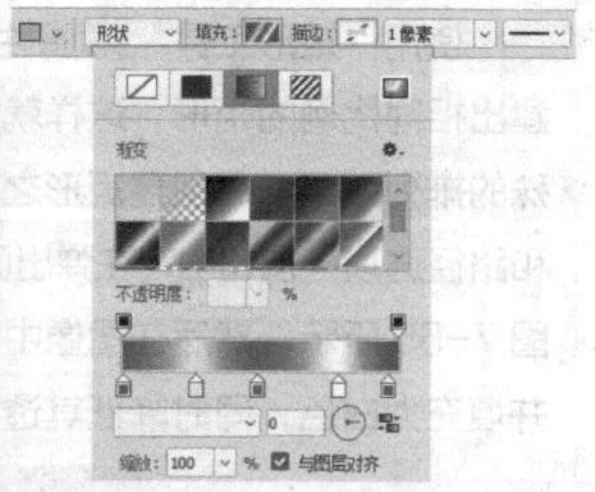
图7-69

12 绘制好渐变颜色后，在卡片下方左侧边缘按住鼠标左键拖曳，绘制出一个细长的渐变矩形，如图7-70所示。

13 选择“横排文字工具”，在渐变矩形右侧上方输入卡号数字，在属性栏中设置字体为“宋体”、填充色为土黄色（R:247，G:219，B:136），如图7-71所示。

图7-70

图7-71

14 制作好卡片正面图像后，选择除“背景”图层以外的所有图层，按Ctrl+G组合键将其归入图层组中，并重命名图层组为“正面”，如图7-72所示。

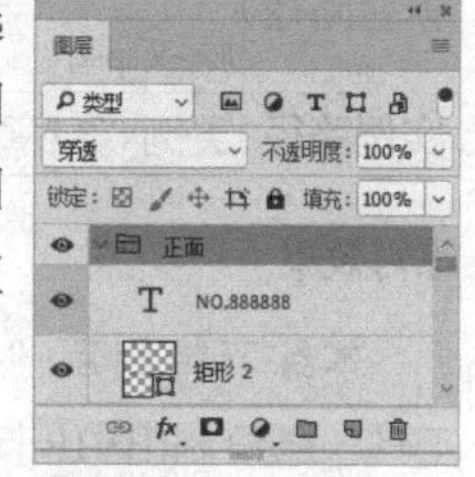

图7-72

15 双击“正面”图层组，打开“图层样式”对话框，选择“投影”样式，设置投影颜色为黑色，其他参数设置如图7-73所示。

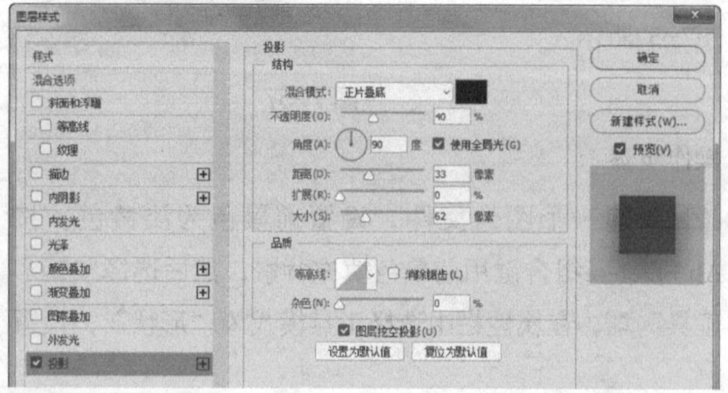

图7-73

⑯ 单击“确定”按钮，得到卡片的投影效果，如图7-74所示。

⑰ 按Ctrl+J组合键复制“正面”图层组，改名为“背面”，删除图层组中的文字图层，保留图7-75所示的图像。

图 7-74

图 7-75

⑱ 选择“矩形工具”▭，在卡片背面图像中绘制一个渐变色的矩形，如图7-76所示。

⑲ 打开“素材\第7章\底纹.psd”素材图像，使用“移动工具”✣将其移动过来，置于渐变矩形下方，再选择“横排文字工具”T在其中输入文字，参照图7-77所示的样式进行排列，完成卡片背面图像的制作。

图 7-76

图 7-77

举一反三：制作手提袋效果图

使用矩形工具可以直接绘制出带有填充色或描边的矩形，通过“自由变换”命令，可以将矩形变换为具有透视效果的四边形图像，例如利用该命令来制作手提袋效果图。

首先绘制出矩形，如图 7-78 所示。接着按 Ctrl+T 组合键进行自由变换，按住 Ctrl 键可以拖曳任意手柄进行调整，得到透视变换效果，如图 7-79 所示。最后再绘制其他图形，并添加其他素材图像，制作得到一个手提袋效果图，如图 7-80 所示。

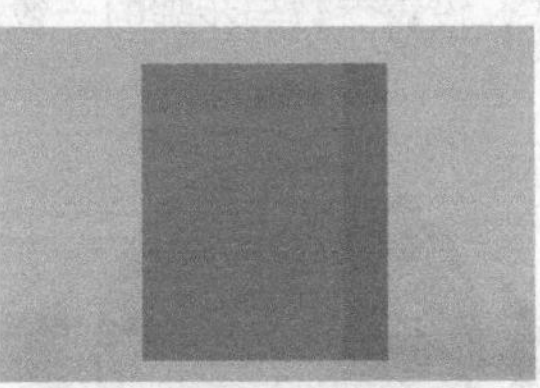
图 7-78

图 7-79

图 7-80

重点 7.2.2 圆角矩形工具

使用“圆角矩形工具”▢可以很方便地绘制出圆角矩形。其工具属性栏与矩形工具基本相同，只是多了一个“半径”选项，该选项用于设置所绘制矩形的四角的圆弧半径，输入的数值越小，四个角越尖锐，反之则越圆滑。

选择“圆角矩形工具”▢，并在属性栏中设置“半径”参数，可以自定义圆角程度，然后在图像窗口中按住鼠标左键进行拖曳，即可按指定的半径值绘制出圆角矩形，如图7-81所示。

图 7-81

重点 7.2.3 椭圆工具

绘制椭圆形的方法与绘制矩形的方法一样，选择工具箱中的“椭圆工具”◯，在图像窗口中按住鼠标左键进行拖曳，即可绘制出椭圆形或者正圆形图形，如图7-82所示。

图 7-82

▶ 课堂练习：制作电商促销标签

素材路径	素材\第7章\黄色背景.jpg
实例路径	实例\第7章\电商促销标签.psd

练习效果

本练习将使用“圆角矩形工具”▢和“椭圆工具”◯绘制一个电商促销标签，并通过属性栏中的设置，为图形添加渐变颜色。本练习的最终效果如图7-83所示。

图 7-83

操作步骤

(01) 新建一个图像文件，选择工具箱中的“圆角矩形工具”，在属性栏中设置工具模式为“形状”、“半径”为70像素，单击“填充”右侧的色块，在打开的面板中选择“渐变”样式，设置渐变颜色为从深红色（R:161，G:8，B:3）到红色（R:230，G:15，B:39），如图7-84所示。

图 7-84

(02) 按住Shift键在图像中绘制图形，得到带渐变颜色的正圆角矩形，如图7-85所示。这时“图层”面板中将得到一个形状图层，如图7-86所示。

图 7-85

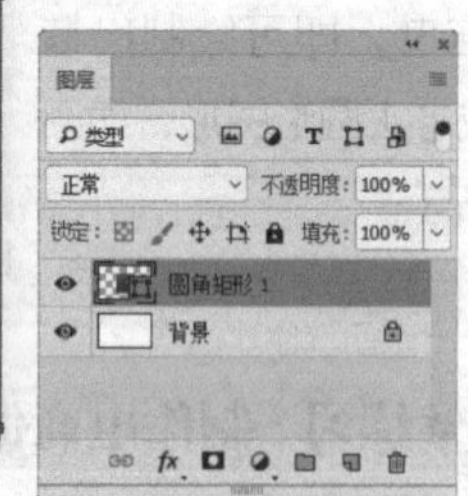

图 7-86

(03) 按Ctrl+T组合键对图形做自由变换，在属性栏中输入变换角度为45度，如图7-87所示，按Enter键确认变换。

图 7-87

(04) 执行“图层>图层样式>投影”菜单命令，打开“图层样式”对话框，设置投影颜色为土红色（R:165，G:97，B:95），其他参数设置如图7-88所示。

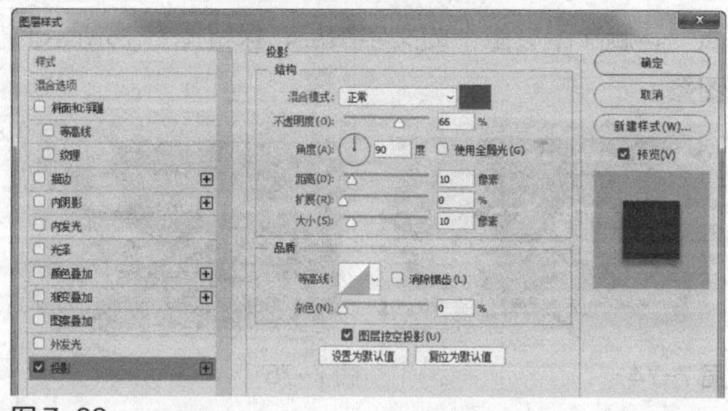

图 7-88

(05) 单击“确定”按钮，得到投影效果，如图7-89所示。

(06) 选择“椭圆工具”，在属性栏中设置工具模式为“形状”、颜色为白色，然后按住Shift键在图像中绘制一个正圆形，如图7-90所示。

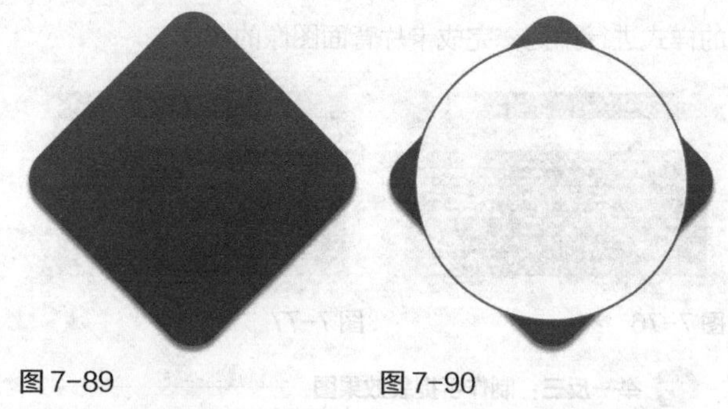

图 7-89　　图 7-90

(07) 在属性栏中设置颜色为渐变样式，并设置与圆角矩形相同的渐变颜色，然后在白色圆形中绘制一个较小的红色正圆形，如图7-91所示。

(08) 双击较小的正圆形所在的图层，为圆形添加投影样式，设置参数与步骤04一致，如图7-92所示。

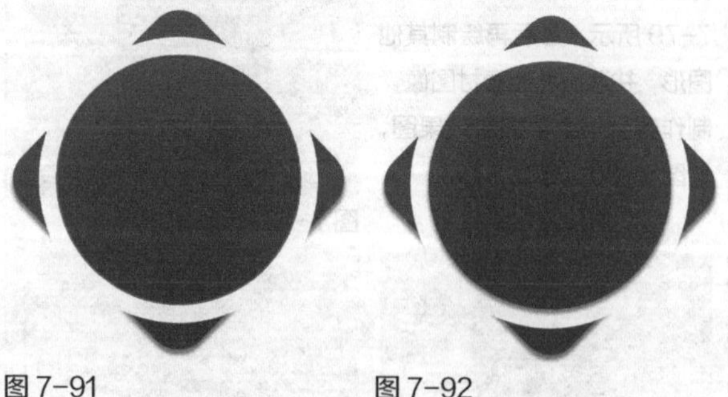

图 7-91　　图 7-92

(09) 选择“圆角矩形工具”，在属性栏中设置工具模式为“形状”、“半径”为10像素、颜色为白色，在红色圆形中绘制一个圆角矩形，如图7-93所示。

(10) 选择“横排文字工具”，在图形中输入文字，参照图7-94所示的方式调整文字大小和颜色，并在属性栏中设置字体为不同粗细的黑体。

图 7-93　　图 7-94

(11) 选择“多边形工具”，在属性栏中设置颜色为白色，单击“设置其他形状和路径选项”按钮，在打开的面板中设置各项参数，如图7-95所示。接着在图像中绘制多个相同大小的五角星图形，如图7-96所示。

图 7-95　　图 7-96

(12) 选择“椭圆工具”，在最大的圆角矩形的四个角上分别绘制一个白色圆形，如图7-97所示。

图 7-97

(13) 打开“素材\第7章\黄色背景.jpg”图像，使用“移动工具”将之前步骤绘制的所有图形对象拖曳到黄色背景中，最终效果如图7-98所示。

图 7-98

[重点] 7.2.4 多边形工具

使用“多边形工具”可以创建出正多边形（最少为3条边）和星形，在工具属性栏中的“边”数值框中可以设置边数。设置为3时，可以创建出正三角形，如图7-99所示；设置为5时，可以绘制出正五边形，如图7-100所示。

图 7-99　　图 7-100

单击“设置其他形状和路径选项”按钮，可以打开多边形选项面板，如图7-101所示。在该面板中可以设置多边形的半径，或将多边形创建为星形等。

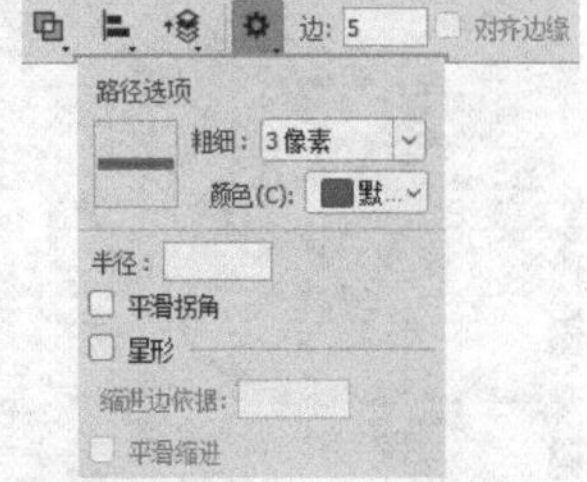

图 7-101

▷ **半径**：用于设置多边形或星形的“半径”长度。设置好“半径”数值以后，在画布中拖曳鼠标即可创建出相应半径的多边形或星形。

▷ **平滑拐角**：勾选该选项以后，可以创建出具有平滑拐角效果的多边形或星形，如图7-102所示。

图 7-102

▷ **星形**：勾选该选项后，可以创建星形，下面的“缩进边依据”选项主要用来设置星形边缘向中心缩进的百分比，数值越高，缩进量越大。图7-103和图7-104所示分别是20%和60%的缩进效果。

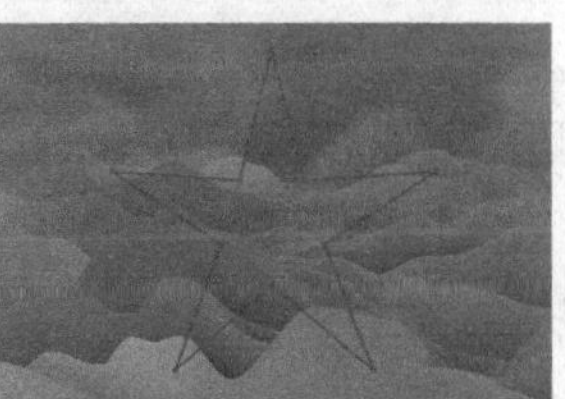

图 7-103　　图 7-104

▷ **平滑缩进**：勾选该选项后，可以使星形的每条边向中心平滑缩进，如图7-105所示。

图 7-105

▶ 课堂练习：制作时尚简约店标

素材路径	素材\第7章\文字和咖啡.psd、效果图背景.jpg
实例路径	实例\第7章\时尚简约店标.psd

练习效果

本练习首先使用“多边形工具”绘制出花瓣状的图形，然后结合其他绘图工具绘制出其他对象。本练习的最终效果如图7-106所示。

图 7-106

操作步骤

01 新建一个图像文件，选择工具箱中的“多边形工具”，在属性栏中选择工具模式为“形状”，然后设置“填充”为蓝色（R:2，G:202，B:220）、“边”为15，再单击按钮，在弹出的面板中设置“半径”为500像素，并勾选“平滑拐角”和“星形”选项，如图7-107所示。

图 7-107

02 设置好属性后，在图像中单击并拖曳鼠标，即可绘制出花瓣图形，如图7-108所示。这时“图层”面板中将得到一个形状图层，如图7-109所示。

图 7-108　图 7-109

03 选择“椭圆工具”，在属性栏中设置颜色为浅蓝色（R:76，G:222，B:235），按住Shift键在花瓣图形中绘制一个正圆形，并置于花瓣图形中间，如图7-110所示。

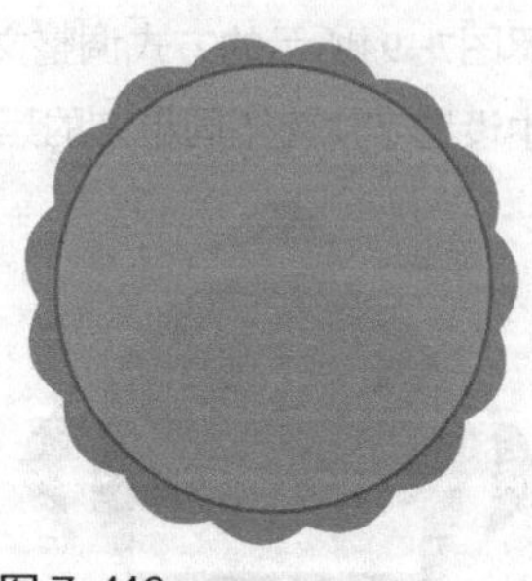

图 7-110

04 执行“图层>图层样式>投影”菜单命令，打开“图层样式”对话框，设置“投影”为黑色，其他参数设置如图7-111所示。

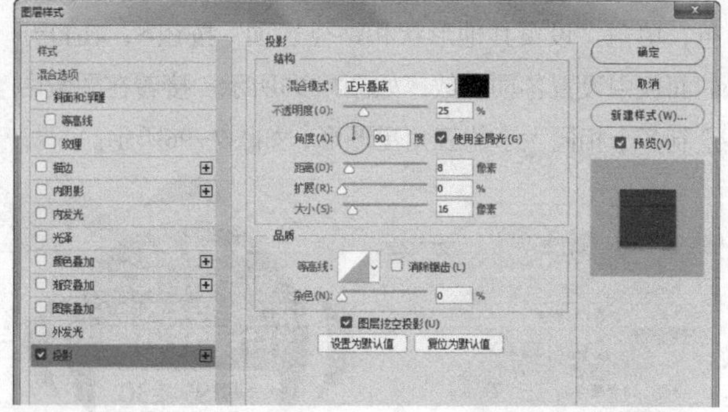

图 7-111

05 单击“确定”按钮，得到添加投影的图像效果，如图7-112所示。

06 选择“椭圆工具”，在属性栏中设置“填充”为无、“描边”为白色、宽度为4像素，按住Shift键绘制一个正圆形，放到圆形图像中间，如图7-113所示。

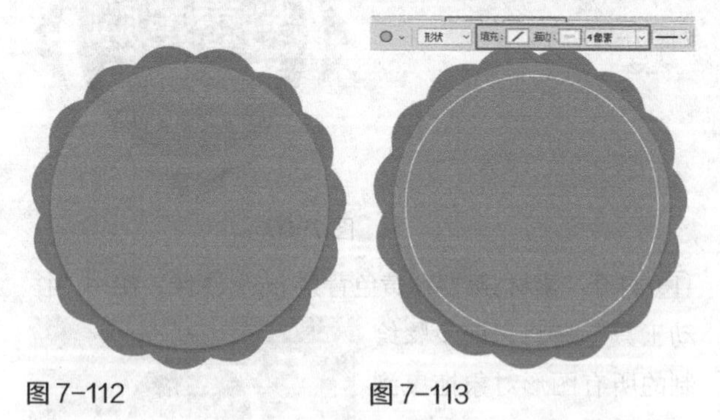

图 7-112　图 7-113

07 打开“素材\第7章\文字和咖啡.psd”素材图像，使用“移动工具”分别将素材拖曳到画面中，如图7-114所示。

08 选择“横排文字工具”在圆形上下分别输入文字“咖啡屋”和英文字母，并在属性栏中设置中文字体为“华康布丁体”、英文字体为“黑体”、文本颜色为白色，如图7-115所示。至此，店标制作完成。

图 7-114　图 7-115

(09) 下面将制作店标效果图。按住Ctrl键选择除“背景”图层外的所有图层，按Ctrl+E组合键合并图层，如图7-116所示。打开“素材\第7章\效果图背景.jpg”素材图像，使用“移动工具”将店标拖曳到背景图像中，如图7-117所示。

图 7-116　图 7-117

(10) 执行“图层>图层样式>投影”菜单命令，打开“图层样式”对话框，设置“投影”为黑色，其他参数设置如图7-118所示。

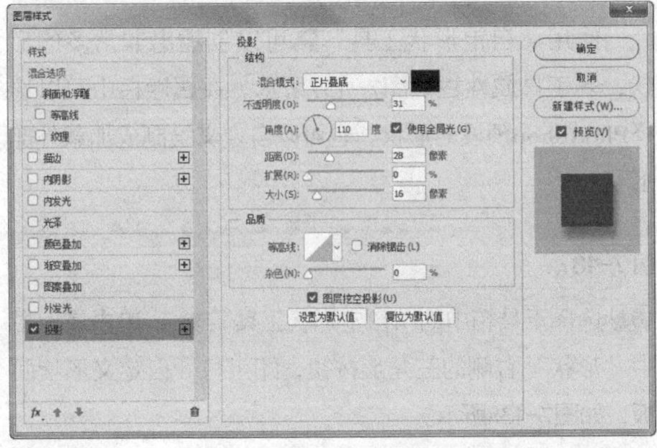

图 7-118

(11) 单击“确定”按钮，得到图像投影，效果如图7-119所示。

图 7-119

举一反三：制作透明质感图标

结合多种形状工具，可以绘制带组合效果的形状，并对这些图像添加一定的样式，得到特殊图像效果。下面将使用多种形状工具绘制图标中的图形，并添加“内发光”图层样式，得到具有透明质感的图标。

(01) 新建一个图像文件，选择“圆角矩形工具”，并在属性栏中选择工具模式为“形状”，设置填充色为从橘黄色（R:255，G:154，B:68）到橘红色（R:249，G:58，B:85）的渐变颜色，再设置合适的“半径”参数，如图7-120所示。接着在图像中绘制出圆角矩形，如图7-121所示。

图 7-120　图 7-121

(02) 执行“图层＞图层样式＞投影”菜单命令，为图像添加投影效果，如图7-122所示。

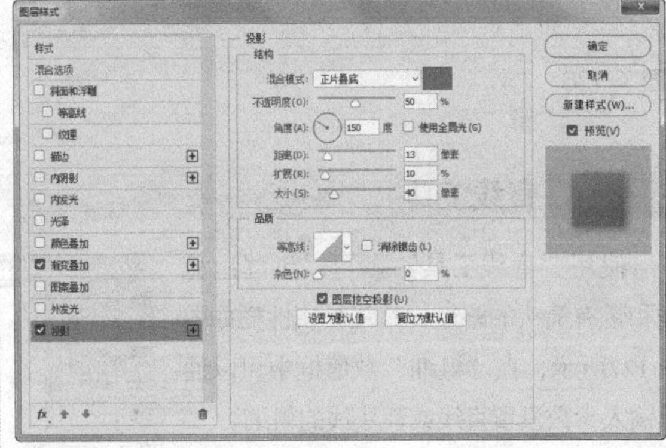

图 7-122

(03) 选择“多边形工具”，在属性栏中设置“填充”和“描边”都为无、边数为3，然后圆角矩形中绘制出三角形，如图7-123所示。

(04) 为该图像添加“内发光”图层样式，并设置“内发光”颜色为白色，效果如图7-124所示。

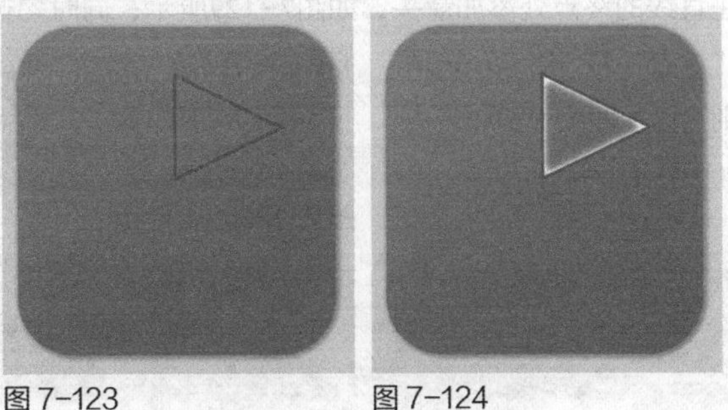

图 7-123　图 7-124

(05) 使用“圆角矩形工具”绘制出几个细长的圆角矩形，

并添加“内发光”和“投影”图层样式，效果如图 7-125 所示。

图 7-125

(06) 使用同样的方法，绘制出其他图标图像，并填充为不同的颜色，效果如图 7-126 所示。

图 7-126

7.2.5 直线工具

使用“直线工具”可以创建出直线和带有箭头的路径，其工具属性栏如图7-127所示，在“粗细”数值框中可以通过输入参数设置直线或箭头线的粗细。

图 7-127

单击“设置其他形状和路径选项”按钮，可以打开箭头选项面板，在该面板中可以设置箭头的样式。

▶ **起点/终点**：勾选“起点”选项，可以在直线的起点处添加箭头，如图7-128所示；勾选“终点”选项，可以在直线的终点处添加箭头，如图7-129所示；同时勾选“起点”和“终点”选项，则可以在两头都添加箭头，如图7-130所示。

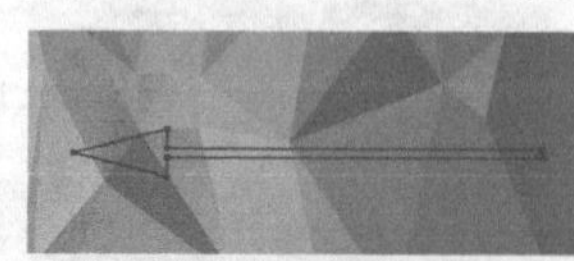
图 7-128

图 7-129

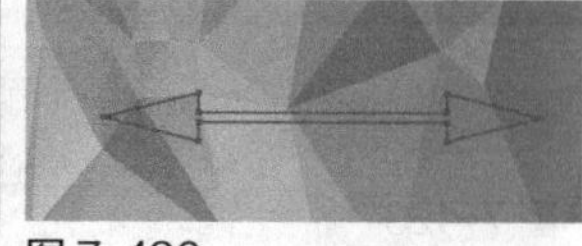
图 7-130

▶ **宽度**：用来设置箭头宽度与直线宽度的百分比，范围为10%~1000%，图7-131和图7-132所示分别为使用200%和1000%的箭头宽度创建的箭头。

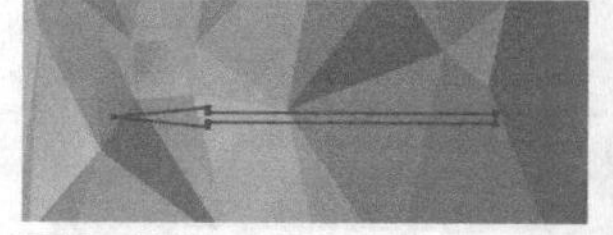
图 7-131

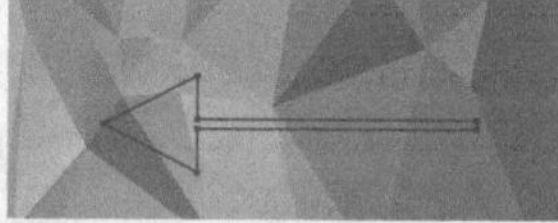
图 7-132

▶ **长度**：用来设置箭头长度与直线长度的百分比，范围为10%~5000%，图7-133和图7-134所示分别为使用100%和3000%的箭头长度创建的箭头。

图 7-133

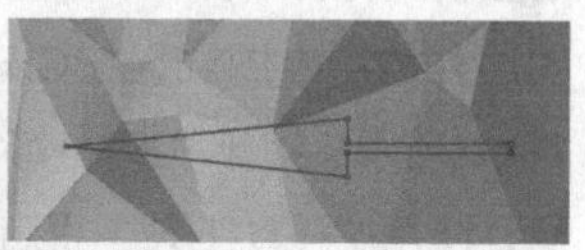
图 7-134

▶ **凹度**：用来设置箭头的凹陷程度，范围为-50%~50%。值为0%时，箭头尾部平齐；值大于0%时，箭头尾部向内凹陷，如图7-135所示；值小于0%时，箭头尾部向外凸出，如图7-136所示。

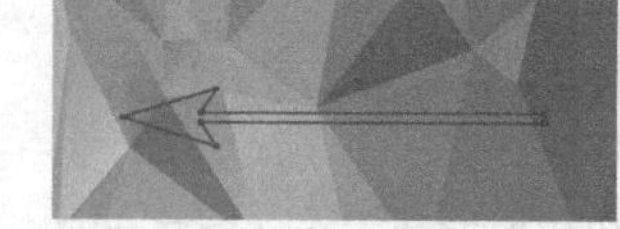
图 7-135

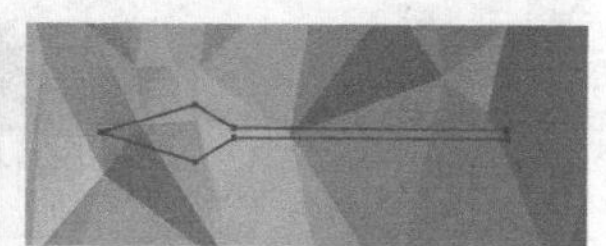
图 7-136

7.2.6 动手学：自定形状工具

使用“自定形状工具”可以创建出非常多的形状，其工具属性栏如图7-137所示。在属性栏中可以选择Photoshop预设的形状，也可以自定义绘制或加载外部形状。

图 7-137

(01) 选择工具箱中的“自定形状工具”，单击属性栏中“形状”右侧的三角形按钮，即可打开自定义形状面板，如图7-138所示。

(02) 选择一种图形，在图像窗口中按住鼠标左键进行拖曳，即可绘制出一个矢量图形，如图7-139所示。

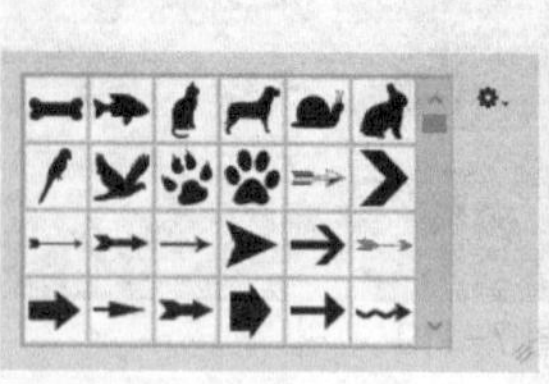
图 7-138

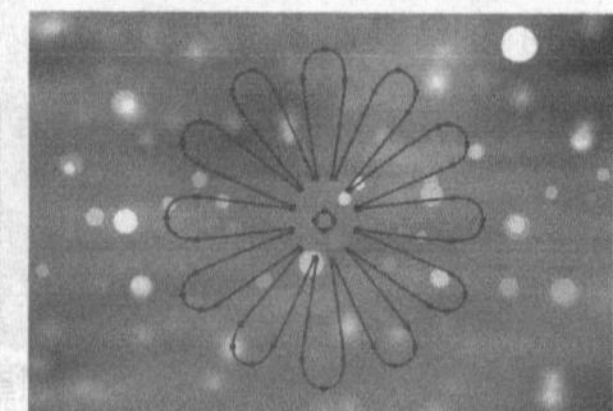
图 7-139

(03) 单击面板右上方的齿轮按钮，会弹出如图7-140

所示的菜单，在其中可以选择“复位形状”“载入形状”“存储形状”“替换形状”等命令。

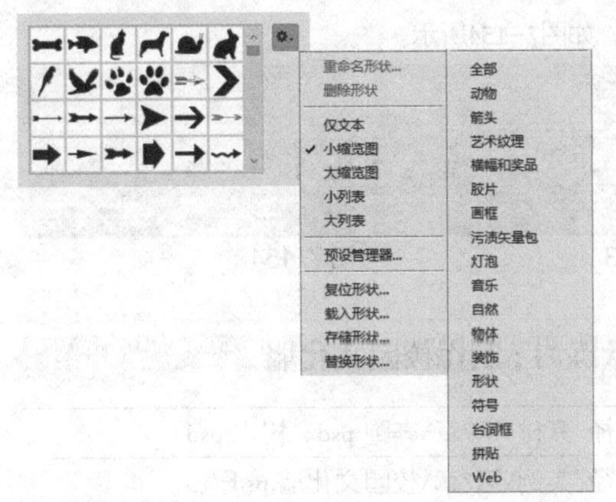

图 7-140

04 选择“全部”命令，会弹出如图7-141所示的对话框，单击“追加”按钮即可将所有图形都添加到面板中，如图7-142所示。

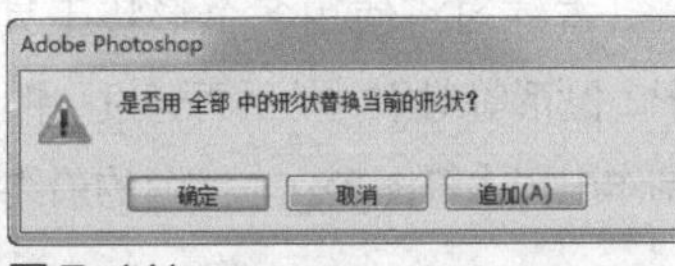

图 7-141

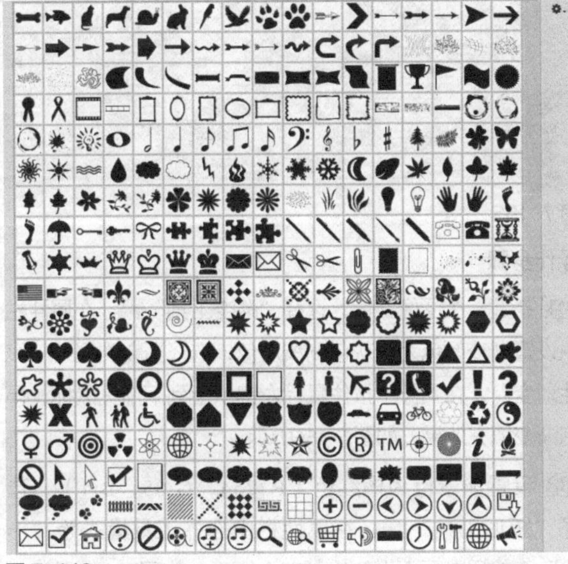

图 7-142

疑难解答：如何自定义形状

当用户绘制好一个新的图形后，可以执行“编辑 > 定义自定形状”菜单命令，打开“形状名称”对话框，在其中输入如图 7-143 所示的名称，即可将该图形自动添加到自定义形状面板中，以便以后使用。

添加的自定义形状位于面板底部，如图 7-144 所示。

图 7-143

图 7-144

7.3 矢量对象的编辑操作

使用“钢笔工具”和各种形状工具绘制出矢量对象后，我们还可以在原有矢量路径的基础上继续进行绘制，同时也可以对路径进行变换、建立选区、填充和描边等操作。

重点 7.3.1 掌握“路径”面板

“路径”面板主要是用来管理和存储路径，绘制的所有工作路径、矢量蒙版等都将存储在“路径”面板中。执行“窗口>路径”菜单命令，打开“路径”面板，如图7-145所示。

图 7-145

“路径”面板中各种按钮功能介绍如下。

- **用前景色填充路径**：单击该按钮，可以用前景色填充路径区域。
- **用画笔描边路径**：单击该按钮，可以用设置好的“画笔工具”对路径进行描边。
- **将路径作为选区载入**：单击该按钮，可以将路径转换为选区。
- **从选区生成工作路径**：如果当前文档中存在选区，单击该按钮，可以将选区转换为工作路径。
- **添加图层蒙版**：单击该按钮，可以从当前选定的路径生成蒙版。
- **创建新路径**：单击该按钮，可创建一个新的路径。
- **删除当前路径**：将路径拖曳到该按钮上，可以将其删除。

重点 7.3.2 路径运算

如果要使用钢笔或形状工具创建多个子路径或子形状，可以在工具属性栏中单击“路径操作”按钮，在弹出的菜单中选择一种运算方式，以确定子路径的重叠区域会产生什么样的结果，如图7-146所示。

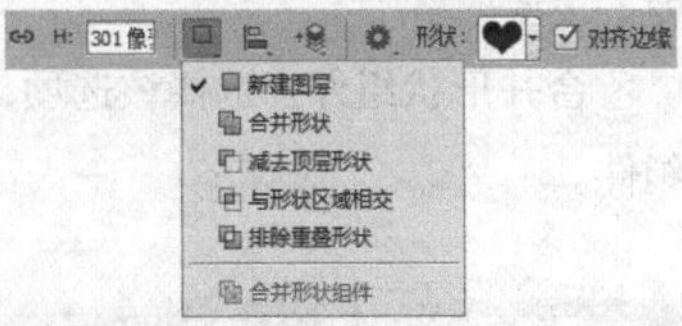

图 7-146

下面通过一个形状图层来讲解路径的运算方法，图

7-147所示是原有的箭头图形，图7-148是要添加到箭头图形上的新绘制的图形。

图 7-147

图 7-148

不同运算方式的作用和效果如下。

▶ **新建图层**：选择该选项，可以新建形状图层。

▶ **合并形状**：选择该选项，新绘制的图形将添加到原有的形状中，使两个形状合并为一个形状，如图7-149所示。

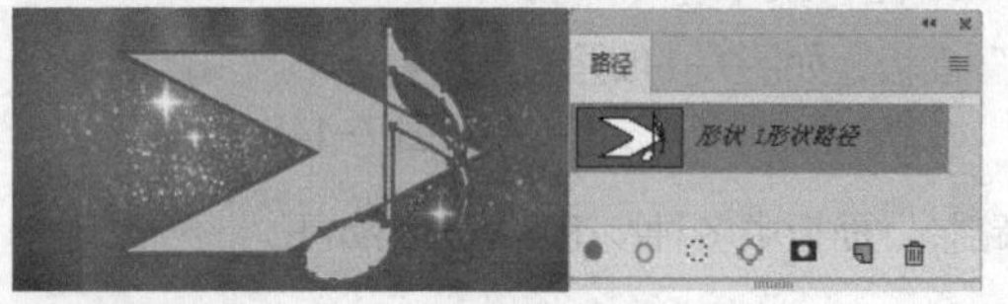

图 7-149

▶ **减去顶层形状**：选择该选项，可以从原有的形状中减去新绘制的形状，如图7-150所示。

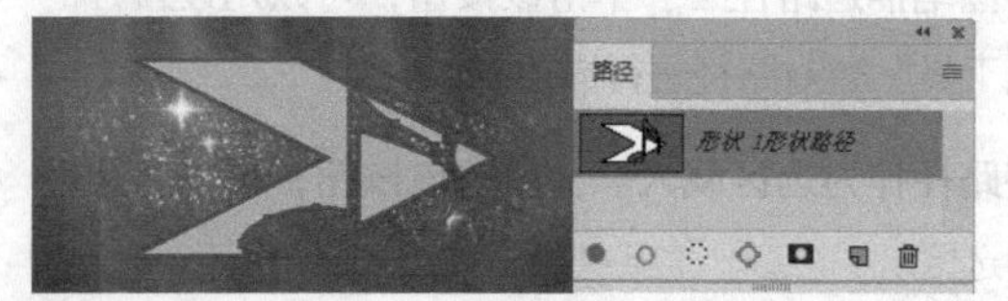

图 7-150

▶ **与形状区域相交**：选择该选项，可以得到新形状与原有形状的交叉区域，如图7-151所示。

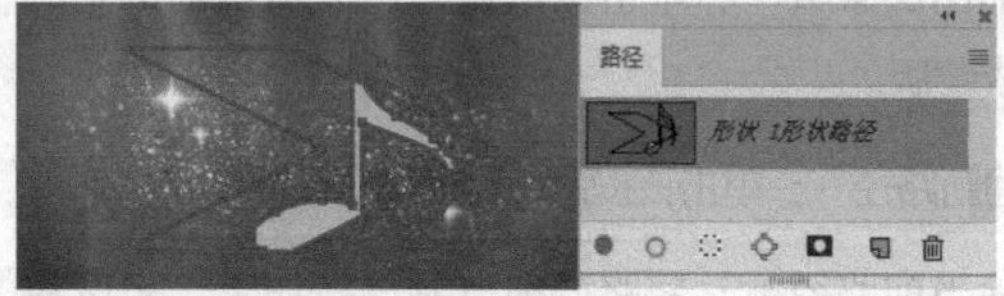

图 7-151

▶ **排除重叠形状**：选择该选项，可以得到新形状与原有形状重叠部分以外的区域，如图7-152所示。

图 7-152

▶ **合并形状组件**：选择该选项，可以合并重叠的形状组件。

7.3.3 选择和移动路径

当我们在图像中绘制好路径后，使用工具箱中的“路径选择工具”在路径上单击，即可选择该路径，如图7-153所示。按住鼠标左键拖曳，即可移动路径所在的位置，如图7-154所示。

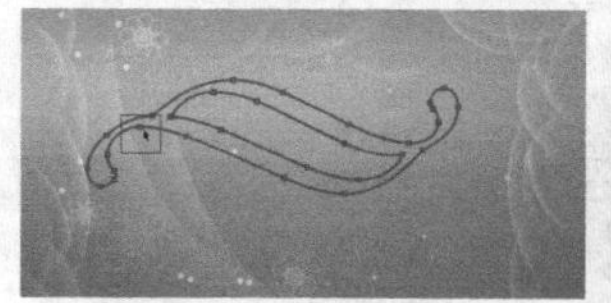

图 7-153　　图 7-154

▶ 课堂练习：制作校园文化墙

素材路径	素材\第7章\奔跑.psd、树木.psd
实例路径	实例\第7章\校园文化墙.psd

练习效果

本练习将使用多个形状工具绘制出文化墙中的矩形、圆形等对象，然后再通过“钢笔工具”绘制路径，制作出树木等图形。本练习的最终效果如图7-155所示。

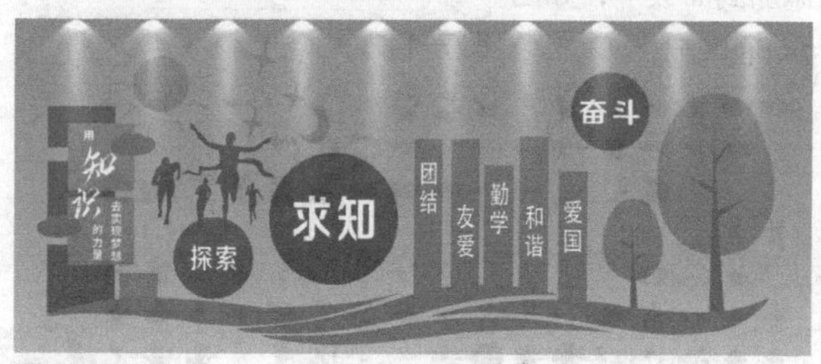

图 7-155

操作步骤

01 新建一个图像文件，选择“渐变工具”，在属性栏中设置渐变颜色为从灰色到浅灰色，选择渐变类型为“线性渐变”，在图像中按住鼠标左键从上到下拖曳鼠标，得到渐变填充效果，如图7-156所示。

02 设置前景色为橘红色（R:234，G:85，B:4），选择“矩形工具”，在属性栏中选择工具模式为“形状”，然后在画面左侧绘制三个矩形，如图7-157所示。

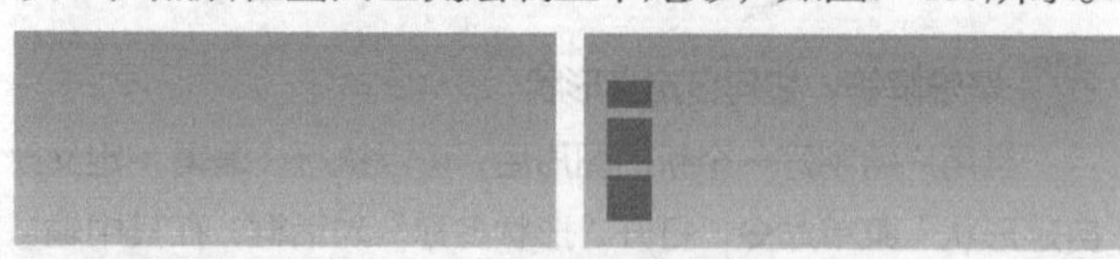

图 7-156　　图 7-157

03 设置前景色为橘黄色（R:247，G:171，B:0），继续在画面左侧绘制三个橘黄色矩形，如图7-158所示。

04 使用“椭圆工具”，按住Shift键绘制4个正圆形，分别填充圆形为橘黄色（R:247，G:171，B:0）、橘红色（R:234，G:85，B:4）、蓝色（R:21，G:132，B:197）和

绿色（R:94，G:155，B:51），如图7-159所示。

图7-158

图7-159

05 选择“钢笔工具”，在图像中绘制一个梭形图形，如图7-160所示。然后复制多个梭形图形，并对其进行旋转，分别放置到橘黄色圆形周围，得到太阳图形，如图7-161所示。

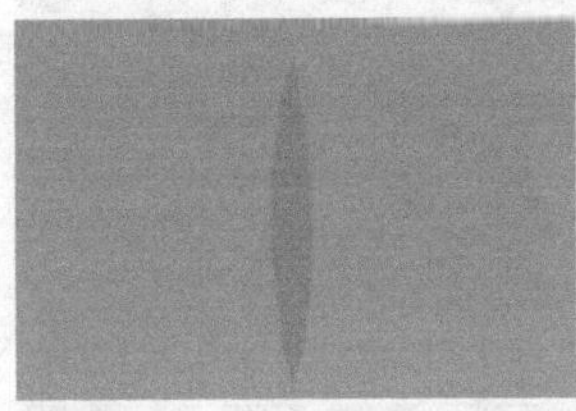
图7-160

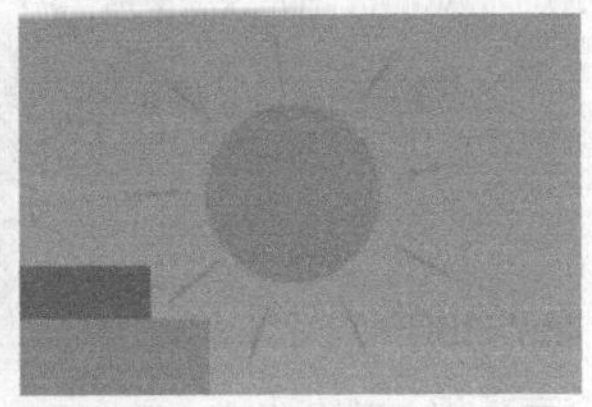
图7-161

06 设置前景色为橘黄色（R:247，G:171，B:0），使用“矩形工具”在画面中间绘制多个高矮不一的矩形，如图7-162所示。

07 使用“钢笔工具”绘制一个波浪曲线图形，填充为橘黄色（R:247，G:171，B:0），如图7-163所示。

图7-162

图7-163

08 复制三次波浪曲线图形，适当旋转和调整图形形状，分别填充为绿色（R:117，G:188，B:44）和橘黄色（R:247，G:171，B:0），如图7-164所示。

09 使用“钢笔工具”在太阳图形右侧绘制出星星和月亮图形，如图7-165所示。

图7-164

图7-165

10 继续在画面左侧绘制出两个云朵图形，并填充为橘黄色（R:240，G:131，B:0），如图7-166所示。

11 打开“素材\第7章\奔跑.psd”素材图像，使用“移动工具”将其拖曳到绿色圆形上方，如图7-167所示。

图7-166

图7-167

12 选择“横排文字工具”，在画面中输入多个文字内容，分别在属性栏中设置字体为“粗黑简体”、“黑体”和“草书”，文本颜色为白色，如图7-168所示。

13 打开“素材\第7章\树木.psd”素材图像，使用“移动工具”将其拖曳过来，将树木放到画面右侧，将灯放到画面上方，如图7-169所示。

图7-168

图7-169

【重点】7.3.4 变换路径

变换路径与变换图像的方法完全相同。在“路径”面板中选择路径，执行“编辑>自由变换路径”菜单命令或执行“编辑>变换路径”菜单下的命令即可对其进行相应的变换，如图7-170所示。

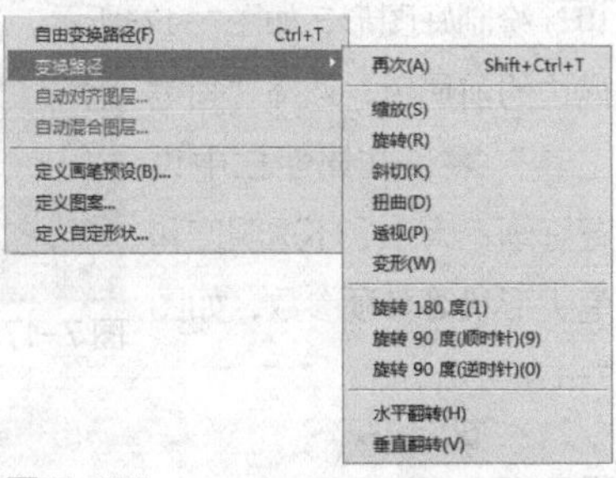

图7-170

7.3.5 对齐、分布路径

当画面中绘制了较多的路径或形状，需要对一些路径和形状的位置进行调整时，可以采用相应的对齐与分布方式来实现。使用“路径选择工具”选择路径，如图7-171所示。在属性栏中单击“路径对齐方式”按钮，将弹出如图7-172所示的菜单，在其中可以选择一种路径的对齐和分布方式，如选择“底边”对齐，效果如图7-173所示。

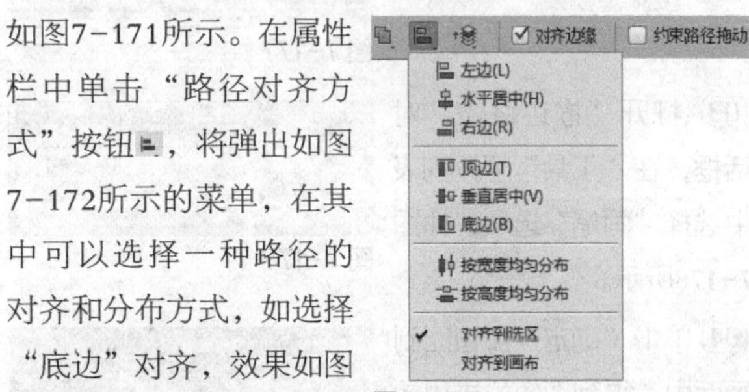

图7-172

图7-171

图7-173

7.3.6 调整路径排列方式

当图像中绘制了较多路径时，可以根据需要调整这些路径的上下排列顺序，不同的排列顺序会影响到路径运算的结果。选择一个路径，在属性栏中单击“路径排列方式”按钮，在弹出的菜单中可以选择路径的叠放顺序，如图7-174所示。

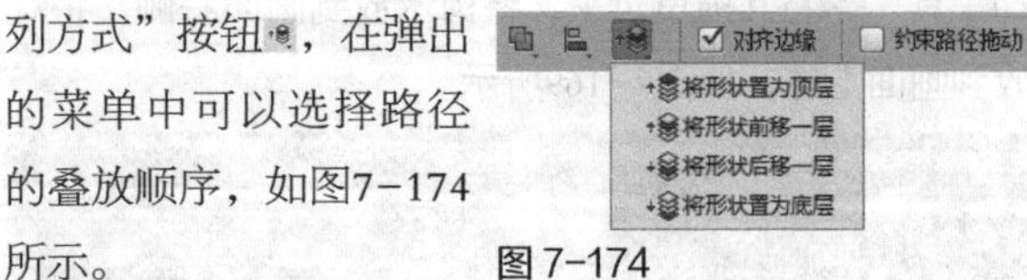

图 7-174

7.3.7 动手学：描边路径

通过“描边路径”命令可以使用绘图工具为绘制好的路径或形状边缘进行描边，描边的绘图工具可以选择画笔、铅笔、仿制图章工具等。

01 绘制好图形，如图7-175所示。在工具箱中设置用于描边的前景色，选择“画笔工具”，在属性栏中设置好画笔大小、不透明度和笔尖形状等各项参数，如图7-176所示。

图 7-175

图 7-176

02 在“路径”面板中选择“工作路径”，单击鼠标右键，在弹出的快捷菜单中选择“描边路径”命令，或直接单击“用画笔描边路径”按钮，如图7-177所示。

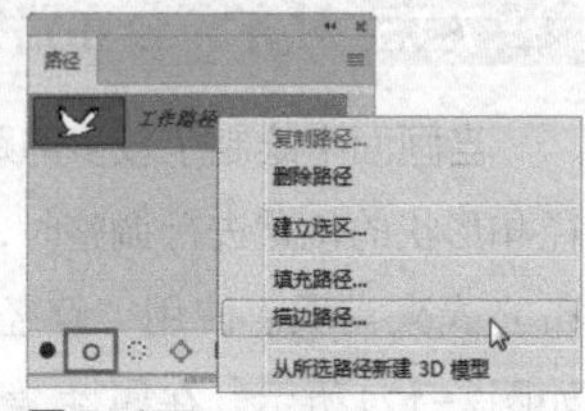

图 7-177

03 打开“描边路径”对话框，在“工具”下拉列表中选择“画笔”选项，如图7-178所示。

图 7-178

04 单击“确定”按钮回到画面中，得到图像的描边效果，如图7-179所示。

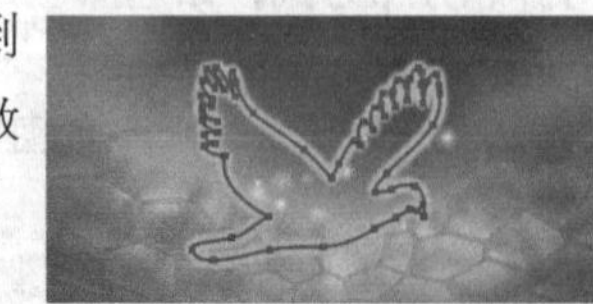
图 7-179

7.3.8 动手学：填充路径

用户绘制好路径后，可以为路径填充颜色。路径的填充与图像选区的填充相似，用户可以将颜色或图案填充到路径内部的区域。

01 绘制一条封闭的路径，选择路径对象，然后在路径中单击鼠标右键，在弹出的快捷菜单中选择“填充路径”命令，如图7-180所示。

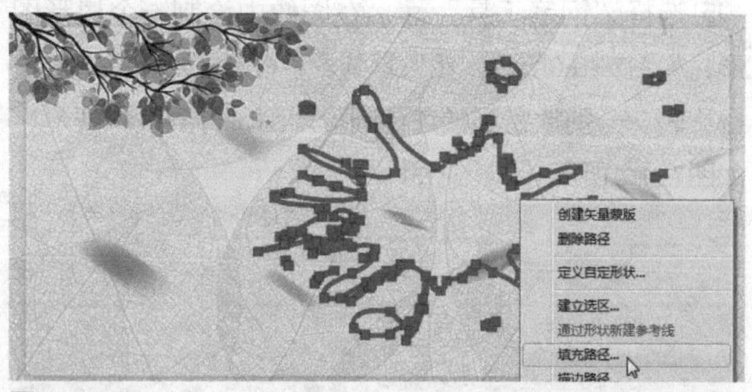

图 7-180

02 在打开的“填充路径”对话框中可设置用于填充的颜色和图案样式，如在“内容”下拉列表中选择“图案”选项，然后选择一种图案样式，如图7-181所示。

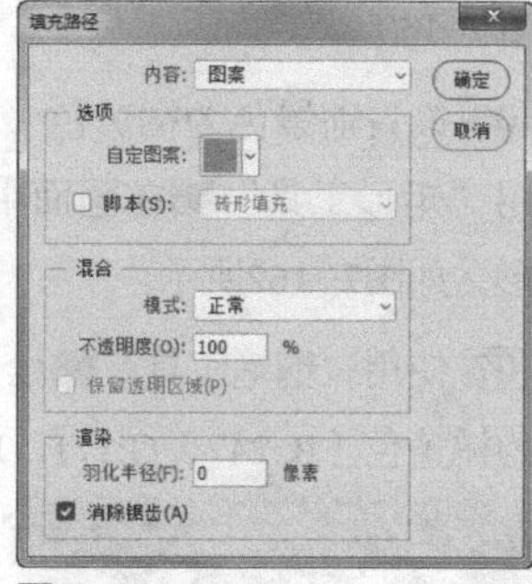

图 7-181

“填充路径”对话框中常用选项作用如下。

- **内容**：在下拉列表中可以选择填充路径的方法。
- **模式**：在下拉列表中可以选择填充内容的各种效果。
- **不透明度**：用于设置填充图像的透明度效果。
- **保留透明区域**：该复选框只有在对图层进行填充时才起作用。
- **羽化半径**：设置填充后的羽化效果，数值越大，羽化效果越明显。

03 单击“确定”按钮，即可将选择的图案填充到路径中，如图7-182所示。

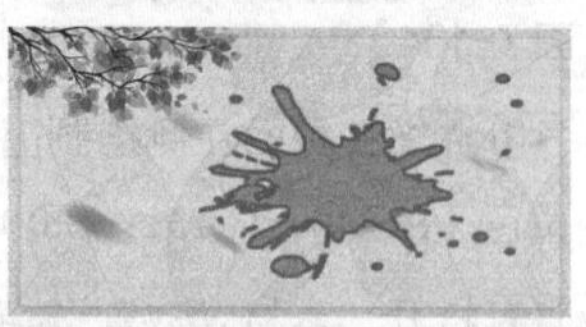
图 7-182

7.3.9 删除路径

对于一些不需要的路径，可以进行删除，删除路径的方法和复制路径相似，可以通过以下几种方法来完成。

▶ 选择需要删除的路径，然后单击“路径”面板底部的“删除当前路径”按钮，在打开的提示对话框中单击“是”按钮即可，如图7-183所示。

图 7-183

▶ 选择需要删除的路径，将其拖曳到“路径”面板底部的“删除当前路径”按钮上也可完成路径的删除。

▶ 选择需要删除的路径，单击鼠标右键，在弹出的快捷菜单中选择“删除路径”命令进行删除。

技巧与提示

与重命名图层名称一样，对路径也可以做重命名操作。选择需要重命名的路径，双击该路径名称，然后输入新的路径名即可。

▶ 课堂练习：制作高端请柬

素材路径	素材\第7章\彩带.psd、气球.psd
实例路径	实例\第7章\高端卡片.psd

练习效果

本练习首先在背景图像中添加素材图像，然后通过“矩形工具”绘制出请柬的正反两面，特别需要在请柬背面图像中制作渐变色矩形。本练习的最终效果如图7-184所示。

图 7-184

操作步骤

(01) 新建一个图像文件，设置前景色为深红色（R:142，G:17，B:23），按Alt+Delete组合键用前景色填充背景，得到如图7-185所示的效果。

(02) 打开“素材\第7章\彩带.psd、气球.psd”素材图像，使用“移动工具”分别将彩带和气球素材图像拖曳到红色背景图像中，置于如图7-186所示的位置。

图 7-185

图 7-186

(03) 选择“矩形工具”，在属性栏中设置工具模式为“形状”、“填充”为不同深浅红色的渐变色，如图7-187所示。在图像中绘制出一个渐变色矩形，如图7-188所示。

图 7-187

图 7-188

(04) 按Ctrl+J组合键复制一次矩形，使用“移动工具”将其移动到下方，然后双击该图层，在打开的对话框中改变渐变色的角度，并适当调整颜色的深浅程度，如图7-189所示。单击“确定”按钮得到渐变矩形效果，如图7-190所示。

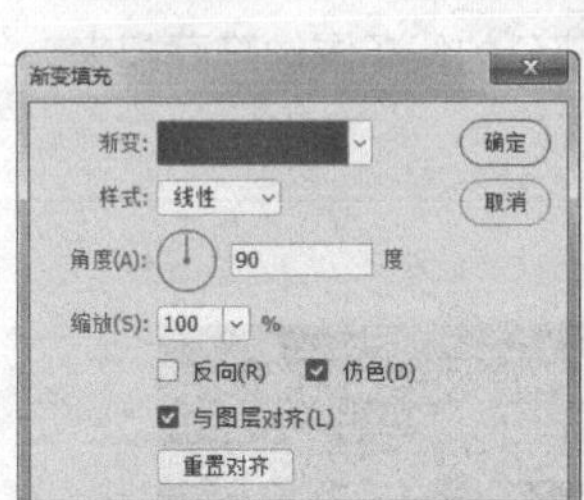

图 7-189

图 7-190

(05) 新建一个图层，选择“钢笔工具”，在画面中绘制一条曲线路径，如图7-191所示。

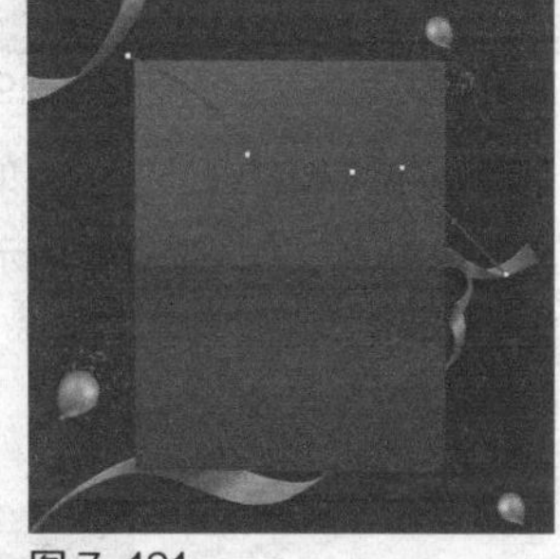

图 7-191

(06) 选择“画笔工具”，在属性栏中设置画笔笔触为“柔边圆”、“大小”为1像素，如图7-192所示。

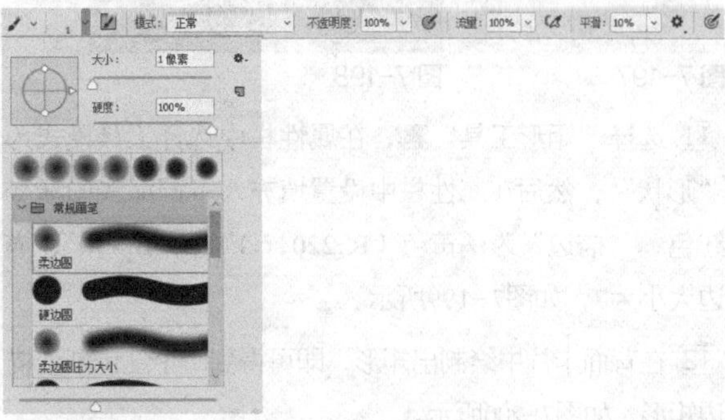

图 7-192

07 设置前景色为白色，单击“路径”面板底部的“用画笔描边路径”按钮 ○，得到描边路径效果，如图7-193所示。

图7-193

08 使用同样的方法绘制其他线条，填充为较浅的红色，有些线条也可以通过复制得到，最后组合成如图7-194所示的效果。

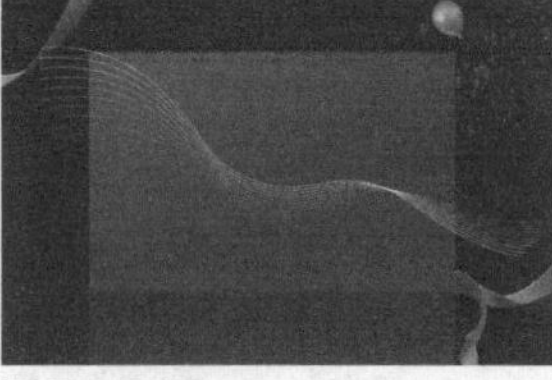
图7-194

09 选择线条所在图层，将其置于矩形图层的下方，如图7-195所示。执行“图层>创建剪贴蒙版”菜单命令，得到剪贴图层，将超出矩形部分的线条图像隐藏起来，如图7-196所示。

图7-195

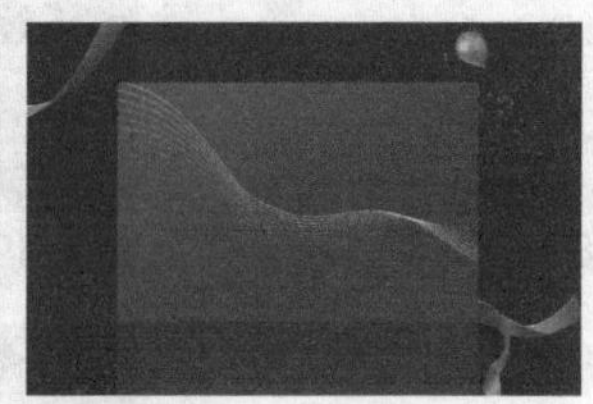
图7-196

10 适当降低“线条”图层的不透明度，设置“不透明度”为40%，如图7-197所示。得到的透明线条效果如图7-198所示。

图7-197

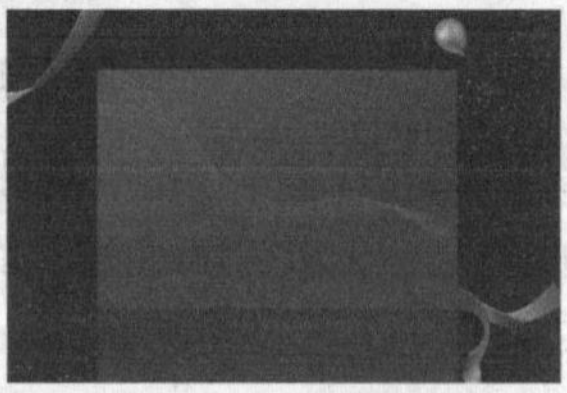

图7-198

11 选择“矩形工具”，在属性栏中选择工具模式为“形状”，然后在属性栏中设置填充为不同深浅的渐变红色、“描边”为橘黄色（R:220，G:122，B:85）、描边大小为7，如图7-199所示。

12 在背面卡片中绘制出矩形，即可得到一个红色渐变描边矩形，如图7-200所示。

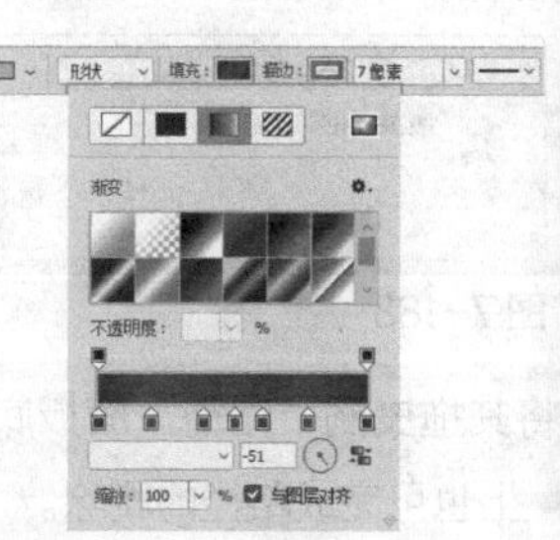

图7-199

图7-200

13 执行“图层>图层样式>投影”菜单命令，打开“图层样式”对话框，设置“投影”颜色为黑色，其他参数设置如图7-201所示。完成后，单击“确定”按钮，得到投影效果，如图7-202所示。

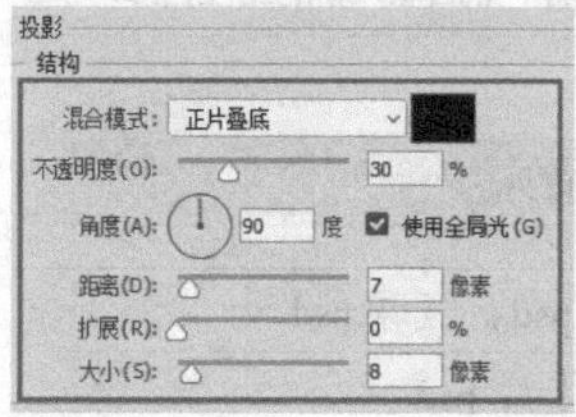

图7-201

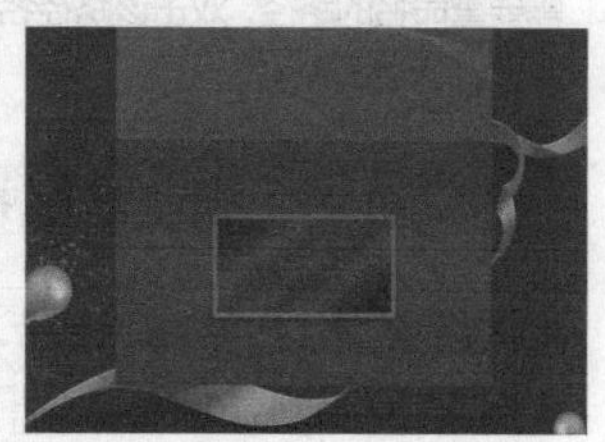
图7-202

14 按住Ctrl键选择所有卡片图像图层，按Ctrl+G组合键将其合并为一个图层组，如图7-203所示。

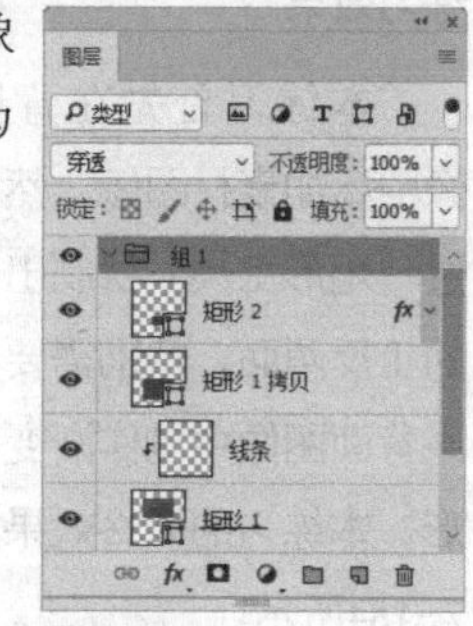

图7-203

15 执行“图层>图层样式>投影”菜单命令，打开“图层样式”对话框，设置“投影”颜色为黑色，其他参数设置如图7-204所示。完成后，单击“确定”按钮，得到投影效果，如图7-205所示。

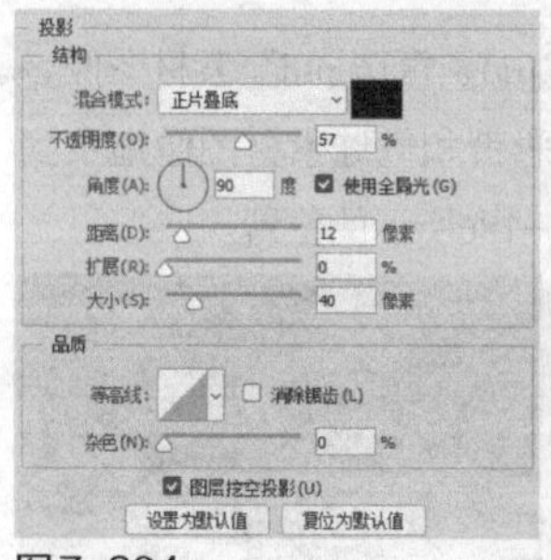

图7-204

图7-205

16 选择“横排文字工具” T，在卡片中输入英文文字，并在属性栏中分别设置字体为Hammer Fat和“宋体”，文本颜色为橘黄色（R:252，G:170，B:132），如图7-206所示。

17 设置前景色为橘黄色（R:252，G:170，B:132），选择“矩形工具”在正面卡片中绘制三条细长的矩形，如图7-207所示。

图7-206

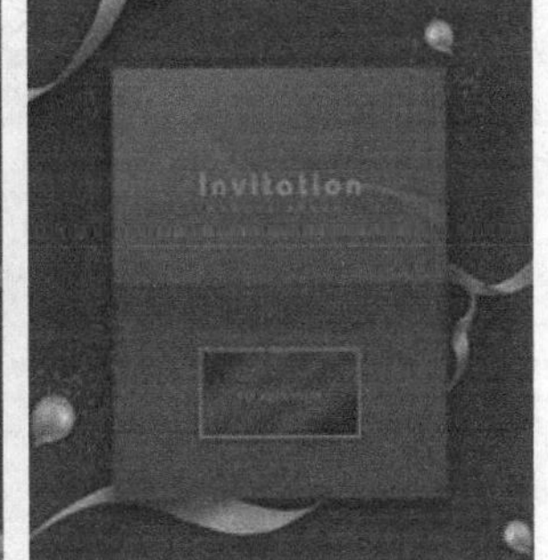

图7-207

7.4 课堂案例：美术招生广告

素材路径	素材\第7章\文字.psd
实例路径	实例\第7章\美术招生广告.psd

案例效果

本案例制作的是一个美术类的招生广告，主要练习多种绘图工具的使用，以及颜色的搭配和填充。本案例的最终效果如图7-208所示。

图7-208

操作步骤

01 新建一个图像文件，在工具箱中设置前景色为土黄色（R:255，G:209，B:136），按Alt+Delete组合键用前景色填充背景。选择“钢笔工具”，在属性栏中选择工具模式为“路径”，然后在画面右侧绘制一个三角形，如图7-209所示。

02 按Ctrl+Enter组合键将路径转换为选区，填充为紫色（R:152，G:80，B:255），如图7-210所示。

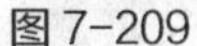

图7-209

图7-210

03 再绘制几个三角形，将其转换为选区后，分别填充为粉红色（R:255，G:141，B:212）、天蓝色（R:118，G:216，B:255）、红色（R:251，G:88，B:88）和桃红色（R:255，G:46，B:166），如图7-211所示。

图7-211

04 在画面上方和左下方再分别绘制两个三角形，填充为天蓝色（R:118，G:216，B:255）和紫色（R:152，G:80，B:255），如图7-212所示。

05 选择“钢笔工具”，在属性栏中设置工具模式为“形状”、填充色为淡黄色（R:255，G:242，B:135），在画面中间绘制一个多边形，如图7-213所示。

图7-212

图7-213

(06) 打开“素材\第7章\文字.psd”素材图像，使用“移动工具”将其拖曳到当前编辑的图像中，置于画面中间，如图7-214所示。

(07) 选择“椭圆工具”，在属性栏中设置工具模式为“形状”、填充色为橘黄色（R:255，G:224，B:53），在文字上方绘制一个椭圆形，如图7-215所示。

图 7-214

图 7-215

(08) 选择“横排文字工具”在椭圆形中输入文字“小小”，在属性栏中设置字体为“方正中黑简体”、文本颜色为红色（R:188，G:59，B:19），如图7-216所示。

图 7-216

(09) 选择“圆角矩形工具”，在属性栏中设置工具模式为“形状”、填充色为蓝色（R:37，G:201，B:199）、“半径”为10像素，如图7-217所示。

图 7-217

(10) 在文字下方绘制一个较小的圆角矩形，并在其中输入文字，设置文本颜色为白色，如图7-218所示。

(11) 再绘制三个圆角矩形，分别填充为橘黄色（R:244，G:195，B:27）、红色（R:219，G:6，B:6）和紫色（R:216，G:61，B:222），如图7-219所示。

图 7-218

图 7-219

(12) 选择“横排文字工具”在圆角矩形中输入文字，文本颜色分别设置为红色（R:219，G:6，B:6）、橘黄色（R:244，G:195，B:27）和白色，如图7-220所示。

(13) 继续使用“横排文字工具”在画面中输入课程文字和电话等信息，分别设置文本颜色为红色（R:219，G:6，B:6）和黑色，如图7-221所示。

图 7-220

图 7-221

(14) 选择“矩形工具”，在课程文字中间绘制几个较小的矩形，分别设置文本颜色为蓝色（R:55，G:98，B:173）、橘黄色（R:238，G:121，B:27）和绿色（R:147，G:200，B:97），效果如图7-222所示。

图 7-222

7.5 本章小结

本章主要介绍了矢量图的绘制，首先让大家了解工具模式的概念；然后学习了钢笔工具的使用方法，并重点介绍了路径与锚点的原理；接下来讲解了形状工具组中各种绘图工具的使用方法，以及如何通过“路径”面板编辑路径，包括变换路径、描边路径和填充路径等。

图像的修饰

• **本章内容简介**

在Photoshop中除了绘制图像外，还可以对图像进行修饰。本章将详细介绍Photoshop中的图像修饰功能，通过修饰图像可以修复画面中的污渍、去除多余图像、复制图像，还可对图像局部颜色进行处理等。

• **本章学习要点**

1. 图像的局部修饰　　2. 复制图像

3. 修饰图像瑕疵

8.1 图像的局部修饰

在Photoshop中可以对图像做局部修饰，使用“模糊工具”、“锐化工具”和“涂抹工具”可以对图像进行模糊、锐化和涂抹处理；使用“减淡工具”、“加深工具”和“海绵工具”可以对图像局部的明暗、饱和度等进行处理。

重点 8.1.1 模糊工具

使用“模糊工具”可柔化硬边缘或减少图像中的细节，其工具属性栏如图8-1所示。使用该工具在某个区域上方绘制的次数越多，该区域就越模糊。

175　模式：正常　强度：50%　对所有图层取样

图 8-1

“模糊工具”属性栏中常用选项含义如下。

- **模式**：用来设置“模糊工具”的混合模式，包括“正常”“变暗”“变亮”“色相”“饱和度”“颜色”“明度”。
- **强度**：用来设置“模糊工具”的模糊强度。

打开“素材\第8章\咖啡.jpg”素材图像，选择“模糊工具”，并在工具属性栏中设置画笔大小为175像素、“强度”为80%，如图8-2所示。

图8-2

对除咖啡杯以外的图像进行涂抹，得到模糊图像效果，如图8-3所示。

图8-3

> **技巧与提示**
>
> 按R键可以快速选择“模糊工具”，按Shift+R组合键可以在“模糊工具”、“锐化工具”和“涂抹工具”之间切换。

课堂练习：使用“模糊工具”虚化背景

素材路径	素材\第8章\汽车油箱.jpg
实例路径	实例\第8章\虚化背景.jpg

练习效果

本练习是为图像制作模糊虚化效果，主要练习“模糊工具”的设置和应用。本练习的最终效果如图8-4所示。

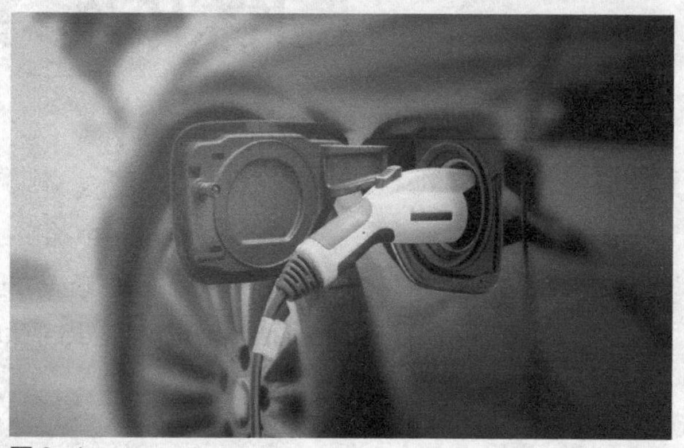

图 8-4

操作步骤

01 打开“素材\第8章\汽车油箱.jpg”素材图像，如图8-5所示。下面将对油枪以外的图像进行模糊处理，让画面更有主次感。

02 选择工具箱中的“模糊工具”，在属性栏中设置画笔大小为200像素、模式为“正常”、“强度”为50%，对油枪上方的图像做涂抹，得到模糊图像效果，如图8-6所示。

图 8-5

图 8-6

03 继续对油枪下方的图像做涂抹，使油枪周围图像都变模糊，这样整个画面效果显得主次分明，如图8-7所示。

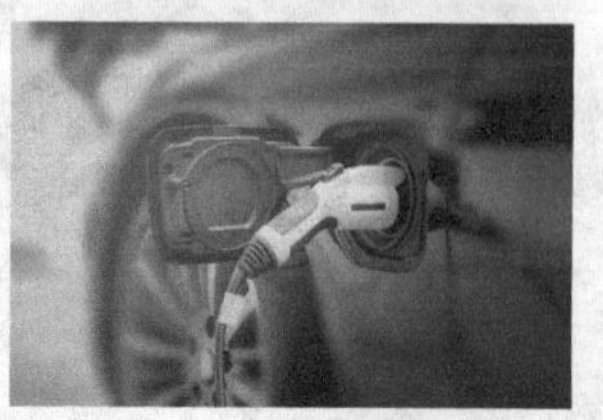

图 8-7

疑难解答：景深的作用与原理

我们经常会听到景深的说法，那么什么是景深呢？景深就是指拍摄某景物时，可保持该景物前后的其他景物成像清晰的范围。简单来说，景深越浅，背景越清晰；景深越深，背景越模糊，如图 8-8 所示。

图 8-8

景深的“浅景深”和“深景深”的两种情况介绍如下。

深景深的照片，背景虚化，主体物效果突出。运用深景深的情况一般有三种：一是为了弱化过于杂乱的背景，如在街上拍照时；二是从事专门突出主体物的拍摄时，如人像摄影，如图 8-9 所示；三是想要拍出具有梦幻效果、缥缈感觉、抽象散影的创意作品时。

图 8-9

浅景深的照片非常清晰，画面中几乎每一处细节都能清晰呈现。这在拍摄大范围的风景照时十分适用，如图 8-10 所示。

图 8-10

举一反三：制作磨砂玻璃效果

使用“模糊工具”可以制作出模糊图像效果，如果再结合一些滤镜命令，可以得到特殊图像效果。下面就将在如图 8-11 所示的图像中绘制一个矩形选区，然后使用“模糊工具”对图像做模糊处理，再应用“添加杂色”滤镜，得到磨砂玻璃图像效果，如图 8-12 所示。

图 8-11

图 8-12

[重点] 8.1.2 锐化工具

“锐化工具”的作用与“模糊工具”刚好相反，使用该工具可以增强图像中相邻像素之间的对比，以提高图像的清晰度。图8-13所示为原图，图8-14所示为锐化后的效果，“锐化工具”的属性栏如图8-15所示。

图 8-13

图 8-14

13 模式: 正常 强度: 50% 对所有图层取样 保护细节

图 8-15

[重点] 8.1.3 涂抹工具

使用“涂抹工具”可以模拟用手指涂抹湿油漆时所产生的效果，图8-16所示为原图，图8-17所示为涂抹后的效果。该工具可以拾取鼠标单击处的颜色，并沿着拖曳的方向展开这种颜色，其属性栏如图8-18所示。

图 8-16

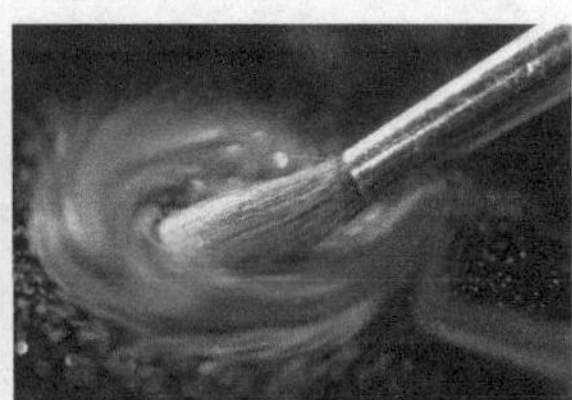
图 8-17

175 模式: 正常 强度: 50% 对所有图层取样 手指绘画

图 8-18

“涂抹工具”属性栏中主要选项含义如下。

- **强度**：用来设置“涂抹工具”的涂抹强度。
- **手指绘画**：勾选该选项后，可以使用前景色进行涂抹绘制。

8.1.4 “减淡工具”和“加深工具”

使用“减淡工具”可以快速增加图像中特定区域的亮度。而“加深工具”的作用与“减淡工具”相反，它通过降低图像的曝光度来降低图像的亮度。这两个工具的属性栏一样，操作方法也一样，选择“减淡工具”后，其工具属性栏如图8-19所示。

100 范围: 中间调 曝光度: 8% 保护色调

图 8-19

工具属性栏中常用选项含义如下。

- **范围**：选择要修改的色调。选择“中间调”选项时，可以更改灰色的中间范围；选择“阴影”选项时，可以更改暗部区域；选择“高光”选项时，可以更改亮部区域。

▶ **曝光度**：可以为“减淡工具” 指定曝光。数值越高，效果越明显。

▶ **保护色调**：可以保护图像的色调不受影响。

打开一张素材图像，如图8-20所示。选择“减淡工具”或“加深工具”，按住鼠标左键不放，在图像中需要减淡或加深的部分反复涂抹，被涂抹后的图像区域即会得到所需的效果，图8-21所示为减淡效果，图8-22所示为加深效果。

图8-20

图8-21

图8-22

▶ 课堂练习：使用“减淡工具”减淡肤色

素材路径	素材\第8章\艺术女人.jpg
实例路径	实例\第8章\减淡肤色.psd

练习效果

本练习将减淡图像中人物的肤色，主要练习“减淡工具”的设置和应用，均匀地提亮人物的肤色。本练习的最终效果如图8-23所示。

图8-23

操作步骤

(01) 打开“素材\第8章\艺术女人.jpg”素材图像，通过观察可以看到人物面部皮肤偏暗，如图8-24所示。下面我们将使用“减淡工具” 来减淡肤色，使人物皮肤显得更加自然漂亮。

图8-24

(02) 首先来提亮图像整体亮度，执行“图像>调整>亮度/对比度”菜单命令，打开“亮度/对比度”对话框，设置“亮度”为15，如图8-25所示。

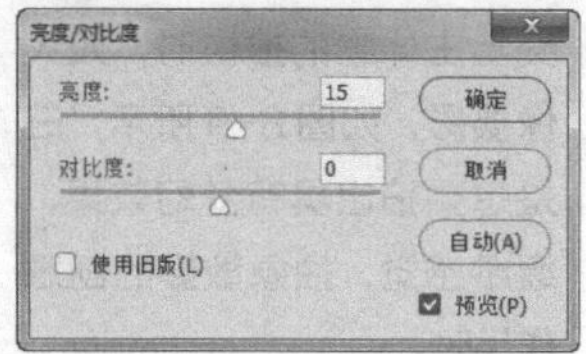

图8-25

(03) 单击“确定”按钮，得到提亮图像后的效果，如图8-26所示。

(04) 选择“减淡工具” ，在属性栏中设置笔触为“柔角”、“大小”为125像素、“范围”为“中间调”、“曝光度”为20%，对人物的面部和身体皮肤进行拖曳涂抹，如图8-27所示。

图8-26

图8-27

(05) 在属性栏中改变“范围”为“阴影”、“曝光度”为40%，对人物面部和身体皮肤中较暗的区域进行涂抹，减淡该部分肤色，得到均匀的提亮效果，如图8-28所示。

图8-28

举一反三：突出局部图像

使用“减淡工具” 可以提亮原本较暗的图像，结合其他工具命令的使用，可以突出局部图像，得到较为特殊的图像效果。打开如图 8-29 所示的“面部 .jpg”素材图像，使用“减淡工具” 对人物眼部图像进行减淡处理，再绘制一个椭圆选区，将其羽化，反选选区并填充为黑色，并降低不透明度，最终效果如图 8-30 所示。

图 8-29

图 8-30

8.1.5 海绵工具

使用“海绵工具” 可以精确地更改图像某个区域的色彩饱和度，其属性栏如图8-31所示。如果是灰度图像，该工具将通过使灰阶远离或靠近中间灰色来增加或降低对比度。

模式：去色　流量：10%　自然饱和度

图 8-31

“海绵工具”属性栏中常用选项含义如下。

- **模式**：选择“加色”选项时，可以增加色彩的饱和度，而选择“去色”选项时，可以降低色彩的饱和度。
- **流量**：为“海绵工具” 指定流量。数值越高，其强度越大，效果也越明显。
- **自然饱和度**：勾选该选项以后，可以在增加饱和度的同时防止颜色过度饱和而产生溢色现象。

打开一幅素材图像文件，如图8-32所示。选择“海绵工具”并在属性栏中单击画笔右侧的三角按钮，在弹出面板中设置画笔的大小、硬度和笔触。分别设置模式为“去色”和“加色”，按住鼠标左键不放，在图像中反复拖曳，图8-33所示为降低饱和度后的效果，图8-34所示为增加饱和度后的效果。

图 8-32

图 8-33

图 8-34

课堂练习：使用“海绵工具”进行局部去色

素材路径	素材\第8章\城市.jpg
实例路径	实例\第8章\局部去色.psd

练习效果

本练习将使用“海绵工具”调整图像的饱和度，使用这一工具可以为图像局部去色。本练习的最终效果如图8-35所示。

图 8-35

操作步骤

01 打开“素材\第8章\城市.jpg”素材图像，如图8-36所示，下面将对部分图像去除颜色。

图 8-36

02 选择“海绵工具” ，在属性栏中设置画笔样式为“柔角”、“大小”为175像素、“模式”为“去色”、“流量”为100%，对图像中间的立体矩形进行涂抹，去除该部分图像的颜色，如图8-37所示。

图 8-37

(03) 选择“横排文字工具”T，在图像中间分别输入“城市中心”四个字，并在属性栏中设置字体为“方正隶二体”，并适当调整文字大小和位置，如图8-38所示。这时“图层”面部中将分别得到每一个文字的图层，如图8-39所示。

图 8-38　　图 8-39

(04) 选择任意一个文字图层，执行“图层>图层样式>斜面和浮雕”菜单命令，打开“图层样式”对话框，设置样式为“内斜面”，再设置其他参数，如图8-40所示。接着单击“光泽等高线”右侧的缩览图，打开“等高线编辑器”对话框，编辑曲线样式如图8-41所示。

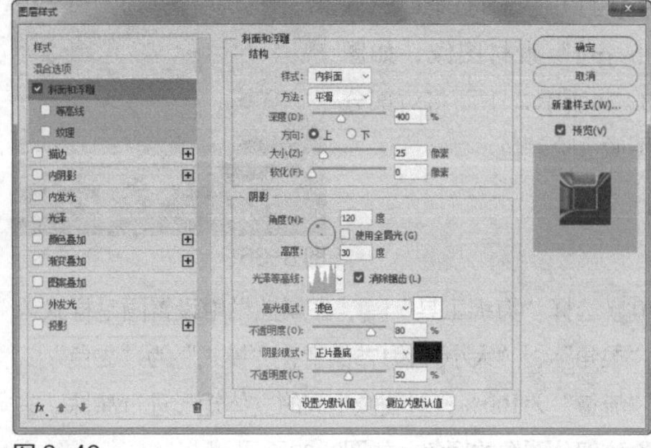

图 8-40

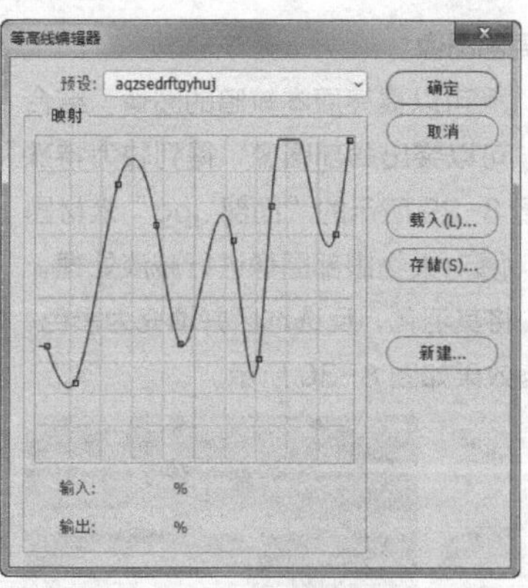

图 8-41

(05) 单击“等高线编辑器”对话框中的“确定”按钮，回到“图层样式”对话框中，选择“描边”选项，设置描边颜色为白色，其他参数设置如图8-42所示。

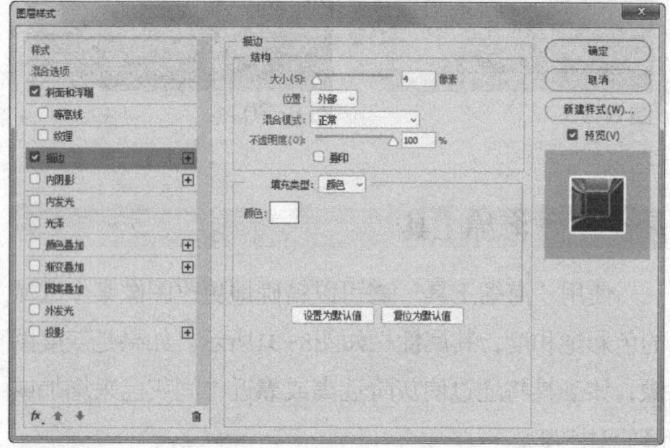

图 8-42

(06) 选择“光泽”选项，设置混合模式为“颜色减淡”、“颜色”为白色，其他参数设置如图8-43所示；再选择“渐变叠加”选项，设置渐变颜色为不同深浅的蓝色，并设置样式为“线性”，如图8-44所示。

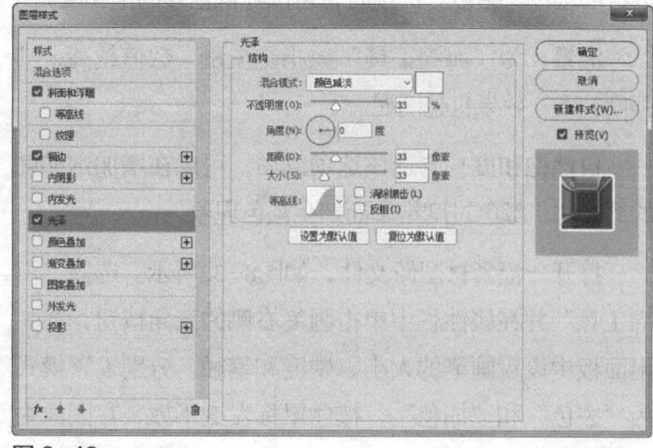

图 8-43

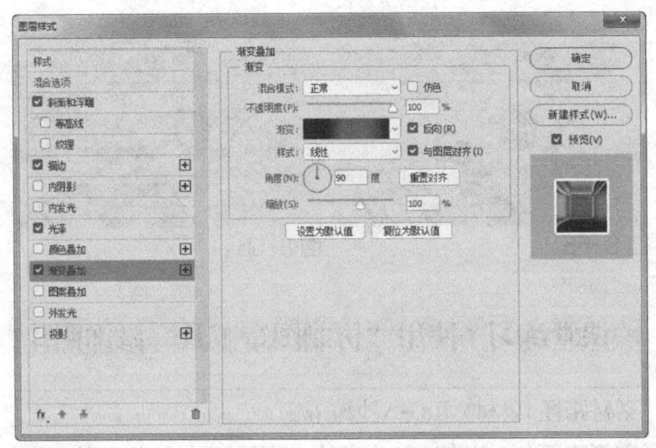

图 8-44

(07) 选择“投影”选项，设置混合模式为“正片叠底”，其他参数设置如图8-45所示。

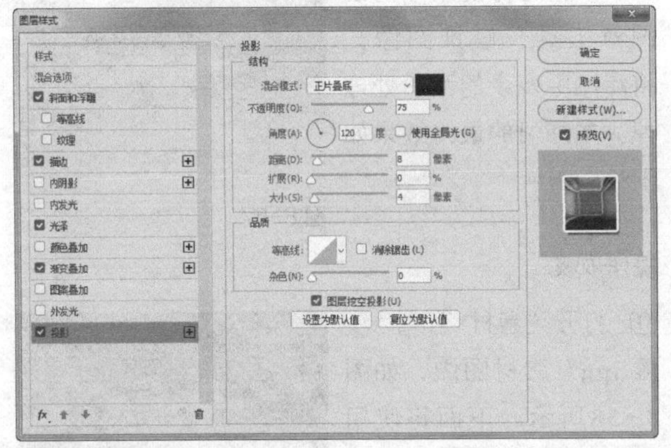

图 8-45

(08) 单击“确定”按钮，得到添加图层样式后的文字效果，如图8-46所示。

图 8-46

(09) 在设置完图层样式的文字图层上单击鼠标右键，在弹出的快捷菜单中选择“拷贝图层样式”命令，如图8-47所示；再分别选择其他文字图层，单击鼠标右键，在弹出的快捷菜单中选择“粘贴图层样式”命令，如图8-48所示。

图 8-47　　图 8-48

(10) 为每个文字图层添加图层样式后，效果如图8-49所示。

(11) 选择“横排文字工具”T，在画面下方输入电话信息，并为文字应用与之前相同的图层样式，如图8-50所示。

图 8-49　　图 8-50

(12) 选择“直排文字工具”IT，在“城市中心”文字两侧分别输入一行直排文字，在属性栏中设置字体为“黑体”、文本颜色为白色，并为其添加“投影”图层样式，如图8-51所示。

(13) 使用“横排文字工具”T在画面左上方输入公司中英文名称，在属性栏中设置字体为“方正正黑简体”、文本颜色为白色，并适当倾斜文字，如图8-52所示。

图 8-51

图 8-52

8.2 复制图像

复制图像可以使用图章工具组，该组由“仿制图章工具”和“图案图章工具”组成，可以使用颜色或图案填充图像或选区，以实现对图像的复制或替换。

[重点] 8.2.1 动手学：使用“仿制图章工具”

使用“仿制图章工具”可以将图像的一部分绘制到同一图像的另一个位置上，或绘制到具有相同颜色模式的任何打开的文档的另一部分，当然也可以将一个图层的一部分绘制到另一个图层上。“仿制图章工具”对于复制对象或修复图像中的缺陷非常有用，其属性栏如图8-53所示。

图 8-53

“仿制图章工具”属性栏中常用选项含义如下。

▶ **切换仿制源面板**：单击该按钮可以打开“仿制源”面板，再次单击该按钮即可关闭面板。

▶ **对齐**：勾选该选项，可以连续对像素进行取样；取消勾选该选项，则每单击一次鼠标，都使用初始取样点中的样本像素，因此，每次单击都将复制对象。

01 打开“素材\第8章\化妆品.jpg”素材图像，选择“仿制图章工具”，并在工具属性栏中设置画笔大小为250px、不透明度为100%、模式为“正常”，如图8-54所示。

图 8-54

02 按住Alt键，此时鼠标指针呈中心带十字准星的圆圈状⊕，单击图像中选定的位置，即在原图像中确定要复制的参考点，如图8-55所示。

03 选定参考点后，鼠标指针呈空心圆圈状。将鼠标指针移动到图像的其他位置单击，此单击点对应前面定义的参考点。反复拖曳鼠标，可以将参考点周围的图像复制到单击点周围，如图8-56所示。

图 8-55

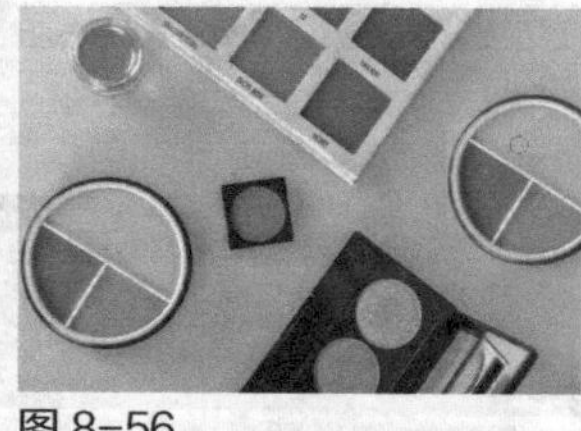

图 8-56

▶ 课堂练习：使用“仿制图章工具”修饰照片

素材路径	素材\第8章\沙滩.jpg
实例路径	实例\第8章\使用仿制图章工具修饰照片.jpg

练习效果

本练习将使用“仿制图章工具”修饰图像，将海滩中多余的乱石处理掉。本练习的最终效果如图8-57所示。

图 8-57

操作步骤

01 打开“素材\第8章\沙滩.jpg”素材图像，如图8-58所示。下面将使用“仿制图章工具”对海滩中的乱石进行处理。

图 8-58

02 选择“仿制图章工具”，在属性栏中设置画笔样式为“柔角”、大小为80像素、“模式”为“正常”、“不透明度”和“流量”为100%，如图8-59所示。

图 8-59

03 按住Alt键，当鼠标指针呈⊕状时，单击乱石周围的沙滩图像，得到复制的源图像，如图8-60所示。

04 复制图像后，在乱石图像中按住鼠标左键拖曳，用沙滩图像覆盖乱石图像，如图8-61所示。

图 8-60

图 8-61

05 继续一边按住Alt键复制周围的沙滩图像，一边涂抹乱石图像，直到石头被完全覆盖为止，如图8-62所示。

06 使用同样的方法，对画面中其他乱石图像进行处理，如图8-63所示。

图 8-62

图 8-63

07 执行“图像>调整>曲线”菜单命令，打开“曲线”对话框，在曲线中单击添加控制点，通过拖动控制点来调整曲线形状，适当增加图像亮度并降低图像暗部效果，如图8-64所示。

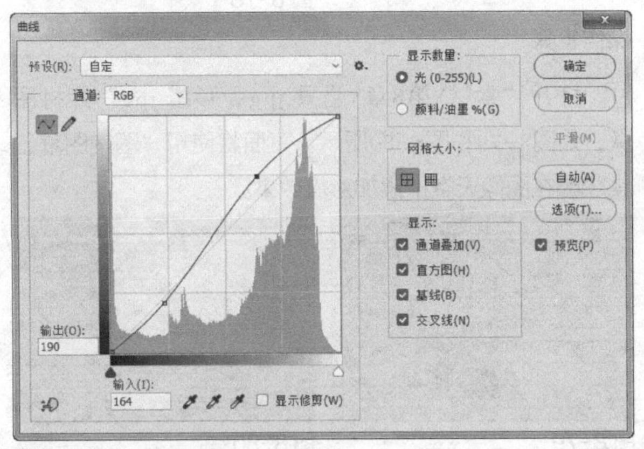

图 8-64

08 单击“确定”按钮，得到层次更加分明的图像效果，整个画面显得更加干净通透，如图8-65所示。

图 8-65

举一反三：使人物肤色变均匀

通过前面两个小节的学习，我们知道“仿制图章工具”可以将目标源处的图像复制到指定的位置。对人物皮肤的修饰，同样可以采用这种方法。

01 打开“素材\第 8 章\金发美女.jpg”素材图像，可以看到人物面部皮肤光影较为杂乱，显得肤色不均匀，如图 8-66 所示。下面将使用“仿制图章工具”对图像进行处理。

图 8-66

02 按Ctrl+J组合键复制一次“背景”图层，得到“图层 1”，如图 8-67 所示。选择“仿制图章工具”，在属性栏中设置画笔样式为“柔角”、“大小”为50像素、“不透明度”为 10%，按住 Alt 键在人物面部中较亮的区域单击取样，如图 8-68 所示。

图 8-67

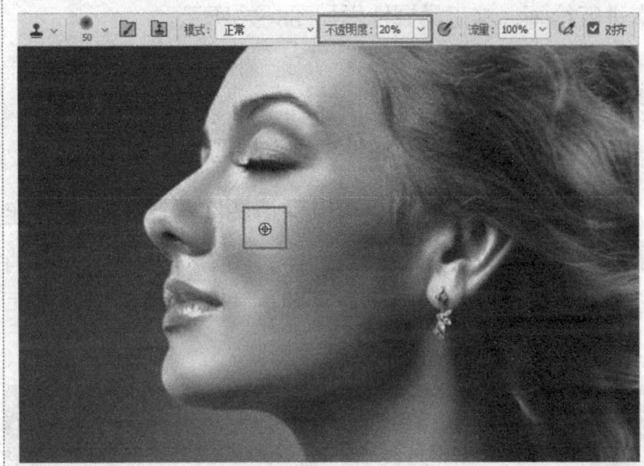

图 8-68

03 取样后，在面部肌肤阴影处进行涂抹，由于在属性栏中降低了画笔的不透明度参数，所以涂抹出来的图像会与原有图像自然融合，使阴影过渡的效果更加真实，如图 8-69 所示。

04 使用同样的方法，在其他阴影图像周围进行取样，然后对阴影进行涂抹，使人物肤色显得更加均匀，如图 8-70 所示。

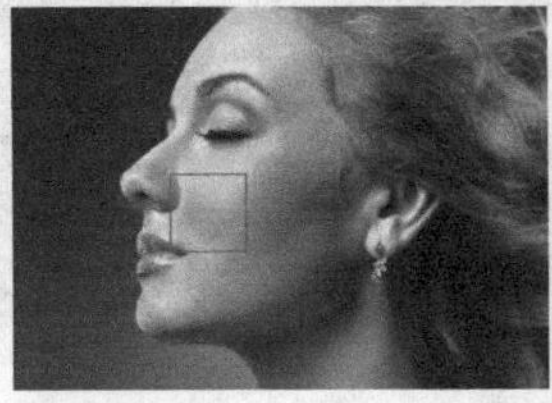
图 8-69

图 8-70

疑难解答：十字形标记的作用

使用“仿制图章工具”时，按住 Alt 键在图像中单击，即可对单击处的内容进行取样，然后将鼠标指针置于要修正图像的位置，按住鼠标左键拖曳，即可复制图像。而在拖曳过程中，画面中会同时出现当前所选画笔笔尖形状的鼠标指针和一个十字形标记，如图 8-71 所示。鼠标指针处是我们正在涂抹的区域，而该区域的内容则是从十字形标记所在位置的图像上复制的。在操作时，鼠标指针和十字形标记间始终保持相同的距离，只要观察十字形标记处的图像，即可得知将要涂抹出的图像内容，如图 8-72 所示。

图 8-71

图 8-72

[重点] 8.2.2 使用“图案图章工具”

“图案图章工具”可以使用预设图案或载入的图案进行绘画，其工具属性栏如图8-73所示。

图 8-73

“图案图章工具”属性栏中常用选项含义如下。

- **对齐**：勾选该选项，可以保持图案与原始起点的连续性，即使多次单击鼠标也一样，如图8-74所示；取消勾选该选项，则每次单击鼠标都会重新应用图案，如图8-75所示。

图 8-74

图 8-75

- **印象派效果**：勾选该选项，可以模拟出印象派效果的图案。图8-76所示为正常绘画效果，图8-77所示为印象派绘画效果。

图 8-76

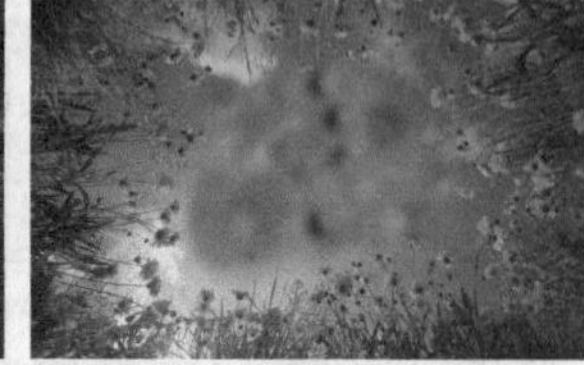
图 8-77

课堂练习：使用“图案图章工具”制作彩霞

素材路径	素材\第8章\船只.jpg、彩霞.jpg
实例路径	实例\第8章\使用图案图章工具制作彩霞.jpg

练习效果

本练习将使用“图案图章工具”制作出漫天的彩霞，主要练习在图像中添加图案，并进行适当修饰的方法。本练习的最终效果如图8-78所示。

图 8-78

操作步骤

(01) 打开“素材\第8章\船只.jpg、彩霞.jpg”素材图像，如图8-79和图8-80所示。下面将使用“图案图章工具”在图像天空中添加彩霞效果。

图 8-79

图 8-80

(02) 切换到“彩霞”图像文件，执行“编辑>定义图案”菜单命令，打开“图案名称”对话框，在“名称”文本框中定义图案名称为“彩霞.jpg”，如图8-81所示。

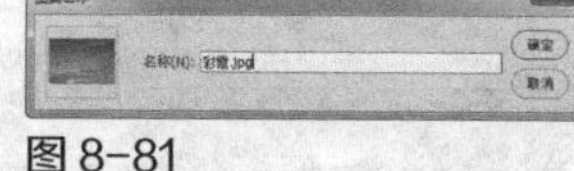
图 8-81

(03) 单击“确定”按钮，切换到“船只”图像文件。选择“图案图章工具”，在属性栏中单击“图案”拾色器右侧的按钮，在弹出的面板中即可看到刚才所定义的图案，选择该图案，如图8-82所示。

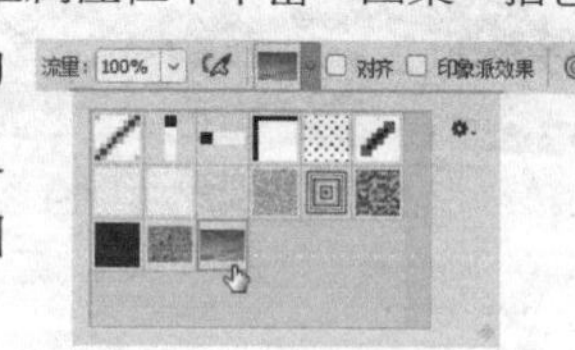
图 8-82

(04) 选择好图案后，在属性栏中设置画笔样式为柔角、“大小”为200像素，然后在图像天空部分按住鼠标左键进行涂抹，将彩霞图像绘制到天空中，如图8-83所示。

技巧与提示

在绘制彩霞图案时，可能会复制到图像边缘部分，这时可以调整绘制起点的位置，或者调整彩霞图像的文件大小，将其适当缩小，才能在船只图像中绘制出没有边缘的图像效果。

(05) 在属性栏中降低“不透明度”参数为60%，然后在图像中天空和海面的交界处再绘制出过渡自然的彩霞图像，效果如图8-84所示。

图 8-83

图 8-84

8.3 修饰图像瑕疵

在拍摄过程中，由于角度、环境的影响，常常会让照片出现各种瑕疵，使用Photoshop图像修复工具组中的工具可以轻松地将带有瑕疵的照片修复成靓丽照片。该工具组中的工具可以将取样点的像素信息非常自然地复制到图像其他区域，并保持图像的“色相”“饱和度”“高度”“纹理”等属性不变，是一组快捷高效的图像修饰工具。

[重点] 8.3.1 使用“污点修复画笔工具”

使用“污点修复画笔工具”可以消除图像中的污点和瑕疵。图8-85所示为原图，图8-86所示为修复后的效果。

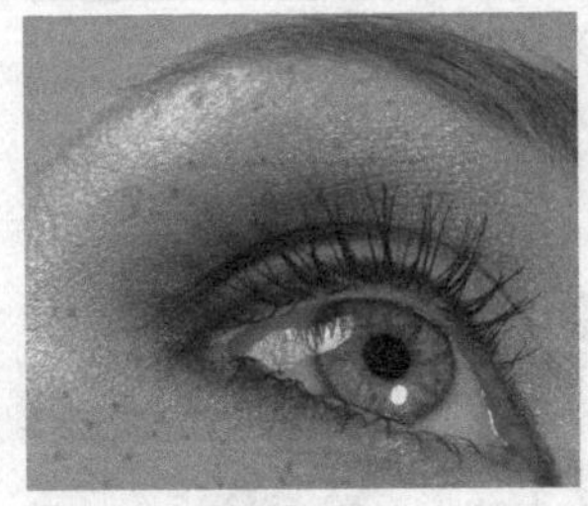
图 8-85

图 8-86

“污点修复画笔工具”在使用过程中不需要设置取样点，因为它可以自动从所修饰区域的周围进行取样，其工具属性栏如图8-87所示。

图 8-87

“污点修复画笔工具”属性栏中常用选项含义如下。

▶ **模式**：用来设置修复图像时使用的混合模式。除“正常”“正片叠底”等常用模式以外，还有一个“替换”模式，该模式可以保留画笔描边的边缘处的杂色、胶片颗粒和纹理。

▶ **类型**：用来设置修复的方法。选择“近似匹配”选项时，可以使用选区边缘周围的像素来查找要用作选定区域修补的图像区域；选择“创建纹理”选项时，可以使用选区中的所有像素创建一个用于修复该区域的纹理；选择“内容识别”选项时，可以使用选区周围的像素进行修复。

▶ 课堂练习：快速消除不需要的图像

素材路径	素材\第8章\山顶.jpg
实例路径	实例\第8章\快速消除图像.jpg

练习效果

本练习将使用“污点修复画笔工具”快速修饰图像，快速消除图像中不需要的部分。本练习的最终效果如图8-88所示。

图 8-88

操作步骤

(01) 打开“素材\第8章\山顶.jpg”素材图像，如图8-89所示。下面将使用“污点修复画笔工具”快速去除画面中的人物和背包图像。

图 8-89

(02) 选择“污点修复画笔工具”，在属性栏中设置画笔“大小”为80像素、“硬度”为70%、“间距”为1%，再选择“类型”为“内容识别”，如图8-90所示。

(03) 设置好画笔后，直接在人物图像处按住鼠标左键拖曳进行涂抹，如图8-91所示。松开鼠标左键，即可看到系统自动将周围图像覆盖到人物图像中，如图8-92所示。

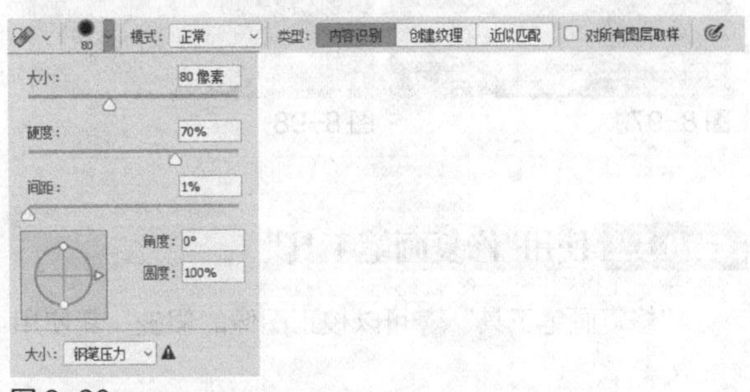

图 8-90

图 8-91

图 8-92

(04) 使用同样的方法，继续涂抹人物和背包图像，如图8-93所示。得到的效果如图8-94所示。

图 8-93

图 8-94

(05) 此时可以看到有些图像过渡得不太自然，选择“仿制图章工具”，在属性栏中设置画笔样式为柔角、“大小”为70像素、“不透明度”为90%，对远处的山峰和山顶的石头图像进行取样并复制，如图8-95所示。最终得到如图8-96所示的图像效果。

图 8-95

图 8-96

举一反三：去除衣服中的污渍

下面就来修复衣服中的污渍。打开“素材\第8章\男士.jpg”素材图像，如图8-97所示。可以看到人物的衬衣上洒了一些红酒，需要将其处理掉。选择“污点修复画笔工具”后，在属性栏中设置较小的画笔大小，然后在衣服图像中涂抹红酒污渍，如果修复得不够彻底，还可以使用“仿制图章工具”来辅助处理，修复效果如图8-98所示。

图 8-97

图 8-98

【重点】8.3.2 使用“修复画笔工具”

“修复画笔工具”可以校正图像的瑕疵，其使用方法与“仿制图章工具”完全一样。但是，“修复画笔工具”还可以将取样对象周围的纹理、光照、透明度和阴影与所修复的图像进行匹配，从而使修复后的图像不留痕迹地融入周围的图像中。图8-99所示为原图，图8-100所示为修复后的效果，其工具属性栏如图8-101所示。

图 8-99

图 8-100

图 8-101

“修复画笔工具”属性栏中常用选项含义如下。

- **源**：设置用于修复像素的源。选择“取样”选项时，可以使用当前图像的像素来修复图像；选择“图案”选项时，可以使用某个图案作为取样点。
- **对齐**：勾选该选项以后，可以连续对像素进行取样，即使释放鼠标左键也不会丢失当前的取样点；关闭“对齐”选项以后，则会在每次停止并重新开始绘制时使用初始取样点中的样本像素。

课堂练习：消除人物面部雀斑

素材路径	素材\第8章\雀斑少女.jpg
实例路径	实例\第8章\消除人物面部雀斑.psd

练习效果

本练习将为人物面部消除雀斑瑕疵，主要练习“修复画笔工具”的设置和应用。本练习的最终效果如图8-102所示。

图 8-102

操作步骤

(01) 打开“素材\第8章\雀斑少女.jpg”素材图像，如图8-103所示。可以看到在人物面部有许多雀斑，下面我们将通过“修复画笔工具”对其进行清除。

(02) 选择工具箱中的“修复画笔工具”，在属性栏中设置画笔大小为20，选择“取样”选项，按住Alt键，在面部没有雀斑的位置单击鼠标左键进行取样，如图8-104所示。

图 8-103

图 8-104

(03) 取样后，在人物面部拖曳鼠标进行小心的涂抹，在涂抹过程中，可以再次按住Alt键进行取样，获取周围图像，对雀斑进行修复，如图8-105所示。

(04) 继续对另一侧面部雀斑进行修复，通过拖曳鼠标可以发现涂抹处的图像被取样处的图像覆盖，如图8-106所示。

图 8-105

图 8-106

(05) 按住Alt键单击额头正常皮肤处图像进行取样，然后拖曳鼠标消除额头上的雀斑，如图8-107所示。

图 8-107

举一反三：修复人物皱纹

使用“修复画笔工具” 可以美化人物面部。下面就来修复人物面部的皱纹。打开“素材 \ 第 8 章 \ 皱纹 .jpg”素材图像，如图 8-108 所示，可以看到人物面部有很多皱纹。选择“修复画笔工具”，在属性栏中设置好画笔属性后，在人物眼角皱纹图像周围按住 Alt 键单击取样，然后对皱纹进行涂抹，即可消除皱纹，效果如图 8-109 所示。

图 8-108

图 8-109

【重点】8.3.3 使用“修补工具”

“修补工具” 可以利用样本或图案来修复所选图像区域中不理想的部分，其工具属性栏如图8-110所示。

图 8-110

“修补工具”属性栏中常用选项含义如下。

- **修补**：包含“正常”和“内容识别”两种方式。在“正常”模式下，创建选区以后，如果用户选择“源”选项，则修补选区内将显示原位置处的图像；若选择“目标”选项，则修补区域的图像被移动后，使用选择区域内的图像进行覆盖。如果选择“内容识别”模式，则可以在后面的“结构”下拉列表中选择一种修复精度。
- **透明**：勾选该选项以后，可以使修补的图像与原始图像产生透明的叠加效果。
- **使用图案**：使用“修补工具” 创建选区以后，单击该按钮，可以使用图案修补选区内的图像。

课堂练习：去除背景中的杂物

素材路径	素材\第8章\窗户.jpg
实例路径	实例\第8章\去除背景中的杂物.jpg

练习效果

本练习将去除图像背景中多余的杂物，主要练习“修补工具”的设置和应用。本练习的最终效果如图8-111所示。

图 8-111

操作步骤

01 打开“素材\第8章\窗户.jpg”素材图像，如图8-112所示。可以看到背景墙面中有一些裂纹、树枝和线缆，显得很杂乱。

图 8-112

02 选择“修补工具” ，在属性栏中设置选区绘制方式为“新选区”，并单击“源”按钮，然后在墙面右下方的树枝中绘制一个选区，如图8-113所示。

图 8-113

技巧与提示

使用“矩形选框工具”、“套索工具”或“魔棒工具”等创建选区后，同样可以使用“修补工具”拖曳选区内的图像进行修补。

03 将鼠标指针移至选区内部，按住鼠标左键将其拖曳到画面左侧的墙面图像中，如图8-114所示。这时系统会自动用当前选区内的图像覆盖原有选区内的图像，效果如图8-115所示。

图 8-114

图 8-115

04 使用同样的方法，分别对墙面上的其他杂物绘制选区，然后拖曳到墙面中较为干净的区域，覆盖原有图像，效果如图8-116所示。

图 8-116

【重点】8.3.4 动手学：内容感知移动工具

使用“内容感知移动工具” 可以创建选区，并通过移动选区，将选区中的图像进行复制，而原图像则被扩展或与背景图像自然地融合。选择“内容感知移动工具” 后，其属性栏如图8-117所示。

模式: 移动 结构: 4 颜色: 0 对所有图层取样 投影时变换

图 8-117

“内容感知移动工具”属性栏中常用选项含义如下。

- **模式**：其下拉列表中有“移动”和“扩展”两种模式。选择“移动”模式，移动选区中的图像后，原图像所在处将与背景图像融合；选择“扩展”模式，可以复制选区中的图像，得到两个图像效果。
- **结构**：可以调整保留源结构的严格程度。
- **颜色**：设置可以修改源色彩的程度。

01 打开“素材\第8章\小猪.jpg”素材图像，如图8-118所示。

图 8-118

02 在工具箱中选择“内容感知移动工具” ，在其属性栏中设置“模式”为“移动”、“结构”为7、“颜色”为0，如图8-119所示。

模式: 移动 结构: 7 颜色: 0 对所有图层取样 投影时变换

图 8-119

03 在图像中小猪头像周围按住鼠标左键拖曳，绘制出选区，如图8-120所示。

04 将鼠标指针移至选区内，按住鼠标左键拖曳，将其移动到所需的位置，如图8-121所示。

图 8-120

图 8-121

05 按下Enter键确认变换，系统自动将小猪头像移动到指定的位置，并将原位置图像做自动填充，如图8-122所示。

图 8-122

8.3.5 动手学：红眼工具

使用“红眼工具”可以移去由于使用闪光灯拍摄而产生的人像照片中的红眼效果，还可以移去动物照片中眼睛里的白色或绿色反光，但它对“位图”“索引颜色”“多通道”颜色模式的图像不起作用。

“红眼工具”属性栏中常用选项含义如下。

- **瞳孔大小**：用于设置瞳孔（眼睛暗色的中心）的大小。
- **变暗量**：用于设置瞳孔的暗度。

01 打开“素材\第8章\红眼.jpg”素材图像，可以看到图像中的人物有明显的红眼现象，如图8-123所示。

图 8-123

02 在工具箱中选择“红眼工具”，在其属性栏中设置“瞳孔大小”和“变暗量”均为50%，如图8-124所示。

瞳孔大小：50%　变暗量：50%

图 8-124

03 使用“红眼工具”在红眼部分绘制一个选区，如图8-125所示。释放鼠标左键后红眼即被修复，然后使用同样的方法修复另一只红眼，如图8-126所示。

图 8-125

图 8-126

疑难解答：如何避免红眼的产生

“红眼”在摄影中一般指照片中的人物或动物的瞳孔变成了红色，而被摄体本身的瞳孔颜色其实并非红色的一种现象。在数码时代，虽然使用后期软件可以比较方便地消除“红眼”，但如果在前期就能避免的话，就能够大大节省后期处理的时间。

下面介绍几个小窍门来避免出现“红眼”现象。

1. 在使用闪光灯拍摄时，闪光灯先点亮一次会使瞳孔产生一定程度的收缩，这时再配合相机在正式记录照片时闪光一次，就可以避免反射回来的红光。

2. 不要使闪光路线正对着眼睛，高一些、低一些或者侧一些都可以，避免让反光投射到相机镜头里。

3. 如果条件允许，可以使用离机闪光灯，通过改变闪光灯的路线来改变视网膜反射红光的路线，不让反光投射到镜头里。

8.4 课堂案例：精灵世界插图

素材路径	素材\第8章\点缀.psd、彩色.psd、半截瓶子.psd、漂流瓶.psd、小孩.psd、海星.psd、蝴蝶.psd
实例路径	实例\第8章\精灵世界插图.psd

案例效果

本案例要制作的是一个精灵世界插图，主要练习“画笔工具”“减淡工具”“加深工具”“仿制图章工具”的具体设置和应用。本案例的最终效果如图8-127所示。

图 8-127

操作步骤

01 执行“文件>新建”菜单命令，打开“新建文档”对话框，在右侧“预设详细信息”中设置“宽度”为15厘米、“高度”为22厘米、“分辨率”为150像素/英寸、“颜色模式”为“RGB颜色”，如图8-128所示。设置前景色为墨绿色（R:13，G:34，B:42），按Alt+Delete组合键为背景填充前景色，如图8-129所示。

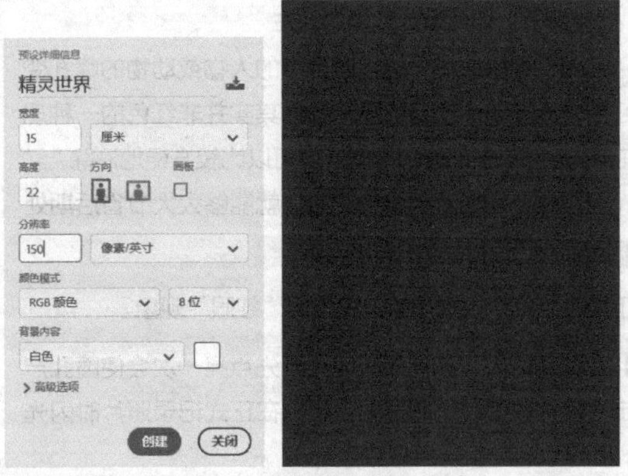

图 8-128　　图 8-129

02 选择“减淡工具” ，在属性栏中设置画笔“大小”为500像素，在图像中间进行涂抹，减淡部分图像，效果如图8-130所示。

图 8-130

03 打开“素材\第8章\点缀.psd”素材图像，使用“移动工具” 将其拖曳到当前编辑的图像中，适当调整图像大小并放置到画面中间，如图8-131所示。

04 选择“画笔工具” ，按F5键打开“画笔设置”面板，选择画笔样式为“柔角30”，再设置“硬度”为54%、“间距”为312%，如图8-132所示。

图 8-131　　图 8-132

05 在“画笔设置”面板左侧选择“形状动态”选项，设置“大小抖动”为84%，如图8-133所示。再选择“散布”选项，勾选“两轴”复选框，设置参数为1000%，如图8-134所示。

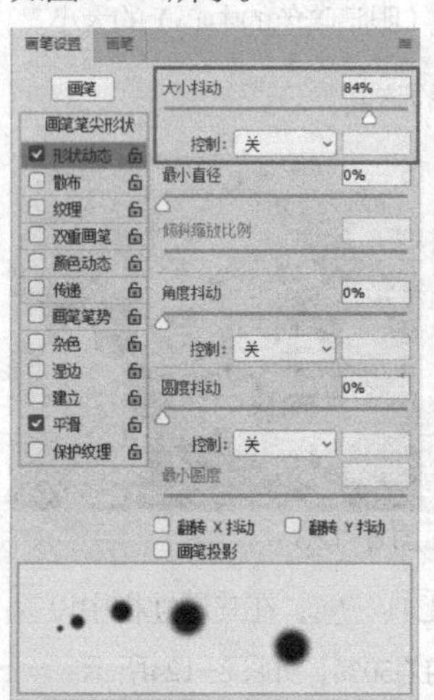

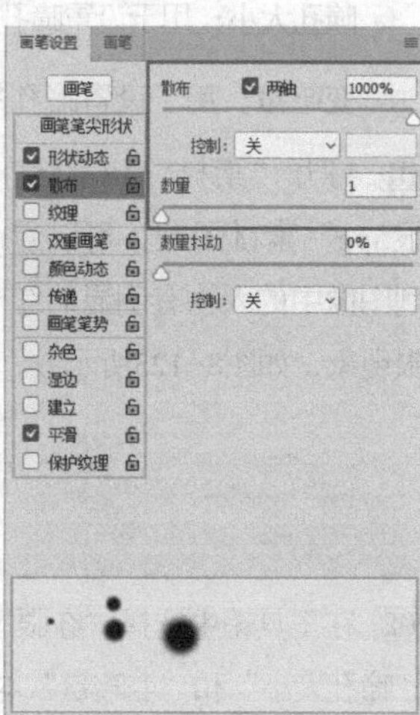

图 8-133　　图 8-134

06 设置前景色为天蓝色（R:59，G:228，B:239）、背景色为黄色（R:249，G:255，B:90），然后在“画笔设置”面板中选择“颜色动态”选项，设置参数如图8-135所示。

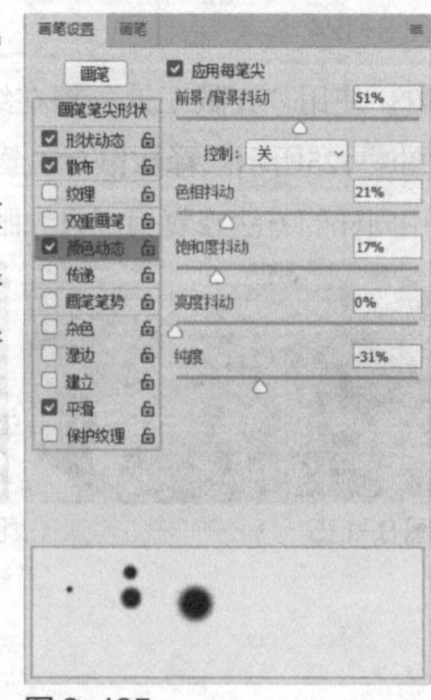

图 8-135

(07) 设置好画笔属性后，新建一个图层，在图像中间绘制出彩色圆点图像，效果如图8-136所示。

(08) 打开“素材\第8章\彩色.psd”素材图像，使用“移动工具”将其拖曳到当前编辑的图像中，放置到画面左上方，如图8-137所示。

图8-136

图8-137

(09) 选择“加深工具”，在属性栏中设置画笔“大小”为400像素、“曝光度”为80，然后在画面左上方进行涂抹，加深图像颜色，如图8-138所示。

(10) 缩小画笔，在属性栏中改变“曝光度”为100，然后再使用“画笔工具”在图像中绘制一个颜色较深的区域，如图8-139所示。

图8-138

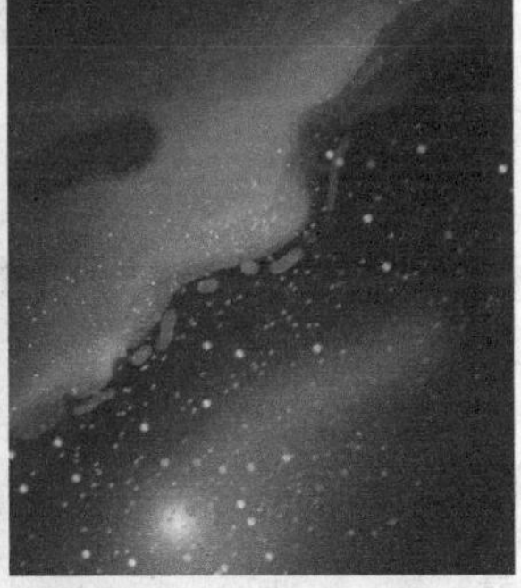

图8-139

(11) 打开“素材\第8章\半截瓶子.psd”素材图像，使用“移动工具”将其拖曳到当前编辑的图像中，适当调整图像大小并放置到画面左上方，如图8-140所示。

图8-140

(12) 打开“素材\第8章\漂流瓶.psd”素材图像，使用“移动工具”将其拖曳到当前编辑的图像中，适当调整图像大小并放置到画面中间，如图8-141所示。

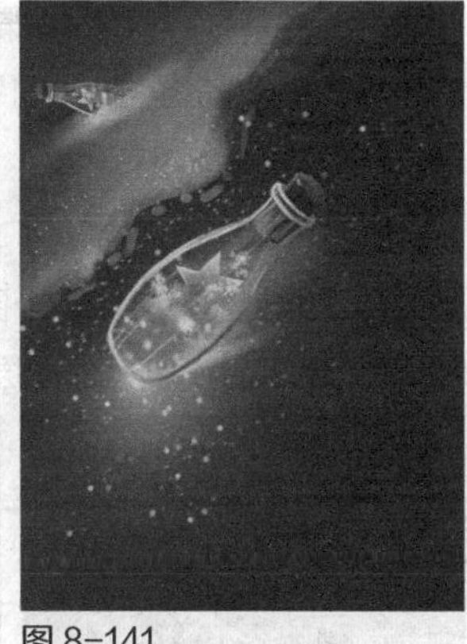

图8-141

(13) 选择“仿制图章工具”，按住Alt键单击漂流瓶图像进行取样，然后新建一个图层，在画面右下方进行涂抹，将对象复制到新建的图层中，效果如图8-142所示。

(14) 按Ctrl+T组合键，适当缩小复制的漂流瓶，将其放置到画面右上方，如图8-143所示。

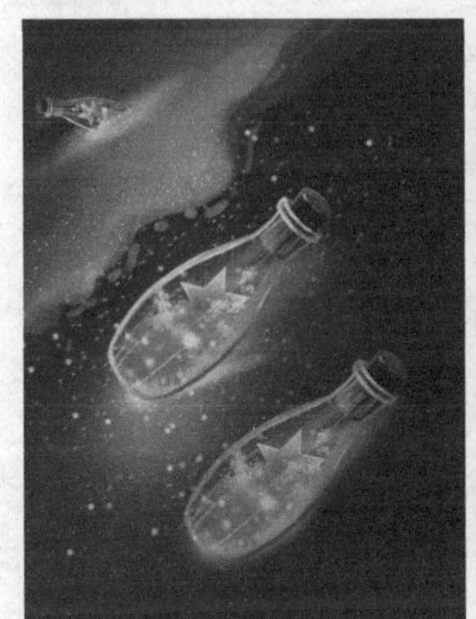

图8-142

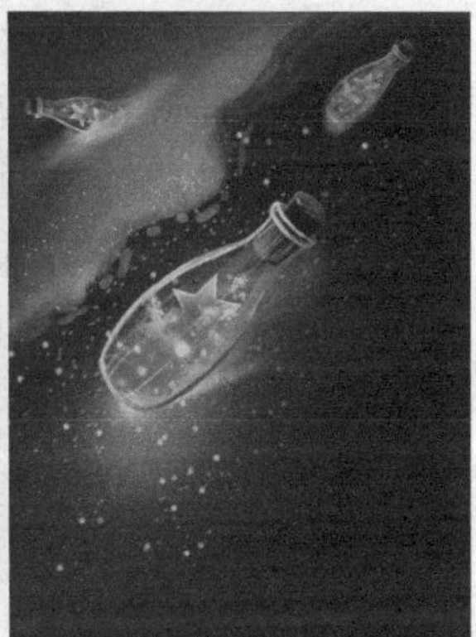

图8-143

(15) 新建一个图层，设置前景色为黑色，选择“画笔工具”，在最大的漂流瓶下方绘制出阴影图像，如图8-144所示。接着将该图层移至漂流瓶图像所在图层下方，效果如图8-145所示。

图8-144

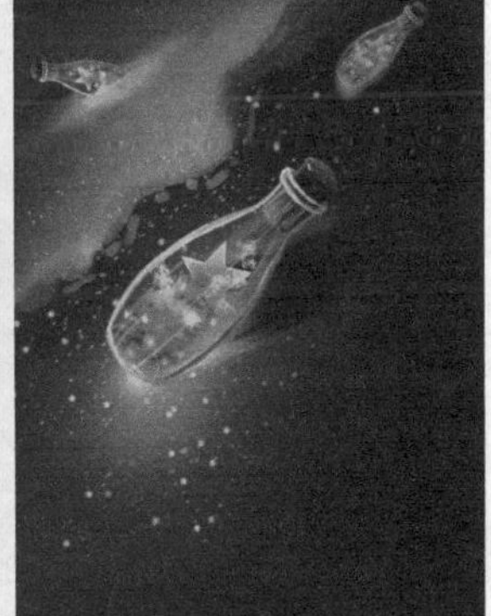

图8-145

(16) 打开“素材\第8章\蝴蝶.psd”素材图像，使用“移动工具”将其拖曳到当前编辑的图像中，并放置到画面左下方，如图8-146所示。

(17) 选择“仿制图章工具”，按住Alt键单击蝴蝶图像进行取样，然后新建一个图层，在画面右上方进行涂抹，将对象复制到新建的图层中，如图8-147所示。

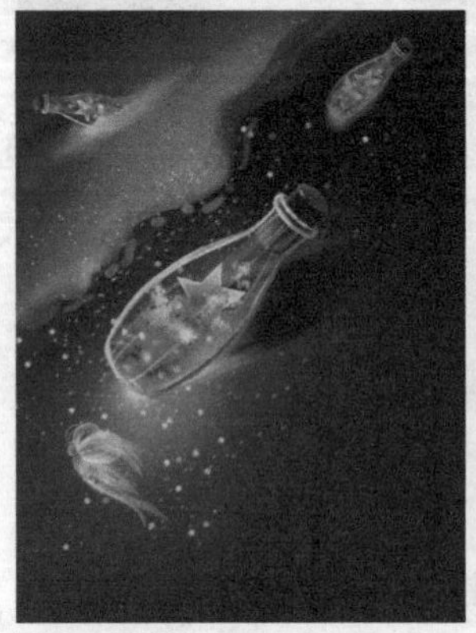

图 8-146

图 8-147

(18) 按Ctrl+T组合键适当缩小复制的蝴蝶图像，并将其移动到如图8-148所示的位置。

(19) 打开“素材\第8章\海星.psd、小孩.psd”素材图像，使用“移动工具”分别将其移动到当前编辑的图像中，放置到如图8-149所示的位置。

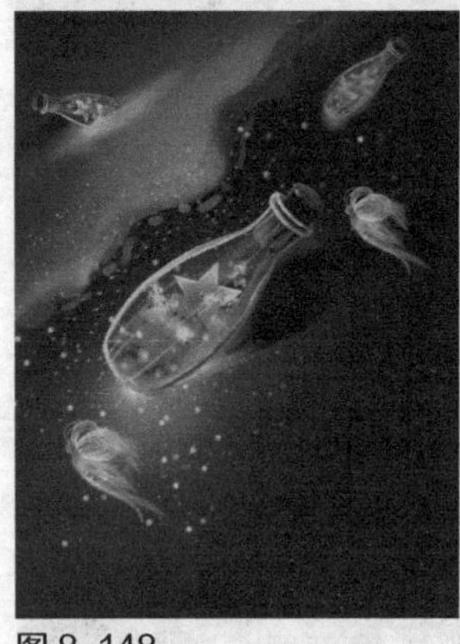

图 8-148

图 8-149

(20) 选择“横排文字工具”，在图像下方输入两行英文文字，适当调整文字大小，设置文本颜色为粉蓝色（R:164，G:253，B:252）、第一行文字字体为“粗黑简体”、第二行文字字体为“黑体”，最终效果如图8-150所示。

图 8-150

8.5 本章小结

本章主要介绍了图像的局部修饰、复制，以及有瑕疵图像的修复等内容。重点需要掌握的有“模糊工具”、“涂抹工具”、“加深工具”和“减淡工具”的使用方法，还有在图像中运用仿制图章工具组中的工具复制图像的方法，以及如何使用修复画笔工具组中的各种工具对图像中的瑕疵进行修复。

蒙版与通道的应用

• 本章内容简介

蒙版和通道是Photoshop中两个较为抽象的知识点，长期以来一直困扰着广大初学者，本章将对它们进行深入剖析，让读者彻底了解并运用它们。

• 本章学习要点

1. 应用蒙版
2. 混合颜色带
3. 认识和编辑通道

9.1 应用蒙版

蒙版原本是摄影术语，指的是用于控制照片不同区域曝光的传统暗房技术。而Photoshop中的蒙版与曝光无关，它借鉴了区域处理这种概念，可以处理局部图像。

9.1.1 蒙版概述

蒙版是一种灰度图像，其作用就像一张布，可以遮盖住处理区域中的一部分或全部，当对处理区域内进行模糊、上色等操作时，被蒙版遮盖起来的部分就不会受到影响。在Photoshop中处理图像时，常常需要隐藏一部分图像，使它们不显示出来，蒙版就是这样一种可以隐藏图像的工具。图9-1和图9-2所示是用蒙版合成的作品。

图9-1

图9-2

在Photoshop中共有"图层蒙版""剪贴蒙版""矢量蒙版""快速蒙版"4种蒙版。下面分别介绍这4种蒙版的特点。

▷ **图层蒙版**：通过蒙版中的灰度信息来控制图像的显示区域，可用于合成图像，也可以控制填充图层、调整图层、智能滤镜的有效方位。

▷ **剪贴蒙版**：通过一个对象的形状来控制其他图层的显示区域。

▷ **矢量蒙版**：通过路径和矢量形状控制图像的显示区域。

▷ **快速蒙版**：通过"绘图"的方式创建各种随意的选区，也可以说它是一种选区工具。

重点 9.1.2 使用"属性"面板

"属性"面板不仅可以设置调整图层的参数，还可以对蒙版进行设置，创建蒙版以后，在"属性"面板中可以调整蒙版的"浓度""羽化"范围等，执行"窗口>属性"菜单命令，即可打开蒙版的"属性"面板，如图9-3所示。

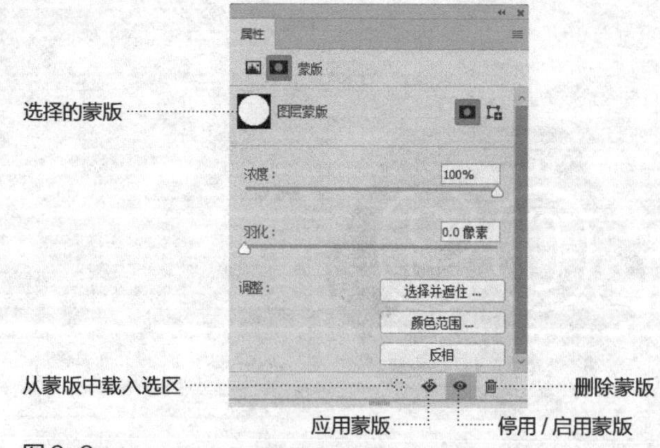

图9-3

蒙版"属性"面板各个工具和选项的作用如下。

▷ **图层蒙版**：显示了在"图层"面板中当前选择的蒙版类型，此时可在"属性"面板中进行编辑。

▷ **添加/选择图层蒙版**：单击该按钮，可以为当前图层添加图层蒙版。

▷ **添加/选择矢量蒙版**：单击该按钮，可以为当前图层添加矢量蒙版。

▷ **浓度**：该选项类似于图层的"不透明度"，拖曳滑块可以控制蒙版的不透明度，即蒙版的遮盖强度。

▷ **羽化**：用来控制蒙版边缘的柔化程度，数值越大，蒙版边缘越柔和。

▷ **选择并遮住**：单击该按钮，可以进入一个操作界面，针对不同的背景查看和修改蒙版边缘，这些操作与调整选区边缘基本相同。

▷ **颜色范围**：单击该按钮，可以打开"色彩范围"对话框，如图9-4所示。在该对话框中可以通过对图像取样并调整颜色容差来修改蒙版范围。

图9-4

▷ **反相**：可以翻转蒙版的遮挡区域。

▷ **从蒙版中载入选区**：单击该按钮，可以载入蒙版中包含的选区。

▷ **应用蒙版**：单击该按钮，可以将蒙版应用到图像中，同时删除被蒙版遮盖的区域。

▷ **停用/启用蒙版**：单击该按钮，可以停用（或重新启用）蒙版，停用蒙版时，蒙版缩览图上会出现一个红色“×”，如图9-5所示。

图9-5

▷ **删除蒙版**：单击该按钮，可删除当前选择的蒙版。

重点 9.1.3 动手学：快速蒙版

快速蒙版只是一种临时蒙版，它只会在图像中建立选区，不会对图像进行修改。当用户在快速蒙版模式中工作时，“通道”面板中会出现一个临时的快速蒙版通道，但所有的蒙版编辑都是在图像窗口中完成的。

01 这里以“素材\第9章\风景.jpg”素材图像为例，简单讲解一下快速蒙版的操作方法，如图9-6所示。

02 单击工具箱下方“以快速蒙版模式编辑”按钮，进入快速蒙版编辑模式，可以在“通道”面板中查看到新建的“快速蒙版”通道，如图9-7所示。

图9-6

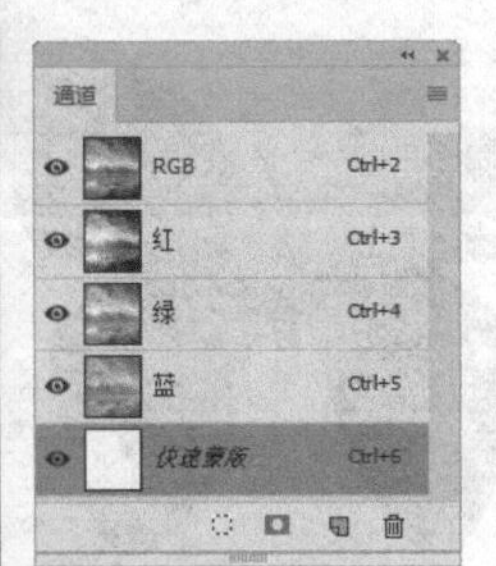

图9-7

03 在工具箱中选择“画笔工具”，在属性栏中单击按钮，打开“画笔设置”面板，选择一种画笔样式，如选择“粉笔2”样式，再设置它的“大小”和“间距”等参数，如图9-8所示。

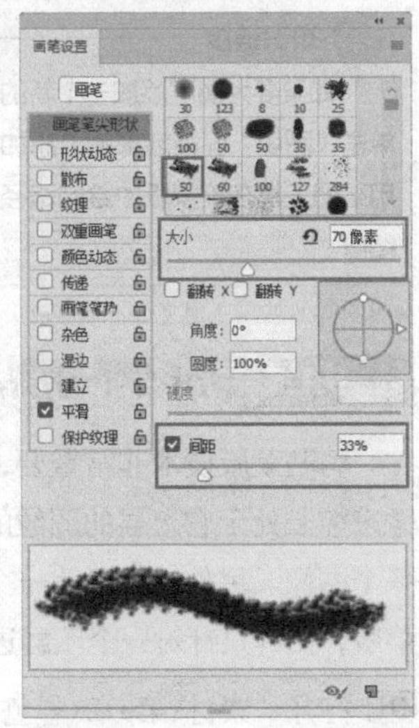

图9-8

04 使用画笔在画面中涂抹，涂抹出来的颜色为如图9-9所示的透明红色，并且在“通道”面板中会显示出涂抹的状态，如图9-10所示。

图9-9

图9-10

05 单击工具箱中的“以标准模式编辑”按钮或按Q键，返回到标准模式中，得到图像选区，执行“选择>反向”菜单命令，得到上一步涂抹区域内的图像选区，如图9-11所示。

图9-11

06 按Ctrl+J组合键复制选区内的图像到新的图层，然后选择“背景”图层，填充为白色，得到的图像效果如图9-12所示。

图9-12

▶ 课堂练习：用快速蒙版快速抠图

素材路径	素材\第9章\舞台背景.jpg、跳舞.jpg
实例路径	实例\第9章\用快速蒙版快速抠图.psd

练习效果

本练习将使用快速蒙版抠图，从而快速为人物图像更换背景。本练习的最终效果如图9-13所示。

图9-13

操作步骤

01 按Ctrl+O组合键，打开“素材\第9章\跳舞.jpg”素材图像，如图9-14所示。

02 选择“魔棒工具”，在属性栏中设置“容差”为40，然后在图像背景中单击创建选区，如图9-15所示。

图 9-14

图 9-15

03 按Q键进入快速蒙版编辑状态，人物将被透明红色图像覆盖，如图9-16所示，可以看到人物的手部和腿部有部分图像并未被覆盖。

04 选择“画笔工具”，在属性栏中设置画笔样式为柔角、大小为15像素，对手部和腿部未覆盖区域进行涂抹，如图9-17所示。在涂抹时，如果超出人物图像，可以将前景色设置为白色，擦除超出的图像。

图 9-16

图 9-17

05 完成人物的涂抹后，按Q键退出快速蒙版编辑模式，再按Shift+Ctrl+I组合键反选选区，得到人物图像选区，如图9-18所示。

图 9-18

06 打开“素材\第9章\舞台背景.jpg”素材图像，使用“移动工具”将人物图像拖曳到舞台背景图像中，适当调整人物大小，放置到画面中间，如图9-19所示。

07 选择“画笔工具”，在属性栏中设置画笔为柔角、不透明度为40%，在人物两侧绘制出投影图像，在绘制过程中可以适当调整画笔大小，如图9-20所示。

图 9-19

图 9-20

9.1.4 矢量蒙版

矢量蒙版是通过钢笔或形状工具创建出来的蒙版。与图层蒙版相同，矢量蒙版也是非破坏性的，也就是说在添加完矢量蒙版之后还可以返回并重新编辑蒙版，并且不会丢失蒙版隐藏的像素。

如果要创建矢量蒙版，首先需要在画面中绘制一个路径，如图9-21所示。然后执行“图层>矢量蒙版>当前路径”菜单命令，即可使用当前路径创建一个矢量蒙版，路径以外的图像将被全部隐藏起来，这时“图层”面板中也将自动得到一个矢量蒙版图层，如图9-22所示。

图 9-21

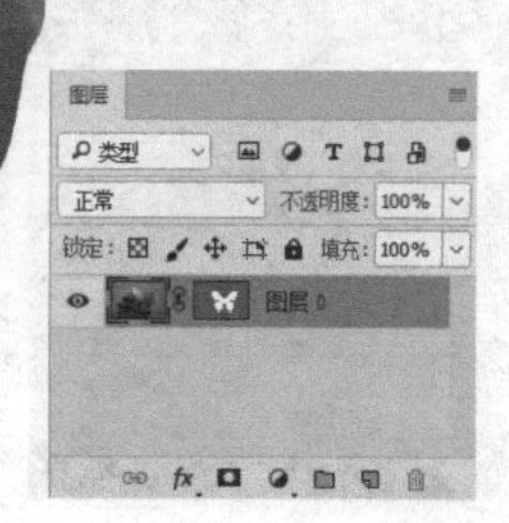

图 9-22

知识链接

如果要为图层添加一个新的矢量蒙版，只需按住 Ctrl 键，单击“图层”面板底部的“添加图层蒙版”按钮即可。之后使用绘图工具在该蒙版中绘制路径，将自动隐藏绘制区域以外的图像。

9.1.5 动手学：剪贴蒙版

剪贴蒙版技术非常重要，它可以用一个图层中的图像来控制处于它上层的图像的显示范围，并且可以针对多个图像。另外，可以为一个或多个调整图层创建剪贴蒙版，使其只针对一个图层进行调整。

01 打开“素材\第9章\彩色世界.jpg”素材图像，使用

“横排文字工具” T 在图像中输入文字，然后在属性栏中设置字体为“方正粗宋简体”、文本颜色为黑色，如图9-23所示。

图9-23

(02) 打开“素材\第9章\山峦.jpg”文件，使用“移动工具”将其拖曳到文字图像中，得到“图层1”，如图9-24所示。

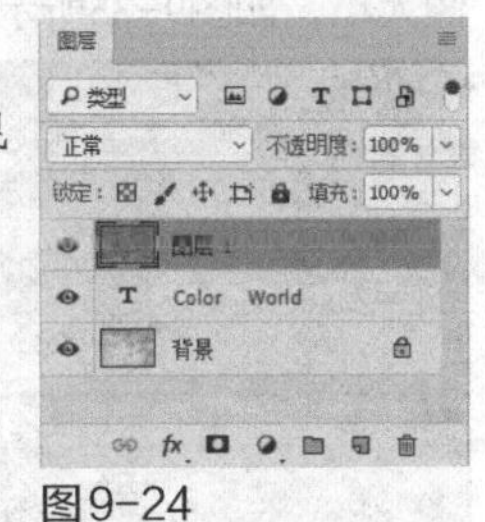

图9-24

(03) 执行“图层>创建剪贴蒙版”菜单命令或按Alt+Ctrl+G组合键，即可得到剪贴蒙版的效果，“图层”面板的“图层1”将变成剪贴图层，如图9-25所示。这时得到的图像效果如图9-26所示。

图9-25

图9-26

技巧与提示

剪贴蒙版作为图层，也具有图层的属性，用户可以对其应用图层样式，调整“不透明度”及“混合模式”等内容。

疑难解答：什么是基底图层和内容图层

在一个剪贴蒙版中，至少包含两个图层：处于最下面的基底图层，以及位于基底图层上面的内容图层。下面就来详细介绍一下什么是基底图层和内容图层。

基底图层：基底图层只有一个，位于剪贴蒙版的底端，它将决定上方图像内容的显示形状，如图9-27所示。用户可以对基底图层进行操作，而上方的图像内容也将受到相应的影响。

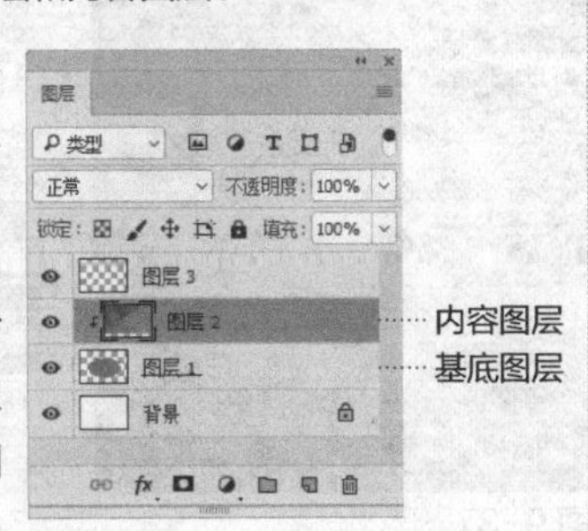

图9-27

内容图层：内容图层必须与基底图层相邻，不能隔开，且数量不限，对内容图层的操作不会影响基底图层，但是对其进行移动、变换等操作时，其显示范围也会随之而改变。当内容图层中的图像小于基底图层图像时，没填满的区域将显示基底图层内容，如图9-28所示。

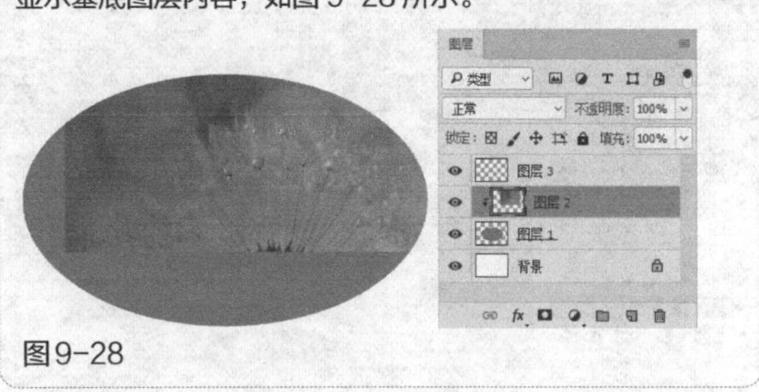

图9-28

[重点] 9.1.6 图层蒙版

图层蒙版是所有蒙版中最为重要的一种，也是实际工作中使用频率非常高的功能，它可以用来隐藏、合成图像等。另外，在创建调整图层、填充图层以及为智能对象添加智能滤镜时，Photoshop会自动为图层添加一个图层蒙版，我们可以在图层蒙版中对调色范围、填充范围及滤镜应用区域进行调整。

在创建图层蒙版时，用户既可以直接在“图层”面板中进行创建，也可以从选区或图像中生成图层蒙版。

1. 在“图层”面板中直接创建图层蒙版

选择要添加图层蒙版的图层，然后在“图层”面板中单击“添加图层蒙版”按钮 ◘，即可为当前图层添加一个图层蒙版，如图9-29所示。

图9-29

2. 从选区生成图层蒙版

如果当前图像中存在选区（如图9-30所示），单击“图层”面板中的“添加图层蒙版”按钮 ◘，可以基于当前选区为图层添加图层蒙版，选区以外的图像将被蒙版隐藏，如图9-31所示。

图9-30

图 9-31

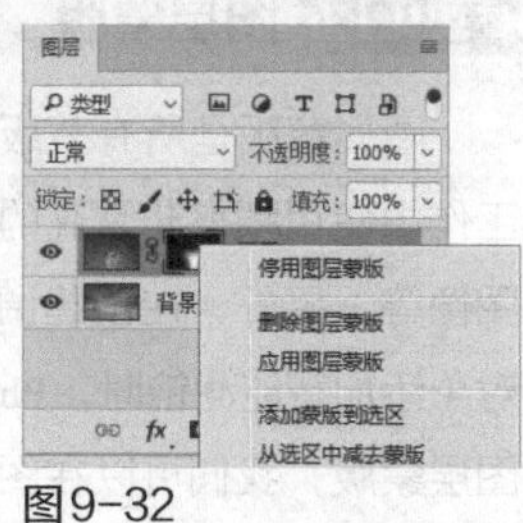

图9-32

添加图层蒙版后，可以在“图层”面板中对图层蒙版进行编辑。使用鼠标右键单击蒙版缩览图，在弹出的快捷菜单中可以选择所需的编辑命令，如图9-32所示。

▶ **停用图层蒙版**：选择该命令可以暂时隐藏图像中添加的蒙版效果。

▶ **删除图层蒙版**：选择该命令可以彻底删除应用的图层蒙版效果，使图像回到原始状态。

▶ **应用图层蒙版**：选择该命令可以将蒙版图层变成普通图层，以后将无法对蒙版状态进行编辑。

技巧与提示

对图层蒙版进行编辑时，“图层”面板中的黑色区域的图像为透明状态（即被隐藏），白色区域的图像为显示状态。

▶ 课堂练习：使用图层蒙版合成灯中人物

素材路径	素材\第9章\光束.jpg、人物.jpg、灯泡.jpg
实例路径	实例\第9章\合成灯中人物.psd

练习效果

本练习将学习图层蒙版的应用，主要是将多张素材图像组合在一起，再通过隐藏部分图像，得到图像合成效果。本练习的最终效果如图9-33所示。

图 9-33

操作步骤

(01) 按Ctrl+O组合键，打开“素材\第9章\灯泡.jpg”素材图像，如图9-34所示。

(02) 打开“素材\第9章\人物.jpg”素材图像，使用“移动工具”将其拖曳到灯泡图像中，并适当调整人物图像大小，如图9-35所示。

图 9-34

图 9-35

(03) 这时“图层”面板中将得到“图层1”，设置该图层的混合模式为“强光”，图像效果如图9-36所示。

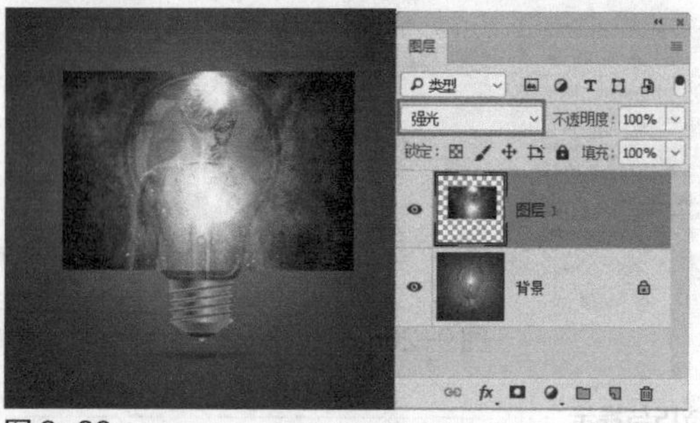

图 9-36

(04) 单击“图层”面板中的“添加图层蒙版”按钮，为“图层1”添加图层蒙版，然后选择“画笔工具”，在属性栏中设置画笔样式为柔角、大小为150像素，对灯泡以外的人物图像进行涂抹，隐藏该部分图像，如图9-37所示。

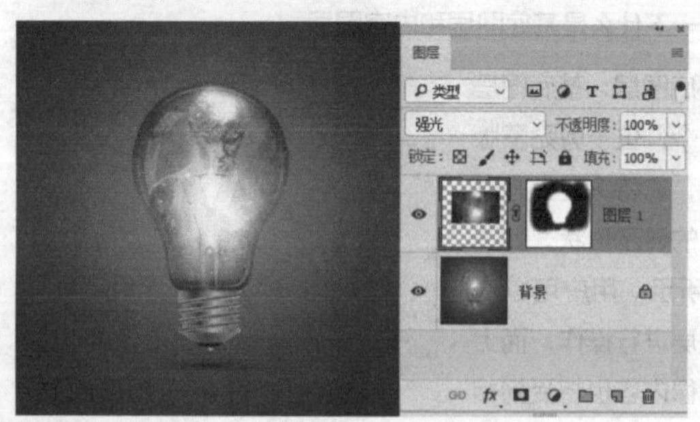

图 9-37

(05) 打开“素材\第9章\光束.jpg”素材图像，使用“移动工具”将其拖曳到当前编辑的图像中，并设置该图层的混合模式为“柔光”，如图9-38所示。

06 为“图层2”添加图层蒙版，选择“画笔工具”，在属性栏中降低画笔的不透明度，对与灯泡交叉的图像进行涂抹，将灯泡图像显示出来，如图9-39所示。

图 9-38

图 9-39

9.2 高级蒙版——混合颜色带

除了常规的“快速蒙版”“矢量蒙版”“图层蒙版”等蒙版调整方式，我们还可以使用“图层样式”对话框中的“混合颜色带”来调整蒙版。

“混合颜色带”是一种非常特殊的蒙版，它位于“图层样式”对话框中，通过它既可以隐藏图层中的图像，又可以让下面图层中的图像穿透当前层显示出来，或者同时隐藏当前图层和下一层中的部分图像。

打开“素材\第9章\蓝色背景.psd”素材图像，如图9-40所示。双击“图层”面板中的“图层0”，如图9-41所示，打开“图层样式”对话框，如图9-42所示。可以看到“混合颜色带”就位于对话框底部，主要是通过本图层和下一图层参数的设置进行调整。

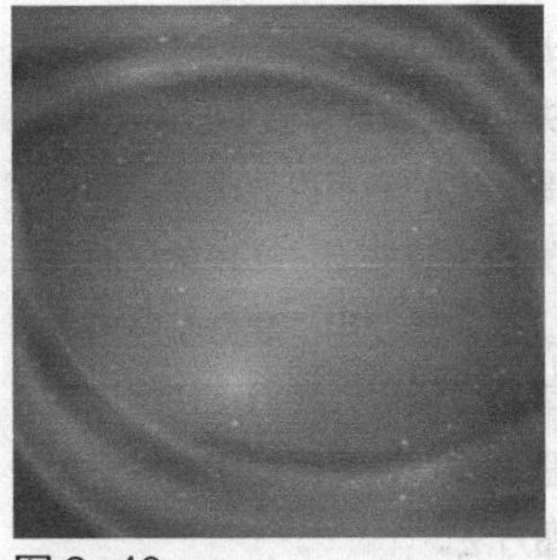

图 9-40

图 9-41

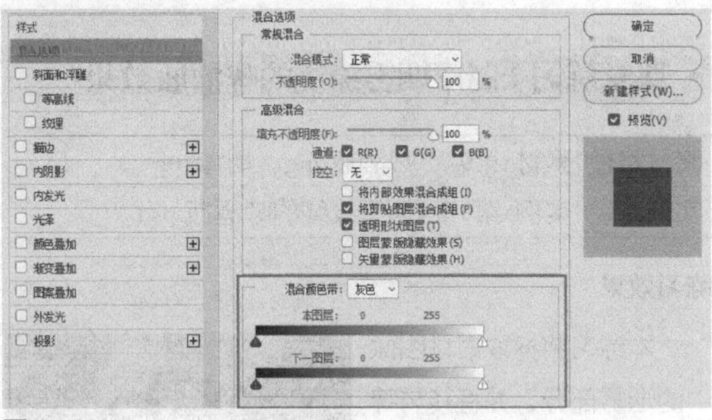

图 9-42

使用“混合颜色带”时，首先要选择“混合颜色带”的颜色模式，其中包括“灰色”“红”“绿”“蓝”几种模式，默认情况下选择“灰色”。在“本图层”和“下一图层”中各有一个渐变条，默认情况下，黑色滑块位于渐变条的左端，数值为0，代表黑色；白色滑块位于渐变条右端，数值为255，代表白色。拖曳黑色滑块可以定义亮度范围的最低值，即低于该值的图像将会被隐藏起来，而拖曳白色滑块可以定义亮度范围的最高值，即高于该值的图像也会被隐藏起来。拖曳任意一个滑块时，该滑块上方的数值就会发生变化，如图9-43所示。

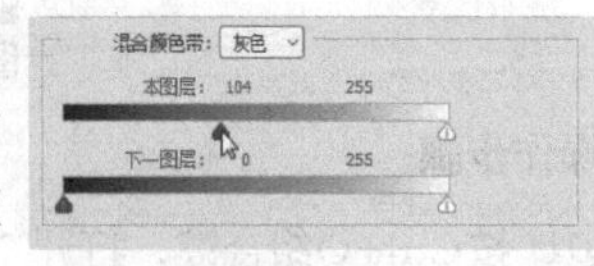

图 9-43

通过拖曳渐变条下方的滑块，可以改变画面显示的图像范围。拖曳“本图层”下方的滑块，可以隐藏当前正在操作的图层的像素，如图9-44所示；拖曳“下一图层”下方的滑块，可以使当前图层下面图层中的像素穿透当前图层显示出来，如图9-45所示。

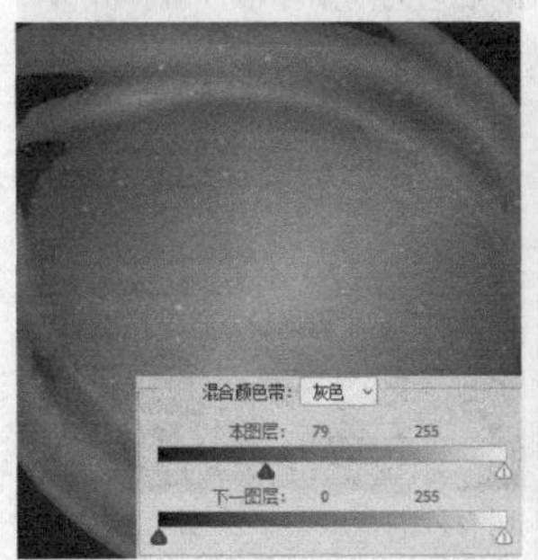

图 9-44

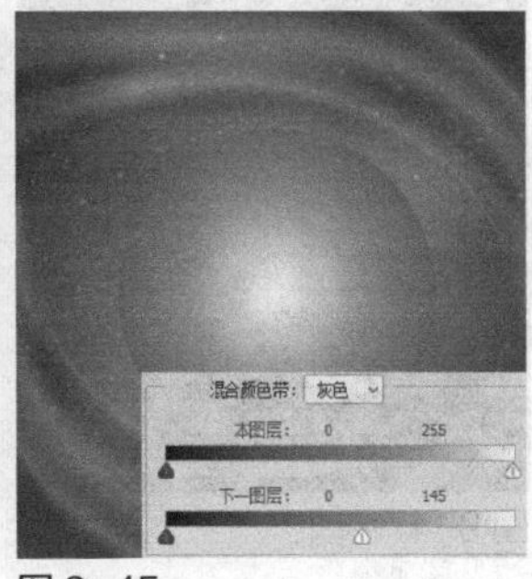

图 9-45

疑难解答：混合颜色带的适用范围

使用“混合颜色带”可以快速将对象从背景中分离出来，给使用者带来极大的方便。但是，它的缺点也很明显，即只有在对象与背景之间的色调差异较大时才能发挥效果，而且背景不能太复杂，要尽量简单。这也是使用“混合颜色带”抠图的不便之处，它的可控性较弱。所以，我们在使用该功能抠图时，应该首先考虑到抠图图像背景是否适用，对于太复杂的背景，可以选择其他抠图方法。

课堂练习：制作烟雾缭绕的啤酒瓶效果

素材路径	素材\第9章\啤酒瓶.jpg、烟雾.jpg
实例路径	实例\第9章\烟雾缭绕的啤酒瓶.psd

练习效果

本练习将抠取素材图像中的烟雾部分，并将其与啤酒瓶图像合成在一起，主要练习“混合颜色带”的设置和应用。本练习的最终效果如图9-46所示。

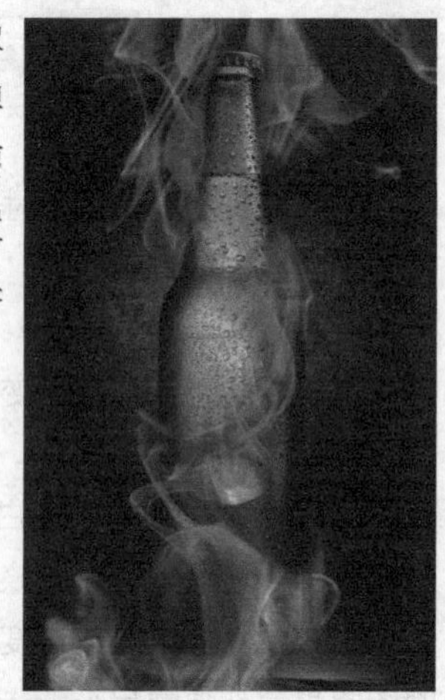

图 9-46

操作步骤

01 按Ctrl+O组合键，打开“素材\第9章\啤酒瓶.jpg、烟雾.jpg”素材图像，如图9-47和图9-48所示。

图 9-47

图 9-48

02 将烟雾图像拖曳到啤酒瓶图像中。选择“图层>图层样式>混合选项”命令，打开“图层样式”对话框，按住Alt键，将“本图层”下方的黑色滑块的右半部分向右拖曳，如图9-49所示。将黑色图像隐藏后，得到的图像效果如图9-50所示。

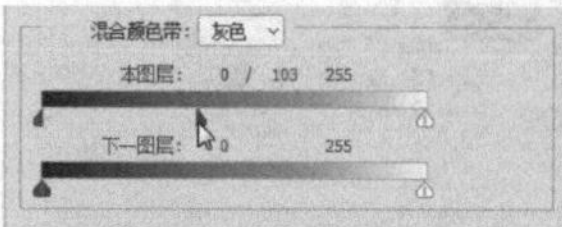

图 9-49

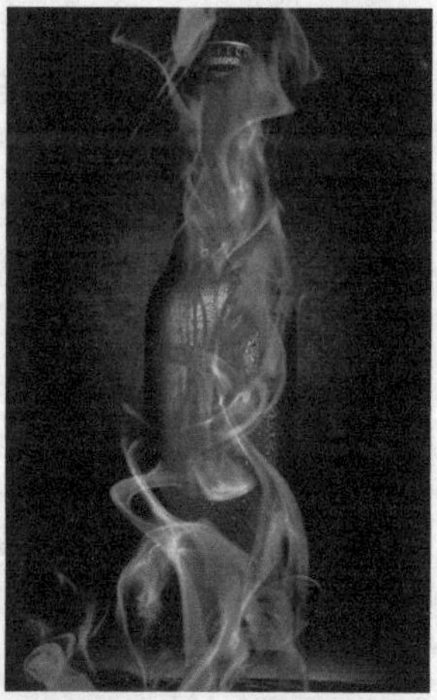

图 9-50

03 单击“图层”面板底部的“添加图层蒙版”按钮，为“图层1”添加一个图层蒙版，然后设置前景色为黑色，使用“画笔工具”适当对烟雾图像进行涂抹，隐藏部分烟雾效果（如图9-51所示），使其有围绕瓶身飘逸的效果，如图9-52所示。

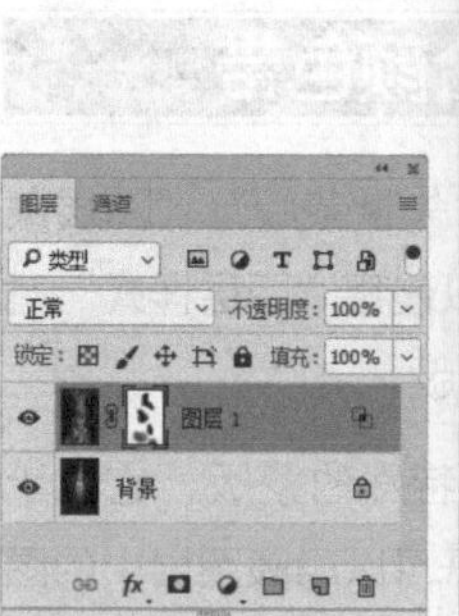

图 9-51

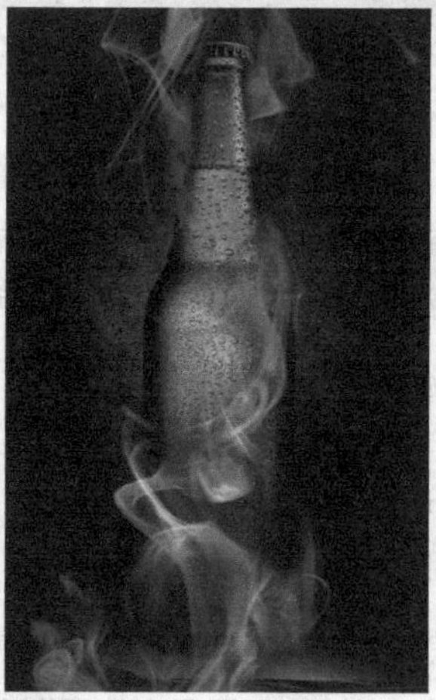

图 9-52

04 单击“图层”面板底部的“创建新的填充或调整图层”按钮，在打开的对话框中选择“色相/饱和度”命令，然后在“属性”面板中调整图像色相参数，如图9-53所示。

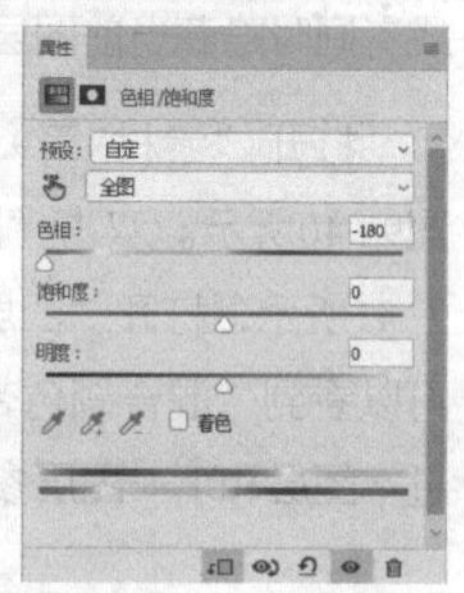

图9-53

05 按Alt+Ctrl+G组合键创建剪贴蒙版，使调整图层只对烟雾所在的图层产生作用，如图9-54所示。这时得到的烟雾颜色与瓶身颜色更有冲击感，如图9-55所示。

图9-54

图9-55

9.3 认识通道

在Photoshop中，通道的功能非常重要。用户可以使用通道快捷地创建部分图像的选区，还可以使用通道制作一些特殊效果的图像。

[重点]9.3.1 “通道”面板

“通道”面板是Photoshop中十分重要的面板，在默认情况下都显示在工作界面中。执行“窗口>通道”菜单命令，可以打开“通道”面板，在其中可以创建、存储、编辑和管理通道。打开一张图像后，Photoshop会自动为这张图像创建颜色信息通道，“通道”面板的面板菜单如图9-56所示。

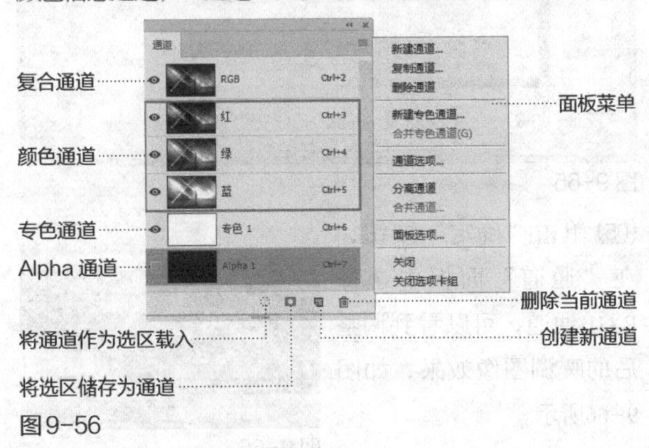

图9-56

“通道”面板功能介绍如下。

▶ **复合通道：** 面板中最先列出的通道是复合通道，在该通道下可以同时预览和编辑所有颜色通道。

▶ **颜色通道：** 这三个通道都用来记录图像颜色信息。

▶ **专色通道：** 该通道用来记录图像的所有颜色信息。

▶ **Alpha通道：** 用来保存选区和灰度图像的通道。

▶ **将通道作为选区载入** ：单击该按钮，可以载入所选通道图像的选区。

▶ **将选区存储为通道** ：如果图像中有选区，单击该按钮，可以将选区中的内容存储到通道中。

▶ **创建新通道** ：单击该按钮，可以新建一个Alpha通道。

▶ **删除当前通道** ：将通道拖曳到该按钮上，可以删除选择的通道。

[重点]9.3.2 通道的类型

Photoshop提供了“颜色通道”、“Alpha通道”和“专色通道”三种类型的通道。下面将分别介绍这三种类型的通道。

1. 颜色通道

“颜色通道”是将构成整体图像的颜色信息整理并表现为单色图像的工具。根据图像颜色模式的不同，颜色通道的数量也不同。例如，RGB颜色模式的图像有红（R）、绿（G）、蓝（B）三个默认的通道，如图9-57所示；CMYK颜色模式的图像有青色（C）、洋红（M）、黄色（Y）、黑色（K）4个默认的通道，如图9-58所示。

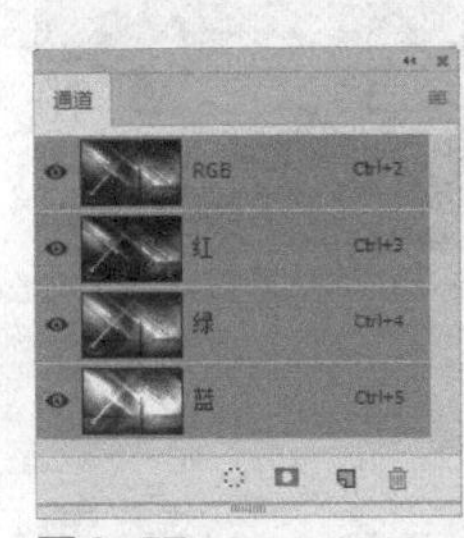

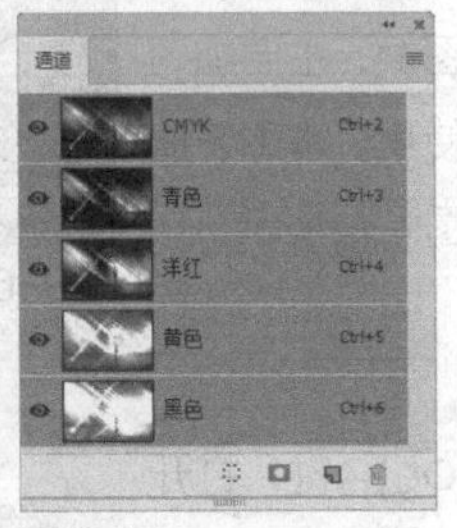

图9-57

图9-58

2. Alpha 通道

“Alpha通道”是用于存储图像选区的通道，它将选区存储为8位灰度图像放入“通道”面板中，用来处理隔离和保护图像的特定部分，所以它不能存储图像的颜色信息。

> **技巧与提示**
>
> 在 Alpha 通道中，白色代表被完全选中的区域；灰色代表被部分选中的区域，即羽化的区域；而黑色代表位于选区之外的区域。

》3. 专色通道

"专色通道"用于记录专色信息，主要用来指定专色油墨印刷的附加印版（如银色、金色及特种色等）。它可以保存专色信息，同时也具有Alpha通道的特点。每个专色通道只能存储一种专色信息，而且是以灰度形式来存储的。

疑难解答：如何用彩色显示通道缩览图

在默认情况下，"通道"面板中所显示的单通道都为灰色，如果要以彩色来显示单色通道，可以执行"编辑＞首选项＞界面"菜单命令，然后在"选项"选项组下勾选"用彩色显示通道"选项，如图9-59和图9-60所示。

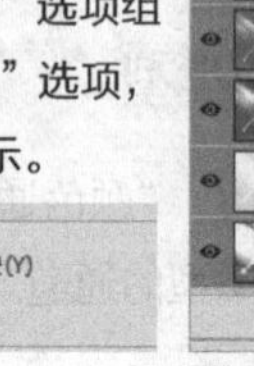

图9-59　　图9-60

▶ 课堂练习：使用通道打造暖调阳光照片

素材路径	素材\第9章\阳光下.jpg
实例路径	实例\第9章\暖调阳光照片.psd

练习效果

本练习将通过选择通道，并调整颜色来制作一个暖色调阳光图像，主要练习通道功能的使用。本练习的最终效果如图9-61所示。

图9-61

操作步骤

(01) 按Ctrl+O组合键，打开"素材\第9章\阳光下.jpg"素材图像，如图9-62所示。下面将为图像调整出温暖的阳光照射效果。

图9-62

(02) 在"通道"面板中选择"红"通道，按Ctrl+M组合键打开"曲线"对话框，在高光区域添加一个控制点并将曲线向上调整，适当增加亮部区域的红色；在暗部区域再添加一个控制点并将曲线向下调整，减少暗部区域的红色，如图9-63所示。

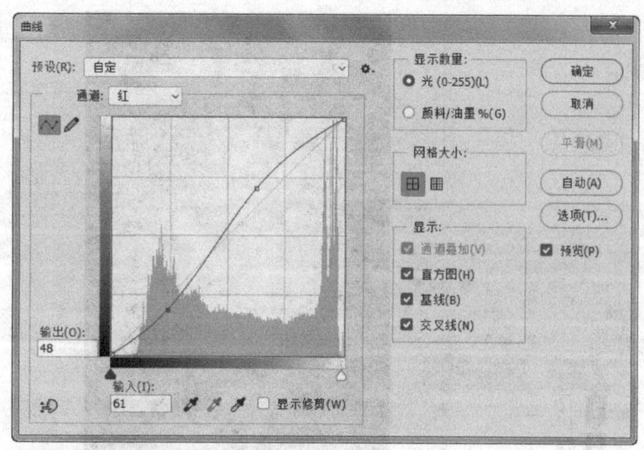

图9-63

(03) 单击"确定"按钮，在"通道"面板中选择RGB通道，可以看到调整后的图像整体偏红，暗部偏蓝，如图9-64所示。

图9-64

(04) 在"通道"面板中选择"蓝"通道，打开"曲线"对话框，在曲线中添加控制点并向下拖曳曲线，降低蓝色，同时也增加了黄色调，如图9-65所示。

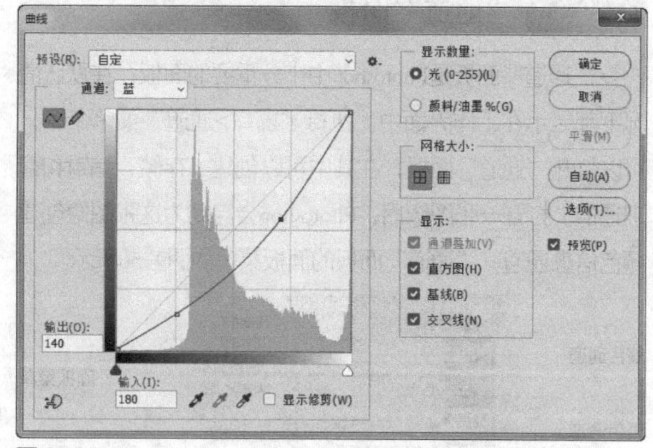

图9-65

(05) 单击"确定"按钮，在"通道"面板中选择RGB通道，可以看到调整后的暖调图像效果，如图9-66所示。

图9-66

9.3.3 动手学：创建Alpha通道

在Alpha通道中可以存储和编辑选区，并且可以进行多次编辑。用户可以通过载入图像选区，然后新建Alpha通道对图像进行操作。

(01) 打开“素材\第9章\棒棒糖.jpg”图像文件，执行“窗口>通道”菜单命令，打开“通道”面板，如图9-67所示。

图 9-67

(02) 单击“通道”面板底部的“创建新通道”按钮，即可创建一个Alpha通道，如图9-68所示。

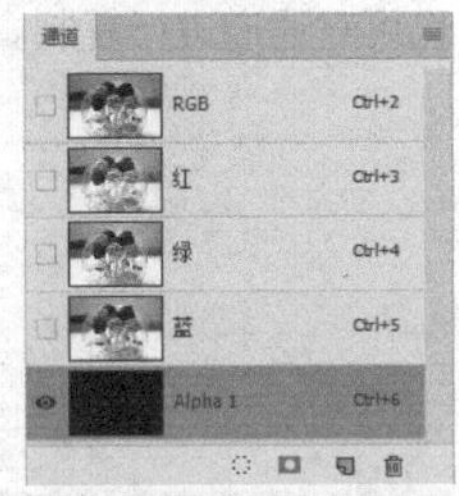

图 9-68

(03) 单击“通道”面板右上角的按钮，选择“新建通道”命令，将打开“新建通道”对话框，默认情况下会选中“被蒙版区域”选项，如图9-69所示。

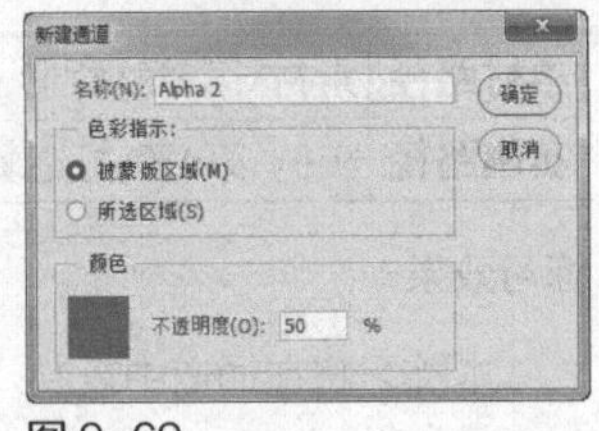

图 9-69

(04) 单击“确定”按钮，即可通过菜单命令在“通道”面板中创建一个Alpha通道，如图9-70所示。

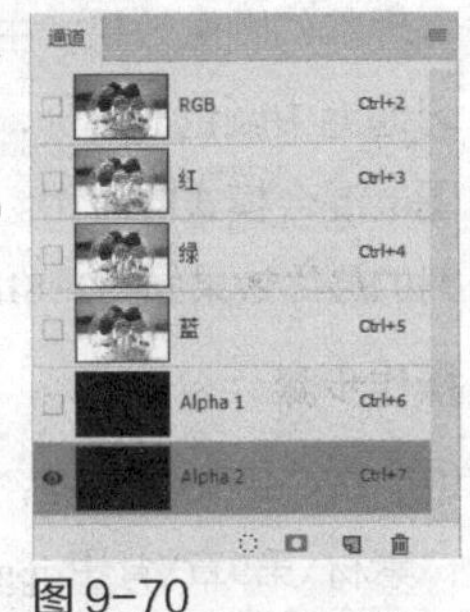

图 9-70

9.3.4 创建专色通道

单击“通道”面板右上角的面板菜单按钮，在弹出的菜单中选择“新建专色通道”命令，打开“新建专色通道”对话框，如图9-71所示。在对话框中输入新通道名称，单击“确定”按钮，即可新建专色通道，如图9-72所示。

图 9-71

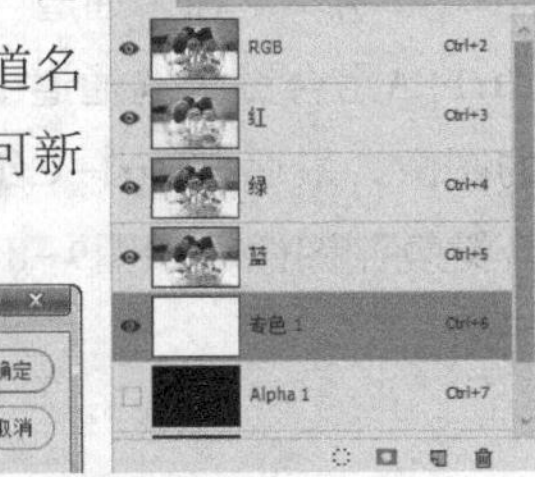

图 9-72

技巧与提示

在专色通道中，黑色区域为使用了专色的区域，而白色区域无专色。

9.4 编辑通道

在“通道”面板中，我们可以选择某个通道进行单独操作，也可以隐藏/显示、复制、删除、合并已有的通道，或对其位置进行调换等。

9.4.1 选择通道

在“通道”面板中选择通道最快捷的方式就是直接单击某一通道，如图9-73所示。按住Shift键的同时，在“通道”面板中逐一单击某个通道，即可同时选择多个通道，如图9-74所示。

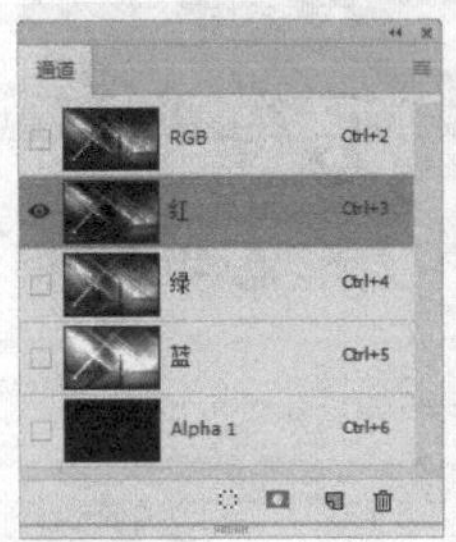

图 9-73

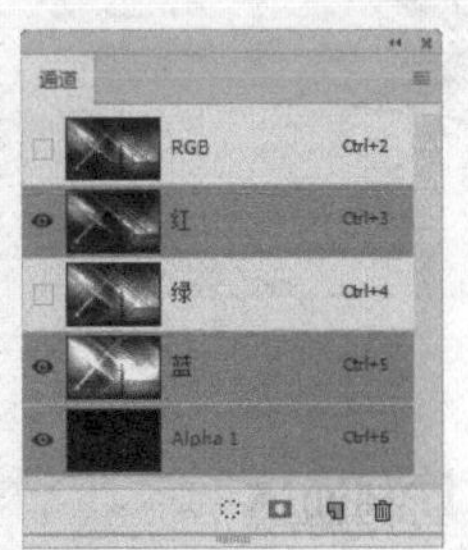

图 9-74

技巧与提示

“通道”面板中的每个通道后面都标有对应的 Ctrl+ 数字字样，如“红”通道后面标有 Ctrl+3，这表示按 Ctrl+3 组合键可以单独选择“红”通道。同样的道理，按 Ctrl+4 组合键可以单独选择“绿”通道，按 Ctrl+5 组合键可以单独选择“蓝”通道。

重点 9.4.2 通道与选区的互换

当用户在图像中创建选区后，单击“通道”面板中的“将选区存储为通道”按钮，可以将选区保存到Alpha通道中，如图9-75所示。

在“通道”面板中选择要载入选区的“Alpha通道”，然后单击“将通道作为选区载入”按钮，即可载入该通道中的选区；也可以在按住Ctrl键的同时，单击“通道”面板中的Alpha通道，这样同样能够载入通道中的选区，如图9-76所示。

图9-75

图9-76

9.4.3 复制通道

在Photoshop中，除了可以将通道复制在同一个文档中，还可以将通道复制到新建的文档中。通道的复制操作主要有以下几种方式。

选择需要复制的通道，在“通道”面板的面板菜单中选择“复制通道”命令，即可将当前通道复制出一个副本，如图9-77和图9-78所示。

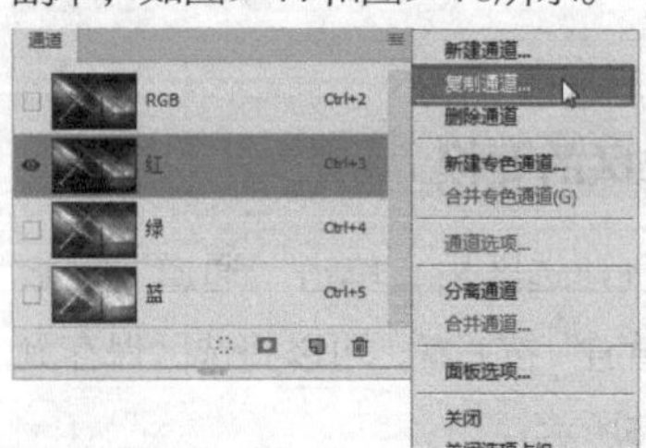

图9-77

图9-78

在通道上单击鼠标右键，然后在弹出的快捷菜单中选择“复制通道”命令，如图9-79所示，即可完成通道的复制。

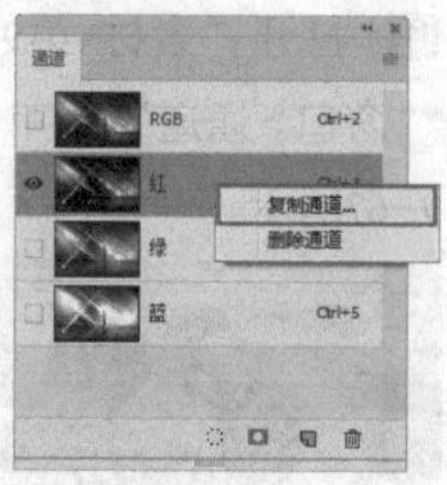

图9-79

直接将通道拖曳到“创建新通道”按钮上，如图9-80所示，也可对通道进行复制。

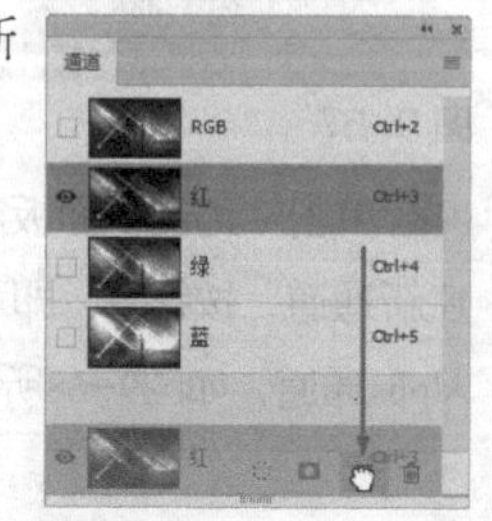

图9-80

课堂练习：打造梦幻图像效果

素材路径	素材\第9章\背影.jpg、彩色光线.jpg
实例路径	实例\第9章\打造梦幻图像效果.psd

练习效果

本练习将在通道中复制图像并粘贴到其他图层中，实现梦幻图像效果，主要练习通道中颜色的选择，以及图层混合模式的应用。本练习的最终效果如图9-81所示。

图9-81

操作步骤

(01) 按Ctrl+O组合键，打开“素材\第9章\背影.jpg”素材图像，如图9-82所示。下面将打造梦幻图像效果。

图9-82

(02) 打开“素材\第9章\彩色光线.jpg”素材图像，如图9-83所示。在“通道”面板中选择“蓝”通道，按Ctrl+A组合键全选通道中的图像，最后按Ctrl+C组合键复制图像，如图9-84所示。

图9-83

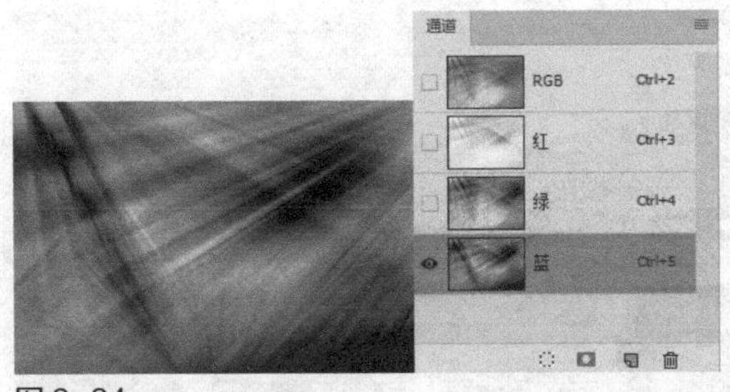
图 9-84

03 切换到背影图像窗口，按Ctrl+V组合键将复制的图像粘贴到当前文档，此时Photoshop将生成一个新的“图层1”，效果如图9-85所示。

图 9-85

04 设置“图层1”的“混合模式”为“叠加”，如图9-86所示。得到的图像效果如图9-87所示。

图 9-86

图 9-87

05 选择“背景”图层，按Ctrl+J组合键复制一次图层，执行“滤镜>渲染>镜头光晕”菜单命令，打开“镜头光晕”对话框，在预览窗口中设置光晕位置在画面右上方，再选择镜头类型为“35毫米聚焦”、亮度为160%，如图9-88所示。

06 单击“确定”按钮，得到镜头光晕效果，再选择“图层1”，使用“橡皮擦工具”对画面左上角进行适当的擦除，使光线照射状态更加真实，如图9-89所示。

图 9-88

图 9-89

举一反三：将图层中的内容粘贴到通道中

在“通道”面板中选择颜色通道后，可以复制单色通道到另一个图像文件中，那么反过来，也可以将图像内容直接复制粘贴到通道中，从而改变原图像颜色。

打开“素材\第9章\白马.jpg、沙漠.jpg”，如图9-90和图9-91所示。在“白马”图像文件中按Ctrl+A组合键全选图像，再按Ctrl+C组合键复制图像，然后切换到“沙漠”图像窗口中，选择“红”通道，按Ctrl+V组合键粘贴图像，即可得到融合的图像效果，如图9-92所示。

图 9-90 图 9-91

图 9-92

9.4.4 删除通道

复杂的“Alpha通道”会占用很大的磁盘空间，因此在保存图像之前，可以删除无用的“Alpha通道”和“专色通道”。如果要删除通道，可以采用以下几种方法来完成。

- 选择需要删除的通道，按住鼠标左键将其拖曳到面板底部的“删除当前通道”按钮上。
- 选择需要删除的通道，单击面板底部的“删除当前通道”按钮，然后在弹出的对话框中进行确认。
- 选择需要删除的通道，在该通道上单击鼠标右键，在弹出的快捷菜单中选择“删除通道”命令。
- 选择需要删除的通道，单击面板右上方的面板菜单按钮，在弹出的菜单中选择“删除通道”命令。

9.4.5 同时显示 Alpha 通道和图像

在编辑Alpha通道时，图像窗口中只显示通道中的图像，通常为黑白效果，如图9-93所示。这样的话，如果需要对彩色显示的RGB图像进行一些操作会不够方便，这时可以在复合通道前单击眼睛图标，显示该通道，Photoshop会显示图像并以一种透明颜色代替Alpha通道的灰度图像，这种效果与快速蒙版状态下编辑选区的状态类似，如图9-94所示。

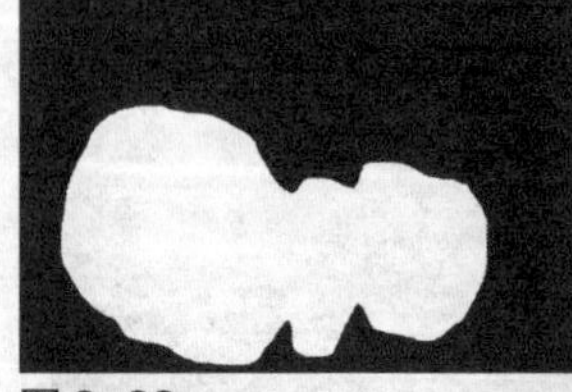
图 9-93

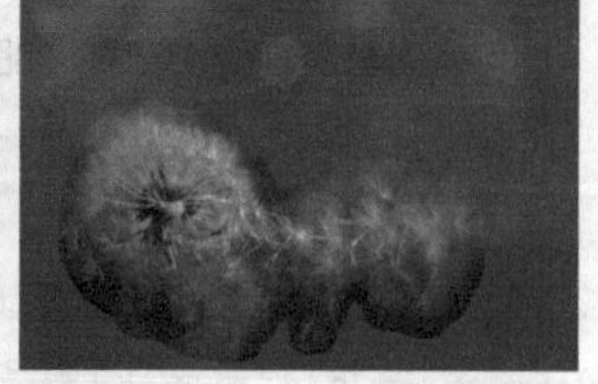
图 9-94

9.4.6 动手学：分离与合并通道

在Photoshop中，对通道进行分离可以创建灰度图像，而对通道进行合并可以创建彩色图像。通道的分离是将一个图像文件的各个通道分开，各个通道图像会成为一个拥有独立图像窗口和“通道”面板的独立文件，用户可以对各个通道文件进行独立编辑。当各个通道文件编辑完成后，再将各个独立的通道文件合并成一个图像文件，这就是通道的合并。

01 打开“素材\第9章\汽车.jpg”素材图像，用户可以在“通道”面板中查看图像通道信息，如图9-95所示。

图 9-95

02 打开“通道”面板的面板菜单，选择“分离通道”命令，可以将通道分解为三个独立的灰度图像，如图9-96到图9-98所示。三个灰度图像的文件名为原文件的名称加上对应通道名称的缩写，而原图像文件则被自动关闭。

图 9-96

图 9-97

图 9-98

技巧与提示

需要注意的是，在PSD格式分层图像文件中，不能进行分离通道的操作。

03 选择分离出来的蓝色通道图像，执行“滤镜>风格化>风”菜单命令，在打开的对话框中设置各选项并确认，如图9-99所示。此时绿色通道的图像效果如图9-100所示。

图 9-99

图 9-100

04 打开“通道”面板的面板菜单，选择“合并通道”命令，打开“合并通道”对话框，在“模式”下拉列表中选择颜色模式为“RGB颜色”，如图9-101所示；单击“确定”按钮，弹出“合并RGB通道”对话框，设置各个颜色通道对应的图像文件，如图9-102所示。

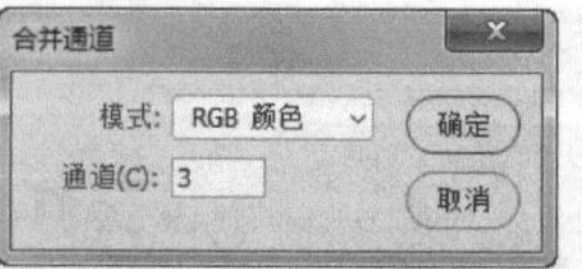

图 9-101

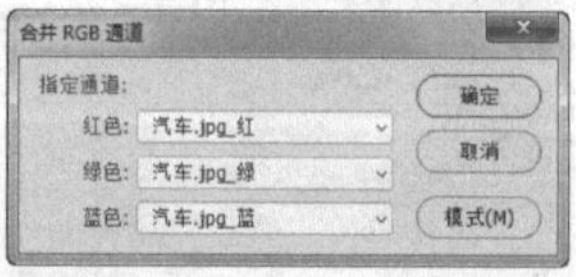

图 9-102

05 单击“确定”按钮，即可将它们合并为一个彩色的RGB图像，并为原图像添加了风特效，如图9-103所示。

图 9-103

技巧与提示

如果在“合并 RGB 通道”对话框中改变通道所对应的图像，则合成后图像的颜色也将不同。

9.4.7 动手学：应用图像

通常情况下，我们会使用“图层”面板中的混合模式来对图像进行混合，但通道之间的混合，就需要在“应用图像”对话框中进行操作。

01 打开“素材\第9章\树叶.jpg”素材图像，如图9-104所示。执行“图像>应用图像”菜单命令，打开“应用图像”对话框，如图9-105所示。在该对话框中，可以将“源”图像的图层或通道与“目标”图像的图层或通道进行混合。

图 9-104

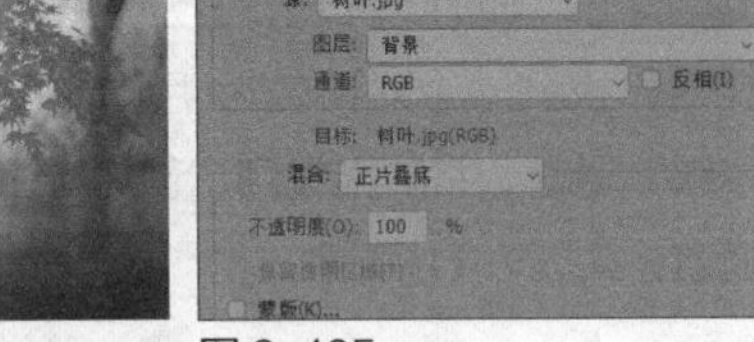

图 9-105

“应用图像”对话框中各选项含义如下。

- **源：**默认为当前选择的文件，也可以选择其他文件来与当前图像进行混合，但选择的图像文件必须为打开状态，并且与当前图像文件具有相同的尺寸和分辨率。
- **图层：**如果源文件为带图层的文件，可以在该选项中选择源图像中的一个图层来参与混合。
- **通道：**用来设置源文件中参与混合的通道。如果勾选“反相”复选框，可以将通道反相后再进行混合。
- **目标：**显示被混合的对象。
- **混合：**该选项组用于控制“源”对象与“目标”对象的混合方式。其下拉列表中有多种混合模式。
- **不透明度：**用来控制混合的程度，数值越高混合强度越大。
- **保留透明区域：**可以将混合效果限定在图层的不透明区域范围内。
- **蒙版：**可以显示出“蒙版”的相关选项，我们可以选择任何颜色通道和Alpha通道作为蒙版，如图9-106所示。

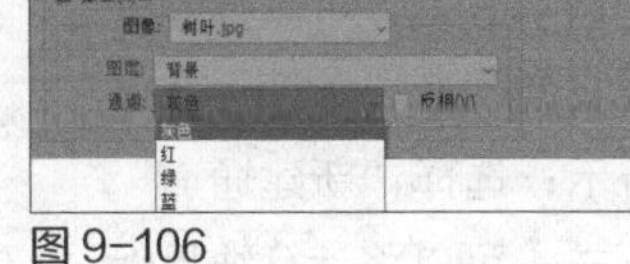

图 9-106

02 将“源”设置为本文件，然后在“通道”下拉列表中选择“蓝”通道，设置“混合”为“滤色”，还可以适当降低“不透明度”参数，使混合效果不那么强烈，如图9-107所示。完成后单击“确定”按钮，即可得到应用图像后的效果，如图9-108所示。

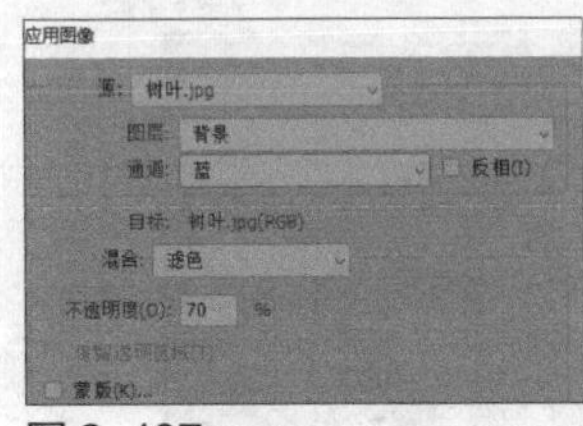

图 9-107

图 9-108

【重点】9.4.8 用“计算”命令混合通道

“计算”命令可以混合两个来自一个源图像或多个源图像的单个通道，得到的混合结果可以是新的灰度图像、选区或通道。打开一张素材图像，如图9-109所示。执行“图像>计算”菜单命令，打开“计算”对话框，如图9-110所示。

图 9-109

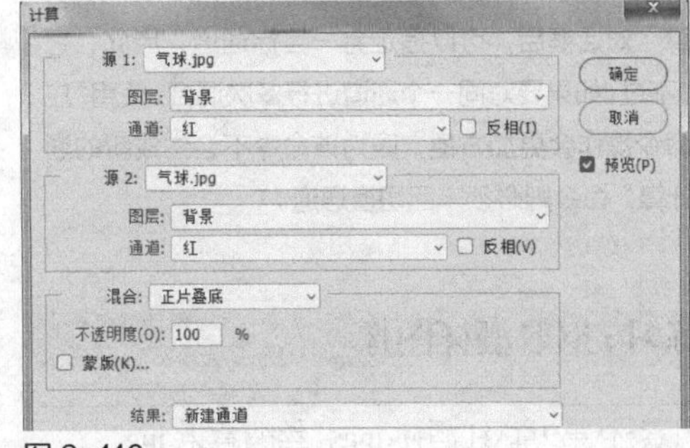

图 9-110

“计算”对话框中各选项介绍如下。

▶ **源1**：用来选择第一个源图像、图层和通道。

▶ **源2**：用来选择与“源1”混合的第二个图像、图层和通道。该文件必须为打开状态，并与“源1”的图像具有相同的尺寸和分辨率。

▶ **结果**：选择计算完成后生成的结果。选择“新建文档”方式，可以得到一个灰度图像，如图9-111所示；选择“新建通道”方式，可以将计算结果保存到一个新的通道中，如图9-112所示；选择“选区”方式，可以生成一个新的选区，如图9-113所示。

图 9-111

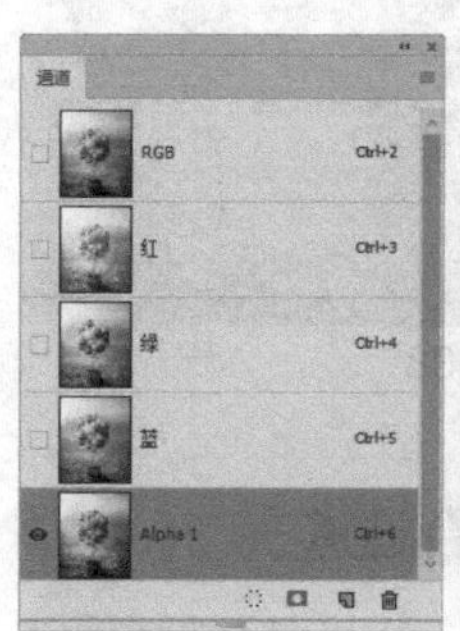

图 9-112

图 9-113

技巧与提示

“计算”对话框中的“图层”“通道”“混合”“不透明度”“蒙版”等选项与“应用图像”对话框中的选项作用相似。

疑难解答：“应用图像”命令和“计算”命令的区别

“应用图像”命令与“计算”命令有很多相似之处，都可以对通道进行操作来混合图像。但使用“应用图像”命令时，需要先选择要被混合的目标通道，然后再打开“应用图像”对话框，指定参与混合的通道。而“计算”命令不受这种限制，打开“计算”对话框后，可以指定另一目标通道，因此，它更加灵活。不过，如果要对同一个通道进行多次混合，使用“应用图像”命令操作会更加方便，因为该命令不会生成新的通道，而“计算”命令则必须来回切换通道。

▶ 课堂练习：抠取酒杯图像

素材路径	素材\第9章\红酒杯.jpg、丝绸背景.jpg
实例路径	实例\第9章\抠取酒杯图像.psd

练习效果

本练习将抠取红酒杯图像，并为其更换背景，主要通过在“通道”面板中选择颜色通道，然后调整颜色，得到强烈颜色对比，实现图像的抠取。本练习的最终效果如图9-114所示。

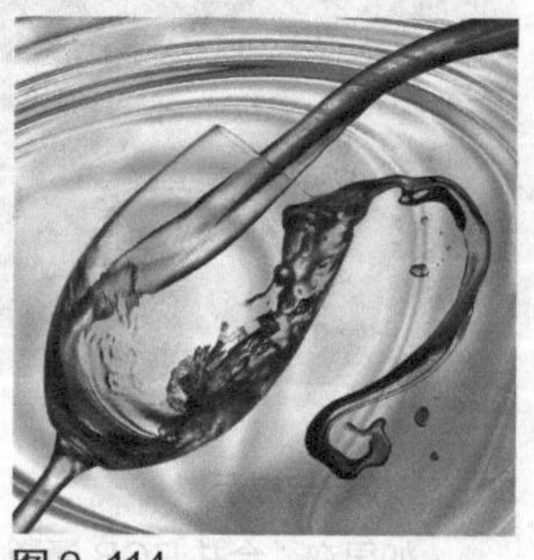

图 9-114

操作步骤

(01) 按Ctrl+O组合键，打开“素材\第9章\红酒杯.jpg”素材图像，按Ctrl+J组合键复制一次图层，得到“图层1”，如图9-115所示。

图 9-115

(02) 打开“通道”面板，分别选择每一个单色通道进行观察，找到一个对比较为明显的通道，这里我们选择“红”通道，将其拖曳到“创建新通道”按钮上，复制通道，如图9-116所示。

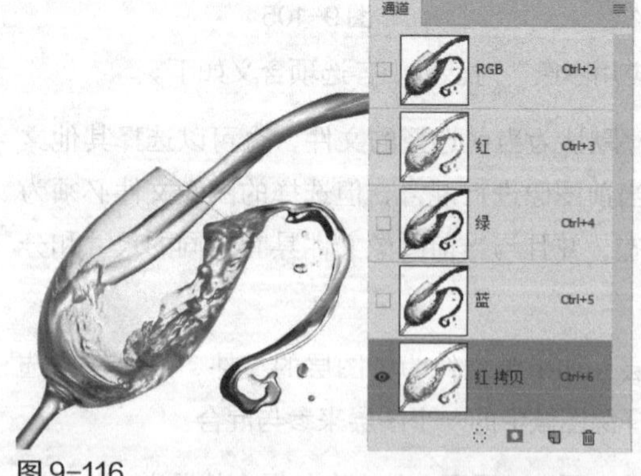

图 9-116

(03) 执行“图像>调整>曲线”菜单命令，打开“曲线”对话框，在曲线下方添加控制点，按住鼠标左键向下拖曳，如图9-117所示，使暗部颜色更重，如图9-118所示。

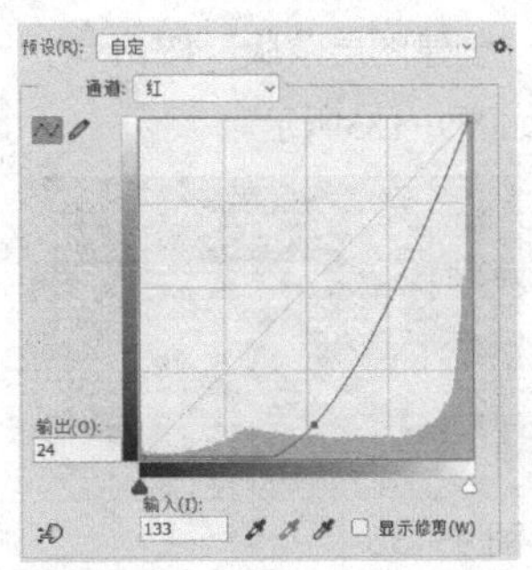
图 9-117

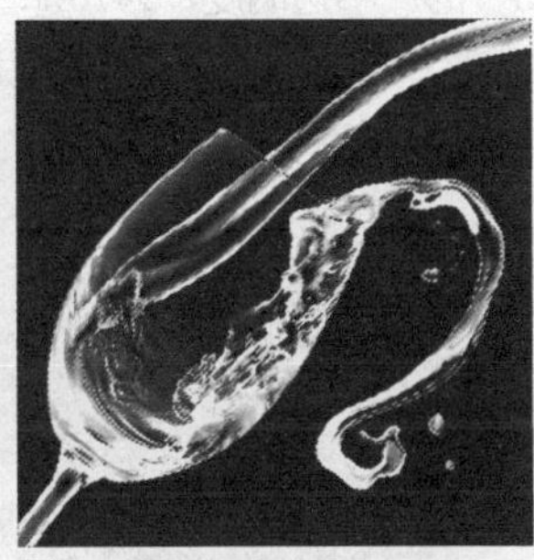
图 9-118

(04) 按Ctrl+I组合键将颜色反相，如图9-119所示。按住Ctrl键单击“红拷贝”通道，载入通道选区，如图9-120所示。

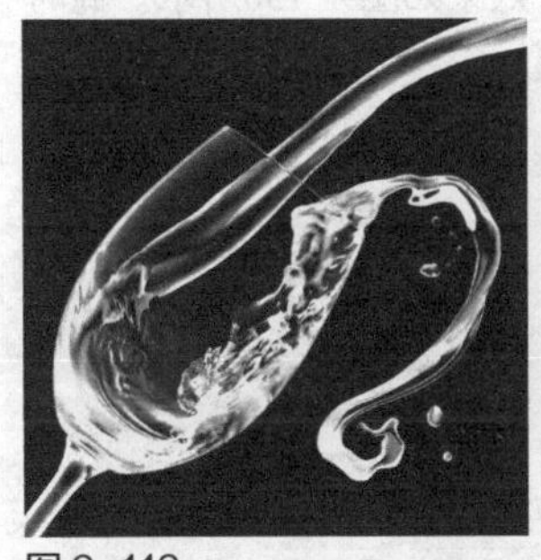
图 9-119

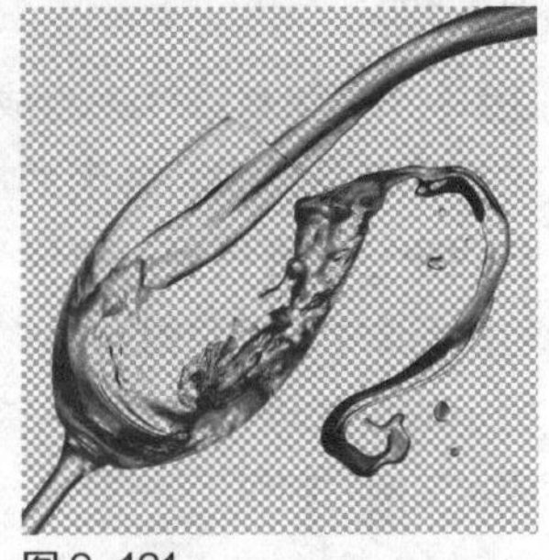
图 9-120

(05) 回到“图层”面板中，单击面板底部的“添加图层蒙版”按钮，再隐藏“背景”图层，得到的图像效果如图9-121所示。

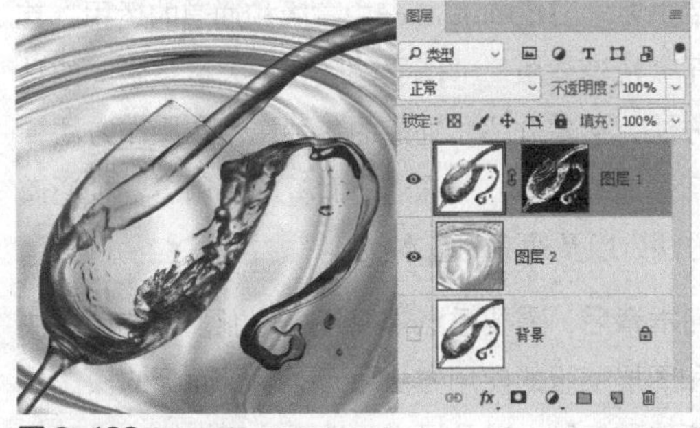
图 9-121

(06) 打开“素材\第9章\丝绸背景.jpg”素材图像，使用“移动工具”将其拖曳到酒杯图像文件中，适当调整图像大小，并置于“图层1”下方，如图9-122所示。

图 9-122

(07) 由于酒杯颜色较浅，可以选择“图层1”，按Ctrl+J组合键复制几次图层，如图9-123所示。最终效果如图9-124所示。

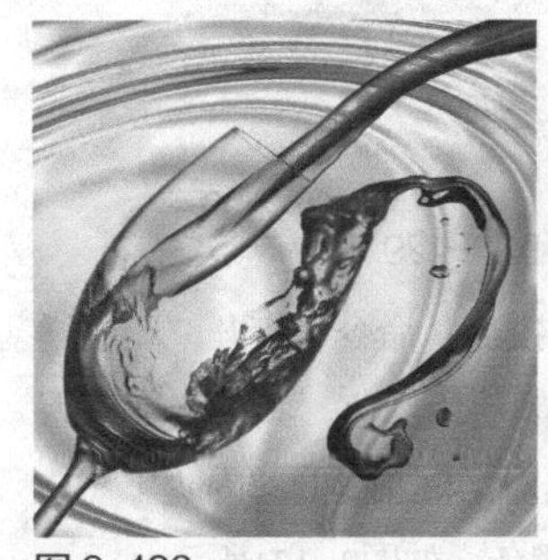
图 9-123

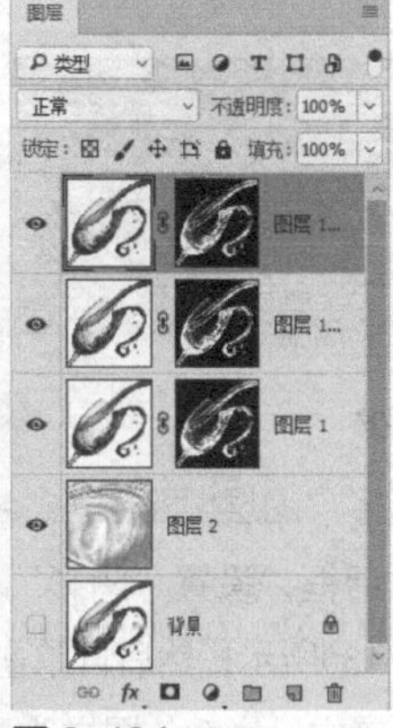
图 9-124

9.5 课堂案例：云层上的草坪

素材路径	素材\第9章\云层星空.jpg、黄色背景.jpg、合成图像.psd、草地.jpg
实例路径	实例\第9章\云层上的草坪.psd

案例效果

本案例要制作的是云层上的草坪，主要练习图层蒙版的具体应用，通过隐藏部分图像，将多个素材图像组合在一起，得到合成图。本案例的最终效果如图9-125所示。

图 9-125

操作步骤

(01) 打开“素材\第9章\云层星空.jpg、黄色背景.jpg”素材图像，选择“黄色背景”图像文件，使用“移动工具”将其拖曳到“云层星空”图像文件中，如图9-126所示。

(02) 选择“椭圆选框工具”，在黄色背景中绘制一个椭圆选区，然后选择“套索工具”，按住Shift键在选区下方通过加选绘制一些锯齿状的选区，效果如图9-127所示。

图 9-126

图 9-127

(03) 在“图层”面板中单击“创建图层蒙版”按钮，即可隐藏选区以外的图像，如图9-128所示。这时“图层”面板中将得到一个图层蒙版，如图9-129所示。

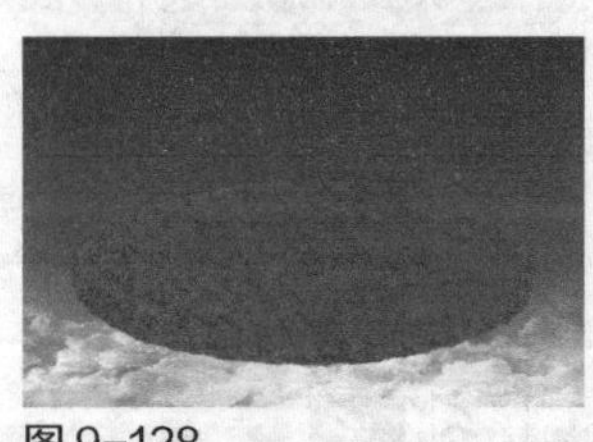

图 9-128

图 9-129

04 选择“图层>图层样式>投影”命令，打开“图层样式”对话框，设置“阴影”颜色为黑色，其他参数设置如图9-130所示；然后再单击对话框左侧的“内阴影”选项，设置内投影颜色同样为黑色，如图9-131所示。

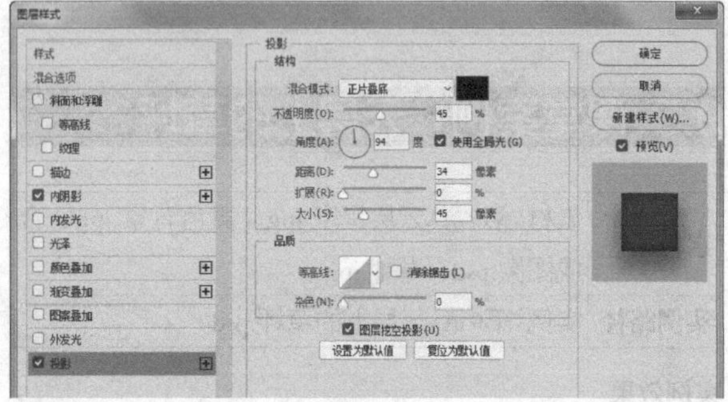

图 9-130

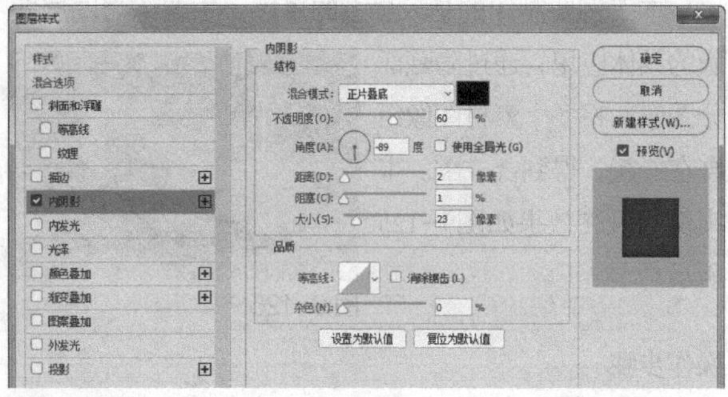

图 9-131

05 单击“确定”按钮，得到添加投影后的图像效果，如图9-132所示。

06 打开“素材\第9章\草地.jpg”素材图像，使用“移动工具”将其拖曳到当前编辑的图像中，适当调整图像大小，使其略大于黄色背景图像，如图9-133所示。

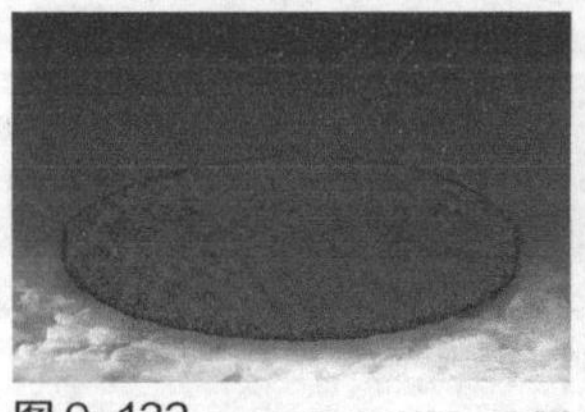

图 9-132

图 9-133

07 按住Ctrl键单击“图层1”，载入黄色背景图像选区，然后选择“套索工具”，按住Shift键在选区上边缘通过加选绘制一些锯齿状的选区，如图9-134所示。

08 在“图层”面板中单击“创建图层蒙版”按钮，隐藏选区以外的图像，效果如图9-135所示。

图 9-134

图 9-135

09 新建“图层3”，将其放置到“图层2”的下方，按住Ctrl键单击“图层1”，再次载入选区，然后适当缩小并向上移动选区，将其填充为黑色，再设置“图层3”的“不透明度”为70%，效果如图9-136所示。此时“图层”面板中的图层顺序如图9-137所示。

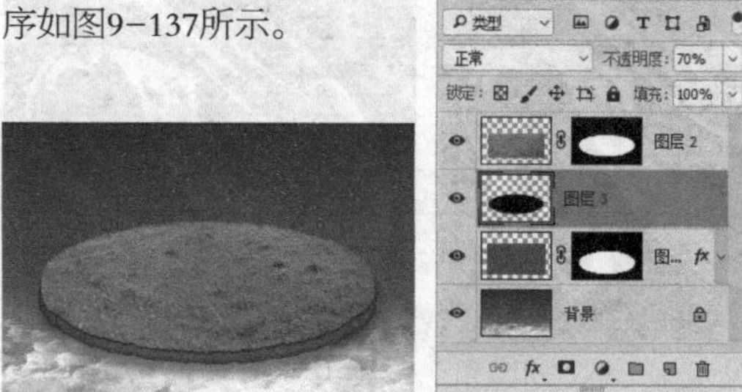

图 9-136

图 9-137

10 打开“素材\第9章\合成图像.psd”素材图像，使用“移动工具”将各个素材图像分别拖曳到当前编辑的图像中，参照图9-138所示的位置进行排列，完成本案例的制作。

图 9-138

9.6 本章小结

本章主要学习了Photoshop中蒙版和通道的运用，首先介绍了“快速蒙版”“图层蒙版”“矢量蒙版”的具体操作方法，接着介绍了通道的各种属性和操作方法，其中包括通道的类型、“通道”面板的使用、各种通道的创建方法，以及通道的基本操作等。

学习本章后，需要重点掌握几个功能，其中包括快速蒙版和图层蒙版的使用方法、“通道”面板的操作、通道的新建和复制，以及通道与选区的互换等，对于其他不常用的功能只需了解即可。

图层的高级应用

- 本章内容简介

本章将学习图层混合模式、图层样式以及管理图层的方法。通过本章的学习，用户可以通过设置图层的不透明度和混合模式来创建各种特殊效果；也可以通过设置图层样式创建出图像的“投影”“外发光”“浮雕”等特殊效果。

- 本章学习要点

1. 创建图层组
2. 设置图层不透明度
3. 图层混合模式
4. 图层样式的设置

10.1 管理图层

在编辑复杂的图像时，使用的图层会越来越多，这时如果通过图层组对图层进行管理，就可以更加方便地控制和编辑图层。

重点 10.1.1 创建图层组

当“图层”面板中的图层过多时，可以创建不同的图层组，以便快速找到需要的图层，在Photoshop中创建图层组的方法有如下三种。

》1. 通过“组”命令创建

执行“图层>新建>组”菜单命令，打开“新建组”对话框。在其中可以对组的名称、颜色、模式和不透明度进行设置，如图10-1所示。单击“确定”按钮，即可得到新建的图层组，如图10-2所示。

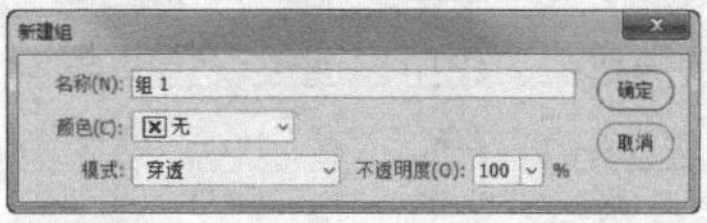

图10-1

图10-2

》2. 通过“图层”面板按钮创建

在“图层”面板中，选择需要添加到组中的图层，将其直接拖曳到“创建新组”按钮上，如图10-3所示，将自动生成图层组，展开该图层组，即可看到所选的图层都被存放在了新建的组中，如图10-4所示。

图10-3　图10-4

> **技巧与提示**
>
> 选择需要添加到组中的图层后，直接单击面板底部的“创建新组”按钮也可以快速创建新的图层组。

》3. 通过“从图层建立组”命令创建

在“图层”面板中选择需要添加到组中的图层，如图10-5所示。执行“图层>新建>从图层建立组”菜单命令，打开“从图层新建组”对话框，如图10-6所示。在对话框中设置好参数后单击“确定”按钮，即可看到所选的图层被存放在了新建的组中，如图10-7所示。

图10-5

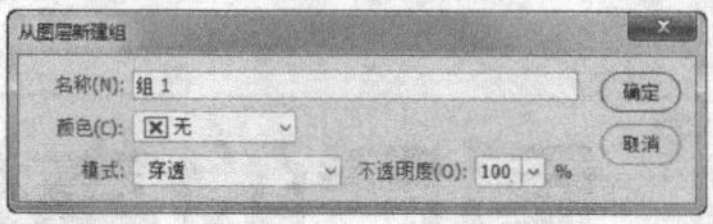

图10-6

图10-7

10.1.2 动手学：编辑图层组

当用户对多个图层进行编组后，为了方便今后的运用，还经常会在其中增加、删除图层，或取消图层组等。

01 打开有多个图层的图像文件，按住Ctrl键选择需要编组的图层，如选择“图层4~图层6”，如图10-8所示。

图10-8

02 执行“图层>图层编组”菜单命令，或按Ctrl+G组合键即可得到图层编组，如图10-9所示。

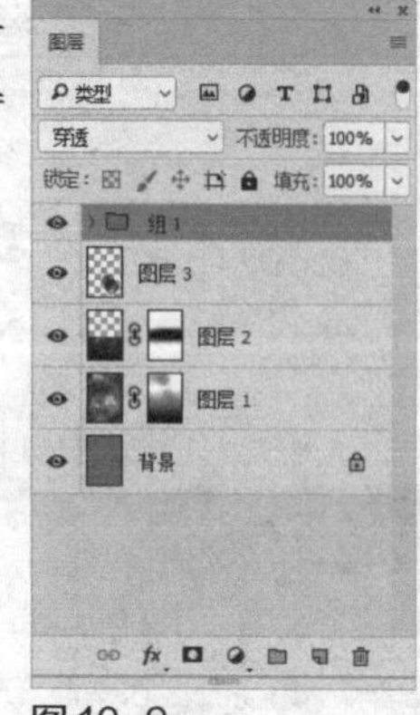

图10-9

03 编组后的图层组为闭合状态。单击组前面的三角形图标，即可将其展开，如图10-10所示。

(04) 对于图层组中的图层，同样可以应用图层样式、改变图层属性等。如果要添加新的图层到图层组中，可以选择该图层组，直接新建图层，如图10-11所示。

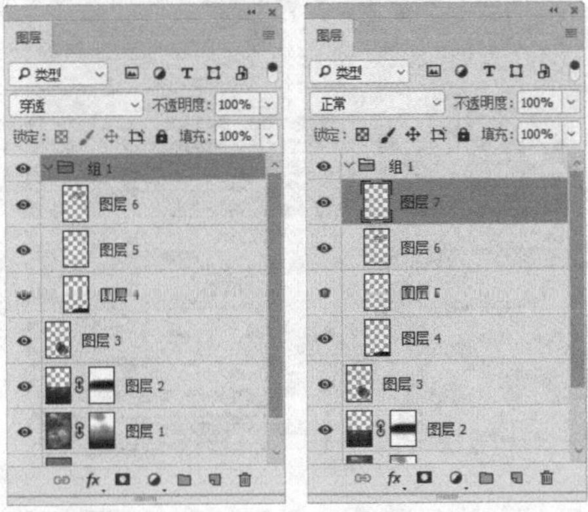

图10-10　　图10-11

(05) 如果要将已经存在的图层添加到该图层组中，可以直接选择该图层，按住鼠标左键拖曳到图层组中，如图10-12和图10-13所示。

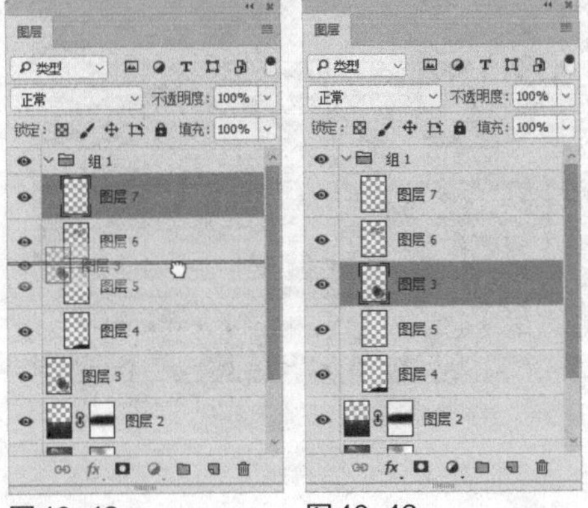

图10-12　　图10-13

(06) 如果要取消图层编组，可以选择该图层组，执行“图层>取消图层编组”菜单命令，或在该图层组中单击鼠标右键，在弹出的快捷菜单中选择“取消图层编组”命令，即可取消图层组，但图层依然存在，如图10-14所示。

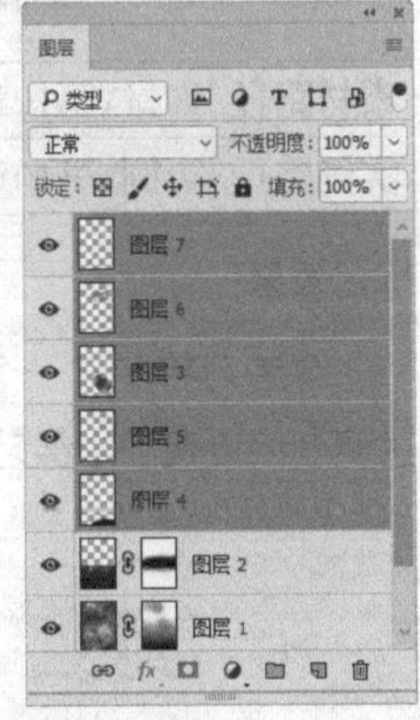

图10-14

技巧与提示

要删除图层组，可以直接将该图层组拖曳到“图层”面板底部的“删除图层”按钮 上。

10.2 图层不透明度

“图层”面板中有两个用于控制图层不透明度的选项，分别是“不透明度”和“填充”。这两个选项的数值范围一样，100%代表完全不透明、50%代表半透明、0%为完全透明。

10.2.1 动手学：设置图层不透明度

在“图层”面板中可以设置该图层上图像的透明程度，通过设置图层的不透明度可以使图层产生透明或半透明效果。

(01) 打开“素材\第10章\灯泡.psd”素材图像，在“图层”面板中选择“灯泡”图层，如图10-15所示。

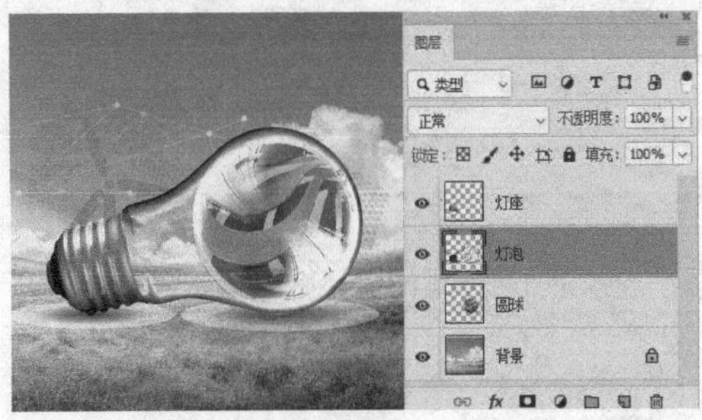

图10-15

(02) 在面板右上方“不透明度”后面的数值框中可以输入参数，这里直接输入30%，提升图像的透明程度，得到透明灯泡效果，如图10-16所示。

图10-16

技巧与提示

当图层的不透明度小于100%时，将显示该图层下面的图像，值越小，图像就越透明；当值为0%时，该图层将不会显示，完全显示下一层图像内容。

10.2.2 设置图层填充

“图层”面板中还有一个“填充”参数可供设置，

与“不透明度”相似，调整该数值同样可以使图层中的所有图像产生透明效果。

在“素材\第10章\数字.psd”图像文件中，确保“图层”面板中“效果”前面的眼睛图标为显示状态，即显示图层样式，如图10-17所示。

将“填充”设置为0%，这时可以看到图层中原图像变为完全透明，但图层样式依然存在，如图10-18所示。

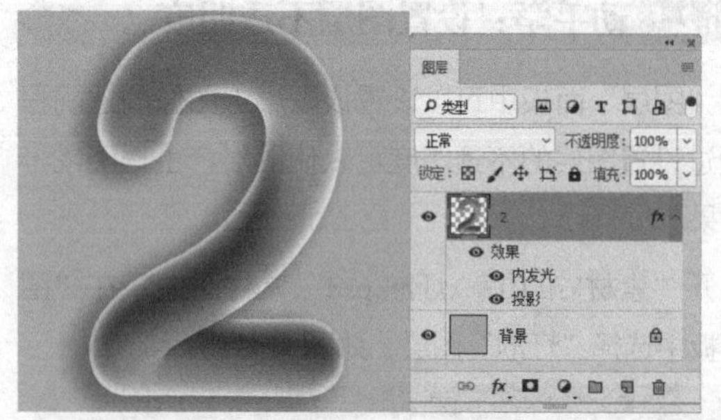

图 10-17

图 10-18

疑难解答：“不透明度”和“填充”的区别

“不透明度”用于控制图层、图层组中绘制的像素和形状的不透明度，如果对图层应用了图层样式，则图层样式的不透明度也会受到数值调整的影响；而“填充”只影响图层中绘制的像素和形状的不透明度，不会影响图层样式的不透明度。

在图 10-19 所示的图像中可以看到，中间的矩形添加了“投影”样式，当我们在调整图层“不透明度”参数时，矩形和投影效果都会发生改变，如图 10-20 所示；而调整“填充”参数时，则只对矩形产生影响，投影效果的不透明度不会改变，如图 10-21 所示。

图 10-19

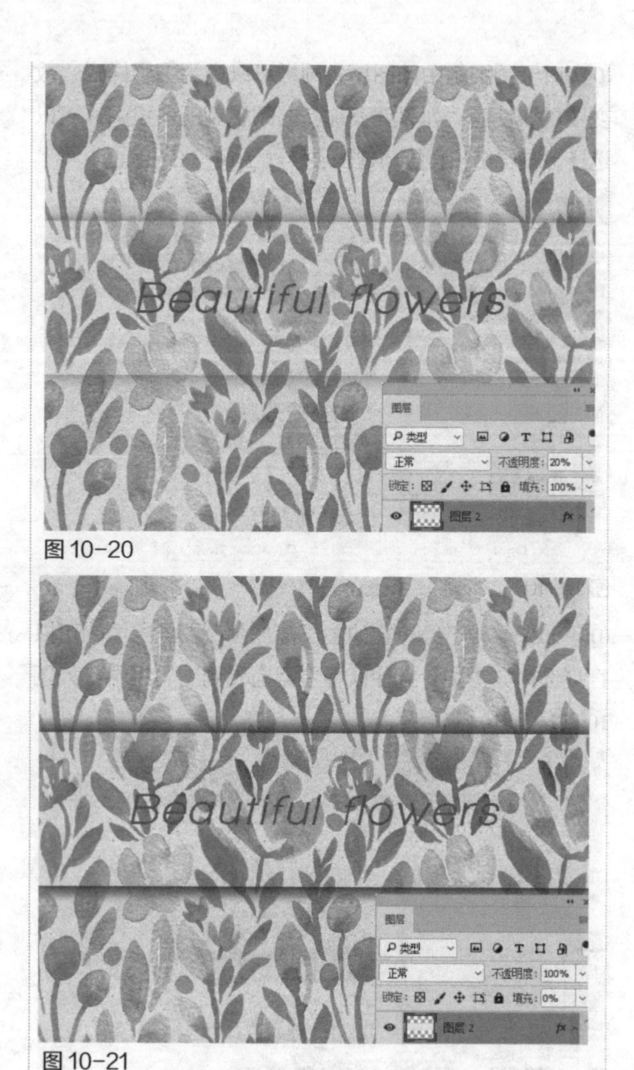

图 10-20

图 10-21

课堂练习：制作女包海报广告

素材路径	素材\第10章\女包.psd、树叶.psd
实例路径	实例\第10章\女包海报广告.psd

练习效果

本练习将制作一个女包海报广告，主要练习图层不透明度的设置。本练习的最终效果如图10-22所示。

图 10-22

操作步骤

(01) 执行“文件>新建”菜单命令，打开“新建文档”对话框，在对话框右侧的“预设详细信息”中设置文件名称和参数，如图10-23所示。

图 10-23

(02) 设置前景色为粉红色（R:252，G:235，B:243），按Alt+Delete组合键为背景填充前景色，如图10-24所示。

图 10-24

技巧与提示

在制作海报时，为了保证在后期展示时海报不会出现失真、模糊等情况，对海报的尺寸都有一定的要求。宽度一般为 800 像素、1024 像素、1280 像素、1440 像素、1680 像素和 1920 像素，高度可以根据设计内容进行调整，通常为 150~700 像素。

(03) 新建“图层1”，选择“矩形选框工具”在图像中绘制一个矩形选区，并将其填充为白色，如图10-25所示。

(04) 新建“图层2”，选择“矩形选框工具”再绘制一个较长的矩形选区，填充为橘红色（R:237，G:170，B:137），如图10-26所示。

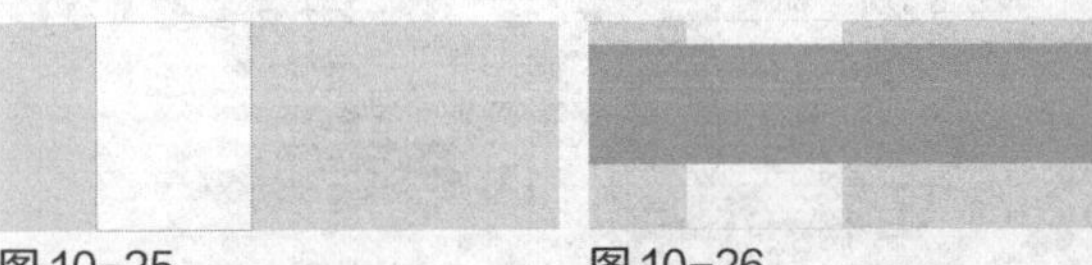

图 10-25　　图 10-26

(05) 在“图层”面板中设置“图层2”的“不透明度”为30%，如图10-27所示。得到的透明矩形效果如图10-28所示。

图 10-27　　图 10-28

(06) 新建“图层3”，选择“多边形套索工具”在画面底部绘制一个三角形选区，将其填充为宝蓝色（R:137，G:199，B:209），如图10-29所示。

图 10-29

(07) 在“图层”面板中降低“图层3”的不透明度为45%，得到透明图像效果，如图10-30所示。

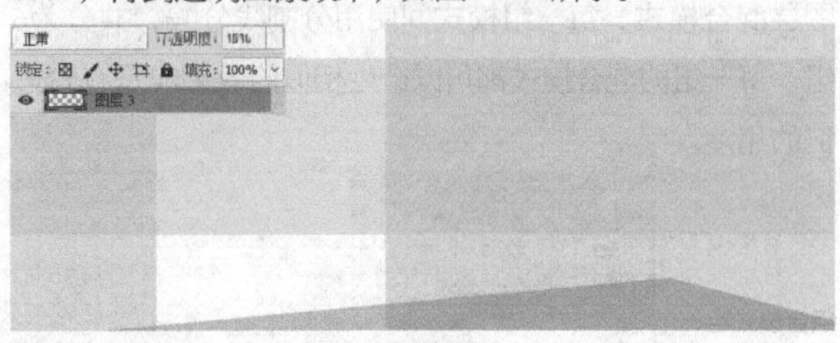

图 10-30

(08) 打开“素材\第10章\女包.psd、树叶.psd”图像，使用“移动工具”分别将素材图像拖曳到背景图像中，放置到如图10-31所示的位置。

(09) 新建“图层4”，选择“矩形选框工具”，在白色矩形下方绘制一个矩形选区，填充为红色（R:217，G:44，B:45），如图10-32所示。

图 10-31　　图 10-32

(10) 选择“横排文字工具”，在画面中输入广告文字，分别设置文字颜色为白色和红色（R:217，G:44，B:45），设置红字字体为“方正大标宋体”、白字字体为“黑体”，参照图10-33所示的方式排列，完成海报的制作。

图 10-33

10.3 图层混合模式

在使用Photoshop进行图像合成时，图层混合模式是使用最为频繁的技术之一，它通过控制当前图层和位于其下的图层之间的像素作用模式，使图像产生奇妙的效果。

10.3.1 设置混合模式

Photoshop中提供了27种图层混合模式，其主要作用是让图层中的图像与下面图层中的图像像素进行色彩混合。设置的混合模式不同，所得到的效果也不同。

默认的图层混合模式为“正常”，在“图层”面板中选择一个图层，单击“正常”右侧的三角形按钮，将弹出如图10-34所示的下拉列表，在其中即可查看所有图层混合模式，每一组模式间使用分割线分隔，共分为6组，每一组的混合模式都可以产生相似的效果或是有着近似的用途。

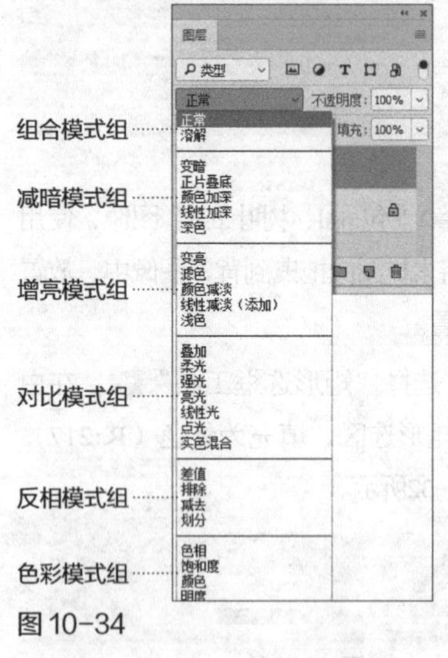

图 10-34

疑难解答：混合模式的原理

由于图层混合模式是控制当前图层与下方所有图层的混合效果，所以必然有三种颜色存在：位于下方图层中的色彩为基础色，上方图层中为混合色，它们混合的结果称为结果色，如图 10-35 所示。需要注意的是，同一种混合模式会因为图层不透明度的改变而有所变化，用户可以通过设置不同的图层透明度，更好地观察该图层与下方图层的混合效果。例如，将图 10-35 中右侧圆形的混合模式设置为“溶解”，不透明度分别设置为 30%和 70%，则效果分别如图 10-36 和图 10-37 所示。

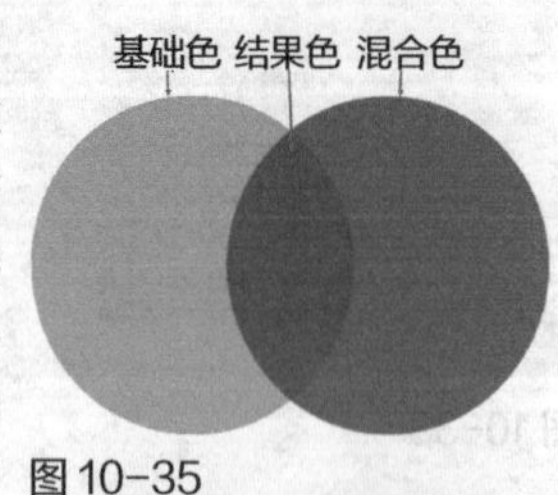

图 10-35

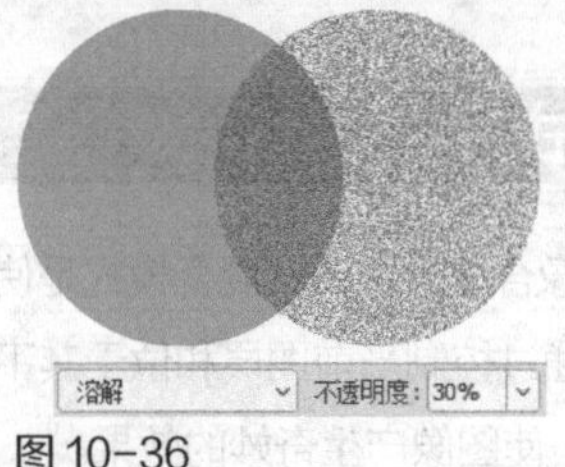

图 10-36

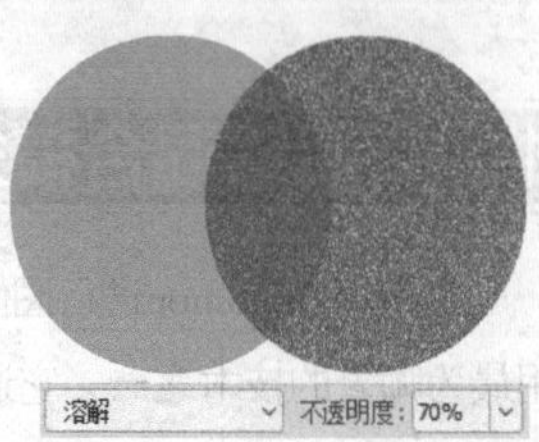

图 10-37

10.3.2 组合模式组

组合模式组中的模式都需要在降低图层不透明度后，才能产生效果。该组模式一共包含以下两种混合模式。

- **正常**：这是系统默认的图层混合模式，当图层不透明度为100%时，将完全遮盖下面的图像，如图10-38所示。降低不透明度可以与下一层图像混合。

图 10-38

- **溶解**：该模式在降低图层不透明度时，会有部分图像的像素随机消失，消失的部分可以显示下一层图像，从而形成两个图层图像交融的效果。例如，设置“饮料”图层的不透明度为70%的效果如图10-39所示。

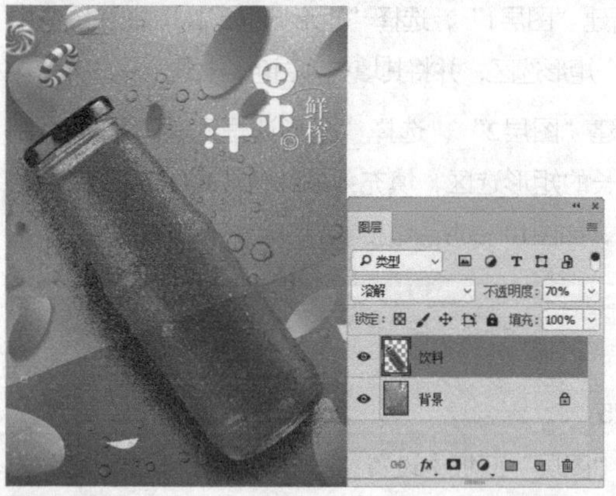

图 10-39

10.3.3 减暗模式组

减暗模式组可以使图像变暗，在混合时当前图层的白色将被较深的颜色所代替。该组模式一共包含以下5种混合模式。

- **变暗**：该模式将使当前图层中较暗的色彩变得更暗，较亮的色彩变得透明，如图10-40所示。

▷ **正片叠底**：该模式是依照亮度将两个图层的内容均等地显示出来，因而可以反映出原先各自的图像轮廓，是较常用到的混合模式之一，图像混合效果如图10-41所示。

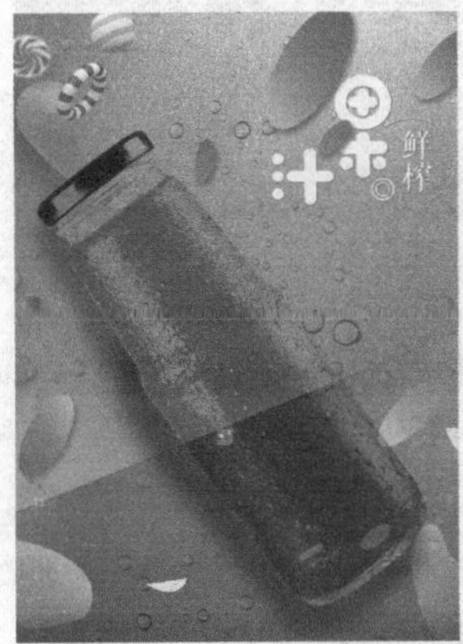

图10-40

图10-41

▷ **颜色加深**：该模式将通过增强对比度使图像的亮度降低、色彩加深，但白色图像混合后不产生变化，如图10-42所示。

▷ **线性加深**：该模式通过降低亮度使底层图像变暗以反映混合色，与白色混合后不产生变化，如图10-43所示。

图10-42

图10-43

▷ **深色**：该模式将当前层和底层颜色做比较，并将两个图层中相对较暗的区域创建为结果色，如图10-44所示。

图10-44

▶ 课堂练习：制作仲夏夜之梦合成图像

素材路径	素材\第10章\星空.jpg、石头.jpg、瓶子.psd、海豚.psd、艺术字.psd
实例路径	实例\第10章\仲夏夜之梦.psd

练习效果

本练习将制作一个主题为仲夏夜之梦的合成图像，主要练习“正片叠底”混合模式的运用。本练习的最终效果如图10-45所示。

图10-45

操作步骤

01 新建一个图像文件，将背景填充为蓝色（R:100，G:155，B:233），如图10-46所示。

图10-46

02 打开“素材\第10章\星空.jpg”图像，使用“移动工具”将其拖曳到蓝色背景图像中，适当调整图像大小，使其布满整个画面，如图10-47所示。

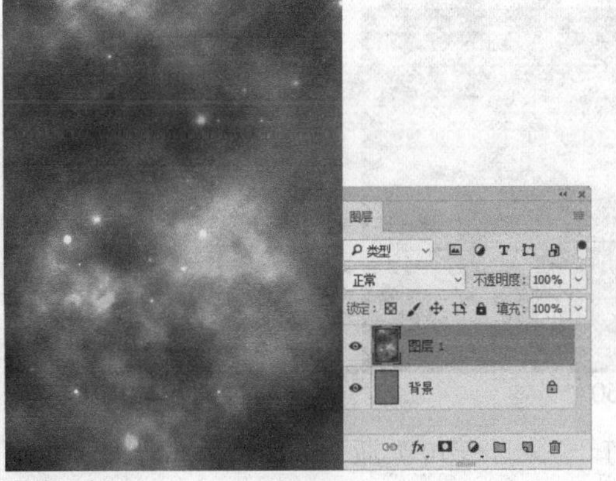

图10-47

(03) 设置“图层1”的混合模式为“正片叠底”，使用“橡皮擦工具”适当擦除画面下方图像，如图10-48所示。

图 10-48

(04) 打开“素材\第10章\石头.jpg”图像，使用“移动工具”将其拖曳到星空背景图像中，适当调整图像大小并放置到画面下方，如图10-49所示。

图 10-49

(05) 使用“橡皮擦工具”适当擦除画面上方图像，并将混合模式设置为“变暗”，如图10-50所示。

图 10-50

(06) 打开“素材\第10章\瓶子.psd、海豚.psd”图像，分别将素材图像拖曳到当前编辑的图像中，参照图10-51所示的样式排列图像位置。

图 10-51

(07) 选择海豚图像所在图层，按两次Ctrl+J组合键复制图层，改变复制出的图层的混合模式为“正片叠底”，如图10-52所示。适当缩小复制出的图像，分别放置到画面上方的星空图像中，如图10-53所示。

图 10-52

图 10-53

(08) 打开“素材\第10章\艺术字.psd”图像，使用“移动工具”将其拖曳过来，放置到画面上方，如图10-54所示。

图 10-54

10.3.4 增亮模式组

增亮模式组中的模式可使图像变亮，在混合时当前图层的黑色将被较浅的颜色所代替。该模式组一共包含以下5种混合模式。

▶ **变亮**：该模式与“变暗”模式的效果相反，比混合色暗的像素被替换，比混合色亮的像素保持不变，如图10-55所示。

▶ **滤色**：该模式和“正片叠底”模式正好相反，结果色总是较亮的颜色，并具有漂白的效果，如图10-56所示。

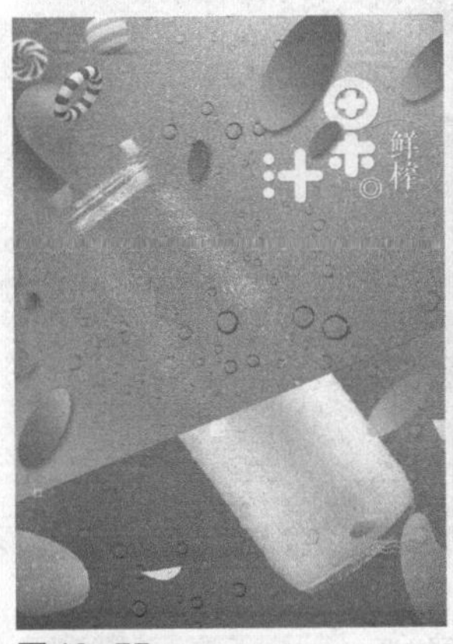

图10-55

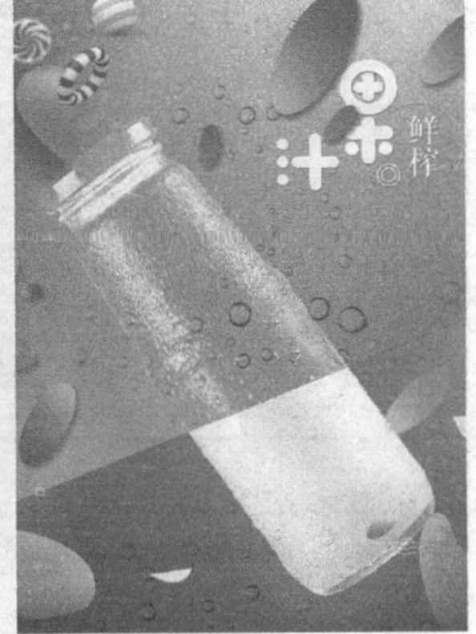

图10-56

▶ **颜色减淡**：该模式将通过减小对比度来提高混合后图像的亮度，与黑色混合不发生变化，如图10-57所示。

▶ **线性减淡（添加）**：该模式会查看每个通道中的颜色信息，并通过增加亮度使基色变亮以反映混合色。与黑色混合则不发生变化，如图10-58所示。

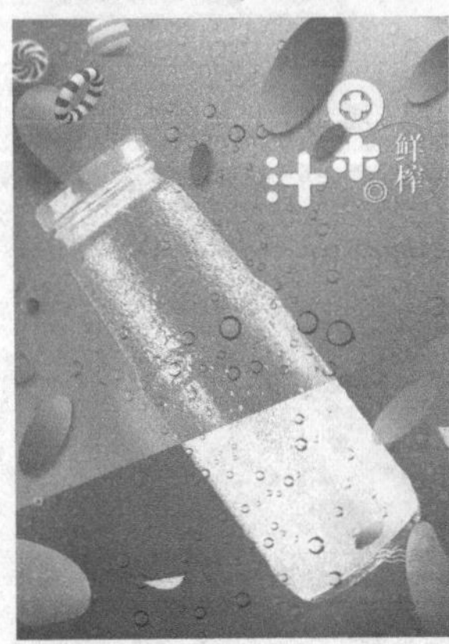

图10-57

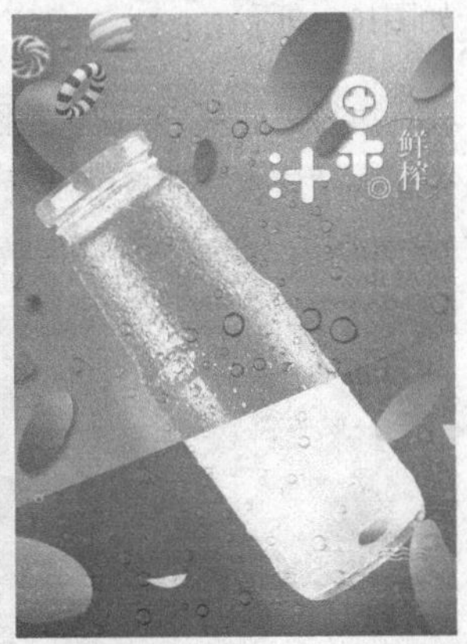

图10-58

▶ **浅色**：该模式与“深色”模式相反，将当前图层和底层颜色相比较，将两个图层中相对较亮的像素创建为结果色，如图10-59所示。

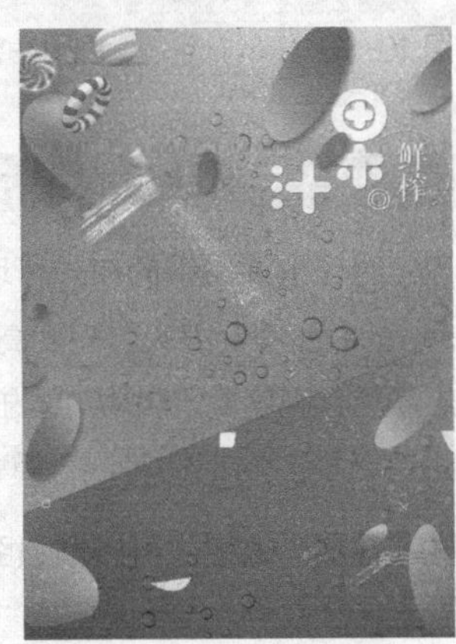

图10-59

▶ 课堂练习：运用“滤色”模式合成图像

素材路径	素材\第10章\金发美女.jpg、树林.jpg
实例路径	实例\第10章\合成图像.psd

练习效果

本练习将采用混合两张图像的形式得到一个特殊图像效果，主要练习“橡皮擦工具”的使用，以及“滤色”混合模式的应用。本练习的最终效果如图10-60所示。

图10-60

操作步骤

01 新建一个图像文件，设置前景色为淡黄色（R:246，G:239，B:186），按Alt+Delete组合键用前景色填充背景，如图10-61所示。

图10-61

02 打开“素材\第10章\金发美女.jpg”图像，使用“移动工具”将其拖曳到淡黄色图像中，放置到画面左侧，这时“图层”面板中将自动生成“图层1”，如图10-62所示。

图10-62

03 选择“橡皮擦工具”，在属性栏中设置画笔“大小”为100像素、“硬度”为80%、“不透明度”为50%，如图10-63所示。

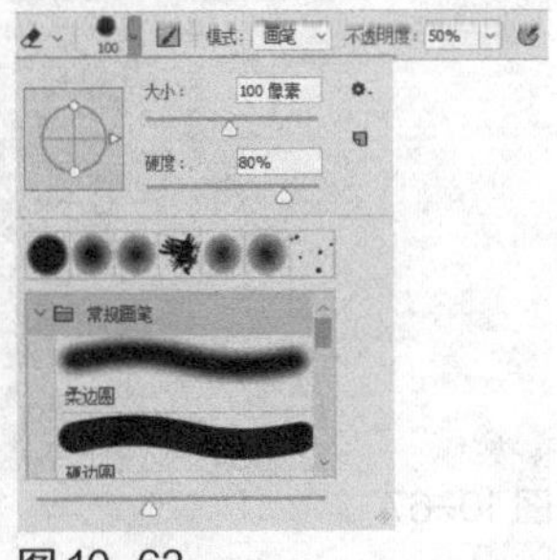

图10-63

04 对人物图像右侧进行涂抹，擦除部分图像，使其与背景图像融合，效果如图10-64所示。

05 打开“素材\第10章\树林.jpg”图像，使用“移动工具”将其拖曳到当前编辑的图像中，适当调整图像大小，使其布满整个画面，如图10-65所示。

图10-64

图10-65

06 在“图层”面板中设置树林图像所在图层混合模式为“明度”，再使用“橡皮擦工具”擦除部分图像，将人物的面部显露出来，如图10-66所示。

图10-66

07 选择“图层1”，按Ctrl+J组合键复制一次图层，将其移至“图层”面板顶部，设置该图层混合模式为“滤色”，图像效果如图10-67所示。

图10-67

08 再次复制“图层1”，将其移至“图层”面板顶部，设置该图层混合模式为“正常”，适当擦除人物面部图像，使人物图像与树林图像更加融合，效果如图10-68所示。

图10-68

09 执行“图层>新建调整图层>照片滤镜”菜单命令，在打开的对话框中保持默认设置，单击“确定”按钮，进入“属性”面板，在“滤镜”下拉列表中选择“深褐”，再设置“浓度”为90%，如图10-69所示。

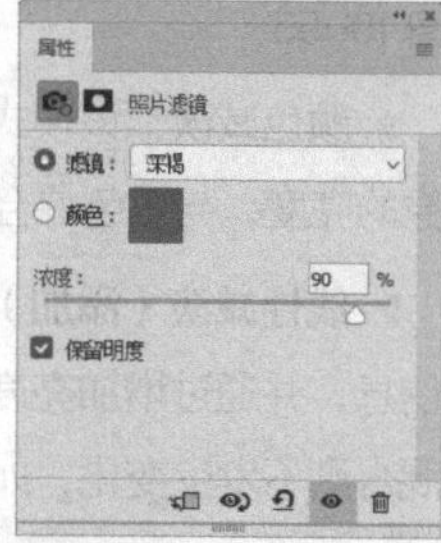
图10-69

10 执行“图层>新建调整图层>亮度/对比度”菜单命令，在“属性”面板中设置“对比度”参数为50，如图10-70所示。调整后的图像效果如图10-71所示。

图10-70

图10-71

10.3.5 对比模式组

对比模式组中的模式可增强图像的反差，在混合时50%的灰度将会消失，亮度高于50%灰度的像素可加亮图层颜色，亮度低于50%灰度的像素可降低图层颜色。该模式组一共包含以下7种混合模式。

▶ **叠加：**该模式可以增强图像的颜色，同时保持底层图像中的高光和暗部色调，如图10-72所示。

▷ **柔光**：该模式将产生一种柔和光线照射的效果，高亮度的区域更亮，暗调区域更暗，使反差增大，如图10-73所示。

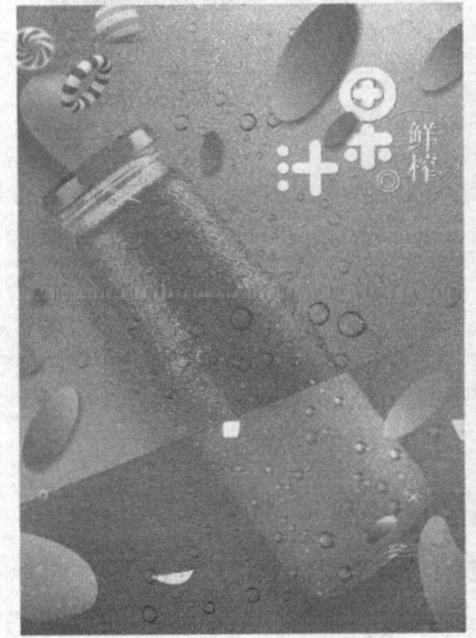
图10-72

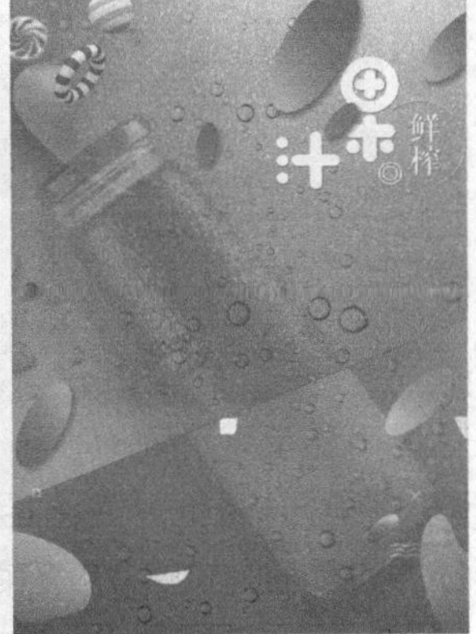
图10-73

▷ **强光**：该模式将产生一种强烈光线照射的效果，它是根据当前图层的颜色使底层的颜色更为浓重或更为浅淡，这取决于当前图层上颜色的亮度，如图10-74所示。

▷ **亮光**：该模式是通过增加或减小对比度来加深或减淡颜色，具体取决于混合色，如图10-75所示。如果混合色（光源）比50%灰色亮，则通过减小对比度使图像变亮；如果混合色比50%灰色暗，则通过增加对比度使图像变暗。

图10-74

图10-75

▷ **线性光**：该模式是通过增加或减小底层的亮度来加深或减淡颜色，具体取决于当前图层的颜色。如果当前图层的颜色比50%灰色亮，则通过增加亮度使图像变亮；如果当前图层的颜色比50%灰色暗，则通过减小亮度使图像变暗，如图10-76所示。

▷ **点光**：该模式根据当前图层与下层图层的混合色来替换部分较暗或较亮像素的颜色，如图10-77所示。

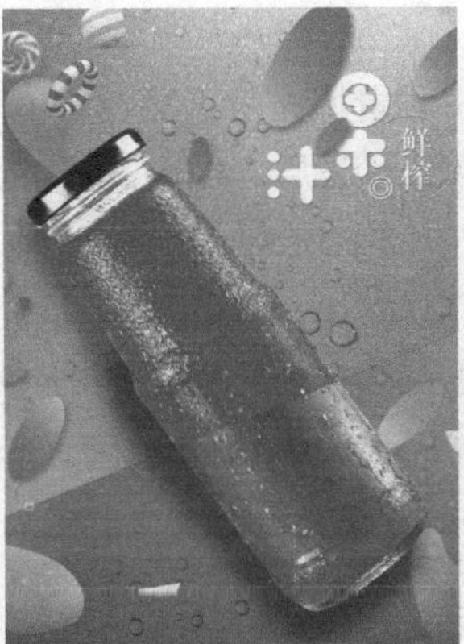
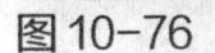
图10-76

图10-77

▷ **实色混合**：该模式取消了中间色的效果，混合的结果由底层颜色与当前图层亮度决定，如图10-78所示。

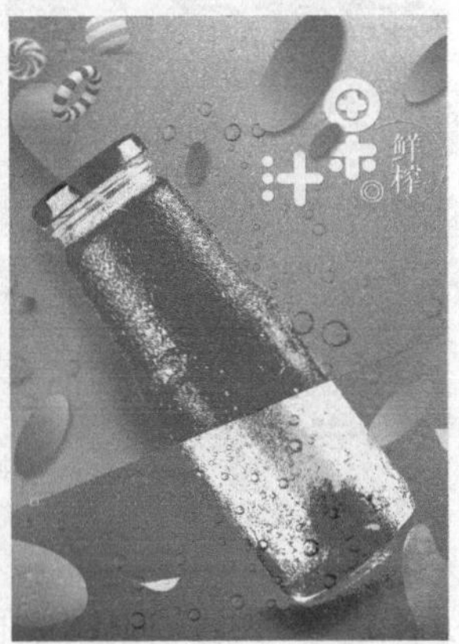
图10-78

▶ 课堂练习：制作中式旗袍形象广告

素材路径	素材\第10章\黄花.psd、串花.psd、旗袍.psd、园林.jpg、标志组.psd、文字.psd
实例路径	实例\第10章\旗袍广告.psd

练习效果

本练习将制作一个中式旗袍形象广告，主要练习“强光”和“点光”模式在图像合成中的应用。本练习的最终效果如图10-79所示。

图10-79

操作步骤

01 新建一个图像文件，将背景填充为淡蓝色（R:241，G:246，B:246），再新建一个图层，选择“矩形选框工具” 在画面左侧绘制一个矩形选区，将其填充为黄色（R:246，G:194，B:83），如图10-80所示。

02 打开“素材\第10章\黄花.psd”图像，选择“移动工具” 将图像拖曳到当前编辑的图像中，放置到画面矩形左上方，如图10-81所示。

图10-80

图10-81

03 这时“图层”面板中将自动生成“图层2”，设置该图层混合模式为“强光”、“不透明度”为74%，图像效果如图10-82所示。

图10-82

04 打开“素材\第10章\旗袍.psd”图像，选择“移动工具” 将图像拖曳到当前编辑的图像中，放置到画面右侧，如图10-83所示。

05 打开“素材\第10章\园林.jpg”图像，将图像拖曳到当前编辑的图像中，放置到旗袍图像下方，如图10-84所示。

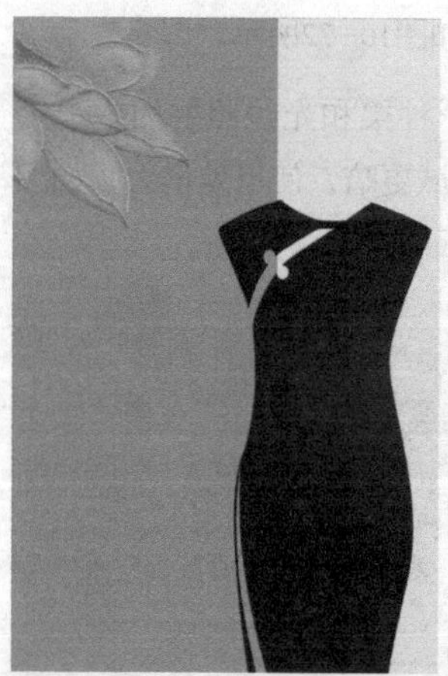

图10-83

图10-84

06 设置园林图像所在图层的混合模式为“点光”，执行“图层>创建剪贴蒙版”菜单命令创建剪贴图层，将园林图像置入旗袍图像中，如图10-85所示。

图10-85

07 选择“橡皮擦工具” 擦除部分园林图像，使园林图像边缘与旗袍图像自然过渡，如图10-86所示。

08 新建一个图层，选择“钢笔工具” 在旗袍中绘制一个不规则图形，如图10-87所示。

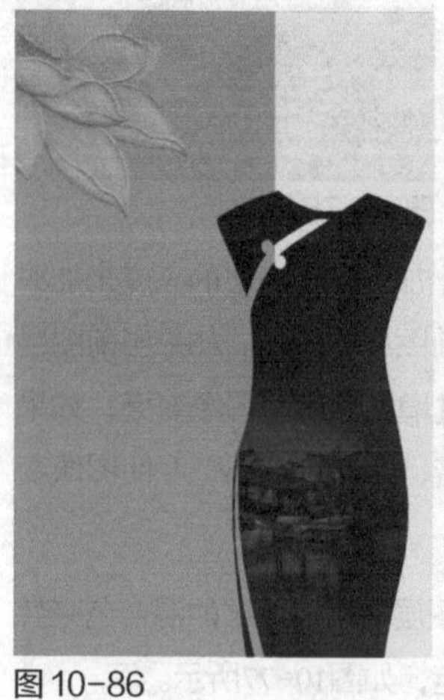

图10-86

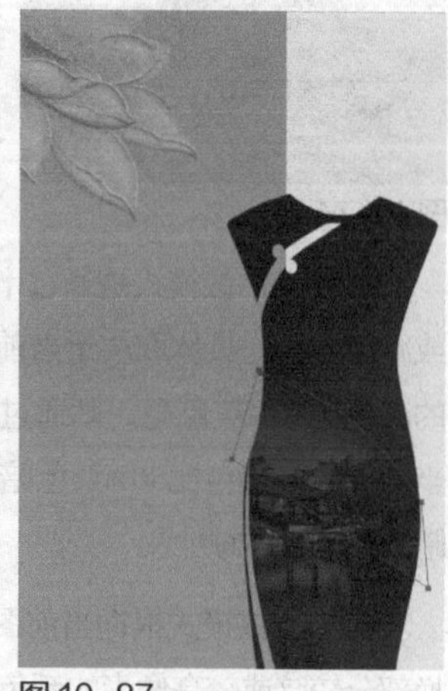

图10-87

(09) 设置前景色为白色，按Ctrl+Enter组合键将路径转换为选区，使用“画笔工具” 对选区边缘进行涂抹，绘制出白色圆弧图像，效果如图10-88所示。

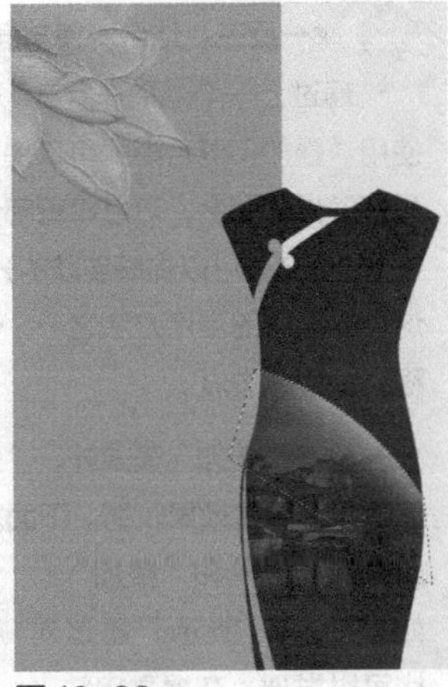

图10-88

(10) 按Alt+Ctrl+G组合键创建剪贴蒙版，并降低该图层的不透明度为66%，效果如图10-89所示。

图10-89

(11) 打开“素材\第10章\串花.psd”图像，选择“移动工具” ，将其拖曳到当前编辑的图像中，并参照图10-90所示的排列方式，放置到旗袍图像周围。

图10-90

(12) 打开“素材\第10章\文字.psd”图像，将其拖曳到当前编辑的图像中，适当调整文字大小，放置到画面的左侧，如图10-91所示。

(13) 使用“直排文字工具”输入两行直排文字，设置字体为“方正隶变简体”、文本颜色为黑色，适当调整文字大小，参照图10-92所示的方式排列。

图10-91

图10-92

(14) 打开“素材\第10章\标志组.psd”图像，选择“移动工具” ，将其拖曳到当前编辑图像的右上方，最终效果如图10-93所示。

图10-93

举一反三：结合滤镜与混合模式处理数码照片

对比模式组中的混合模式基本都能够将上下两层图像均等地体现出来，将该模式组中的模式与滤镜结合起来使用，能够制作出更柔和的特殊效果，经常用于制作具有梦幻效果的图像，尤其在数码照片后期处理中应用得较为广泛。

(01) 打开“素材\第10章\拍照.jpg”图像，如图10-94所示。可以看到整个图像色调干净，但画面显得较为平淡。

图10-94

(02) 按Ctrl+J组合键复制一次图层，然后执行“滤镜>模糊>高斯模糊”菜单命令，打开“高斯模糊”对话框，设置“半径”为10像素，如图10-95所示。

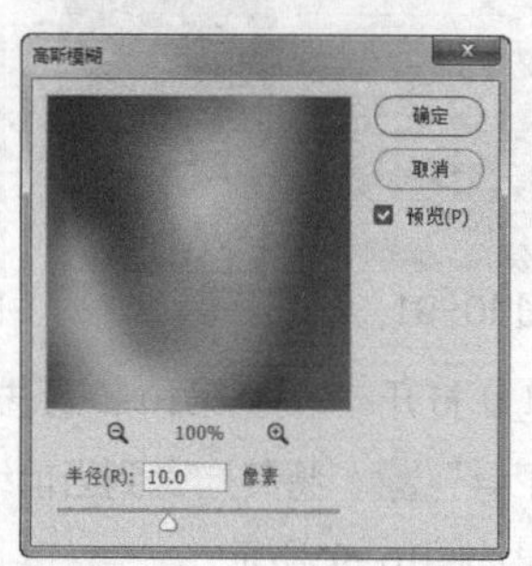

图10-95

(03) 单击“确定”按钮，得到模糊图像效果，将该图层的混合模式改变为“叠加”，得到如图10-96所示的图像效果。

图10-96

(04) 处理后的部分图像显得有些曝光过度，选择“橡皮擦工具”，对图像中较白的区域进行适当的擦除，得到如图10-97所示的效果。

图10-97

举一反三：结合滤镜与混合模式进行磨皮

通过上一个“举一反三”的实例可以知道，复制图层并使用“叠加”混合模式可以提高图像的对比度和亮度，如果先行模糊再混合，可以隐藏部分细节，使图像表面变得更加光滑，这样就可以提高皮肤的光洁度以增强画面整体柔和感。这也是磨皮的常用方法之一，但使用时应该注意控制磨皮的程度，避免失真。

除了“叠加”模式外，“柔光”模式也能起到一定的磨皮效果，只是效果较弱。下面复制图像并模糊，分别改变模式为“柔光”和“叠加”，如图10-98所示。通过对比可以发现，在提高皮肤光洁度的同时，画面也会损失一部分原本锐利的细节，如头发丝看起来就较为模糊，缺少焦点，这是因为头发丝与其他图像被一起模糊了，而模糊必然带来边缘细节的损失。

原图

柔光模式　　叠加模式

图10-98

10.3.6 反相模式组

反相模式组可比较当前图层和下方图层，若存在相同的区域，则该区域将变为黑色；若为不同的区域，则会显示为灰度层次或彩色。若图像中出现了白色，则白色区域将会显示下方图层的反相色，但黑色区域不会发生变化。该模式组一共包含以下4种混合模式。

- **差值**：该模式中当前图层的白色区域会使底层图像产生反相效果，而黑色则不会对底层图像产生影响，如图10-99所示。
- **排除**：该模式与“差值”模式原理相似，但可以创建一种对比度更低的效果，如图10-100所示。

▶ **减去**：该模式从基色中减去混合色。在8位和16位图像中，任何生成的负片值都会剪切为零，如图10-101所示。

▶ **划分**：该模式通过查看每个通道中的颜色信息，从基色中分割出混合色，如图10-102所示。

图10-99

图10-100

图10-101

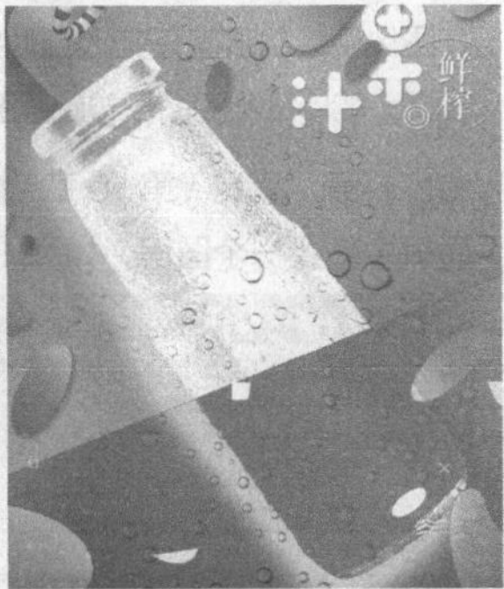

图10-102

▶课堂练习：制作怀旧斑驳图像

素材路径	素材\第10章\钟表.jpg、斑驳背景.jpg
实例路径	实例\第10章\怀旧斑驳图像.psd

练习效果

本练习将制作一个具有怀旧感的图像效果，并且要在其中体现出破旧斑驳的感觉。本练习的最终效果如图10-103所示。

图10-103

操作步骤

01 打开“素材\第10章\钟表.jpg”图像，如图10-104所示。在“图层”面板中新建一个图层，将其填充为土红色（R:128，G:80，B:33），如图10-105所示。

图10-104

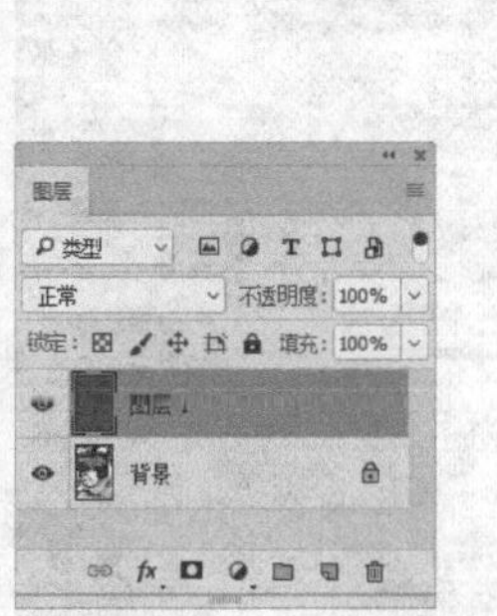

图10-105

02 设置“图层1”的混合模式为“划分”，并降低“不透明度”参数为27%，如图10-106所示。得到的图像效果如图10-107所示。

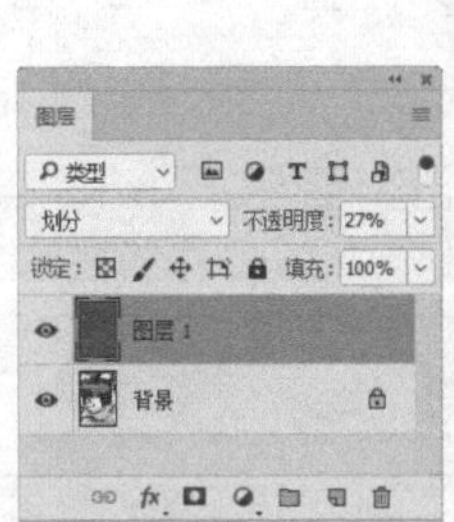

图10-106

图10-107

03 打开“素材\第10章\斑驳背景.jpg”图像，使用“移动工具”将其拖曳到当前编辑的图像中，适当调整图像大小，使其布满整个画面，如图10-108所示。

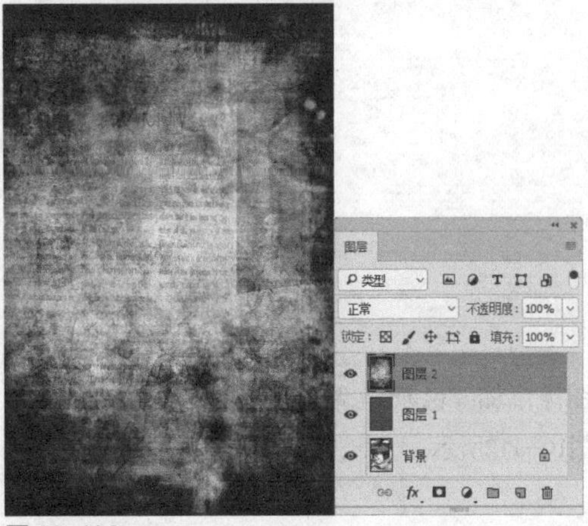

图10-108

04 设置“图层2”的混合模式为“正片叠底”，得到与下一层图像叠加的图像效果，如图10-109所示。

图 10-109

05 单击“图层”面板底部的“添加图层蒙版”按钮，再选择“画笔工具”，在属性栏中选择画笔样式为“炭笔形状”、大小为“300像素”，并设置“不透明度”为24%，如图10-110所示。

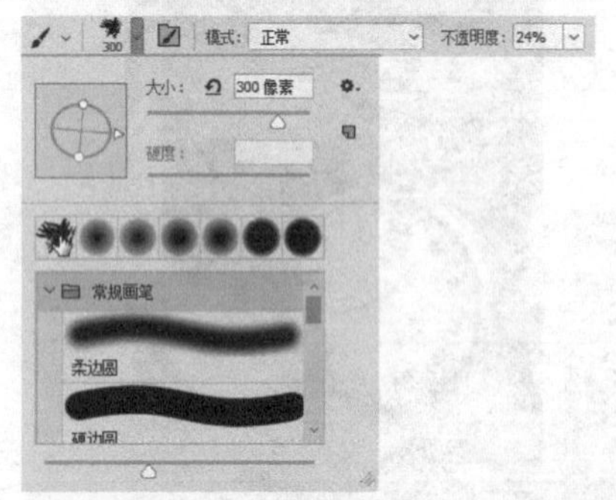

图 10-110

06 在图像中间按住鼠标左键拖曳，适当擦除部分钟表图像，将底层图像效果显示出来，如图10-111所示。

图 10-111

07 为图像添加“色阶”调整图层，适当增加图像亮度，如图10-112所示。

图 10-112

举一反三：结合“画笔工具”与混合模式实现特殊效果

“画笔工具”的运用非常广泛，设置不同的画笔样式可以在图像中绘制出富有变化的图像效果，再设置不同的图层混合模式，能使绘制的图像与底层图像混合，产生特殊图像效果。

01 打开“素材\第 10 章\精灵.jpg”图像，在“图层”面板中新建一个图层，如图 10-113 所示。

图 10-113

02 选择“画笔工具”，单击属性栏中的按钮，打开“画笔设置”面板，选择画笔样式为“喷溅”，调整“间距”参数为 80%，如图 10-114 所示。

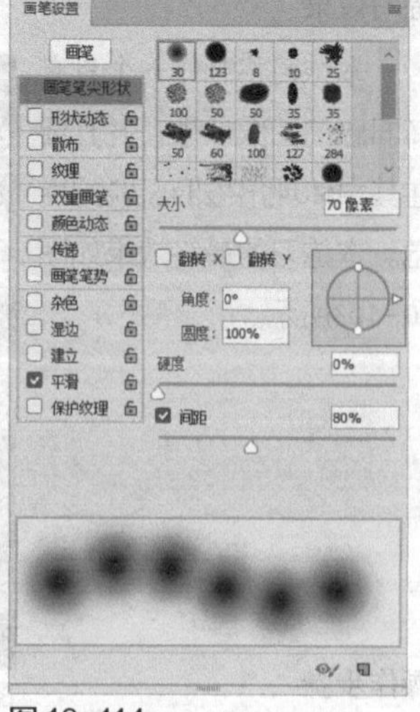

图 10-114

(03) 选择面板左侧的“形状动态”选项，设置“大小抖动”为100%，如图10-115所示。再选择“散布”选项，勾选“两轴”复选框，设置参数为800，如图10-116所示。

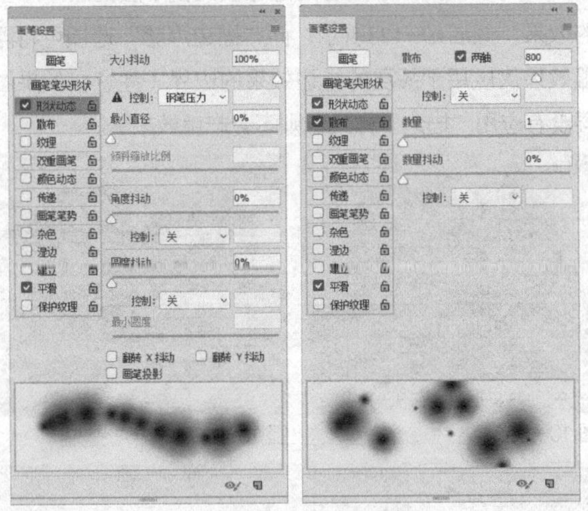

图10-115　　图10-116

(04) 设置前景色为白色，使用“画笔工具”在图像周围绘制出多个圆点图像，改变图层混合模式为“叠加”，即可得到与底层图像颜色相融合的叠加图像，如图10-117所示。

图10-117

10.3.7 色彩模式组

色彩模式组中的模式可将色彩分为“色相”“饱和度”“亮度”这三种成分，然后将其中的一种或两种成分互相混合。该模式组一共包含以下4种混合模式。

▷ **色相**：该模式是用基色的亮度和饱和度以及混合色的色相创建结果色，对于黑色、白色和灰色区域，该模式不起作用，如图10-118所示。

▷ **饱和度**：该模式是用底层颜色的亮度和色相以及当前图层颜色的饱和度创建结果色。在饱和度为0时，使用此模式不会产生变化，如图10-119所示。

▷ **颜色**：该模式将当前图层的色相与饱和度应用到底层图像中，但保持底层图像的亮度不变，如图10-120所示。

▷ **明度**：该模式将使用当前图层的色相和饱和度与下一图层的亮度进行混合，它产生的效果与“颜色”模式相反，如图10-121所示。

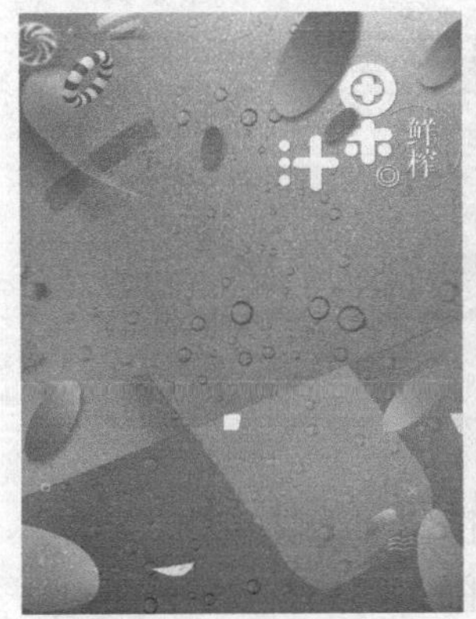

图10-118

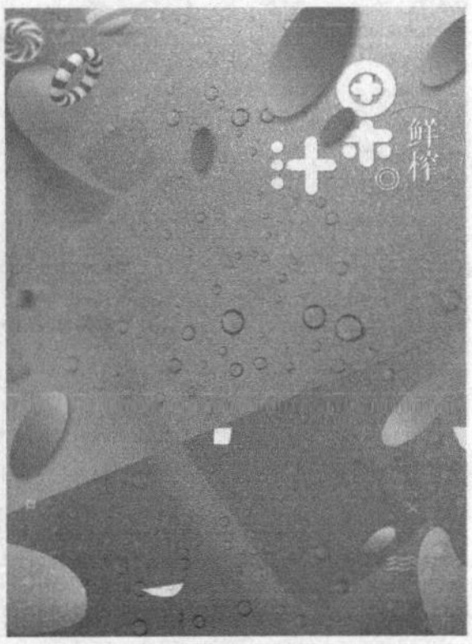

图10-119

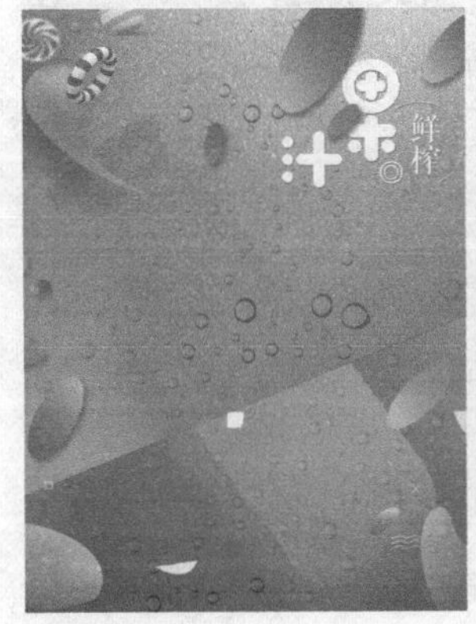

图10-120

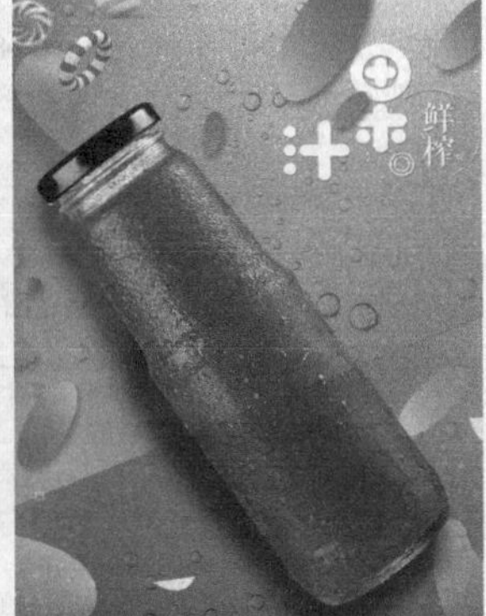

图10-121

10.4 图层样式

“图层样式”也被称为“图层效果”，它是制作纹理、质感和特效的灵魂。可以为图层中的图像添加“投影”“内/外发光”“斜面和浮雕”“光泽”“描边”等效果，以创建出诸如金属、玻璃、水晶等质感和具有立体感的特效。

打开“图层样式”对话框的方法主要有以下三种。

执行“图层>图层样式”子菜单下的命令，如图10-122所示。此时将弹出“图层样式”对话框，如图10-123所示。

图10-122

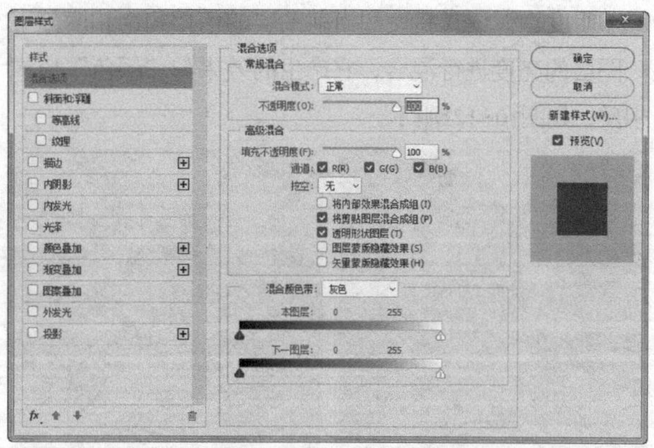

图 10-123

在“图层”面板下方单击“添加图层样式”按钮 fx，在弹出的菜单中选择一种样式即可打开“图层样式”对话框，如图10-124所示。

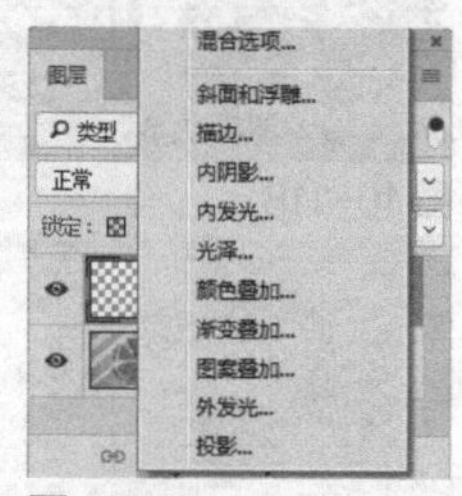

图 10-124

在“图层”面板中双击需要添加样式的图层缩览图，也可以打开“图层样式”对话框。

10.4.1 斜面和浮雕

使用“斜面和浮雕”样式可以为图层添加高光与阴影，使图像产生立体的浮雕效果。打开“图层样式”对话框，可以看到“斜面和浮雕”样式的各项参数如图10-125所示。

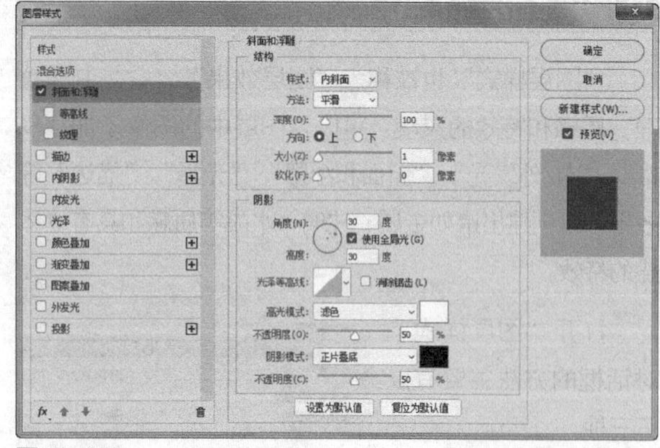

图 10-125

“斜面和浮雕”样式中主要选项的作用如下。

▶ **样式**：用于选择斜面和浮雕的样式。选择“外斜面”，可以在图层内容的外侧边缘创建斜面；选择“内斜面”，可以在图层内容的内侧边缘创建斜面，如图10-126所示；选择“浮雕效果”选项，可以产生一种凸出于图像平面的效果，如图10-127所示；选择“枕状浮雕”，可以模拟图层内容的边缘嵌入到下层图层中产生的效果，如图10-128所示；而“描边浮雕”选项可将浮雕效果仅应用于图层的描边效果的边界（注意，如果图层没有应用“描边”样式，则不会产生效果）。

图 10-126　图 10-127

图 10-128

▶ **方法**：用来选择创建浮雕的方法。“平滑”表示将生成平滑的浮雕效果，“雕刻清晰”表示将生成一种线条较生硬的雕刻效果，“雕刻柔和”表示将生成一种线条柔和的雕刻效果。

▶ **深度**：用来设置浮雕斜面的应用深度，该值越高，浮雕的立体感越强。

▶ **方向**：选中“上”选项，表示高光区在上，阴影区在下；选中“下”选项，表示高光区在下，阴影区在上。

▶ **高度**：用于设置光源的高度。

▶ **高光模式**：用于设置高光区域的混合模式。单击右侧的颜色块可设置高光区域的颜色，“不透明度”用于设置高光区域的不透明度。

▶ **阴影模式**：用于设置阴影区域的混合模式。单击右侧的颜色块可设置阴影区域的颜色，下侧的“不透明度”数值框用于设置阴影区域的不透明度。

勾选“斜面和浮雕”样式下方的“等高线”复选框，进入相应的选项设置界面，单击“等高线”右侧的下拉按钮，在打开的面板中选择一种曲线样式，如图10-129所示。得到的对应的等高线图像效果如图10-130所示。

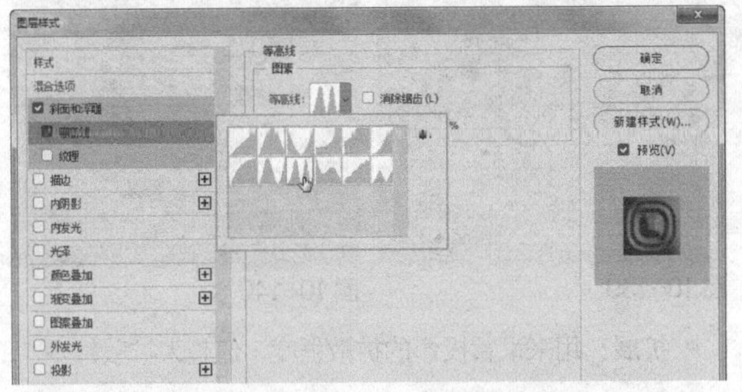

图 10-129

图 10-130

勾选“斜面和浮雕”样式下方的“纹理”复选框，进入相应的选项设置界面，单击“图案”右侧的下拉按钮，可以在打开的面板中选择一种图案样式，然后设置图案的缩放量和深度参数，如图10-131所示。得到的图像效果如图10-132所示。

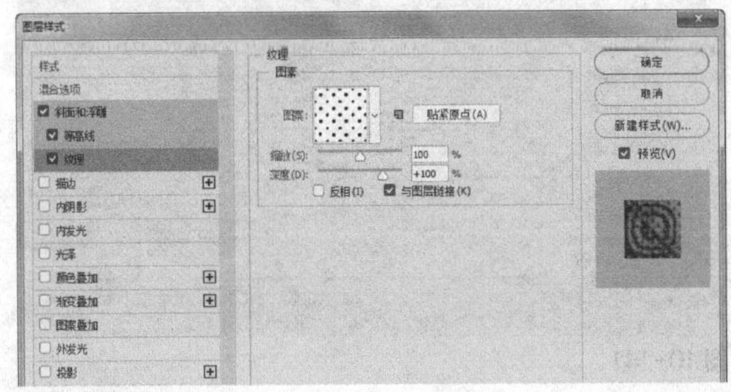

图 10-131

图 10-132

10.4.2 描边

“描边”样式可以使用“颜色”“渐变”“图案”来描绘图像的轮廓边缘。打开“图层样式”对话框，用户可在其中设置“描边”样式，如图10-133所示。

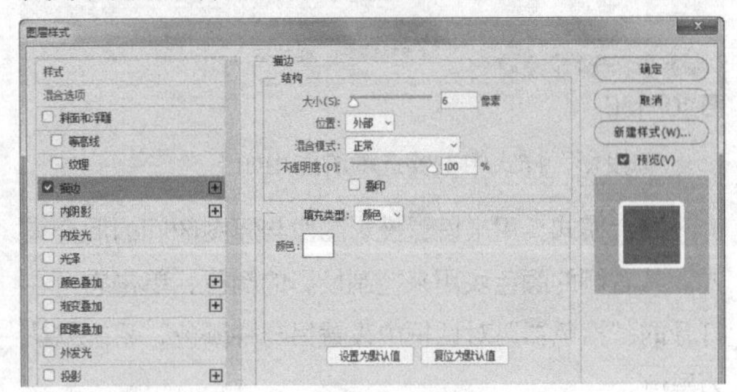

图 10-133

“描边”样式中主要选项的作用如下。

- **大小**：设置描边的大小，图10-134和图10-135所示分别是设置“大小”为5像素和20像素时的描边效果。

图 10-134　　图 10-135

- **位置**：选择描边的位置。
- **混合模式**：设置描边效果与下层图像的混合模式。
- **不透明度**：设置描边的不透明度。

▷ **填充类型**：在“填充类型”下拉列表中可以选择描边样式，分别为颜色描边、渐变描边和图案描边。

技巧与提示

执行“编辑＞填充”菜单命令打开“填充”对话框，其中的“使用”下拉列表中的“图案”与这里“图层样式”对话框中的“图案”设置一样。

10.4.3 投影

使用“投影”样式可以为图像添加投影效果，使其产生立体感，它是最常用的一种图层样式效果。打开“图层样式”对话框，可以看到“投影”样式的各项参数如图10-136所示。

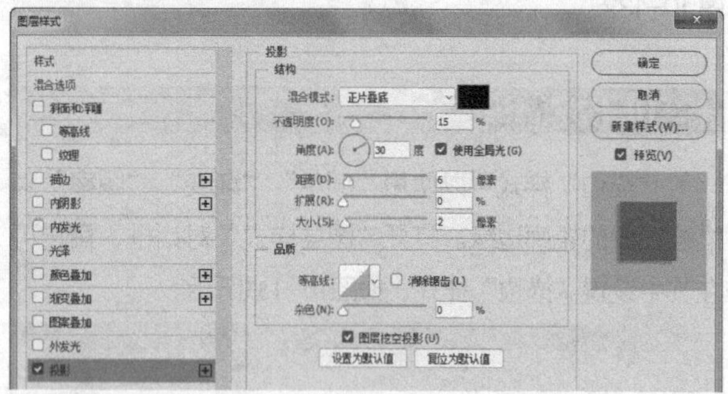

图 10-136

“投影”样式中主要选项的作用如下。

▷ **混合模式**：用来设置投影图像与原图像间的混合模式。其右侧的颜色块用来控制投影的颜色，单击它可在打开的“拾色器”对话框中设置另一种颜色，系统默认为黑色。

▷ **不透明度**：用来设置投影的不透明度。图10-137所示为设置不透明度为30%的效果，图10-138所示为设置不透明度为100%的效果。

图 10-137

图 10-138

▷ **角度**：用来设置光照的方向，投影在该方向的对面出现。

▷ **使用全局光**：勾选该选项，图像中所有图层效果使用相同光线照入角度。

▷ **距离**：设置投影与原图像间的距离，值越大，距离越远。图10-139为设置“距离”为20的效果，图10-140为设置“距离”为100的效果。

图 10-139

图 10-140

▷ **扩展**：用来设置投影的扩散程度，值越大扩散越多。

▷ **大小**：用来设置投影的模糊程度，值越大越模糊。

▷ **等高线**：用来设置投影的轮廓形状。

▷ **消除锯齿**：用来消除投影边缘的锯齿。

▷ **杂色**：用于设置是否使用噪声点来对投影进行填充。

10.4.4 内阴影

“内阴影”样式可以在紧靠图层内容的边缘内添加阴影，使图层内容产生凹陷效果。其设置方法和选项与“投影”样式相同，图10-141所示是为图像添加“内阴影”样式的效果。

图 10-141

10.4.5 外发光

Photoshop图层样式中提供了“外发光”和“内发光”两种光照样式。使用“外发光”样式可以沿图层内容的边缘向外创建发光效果。打开“图层样式”对话框，“外发光”样式的各项参数如图10-142所示。

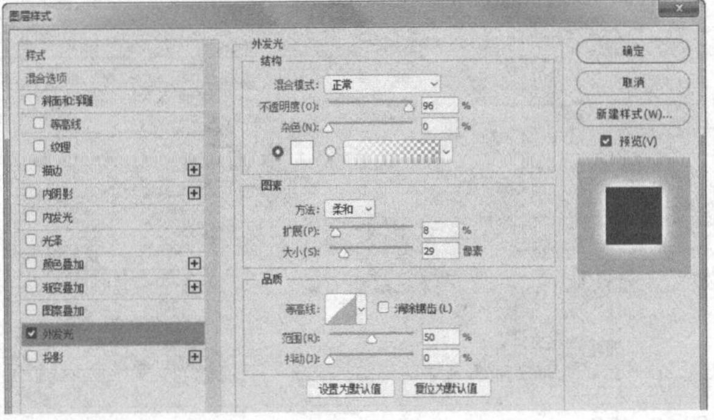

图10-142

“外发光”样式中主要选项的作用如下。

- ◉□：选中该单选按钮，单击颜色图标，将打开“拾色器”对话框，可在其中选择一种颜色。
- ◉渐变条：选中该单选按钮，单击渐变条，可以在打开的对话框中自定义渐变色，或单击下拉按钮，在弹出面板中选择一种预设的渐变色作为发光色。
- **方法：**用于设置对外发光效果应用的柔和技术，可以选择“柔合”和“精确”选项。
- **范围：**用于设置图像外发光的轮廓范围。
- **抖动：**用于改变渐变的颜色和不透明度的应用。

▶ 课堂练习：制作多层外发光效果

素材路径	素材\第10章\文字.jpg
实例路径	实例\第10章\制作多层外发光效果.psd

练习效果

本练习将为图像添加图层样式，并制作出多层次外发光效果。本练习的最终效果如图10-143所示。

图10-143

操作步骤

01 打开“素材\第10章\文字.jpg”文件，选择“矩形选框工具”，在图像中绘制一个矩形选区，如图10-144所示。

02 新建一个图层，设置前景色为白色，按Alt+Delete组合键填充选区，如图10-145所示。

图10-144

图10-145

03 在“图层”面板中设置“填充”为0，打开“图层样式”对话框，选择“外发光”，单击◉■色块，设置外发光颜色为蓝色（R:57，G:183，B:219），其余参数设置如图10-146所示。得到的图像效果如图10-147所示。

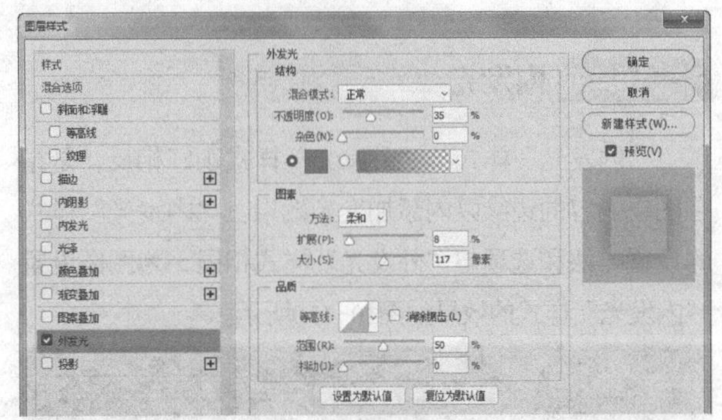

图10-146

图10-147

04 在“外发光”样式中同样可以设置“等高线”选项，

单击“等高线”缩略图，打开“等高线编辑器”对话框编辑曲线，如图10-148所示。

(05) 单击“确定”按钮，得到编辑等高线后的图像外发光效果，如图10-149所示。

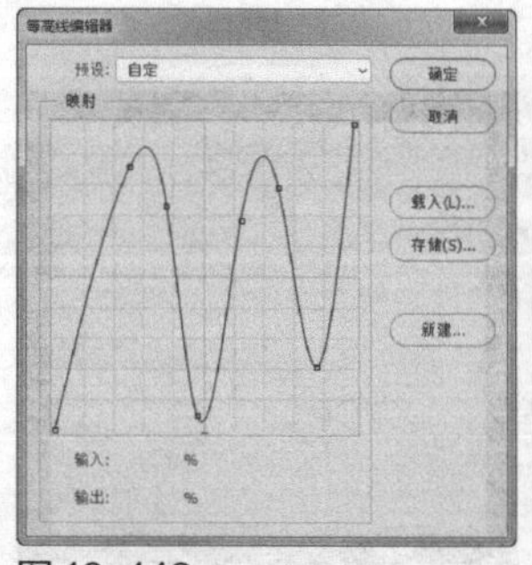

图10-148

图10-149

技巧与提示

在“图层样式”对话框中，多个图层样式选项都可以设置等高线效果，用户可以根据需要调整不同的设置，得到各项特殊图像效果。

10.4.6 内发光

“内发光”样式与“外发光”样式刚好相反，是指在图层内容的边缘以内添加发光效果。“内发光”样式的设置方法和选项与“外发光”样式相同，为图像设置“内发光”样式的效果如图10-150所示。

图10-150

10.4.7 光泽

使用“光泽”样式可以为图像添加光滑的具有光泽的内部阴影，通常用来表现具有光泽质感的按钮和金属。打开“图层样式”对话框，选择“光泽”样式，设置各项参数，如图10-151所示。添加“光泽”样式的前后对比效果如图10-152所示。

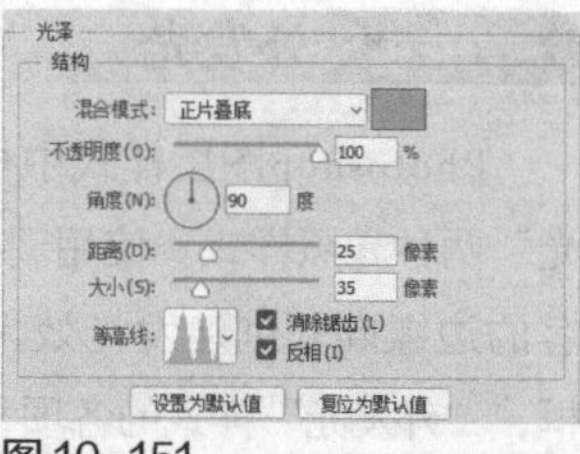

图10-151

图10-152

10.4.8 颜色叠加

使用“颜色叠加”样式可以在图像上叠加设置的颜色。在“图层样式”对话框中选择“颜色叠加”样式，如图10-153所示设置“颜色叠加”样式的参数。图10-154所示为添加“颜色叠加”样式的前后对比效果。

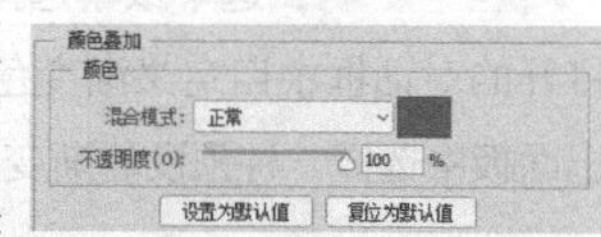

图10-153

图10-154

10.4.9 渐变叠加

使用“渐变叠加”样式可以在图层上叠加指定的渐变色。打开“图层样式”对话框进行参数设置，选择一种渐变叠加样式，如图10-155所示。添加“渐变叠加”样式前后的对比效果如图10-156所示。

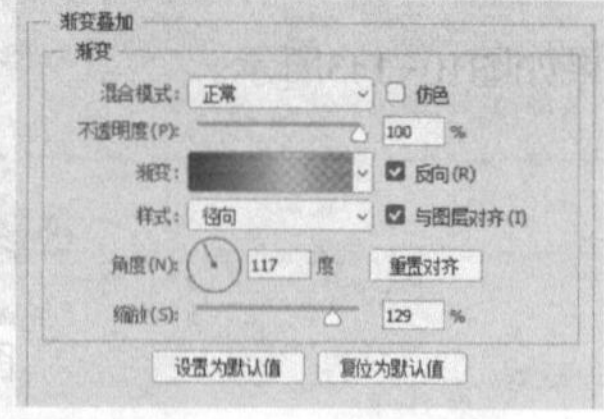

图10-155

图10-156

10.4.10 图案叠加

使用“图案叠加”样式可以在图像上叠加设置的图案，打开对话框进行相应的参数设置，如图10-157所示。选择一种图案叠加样式后得到的效果如图10-158所示。

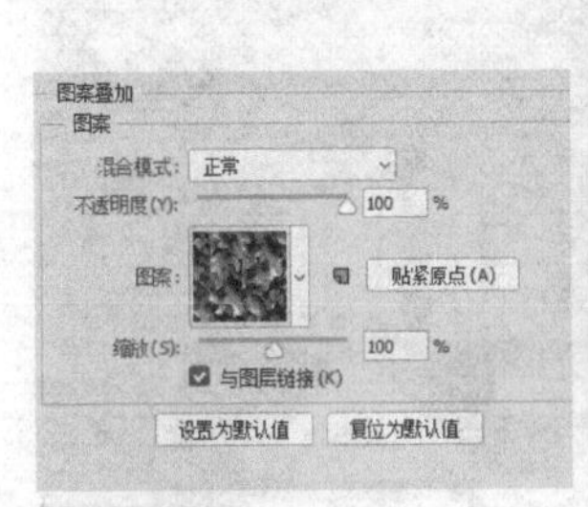

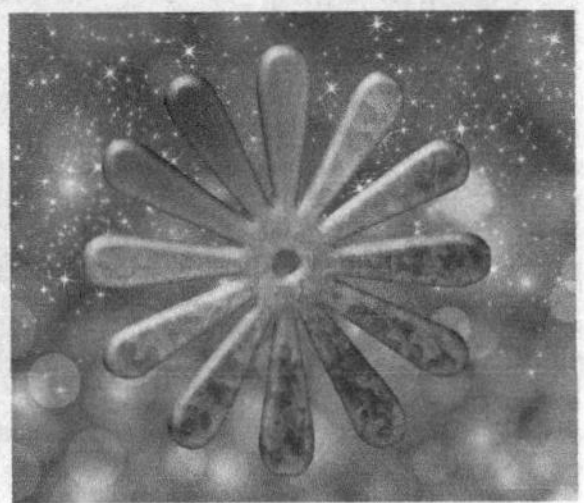

图10-157　　图10-158

技巧与提示

在设置图案叠加时，在“图案”下拉列表框中可以选择叠加的图案样式，“缩放”选项则用于设置填充图案的纹理大小，值越大，其纹理越大。

10.5 “样式”面板

执行“窗口>样式”菜单命令，即可打开“样式”面板，其中显示了系统自带的多种预设样式。单击“样式”面板右上方的按钮，即可打开面板菜单，如图10-159所示。

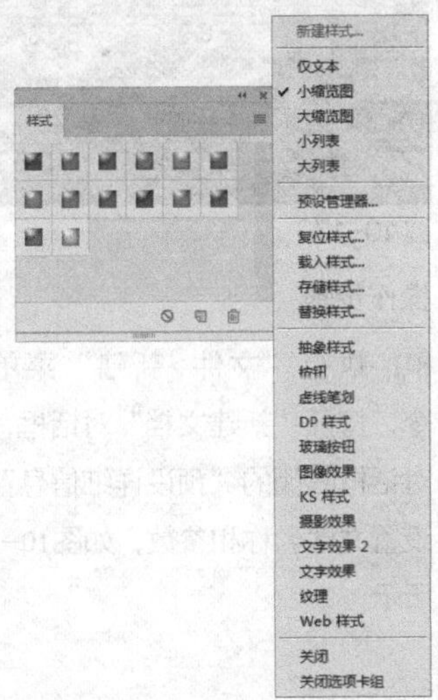

图10-159

01 打开“素材\第10章\彩色线条.jpg”素材图像，新建一个图层，选择“椭圆选框工具”，在画面中绘制一个椭圆形选区，填充为白色，如图10-160所示。

图10-160

02 执行“窗口>样式”菜单命令，打开“样式”面板，单击“样式”面板右上方的按钮，在面板菜单中可以选择预设样式组，这里选择“Web样式”，如图10-161所示。

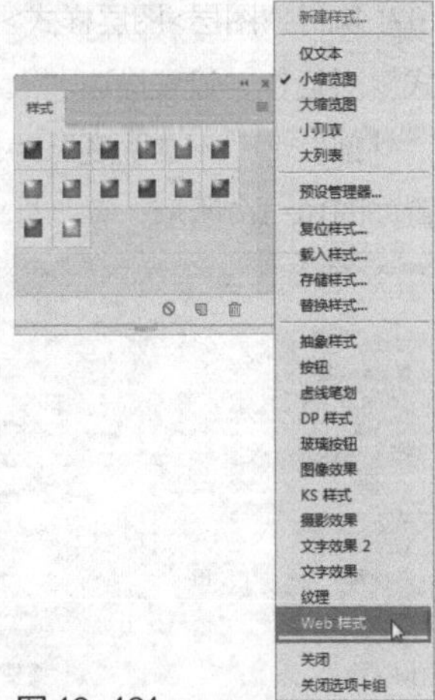

图10-161

03 选择样式组后，将弹出如图10-162所示的询问对话框。单击“确定”按钮，即可替换当前样式；单击“追加”按钮，则可以将该组样式添加到原有样式后面。

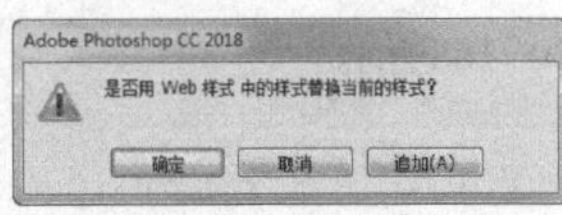

图10-162

04 单击“确定”按钮，“样式”面板中将出现各种Web样式效果，如图10-163所示。

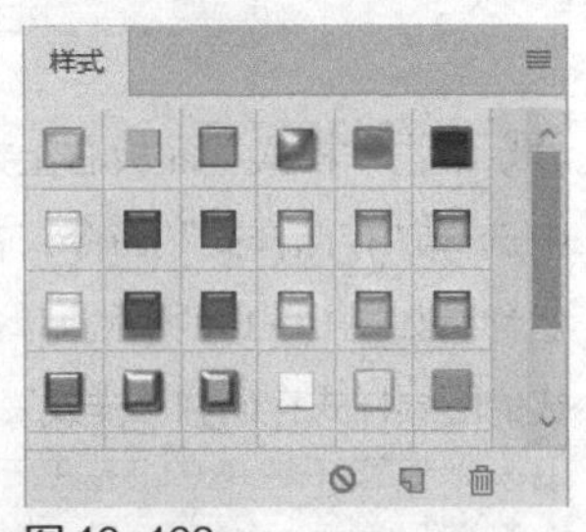

图10-163

05 在“样式”面板中选择“带投影的黄色凝胶”样式，即可为图像添加该种样式，并在“图层”面板中自动添加对应的图层样式，如图10-164所示。

图10-164

06 执行“图层>图层样式>缩放效果”菜单命令，打开“缩放图层效果”对话框，设置“缩放”参数为220%，如图10-165所示。单击“确定”按钮，得到的图像效果如图10-166所示。

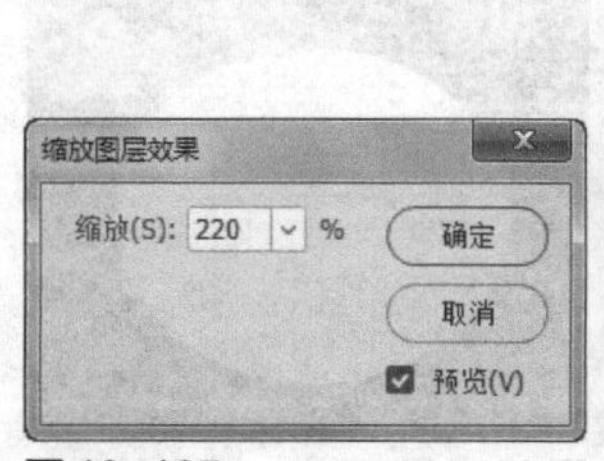

图 10-165　图 10-166

07 执行“图层>图层样式>描边”命令，打开“图层样式”对话框，设置描边“大小”为15像素、“位置”为“外部”、“不透明度”为50%、颜色为白色，其他设置如图10-167所示。

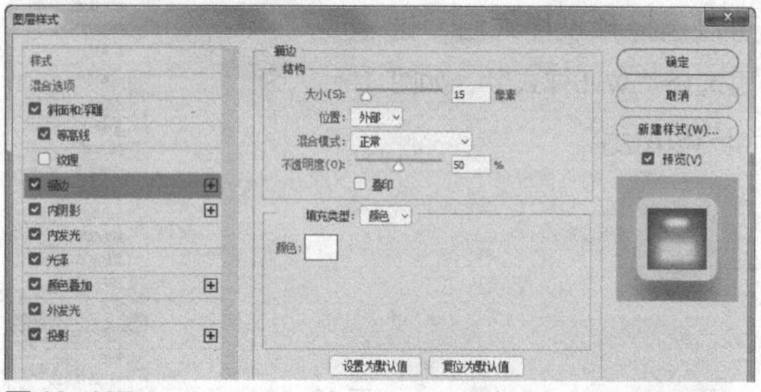

图 10-167

08 单击“确定”按钮，得到图像的描边效果，如图10-168所示。

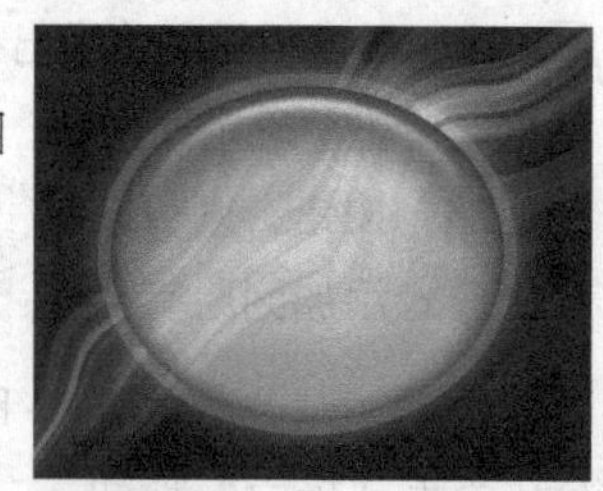

图 10-168

09 单击“样式”面板右上方的按钮，在弹出的菜单中选择“存储样式”命令，在打开的对话框中设置文件名称，如图10-169所示。单击“保存”按钮，可以将创建的图层样式存储到“样式”面板中，便于今后的使用。

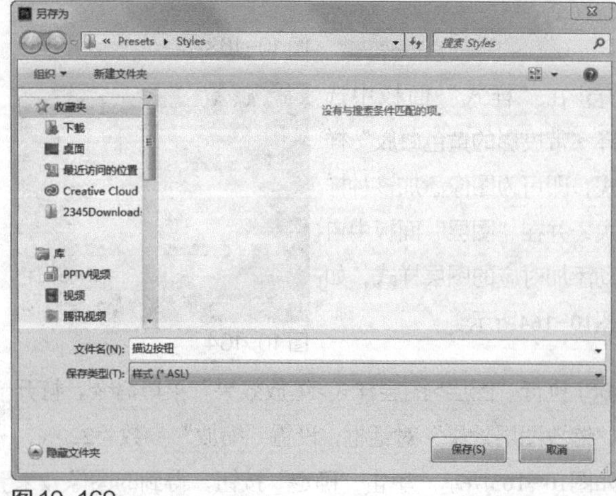

图 10-169

10.6 课堂案例：音乐会海报

素材路径	素材\第10章\彩色背景.jpg、欢呼.jpg、吉他.psd
实例路径	实例\第10章\音乐会海报.psd

案例效果

本案例将制作一个音乐会宣传海报，主要练习图层混合模式和图层样式在图像中的运用。本案例的最终效果如图10-170所示。

图 10-170

操作步骤

01 执行“文件>新建”菜单命令，打开“新建文档”对话框，在对话框右侧的“预设详细信息”中设置文件名称和参数，如图10-171所示。

图 10-171

02 打开“素材\第10章\彩色背景.jpg”文件，使用“移动工具”将其拖曳到新建图像中，适当调整图像大小，使其布满整个画面，如图10-172所示。

03 打开“素材\第10章\欢呼.jpg”文件，使用“移动工具”将其拖曳到彩色背景中，适当调整图片大小，放置到画面下方，如图10-173所示。

图10-172

图10-173

技巧与提示

海报属于户外广告，相比其他广告具有画面大、内容广泛、艺术表现力丰富、远视效果强烈的特点，并且通常要写清楚活动的主题，活动的主办单位、时间、地点等内容。海报一般分布在各街道、影剧院、展览会、商业区、车站、公园等公共场所，所以在尺寸上并没有固定的要求，设计师可以根据场地的具体情况测量尺寸，进行设计制作。

04 选择“橡皮擦工具”，对人群图像的上半部分进行擦除，然后将该图层的混合模式设置为“滤色”，如图10-174所示。

图10-174

05 新建一个图层，选择“多边形套索工具”，在画面下方绘制一个四边形选区，填充为黄色（R:241，G:90，B:36），如图10-175所示。

06 在“图层”面板中设置该图层混合模式为“饱和度”，得到与下方图像叠加的图像效果，如图10-176所示。

图10-175

图10-176

07 新建一个图层，使用“多边形套索工具”再绘制一个四边形选区，填充为黄色（R:252，G:238，B:33），如图10-177所示。将新建图层的混合模式设置为“柔光”，得到的图像效果如图10-178所示。

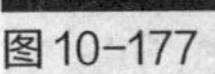
图10-177

图10-178

08 打开“素材\第10章\吉他.psd”文件，使用“移动工具”将其拖曳到当前编辑的图像中，适当调整图像大小，放置到画面上方，如图10-179所示。

图10-179

09 设置吉他图像所在图层的混合模式为“颜色加深”、“不透明度”为30%，图像效果如图10-180所示。

图10-180

10 新建一个图层，选择“椭圆选框工具”，在图像中按住Shift键拖曳鼠标，绘制一个正圆形选区，填充为深蓝色（R:0，G:21，B:46），如图10-181所示。

图10-181

11 执行“图层>图层样式>描边”菜单命令，打开“图层样式”对话框，设置“大小”为18像素、“不透明度”为41%，“位置”为“内部”、“颜色”为白色，如图10-182所示。

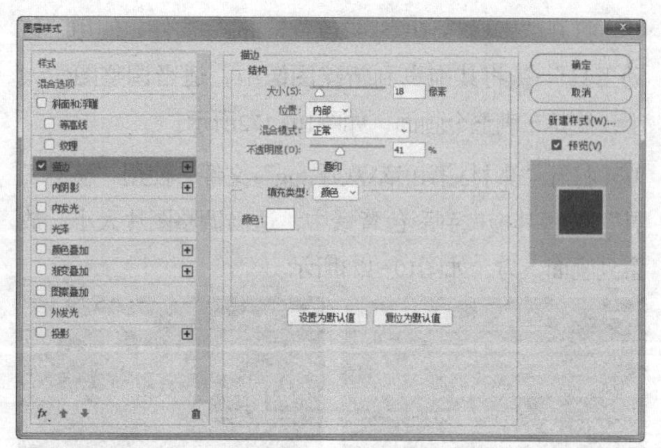

图10-182

12 单击“确定”按钮，即可得到一个白色描边样式，如图10-183所示。

13 设置圆形图像所在图层的混合模式为“叠加”，得到的图像效果如图10-184所示。

图10-183

图10-184

14 选择“横排文字工具”，在圆形图像中输入文字“新潮音乐会”，在属性栏中设置字体为“方正正大黑简体”、文本颜色为黑色，适当调整文字大小，参照图10-185所示的方式进行排列。

图10-185

15 双击文字图层，打开“图层样式”对话框，选择左侧的“外发光”样式，设置颜色为白色，其他参数设置如图10-186所示。

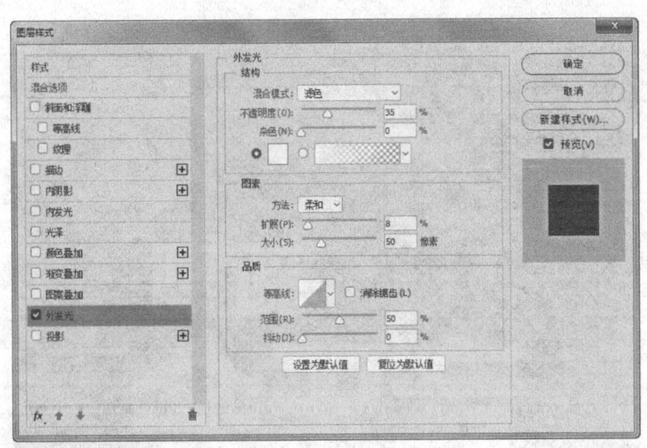

图10-186

(16) 单击“确定”按钮，即可得到文字外发光效果，如图10-187所示。

(17) 使用“横排文字工具” T 继续在图像中输入文字5.18，在属性栏中设置字体为Tiffany HvIt BT、文本颜色为土黄色（R:211，G:170，B:105），如图10-188所示。

图10-187

图10-188

(18) 双击文字图层，打开“图层样式”对话框，首先为其添加“斜面和浮雕”样式，设置“样式”为“内斜面”，再设置下方的“高光模式”为“滤色”、颜色为土黄色（R:198，G:153，B96），“阴影模式”为“正片叠底”、颜色为土红色（R:166，G:111，B:49），其他参数如图10-189所示。

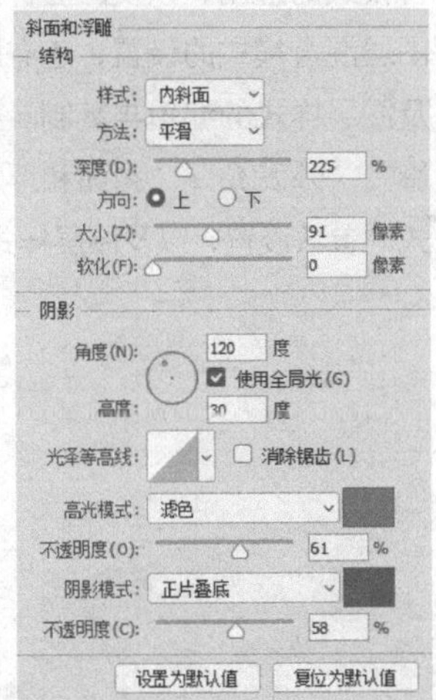

图10-189

(19) 在“图层样式”对话框中选择“投影”样式，设置投影颜色为土红色（R:138，G:67，B:14），其他参数如图10-190所示。

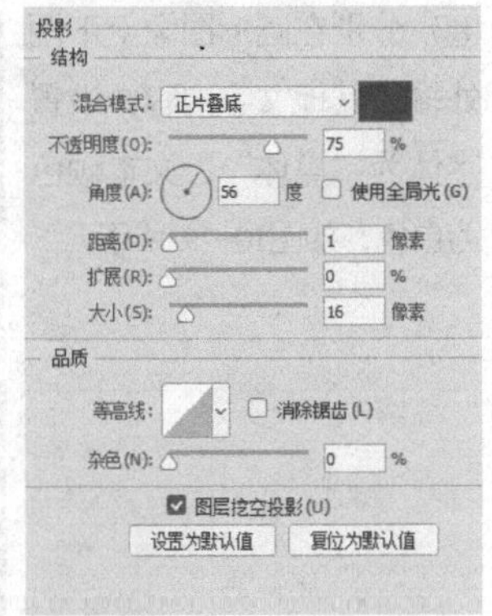

图10-190

(20) 单击“确定”按钮，得到的“5.18”文字的效果如图10-191所示。

图10-191

(21) 在“音乐会”下方分别输入MUSIC的5个单个字母，为每个字母添加与数字5.18相同的图层样式，并进行层叠排放，如图10-192所示。

图10-192

(22) 分别在圆形图像上下两处输入其他文字内容，设置字体为“黑体”、文本颜色为白色，如图10–193所示。

图10–193

(23) 选择“矩形选框工具”，在图像顶部文字中绘制一个矩形选区，如图10–194所示。

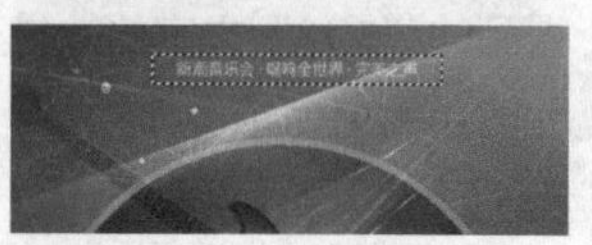

图10–194

(24) 执行“编辑>描边”菜单命令，打开“描边”对话框，设置描边“宽度”为3像素、“颜色”为白色，如图10–195所示。

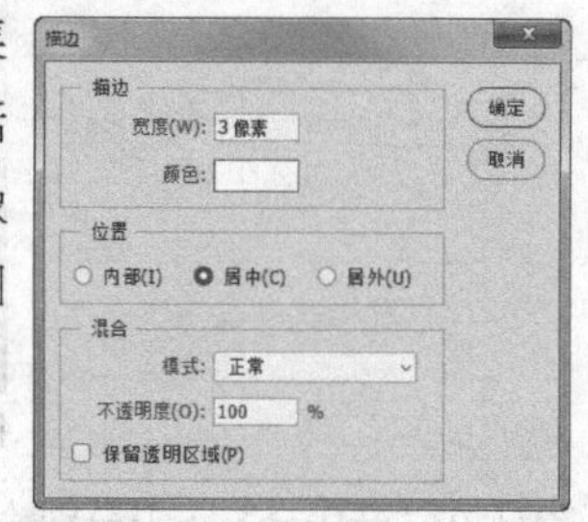

图10–195

(25) 单击“确定”按钮，完成对矩形选区的描边，效果如图10–196所示。至此，完成本案例的制作，最终效果如图10–197所示。

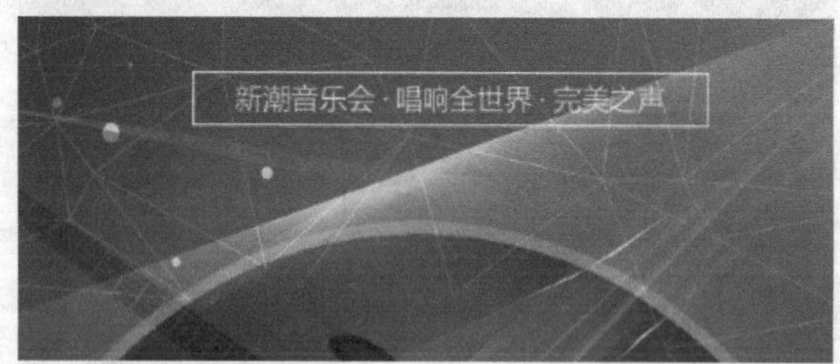

图10–196

图10–197

10.7 本章小结

本章主要介绍了图层的高级应用，重点是图层混合模式的应用，以及图层样式的设置和管理。其中包括图层混合模式的设置，还有图层样式的查看与添加，以及图层样式的编辑与复制。在本章中需要重点掌握“投影”“外发光”“斜面和浮雕”“描边”这几个图层样式的参数设置，以及图层样式的缩放功能。

文字的应用

• 本章内容简介

在图像中添加适当的文字，能够让整个图像更加丰富，并且能更好地传达画面的真实意图。掌握各种文字工具的使用将有利于用户对图像的后期处理，并且能制作出更具有特色的画面效果。本章将详细介绍文字工具的使用方法，包括输入普通文字、输入段落文字、创建文字选区，以及对文字的编辑操作。

• 本章学习要点

1. 使用文字工具
2. 文字属性的设置
3. 编辑文字
4. 使用字符/段落面板

11.1 使用文字工具

文字是各类设计作品中不可缺少的元素，可以作为点题、说明和装饰。文字不仅可以传达作品的相关信息，还可以起到美化版面、强化主体的作用。

11.1.1 认识文字工具

要输入文字，首先要认识输入文字的工具。单击并按住工具箱中的T.工具图标不放，将显示出如图11-1所示的文字工具组，其中各工具的作用如下。

T	横排文字工具	T
↓T	直排文字工具	T
↓T	直排文字蒙版工具	T
T	横排文字蒙版工具	T

图 11-1

▶ **横排文字工具**T.：在图像文件中创建水平方向的文字，并且在“图层”面板中建立新的文字图层。

▶ **直排文字工具**↓T.：在图像文件中创建垂直方向的文字，并且在“图层”面板中建立新的文字图层。

▶ **横排文字蒙版工具**T.：在图像文件中创建水平方向文字形状的选区，但在“图层”面板中不建立新的图层。

▶ **直排文字蒙版工具**↓T.：在图像文件中创建垂直方向文字形状的选区，但在“图层”面板中不建立新的图层。

文字工具组中各工具对应的属性栏中的选项非常相似，这里以“横排文字工具”的属性栏为例进行介绍，如图11-2所示。

T · ↓T 汉仪粗宋简 · - · T 133.33点 · aa 平滑 · ≡ ≡ ≡ ■ I ▤ · ⊘ ▣ ·

图 11-2

▶ **切换文本取向**↓T：单击此按钮，可以将选择的水平方向的文字转换为垂直方向，或将选择的垂直方向的文字转换为水平方向。

▶ **字体**汉仪粗宋简：设置文字的字体。单击按钮，在弹出的下拉列表框中可以选择所需的字体。

▶ **字型**Regular：设置文字使用的字体形态，但只有选中某些具有该属性的字体后，该下拉列表框才能激活。该下拉列表框中包括Regular（规则的）、Italic（斜体）、Bold（粗体）和Bold Italic（粗斜体）4个选项。

▶ **字体大小**T 133.33点：设置文字的大小。单击按钮，在弹出的下拉列表框中可选择所需的字体大小，也可直接在输入框中输入字体大小的值。

▶ **消除锯齿**aa 平滑：设置消除文字锯齿的功能，提供了“无”“锐利”“犀利”“浑厚”“平滑”5个选项。

▶ **对齐方式**：设置段落文字排列（左对齐、居中对齐和右对齐）的方式。当文字为竖排时，三个按钮变为（顶对齐、居中对齐、底对齐）。

▶ **文本颜色**■：设置文字的颜色。单击色块可以打开“拾色器（文本颜色）”对话框，从中选择字体的颜色。

▶ **创建文字变形**：单击该按钮可创建变形文字。

▶ **切换字符和段落面板**▤：单击该按钮，可显示或隐藏“字符”和“段落”面板，用于调整文字格式和段落格式。

技巧与提示

按 T 键可快速选择文字工具，按 Shift+T 组合键可在文字工具组内的 4 个文字工具之间来回切换。

【重点】11.1.2 创建点文本

点文本是一个水平或垂直的文本行，每行文字都是独立的，行的长度随着文字的输入而不断增加，但是不会换行。创建点文本包括输入横排文字和输入直排文字。

1. 输入横排文字

顾名思义，“横排文字工具”T.输入的文字是横向排列的。选择“横排文字工具”T.，在属性栏中设置好文字的字体和大小等参数，将鼠标指针移至图像中适当的位置单击，此时将出现一个光标，如图11-3所示。接着输入所需的文字，文字输入完成后，选择任意一个其他工具或按下小键盘上的Enter键即可，如图11-4所示。

图 11-3

图 11-4

2. 输入直排文字

使用“直排文字工具”↓T.可以在图像中沿垂直方向输入文本，也可输入垂直向下显示的段落文本，其输入方法与使用“横排文字工具”一样。

单击工具箱中的“直排文字工具”↓T.，在图像编辑区单击，单击处会出现一个光标，如图11-5所示。这时输入需要的文字即可，如图11-6所示。

图11-5

图11-6

▶ 课堂练习：制作促销广告文字

实例路径	实例\第11章\制作促销文字.psd

练习效果

本练习要制作的是一个促销广告文字，主要练习使用文字工具在图像中输入文字，以及在属性栏中设置文字各种属性的方法。本练习的最终效果如图11-7所示。

图11-7

操作步骤

(01) 新建一个图像文件，设置前景色为灰色，按Alt+Delete组合键用前景色填充背景，如图11-8所示。

(02) 新建一个图层，选择“椭圆选框工具”，按住Shift键在图像中绘制一个正圆形选区，填充为黄色（R:255，G:234，B:96），如图11-9所示。

图11-8

图11-9

(03) 保持选区状态，执行“编辑>描边”菜单命令，打开“描边”对话框。设置描边“宽度”为20像素、“颜色”为白色，再选择“位置”为“居外”，如图11-10所示。单击“确定”按钮，即可得到选区描边效果，如图11-11所示。

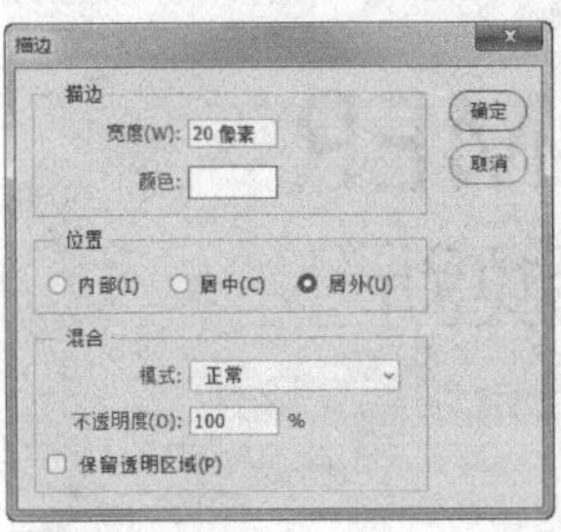

图11-10

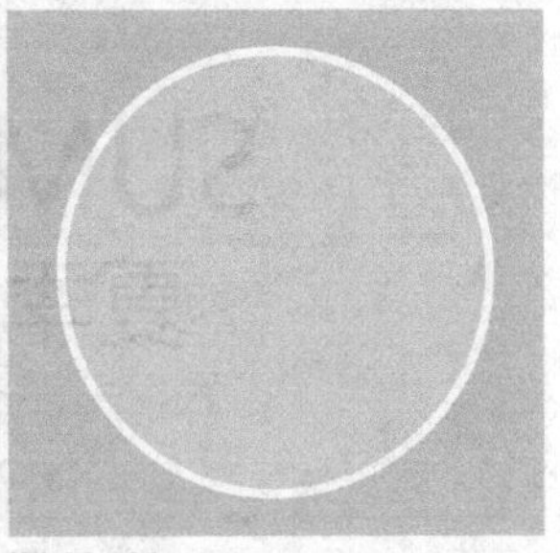

图11-11

(04) 设置前景色为黑色，选择“横排文字工具”并在黄色圆形中单击确定插入点，然后输入英文大写字母SUMMER，如图11-12所示。

图11-12

(05) 将光标置于文字末端，按住鼠标左键向左拖曳，即可选择文字，然后在属性栏中设置字体为“方正兰亭黑”、字号为“176点”，如图11-13所示。将文字移动到黄色圆形中的上方，如图11-14所示。

图11-13

图11-14

(06) 在文字工具属性栏中设置字体为“方正兰亭纤黑”、字号为“130点”，然后在英文字母下方输入一行中文文字，如图11-15所示。

图 11-15

(07) 继续在圆形中输入其他文字，分别在属性栏中设置为粗细不一的黑体，排列成如图11-16所示的效果。

(08) 选择"矩形选框工具"，在文字中绘制一个细长的矩形选区，填充为黑色，然后在文字下方再绘制一个矩形选区，填充为红色（R:219，G:14，B:14），如图11-17所示。

图 11-16

图 11-17

(09) 在红色矩形中输入文字，在属性栏中设置字体为"方正兰亭纤黑"、字号为"70点"、文本颜色为白色，如图11-18所示。

图 11-18

【重点】11.1.3 创建段落文本

段落文本分为横排段落文本和直排段落文本，分别通过"横排文字工具"和"直排文字工具"来创建。

1. 横排段落文本的输入

选择工具箱中的"横排文字工具"，在其工具属性栏中设置字体的样式、字号和颜色等参数，将鼠标指针移动到图像窗口中，此时鼠标指针变为形状，在图像中的适当位置单击并拖曳绘制一个文字输入框，如图11-19所示。在文字输入框中输入文字即可，如图11-20所示。

图 11-19

图 11-20

技巧与提示

创建段落文本以后，可以根据实际需求来调整文本框的大小，文字会自动在调整后的文本框内重新排列。另外，通过文本框还可以旋转、缩放和斜切文字。

2. 直排段落文本的输入

当用户在图像中输入横排段落文字后，可以直接单击工具属性栏中的按钮，将其转换成直排段落文字，如图11-21所示。也可以直接使用直排文字工具在图像编辑区域内拖曳创建一个文字输入框，然后输入文字。

图 11-21

技巧与提示

如果输入的文字过大或过小，可单击工具属性栏中的按钮取消此次输入，然后在工具属性栏中选择合适的文字大小，再重新输入文字。

▶ 课堂练习：制作美食杂志内页

素材路径	素材\第11章\草莓蛋糕.jpg

实例路径	实例\第11章\美食杂志内页设计.psd

练习效果

本练习将制作一个美食杂志的内页，主要练习在图像中创建段落文本，并对文本进行编辑的方法，包括输入段落文字，调整段落文字大小、颜色等。本练习的最终效果如图11-22所示。

图11-22

操作步骤

(01) 新建一个图像文件，将背景填充为淡蓝色（R:232，G:254，B:255），然后打开“素材\第11章\草莓蛋糕.jpg”素材图像，使用“移动工具”将其拖曳到新建图像中，放置到画面左侧，如图11-23所示。

(02) 选择“矩形选框工具”，在画面右上方绘制一个细长的矩形选区，填充为灰色（R:188，G:188，B:188），然后使用“横排文字工具”，在矩形左侧输入英文文字，并在属性栏中设置字体为“黑体”、文本颜色为灰色，如图11-24所示。

图11-23

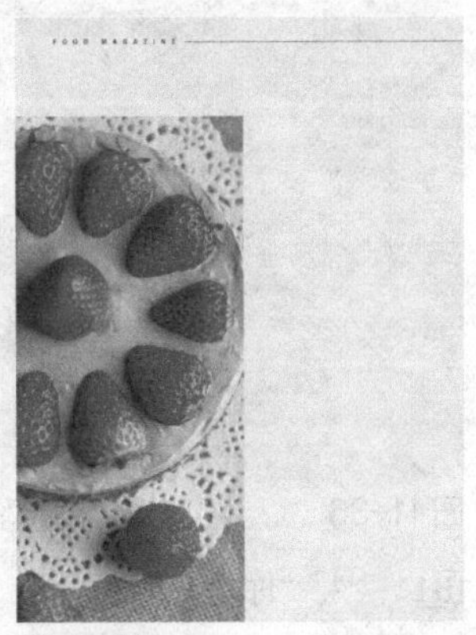

图11-24

(03) 选择“横排文字工具”，在蛋糕图像右侧输入一行中文文字，并在属性栏中设置字体为“黑体”、文本颜色为土黄色（R:189，G:134，B:0），如图11-25所示。

(04) 在灰色矩形下方再输入一行英文文字，设置字体为“黑体”，文本颜色同样为土黄色，然后再选择“矩形选框工具”，在文字下方绘制一个矩形选区，填充为灰色，如图11-26所示。

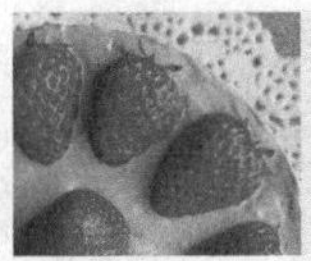

图11-25

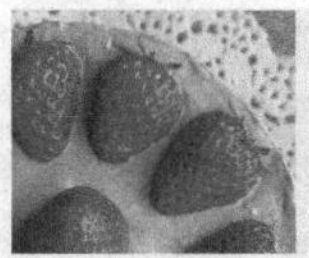

图11-26

(05) 选择“横排文字工具”，按住鼠标左键拖曳，绘制出一个文本框，然后在其中输入说明文字，如图11-27所示。

图11-27

(06) 选择段落文字，在属性栏中设置字号为“8点”，得到如图11-28所示的样式。再将光标置于每一段的末尾并按Enter键，得到段与段之间空一行的排列效果，如图11-29所示。

图11-28

图11-29

(07) 继续在画面下方绘制一个新的文本框，并在其中输入说明文字，如图11-30所示。

图11-30

(08) 选择“矩形工具”，在属性栏中设置工具模式为“形状”、填充为白色、描边为黑色、描边大小为“3像素”，在两个段落文字中间绘制一个描边矩形，如图11-31所示。

图 11-31

(09) 这时“图层”面板中将自动生成一个形状图层，降低该图层的不透明度为40%，得到透明矩形效果，如图11-32所示。

图 11-32

(10) 在透明矩形中输入一行英文文字，并在属性栏中设置字体为“黑体”、文本颜色为灰色，如图11-33所示。杂志内页的制作完成。

图 11-33

[重点] 11.1.4 动手学：创建路径文字

在Photoshop中，用户可以沿着用“钢笔工具”或形状工具创建的工作路径输入文字，使文字产生特殊的排列效果。在路径上输入文字后，用户还可以对路径进行编辑和调整，在改变路径线的形状后，文字也会随之发生改变。

(01) 打开“素材\第11章\小鸟.jpg”素材图像，选择工具箱中的“钢笔工具”，在小鸟图像上方单击创建路径的起始点，如图11-34所示。

(02) 释放鼠标左键，在图像中另一处单击，并按住鼠标左键拖曳，创建出一条弧形路径，如图11-35所示。

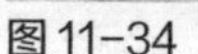

图 11-34

图 11-35

(03) 选择“横排文字工具”，在属性栏中设置字体为“黑体”、文本颜色为黑色、大小为“60点”，然后移动鼠标指针到路径上，当鼠标指针变成形状时单击，进入文本输入状态，如图11-36所示。

图 11-36

(04) 输入“你在我的指尖”文本，然后按Ctrl+Enter组合键确认输入，如图11-37所示。

图 11-37

举一反三：创建区域文字

通过前面两小节的学习，我们知道创建段落文本可以输入较多的文字内容，而结合使用路径创建工具和文字工具可以使输入的文字沿着路径排列。那么，可以将上面两种形式结合起来使用吗？当然是可行的。下面将学习区域文字的创建方法。首先使用路径创建工具绘制一个不规则的图形，然后将文字输入到该图形中，形成段落文字。

(01) 打开“素材\第11章\蛋糕.jpg”素材图像，选择工具箱中的“钢笔工具”，在背景图像中绘制一个梯形路径，如图11-38所示。

(02) 选择“横排文字工具”，在属性栏中设置好字体、字号和颜色后，将鼠标指针移动到路径内，当鼠标指针变成形状时单击，即可在该图形中插入光标，如图11-39所示。这时梯形路径将自动变成一个文本框。

图11-38

图11-39

(03) 在文本框中输入文字，可以看到文字只在路径内排列，文字输入完毕后，按Enter键确认，如图11-40所示。此时选择其他图层，即可隐藏路径，如图11-41所示。

图11-40

图11-41

11.1.5 通过文字蒙版工具创建选区

使用“横排文字蒙版工具”和“直排文字蒙版工具”可以创建文字选区，在文字设计方面起着重要作用。选择其中的一个工具，在画面中单击，即可进入透明红色蒙版状态，如图11-42所示。接着输入文字，确认后即可创建文字选区，如图11-43所示。

图11-42

图11-43

课堂练习：制作可爱文字效果

素材路径	素材\第11章\卡通背景.jpg
实例路径	实例\第11章\制作可爱文字.psd

练习效果

本练习将通过输入文字得到选区状态，然后对其进行编辑，制作一个可爱文字效果，主要复习的是文字蒙版工具的应用。本练习的最终效果如图11-44所示。

图11-44

操作步骤

(01) 打开“素材\第11章\卡通背景.jpg”素材图像，设置前景色为黄色（R:255，G:224，B:18），使用“椭圆选框工具”绘制一个椭圆选区，执行“选择>变换选区”菜单命令适当旋转选区，然后按Alt+Delete组合键填充选区，如图11-45所示。

图11-45

(02) 新建一个图层，选择“横排文字蒙版工具”，并在工具属性栏中设置字体为“方正胖娃简体”、字号为“60点”。在图像中单击进入文字蒙版输入状态，然后输入字母W，如图11-46所示。按Ctrl+Enter组合键确认，得到如图11-47所示的文字选区。

图11-46

图11-47

(03) 使用白色填充文字选区，取消选区后将填充的文字图像通过变换操作调整成如图11-48所示的样子。

(04) 参照同样的方式，再分别新建图层，并分别输入o、W和！，填充白色后调整成如图11-49所示的样子。

图 11-48

图 11-49

(05) 连续按三次Ctrl+E组合键，将所有新建的图层合并，得到“图层2”，如图11-50所示。然后按住Ctrl键单击“图层2”，载入文字图像选区，如图11-51所示。

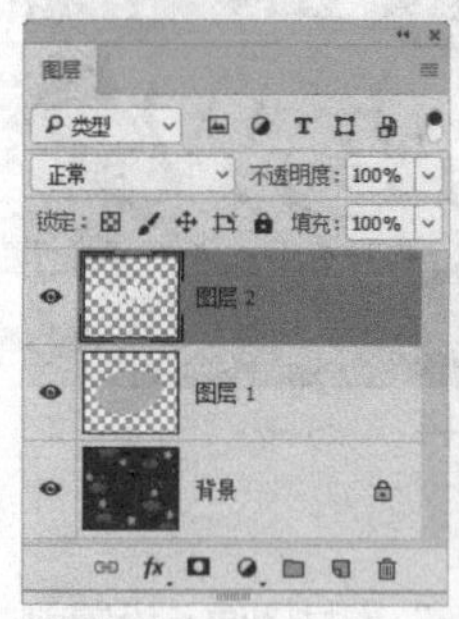

图 11-50

图 11-51

(06) 选择任意一个选框工具，按键盘上的方向键，将选区向右上方移动，如图11-52所示。

(07) 新建一个图层，并在“图层”面板中将其移动到“图层2”下面，填充选区为蓝色，效果如图11-53所示。

图 11-52

图 11-53

(08) 选择“横排文字工具”T，在属性栏中设置字体为“方正胖娃简体”、字号为“2点”，在文字图像底部输入如图11-54所示的文本即可。

图 11-54

11.2 文字属性的设置

输入文字后，还需要对文字的属性进行设置，在“字符”面板和“段落”面板中可以对文字属性进行设置，包括调整文字的颜色、大小、字体、对齐方式和字符缩进等。

【重点】11.2.1 “字符”面板

文字工具属性栏中只包含了部分字符属性控制参数，而“字符”面板则集成了所有的参数控制，不但可以设置文字的字体、字号、样式、颜色，还可以设置字符间距、垂直缩放、水平缩放以及是否加粗、加下划线、加上标等。

执行“窗口>字符”菜单命令，或者单击文字工具属性栏中的“切换字符和段落面板”按钮，即可打开“字符”面板，如图11-55所示。

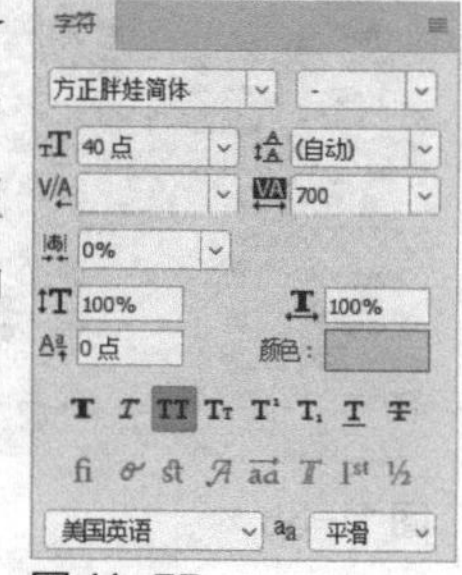

图 11-55

“字符”面板中各选项含义如下。

▶ **设置行距**：行距就是上一行文字基线与下一行文字基线之间的距离。选择需要调整的文字图层，然后在“设置行距”数值框中输入行距数值或在其下拉列表中选择预设的行距值，接着按Enter键即可。图11-56所示是行距值为72点时的文字效果。图11-57所示是行距值为120点时的文字效果。

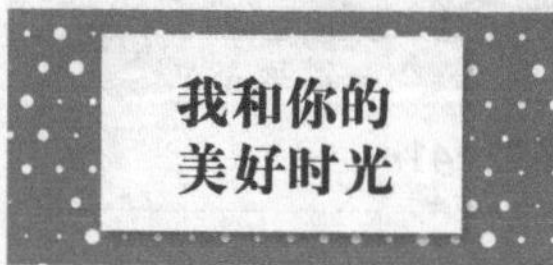

图 11-56

图 11-57

▶ **字距微调**：用于设置两个字符之间的间距。在设置前先在两个字符间单击以设置如图11-58所示的光标，然后对数值进行设置即可。图11-59所示是设置间距为500点时的效果。

图 11-58

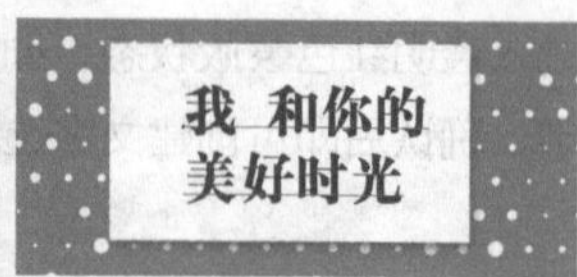

图 11-59

▶ **字距调整**：在选择了字符的情况下，该选项用于调整所选字符之间的距离，如图11-60所示。在没有选择字符的情况下，该选项用于调整所有字符之间的距离，如图11-61所示。

图11-60

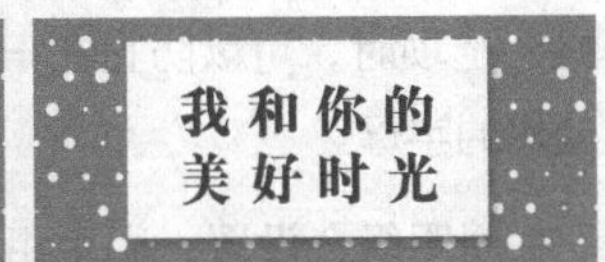

图11-61

▶ **比例间距**：用于设置所选字符的比例间距。

▶ **垂直缩放/水平缩放**：水平缩放用于设置字符的宽度，垂直缩放用于设置字符的高度。当这两个选项百分比相同时，可以得到等比例缩放效果。

▶ **基线偏移**：用于设置文字与基线之间的距离。该选项的设置可以升高或降低所选文字，如图11-62所示。

图11-62

▶ **文字样式**：用于设置文字的特殊效果，包括"仿粗体"、"仿斜体"、"上标"、"下标"等。图11-63~图11-65所示为仿斜体、全部大写字母、文字上标的效果。

图11-63

图11-64

图11-65

重点 11.2.2 "段落"面板

文字的段落属性设置包括设置文字的对齐方式、缩进方式等，除了可以通过前面所讲的文字工具属性栏进行设置外，还可通过"段落"面板来设置。

执行"窗口>段落"菜单命令，或者单击文字工具属性栏中的"切换字符和段落面板"按钮，打开"段落"面板，如图11-66所示。

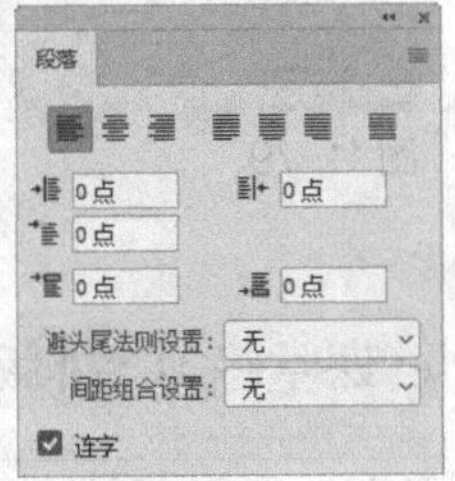

图11-66

"段落"面板中各选项含义如下。

▶ **左对齐文本**：文字左对齐，段落右端参差不齐，如图11-67所示。

▶ **居中对齐文本**：文字居中对齐，段落两端参差不齐，如图11-68所示。

图11-67

图11-68

▶ **右对齐文本**：文字右对齐，段落左端参差不齐，如图11-69所示。

▶ **最后一行左对齐**：段落最后一行文字左对齐，其他行左右两端强制对齐，如图11-70所示。

图11-69

图11-70

▶ **最后一行居中对齐**：段落最后一行文字居中对齐，其他行左右两端强制对齐，如图11-71所示。

▶ **最后一行右对齐**：段落最后一行文字右对齐，其他行左右两端强制对齐，如图11-72所示。

图11-71

图11-72

▶ **全部对齐**：在字符间添加额外的间距，使段落文本左右两端强制对齐，如图11-73所示。

▶ **左缩进**：用于设置段落文本向右（横排文字）或向下（直排文字）的缩进量。图11-74所示是设置“左缩进”为10点时的段落效果。

图 11-73

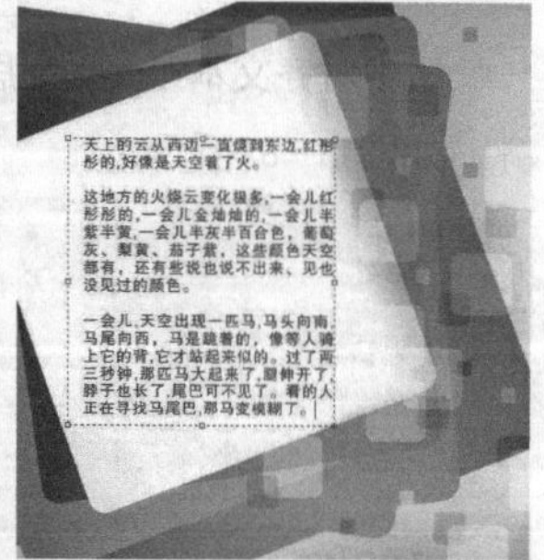

图 11-74

▶ **右缩进**：用于设置段落文本向左（横排文字）或向上（直排文字）的缩进量。图11-75所示是设置“右缩进”为15点时的段落效果。

▶ **首行缩进**：用于设置段落文本中每个段落的第1行向右（横排文字）或第1列文字向下（直排文字）的缩进量。图11-76所示是设置“首行缩进”为30点时的段落效果。

图 11-75

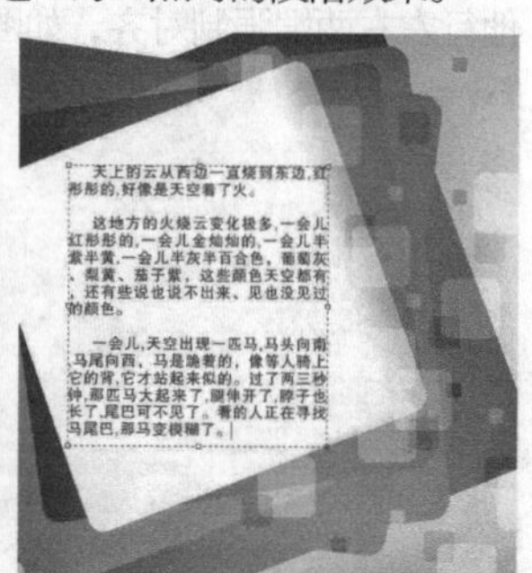

图 11-76

▶ **段前添加空格**：设置光标所在段落与前一个段落之间的间隔距离。图11-77所示是设置“段前添加空格”为10点时的段落效果。

▶ **段后添加空格**：设置当前段落与后一个段落之间的间隔距离。图11-78所示是设置“段后添加空格”为10点时的段落效果。

图 11-77

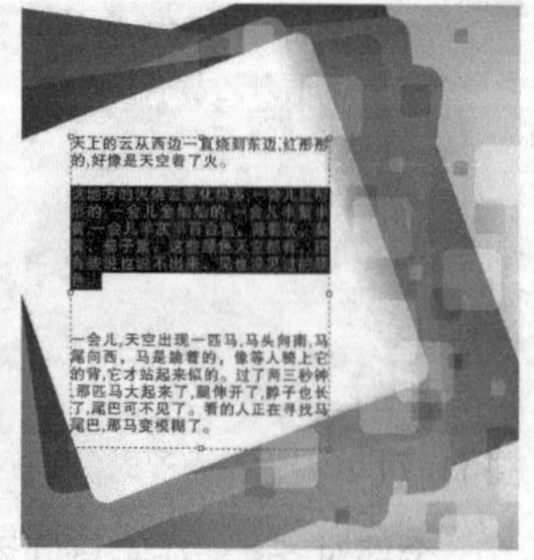

图 11-78

▶ **避头尾法则设置**：不能出现在一行的开头或结尾的字符称为避头尾字符，Photoshop提供了基于标准JIS的宽松和严格的避头尾集，宽松的避头尾设置忽略长元音字符和小平假名字符。选择“JIS宽松”或“JIS严格”选项时，可以防止在一行的开头或结尾出现不能使用的字母。

▶ **间距组合设置**：间距组合是为日语字符、罗马字符、标点和特殊字符在行开头、行结尾和数字的间距指定日语文本编排。选择“间距组合1”选项，可以对标点使用半角间距；选择“间距组合2”选项，可以对行中除最后一个字符外的大多数字符使用全角间距；选择“间距组合3”选项，可以对行中的大多数字符和最后一个字符使用全角间距；选择“间距组合4”选项，可以对所有字符使用全角间距。

▶ **连字**：选择该选项以后，在输入英文单词时，如果段落文本框的宽度不够，英文单词将自动换行，并在拆分的单词之间用连字符连接起来。

疑难解答：什么是文字的基线

“字符”面板中有个“基线偏移”按钮，使用它可以让文字上下移动，那么文字是根据什么标准来上下移动的呢？这就需要了解什么是文字基线。当我们使用文字工具在图像中单击确定文字插入点时，会出现一个闪烁的 I 形光标，输入文字后文字下方的线条标记的就是文字基线，如图 11-79 所示。默认情况下，大部分文字都位于基线之上，只有英文小写字母 g、p、q、j、y 位于基线之下。当用户选择文字，并调整其基线位置后，往往会得到一些特殊排列效果，使排版样式更加特别。

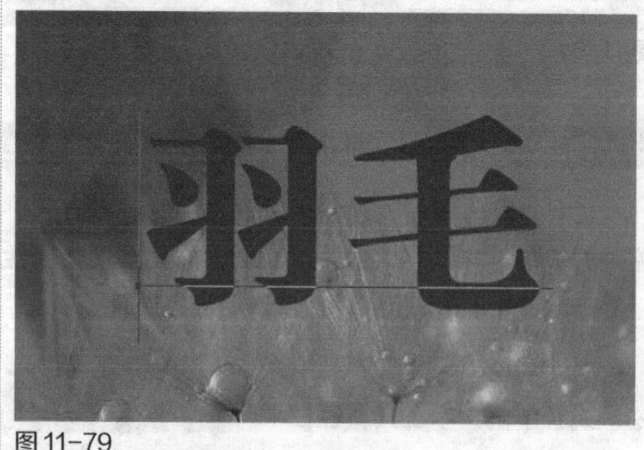

图 11-79

▶ 课堂练习：排版段落文字

素材路径	素材\第11章\刷墙.jpg

实例路径	实例\第11章\制作排版文字.psd

练习效果

本练习将排版段落文字，主要练习输入段落文字，然后在“字符”面板和“段落”面板中设置字符属性、段落属性等的方法。本练习的最终效果如图11-80所示。

图11-80

操作步骤

01 打开“素材\第11章\刷墙.jpg”素材图像，选择“圆角矩形工具”，在属性栏中设置工具模式为“路径”、“半径”为10像素，在图像左上方绘制一个圆角矩形，如图11-81所示。

02 按Ctrl+Enter组合键将路径转换为选区，然后填充选区为黄色（R:255，G:218，B:41），如图11-82所示。

图11-81

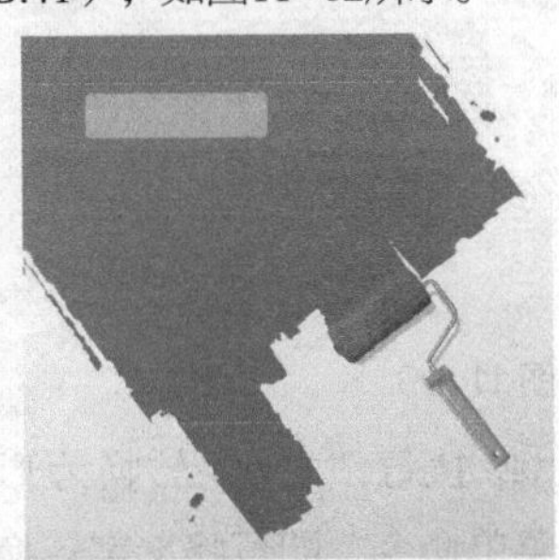
图11-82

03 选择“横排文字工具”T，在黄色矩形中单击，输入文字“清乐乳胶漆”，如图11-83所示。

图11-83

04 选择文字，在“字符”面板中设置字体为“方正粗宋简体”、颜色为深蓝色（R:51，G:100，B:175）、文字大小为38.57点、字符间距为100，如图11-84所示。这时得到的文字效果如图11-85所示。

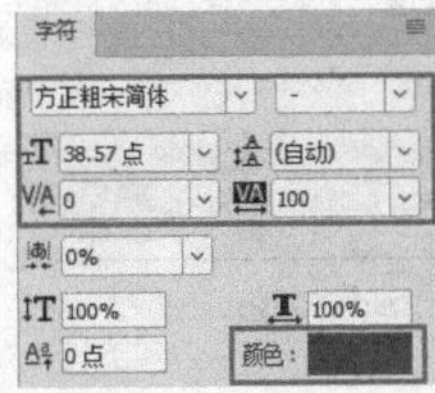

图11-84

图11-85

05 继续使用“横排文字工具”T，在图像中按住鼠标左键拖曳，绘制出一个文本框，并在其中输入文字，如图11-86所示。

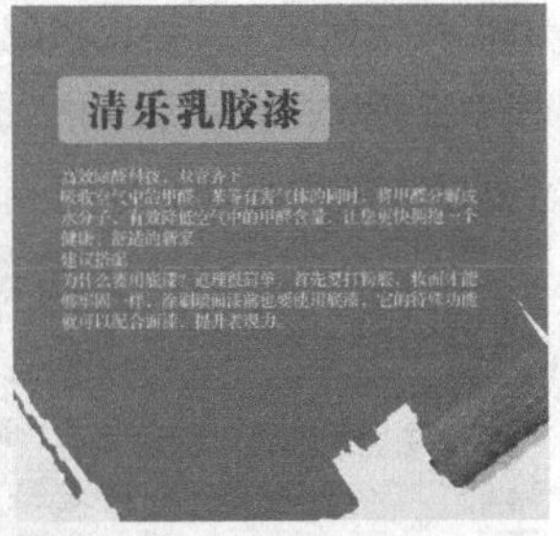

图11-86

06 设置字符属性。选择所有段落文字，在“字符”面板中设置字体为“方正粗宋简体”、颜色为白色、文字大小为16点、行间距为24点，如图11-87所示。得到的文字排列效果如图11-88所示。

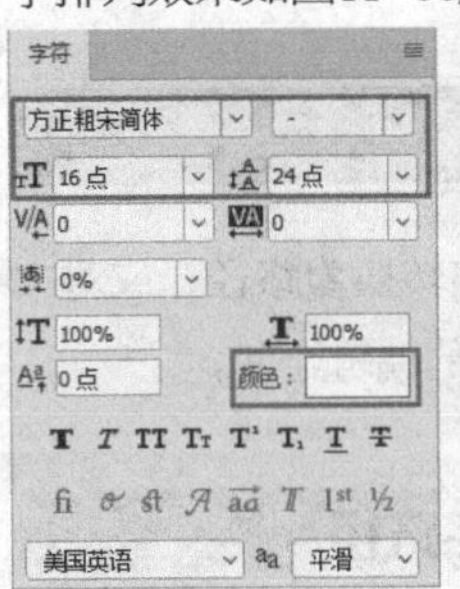

图11-87

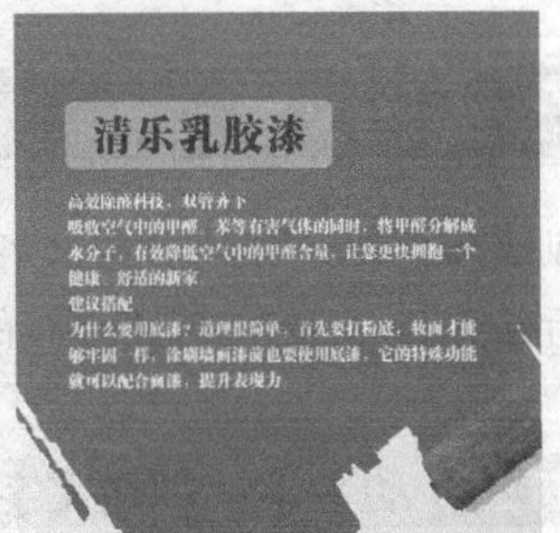

图11-88

07 分别选择段落文字中的第一行和第五行文字，在“字符”面板中设置文字大小为20点、颜色为黄色（R:255，G:218，B:41），再单击“仿斜体”按钮，如图11-89所示。得到的倾斜文字效果如图11-90所示。

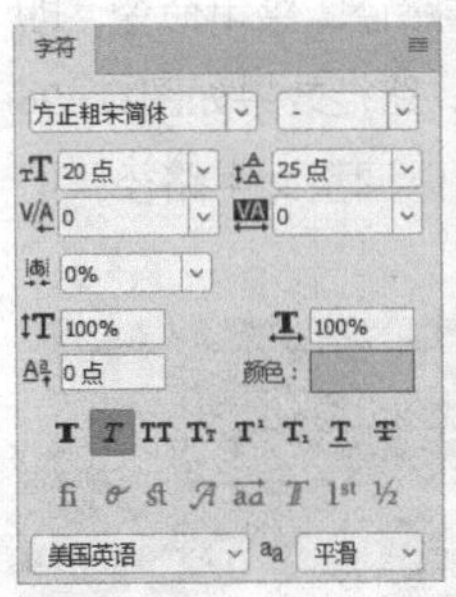

图11-89

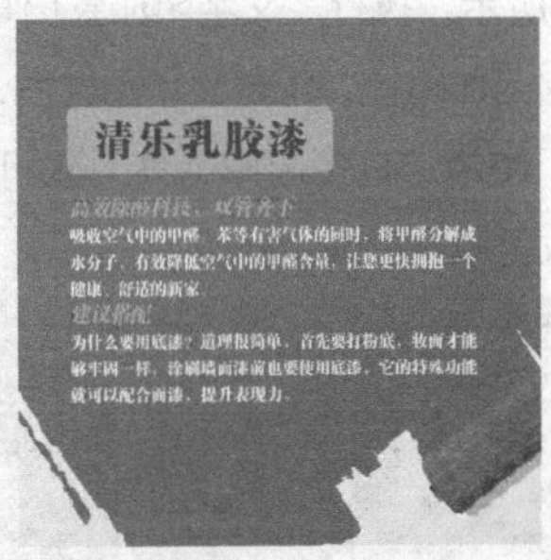

图11-90

08 将光标置于第一段白色文字前面，打开“段落”面板，设置首行缩进为35点，如图11-91所示。再将光标置于第二段白色文字前面，同样设置首行缩进为35点，效果如图11-92所示。

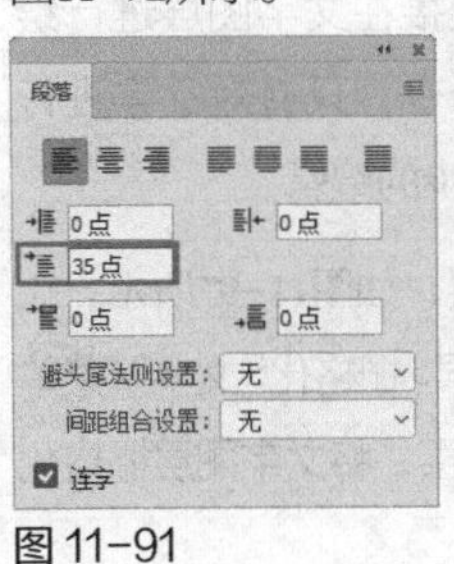

图11-91

图11-92

(09) 将光标置于“建议搭配”文字前方，在“段落”面板中设置“段前添加空格”为25点，如图11-93所示。得到的文字效果如图11-94所示。至此，段落文字排版完成。

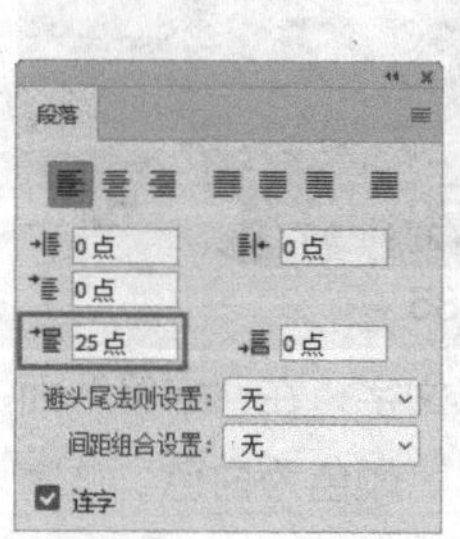
图 11-93

图 11-94

11.3 编辑文字

创建文字后，用户可以将文字转换为路径，或对文字进行栅格化，以便对其进行更多的编辑处理。

重点 11.3.1 动手学：创建文字路径

用户在Photoshop中输入文字后，可以将文字转换为路径。将文字转换为路径后，就可以像操作任何其他路径那样存储和编辑该路径，同时还能保持原文字图层不变。

选择“横排文字工具” T 在图像中输入文字，如图11-95所示。执行“文字>创建工作路径”菜单命令，即可得到工作路径，隐藏文字图层后，路径效果如图11-96所示。使用“直接选择工具”可以调整文字路径，但不会改变原有的文字属性。

图 11-95

图 11-96

11.3.2 栅格化文字图层

在图像中输入文字后，不能直接在文字图层进行绘图操作，也不能对文字应用滤镜命令，只有对文字进行栅格化处理后，才能对其进行进一步的编辑。

在“图层”面板中选择文字图层，如图11-97所示。执行“文字>栅格化文字图层”或“图层>栅格化>文字”菜单命令，即可将文字图层转换为普通图层，将文字图层栅格化后，图层缩览图将发生相应变化，如图11-98所示。

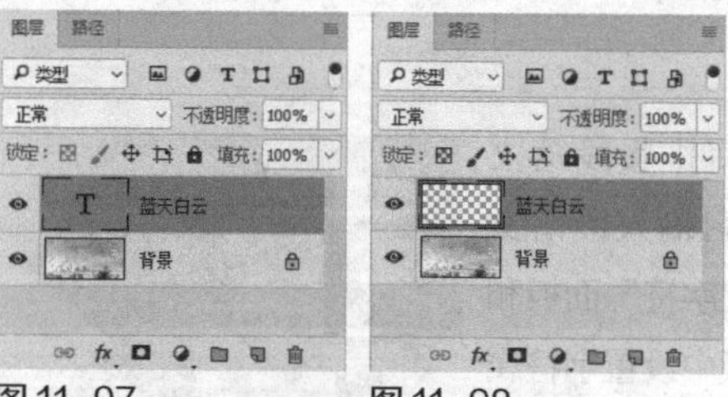
图 11-97　图 11-98

重点 11.3.3 动手学：转换文字对象为形状图层

在Photoshop中，除了可以将文字转换为路径外，还可以将其转换为图形形状，以便于对文字形状进行修改。

(01) 打开“素材\第11章\水果.jpg”素材图像，使用“横排文字工具” T 在图像中输入文字，如图11-99所示。这时“图层”面板中将得到一个文字图层，如图11-100所示。

图 11-99

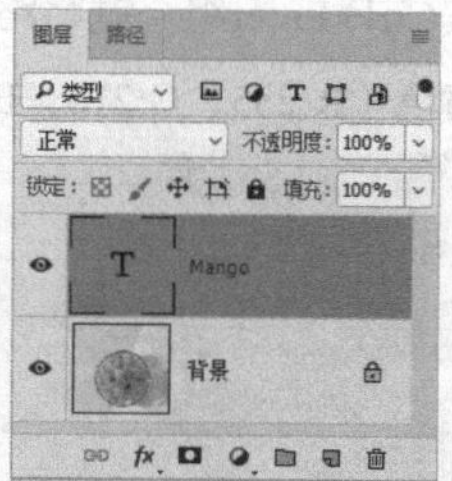
图 11-100

(02) 执行“文字>转换为形状”菜单命令，即可将文字转换为形状，文字图层也将直接转换为形状图层，如图11-101所示。

图 11-101

(03) 选择任意一个路径编辑工具，文字将处于矢量蒙版选择状态，使用“直接选择工具”对文字形状的部分节点进行调整，可以改变文字的形状，如图11-102所示。

图 11-102

▶ 课堂练习：字母标志设计

素材路径	素材\第11章\标志效果图.psd

实例路径	实例\第11章\字母标志设计.psd、字母标志设计效果图.psd

练习效果

本练习要设计的是一个字母标志，该标志主要由字母变化而来，首先输入英文字母，然后将字母转换为形状，再编辑其造型，即可得到标志的基本形状。本练习的最终效果如图11-103所示。

图 11-103

操作步骤

01 新建一个图像文件，使用“横排文字工具” T 在图像中输入大写英文字母G，然后选择文字，在属性栏中设置字体为Finchley，如图11-104所示。

图 11-104

02 在“图层”面板中选择文字图层并单击鼠标右键，在弹出的快捷菜单中选择“转换为形状”命令，如图11-105所示。

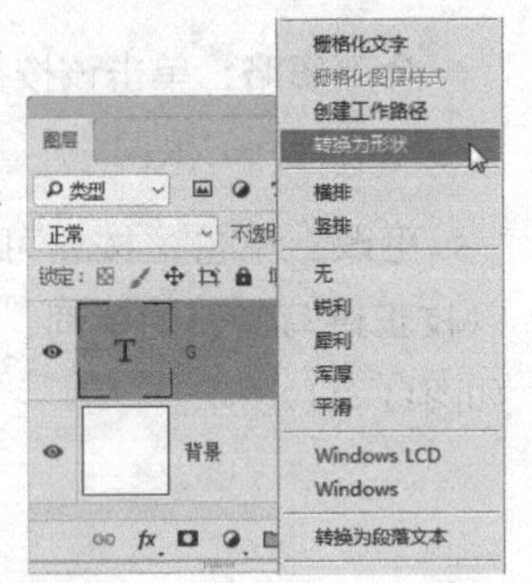

图 11-105

03 选择“直接选择工具”，选择文字中的节点进行编辑，如图11-106所示；再选择“钢笔工具”，单击字母右下方的两个节点，减去节点，然后使用“转换点工具” 对节点进行编辑，如图11-107所示。

图 11-106　　图 11-107

04 选择“钢笔工具”在字母右侧添加节点，然后按住Ctrl键对节点进行拖曳编辑，得到如图11-108所示的形状。

图 11-108

05 新建一个图层，选择“多边形套索工具”，在字母缺口处绘制一个多边形选区，并填充为橘黄色（R:225，G:105，B:30），如图11-109所示。使用同样的方法，再绘制一个较窄的选区，填充为黄色（R:243，G:197，B:32），如图11-110所示。

图 11-109　　图 11-110

06 选择“横排文字工具” T 在标志下方分别输入中英文文字，并在属性栏中设置字体为“黑体”，如图11-111所示。

图 11-111

07 打开“素材\第11章\标志效果图.psd”素材图像，双击智能图层图标，将标志图像替换到其中，即可得到如图11-112所示的效果。

图 11-112

重点 11.3.4 动手学：制作变形文字

在Photoshop中除了可以给文字排版外，还可以变形文字，从而制作出艺术文字效果。

(01) 打开“素材\第11章\彩色背景.jpg”素材图像文件，选择“横排文字工具” T，在图像中输入文字，如图11-113所示。

图 11-113

(02) 在属性栏中单击“创建文字变形”按钮，打开“变形文字”对话框，单击“样式”右侧的下拉按钮，可以在展开的下拉列表中查看所有样式，如图11-114所示。这里选择“上弧”样式，然后设置其他各项参数，如图11-115所示。

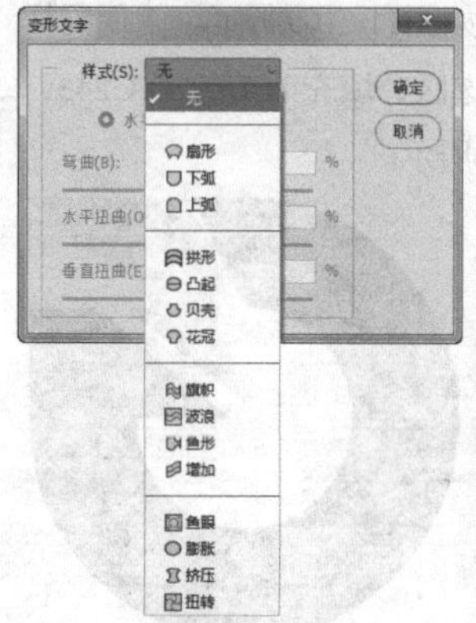

图 11-114

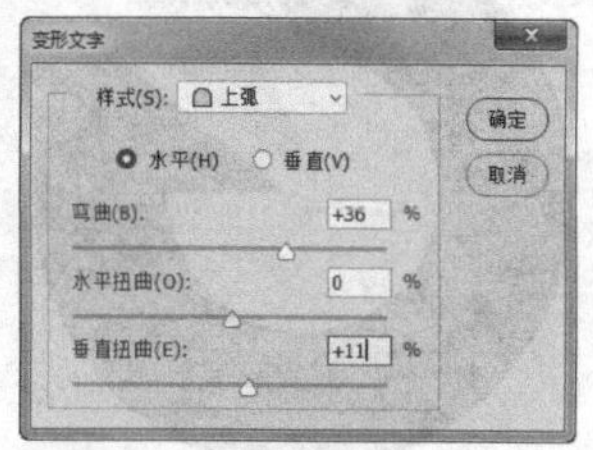

图 11-115

“变形文字”对话框中各选项含义如下。

▶ **样式**：该下拉列表中提供了15种变形样式供用户选择。

▶ **水平**：设置文本沿水平方向进行变形，系统默认为沿水平方向变形。

▶ **垂直**：设置文本沿垂直方向进行变形。

▶ **弯曲**：设置文本弯曲的程度，当值为0时表示没有任何弯曲。

▶ **水平扭曲**：设置文本在水平方向上的扭曲程度。

▶ **垂直扭曲**：设置文本在垂直方向上的扭曲程度。

(03) 单击“确定”按钮返回到画面中，文字即可变成带弧度的变形效果，如图11-116所示。

图 11-116

11.3.5 拼写检查

如果要检查当前文本中的英文单词拼写是否有错误，可以先选择文本，如图11-117所示。接着执行“编辑>拼写检查”菜单命令，打开“拼写检查”对话框，Photoshop会提供修改建议，如图11-118所示。

图 11-117

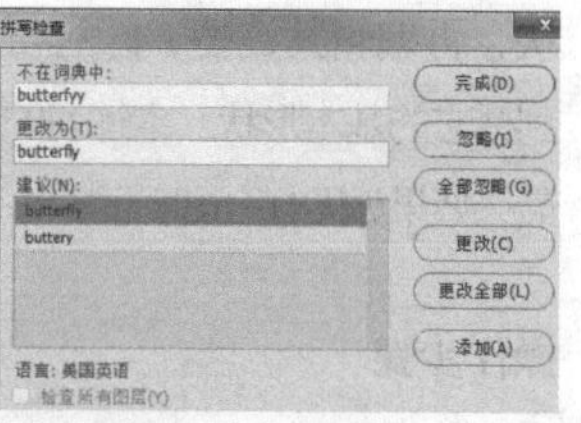

图 11-118

“拼写检查”对话框中各选项含义如下。

▶ **不在词典中**：在这里显示错误的单词。

▶ **更改为/建议**：在“建议”列表框中选择单词以后，“更改为”选项中就会显示选中的单词。

▶ **忽略**：单击该按钮可继续进行拼写检查而不更改文本。

▶ **全部忽略**：单击该按钮可在剩余的拼写检查过程中忽略有疑问的单词。

▶ **更改**：单击该按钮可以校正拼写错误的单词，如图11-119所示。

图 11-119

▶ **更改全部**：校正文档中出现的所有拼写错误。

▶ **添加**：可以将无法识别的正确单词存储在词典中。这样后面再次出现该单词时，就不会被检查为错误拼写。

▶ **检查所有图层**：勾选该选项以后，可以对所有文字图层进行拼写检查。

11.3.6 查找和替换文本

执行“编辑>查找和替换文本”菜单命令，打开“查找和替换文本”对话框，在该对话框中可以查找和替换指定的文字，如图11-120所示。

图 11-120

"查找和替换文本"对话框中各选项含义如下。

▶ **查找内容**：在这里输入要查找的内容。

▶ **更改为**：在这里输入要更改的内容。

▶ **查找下一个**：单击该按钮即可查找到需要更改的内容，如图11-121所示。

▶ **更改**：单击该按钮即可将查找到的内容更改为指定的文字内容，如图11-122所示。

图 11-121

图 11-122

▶ **更改全部**：若要替换所有要查找的文本内容，可以单击该按钮。

▶ **更改/查找**：若只更改查找到的错误文本并继续查找，可以单击该按钮。

▶ **完成**：单击该按钮可以关闭"查找和替换文本"对话框，完成查找和替换文本的操作。

▶ **搜索所有图层**：勾选该选项以后，可以搜索当前文档中的所有图层。

▶ **向前**：从文本中的插入点向前搜索。如果关闭该选项，不管文本中的插入点在任何位置，都可以搜索图层中的所有文本。

▶ **区分大小写**：勾选该选项以后，可以搜索与"查找内容"文本框中的文本大小写完全匹配的一个或多个文字。

▶ **全字匹配**：勾选该选项以后，可以忽略嵌入在更长文字中的搜索文本。

▶ **忽略重音**：勾选该选项以后，可以忽略重复的拼音。

11.3.7 更改文字方向

如果当前选择的文字是横排文字（如图11-123所示），执行"文字>文本排列方向>横排"菜单命令，可以将其更改为直排文字，如图11-124所示。如果当前选择的文字是直排文字，执行"文字>文本排列方向>竖排"菜单命令，可以将其更改为横排文字。

图 11-123

图 11-124

11.3.8 转换点文本和段落文本

如果当前选择的是点文本，执行"文字>转换为段落文本"菜单命令，可以将点文本转换为段落文本；如果当前选择的是段落文本，执行"文字>转换为点文本"菜单命令，可以将段落文本转换为点文本。

疑难解答：如何解决文件中字体丢失的问题

当用户在 Photoshop 中打开一个文件时，常常会由于不是同一台计算机制作，而出现字体丢失的问题。这时在文字图层中会出现一个黄色感叹号，表示该图层中文字缺少字体，如图 11-125 所示。要解决这个问题有两种方法：一是获取并重新安装原本缺失的字体；二是可以选择"文字 > 替换所有缺欠字体"命令，将其替换成其他字体。

图 11-125

如果要对缺失字体的文字图层进行自由变换操作，系统将会弹出一个提示对话框，如图11-126所示。单击“确定”按钮可以继续变换，但是文字可能会由于变换操作而变得模糊。

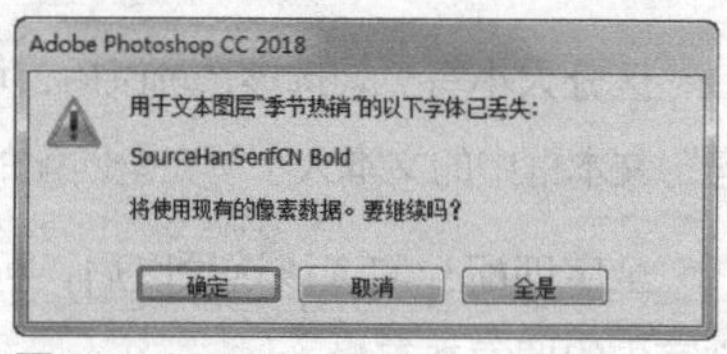

图11-126

11.4 课堂案例：旅游宣传单

素材路径	素材\第11章\海边.jpg、海滩.jpg、酒店.jpg、打钩.psd
实例路径	实例\第11章\旅游宣传单.psd

案例效果

本案例将制作一个旅游宣传单效果，主要练习普通点文本的创建和编辑，以及段落文本的创建和编辑。本案例的最终效果如图11-127所示。

图11-127

操作步骤

01 执行“文件>新建”菜单命令，打开“新建文档”对话框，在右侧“预设详细信息”中设置“宽度”为20厘米、“高度”为28厘米、“分辨率”为150像素/英寸、“颜色模式”为“RGB颜色”，如图11-128所示。

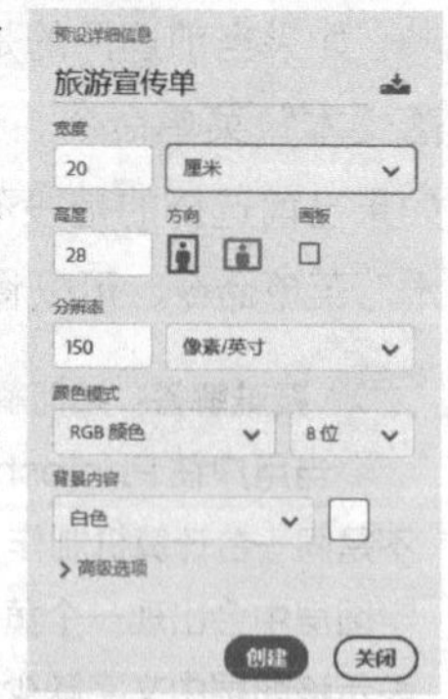

图11-128

02 新建一个图层，选择“矩形选框工具”，分别在画面底部和顶部绘制矩形选区，将顶部矩形填充为橘黄色（R:248，G:186，B:75），再将底部矩形填充为黑色，如图11-129所示。

03 选择“多边形套索工具”，在黑色矩形右侧绘制一个梯形选区和三角形选区，填充梯形选区为橘黄色（R:247，G:174，B:34）、三角形选区为稍微淡一些的橘黄色，如图11-130所示。

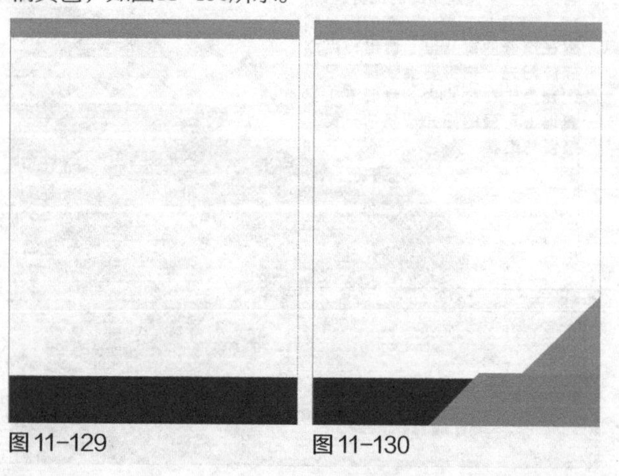

图11-129 图11-130

04 新建一个图层，选择“矩形选框工具”在画面上方绘制一个矩形选区，填充为橘黄色，如图11-131所示。打开“素材\第11章\海边.jpg”素材图像，使用“移动工具”将图像拖曳到当前编辑的文件中，置于顶部矩形中，适当调整图像大小，如图11-132所示。

图11-131

图11-132

05 执行“图层>创建剪贴蒙版”菜单命令，隐藏矩形以外的图像，得到剪贴蒙版效果，如图11-133所示。

图11-133

06 新建一个图层，在海滩图像中绘制一个矩形选区，填充为黑色，并在“图层”面板中设置“不透明度”为53%，得到透明矩形，如图11-134所示。

07 选择“横排文字工具”T.在透明矩形左侧单击，确定光标位置并输入文字，如图11-135所示。

图11-134

图11-135

08 选择文字，打开“字符”面板，设置字体为“方正兰亭中粗黑简体”、大小为“24点”，得到的文字效果如图11-136所示。

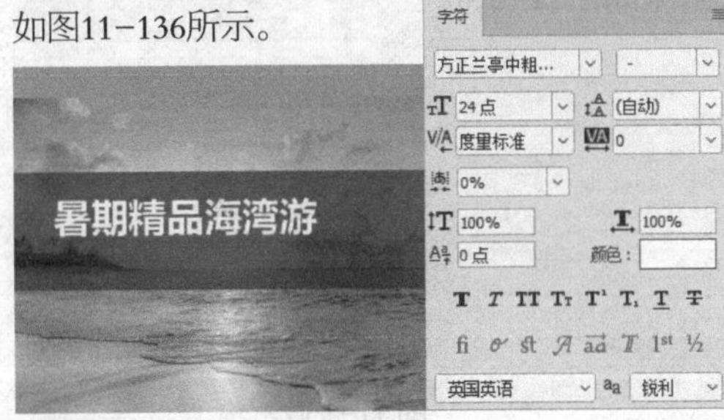

图11-136

09 在文字下方再输入一行英文文字，并设置字体为Myriad Pro，适当调整文字大小。在文字前方绘制一个较短的矩形选区，填充为橘黄色（R:248，G:186，B:75），如图11-137所示。

图11-137

10 选择“多边形套索工具”，在海滩图像左下方绘制一个三角形选区，同样填充为橘黄色，然后在三角形右侧输入一行文字，在属性栏中设置字体为“微软雅黑”、颜色为天蓝色（R:83，G:193，B:229），如图11-138所示。

图11-138

11 使用“横排文字工具”T.在蓝色文字下方按住鼠标左键拖曳，绘制出一个文本框，并在其中输入段落文字，如图11-139所示。

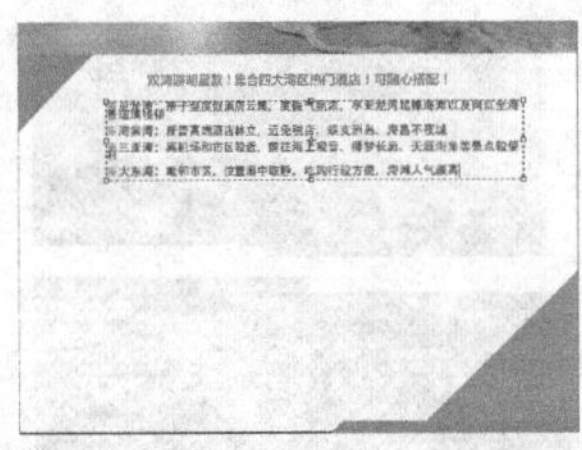

图11-139

12 选择文本框中的文字，在“字符”面板中设置字体为“Adobe黑体Std”、字号为“6.94点”、行间距为“6.94点”，得到排版后的段落效果，如图11-140所示。

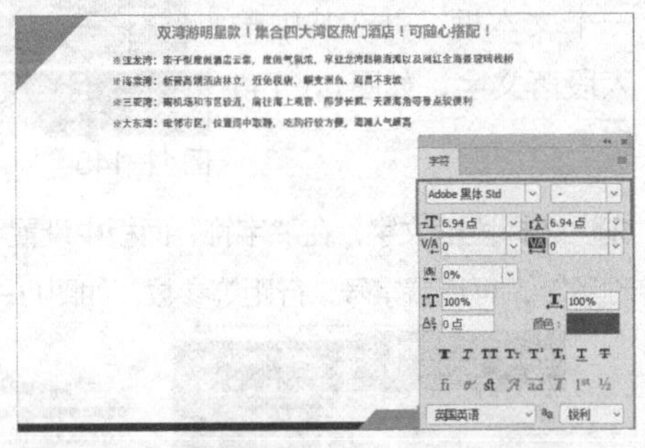

图11-140

13 选择“矩形选框工具”在文字下方绘制一条细长的矩形选区，填充为浅灰色，然后再绘制两个方形选区，填充为黑色，放置到如图11-141所示的位置。

14 打开“素材\第11章\海滩.jpg、酒店.jpg”素材图像，使用“移动工具”分别将其拖曳到当前编辑的图像中，适当调整图像大小，放置到黑色矩形旁边，如图11-142所示。

图11-141

图11-142

15 使用“横排文字工具”T.在矩形中输入文字，在属性栏中设置字体为“黑体”，并适当调整文字大小和间距，如图11-143所示。

16 打开“素材\第11章\打勾.psd”素材图像，将其拖曳到当前编辑的图像中，然后复制出多个对象，分别放置到每一行文字前方，如图11-144所示。

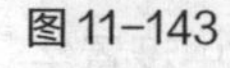

图 11-143

图 11-144

(17) 选择“横排文字工具” T 在宣传单页右侧再绘制一个文本框，并在其中输入段落文字，如图11-145所示。

图 11-145

(18) 选择段落文字，在“字符”面板中设置字体为“微软雅黑”，再设置字号、行距等参数，如图11-146所示。

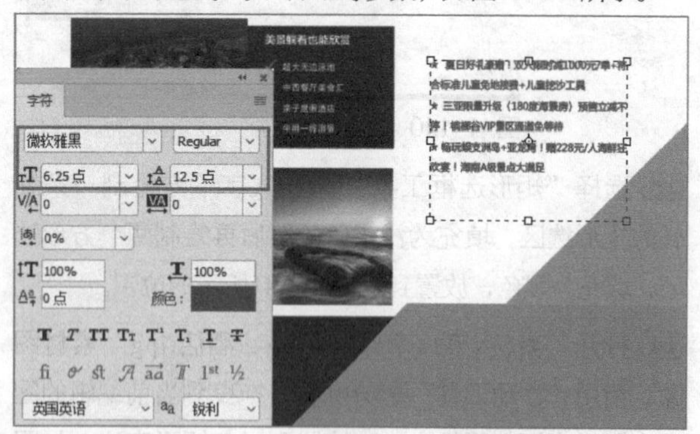

图 11-146

(19) 打开“段落”面板，将光标分别置于每一段开头，设置“段前添加空格”为7点，得到如图11-147所示的文字排列样式。

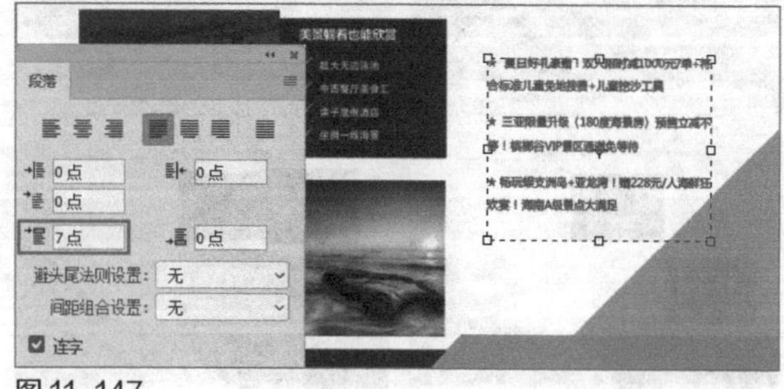

图 11-147

(20) 选择“横排文字工具” T 在宣传单页右下方输入价格文字，并设置数字字体为AmeriGarmnd BT、中文字体为“黑体”，然后分别选择文字调整大小，再单击“字符”面板中的“仿斜体”按钮 T，得到倾斜的文字效果，如图11-148所示。

图 11-148

(21) 双击文字图层，打开“图层样式”对话框，勾选并选中“投影”选项，设置投影颜色为黑色，其他参数设置如图11-149所示。

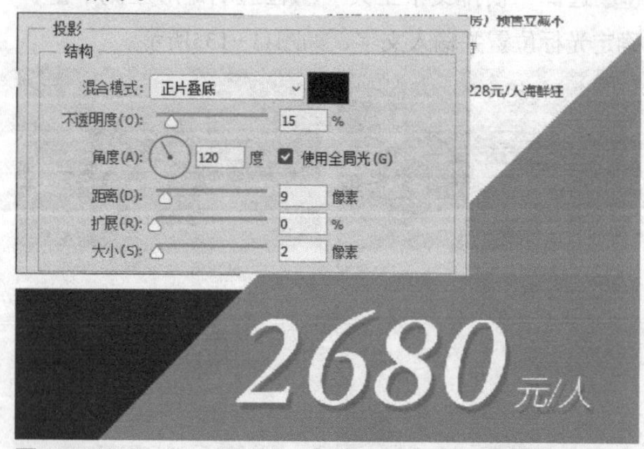

图 11-149

(22) 使用“横排文字工具” T 分别在单页左下方和右上方输入电话和旅行社名称等文字，效果如图11-150所示。

图 11-150

11.5 本章小结

本章主要学习的是Photoshop中文字的应用，介绍了文字的创建方法、文字的编辑，包括编辑字符属性和段落属性，以及文字的变形设置、文字对象的转换、文字图层的栅格化等操作。

学习本章后，需要重点掌握几个功能，其中包括输入点文字和段落文字，设置文字属性、文字弯曲变形效果，以及在路径上放置文字等的方法，对于“字符”和“段落”面板中不常用的功能了解即可。

12

第12章

滤镜的应用

• 本章内容简介

滤镜是Photoshop最重要的功能之一，主要用来制作各种特殊效果。滤镜的功能非常强大，不仅可以调整照片，而且可以创作出绚丽无比的创意图像。本章将主要介绍滤镜的相关基础知识，包括滤镜菜单的介绍、滤镜的作用范围、滤镜的一般使用方法，以及几个常用滤镜的功能及操作。

• 本章学习要点

1. 使用滤镜
2. “风格化”滤镜组
3. “模糊”滤镜组
4. “扭曲”滤镜组
5. “锐化”滤镜组
6. “像素化”滤镜组
7. “渲染”滤镜组
8. “杂色”滤镜组
9. “其他”滤镜组

12.1 使用滤镜

Photoshop中的滤镜可以分为特殊滤镜、滤镜组和外挂滤镜。Adobe公司提供的内置滤镜显示在“滤镜库”和“滤镜”菜单中。第三方开发商开发的滤镜可以作为增效工具使用，在安装插件滤镜后，这些增效工具滤镜将出现在“滤镜”菜单的底部。

12.1.1 滤镜使用原则与技巧

在使用滤镜时，掌握了其使用原则和使用技巧，可以大大提高工作效率。下面是滤镜的几点使用原则与使用技巧。

▶ 使用滤镜处理图层中的图像时，该图层必须是可见图层。

▶ 如果图像中存在选区，则滤镜效果只应用在选区之内，如图12-1所示；如果没有选区，则滤镜效果将应用于整个图像，如图12-2所示。

图12-1

图12-2

▶ 滤镜效果以像素为单位进行计算。因此，在用相同参数处理不同分辨率的图像时，其效果也不一样。

▶ 滤镜可以用来处理图层蒙版、快速蒙版和通道。

▶ 在CMYK颜色模式下，某些滤镜不可用；在索引颜色和位图颜色模式下，所有的滤镜都不可用。如果要对上述颜色模式的图像应用滤镜，可执行“图像>模式>RGB颜色”菜单命令，将图像颜色模式转换为RGB颜色模式后，再应用滤镜。

▶ 当应用完一个滤镜以后，“滤镜”菜单下的第1行会出现该滤镜的名称，如图12-3所示。选择该命令或按Ctrl+F组合键，可以重复使用滤镜。另外，按Alt+Ctrl+F组合键可以打开该滤镜的对话框，对滤镜参数进行重新设置。

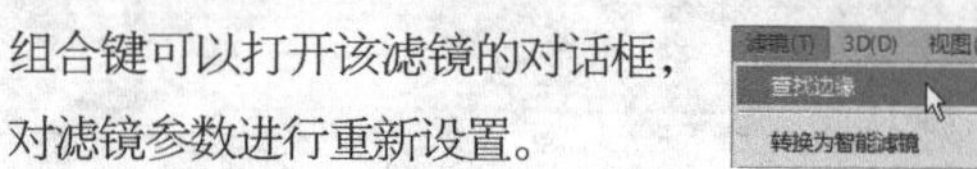

图12-3

▶ 在应用滤镜时，通常会弹出该滤镜的对话框或滤镜库，在预览窗口中可以预览滤镜效果，同时可以拖曳图像，以观察其他区域的效果，如图12-4所示。单击⊟按钮和⊞按钮可以缩放图像的显示比例。另外，在图像的某个点上单击，在预览窗口中就会显示出该区域的效果，如图12-5所示。

图12-4

图12-5

12.1.2 滤镜库的使用

在Photoshop中使用的大部分滤镜都需要在滤镜库中进行操作，使用滤镜库可以对图像进行多种滤镜叠加变化处理，还可以使用其他滤镜替换原有的滤镜。

“滤镜库”是一个集合了大部分常用滤镜的对话框，执行“滤镜>滤镜库”菜单命令，即可打开“滤镜库”对话框，如图12-6所示。其中整合了“风格化”“画笔描边”“扭曲”“素描”“纹理”“艺术效果”6种滤镜组。

图12-6

技巧与提示

选择一个滤镜效果图层以后，可以向上或向下拖曳调整该图层的位置，效果图层的顺序对图像效果有影响。

下面将介绍这些滤镜组的使用效果。

▶ **“风格化”滤镜组**：该组滤镜中包含9种滤镜，只有“照亮边缘”滤镜位于滤镜库中，该滤镜用于标识图像颜色的边缘，并向其添加类似于霓虹灯的光亮效果。

▶ **“画笔描边”滤镜组**：该滤镜组包含8种滤镜，它们被归纳在“滤镜库”中。这些滤镜中有一部分可以通过不同的油墨和画笔勾画图像并产生绘画效果，而有些滤镜可以添加杂色、边缘细节、绘画、纹理和颗粒。

▶ **“扭曲”滤镜组**：该滤镜组包含12种滤镜，分别集合在“扭曲”菜单下与“滤镜库”中的“扭曲”滤镜组下。这些滤镜可以对图像进行几何扭曲，创建3D或其他整形效果。在处理图像时，这些滤镜可能会占用大量内存。

▶ **“素描”滤镜组**：该滤镜组包含14种滤镜，它们被集合在“滤镜库”中的“素描”滤镜组下。这些滤镜可以将纹理添加到图像上，通常用于模拟速写和素描等艺术效果。

▶ **“纹理”滤镜组**：该组滤镜包含6种滤镜，它们被集合在“滤镜库”中的“纹理”滤镜组下。这些滤镜可以向图像中添加纹理质感，常用来模拟具有深度感物体的外观。

▶ **“艺术效果”滤镜组**：该组滤镜包含15种滤镜，它们被集合在“滤镜库”中的“艺术效果”滤镜组下。这些滤镜主要用于为美术或商业项目制作绘画效果或艺术效果。

▶ 课堂练习：制作插画图像

素材路径	素材\第12章\孩子.jpg
实例路径	实例\第12章\插画图像.psd

练习效果

本练习将制作一个插画图像，主要复习在滤镜库中通过添加多个滤镜来实现图像效果的方法。本练习的最终效果如图12-7所示。

图12-7

操作步骤

(01) 打开“素材\第12章\孩子.jpg”素材图像，下面将使用滤镜库中的滤镜叠加效果，制作出插画图像，如图12-8所示。

图12-8

(02) 执行“滤镜>滤镜库”菜单命令，打开“滤镜库”对话框，展开“艺术效果”滤镜组，从中选择“海报边缘”滤镜，然后在对话框右侧设置参数，如图12-9所示。

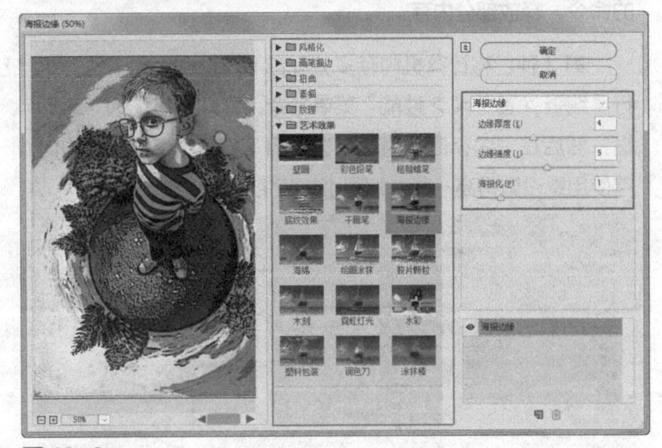

图12-9

(03) 单击对话框右下方的“新建效果图层”按钮，然后展开“纹理”选项组，选择“纹理化”滤镜，设置参数后，如图12-10所示。

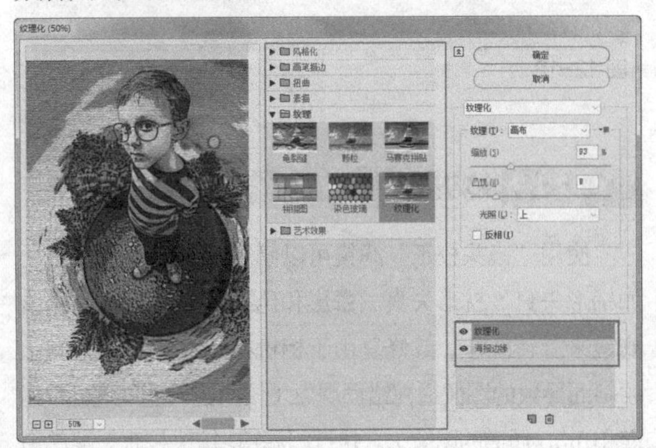

图12-10

04 单击“确定”按钮回到画面中，得到的图像效果如图12-11所示。

图 12-11

疑难解答：如何提高滤镜性能

在应用某些滤镜时，会占用大量的内存，比如“铬黄渐变”“光照效果”等滤镜，特别是在处理高分辨率的图像时，Photoshop 的处理速度会更慢。遇到这种情况，可以尝试使用以下三种方法来提高处理速度。

第 1 种： 关闭多余的应用程序。

第 2 种： 在应用滤镜之前先执行“编辑 > 清理”菜单下的命令，释放部分内存。

第 3 种： 将计算机内存多分配给 Photoshop 一些。执行“编辑 > 首选项 > 性能”菜单命令，打开“首选项”对话框，然后在“内存使用情况”选项组下将 Photoshop 的内存使用量设置得高一些，如图 12-12 所示。

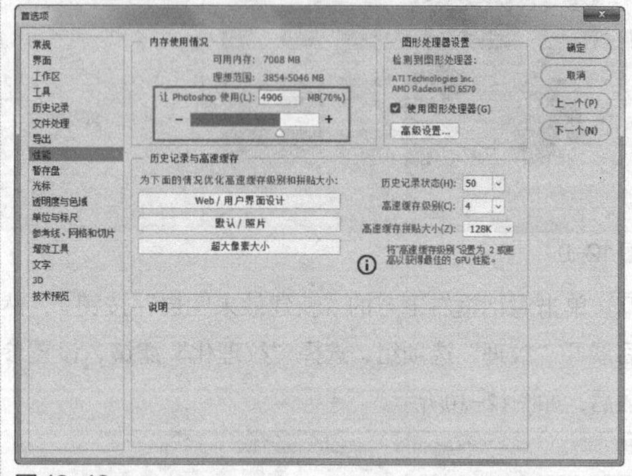

图 12-12

12.1.3 镜头校正

使用“镜头校正”滤镜可以修复常见的镜头瑕疵，如桶形失真、枕形失真、晕影和色差等，也可以使用该滤镜来旋转图像，或修复由于相机在垂直或水平方向上倾斜而导致的图像透视错误现象（该滤镜只能处理8位/通道和16位/通道的图像）。执行“滤镜>镜头校正”菜单命令，即可打开“镜头校正”对话框，如图12-13所示。

图 12-13

“镜头校正”对话框中各工具的作用如下。

▶ **移去扭曲工具**：使用该工具可以校正镜头桶形失真或枕形失真。

▶ **拉直工具**：绘制一条直线，以将图像拉直到新的横轴或纵轴。

▶ **移动网格工具**：使用该工具可以移动网格，以将其与图像对齐。

▶ **抓手工具/缩放工具**：这两个工具的使用方法与工具箱中的相应工具完全相同。

课堂练习：校正图像镜头

素材路径	素材\第12章\广场.jpg
实例路径	实例\第12章\校正图像镜头.jpg

练习效果

本练习将使用“镜头校正”滤镜来调整图像边缘的扩展方式，主要掌握该滤镜参数设置对话框中各项功能设置的运用。本练习的最终效果如图12-14所示。

图 12-14

操作步骤

01 打开“素材\第12章\广场.jpg”素材图像，执行“滤镜>镜头矫正”菜单命令，打开“镜头矫正”对话框，如图12-15所示。

图12-15

02 切换到“自动校正”选项卡，用户可以设置矫正选项，在“边缘”下拉列表中可以选择一种边缘方式，如图12-16所示。

03 在“搜索条件”选项组中设置相机的品牌、型号和镜头型号，如图12-17所示。

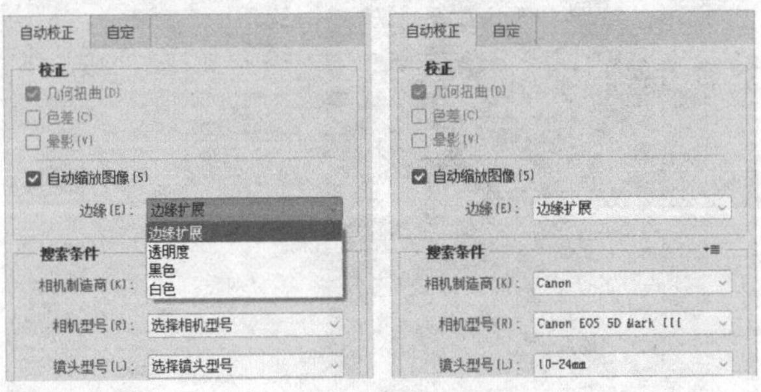

图12-16　　图12-17

04 切换到“自定”选项卡，可以精确地设置各项参数来得到校正图像，或制作特殊图像效果，如图12-18所示。

图12-18

05 单击“确定”按钮，得到镜头矫正效果，如图12-19所示。

图12-19

[重点] 12.1.4 液化

“液化”滤镜是修饰图像和创建艺术效果的强大工具，其使用方法比较简单，但功能却相当强大，可以创建推、拉、旋转、扭曲和收缩等变形效果，并且可以修改图像的任何区域，值得注意的是，“液化”滤镜只能应用于8位/通道或16位/通道的图像。执行“滤镜>液化”菜单命令，即可打开“液化”对话框，如图12-20所示。

图12-20

“液化”对话框中主要工具和选项的作用如下。

- **向前变形工具**：可以向前推动像素。
- **重建工具**：用于恢复变形的图像。在变形区域单击或拖曳鼠标进行涂抹时，可以使变形区域的图像恢复到原来的效果。
- **顺时针旋转扭曲工具**：拖曳鼠标可以顺时针旋转像素。如果按住Alt键进行操作，则可以逆时针旋转像素。
- **褶皱工具**：可以使像素向画笔区域的中心移动，使图像产生内缩效果。

▶ **膨胀工具**：可以使像素向画笔区域中心以外的方向移动，使图像产生向外膨胀的效果。

▶ **左推工具**：当向上拖曳鼠标时，像素会向左移动；当向下拖曳鼠标时，像素会向右移动；按住Alt键向上拖曳鼠标时，像素会向右移动；按住Alt键向下拖曳鼠标时，像素会向左移动。

▶ **冻结蒙版工具**：如果需要对某个区域进行处理，并且不希望操作影响到其他区域，可以使用该工具绘制出冻结区域（该区域将受到保护而不会发生变形）。例如，在头部绘制出冻结区域，然后使用“向前变形工具”处理图像，被冻结起来的像素就不会发生变形。

▶ **解冻蒙版工具**：使用该工具在冻结区域涂抹，可以将其解冻。

▶ **抓手工具**/**缩放工具**：这两个工具的使用方法与工具箱中的相应工具完全相同。

▶ **画笔工具选项**：该选项组下的参数主要用来设置当前使用工具的各种属性。

▶ **画笔重建选项**：该选项组下的参数主要用来设置重建方式。

▶ **蒙版选项**：如果图像中有选区或蒙版，可以通过该选项组来设置蒙版的保留方式。

▶ **视图选项**：该选项组主要用来显示或隐藏图像、网格和背景。另外，还可以设置网格大小和颜色、蒙版颜色、背景模式和不透明度。

技巧与提示

使用“液化”对话框中的“向前变形工具”在图像上单击并拖曳即可进行变形操作，变形集中在画笔的中心。

▶ 课堂练习：快速为美女瘦脸

素材路径	素材\第12章\模特.jpg
实例路径	实例\第12章\快速为美女瘦脸.jpg

练习效果

在近距离拍摄人像时，经常会出现人物面部扭曲或者表情僵硬的现象，本练习的原片就是如此。出现这种情况时，可以使用“液化”滤镜来进行调整。本练习的最终效果如图12-21所示。

图12-21

操作步骤

01 打开“素材\第12章\模特.jpg”素材图像，执行“滤镜>液化”菜单命令，可以在弹出对话框的预览框中看到素材图像，如图12-22所示。

图12-22

02 单击对话框右侧“人脸识别液化”前面的三角形图标，展开该选项组，在其中可以单独对眼睛、鼻子、嘴唇、脸部形状等局部区域做参数设置，修改后，人物的五官比例更加漂亮、精致，如图12-23所示。

03 人物的脸型感觉不够秀气，可以使用“向前变形工具”，在“画笔工具选项”选项组中设置“大小”为125、“压力”为5，在人物右脸下方向上推动，并且重复几次操作，如图12-24所示。

04 使用相同的方式，在人物左脸下方按住鼠标左键向右上方推动，得到瘦脸效果，如图12-25所示。

图12-23

图12-24

> **技巧与提示**
>
> 在使用“向前变形工具”对人物进行瘦脸、瘦身等操作时，应当将“压力”参数设置得较小，才不至让图像产生较大变形效果。

图12-25

> **技巧与提示**
>
> 在调整过程中，可以按[键和]键来调节画笔的大小。

05 使用“向前变形工具”对头部外形进行适当的液化，让头发显得更加饱满，然后单击“确定”按钮，回到图像窗口中，最终效果如图12-26所示。

图12-26

> **技巧与提示**
>
> “液化”滤镜的操作会占用计算机相当大的内存资源，操作次数过多会导致无法保存液化结果的情况。所以建议进行一部分操作之后单击“确定”按钮进行保存，然后再次选择“滤镜 > 液化”命令进行其他操作。

12.1.5 消失点

“消失点”滤镜可以在包含透视平面（如建筑物的侧面、墙壁、地面或任何矩形对象）的图像中进行透视校正操作。在修饰、仿制、复制、粘贴或移去图像内容时，Photoshop可以准确确定这些操作的方向。执行“滤镜>消失点”菜单命令，即可打开“消失点”对话框，如图12-27所示。

图12-27

“消失点”对话框中主要工具的作用如下。

▷ **编辑平面工具**：用于选择、编辑、移动平面的节点，以及调整平面的大小。

▷ **创建平面工具**：用于定义透视平面的4个角节点。创建好4个角节点以后，可以使用该工具对节点进行移动、缩放等操作。如果按住Ctrl键拖曳边节点，可以拉出一个垂直平面。如果节点的位置不正确，可以按Backspace键删除该节点。

▶ **选框工具**：使用该工具可以在创建好的透视平面上绘制选区，以选中平面上的某个区域。建立选区以后，将鼠标指针放置在选区内，按住Alt键拖曳选区，可以复制图像。按住Ctrl键拖曳选区，则可以用源图像填充该区域。

▶ **图章工具**：使用该工具时，按住Alt键在透视平面内单击，可以设置取样点，然后在其他区域拖曳鼠标即可进行仿制操作。

▶ **画笔工具**：该工具主要用来在透视平面上绘制选定的颜色。

▶ **变换工具**：该工具主要用来变换选区，其作用相当于执行"编辑>自由变换"菜单命令。

▶ **吸管工具**：可以使用该工具在图像上拾取颜色，以用作"画笔工具"的绘画颜色。

▶ **标尺工具**：使用该工具可以在透视平面中测量项目的距离和角度。

▶ **抓手工具**/**缩放工具**：这两个工具的使用方法与工具箱中的相应工具完全相同。

▶ 课堂练习：修改大楼外观的透视效果

素材路径	素材\第12章\大厦.jpg
实例路径	实例\第12章\用透视修改大楼外观.jpg

练习效果

本练习将使用"消失点"滤镜来调整大楼外观的透视效果，主要复习的是"消失点"对话框中透视平面的创建和调整。本练习调整前后的对比效果如图12-28所示。

图12-28

操作步骤

01 打开"素材\第12章\大厦.jpg"素材图像，如图12-29所示。

图12-29

02 执行"滤镜>消失点"菜单命令，打开"消失点"对话框，然后使用"创建平面工具"创建一个如图12-30所示的透视平面。

图12-30

03 使用"选框工具"在如图12-31所示的位置绘制一个矩形选区，然后将鼠标指针放置在选区内，接着按住Alt键将选区内图像复制到如图12-32所示的位置。

图12-31

图12-32

04 单击“确定”按钮确认消失点操作，最终效果如图12-33所示。

图12-33

12.1.6 动手学：使用 Camera Raw 滤镜

“Camera Raw滤镜”主要用于调整数码照片。RAW格式文件中记录着数码相机感光元件接收到的原始信息，具备最广泛的色彩。在Camera Raw对话框中可以对图像进行精细的色彩调整、变形、去除污点和去除红眼等操作。

01 打开“素材\第12章\鞋子.jpg”素材图像，如图12-34所示。下面将使用“Camera Raw滤镜”来调整图像中的颜色。

图12-34

02 执行“滤镜>Camera Raw滤镜”菜单命令，打开Camera Raw对话框，单击对话框右侧的“自动”链接，图像将自动调整画面中的明暗颜色比例，如图12-35所示。

图12-35

03 选择“目标调整工具”，在画面中选择鞋面图像，按住鼠标左键适当向上拖曳，即可增加这部分颜色的亮度，如图12-36所示。

图12-36

04 选择“色温”下方的三角形滑块，适当向左拖曳，即可改变图像色相，如图12-37所示。

图12-37

05 在Camera Raw对话框右侧切换到“HSL/灰度”选项卡，进入单个颜色调整界面，适当调整橙色的色相，如图12-38所示。

图 12-38

06 单击“确定”按钮，即可返回图像窗口，完成图像的调整。

12.1.7 智能滤镜

使用智能滤镜能够呈现与普通滤镜相同的效果，但不会真正改变像素。因为智能滤镜能够作为图层效果出现在“图层”面板中，并且还可以随时修改参数或删除。

对图像应用智能滤镜，首先需要执行“滤镜>转换为智能滤镜”菜单命令，将图层中的图像转换为智能图像，如图12-39所示。接着对该图层应用一个滤镜，此时在“图层”面板中将显示智能滤镜和添加的滤镜，如图12-40所示。单击“图层”面板中添加的滤镜对象，即可打开对应的滤镜对话框对该滤镜进行重新编辑。

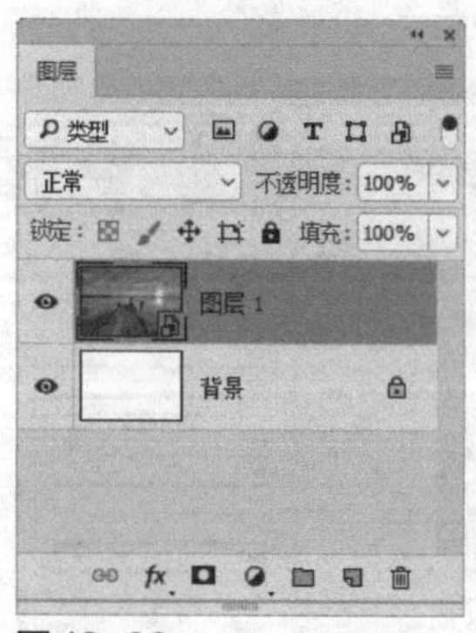

图 12-39

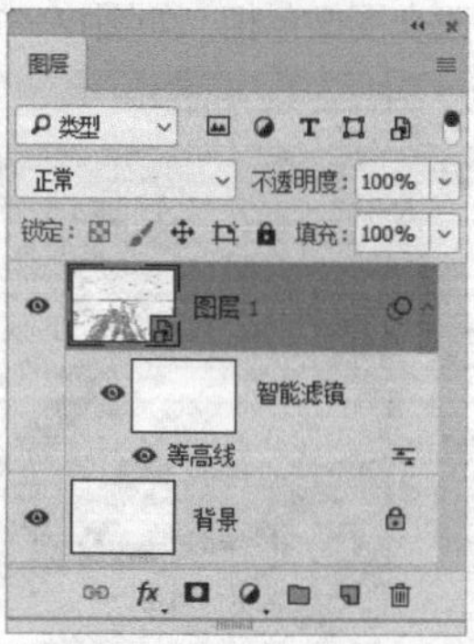

图 12-40

12.2 “风格化”滤镜组

“风格化”类滤镜主要通过移动和置换图像的像素，以及提高图像像素的对比度来产生印象派和其他风格化效果。该组滤镜提供了9种滤镜，只有“照亮边缘”滤镜位于滤镜库中，其他滤镜可以执行“滤镜>风格化”菜单命令，然后在弹出的子菜单中选择。

12.2.1 查找边缘

“查找边缘”滤镜可以自动查找图像像素对比度变化强烈的边界，将高反差区变亮，将低反差区变暗，而其他区域则介于两者之间，同时硬边会变成线条，柔边会变粗，从而形成一个清晰的轮廓。打开一张素材图像，如图12-41所示。执行“滤镜>风格化>查找边缘”菜单命令，效果如图12-42所示。

图 12-41

图 12-42

12.2.2 等高线

“等高线”滤镜用于查找主要亮度区域，并为每个颜色通道勾勒主要亮度区域，以获得与等高线图中的线条类似的效果。执行“滤镜>风格化>等高线”菜单命令，打开“等高线”对话框，如图12-43所示。产生的滤镜效果如图12-44所示。

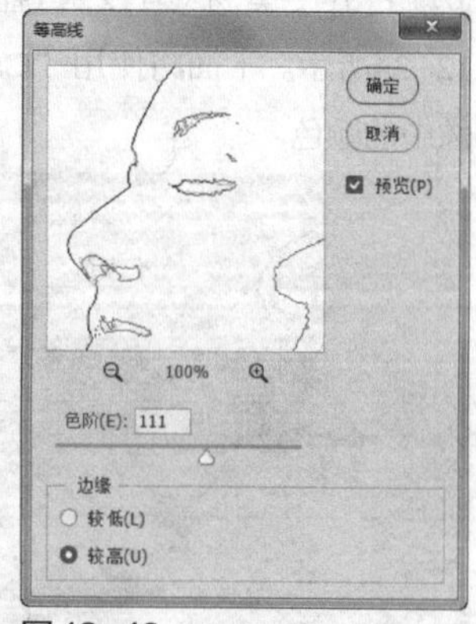

图 12-43

图12-44

技巧与提示

在“等高线”对话框中，“色阶”选项用于设置区分图像边缘亮度的级别；“边缘”选项用于设置处理图像边缘的位置，以及边界的产生方法。

[重点] 12.2.3 风

使用“风”滤镜可以通过在图像中添加一些细小的水平线条来模拟吹风效果。执行“滤镜>风格化>风”菜单命令，打开“风”对话框，其中包括“风”“大风”“飓风”三种等级，可以设置“从右”和“从左”两种风向，在预览框中可以预览滤镜效果，如图12-45所示。

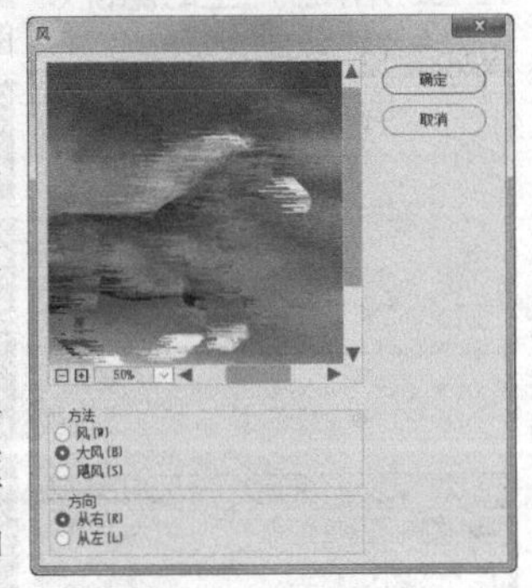

图12-45

疑难解答：如何制作垂直效果的风

使用“风”滤镜只能制作出水平方向上的吹风效果，风只能向右吹或向左吹。如果要在垂直方向上制作吹风效果，就需要先旋转画布，然后再应用“风”滤镜，如图12-46所示。最后将画布旋转到原始位置即可，如图12-47所示。

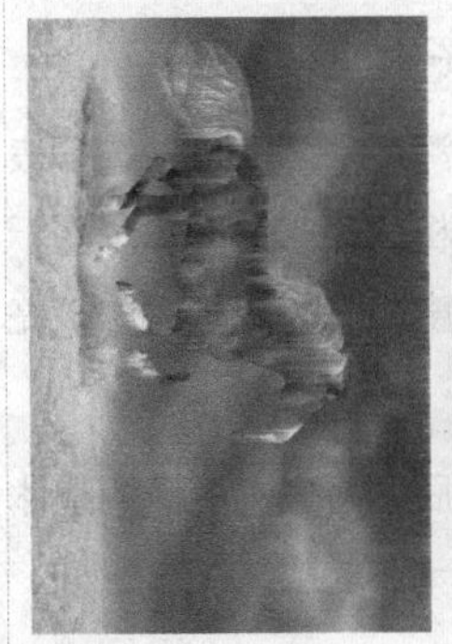

图12-46　图12-47

[重点] 12.2.4 浮雕效果

“浮雕效果”滤镜可以通过勾勒图像或选区的轮廓，以及降低周围颜色值来生成凹陷或凸起的浮雕效果。打开一张图像，如图12-48所示。执行“滤镜>风格化>浮雕效果”菜单命令，打开“浮雕效果”对话框，调整参数后，可以预览浮雕效果，如图12-49所示。

图12-48

图12-49

12.2.5 扩散

“扩散”滤镜可以使图像中相邻的像素按指定的方式有机移动，让图像扩散，形成一种类似于透过磨砂玻璃观察物体时的分离模糊效果。打开一张图像，如图12-50所示。执行“滤镜>风格化>扩散”菜单命令，打开“扩散”对话框，可以预览扩散效果，如图12-51所示。

图12-50

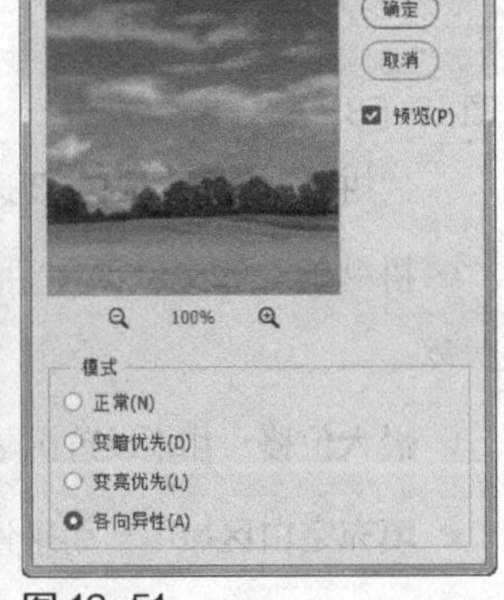

图12-51

技巧与提示

使用“扩散”对话框中的“各向异性”选项，可以适当去除照片中的噪点。另外，“正常”模式的作用是随机移动像素，使图像的色彩边界产生毛边的效果；“变暗优先”模式的作用是用较暗的像素替换较亮的像素；“变亮优先”模式的作用是用较亮的像素替换较暗的像素。

12.2.6 拼贴

使用“拼贴”滤镜可以将图像分解为一系列块状，并使其偏离原来的位置，以产生不规则拼砖的图像效果。打开一张图像，如图12-52所示。执行“滤镜>风格化>拼贴”菜单命令，打开“拼贴”对话框，如图12-53所示。产生的滤镜效果如图12-54所示。

图12-52

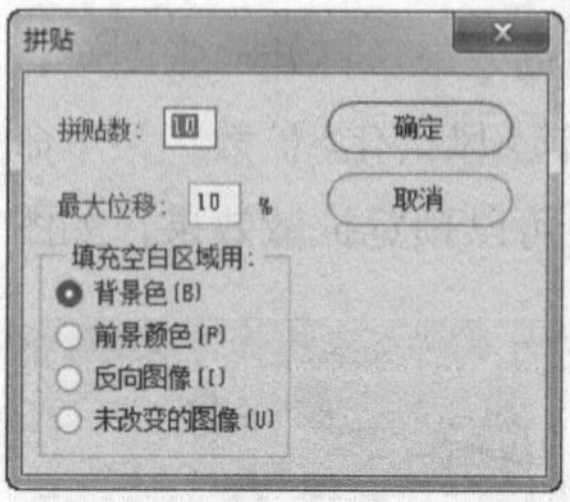

拼贴
拼贴数：10
确定
最大位移：10 %
取消
填充空白区域用：
背景色(B)
前景颜色(F)
反向图像(I)
未改变的图像(U)

图12-53

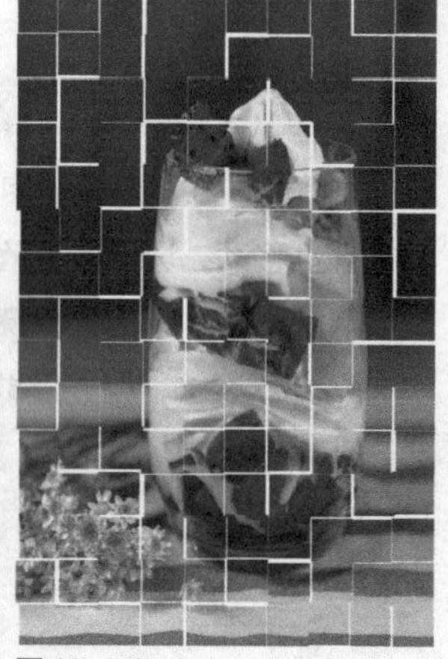

图12-54

“拼贴”对话框中主要选项的作用如下。

▶ **拼贴数**：用来设置在图像每行和每列中要显示的贴块数。

▶ **最大位移**：用来设置拼贴偏移原始位置的最大距离。

▶ **填充空白区域用**：用来设置填充空白区域的方法。

12.2.7 曝光过度

使用“曝光过度”滤镜可以混合负片和正片图像，产生类似于显影过程中将摄影照片短暂曝光的效果（该滤镜没有参数设置对话框）。打开一张图像，如图12-55所示。执行“滤镜>风格化>曝光过度”菜单命令，效果如图12-56所示。

图12-55

图12-56

12.2.8 凸出

使用“凸出”滤镜可以将图像分解成一系列大小相同且有机重叠放置的立方体或锥体，以生成特殊的3D效果。打开一张图像，如图12-57所示。执行“滤镜>风格化>凸出”菜单命令，打开“凸出”对话框，如图12-58所示。产生的滤镜效果如图12-59所示。

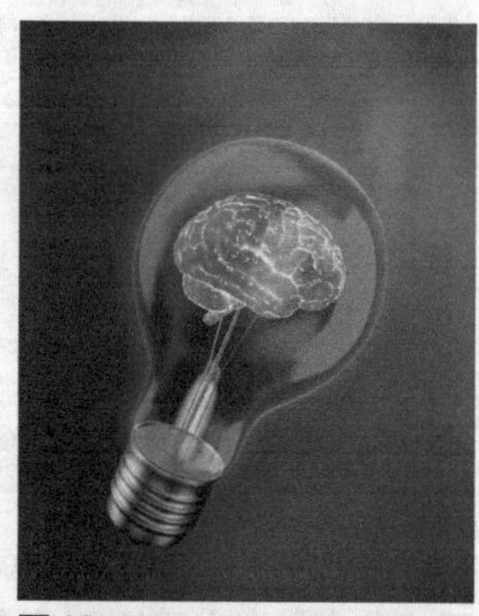

图12-57

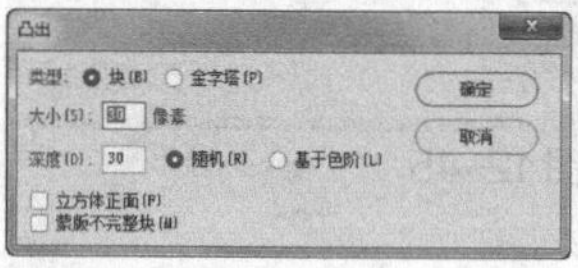

凸出
类型：块(B) 金字塔(P)
大小(S)：30 像素
深度(D)：30 随机(R) 基于色阶(L)
确定
取消
立方体正面(F)
蒙版不完整块(M)

图12-58

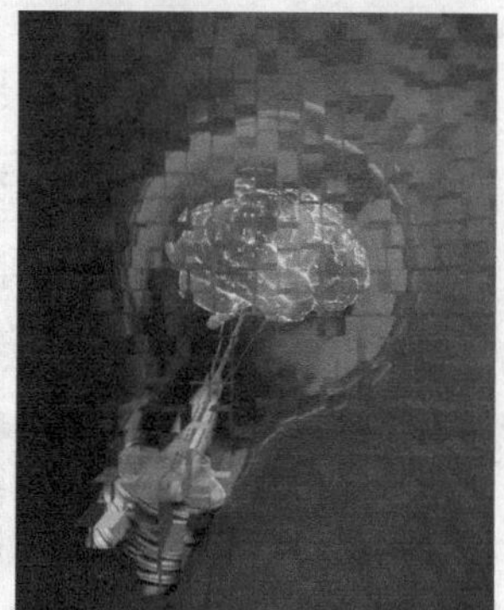

图12-59

“凸出”对话框中主要选项的作用如下。

▶ **类型**：用来设置3D方块的形状，包含“块”和“金字塔”两种。

▶ **大小**：用来设置立方体或金字塔底面的大小。

▶ **深度**：用来设置凸出对象的深度。“随机”选项表示为每个块或金字塔设置一个随机的任意深度；“基于色阶”选项表示使每个对象的深度与其亮度相对应，亮度越亮，图像越凸出。

▶ **立方体正面**：勾选该选项以后，将失去图像的整体轮廓，生成的立方体上只显示单一的颜色。

▶ **蒙版不完整块**：使所有图像都包含在凸出范围之内。

12.3 “模糊”滤镜组

“模糊”类滤镜通过削弱图像中相邻像素的对比度，使相邻像素间过渡平滑，从而产生边缘柔和、模糊的效果。

12.3.1 表面模糊

“表面模糊”滤镜可以在保留边缘的同时模糊图像，可以用该滤镜创建特殊效果并消除杂色或颗粒。打开一张图像，如图12-60所示。执行“滤镜>模糊>表面模糊”菜单命令，打开“表面模糊”对话框。“半径”选项用于设置模糊取样区域的大小；“阈值”选项控制相邻像素色调值与中心像素值相差多大时才能成为模糊的一部分，如图12-61所示。

图 12-60

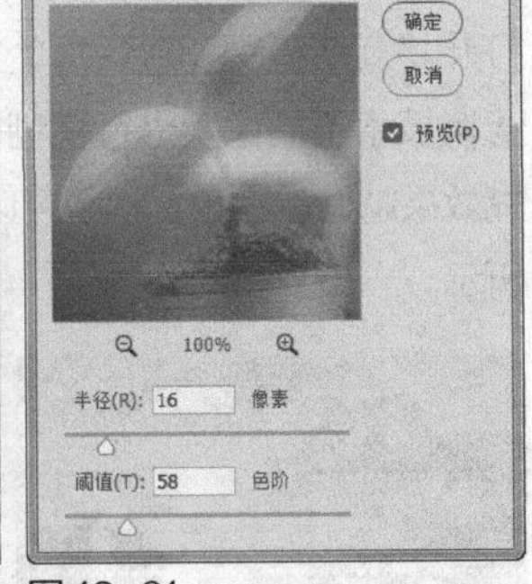

图 12-61

[重点] 12.3.2 动感模糊

“动感模糊”滤镜很重要，用它可以沿指定的方向（-360° ~360° ）以指定的距离（1~999）进行模糊，所产生的效果类似于在固定的曝光时间拍摄一个高速运动的对象。打开一张图像，执行“滤镜>模糊>动感模糊”菜单命令，在打开的“动感模糊”对话框中，“角度”选项用于设置模糊的方向，“距离”选项用于设置像素模糊的程度，在预览框中可以看到动感模糊效果，如图12-62所示。

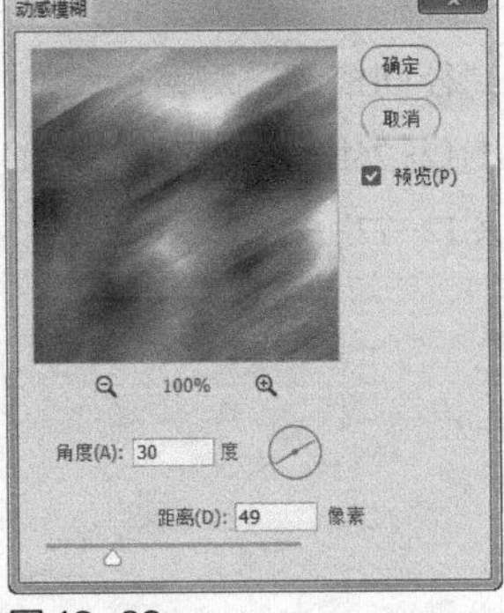

图 12-62

▶ 课堂练习：制作高速运动特效

素材路径	素材\第12章\汽车.jpg、光线.jpg
实例路径	实例\第12章\高速运动特效.psd

练习效果

本练习将使用“动感模糊”滤镜制作跑车高速运动时的特效。本练习的最终效果如图12-63所示。

图 12-63

操作步骤

01 打开“素材\第12章\汽车.jpg”素材图像，如图12-64所示。

图 12-64

02 按Ctrl+J组合键复制一次“背景”图层，得到“图层1”。接着执行“滤镜>模糊>动感模糊”菜单命令，在弹出的“动感模糊”对话框中设置“角度”为“-3度”、“距离”为“170像素”，如图12-65所示。单击“确定”按钮，得到的效果如图12-66所示。

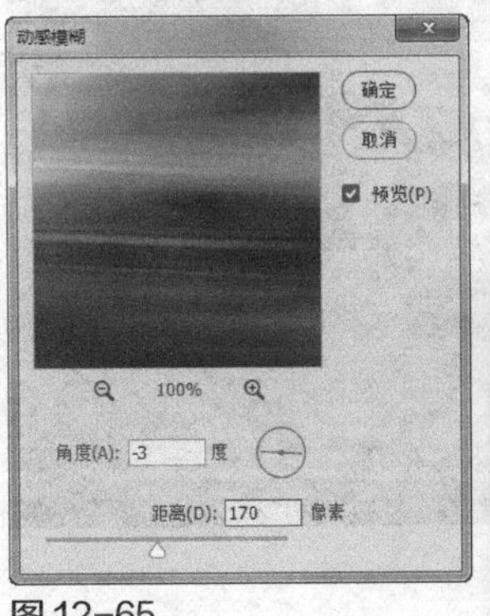

图 12-65

图 12-66

03 选择“橡皮擦工具”，在属性栏中设置“不透明度”为20%，对汽车图像进行擦除，将“背景”图层中的汽车图像显示出来，效果如图12-67所示。

04 改变“不透明度”为100%，对汽车图像细节部分进行擦除，显示完整的图像，效果如图12-68所示。

图 12-67

图 12-68

05 打开“素材\第12章\光线.jpg”素材图像，使用“移动工具” 将其拖曳到当前编辑的图像中，改变该图层的混合模式为“滤色”，如图12-69所示。

图 12-69

06 选择“橡皮擦工具” ，在属性栏中设置“不透明度”为50%，对光线图像边缘进行适当的擦除，使其自然融合于背景中，最后再适当调整光线图像的大小和位置，最终效果如图12-70所示。

图 12-70

12.3.3 方框模糊

“方框模糊”滤镜可以基于相邻像素的平均颜色值来模糊图像。打开一张图像，如图12-71所示。执行“滤镜>模糊>方框模糊”菜单命令，打开“方框模糊”对话框，其中“半径”选项用于计算指定像素平均值的区域大小，值越大，产生的模糊效果越好。在预览框中可以预览模糊效果，如图12-72所示。

图 12-71

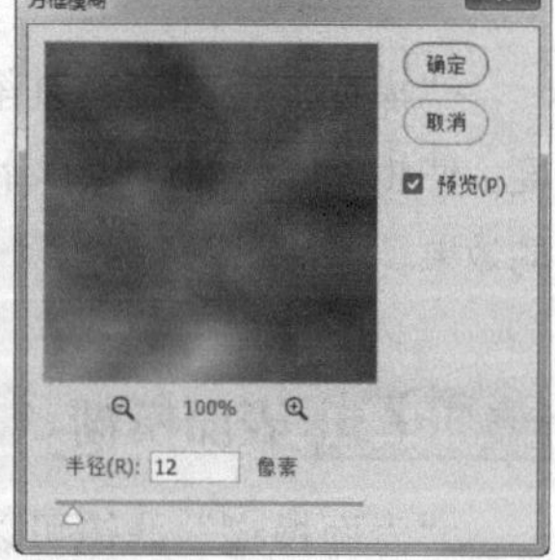

图 12-72

重点 12.3.4 高斯模糊

“高斯模糊”滤镜是最常用的模糊滤镜，它可以使图像产生一种朦胧的模糊效果。打开一张图像，如图12-73所示。执行“滤镜>模糊>高斯模糊”菜单命令，打开“高斯模糊”对话框，其中“半径”选项用于确定滤镜搜索不同像素进行模糊的程度，值越大，产生的模糊效果越好。在预览框中可以预览模糊效果，如图12-74所示。

图 12-73

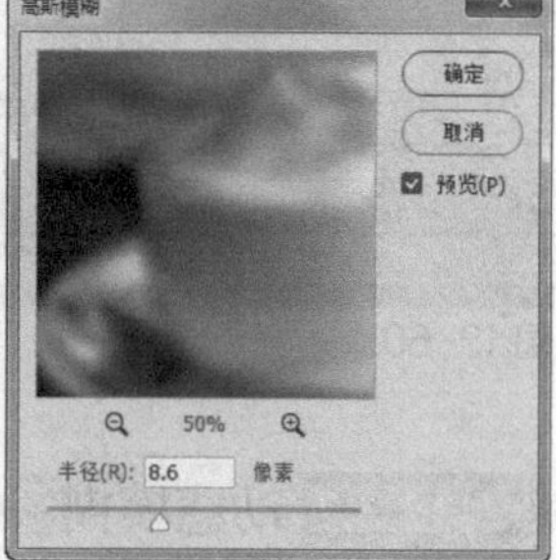

图 12-74

重点 12.3.5 径向模糊

“径向模糊”滤镜主要用于模拟缩放或旋转相机时所产生的模糊，模糊效果会根据所选方式做柔化处理。打开一张图像，如图12-75所示。执行“滤镜>模糊>径向模糊”菜单命令，打开“径向模糊”对话框，如图12-76所示。滤镜效果如图12-77所示。

图 12-75

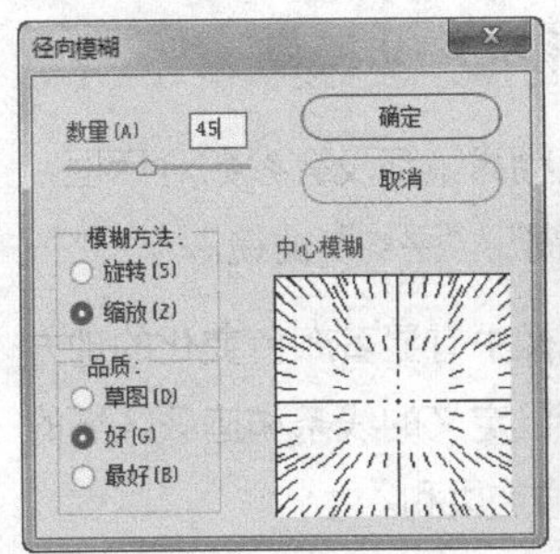

图12-76

图12-77

"径向模糊"对话框中主要选项的作用如下。

- **数量**：用于设置模糊的强度。数值越高，模糊效果越明显。
- **模糊方法**：勾选"旋转"选项时，图像可以沿同心圆环线产生旋转的模糊效果；勾选"缩放"选项时，可以从中心向外产生反射模糊效果。
- **中心模糊**：将鼠标指针置于设置框中，按住鼠标左键拖曳可以定位模糊的原点，原点位置不同，模糊中心也不同。
- **品质**：用来设置模糊效果的质量。"草图"的处理速度较快，但会产生颗粒效果；"好"和"最好"的处理速度较慢，但是生成的效果比较平滑。

课堂练习：制作放射状背景特效

素材路径	素材\第12章\黑色背景.jpg
实例路径	实例\第12章\放射背景特效.psd

练习效果

本练习将使用"径向模糊"滤镜制作具有放射状效果的背景。本练习的最终效果如图12-78所示。

图12-78

操作步骤

01 打开"素材\第12章\黑色背景.jpg"素材图像，选择"横排文字工具"在图像中输入英文LIGHT，并在属性栏中设置字体为Finchley、颜色为红色（R:174，G:28，B:28），如图12-79所示。

图12-79

02 按Ctrl+J组合键复制一次文字图层，然后打开"样式"面板，为其添加"中性色炮铜"样式，得到的文字效果如图12-80所示。

图12-80

03 选择原有文字图层，如图12-81所示。执行"滤镜>模糊>径向模糊"菜单命令，在弹出的提示对话框中单击"栅格化"按钮，即可打开"径向模糊"对话框，设置"数量"为100、"模糊方法"为"旋转"、"品质"为"最好"，如图12-82所示。

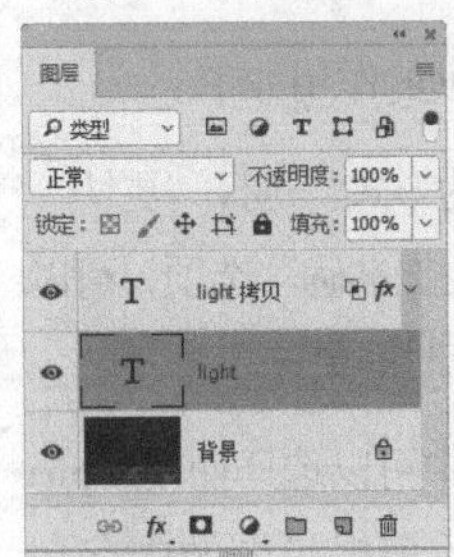

图12-81

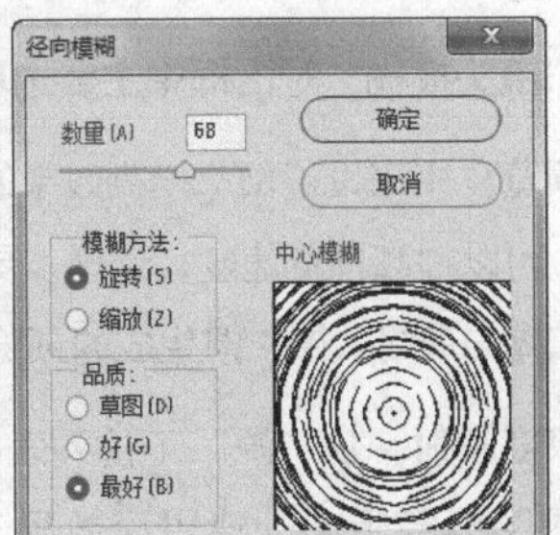

图12-82

04 单击"确定"按钮，得到旋转模糊效果，按两次Ctrl+F组合键重复应用两次"径向模糊"滤镜，效果如图12-83所示。

图12-83

05 选择"背景"图层，按Ctrl+Alt+F组合键打开"径向模糊"对话框，设置"模糊方法"为"缩放"、"品质"为"最好"，如图12-84所示。得到的图像效果如图12-85所示。

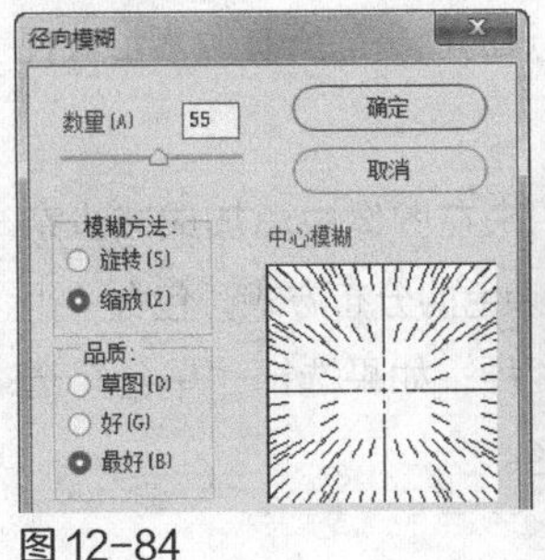

图12-84

图12-85

重点 12.3.6 镜头模糊

“镜头模糊”滤镜可以向图像中添加模糊，模糊效果取决于模糊的“源”设置。如果图像中存在“Alpha通道”或“图层蒙版”，则可以为图像中的特定对象创建景深效果，使这个对象在焦点内，而使其他的区域变模糊。

打开一张图像，执行“滤镜>模糊>镜头模糊”菜单命令，打开“镜头模糊”对话框，如图12-86所示。

图12-86

“镜头模糊”对话框中主要选项的作用如下。

▶ **预览**：用来设置预览模糊效果的方式。选择“更快”选项，可以提高预览速度；选择“更加准确”选项，可以查看模糊的最终效果，但生成的预览时间更长。

▶ **深度映射**：从“源”下拉列表中可以选择使用Alpha通道或图层蒙版来创建景深效果（前提是图像中存在Alpha通道或图层蒙版），其中通道或蒙版中的白色区域将被模糊，而黑色区域则保持原样；“模糊焦距”选项用来设置位于角点内的像素的深度；“反相”选项用来反转Alpha通道或图层蒙版。

▶ **光圈**：该选项组用来设置模糊的显示方式。“形状”选项用来选择光圈的形状；“半径”选项用来设置模糊的数量；“叶片弯度”选项用来设置对光圈边缘进行平滑处理的程度；“旋转”选项用来旋转光圈。

▶ **镜面高光**：该选项组用来设置镜面高光的范围。“亮度”选项用来设置高光的亮度；“阈值”选项用来设置亮度的停止点，比停止点的值亮的所有像素都被视为镜面高光。

▶ **杂色**：“数量”选项用来在图像中添加或减少杂色；“分布”选项用来设置杂色的分布方式，包含“平均分布”和“高斯分布”两种；如果选择“单色”选项，则添加的杂色为单一颜色。

12.3.7 模糊、平均和进一步模糊

模糊滤镜组中有三种模糊滤镜都没有参数对话框，分别是“模糊”“进一步模糊”“平均”滤镜。

“模糊”滤镜用于在图像中有显著颜色变化的地方消除杂色，它可以通过平衡已定义的线条和遮蔽区域的清晰边缘旁边的像素来使图像变柔和。

使用“进一步模糊”滤镜可以平衡已定义的线条和遮蔽区域的清晰边缘旁边的像素，使变化显得柔和，该滤镜属于轻微模糊滤镜。

“平均”滤镜可以查找图像或选区的平均颜色，再用该颜色填充图像或选区，以创建平滑的外观。打开一张图像，并绘制一个选区，如图12-87所示。为选区应用“平均”滤镜，可以看到滤镜效果如图12-88所示。

图12-87

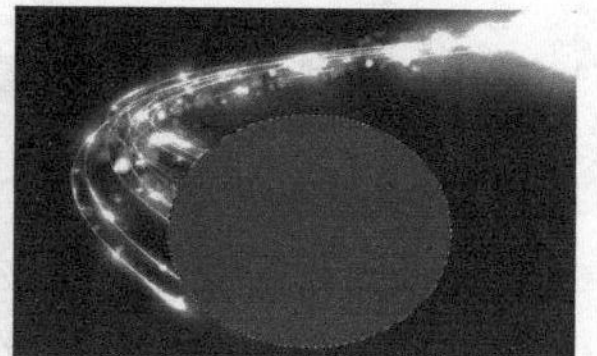

图12-88

技巧与提示

“模糊”滤镜与“进一步模糊”滤镜都属于轻微模糊滤镜。相比于“进一步模糊”滤镜，“模糊”滤镜的模糊效果要低3~4倍。

12.3.8 特殊模糊

使用“特殊模糊”滤镜可以精确地模糊图像，通过对话框的设置，还可以制作特殊图像效果。打开一张图像，如图12-89所示。执行“滤镜>特殊模糊”菜单命令，在打开的对话框中选择“模式”为“叠加边缘”，再设置其他参数，如图12-90所示。得到的图像效果如图12-91所示。

图12-89

图12-90

图12-91

"特殊模糊"对话框中主要选项的作用如下。

- **半径**：用来设置要应用模糊的范围。
- **阈值**：用来设置像素具有多大差异后才会被模糊处理。
- **品质**：设置模糊效果的质量，包含"低""中等""高"三种。
- **模式**：选择"正常"选项，不会在图像中添加任何特殊效果；选择"仅限边缘"选项，将以黑色显示图像，以白色描绘出图像边缘像素亮度值变化强烈的区域；选择"叠加边缘"选项，将以白色描绘出图像边缘像素亮度值变化强烈的区域。

12.3.9 形状模糊

"形状模糊"滤镜可以用设置的形状来创建特殊的模糊效果。打开一张图像，如图12-92所示。接着执行"滤镜>模糊>形状模糊"菜单命令，可以打开"形状模糊"对话框，在形状列表中选择一个形状，可以使用该形状来模糊图像，在预览框中可以预览图像模糊效果，如图12-93所示。

图12-92

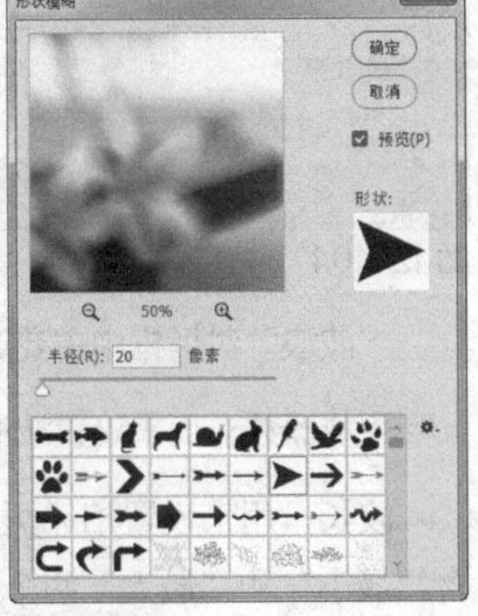

图12-93

12.4 "模糊画廊"滤镜组

"模糊画廊"滤镜组中包含了"场景模糊""光圈模糊""移轴模糊""路径模糊""旋转模糊"5种特殊模糊滤镜，这5种滤镜的使用方式都有一定的相似性。

[重点] 12.4.1 动手学：场景模糊

"场景模糊"滤镜可以在图像中添加图钉，添加图钉的位置可以让周围图像进入模糊编辑状态。

01 打开"素材\第12章\儿童.jpg"素材图像，如图12-94所示。

02 执行"滤镜>模糊>场景模糊"菜单命令，此时照片中会自动添加一个图钉，将鼠标指针置于图钉中间，按住鼠标左键将其拖曳到身穿蓝色衣服的小孩脸上，如图12-95所示。

图12-94

图12-95

技巧与提示

添加图钉以后，可以按住鼠标左键移动其位置。如果要删除图钉，可以按Delete键。

03 单击图钉，在"模糊工具"面板中设置"场景模糊"下"模糊"参数值为0像素，如图12-96所示。接着在右侧身穿橘色衣服的小孩面部单击，添加一个图钉，得到局部模糊效果，如图12-97所示。

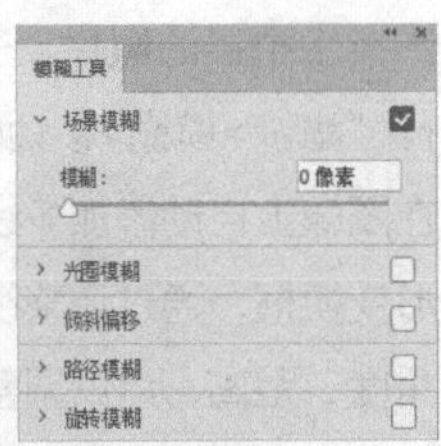

图12-96

图12-97

04 分别在图像的左侧和上方再添加两个图钉，并适当调整模糊参数，得到其他区域的模糊效果，如图12-98所示。单击"确定"按钮即可完成模糊操作。

图12-98

[重点] 12.4.2 光圈模糊

使用"光圈模糊"滤镜可以在图像上创建一个椭圆形的焦点范围，处于焦点范围内的图像保持清晰，而范围之外的图像会被模糊处理。打开一张图像，如图

12-99所示。执行“滤镜>模糊>光圈模糊”菜单命令，Photoshop会在图像上自动添加一个焦点范围变换框，用户可以对这个变换框进行缩放和旋转，而框内的4个白点用于控制模糊离变换框中心的距离，效果如图12-100所示。

图12-99

图12-100

12.4.3 移轴模糊

使用“移轴模糊”滤镜可以模拟类似于通过移轴摄影技术拍摄的照片。还是打开图12-100所示的图像，执行“滤镜>模糊>移轴模糊”菜单命令，此时Photoshop会在图像上自动添加多线条矩形变换框，通过调整线条的角度、距离，可以调整模糊图像的范围和方向，效果如图12-101所示。

图12-101

12.4.4 路径模糊和旋转模糊

路径模糊和旋转模糊的使用频率较少，下面将简介两种滤镜的使用效果。

▶ **路径模糊**：选择该滤镜后，用户可以在图像中添加图钉并编辑路径，再设置参数，得到适应路径形状的模糊效果。

▶ **旋转模糊**：选择该滤镜后，用户可以在图像中添加图钉，调整图钉周围圆圈大小，再设置参数，得到圆形旋转的模糊效果。

12.5 “扭曲”滤镜组

“扭曲”滤镜组包含12种滤镜，分别集合在“扭曲”菜单下和“滤镜库”中的“扭曲”滤镜组下。这些滤镜可以对图像进行几何扭曲，创建3D或其他整形效果。

[重点] 12.5.1 波浪

“波浪”滤镜可以在图像上创建类似于波浪起伏的效果。打开一张图像，如图12-102所示。执行“滤镜>扭曲>波浪”菜单命令，滤镜的效果如图12-103所示。该滤镜的参数设置对话框如图12-104所示。

图12-102

图12-103

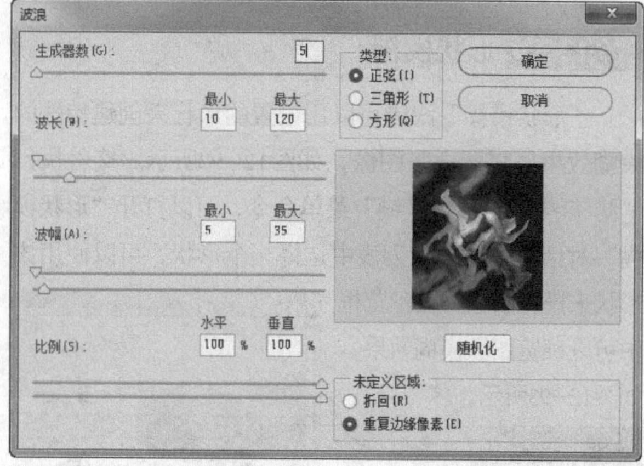

图12-104

“波浪”对话框中主要选项的作用如下。

▶ **生成器数**：用来设置波浪的强度。

▶ **波长**：用来设置相邻两个波峰之间的水平距离，包含“最小”和“最大”两个选项，其中“最小”数值不能超过“最大”数值。

▶ **波幅**：设置波浪的宽度（最小）和高度（最大）。

▶ **比例**：设置波浪在水平方向和垂直方向上的波动幅度。

▶ **类型**：选择波浪的形态，包括“正弦”“三角形”“方形”三种形态。

▶ **随机化**：如果对波浪效果不满意，可以单击该按钮，以重新生成波浪效果。

▶ **未定义区域**：用来设置空白区域的填充方式。选择“折回”选项，可以在空白区域填充溢出的内容；选择“重复边缘像素”选项，可以填充扭曲边缘的像素颜色。

举一反三：使用“波浪”滤镜制作方格布

“波浪”滤镜中的参数设置较多，通过调整“生成器数”参数和“波长”参数可以用来制作方格布底纹效果。打开一张彩色素材图像，如图12-105所示。执行“滤镜>扭曲>波浪”菜单命令，打开“波浪”对话框，设置“生成器数”为999，再调整“波长”参数，如图12-106所示。“波长”下面的两个三角形滑块需要调整到基本相同的位置，才能得到相同大小的方格，而三角形滑块的位置可以决定方格的大小。最终得到的方格布效果如图12-107所示。

图12-105

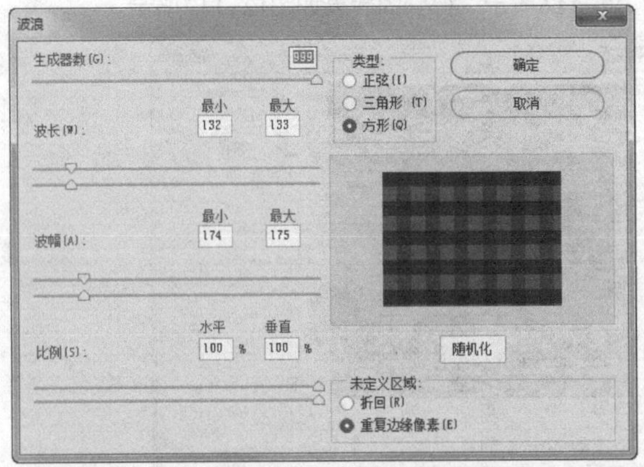

图12-106

图12-107

12.5.2 波纹

“波纹”滤镜与“波浪”滤镜类似，但只能控制波纹的数量和大小。打开一张图像，如图12-108所示。执行“滤镜>扭曲>波纹”菜单命令，可以在对话框中预览滤镜效果，如图12-109所示。

图12-108

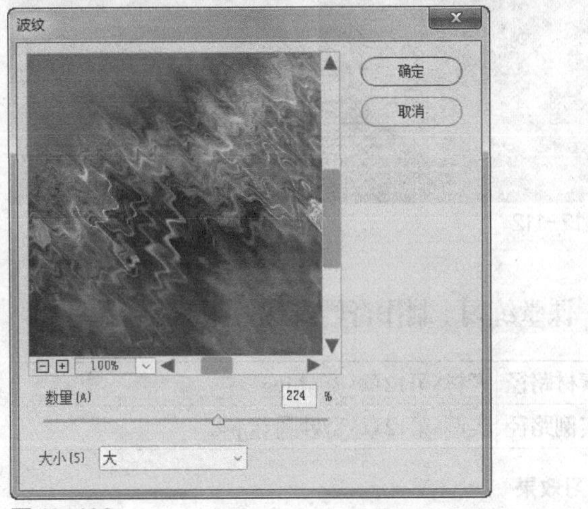

图12-109

重点 12.5.3 极坐标

使用“极坐标”滤镜可以将图像从平面坐标转换到极坐标，或从极坐标转换到平面坐标。打开一张图像，如图12-110所示。执行“滤镜>扭曲>极坐标”菜单命令，可以打开 “极坐标”对话框，如图12-111所示。应用“平面坐标到极坐标”，将矩形图像变为圆形图像，如图12-112所示；应用“极坐标到平面坐标”，将圆形图像变为矩形图像，如图12-113所示。

图12-110

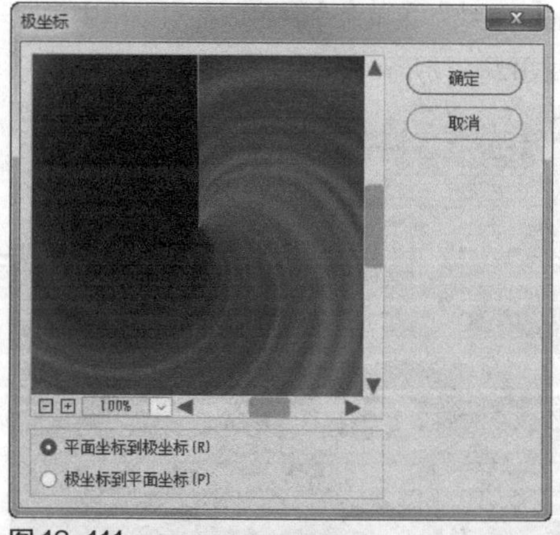

图12-111

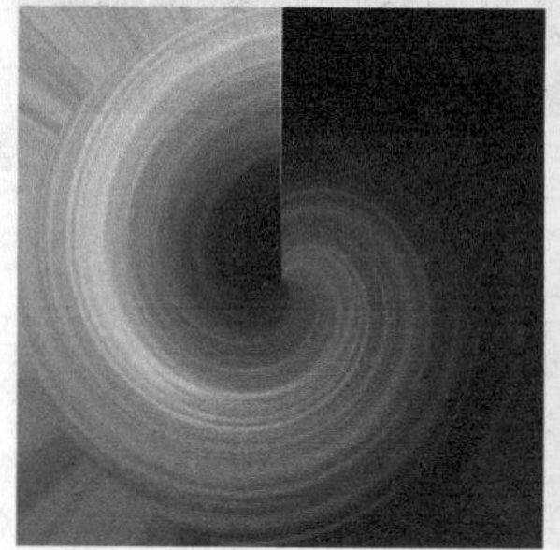
图12-112

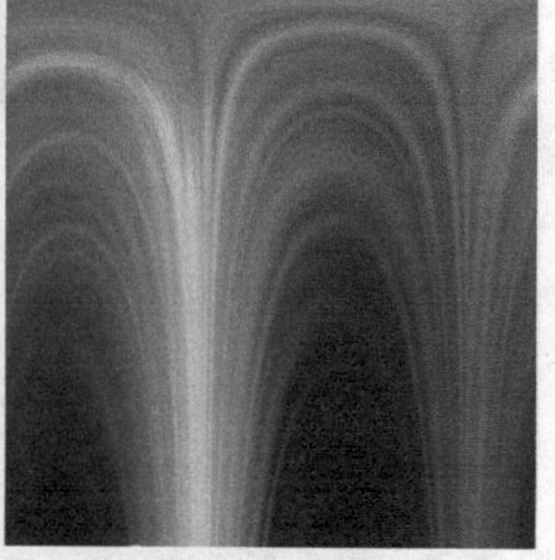
图12-113

▶ 课堂练习：制作奇妙圆球效果

素材路径	素材\第12章\夜景.jpg
实例路径	实例\第12章\奇妙圆球.psd

练习效果

本练习将制作一个奇妙圆球图像效果，主要使用“极坐标”滤镜将一张夜景图像进行变换，然后适当调整图像，得到最终效果，如图12-114所示。

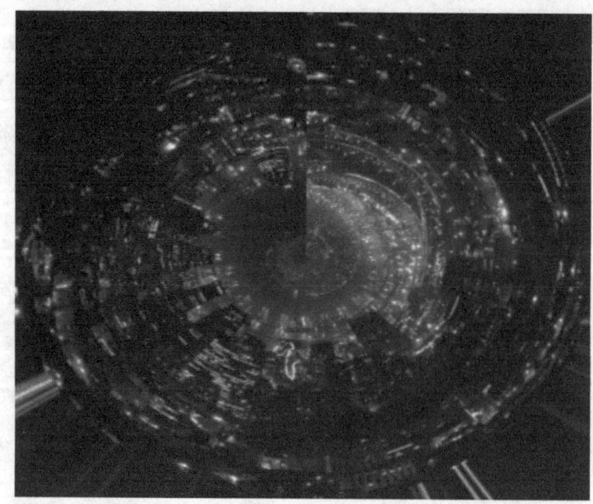
图12-114

操作步骤

01 打开“素材\第12章\夜景.jpg”图像，如图12-115所示。

图12-115

02 执行“滤镜>扭曲>极坐标”菜单命令，打开“极坐标”对话框，选择“平面坐标到极坐标”单选按钮，如图12-116所示。得到的效果如图12-117所示。

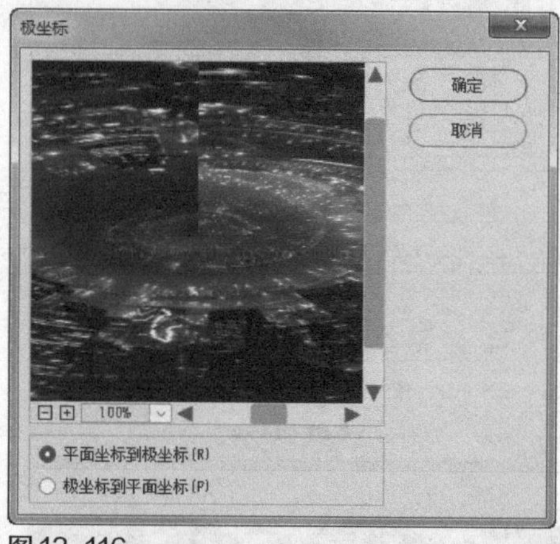

图12-116

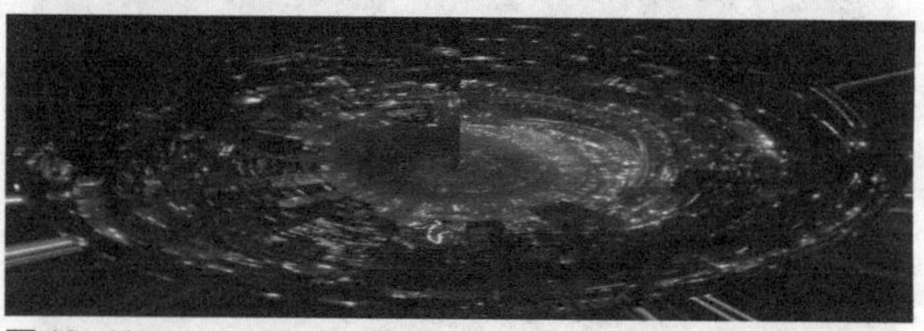
图12-117

03 按住Alt键双击“背景”图层的缩览图，将其转换为可编辑图层，然后按Ctrl+T组合键进入自由变换状态，将图像调整成如图12-118所示的效果。

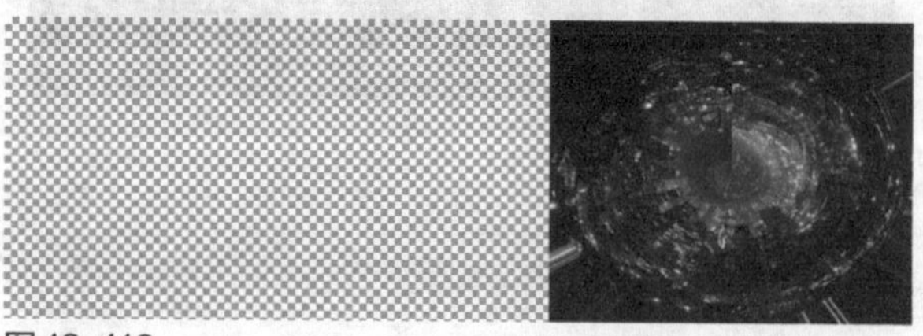
图12-118

04 使用“裁剪工具”裁掉多余的部分，最终效果如图12-119所示。

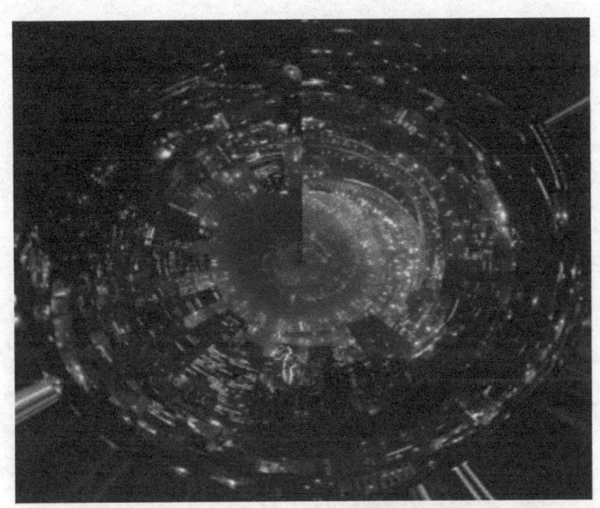

图12-119

12.5.4 挤压

使用“挤压”滤镜可以将选区内的图像或整个图像向外或向内挤压。打开一张图像，如图12-120所示。执行“滤镜>扭曲>挤压”菜单命令，打开“挤压”对话框，如图12-121所示。“数量”选项用于控制挤压图像的程度，当设置“数量”为负值时，图像会向外挤压；当设置“数量”为正值时，图像会向内挤压。

图12-120

图12-121

12.5.5 切变

“切变”滤镜可以沿一条曲线扭曲图像，通过拖曳调整框中的曲线可以应用相应的扭曲效果。打开一张图像，如图12-122所示。执行“滤镜>扭曲>切变”菜单命令，打开“切变”对话框，如图12-123所示。在对话框中可以通过调整曲线的弧度来控制图像的变形效果。

图12-122

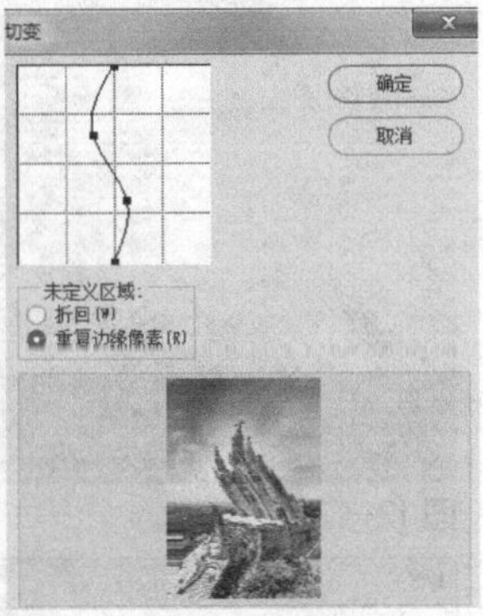

图12-123

12.5.6 球面化

“球面化”滤镜可以将选区内的图像或整个图像扭曲为球形。打开一张图像，并绘制如图12-124所示的椭圆形选区，再执行“滤镜>扭曲>球面化”菜单命令，可以在弹出对话框的预览框中看到球面化效果，如图12-125所示。其中“数量”选项用于设置图像球面化的程度。

图12-124

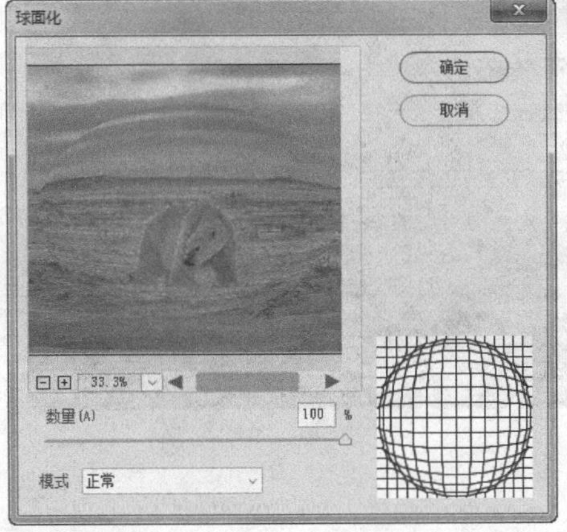

图12-125

举一反三：制作“大头照”

使用“球面化”滤镜还可以轻松制作头像变大效果。打开一张素材图像，使用“椭圆选框工具”在兔子头部图像中绘制一个圆形选区，如图12-126所示。为该选区应用“球面化”滤镜，在“球面化”对话框中设置“数量”为最大值，如图 12-127 所示。此时兔子头部图像明显有变大的喜剧效果，如图 12-128 所示。

图 12-126

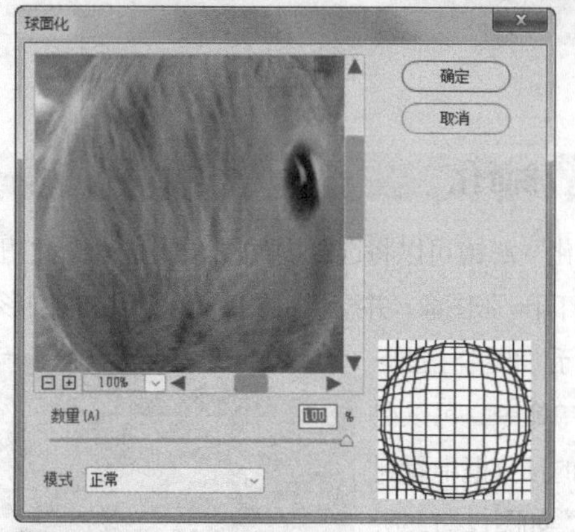

图 12-127

图 12-128

12.5.7 水波

“水波”滤镜可以让图像产生真实的水波效果。打开一张图像，并创建一个羽化选区，如图12-129所示。执行“滤镜>扭曲>水波”菜单命令，在预览框中可以看到水波效果，如图12-130所示。

图 12-129

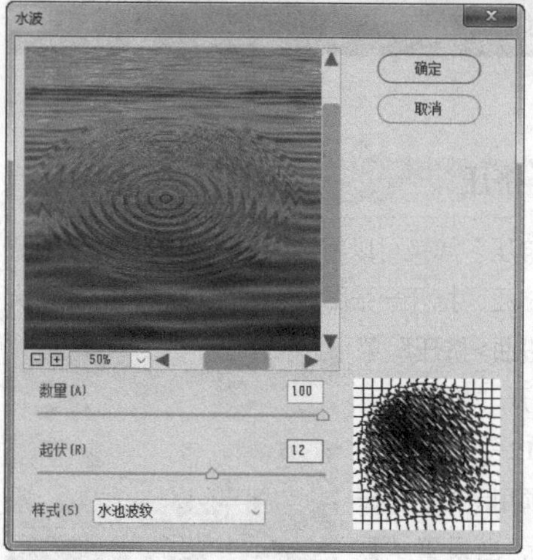

图 12-130

“水波”对话框中主要选项的作用如下。

- **数量**：用来设置波纹的数量。当设置为负值时，将产生下凹的波纹；当设置为正值时，将产生上凸的波纹。
- **起伏**：用来设置波纹的数量。数值越大，波纹越多。
- **样式**：用来选择生成波纹的方式。选择“围绕中心”选项时，可以围绕图像或选区的中心产生波纹；选择“从中心向外”选项时，波纹将从中心向外扩散；选择“水池波纹”选项时，可以产生同心圆形状的波纹。

12.5.8 旋转扭曲

“旋转扭曲”滤镜可以顺时针或逆时针旋转图像，旋转会围绕图像的中心进行。打开一张图像，如图12-131所示。执行“滤镜>扭曲>旋转扭曲”菜单命令，在打开的对话框中，“角度”选项用来设置旋转扭曲方向。当设置为正值时，会沿顺时针方向进行扭曲；当设置为负值时，会沿逆时针方向进行扭曲，在预览框中可以查看旋转扭曲效果，如图12-132所示。

图12-131

图12-132

12.5.9 置换

"置换"滤镜可以用另外一张图像的亮度值使当前图像的像素重新排列，并产生位移效果。执行"滤镜>扭曲>置换"菜单命令，在打开的"置换"对话框中，"水平/垂直比例"选项可以用于设置水平方向和垂直方向所移动的距离；"置换图"选项用于设置置换图像的方式，包括"伸展以适合"和"拼贴"两种，如图12-133所示。

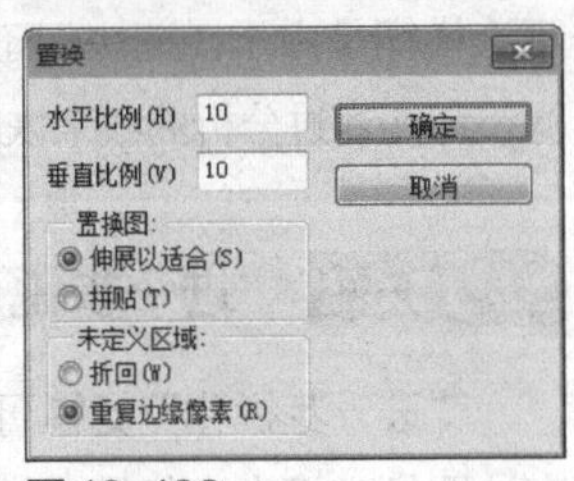

图12-133

技巧与提示

使用"置换"滤镜时，用来作为置换对象的图像必须为PSD格式。

12.5.10 玻璃

"玻璃"滤镜可以让图像效果看起来犹如透过不同类型的玻璃进行观看。打开一张图像，如图12-134所示。在"滤镜库"对话框的"扭曲"滤镜组中选择"玻璃"滤镜，调整参数设置，在预览框中可以看到图像效果，如图12-135所示。

图12-134

图12-135

"玻璃"滤镜参数设置区域中主要选项的作用如下。

- **扭曲度：**用于设置玻璃的扭曲变形程度。
- **平滑度：**用于设置玻璃质感扭曲效果的平滑程度。
- **纹理：**用于选择扭曲时产生的纹理类型，包含"块状""画布""磨砂""小镜头"4种类型。
- **缩放：**用于设置所应用纹理的大小。
- **反相：**勾选该选项，可以反转纹理效果。

12.5.11 海洋波纹

"海洋波纹"滤镜可以将随机分隔的波纹添加到图像表面，使图像看上去像是在水中一样。打开一张图像，如图12-136所示。在"滤镜库"对话框的"扭曲"滤镜组中选择"海洋波纹"滤镜，调整参数设置，可以在预览框中查看图像效果，如图12-137所示。

图12-136

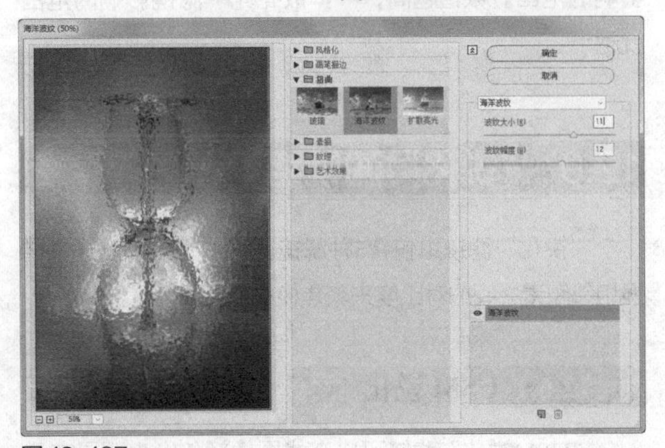

图12-137

12.5.12 扩散亮光

“扩散亮光”滤镜可以向图像中添加白色杂色，并从图像中心向外渐隐高光，使图像产生一种光芒漫射的效果。打开一张图像，如图12-138所示。在“滤镜库”对话框的“扭曲”滤镜组中选择“扩散亮光”滤镜，可以在预览框中查看图像效果，如图12-139所示。

图12-138

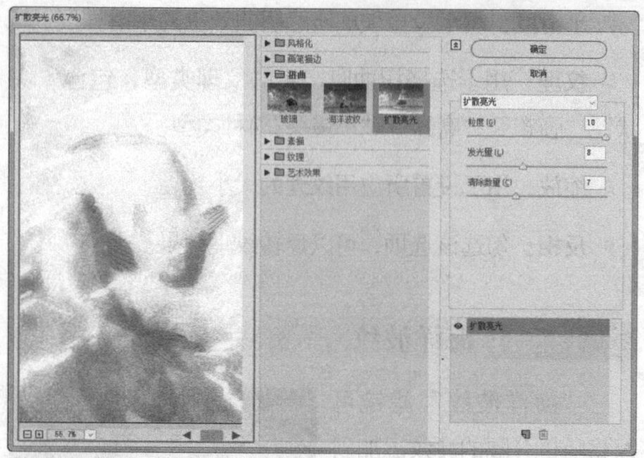

图12-139

“扩散亮光”滤镜参数设置区域中主要选项的作用如下。

▶ **粒度**：用于设置在图像中添加的颗粒的数量，数值越大，颗粒感越重。

▶ **发光量**：用于设置在图像中生成的颗粒图像产生的亮光强度。

▶ **清除数量**：用于限制图像中受到“扩散亮光”滤镜影响的范围。数值越高，“扩散亮光”滤镜影响的范围就越小。

12.6 “锐化”滤镜组

“锐化”滤镜组包含5种滤镜。这些滤镜可以通过增强相邻像素之间的对比度来聚焦模糊的图像。

[重点] 12.6.1 USM 锐化

“USM锐化”滤镜可以查找图像颜色发生明显变化的区域，然后将其锐化。打开一张图像，如图12-140所示。执行“滤镜>锐化>USM锐化”菜单命令，在预览框中可以看到图像锐化效果，如图12-141所示。

图12-140

图12-141

“USM锐化”对话框中主要选项的作用如下。

▶ **数量**：用来设置锐化效果的精细程度。

▶ **半径**：用来设置图像锐化的半径范围大小。

▶ **阈值**：只有相邻像素之间的差值达到所设置的“阈值”数值时才会被锐化。该值越高，被锐化的像素就越少。

12.6.2 防抖

“防抖”滤镜可以挽救因相机抖动而失焦的照片，不论模糊是由于慢速快门还是长焦距造成的，“防抖”滤镜都能通过分析曲线来恢复其清晰度。

12.6.3 “进一步锐化”和“锐化”

“进一步锐化”滤镜可以通过增加像素之间的对比度让图像变清晰，但锐化效果不是很明显，该滤镜没有参数设置对话框。

“锐化”滤镜与“进一步锐化”滤镜一样，都可以通过增加像素之间的对比度使图像变得清晰，但是其锐化效果没有“进一步锐化”滤镜的锐化效果明显，应用一次“进一步锐化”滤镜，相当于应用了三次“锐化”滤镜。

12.6.4 锐化边缘

“锐化边缘”滤镜只锐化图像的边缘，同时会保留图像整体的平滑度，该滤镜没有参数设置对话框。打开一张图像，如图12-142所示。执行“滤镜>锐化>锐化边缘”菜单命令，效果如图12-143所示。

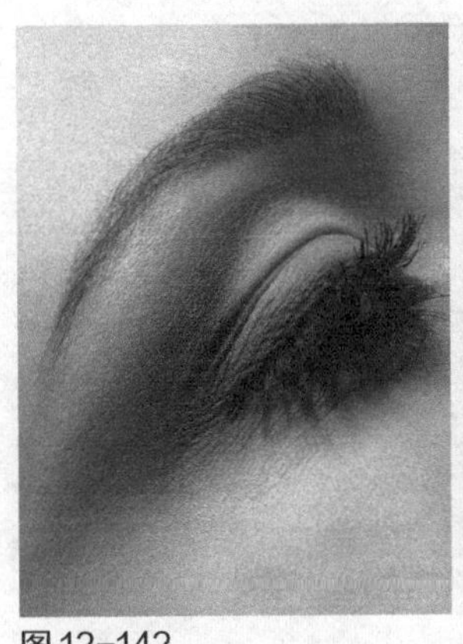

图12-142

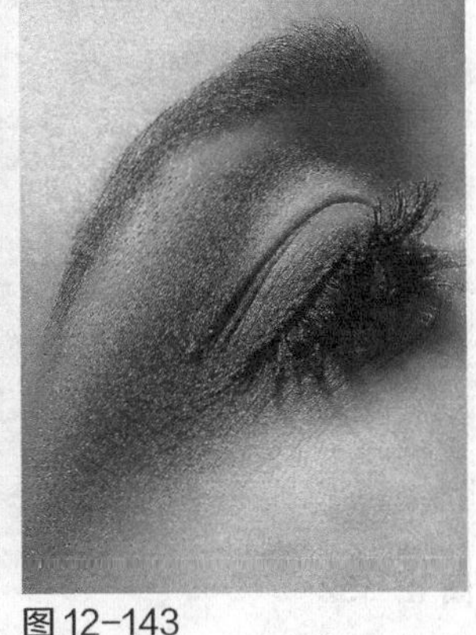

图12-143

[重点] 12.6.5 智能锐化

“智能锐化”滤镜的功能比较强大，它具有独特的锐化选项，可以设置锐化算法、控制阴影和高光区域的锐化量。打开一张图像，如图12-144所示。执行“滤镜>锐化>智能锐化”菜单命令，在打开的对话框左侧的预览框中可以查看图像锐化效果，如图12-145所示。

图12-144

图12-145

“智能锐化”对话框中主要选项的作用如下。

▶ **数量：** 用于设置锐化的精细程度。数值越高，越能强化边缘之间的对比度。

▶ **半径：** 用于设置受锐化影响的边缘像素的数量。数值越高，受影响的边缘就越宽，锐化的效果也越明显。

▶ **减少杂色：** 用于设置杂色的数量。

▶ **移去：** 选择锐化图像的算法。选择“高斯模糊”选项，可以使用“USM锐化”滤镜的方法锐化图像；选择“镜头模糊”选项，可以查找图像中的边缘和细节，并对细节进行更加精细的锐化，以减少锐化的光晕；选择“动感模糊”选项，可以激活下面的“角度”选项，通过设置“角度”值可以减少由于相机或对象移动而产生的模糊效果。

▶ **渐隐量：** 用于设置阴影或高光中的锐化程度。

▶ **色调宽度：** 用于设置阴影和高光中色调的修改范围。

▶ **阴影半径/高光半径：** 用于设置每个像素周围的区域的大小。

12.7 “像素化”滤镜组

“像素化”滤镜组包含7种滤镜，这些滤镜可以将图像进行分块或平面化处理。

12.7.1 彩块化

“彩块化”滤镜可以将纯色或相近色的像素结成相近颜色的像素块，常用来制作手绘图像、抽象派绘画等艺术效果，该滤镜没有参数设置对话框。打开一张图像，如图12-146所示。执行“滤镜>像素化>彩块化”菜单命令，效果如图12-147所示。

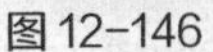

图12-146

图12-147

12.7.2 彩色半调

“彩色半调”滤镜可以模拟在图像的每个通道上使用放大的半调网屏的效果。打开一张素材图像，如图12-148所示。执行“滤镜>像素化>彩色半调”菜单命令，打开“彩色半调”对话框，如图12-149所示。其中“最大半径”选项用于设置生成的最大网点的半径，

“网角（度）”用于设置图像各个原色通道的网点角度。应用“彩色半调”滤镜的效果如图12-150所示。

图 12-148

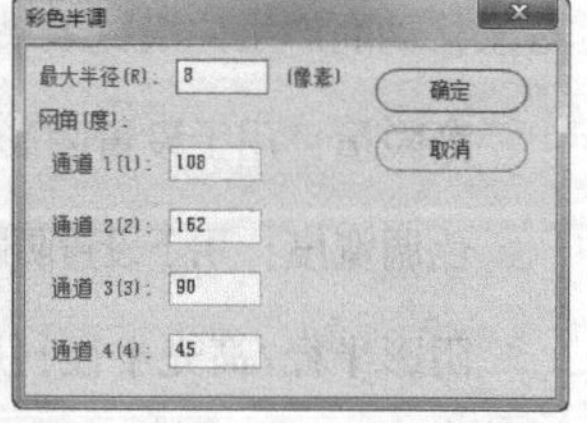

图 12-149

图 12-150

12.7.3 点状化

“点状化”滤镜可以将图像中的颜色分解成随机分布的网点，并使用背景色作为网点之间的画布区域。打开一张图像，如图12-151所示。执行“滤镜>像素化>点状化”菜单命令，打开“点状化”对话框，其中“单元格大小”选项用于设置每个多边形色块的大小，在预览框中可以查看图像效果，如图12-152所示。

图 12-151

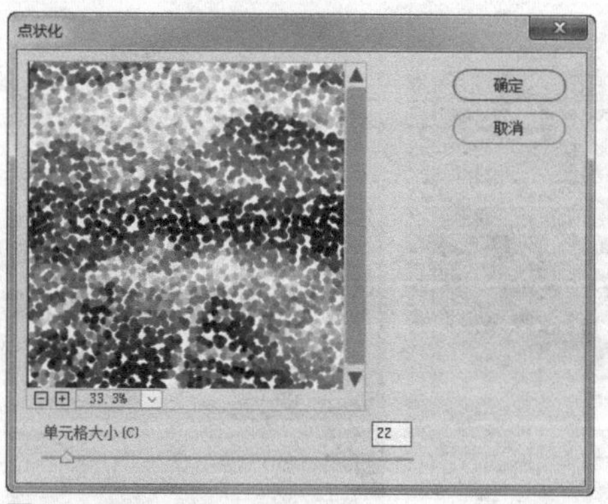

图 12-152

[重点] 12.7.4 晶格化

“晶格化”滤镜可以使图像中颜色相近的像素结块形成多边形纯色。打开一张图像，执行“滤镜>像素化>晶格化”菜单命令，打开“晶格化”对话框，其中“单元格大小”选项用于设置每个多边形色块的大小，在预览框中可以查看图像效果，如图12-153所示。

图 12-153

[重点] 12.7.5 马赛克

“马赛克”滤镜可以使像素结为方形色块，创建出类似于马赛克的效果。打开一张图像，执行“滤镜>像素化>马赛克”菜单命令，打开“马赛克”对话框，其中“单元格大小”选项用来设置每个多边形色块的大小，可以在预览框中查看图像效果，如图12-154所示。

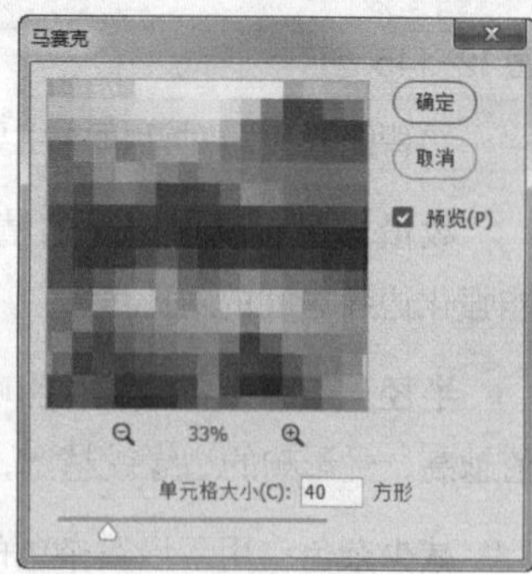

图 12-154

12.7.6 碎片

“碎片”滤镜可以将图像中的像素复制4次，然后将复制的像素平均分布，并使其相互偏移，该滤镜没有参数设置对话框。打开一张图像，如图12-155所示。执行“滤镜>像素化>碎片”菜单命令，效果如图12-156所示。

图12-155

图12-156

[重点] 12.7.7 铜版雕刻

“铜版雕刻”滤镜可以将图像转换为黑白区域的随机图案，或彩色图像中完全饱和颜色的随机图案。打开一张图像，执行“滤镜>像素化>铜版雕刻”菜单命令，打开“铜版雕刻”对话框，在预览框中可以查看图像效果，如图12-157所示。

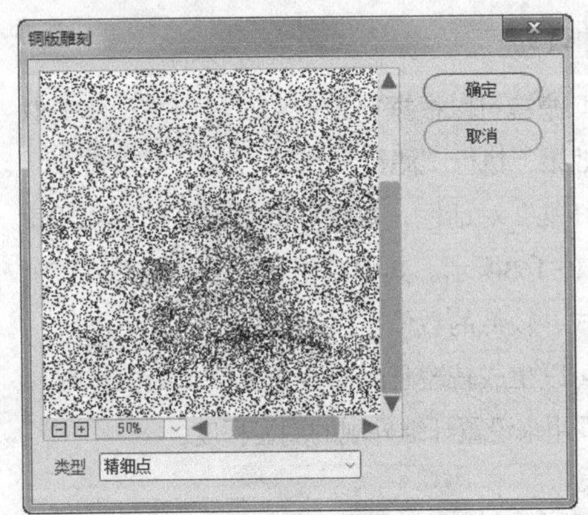

图12-157

技巧与提示

在“铜版雕刻”对话框中的“类型”下拉列表中可以选择铜版雕刻的类型，包含“精细点”“中等点”“粒状点”“粗网点”“短直线”“中长直线”“长直线”“短描边”“中长描边”“长描边”10种类型。

12.8 “渲染”滤镜组

“渲染”滤镜组包含5种滤镜，这些滤镜可以在图像中创建云彩图案、3D形状、折射图案和模拟的光反射效果。

12.8.1 分层云彩

“分层云彩”滤镜可以将云彩数据与现有的像素以“差值”方式进行混合。首次应用该滤镜时，图像的某些部分会被反相成云彩图案。打开一张素材图像，如图12-158所示。为其多次应用“分层云彩”滤镜以后，就会创建出与大理石类似的絮状纹理，效果如图12-159所示。

图12-158

图12-159

[重点] 12.8.2 光照效果

“光照效果”滤镜的功能相当强大，其作用类似于三维软件中的灯光，可以为当前图像添加光照效果。该滤镜包含17种光照样式和三种光照类型。打开一张图像，执行“滤镜>渲染>光照效果”菜单命令，进入该滤镜的参数设置界面，如图12-160所示。在“光照效果”滤镜的选项栏中，可以为当前设置的光照添加新的光源，也可以重置光源。

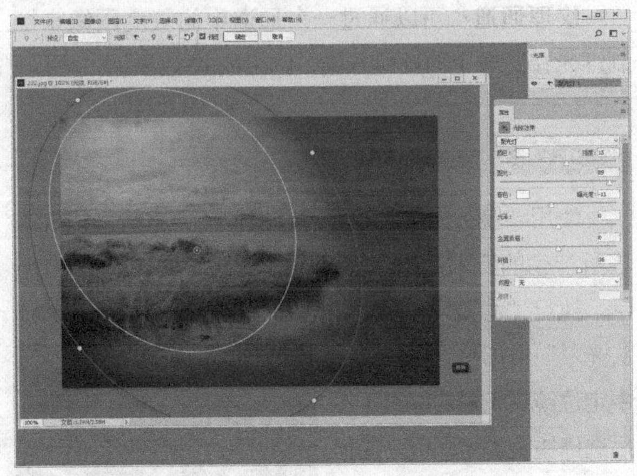

图12-160

“光照效果”滤镜各参数设置面板和选项栏中主要工具和选项的作用如下。

▶ **添加光源**：单击“添加新的聚光灯”按钮、“添加新的点光”按钮或“添加新的无限光”按钮，可以在预览窗口中添加一盏相应的光源。

▶ **重置光源**：单击“重置当前光照”按钮，可以将当前选定的光源重置为默认值。

▶ **删除光源**：如果要删除光源，可以先在“光源”面板中选定要删除的光源，然后单击“删除所选测量”按钮。

▶ **光源类型下拉列表**：在该下拉列表中可以选择光源的类型。

▶ **强度/光照颜色**：单击颜色图标，可以在弹出的“拾色器（光照颜色）”对话框中设置灯光的颜色，“强度”选项用来设置灯光的光照强度。

▶ **聚光**：用来控制灯光的光照范围。该选项只能用于聚光灯。

▶ **着色/曝光度/环境**：“着色”选项用于设置环境的颜色；“曝光度”数值为负值时，可以减少光照，反之则增加光照；“环境”数值越高，环境光越接近“着色”选项设定的颜色，反之则越接近设定颜色的互补色。

▶ **光泽**：用来设置灯光的反射强度。

▶ **金属质感**：用来控制反射光线是设置的灯光颜色还是图像本身的颜色。值越低，反射光线越接近灯光颜色；值越高，反射光线越接近图像本身的颜色。

▶ **纹理通道**：可以通过一个通道中的灰度图像来控制灯光在图像上的反射方式，以生成3D效果。

重点 12.8.3 镜头光晕

使用“镜头光晕”滤镜可以模拟亮光照射到相机镜头所产生的折射效果。打开一张图像，如图12-161所示。执行“滤镜>渲染>镜头光晕”菜单命令，打开“镜头光晕”对话框，在预览框中定位镜头光晕的位置，然后选择镜头类型即可。在预览框中可以查看图像效果，如图12-162所示。

图12-161

图12-162

“镜头光晕”对话框中主要选项的作用如下。

▶ **预览框**：在预览框中可以通过拖曳十字线来调节光晕的位置。

▶ **亮度**：用来控制镜头光晕的亮度，其取值范围为10%~300%。

▶ **镜头类型**：用来选择镜头光晕的类型，包括“50-300毫米变焦”“35毫米聚焦”“105毫米聚焦”“电影镜头”4种类型。

12.8.4 纤维

“纤维”滤镜可以根据前景色和背景色来创建类似编织的纤维效果，执行“滤镜>渲染>纤维”菜单命令，可以打开“纤维”对话框，在预览框中可以查看到图像效果，如图12-163所示。其中“差异”选项用来设置颜色变化的方式，较低的数值可以生成较长的颜色条纹，较高的数值可以生成较短且颜色分布变化更大的纤维；“强度”选项用来设置纤维外观的明显程度。

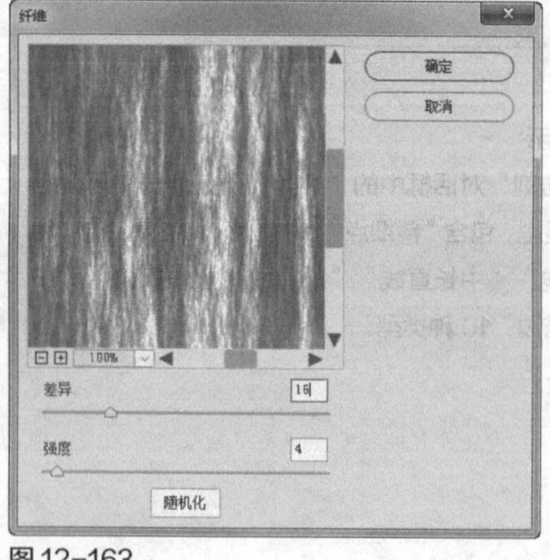

图12-163

12.8.5 云彩

“云彩”滤镜可以根据前景色和背景色随机生成云彩图案，如图12-164所示。

图 12-164

12.9 “杂色”滤镜组

“杂色”滤镜组包含5种滤镜，这些滤镜可以添加或移去图像中的杂色，这样有助于将选择的像素混合到周围的像素中。

12.9.1 减少杂色

“减少杂色”滤镜可以基于影响整个图像或各个通道的参数设置来保留边缘并减少图像中的杂色。打开一张图像，如图12-165所示。执行“滤镜>杂色>减少杂色”菜单命令，打开“减少杂色”对话框，如图12-166所示。

图 12-165

图 12-166

“减少杂色”对话框中主要选项的作用如下。

▷ **强度**：用来设置应用于所有图像通道的明亮度杂色的减少量。

▷ **保留细节**：用来控制保留图像的边缘和细节（如头发）的程度。数值为100%时，可以保留图像的大部分细节，但是会将明亮度杂色减到最低。

▷ **减少杂色**：移去随机的颜色像素。数值越大，减少的颜色杂色越多。

▷ **锐化细节**：用来设置移去图像杂色时图像的锐化程度。

▷ **移去JPEG不自然感**：勾选该选项以后，可以移去因JPEG压缩而产生的不自然色块。

技巧与提示

在“减少杂色”对话框中选中“高级”单选按钮，可以设置“减少杂色”滤镜的高级参数。其中“整体”选项卡参数与选中“基本”单选按钮时的参数完全相同。

12.9.2 蒙尘与划痕

“蒙尘与划痕”滤镜可以通过修改具有差异化的像素来减少杂色，可以有效地去除图像中的杂点和划痕。打开一张图像，执行“滤镜>杂色>蒙尘与划痕”菜单命令，打开“蒙尘与划痕”对话框，如图12-167所示。其中“半径”选项用于设置柔化图像边缘的范围；“阈值”选项用于定义像素的差异有多大才被视为杂点，数值越高，消除杂点的能力越弱。

图 12-167

12.9.3 去斑

“去斑”滤镜可以检测图像的边缘（发生显著颜色变化的区域），并模糊那些边缘外的所有区域，同时会保留图像的细节。

重点 12.9.4 添加杂色

“添加杂色”滤镜可以在图像中添加随机像素，也可以用来修复图像中经过重大编辑的区域。打开一张图像，如图12-168所示。执行“滤镜>杂色>添加杂色”菜单命令，打开“添加杂色”对话框，在预览框中可以查看杂色效果，如图12-169所示。

图12-168

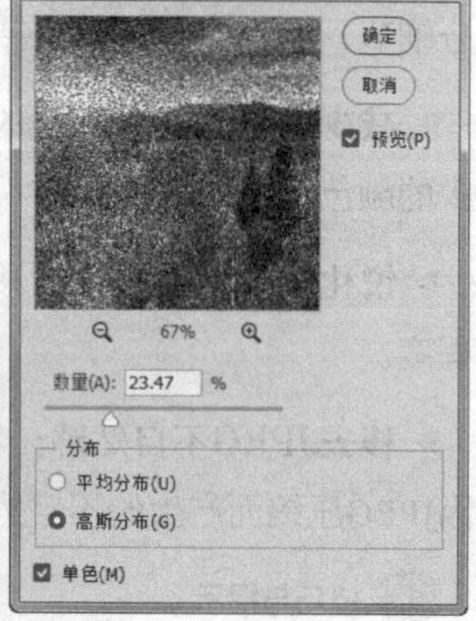

图12-169

“添加杂色”对话框中主要选项的作用如下。

▶ **数量**：用来设置添加到图像中的杂点的数量。

▶ **分布**：选择“平均分布”选项，可以随机向图像中添加杂点，杂点效果比较柔和；选择“高斯分布”选项，可以沿一条钟形曲线分布杂色的颜色值，以获得斑点状的杂点效果。

▶ **单色**：勾选该选项以后，杂点只影响原有像素的亮度，并且像素的颜色不会发生改变。

12.9.5 中间值

“中间值”滤镜可以混合选区或整个图像中像素的亮度来减少图像的杂色。该滤镜会搜索像素选区的半径范围以查找亮度相近的像素，并且会扔掉与相邻像素差异太大的像素，然后用搜索到的像素的中间亮度值来替换中心像素。打开一张图像，执行“滤镜>杂色>中间值”菜单命令，打开“中间值”对话框，“半径”选项用于设置搜索像素选区的半径范围，在预览框中可以查看图像效果，如图12-170所示。

图12-170

12.10 “其他”滤镜组

“其他”滤镜组包含5种滤镜。这个滤镜组中的有些滤镜可以允许用户自定义滤镜效果，有些滤镜可以修改蒙版、在图像中使选区发生位移和快速调整图像颜色。

12.10.1 高反差保留

“高反差保留”滤镜可以在具有强烈颜色变化的地方按指定的半径来保留边缘细节，并且不显示图像的其余部分。打开一张图像，如图12-171所示。执行“滤镜>其他>高反差保留”菜单命令，打开“高反差保留”对话框，“半径”选项用来设置滤镜分析处理图像像素的范围，值越大，所保留的原始像素就越多，当数值为0.1像素时，仅保留图像边缘的像素。在预览框中可以查看图像效果，如图12-172所示。

图12-171

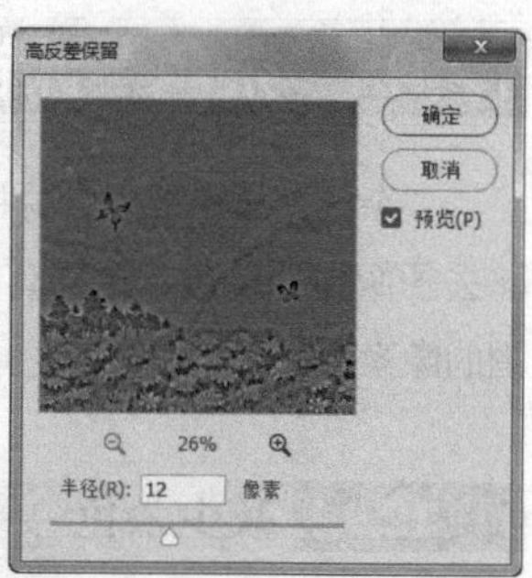

图12-172

12.10.2 位移

“位移”滤镜可以在水平或垂直方向上偏移图像。打开一张图像，执行“滤镜>其他>位移”菜单命令，打开“位移”对话框，如图12-173所示。在对话框中设置水平和垂直位移，可以得到如图12-174所示的效果。

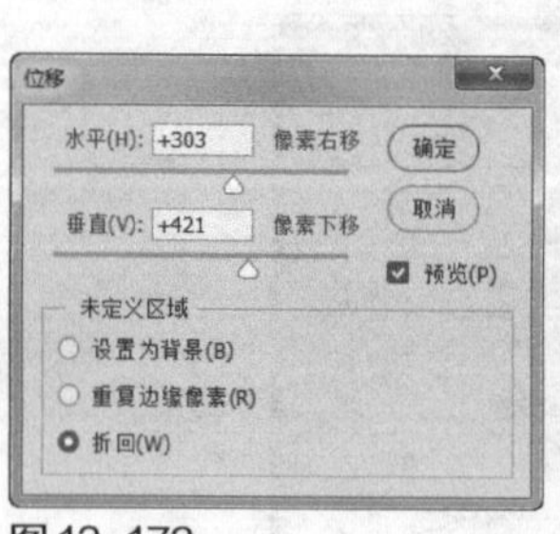

图12-173

图12-174

“位移”对话框中主要选项的作用如下。

▶ **水平**：用来设置图像像素在水平方向上的偏移距离。数值为正值时，图像会向右偏移，同时左侧会出现空缺。

▶ **垂直**：用来设置图像像素在垂直方向上的偏移距离。数值为正值时，图像会向下偏移，同时上方会出现空缺。

▶ **未定义区域**：用来选择图像发生偏移后填充空白区域的方式。选择“设置为背景”选项时，可以用背景色填充空缺区域；选择“重复边缘像素”选项时，可以在空缺区域填充扭曲边缘的像素颜色；选择“折回”选项时，可以在空缺区域填充溢出图像之外的图像内容。

12.10.3 自定

“自定”滤镜是一种可以由用户自行设计的滤镜。该滤镜可以根据预定义的“卷积”数学运算来更改图像中每个像素的亮度值。图12-175所示的是“自定”对话框。

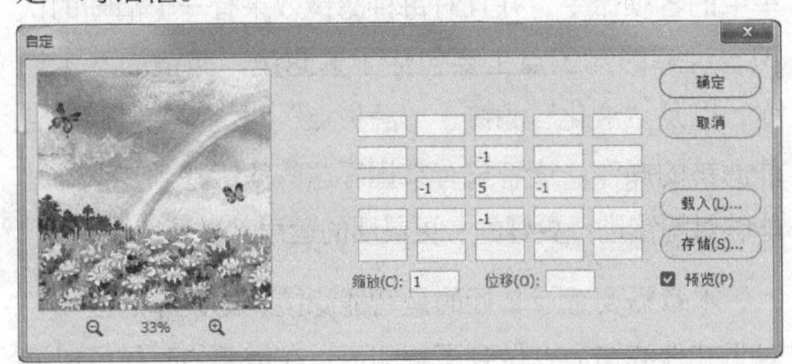

图12-175

12.10.4 “最大值”和“最小值”

“最大值”滤镜对于修改蒙版非常有用。该滤镜可以在指定的半径范围内，用周围像素的最高亮度值替换当前像素的亮度值。“最大值”滤镜具有阻塞功能，可以展开白色区域，而阻塞黑色区域。

“最小值”滤镜具有伸展功能，可以扩展黑色区域，而收缩白色区域。

12.11 课堂案例：制作素描效果图

素材路径	素材\第12章\蔬菜.jpg
实例路径	实例\第12章\素描图像效果.psd

案例效果

本案例要制作的是一张素描效果图像，主要通过同时使用多个滤镜，并在滤镜库中进行叠加，得到特殊图像效果。本案例的最终效果如图12-176所示。

图12-176

操作步骤

01 打开“素材\第12章\蔬菜.jpg”文件，如图12-177所示。按Ctrl+J组合键复制一次图层，得到“图层1”。

图12-177

02 设置前景色为黑色、背景色为白色，执行“滤镜>滤镜库”菜单命令，打开“滤镜库”对话框，展开“素描”滤镜组，选择“绘图笔”滤镜，如图12-178所示。单击“确定”按钮，即可得到黑白线条图像效果，如图12-179所示。

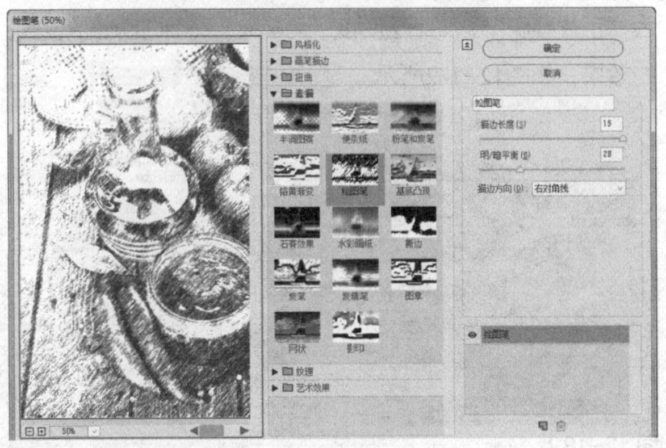

图12-178

图 12-179

03 选择“背景”图层，按Ctrl+J组合键复制一次图层，得到“背景拷贝”图层，并在“图层”面板中将其置于顶层，如图12-180所示。

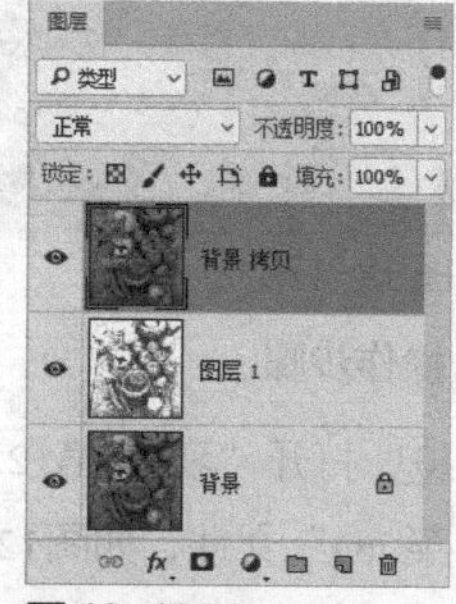

图 12-180

04 执行“滤镜>风格化>查找边缘”菜单命令，然后再执行“图像>调整>去色”菜单命令，得到黑白线条图像效果，如图12-181所示。

图 12-181

05 在“图层”面板中设置“背景拷贝”图层的混合模式为“正片叠底”、“不透明度”为60%，得到加强图像边缘的效果，如图12-182所示。

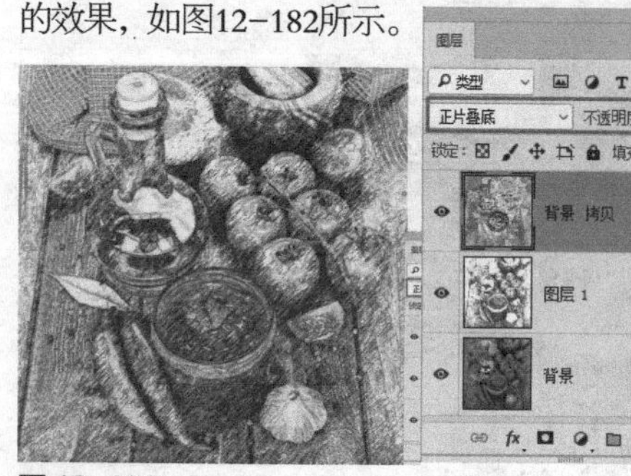

图 12-182

06 执行“图层>新建调整图层>色相/饱和度”菜单命令，在打开的对话框中保持默认设置，直接单击“确定”按钮，进入“属性”面板，勾选“着色”复选框，然后拖曳滑块设置颜色，如图12-183所示。完成后的画面效果如图12-184所示。

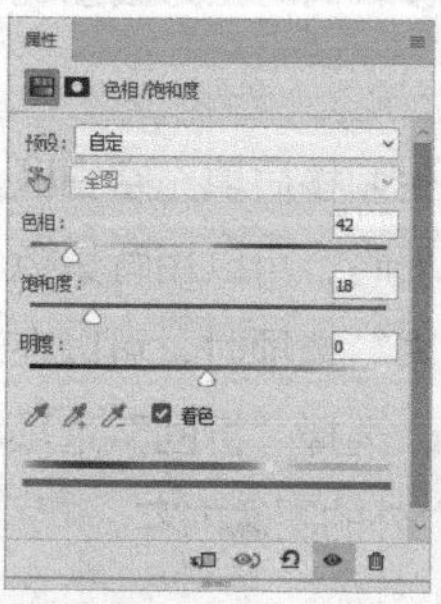

图 12-183

图 12-184

12.12 本章小结

通过本章的学习，用户可以全面了解“滤镜”菜单中的各项命令，并且对每种滤镜效果有一个清晰的认识。讲解的知识点主要包括了解滤镜、滤镜的基本操作，以及“液化”滤镜、“消失点”滤镜、滤镜库和智能滤镜的操作。读者只有掌握好这些滤镜基础知识，才能够对滤镜进行更好的、更灵活的运用。

本章需要重点掌握的是智能滤镜、滤镜库的应用，对于其他滤镜命令做到了解即可，在需要的时候可以调出其对话框进行详细操作。

第13章

动作与批处理图像

• 本章内容简介

在Photoshop中，动作是快捷批处理的基础，而快捷批处理则是一些小的应用程序，可以自动处理一些文件。动作自动化可以节省很多操作时间，并确保多种操作结果的一致性。本章将介绍动作与批处理图像的相关知识及操作。

• 本章学习要点

1. 动作的使用
2. 自动处理图像

13.1 动作的使用

动作是指在单个或一批文件上执行一系列任务，如菜单命令、面板选项、工具动作等。例如，可以创建一个更改图像大小的动作，然后对其他图像应用这个动作。在Photoshop中将图像操作记录下来，以后对其他图像进行相同处理的时候，执行相应的动作就可以自动完成任务。

13.1.1 认识“动作“面板

“动作”面板主要用于记录、播放、编辑和删除各个动作。执行“窗口>动作”菜单命令，打开“动作”面板，如图13-1所示。

图13-1

“动作”面板中主要选项的作用如下。

- **切换对话开/关**：如果命令前显示该图标，表示动作执行到该命令时会暂停，并打开相应命令的对话框，此时可以修改命令的参数，单击“确定”按钮可以继续执行后面的动作；如果动作组和动作前出现该图标，并显示为红色，则表示该动作中有部分命令设置了暂停。
- **切换项目开/关**：如果动作组、动作和命令前显示有该图标，代表该动作组、动作和命令可以执行；如果没有该图标，代表不可以被执行。
- **动作组/动作/命令**：动作组是一系列动作的集合，而动作是一系列操作命令的集合。
- **停止播放/记录**：单击该按钮可以停止播放动作或停止记录动作。
- **开始记录**：单击该按钮，可以开始录制动作。
- **播放选定的动作**：选择一个动作后，单击该按钮可以播放该动作。
- **创建新组**：单击该按钮，可以创建一个新的动作组，以保存新建的动作。
- **创建新动作**：单击该按钮，可以创建一个新的动作。
- **删除**：选择动作组、动作和命令后，单击该按钮可以将其删除。
- **面板菜单**：单击该图标，可以打开“动作”面板的菜单。

【重点】13.1.2 运用“动作”面板执行动作

在“动作”面板中执行动作有多种操作方式，下面将逐一进行介绍。

1. 执行一组动作

如果要对文件执行一组动作，可以选择相应的动作组，然后在“动作”面板中单击“播放选定的动作”按钮，或从面板菜单中执行“播放”命令。

2. 执行整个动作

如果要对文件执行整个动作，可以选择该动作的名称，然后在“动作”面板中单击“播放选定的动作”按钮，或从面板菜单中执行“播放”命令。如果为动作指定了快捷键，则可以按该快捷键自动执行动作。

3. 执行动作的一部分

如果要对文件执行动作的一部分，可以选择要开始执行的命令，然后在“动作”面板中单击“播放选定的动作”按钮，或从面板菜单中执行“播放”命令。

4. 执行单个命令

如果要对文件执行单个命令，可以选择该命令，然后按住Ctrl键在“动作”面板中单击“播放选定的动作”按钮，或按住Ctrl键双击该命令。

13.1.3 动手学：录制新动作

“动作”面板中有一些自带的动作，如果这些动作不能满足用户的需要，可以根据需要创建新的动作。通过动作的创建，用户可以将一系列操作记录到“动作”面板中，以便于对图像进行相同的处理，避免重复操作。

01 打开“素材\第13章\番茄.jpg”素材图像，如图13-2所示。

图13-2

02 在“动作”面板中单击“创建新组”按钮，然后在弹出的“新建组”对话框中设置“名称”为“调整亮度”，如图13-3所示。单击“确定”按钮，创建的新组如图13-4所示。

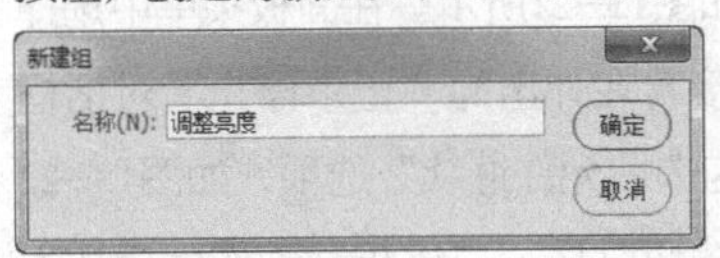

图 13-3

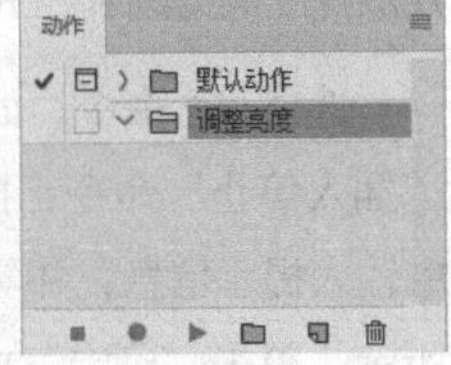

图 13-4

03 在“动作”面板中单击“创建新动作”按钮，然后在弹出的“新建动作”对话框中设置“名称”为“曲线调整”，并设置“颜色”为“黄色”，如图13-5所示。单击“记录”按钮，开始记录操作。

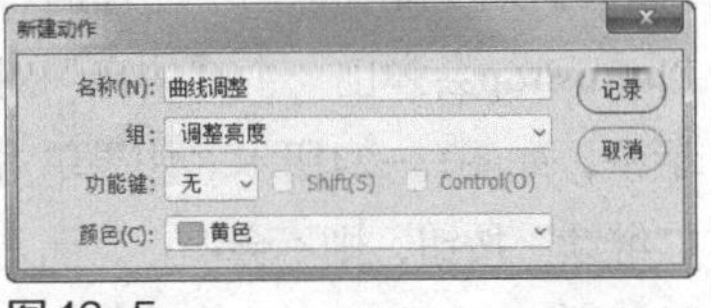

图 13-5

04 按Ctrl+M组合键打开“曲线”对话框，在曲线中添加节点，增加图像亮度，如图13-6所示。单击“确定”按钮后“动作”面板中会自动记录一个“曲线”动作，如图13-7所示。调整后的图像效果如图13-8所示。

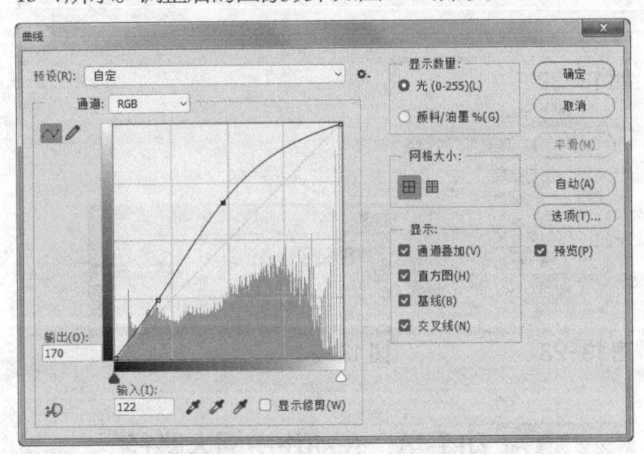

图 13-6

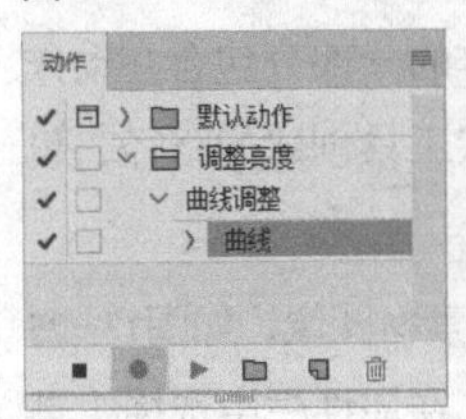

图 13-7

图 13-8

05 执行“文件>存储”菜单命令，保存文件，此时“动作”面板中会记录一个“存储”动作，如图13-9所示。完成操作后在“动作”面板中单击“停止播放/记录”按钮，停止记录。

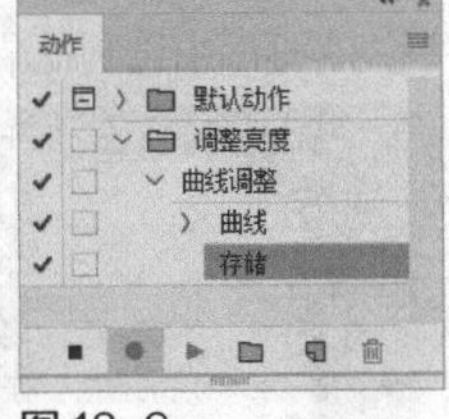

图 13-9

06 关闭当前文档，然后打开“素材\第13章\食物.jpg”素材图像，如图13-10所示。

07 在“动作”面板中选择“曲线调整”动作，然后单击“播放选定的动作”按钮，此时Photoshop会按照前面记录的动作将图像处理成调整颜色，并按照保存的名字和路径将文件保存好，处理后的图像效果如图13-11所示。

图 13-10

图 13-11

13.1.4 管理动作和动作组

管理动作和动作组是为了让其更加具有条理性。在“动作”面板菜单中，可以对动作和动作组进行重新排列、复制、删除、重命名等操作。

1. 重新排列动作

如果要重新排列动作，可以按住鼠标左键将其向上或向下拖曳到需要的位置上，然后释放鼠标左键即可，如图13-12和图13-13所示。对于动作组和命令，重新排列操作也是相同的。

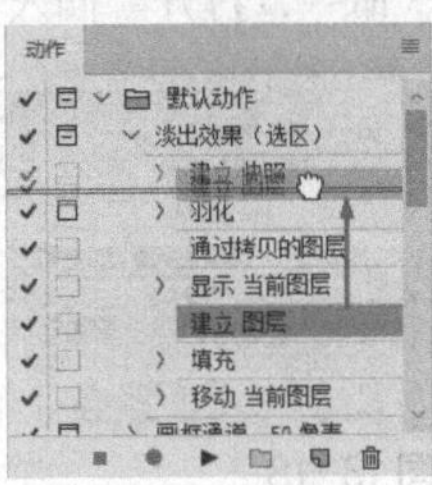

图 13-12

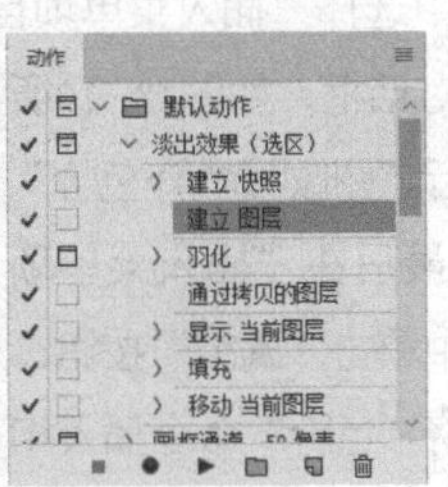

图 13-13

2. 复制动作

如果要复制动作或命令，可以将动作或命令拖曳到“动作”面板下面的“创建新动作”按钮上，如图13-14和图13-15所示；如果要复制动作组，可以将动作组拖曳到“动作”面板下面的“创建新组”按钮上。另外，还可以通过在面板菜单中执行“复制”命令来复制动作、动作组和命令。

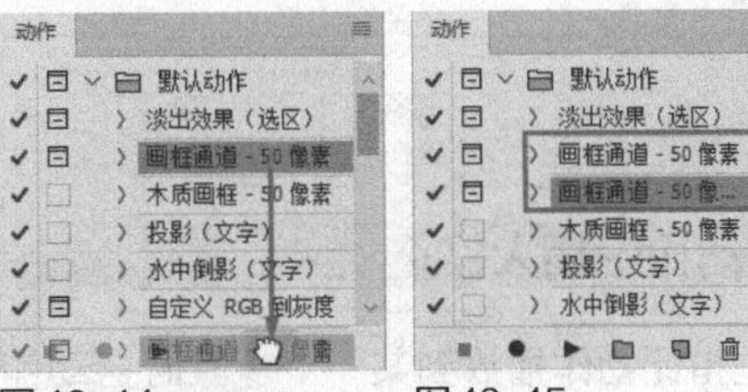

图 13-14 图 13-15

3. 删除动作

如果要删除动作、动作组或命令，可以将其拖曳到“动作”面板下面的“删除”按钮 上，如图13-16所示。也可以在面板菜单中执行“删除”命令来删除动作。如果要删除“动作”面板中的所有动作，可以在面板菜单中执行“清除全部动作”命令，如图13-17所示。

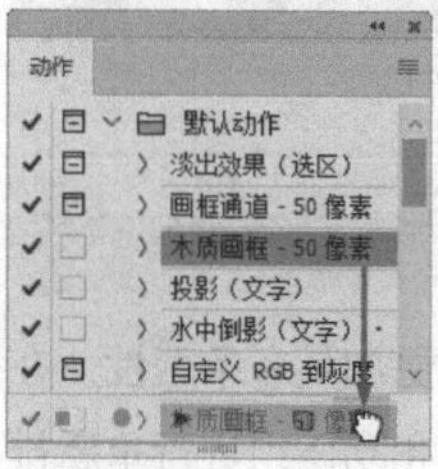

图 13-16 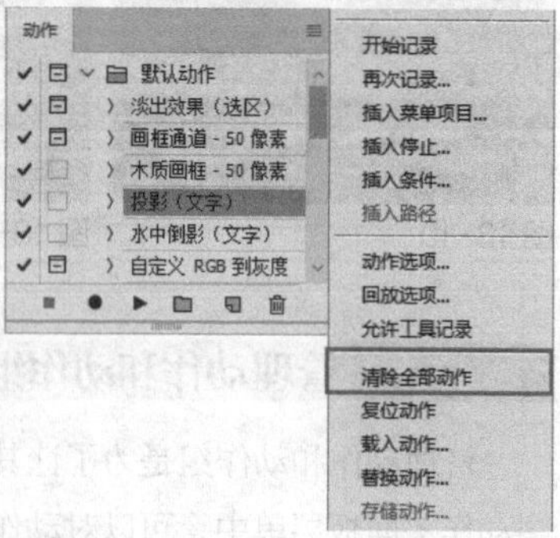　　图 13-17

[重点] 13.1.5 在动作中插入菜单项目

插入菜单项目是指在动作中插入菜单中的命令，这样可以将很多不能录制的命令插入动作中。比如要在如图13-18所示的“曲线”命令后面插入“色阶”命令，可在面板菜单中选择“插入菜单项目”命令，打开“插入菜单项目”对话框，如图13-19所示。接着执行“图像>调整>色阶”菜单命令，最后在“插入菜单项目”对话框中单击“确定”按钮，这样就可以将“色阶”命令插入相应命令的后面，如图13-20所示。

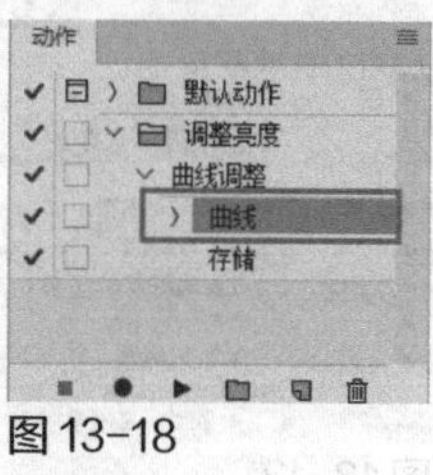

图 13-18

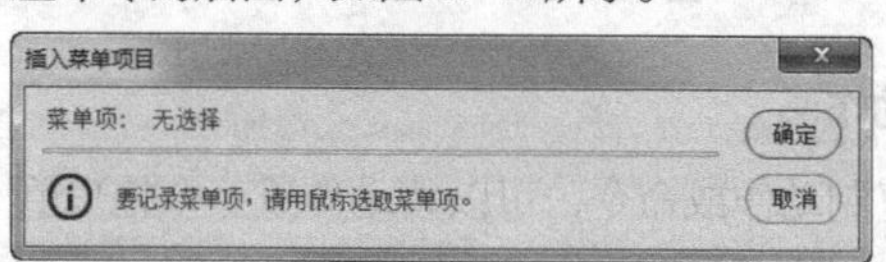

图 13-19

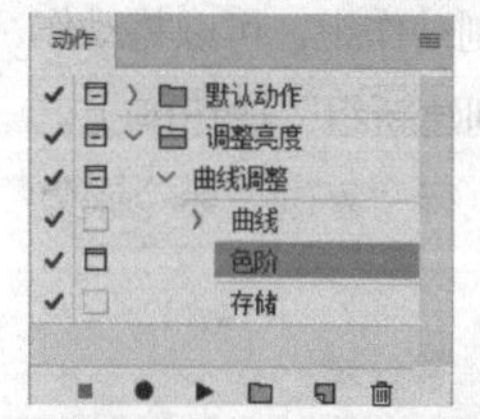

图 13-20

13.1.6 在动作中插入停止

插入停止是指让动作播放到某一个步骤时自动停止，这样就可以手动执行无法记录为动作的操作，如使用涂抹工具绘画等。下面介绍一下插入停止的具体步骤。

选择一个命令，如图13-21所示。在面板菜单中选择“插入停止”命令，接着在弹出的“记录停止”对话框中输入提示信息，并勾选“允许继续”选项，如图13-22所示。单击“确定”按钮以后，“停止”动作就会插入到“动作”面板中，如图13-23所示。在“动作”面板中单击“播放选定的动作”按钮 ，当播放到“停止”动作时，Photoshop会弹出一个“信息”对话框，如图13-24所示。如果单击“继续”按钮，则不会停止，而是继续播放后面的动作。

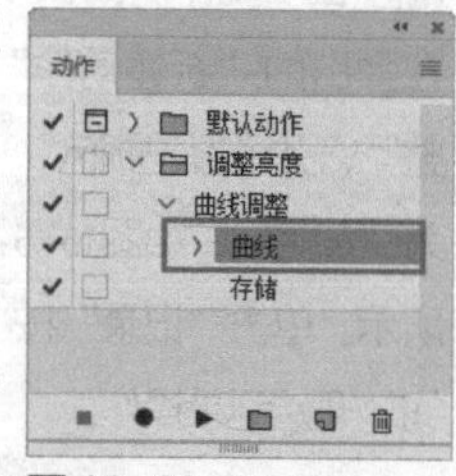

图 13-21

图 13-22

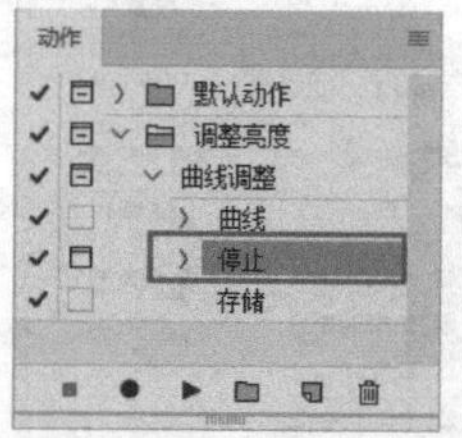

图 13-23

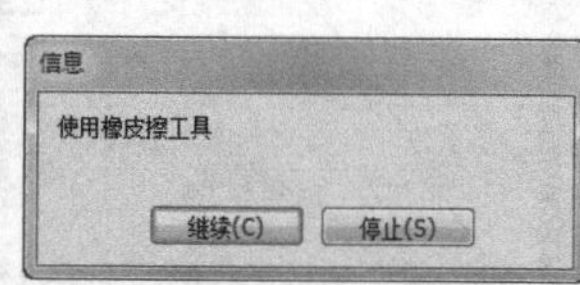

图 13-24

13.1.7 动手学：在动作中插入路径

插入路径是指将路径作为动作的一部分包含在动作中。插入的路径可以是钢笔和形状工具创建的路径，也可以是从Illustrator中粘贴的路径。

01 打开“素材\第13章\文具.jpg”素材图像，如图13-25所示。选择“自定形状工具” ，在属性栏中选择工具模式为“路径”，在“自定形状”拾色器中选择花朵图形，在画面中绘制花朵图形，如图13-26所示。

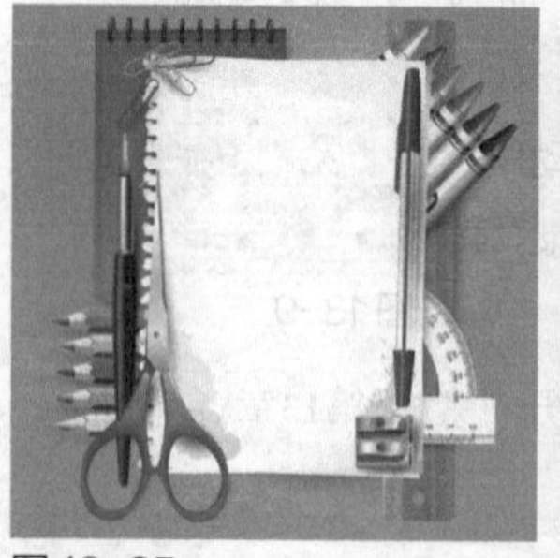
图 13-25

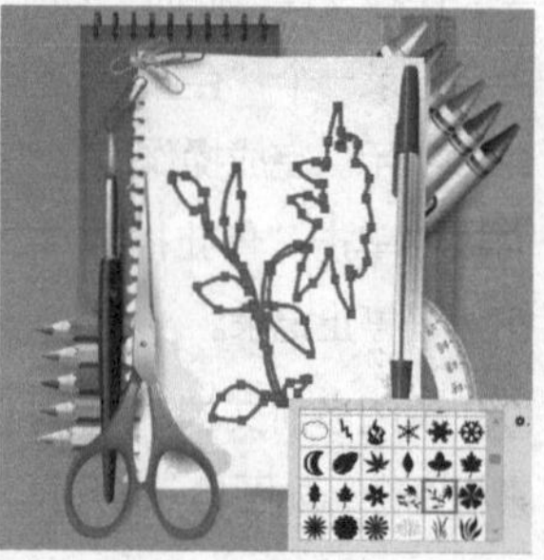
图 13-26

(02) 在“路径”面板中选择“曲线”命令，如图13-27所示，然后在面板菜单中选择“插入路径”命令，在“曲线”命令后插入路径，如图13-28所示。播放动作时，工作路径将被设置为所记录的路径。

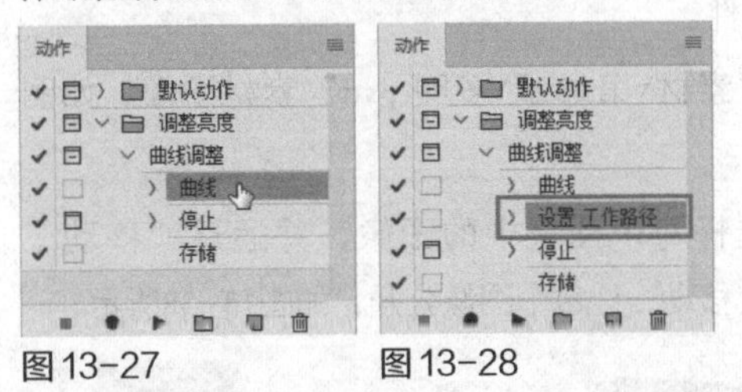

图13-27　图13-28

13.2 自动处理图像

用户可以在Photoshop中使用一些自动处理图像功能，通过这些功能用户可以轻松地完成对多个图像的同时处理。

13.2.1 批处理图像

“批处理”是指将动作应用于所有的目标文件。通过“批处理”来完成大量相同的、重复性的操作，可以节省大量的操作时间，提高工作效率，并实现图像处理的自动化。

“批处理”命令可以对一个文件夹中的所有文件运行动作，比如可以使用“批处理”命令处理一个文件夹下的所有照片的大小和分辨率。执行“文件>自动>批处理”菜单命令，打开“批处理”对话框，如图13-29所示。

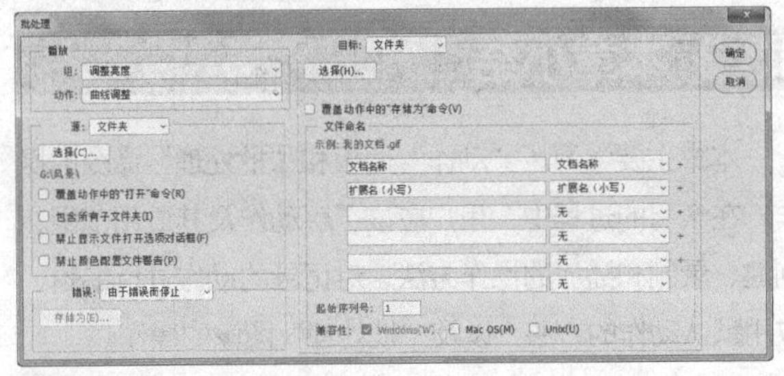

图13-29

“批处理”对话框中主要选项的作用如下。

▶ **播放**：选择要用来处理文件的动作。

▶ **源**：选择要处理的文件。选择“文件夹”选项并单击下面的“选择”按钮时，可以在弹出的对话框中选择一个文件夹；选择“导入”选项时，可以处理来自扫描仪、数码相机、PDF文档的图像；选择“打开的文件”选项时，可以处理当前所有打开的文件；选择Bridge选项时，可以处理Adobe Bridge中选定的文件。

▶ **目标**：设置完成“批处理”后文件的保存位置。选择“无”选项时，表示不保存文件，文件仍处于打开状态；选择“存储并关闭”选项时，可以将文件保存在原始文件夹中，并覆盖原始文件；选择“文件”选项并单击下面的“选择”按钮时，可以指定用于保存文件的文件夹。

▶ **文件命名**：当设置“目标”为“文件夹”选项时，可以在该选项组下设置文件的命名格式，以及文件的兼容性（Windows、Mac OS和UNIX）。

▶ 课堂练习：批量调整图像文件

素材路径	素材\第13章\待处理

练习效果

本练习将通过批处理图片功能，统一调整图像亮度。

操作步骤

(01) 打开“素材\第13章\待处理”文件夹，其中包含了多张需要处理的照片，如图13-30所示。在计算机其他位置创建一个新的文件夹并命名为“完成”。

图13-30

(02) 打开其中一张素材图像，然后在“动作”面板中单击“创建新动作”按钮，创建一个新动作，在弹出的对话框中设置名称为“调整亮度”，如图13-31所示。单击“确定”按钮开始记录。

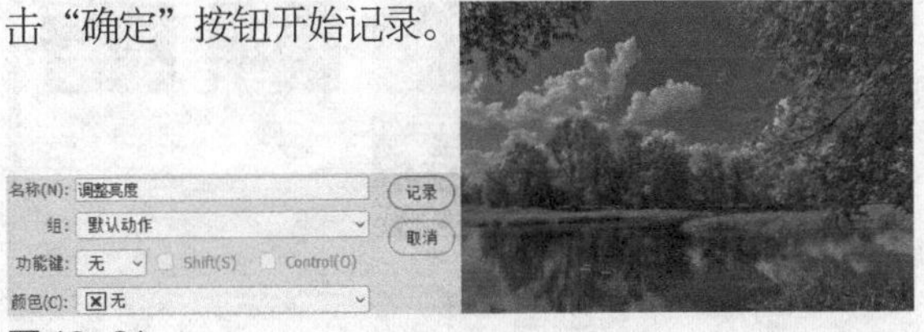

图13-31

(03) 执行“图像>调整>亮度/对比度”菜单命令，打开“亮度/对比度”对话框，适当增加图像亮度，如图13-32所示。得到的效果如图13-33所示。

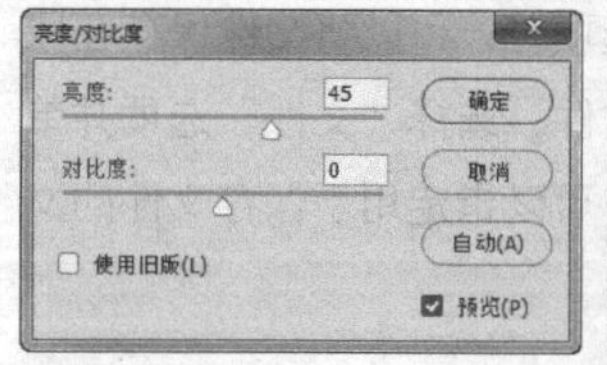

图 13-32

图 13-33

(04) 完成后将图像存储到“完成”文件夹中，然后关闭图像，并在“动作”面板中单击“停止播放/记录”按钮■，停止记录，如图13-34所示。

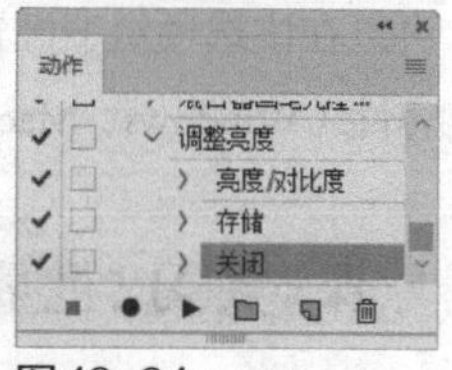

图 13-34

(05) 执行“文件>自动>批处理”菜单命令，打开“批处理”对话框，在“播放”选项组中选择“动作”为“调整亮度”命令，在“源”下拉列表中选择“文件夹”，并单击“选择”按钮，在打开的对话框中选择“待处理”文件夹；然后在“目标”下拉列表中选择“文件夹”，并单击其下方的“选择”按钮，在打开的对话框中选择“完成”文件夹，如图13-35所示。

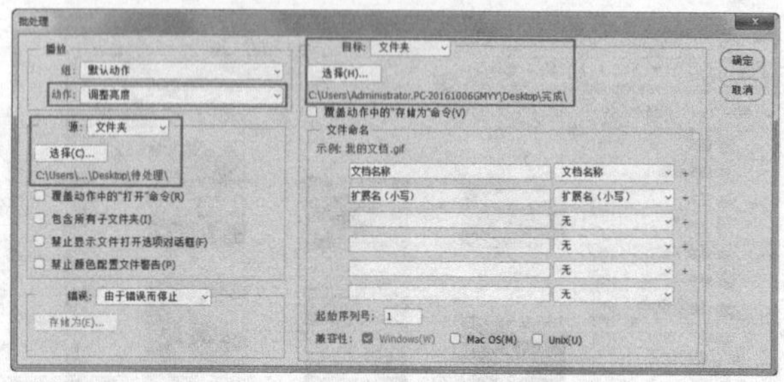

图 13-35

(06) 单击“确定”按钮，文件将自动开始处理，处理完成的照片将自动存储在“完成”文件夹中，如图13-36所示。

图 13-36

13.2.2 运用“自动”命令改变照片文件大小

在Photoshop中还有一个自动裁剪图像的功能，使用该功能可以快速将同一个图像文件中的图像分离为单独的图像文件。

(01) 打开“素材\第13章\多图.psd”素材图像，如图13-37所示。

(02) 分别选择每个图层中的图像，并通过“移动工具”将其移动，让每个图像分开，如图13-38所示。

图 13-37　　图 13-38

(03) 分别选择每一个图层，为其执行“文件>自动>裁剪并修齐照片”菜单命令，系统会自动将原图像文件中的4幅图像单独分离出来，如图13-39所示。

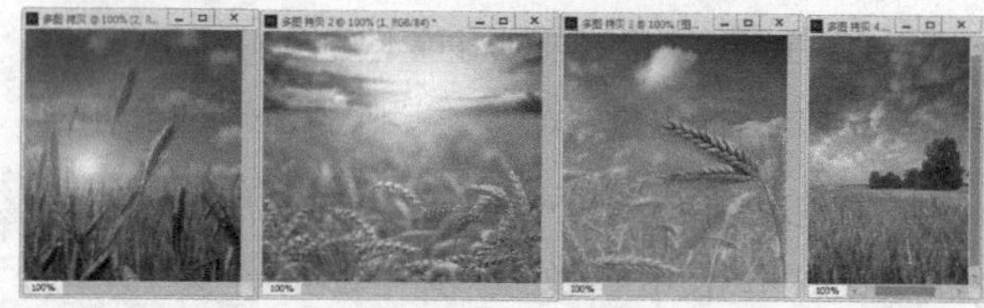

图 13-39

13.3 本章小结

本章主要学习了“动作”面板和“批处理”命令的操作，在学习的过程中，用户应该了解动作及其应用范围、创建、录制和播放的操作方法，对记录的动作进行编辑、应用默认动作的方法，以及“批处理”图像的操作。

“动作”和“批处理”命令都是Photoshop趋向于智能化的一种体现，利用这些功能，可以使用户能根据处理图像的需要，快速完成对多个文件的处理操作，提高工作的效率。

综合案例实战

• 本章内容简介

本章内容主要是综合案例实战，案例类型包括图像处理、广告设计和电商设计三大类。其中，图像处理以创意合成图像为主，广告设计包括DM单、海报和邀请函等案例，电商设计以网店的详情页为主。通过这些案例的训练，读者不仅可以对软件技术进行巩固学习，还可以掌握商业设计实战技法。

• 本章学习要点

1. 创意图像案例

2. 平面广告案例

3. 电商设计案例

14.1 创意图像案例

14.1.1 水果绿洲

素材路径	素材\第14章\云朵.psd、苹果.psd、果肉.psd、草地.psd、亭子和树.psd、云朵和飞鸟.psd
实例路径	实例\第14章\水果绿洲.psd

案例效果

本案例将制作一个水果绿洲创意图像，首先将一个完整的苹果分割为两半，然后添加树木、亭子、白云等素材图像，调整图像位置和大小，最后合成一个水果绿洲图像。本案例最终效果如图14-1所示。

图 14-1

扫码看视频

14.1.2 海中城市

素材路径	素材\第14章\城市.jpg、水.psd、水花.psd、草坪.jpg、海底素材.psd、爆炸纹理.psd
实例路径	实例\第14章\海中城市.psd

案例效果

本案例要制作的是一个海中城市的创意图像，制作时主要是在城市图像的下半部分中添加水波、海洋生物等元素，使城市有种浸在海水中的感觉。本案例的最终效果如图14-2所示。

图 14-2

扫码看视频

14.1.3 双重曝光合成图像

素材路径	素材\第14章\美女.jpg、大楼.psd、建筑.jpg、光效.psd、树林.jpg、彩色光.jpg、飞鸟.psd
实例路径	实例\第14章\双重曝光合成图像.psd

案例效果

本案例将制作一个双重曝光合成图像，首先将人物图像抠取出来，然后与其他素材图像融合在一起，得到特殊的双重曝光效果。本案例最终效果如图14-3所示。

图 14-3

扫码看视频

14.2 平面广告案例

14.2.1 女王节DM单

素材路径	素材\第14章\人物.psd、多个素材.psd、光斑.psd
实例路径	实例\第14章\女王节DM单.psd

案例效果

本案例将制作一个女王节活动的DM单，首先制作一个漂亮的渐变色背景，再绘制出主要图像，然后添加素材图像和文字。本案例最终效果如图14-4所示。

图14-4

扫码看视频

14.2.2 公益活动海报

素材路径	素材\第14章\时钟.psd、香烟.psd、建筑.psd
实例路径	实例\第14章\公益活动海报.psd

案例效果

本案例将制作一个公益活动海报，首先对香烟图像做弯曲处理，然后与时钟图像拼合在一起，最后添加文字和素材图像。本案例最终效果如图14-5所示。

图14-5

扫码看视频

14.2.3 时尚邀请函

素材路径	素材\第14章\邀请函.psd、羽毛.psd
实例路径	实例\第14章\邀请函平面图.psd、邀请函立体展示图.psd

案例效果

本案例将制作一个时尚邀请函，首先制作出邀请函的平面图效果，然后根据平面图制作出立体展示图。本案例最终效果如图14-6所示。

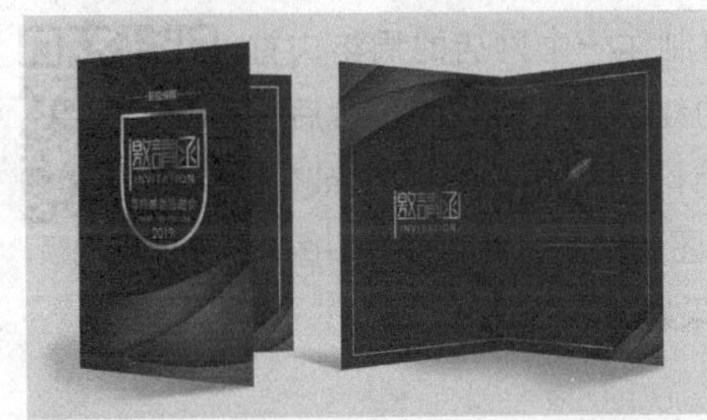

图14-6

扫码看视频

14.2.4 食品包装设计

素材路径	素材\第14章\柠檬文字.psd、柠檬.psd、文字素材.psd、背景水果.psd、树叶和文字.psd、包装袋模板.psd
实例路径	实例\第14章\包装平面图.psd、包装立体效果图.psd

案例效果

本案例将制作一个食品包装设计，首先要制作出包装袋的正反面图像，然后添加模型素材，制作出立体包装袋，再为其添加投影。本案例最终效果如图14-7所示。

图14-7

扫码看视频

14.3 电商设计案例

14.3.1 网店周年庆首页

素材路径	素材\第14章\线条.psd、6周年庆.psd、彩球.psd、食物.psd、人物和气球.psd、彩旗.psd、零食.psd
实例路径	实例\第14章\网店周年庆首页.psd

案例效果

扫码看视频

本案例将制作一个网店的周年庆首页，以喜庆的红色为主要色调，然后在首页广告中设计一个具有代表性的标题文字，加上产品图和文字，得到首页图像。本案例最终效果如图14-8所示。

14.3.2 珠宝店铺首页

素材路径	素材\第14章\圆形.psd、戒指.psd、购物车.psd、宝石戒指.psd、首饰.psd
实例路径	实例\第14章\珠宝店铺首页.psd

案例效果

扫码看视频

本案例将制作一个珠宝店铺首页，整个画面设计为粉色调，非常柔和，再添加产品和文字。本案例最终效果如图14-9所示。

图14-8

图14-9